Check Book für GmbH-Geschäftsführer

Thomas Fr. Jehle
Csaba Láng
Wolfgang Meier-Rudolph

Check Book
für GmbH-Geschäftsführer

Checklisten, Erläuterungen und Formulare
für die tägliche Unternehmenspraxis

Sechste, vollständig überarbeitete Auflage

 Springer

Dr. Thomas Fr. Jehle
Rechtsanwalt und Fachanwalt für
Steuerrecht
Kaiser-Joseph-Str. 255
79098 Freiburg
Deutschland
jehle@jlm-freiburg.com

Wolfgang Meier-Rudolph
Rechtsanwalt und Fachanwalt für
Arbeitsrecht
Kaiser-Joseph-Str. 255
79098 Freiburg
Deutschland
meier-rudolph@jlm-freiburg.com

Dr. Csaba Láng
Rechtsanwalt und vereidigter Buchprüfer
Kaiser-Joseph-Str. 255
79098 Freiburg
Deutschland
lang@jlm-freiburg.com

ISBN 978-3-540-89057-7   e-ISBN 978-3-540-89058-4
DOI 10.1007/978-3-540-89058-4
Springer Dordrecht Heidelberg London New York

Die Deutsche Nationalbibliothek verzeichnet diese Publikation in der Deutschen Nationalbibliografie;
detaillierte bibliografische Daten sind im Internet über http://dnb.d-nb.de abrufbar.

Einbandentwurf: WMXDesign GmbH, Heidelberg

Gedruckt auf säurefreiem Papier

Springer ist Teil der Fachverlagsgruppe Springer Science+Business Media (www.springer.com)

Vorwort zur 6. Auflage

Mit dem am 01.11.2008 in Kraft getretenen Gesetz zur Modernisierung und Missbrauchsbekämpfung (MoMiG) hat das GmbH-Recht eine erhebliche Liberalisierung und Flexibilisierung erfahren. Das Gesetz markiert die größte Reform des GmbHG seit 1892 und zugleich eine strategische Neuorientierung. Deren wesentlichen beiden Eckpfeiler lauten: Drastische Absenkung der Zutrittshürden einerseits, erhebliche Verschärfung der Sanktionen, wenn der Gesellschaft im Vorfeld der Insolvenz Vermögen entzogen wird, andererseits. Die 6. Auflage will Ihnen vor diesem Hintergrund nicht nur Orientierung bieten, sondern Ihnen auch in gewohnt zuverlässiger Weise mit einer Reihe neuer und den substantiell überarbeiteten alten Check-Listen sagen, „wo es lang geht".

Freiburg im Januar 2009   Die Verfasser

Vorwort

Als Geschäftsführer einer GmbH sind Sie täglich gefordert, wirtschaftlich erfolgreich zu agieren. Da bleibt nicht viel Zeit, sich um juristische Feinheiten zu kümmern. Dennoch tragen Sie die Verantwortung und Sie verantworten den mit Fehlentscheidungen oder Rechtsverletzungen verbundenen Misserfolg. Die rechtlichen Rahmenbedingungen sind nicht einfacher geworden. Im Steuer- und Sozialversicherungsrecht haftet der Geschäftsführer schärfer denn je. Das Arbeitsrecht hält, mehr und mehr gespeist aus Quellen der EU und des EuGH, viele Fallstricke bei der Anbahnung, Gestaltung und Beendigung von Beschäftigungsverhältnissen bereit. Wichtiger denn je ist deshalb nicht allein der Erwerb eigenen Basiswissens, sondern auch die Sensibilisierung für die mannigfachen rechtlichen Problemstellungen. Einen wesentlichen Beitrag hierzu kann das Checklistenhandbuch GmbH-Geschäftsführer leisten. Nach Lektüre der entsprechenden Checkliste wissen Sie, was zu beachten und was zu tun ist. Ein einfaches aber differenziertes Verweissystem hilft Ihnen, sofort auf die vorbereiteten Arbeitshilfen zuzugreifen oder zunächst einmal Ihr Wissen anhand des Textteils zu vertiefen.

Freiburg im Mai 2005   Die Verfasser

Inhaltsverzeichnis

Schnell und sicher: Arbeiten mit Checklisten

Gesetzestexte

Der GmbH-Geschäftsführer

Beschlüsse – Briefe – Formulare – Verträge

Abkürzungsverzeichnis

a.A.	anderer Ansicht
a.a.O.	am angegebenen Ort
Abs.	Absatz
a.F.	alte Fassung
AFG	Arbeitsförderungsgesetz
AGG	Allgemeines Gleichbehandlungsgesetz
AktG	Aktiengesetz
AO	Abgabenordnung
AltEinKG	Alterseinkünftegesetz
AP	Arbeitsrechtliche Praxis – Nachschlagewerk des Bundesarbeitsgerichts
ArbGG	Arbeitsgerichtsgesetz
ArbNErfG	Arbeitnehmererfindergesetz
ArbzG	Arbeitszeitgesetz
AVmG	Altersvermögensgesetz
BAA	Bundesagentur für Arbeit
BAG	Bundesarbeitsgericht
BAGE	Entscheidungen des Bundesarbeitgerichts – Amtliche Sammlung
BAV	Betriebliche Altersversorgung
BayObLG	Bayrisches Oberstes Landesgericht
BB	Betriebs Berater – Zeitschrift
BetrAVG	Gesetz zur Verbesserung der betrieblichen Altersversorgung
BetrVG	Betriebsverfassungsgesetz vom 15.1.1972
BFH	Bundesfinanzhof
BFH/NV	Sammlung amtlicher nicht veröffentlichter Entscheidungen des Bundesfinanzhofs – Zeitschrift
BGB	Bürgerliches Gesetzbuch
BGBl	Bundesgesetzblatt – Amtliche Veröffentlichung
BGH	Bundesgerichtshof
BVerfG	Bundesverfassungsgericht
BGHSt	Entscheidungen des Bundesgerichtshofs in Strafsachen – Amtliche Sammlung
BGHZ	Entscheidungen des Bundesgerichtshofs in Zivilsachen – Amtliche Sammlung
BMF	Bundesminister der Finanzen
BP	Betriebsprüfung
BpO	Betriebsprüfungsordnung
BSG	Bundessozialgericht
BStBl	Bundessteuerblatt – Amtliche Veröffentlichung
DB	Der Betrieb – Zeitschrift
DEüV	Datenerfassungs- und Übermittlungsverordnung
DEVO/DÜVO	Verordnung über die Datenübermittlung auf maschinell verwertbaren Datenträgern im Bereich der Sozialversicherung und der Bundesanstalt für Arbeit

d.h.	das heißt
DM	Deutsche Mark
DrittelBG	Drittelbeteiligungsgesetz
DRV/Bund	Deutsche Rentenversicherung Bund
DRV/Land	Deutsche Rentenversicherung Land
DStR	Deutsches Steuerrecht – Zeitschrift
DStZ	Deutsche Steuerzeitung – Zeitschrift
EDV	Elektronische Datenverarbeitung
EFG	Entscheidungen der Finanzgerichte – Amtliche Sammlung
EG	Europäische Gemeinschaft
EGV	Vertrag zur Gründung der Europäischen Gemeinschaft v. 25.3.1957
EGGmbHG	Einführungsgesetz zum Gesetz betreffend die Gesellschaft mit beschränkter Haftung
EGVP	Elektronisches Gerichts- und Verwaltungspostfach
EHUG	Gesetz über die elektronischen Handels- und Genossenschaftsregister
EFZG	Entgeltfortzahlungsgesetz
ErbStG	Erbschaft- und Schenkungsteuergesetz
ErfK	Erfurter Kommentar zum Arbeitsrecht
EStG	Einkommensteuergesetz
EU	Europäische Union
EuGH	Europäischer Gerichtshof
EuroEG	Euro-Einführungsgesetz
EuZA	Europäische Zeitschrift für Arbeitsrecht
FA	Finanzamt
ff	fortfolgende
FG	Finanzgericht
FGG	Gesetz über die Angelegenheiten der freiwilligen Gerichtsbarkeit
FS	Festschrift
gem.	gemäß
GF	Geschäftsführer
ggf.	gegebenenfalls
GG	Grundgesetz
GmbH	Gesellschaft mit beschränkter Haftung
GmbH-GF	GmbH-Geschäftsführer
GmbH & Co. KG	Kommanditgesellschaft mit einer GmbH als Komplementärin
GmbHG	GmbH-Gesetz
GmbHR	GmbH-Rundschau – Zeitschrift
GmbHR-Stb	GmbH-Rundschau-Steuerberater – Zeitschrift
GVG	Gerichtsverfassungsgesetz
HGB	Handelsgesetzbuch
HS	Halbsatz
i.d.R.	in der Regel
i.G.	in Gründung
i.S.d.	im Sinne des
i.V.m.	in Verbindung mit
IHK	Industrie- und Handelskammer
InsO	Insolvenzordnung
JZ	Juristenzeitung – Zeitschrift
KapAEG	Kapitalaufnahmeerleichterungsgesetz

KapCoRiLiG	Kapitalgesellschaften- und Co. Richtliniengesetz
KG	Kommanditgesellschaft
KO	Konkursordnung
KonTraG	Gesetz zur Kontrolle und Transparenz im Unternehmensbereich
KR	Gemeinschaftskommentar zum Kündigungsschutzgesetz
KSchG	Kündigungsschutzgesetz
KStG	Körperschaftsteuergesetz
KStR	Körperschaftsteuerrichtlinien
LAG	Landesarbeitsgericht
LG	Landgericht
LK	Leipziger Kommentar zum Strafgesetzbuch
LM	Lindenmaier-Möhring - Nachschlagewerk des Bundesgerichtshofes
LSt	Lohnsteuer
LöschG	Löschungsgesetz
LStR	Lohnsteuerrichtlinien
MBO	Management Buy Out
m.E.	meines Erachtens
MitbestG	Mitbestimmungsgesetz
MitbestErgG	Mitbestimmungsergänzungsgesetz
MoMiG	Gesetz zur Modernisierung des GmbH-Rechts und zur Bekämpfung von Missbräuchen
MontMiBestG	Montanmitbestimmungsgesetz
m.w.N.	mit weiteren Nachweisen
MwSt	Mehrwertsteuer
n.F.	neue Fassung
NJW	Neue Juristische Wochenschrift
NJW-RR	Neue Juristische Wochenschrift – Rechtsprechungs-Report
n.r.	nicht rechtskräftig
NStZ	Neue Zeitschrift für Strafrecht
NZA	Neue Zeitschrift für Arbeitsrecht
NZA-RR	NZA-Rechtsprechungs-Report – Zeitschrift
NZG	Neue Zeitschrift für Gesellschaftsrecht
o.ä.	oder ähnliches
OFD	Oberfinanzdirektion
OHG	Offene Handelsgesellschaft
OLG	Oberlandesgericht
p.a.	per annum (pro Jahr)
PSV	Pensionssicherungsverein
PublG	Publizitätsgesetz
RGBl	Reichsgesetzblatt
RRefG	Rentenreformgesetz
RVO	Reichsversicherungsordnung
Rz	Randziffer
S.	Seite
SGB	Sozialgesetzbuch
sog.	so genannt
StGB	Strafgesetzbuch
StPO	Strafprozessordnung
str.	streitig

TzBfG	Teilzeit- und Befristungsgesetz
u.a.	unter anderem
u.U.	unter Umständen
UmwBerG	Gesetz zur Bereinigung des Umwandlungsrechts
UmwG	Umwandlungsgesetz
v.H.	von Hundert (Prozent)
VerglO	Vergleichsordnung
VersR	Versicherungsrecht - Zeitschrift
vGA	verdeckte Gewinnausschüttung
vgl.	vergleiche
wistra	Zeitschrift für Wirtschafts- und Steuerstrafrecht
WM	Wertpapier-Mitteilungen – Zeitschrift
z.B.	zum Beispiel
Ziff.	Ziffer
ZIP	Zeitschrift für internationales Privatrecht
ZPO	Zivilprozessordnung

Checklisten

Inhaltsübersicht

Checklisten

Schnell und sicher: Arbeiten mit Checklisten

Wir möchten, dass Sie Ihre Geschäftsführungs-Aufgaben schnell und sicher erledigen. Ob Sie sich zuverlässig vorbereiten wollen, wenn Sie eine Aufgabe an den Berater delegieren, ob Sie einen Sachverhalt selbst erledigen oder im Vorfeld einer Entscheidung wissen wollen, was auf Sie zukommt: Mit unseren Checklisten verschaffen Sie sich einen schnellen und zuverlässigen Überblick.

- Wenn Sie einen Gesetzestext im Original nachlesen wollen, orientieren Sie sich an dem Symbol ⇨ ⚖. Es führt direkt zu der gesuchten Rechtsquelle.
- Wenn Sie sich zu einer bestimmten Frage vertiefend informieren wollen, folgen Sie ganz einfach dem Symbol ⇨ 📖. Hier finden Sie die entsprechenden Hintergrundinformationen.
- Wenn Sie ein Problem selbst bearbeiten wollen, dann nutzen Sie das Symbol ⇨ ✎. Es verweist auf zahlreiche Arbeitshilfen, mit denen Sie den jeweiligen Vorgang sofort erledigen können.

Sie können aber auch mit dem „klassischen" Inhaltsverzeichnis auf den vorderen Seiten des Checklisten Handbuches GmbH-Geschäftsführer das jeweilige Thema suchen, oder – wenn Sie ein bestimmtes Stichwort oder Formular nachschlagen wollen – über das alphabetische Stichwortverzeichnis am Ende dieses Handbuches auf den Inhalt über die Seitenangaben zugreifen.

Die Checklisten sind zur schnelleren Orientierung einheitlich aufgebaut:

Das müssen Sie beachten!

— Hier lesen Sie, welche Besonderheiten Sie zu diesem Sonderproblem auf jeden Fall kennen müssen!

Das müssen Sie tun!

☑ Im grauen Kasten sagen wir Ihnen, was Sie konkret tun müssen, um einen Sachverhalt systematisch zu bearbeiten.

Abberufung

Die Bestellung des Geschäftsführers (Abberufung) ist grundsätzlich jederzeit frei widerruflich (§ 38 Abs. 1 GmbHG ⇨ ⚖ 105).

Das müssen Sie beachten!

— Soweit im Gesellschaftsvertrag nichts anderes vorgesehen ist, erfolgt die *Abberufung* ⇨ 📖 180 ff durch Mehrheitsbeschluss der Gesellschafter. Ist die Bestellung des abzuberufenden Geschäftsführers im Gesellschaftsvertrag erfolgt, so ist zu seiner Abberufung eine Änderung des Gesellschaftsvertrages erforderlich.
— Mangels abweichender Bestimmungen im Gesellschaftsvertrag ist die fristlose Abberufung ohne Angabe von Gründen und ohne Anspruch auf vorherige Anhörung möglich. Der Gesellschaftsvertrag kann vorsehen, dass die Abberufung des Geschäftsführers nur aus *wichtigem Grund* 📖 ⇨ 180 ff erfolgen darf. Bei einer paritätisch mitbestimmten GmbH ist die Abberufung kraft Gesetzes nur aus wichtigem Grund möglich (§§ 84 Abs. 3 AktG, 31 MitbestG, 13 MontanMitbestG und schließlich, 13 MitbestErgG).
— Der Gesellschafter-Geschäftsführer hat bei seiner Abberufung Stimmrecht, es sei denn, die Abberufung erfolgt aus wichtigem Grund.
— Der Fremdgeschäftsführer kann gegen den ihn abberufenden Gesellschafterbeschluss keine Anfechtungsklage erheben, anders der Gesellschafter-Geschäftsführer.
— Mit der Abberufung erlischt die Bestellung des Geschäftsführers. Die Eintragung im Handelsregister hat nur deklaratorische Bedeutung.
— Mit der Abberufung endet nicht der *Anstellungsvertrag* ⇨ 📖 187 ff des Geschäftsführers; er bedarf grundsätzlich gesonderter, ausdrücklicher Kündigung (vgl. **Checkliste Kündigung** ⇨ 📄 60).

Das müssen Sie tun!

☑ Bei Abberufung eines durch Gesellschafterbeschluss bestellten Geschäftsführers:
– Gesellschafterversammlung zur *Beschlussfassung* ⇨ ✏ 338 über die Abberufung des Geschäftsführers einberufen.
– Die Abberufung zur *Eintragung in das Handelsregister* ⇨ ✏ 377 anmelden. Beizufügen ist: Gesellschafterbeschluss über die Abberufung des Geschäftsführers in Urschrift oder öffentlich beglaubigter Abschrift.
☑ Bei Abberufung eines im Gesellschaftsvertrag bestellten Geschäftsführers:
– Gesellschafterversammlung vor einem Notar zur Änderung des Gesellschaftsvertrages einberufen.
– Die Abberufung zur Eintragung in das Handelsregister unter Beifügung des vollständigen, geänderten Gesellschaftsvertrages mit Vollständigkeitsbescheinigung des Notars *anmelden*.
☑ Stets:
– Den abberufenen Geschäftsführer umgehend von den Geschäftsbriefen der GmbH entfernen.

Abfindung

Endet ein Beschäftigungsverhältnis durch Aufhebung oder Kündigung, ist damit häufig die Zahlung einer *Abfindung* ⇨ 📖 225, Entschädigung oder ähnlichen Leistung verbunden. Eine allgemein gültige gesetzliche Anspruchsgrundlage gibt es nicht.

Das müssen Sie beachten!

— Für den GmbH-Geschäftsführer kann nur eine vertragliche Regelung oder ein (vor dem Zivilgericht) erstrittener Vergleich Grundlage für einen Abfindungsanspruch sein.

— Als Ausgleich für den Arbeitsplatzverlust und dessen Folgen war die Abfindung steuerlich privilegiert. Die Steuerfreiheit bestimmter, nach Lebensalter und Betriebszugehörigkeit gestaffelter Freibeträge nach § 3 Nr. 9 EStG gilt seit dem 01.01.2006 nicht mehr.

— Unter bestimmten Voraussetzungen können Abfindungen aber auch heute noch Entschädigungen i.S.v. § 24 Nr. 1a i.V.m. § 34 Abs. 1 und 2 Nr. 2 EStG und damit im Rahmen der sog. 5tel-Regelung steuerbegünstigt sein (⇨ 📖 226).

— Bei bestehender Sozialversicherungspflicht gilt § 17 SGB IV und die sog. Arbeitsentgeltverordnung: Abfindungen sind stets sozialversicherungsfrei, soweit sie keine Entgeltbestandteile (Dienstbezüge) enthalten.

— Für die Beitragsfreiheit unerheblich ist, ob die Abfindung aufgrund arbeitsvertraglicher Regelung, Betriebsvereinbarung (Sozialplan), Tarifvertrag oder gesetzlicher Regelung beruht.

— Kein Freibetrag besteht für Karenzentschädigungen wegen eines nachvertraglichen *Wettbewerbsverbotes* ⇨ 📖 227.

— Tritt die Abfindung ganz oder teilweise an die Stelle einer nach dem Dienstvertrag noch geschuldeten restlichen Vergütung (auch Urlaubsabgeltung!), führt das in der Regel zum Ruhen von Ansprüchen auf Arbeitslosengeld (§§ 143, 143 a SGB III).

Das müssen Sie tun!

☑ Im *Dienstvertrag* ⇨ ✏ 427 eine Abfindungsregelung für alle nicht schuldhaft verursachten Fälle des Ausscheidens abhängig von der Beschäftigungsdauer festschreiben.

☑ Als Arbeitgeber (vgl. **Checkliste Geschäftsführer als Arbeitgeber** ⇨ 📄 36) neue gesetzliche Gestaltungsmöglichkeiten bei betriebsbedingten Kündigungen nutzen und mit der Kündigungserklärung ein Abfindungsangebot nach § 1a KSchG verbinden.

☑ Abfindungsvereinbarungen so gestalten, dass die 5tel-Regelung greift.

Altersversorgung

Ziel der Altersversorgung ist die Sicherung der Einkünfte und des Lebensstandards bei Invalidität, Alter und für Hinterbliebene im Todesfall. Gesetzliche Rentenversicherung und private Eigenvorsorge reichen oft nicht aus. Diese Lücke schließt die betriebliche Altersversorgung.

┌─── **Das müssen Sie beachten!** ──────────────────────────

— Das Gesetz über die *betriebliche Altersversorgung* ⇨ 📖 202 (BetrAVG) schafft selbst, abgesehen vom Fall der Entgeltumwandlung, keine Anspruchsgrundlage. Der GF kann sich auch nicht auf eine tarifliche Regelung, eine betriebliche Übung oder den arbeitsrechtlichen Gleichbehandlungsgrundsatz berufen.

— Erforderlich ist deshalb eine ausdrückliche Vereinbarung im *Anstellungsvertrag* ⇨ 📖 202, um im Versorgungsfall Leistungen einer Unterstützungs- oder Pensionskasse, eines Pensionsfonds oder aus einer auf das Leben des Geschäftsführers durch die Gesellschaft als Versicherungsnehmerin abgeschlossenen Lebensversicherung (Direktversicherung) zu erhalten (vgl. **Checkliste Direktversicherung** ⇨ 📄 24). Lediglich für pflichtversicherte Arbeitnehmer hat das reformierte Betriebsrentenrecht ab dem 01.01.2002 einen gesetzlichen Anspruch auf betriebliche Altersversorgung durch Entgeltumwandlung geschaffen.

— Sagt die Gesellschaft eine Altersversorgung unmittelbar, d.h., ohne Zwischenschaltung eines Trägers oder Bildung eines Sondervermögens zu (Pensionszusage), ist ein Beschluss der Gesellschafterversammlung zwingend erforderlich. (Zur steuerlichen Behandlung vgl. **Checkliste Pensionszusage** ⇨ 📄 69.)

— Eine Versorgungszusage nach dem BetrAVG war frühestens ab dem 30. Lebensjahr und mindestens 5 Jahre nach Erteilung der Versorgungszusage unverfallbar. Mit Wirkung zum 01.01.2009 wird die Altersgrenze auf das 25. Lebensjahr herabgesetzt.

— Die besonderen Schutzvorschriften des BetrAVG über Unverfallbarkeit, die *Insolvenzsicherung* ⇨ 📖 208 (vgl. **Checkliste Insolvenzsicherung** ⇨ 📄 55), Anrechnungs-, Auszehrungs- und Abfindungsverbote sowie die Verpflichtung des Arbeitgebers zur *Anpassung / Dynamisierung der Altersversorgung* ⇨ 📖 215 gelten kraft Gesetzes nur dann entsprechend, wenn der GF arbeitnehmerähnliche Person ist, also FremdGF oder Minderheitsgesellschafter-GF.

┌─── **Das müssen Sie tun!** ──────────────────────────

☑ Fremd-GF: Ansprüche auf betriebliche Altersversorgung konkret im *Anstellungsvertrag* ⇨ 🖊 187 regeln und die Geltung des BetrAVG ausdrücklich vereinbaren.

☑ Gesellschafter-GF: *Gesellschafterbeschluss* ⇨ 🖊 436 herbeiführen und beschlossene Zusage vertraglich fixieren.

☑ Beherrschender Gesellschafter-GF: Rückdeckungsversicherung abschließen.

☑ Ansprüche aus Rückdeckungsversicherung verpfänden lassen, um Absonderung des Anspruchs gegen die Versicherung im Insolvenzfall und dessen selbstständige Geltendmachung gegenüber dem Versicherer sicherzustellen.

Amtsniederlegung

Mit der Amtsniederlegung erklärt der Geschäftsführer sein Amt für beendet. Eine gesetzliche Regelung fehlt.

Das müssen Sie beachten!

— Ein Geschäftsführer darf grundsätzlich jederzeit fristlos oder befristet sein Amt niederlegen, ohne dass ein wichtiger Grund vorzuliegen braucht.

— Wurde der Geschäftsführer im Gesellschaftsvertrag bestellt, kann er sein Amt auch ohne vorherige Änderung des Gesellschaftsvertrages niederlegen. Jedoch sollte dies möglichst bald nachgeholt werden.

— Die *Amtsniederlegung* ⇨ 📖 183 sollte den Gesellschaftern gegenüber erklärt werden und wird mit dem Zugang der Erklärung wirksam (zu den Konsequenzen **Checkliste Notgeschäftsführer** ⇨ 📄 64).

— Mit der Amtsniederlegung ist in der Regel nur die Stellung des Geschäftsführers als Vertretungsorgan der GmbH beendet. Der *Anstellungsvertrag* ⇨ 📖 187 ff muss grundsätzlich gesondert und ausdrücklich gekündigt werden (**Checkliste Kündigung** ⇨ 📄 60).

— Legt der einzige Geschäftsführer sein Amt nieder, so hat er die Beendigung seines Amtes selbst zum Handelsregister anzumelden.

Das müssen Sie tun!

☑ Die *Amtsniederlegung* ⇨ ✎ 393 möglichst mit Einschreiben und Rückschein allen Gesellschaftern gegenüber erklären.

☑ Amtsniederlegung zur *Eintragung in das Handelsregister* ⇨ ✎ 378 anmelden. Beizufügen ist:
  – Erklärung der Amtsniederlegung
  – Zustellungsnachweise.

☑ Der Geschäftsführer, der sein Amt niedergelegt hat, sollte umgehend von den Geschäftsbriefen der GmbH entfernt werden.

Anfechtung

Die Rechtsfolgen eines mit einem Mangel behafteten Gesellschafterbeschlusses sind im GmbHG nicht geregelt. Sie sind in sinngemäßer Anwendung der aktienrechtlichen Vorschriften (§§ 241 ff AktG) nichtig oder anfechtbar.

── Das müssen Sie beachten! ──

— In der Regel sind mit einem Mangel behaftete Gesellschafterbeschlüsse wirksam, jedoch mit der Anfechtungsklage anfechtbar. Anfechtungsgründe sind z. B.:
  – Teilnahme von Nichtberechtigten an der Gesellschafterversammlung.
  – Abstimmung über nicht ausreichend angekündigte Beschlussgegenstände.
  – Einbeziehung von nicht stimmberechtigten Stimmen.
  – Verstöße gegen den Gesellschaftsvertrag.
  – Verstöße gegen gesetzliche Regelungen, die nicht bereits zur Nichtigkeit führen.
— Hiervon zu unterscheiden sind nichtige, d.h. unwirksame Gesellschafterbeschlüsse. Nichtigkeitsgründe sind z. B.:
  – Einberufungsmängel.
  – Verstöße gegen zwingende gesetzliche Bestimmungen.
  – Verstöße gegen die guten Sitten.
— Die Anfechtungsklage richtet sich gegen die GmbH, vertreten durch die *Geschäftsführer* ⇨ 📖 159. Die Anfechtungsklage ist grundsätzlich innerhalb eines Monats von einem Anfechtungsberechtigten zu erheben (§ 246 Abs. 1 AktG analog), falls der Gesellschaftsvertrag keine anderen Fristen vorsieht. Klageberechtigt sind nach überwiegender Meinung nur die Gesellschafter, nicht auch die Geschäftsführer.
— Für den Geschäftsführer stellt sich die Frage, ob er mangelbehaftete Gesellschafterbeschlüsse vollziehen oder ihre *Vollziehung verweigern* ⇨ 📖 249 f muss. Verhält er sich falsch, riskiert er seine Abberufung sowie Kündigung und macht sich u.U. schadensersatzpflichtig.

── Das müssen Sie tun! ──

☑ Vor Vollzug eines Gesellschafterbeschlusses prüfen, ob er nichtig oder anfechtbar ist. Rechtsberater konsultieren!
☑ Nichtige Gesellschafterbeschlüsse nicht vollziehen.
☑ Bei anfechtbaren Beschlüssen:
  – Prüfen, ob die Anfechtungsmöglichkeit noch besteht.
  – Anfechtungsberechtigte Gesellschafter auf die Möglichkeit der Anfechtung hinweisen.
  – Vor Ablauf der Anfechtungsfrist den Gesellschafterbeschluss grundsätzlich nicht vollziehen.
  – Sofern innerhalb der Anfechtungsfrist keine Anfechtungsklage erhoben wurde, den Gesellschafterbeschluss vollziehen.

Angehörigenverträge

Verträge, welche der Geschäftsführer als Vertreter der GmbH mit eigenen nahen Angehörigen oder nahen Angehörigen von Gesellschaftern schließt, sind wegen des besonderen Vertrauensverhältnisses der Beteiligten anfällig für missbräuchliche Gestaltungen.

Das müssen Sie beachten!

— Verträge mit oder unter (nahen) Angehörigen unterliegen keinen speziellen Verboten oder Beschränkungen, sieht man von der notariellen Beurkundungspflicht für Eheverträge ab. Die meisten Gesellschaftsverträge regeln ein besonderes Zustimmungserfordernis.

— Vertragliche Vereinbarungen unter nahen Angehörigen sind besonders häufig im Gesellschafts-, Miet-, Pacht- und Arbeitsrecht, aber auch in den Bereichen Darlehen und Bürgschaft und – natürlich – beim entgeltlichen oder unentgeltlichen Erwerb oder der Übertragung von Vermögenswerten (Kauf, Schenkung, gemischte Schenkung) anzutreffen.

— Wer zu den Angehörigen zählt, regelt § 15 AO.

— Unbeschadet ihrer zivilrechtlichen Wirksamkeit werden Verträge zwischen Angehörigen steuerlich nur anerkannt, wenn sie dem so genannten Fremd- oder Drittvergleich standhalten, Leistung und Gegenleistung also in einem angemessenen, auch für Verträge mit Dritten üblichen Verhältnis zueinander stehen, inhaltlich hinreichend bestimmt und tatsächlich zur Durchführung gelangt sind.

— Sind Eltern und minderjährige Kinder Vertragsparteien, ist fast immer die Mitwirkung eines durch das Vormundschaftsgericht zu bestellenden Ergänzungspflegers erforderlich und häufig die vormundschaftsgerichtliche Genehmigung.

Das müssen Sie tun!

☑ Gesellschafterbeschluss herbeiführen.

☑ Vor Abschluss von Verträgen mit Angehörigen prüfen, ob der vorgesehene Leistungsaustausch auch mit Dritten wirtschaftlich vernünftig wäre und wie die markt- oder verkehrsüblichen Rahmenbedingungen beschaffen sind.

☑ Alle Vereinbarungen schriftlich dokumentieren.

☑ Keine Gefälligkeitserklärungen abgeben oder auf geschuldete Leistungen oder verkehrsübliche Sicherheiten/Ansprüche verzichten.

☑ Die vertraglich geschuldeten Leistungen tatsächlich und fristgerecht fordern bzw. erbringen, bei Dauerschuldverhältnissen, also etwa Miet-, Pacht- und Arbeitsverhältnissen, regelmäßig bewirken.

☑ Keinen Leistungsaustausch über gemeinsame (Familien-) Konten vornehmen.

☑ Beim Abschluss von Arbeitsverträgen alle für Arbeitnehmer geltenden sozialversicherungsrechtlichen und steuerlichen Anmelde- und Abführungspflichten beachten.

Anstellungsvertrag

Rechtsgrundlage für das Innenverhältnis des Geschäftsführers zur Gesellschaft ist die Anstellung, in der Regel ein entgeltlicher Dienstvertrag, seltener (unentgeltliches) Auftragsverhältnis.

┌─ **Das müssen Sie beachten!** ─────────────────────────────────

— Der *Anstellungsvertrag* ⇨ 📖 187 des GF ist Dienstvertrag. Auch der Fremd-GF ist kein Arbeitnehmer im arbeitsrechtlichen Sinne. Zahlreiche, für Arbeitnehmer gesetzlich geregelte Ansprüche müssen deshalb ausdrücklich im Anstellungsvertrag begründet werden.

— Als Dienstvertrag unterliegt der Anstellungsvertrag des Geschäftsführers nicht der Inhaltskontrolle nach dem Recht der Allgemeinen Geschäftsbedingungen. Auch die strenge Schriftform für die Kündigung oder die einvernehmliche Aufhebung des Vertrages gilt nicht.

— Der Anstellungsvertrag muss den Anforderungen des AGG genügen, soweit er den Zugang des Geschäftsführers zur Erwerbstätigkeit sowie seinen beruflichen Aufstieg regelt.

— Bei *Abschluss, Änderung und Beendigung* ⇨ 📖 187 des Anstellungsvertrages wird die ansonsten durch den GF vertretene Gesellschaft durch die Gesellschafterversammlung vertreten, sofern der Gesellschaftsvertrag diese Kompetenz nicht auf einen Aufsichts- oder Beirat übertragen hat.

— Soweit der *Inhalt des Anstellungsvertrages* ⇨ 📖 188 ff durch die Gesellschafterversammlung konkretisiert und beschlossen ist, kann der Gesellschafter-GF beim Abschluss des Vertrages auf beiden Seiten tätig werden. Das Stimmrechtsverbot in eigener Sache gilt dann ebensowenig wie das Verbot des Selbstkontrahierens („In-Sich-Geschäfte").

┌─ **Das müssen Sie tun!** ─────────────────────────────────

☑ GF-Tätigkeit erst nach wirksamem Zustandekommen eines Gesellschafterbeschlusses und schriftlicher Fixierung des *Anstellungsvertrages* ⇨ ✒ 189, 427 aufnehmen.

☑ Ansprüche, die Arbeitnehmern gesetzlich oder kraft Tarifvertrags zustehen, im Anstellungsvertrag ausdrücklich vereinbaren (Fortzahlung des Gehalts im Krankheitsfall, Urlaub etc.).

☑ Der Gesellschafter-GF muss besonderes Augenmerk auf *erfolgsbezogene Gehaltsbestandteile* ⇨ ✒ 196, 429 und die hierfür entwickelten steuerlichen Angemessenheitskriterien richten, um vGA zu vermeiden (vgl. **Checkliste Verdeckte Gewinnausschüttung** ⇨ 🗎 80).

☑ Bei der Vertragsanbahnung und -gestaltung die Diskriminierungsmerkmale und das Benachteiligungsverbot des AGG beachten.

☑ Karenzentschädigungsansprüche für nachvertragliches *Wettbewerbsverbot* ⇨ ✒ 430 ausdrücklich im Anstellungsvertrag festschreiben.

☑ Klage vor dem Amts- oder Landgericht (nicht Arbeitsgericht) erheben, wenn Ansprüche aus dem Anstellungsverhältnis verfolgt oder abgewehrt werden sollen.

Anteilsbewertung

Der Geschäftsführer wird insbesondere bei Erwerb und Verkauf von GmbH-Anteilen, bei deren Einziehung, bei Ausscheiden eines Gesellschafters, im Rahmen der Rechnungslegung und bei Umwandlungen mit der *Bewertung* ⇨ 📖 154 f von GmbH- Geschäftsanteilen konfrontiert.

Das müssen Sie beachten!

— Bei *Erwerb* ⇨ 📖 154 f von GmbH-Anteilen durch die GmbH:
  – Es ist der *Verkehrswert* des zu erwerbenden Geschäftsanteils zu ermitteln, nämlich der Preis, der bei Veräußerung aller GmbH-Anteile für den betreffenden Anteil zu zahlen wäre.
  – Abzustellen ist grundsätzlich auf den zu erwartenden Ertrag und nicht auf die Substanz, wobei ein erheblicher Bewertungsspielraum besteht.
  – Einfache Faustregel: Je höher das Risiko, desto geringer der Faktor, mit dem der gewichtete durchschnittliche Ertrag der Ziel-GmbH zu multiplizieren ist.
— Bei *Verkauf* ⇨ 📖 155 von GmbH-Anteilen, welche die GmbH hält, gilt außerdem:
  – Der Geschäftsführer muss den Kaufinteressenten ungefragt über alle Umstände informieren, welche die Werthaltigkeit des Anteils betreffen.
  – Der Unterschiedsbetrag zwischen dem *Buchwert* ⇨ 📖 155 des aus dem Betriebsvermögen verkauften Anteils und dem Verkaufserlös ist steuerpflichtiger Veräußerungsgewinn.
— Bei *Einziehung* ⇨ 📖 172 f eines Geschäftsanteils und Ausscheiden eines Gesellschafters:
  – Mangels abweichender Regelung im Gesellschaftsvertrag ist der Verkehrswert maßgebend.
  – Der Gesellschaftsvertrag sieht regelmäßig vor, dass für die Bewertung der steuerliche „gemeine" Wert zu Grunde zu legen ist.
  – Das Einziehungs- oder Abfindungsentgelt ist für die GmbH kein steuerpflichtiger Erwerb, auch wenn der Zahlungsbetrag unter dem Wert des Anteils liegt.
— Für die bilanzielle Bewertung von im Anlage- oder Umlaufvermögen gehaltenen GmbH-Anteilen sind deren Anschaffungskosten maßgeblich. Unter strengen Voraussetzungen sind im Anlagevermögen Abschreibungen auf einen geringeren *Teilwert* steuerlich zulässig.
— Bei Umwandlungen ist jedem widersprechenden Anteilseigner eine Barabfindung anzubieten, der dem Verkehrswert des Anteils im Zeitpunkt des Umwandlungsbeschlusses entspricht.

Das müssen sie tun!

☑ Stets einen Sachverständigen mit der Bewertung beauftragen.
☑ Einvernehmen zwischen den Beteiligten über die Person des Sachverständigen erzielen.
☑ Bei zustimmungsbedürftigem Geschäft Gesellschafterbeschluss herbeiführen.

Auskunfts- und Einsichtsrechte

Der Geschäftsführer hat jedem Gesellschafter auf Verlangen unverzüglich Auskunft über die Angelegenheiten der Gesellschaft zu geben und die Einsicht der Bücher und Schriften zu gestatten (§ 51 a GmbHG ➪ ⚖ 109).

Das müssen Sie beachten!

— Zu den Angelegenheiten der Gesellschaft gehören alle das Gesellschaftsverhältnis, die Unternehmensführung, die Gewinnermittlung und -verwendung, rechtliche und wirtschaftliche Verhältnisse der GmbH betreffenden Tatsachen. Hierzu gehören auch die Bezüge jedes einzelnen Geschäftsführers.

— Die *Auskunftspflicht* ➪ 📖 153 ff besteht nur in Bezug auf Tatsachen, nicht jedoch auf Wertungen.

— Die mit dem *Einsichtsrecht* ➪ 📖 153 des Gesellschafters korrespondierende Informationspflicht des Geschäftsführers betrifft alle Bücher und Schriften der GmbH, aber auch alle sonstigen Aufzeichnungen (z.B. Filme, Tonträger, Dateien, EDV etc.). Der Gesellschafter darf auf eigene Kosten Kopien anfertigen. Ein Büro kann er nicht beanspruchen.

— Bezüglich desselben Informationsanspruchs besteht die Pflicht des Geschäftsführers grundsätzlich nur einmal.

— Der Geschäftsführer darf die Auskunft und die Einsicht nur verweigern, wenn die Gefahr besteht, dass die Informationen zu gesellschaftsfremden Zwecken verwendet werden und dadurch der Gesellschaft oder einem verbundenen Unternehmen ein nicht unerheblicher Nachteil zugefügt würde. Dies ist nur ganz ausnahmsweise der Fall, z. B., wenn Anhaltspunkte dafür bestehen, dass die Informationen zu Konkurrenzzwecken verwendet würden.

— Der Gesellschaftsvertrag darf die Auskunfts- und Einsichtsrechte der Gesellschafter nicht schmälern, wohl aber ihre Ausübung näher regeln: Er kann die Ausübung der Rechte in einer bestimmten Form innerhalb einer bestimmten Frist vorschreiben.

— Bei einer GmbH & Co. KG erstreckt sich das Auskunfts-/Einsichtsrecht der Gesellschafter auch auf sämtliche Angelegenheiten der KG.

Das müssen Sie tun!

☑ Im Einzelfall prüfen, ob die begehrte Auskunft und Einsicht verweigert werden darf.

☑ Soll die Auskunft bzw. Einsicht verweigert werden, eine Gesellschafterversammlung zur *Beschlussfassung* ➪ ✎ 358 über die Verweigerung der Auskunft oder Einsicht einberufen. Hierbei die gesetzlichen und gesellschaftsvertraglichen Formen und Fristen der Einberufung wahren (vgl. **Checkliste Gesellschafterversammlung** ➪ 📄 44, siehe auch ➪ 📖 147).

☑ Vollständige Auskunft erteilen oder Einsicht gewähren.

Auslandsgründungen

Kapitalgesellschaften können im EU- und im Nicht-EU-Ausland nach dem jeweiligen Ortsrecht gegründet werden. Eine deutsche GmbH kann auch im Ausland errichtet werden.

Das müssen Sie beachten!

— Eine Kapitalgesellschaft, die in einem EU-Mitgliedstaat gegründet und dort rechtsfähig ist, ist auch in jedem anderen Mitgliedstaat der EU als rechtsfähig anzuerkennen.
— Die Niederlassungsfreiheit gemäß Art. 43 EGV hat zur Folge, dass die Kapitalgesellschaft ihre Rechte in jedem Mitgliedstaat geltend machen kann. Das gilt auch, wenn sie ihren Verwaltungssitz in einen anderen Mitgliedstaat verlegt.
— Eine europäische Auslandskapitalgesellschaft mit nur tatsächlichem Verwaltungssitz in Deutschland ist hier prozessfähig und kann im Grundbuch eingetragen werden.
— Der Verwaltungssitz einer GmbH muss nicht mit dem zwingend inländischen Satzungssitz identisch sein. Eine deutsche GmbH kann ihren Verwaltungssitz auch im Ausland nehmen oder ihn in das Ausland verlegen, so dass im Ausland aktive Gesellschaften in der Rechtsform der GmbH geführt werden können.
— Die Errichtung einer deutschen GmbH im In- oder Ausland setzt den Abschluss eines formwirksamen, nämlich notariell beurkundeten Gesellschaftsvertrages voraus. Erst mit Eintragung im deutschen Handelsregister ist die GmbH entstanden (§ 11 Abs. 1 GmbHG ⇨ ⚖ 98).
— Formwirksam ist die Beurkundung auch durch einen ausländischen Notar (z.B. in der Schweiz), wenn er nach Vorbildung und Stellung im Rechtsleben, insbesondere auch nach dem für ihn geltenden Haftungs-, Standes- und Disziplinarrecht eine der Tätigkeit des deutschen Notars entsprechende Funktion erfüllt und für die Errichtung der Urkunde ein dem deutschen Beurkundungsrecht gleichwertiges Verfahrens zu beachten hat.

Das müssen Sie tun!

☑ Prüfen, ob im konkreten Fall die Beurkundungskosten für die Errichtung einer deutschen GmbH im benachbarten Ausland geringer sind.
☑ Ggf. bei der dem deutschen Notar gleichwertigen Urkundsperson Errichtung und Gesellschaftsvertrag der GmbH beurkunden lassen.
☑ Ggf. den Verwaltungssitz der deutschen GmbH in das Land ihrer Aktivität verlagern.
☑ Inländische Geschäftsanschrift zur Eintragung in das Handelsregister der GmbH anmelden.
☑ Zweigniederlassung der ausländischen Kapitalgesellschaft zur Eintragung im deutschen Handelsregister anmelden.
☑ Ggf. für inländische Zweigniederlassung einer ausländischen Kapitalgesellschaft eine empfangsberechtigte Person im Inland bestimmen, mit Namen und Anschrift zum Handelsregister anmelden.

Ausschluss aus der GmbH

Der Ausschluss eines Gesellschafters aus wichtigem Grund ist im GmbHG nicht vorgesehen.

Das müssen Sie beachten!

— Enthält der Gesellschaftsvertrag keine abweichende Regelung, erfolgt der *Ausschluss* ⇨ 📖 173 nur durch gerichtliches Urteil auf Grund einer von der Gesellschaft zu erhebenden Ausschlussklage.

— Die *Ausschlussklage* ⇨ 📖 173 ihrerseits setzt einen Gesellschafterbeschluss voraus, für den notarielle Form gem. § 53 Abs. 2 Satz 1 GmbHG ⇨ ♊ 109 nicht erforderlich ist und bei dem der auszuschließende Gesellschafter gem. § 47 Abs. 4 GmbHG ⇨ ♊ 108 nicht stimmberechtigt ist.

— Die Gesellschaft kann wählen, ob der Ausschluss durch Abtretung des Geschäftsanteils an die Gesellschaft oder an einen von ihr bestimmten Erwerber erfolgen soll. Der Ausgeschlossene hat Anspruch auf *Abfindung* ⇨ 📖 174, die im Ausschlussurteil festgesetzt werden kann oder im Gesellschaftsvertrag bestimmt ist.

— Die Abtretung kraft Gesellschaftsvertrags und Gesellschafterbeschlusses bedarf notarieller Beurkundung (§ 15 GmbHG ⇨ ♊ 98).

— Der Geschäftsanteil selbst geht erst mit Abtretung auf den Erwerber über.

Das müssen Sie tun!

☑ Je nach *gesellschaftsvertraglicher Regelung* ⇨ ✏ 423 Ausschlussklage oder Ausschlussbeschluss schriftlich androhen.

☑ Abfindungsentgelt vorsorglich ermitteln.

☑ Ohne gesellschaftsvertragliche Regelung: Gesellschafterversammlung einberufen zur Beschlussfassung mit ¾-Mehrheit
 – über die Erhebung der Ausschlussklage,
 – ggf. mit Bestimmung eines Sondervertreters, falls Geschäftsführer auf Grund besonderer Beziehungen zu dem Auszuschließenden als Prozessvertreter ausscheiden.
 – Ergebnis der Beschlussfassung protokollieren.

☑ Mit *gesellschaftsvertraglicher Regelung* ⇨ ✏ 423 Gesellschafterversammlung einberufen zur Beschlussfassung mit der gesellschaftsvertraglich vorgesehenen Mehrheit,
 – über Ausschluss und Abtretung,
 – mit im Fall einer Abtretung gesonderter Abstimmung über den Erwerber des Anteils unter Beteiligung des Auszuschließenden,
 – Ergebnis der Beschlussfassung protokollieren.
 – Anteilsabtretung in notarieller Urkunde veranlassen.

Beirat

Einen Beirat kennt das GmbHG nicht. Den Gesellschaftern aber steht es frei, kraft Satzungsbestimmung einen Beirat einzurichten.

Das müssen Sie beachten!

— Nimmt der Beirat ausschließlich Überwachungsaufgaben wahr, handelt es sich tatsächlich um einen Aufsichtsrat i.S.d. § 52 ⇨ ⚖ 109. Dessen Einrichtung steht, ebenso wie die Schaffung eines Beirats, im Ermessen der Gesellschafter. Ausnahmen gelten für solche Gesellschaften, die unter den Geltungsbereich der Mitbestimmungsgesetze fallen oder Investmentgesellschaften i.S.d. Gesetzes über Kapitalanlagegesellschaften sind.

— Beiratsmitglieder können nur natürliche und unbeschränkt geschäftsfähige Personen sein.

— Auch Nichtgesellschafter können in den Beirat berufen werden, so etwa Angehörige der rechts- und steuerberatenden Berufe oder Bankenvertreter.

— Die Satzungsautonomie ermöglicht eine auch substanzielle und verdrängende *Verlagerung von Gesellschafter-Kompetenzen* ⇨ 📖 144 auf den Beirat. Der Gesellschafterversammlung muss aber eine Restkompetenz für Grundsatzentscheidungen verbleiben. Dazu gehören im Zweifel alle satzungs- und strukturändernden Entscheidungen, ferner unentziehbare individuelle Mitwirkungsrechte der Gesellschafter.

— Fehlerhafte Beiratsbeschlüsse über originär der Gesellschafterversammlung zugewiesene Beschlussgegenstände können wie Gesellschafterbeschlüsse mit der Nichtigkeitsfeststellungs- oder Anfechtungsklage angegriffen werden.

Das müssen Sie tun!

☑ Feststellen, ob die Satzung der Gesellschaft die Einrichtung eines Beirats vorsieht und der Beirat bestellt ist.

☑ Prüfen, inwieweit dem Beirat an Stelle oder zusätzlich zur Gesellschafterversammlung Mitwirkungs-, Kontroll- und Weisungsrechte gegenüber der Geschäftsführung zugewiesen sind.

☑ Ggf. die Einrichtung eines Beirats anregen und eine Gesellschafterversammlung zur *Beschlussfassung* ⇨ ✒ 367 über die Einrichtung und Bestellung eines Beirats unter Beachtung der hierfür vom Gesetz und der Satzung vorgesehenen Förmlichkeiten (Satzungsänderung!) einberufen.

☑ Eine etwa von der Gesellschafterversammlung beschlossene Geschäftsordnung ⇨ ✒ 356 für den Beirat mit satzungsändernden Inhalten zum Handelsregister einreichen.

Beschlussfassung

Beschlüsse in Angelegenheiten der GmbH werden von den Gesellschaftern grundsätzlich in der Gesellschafterversammlung, ausnahmsweise durch Einverständnis aller Gesellschafter mit der zu treffenden Bestimmung in Textform oder in schriftlicher Abstimmung gefasst. Zur virtuellen Gesellschafterversammlung vgl. **Checkliste Gesellschafterversammlung** ⇨ 🗎 44.

Das müssen Sie beachten!

— Sieht der Gesellschaftsvertrag kein Mindestkapital als Voraussetzung für die Beschlussfähigkeit der Gesellschafterversammlung vor, können bei ordnungsgemäßer *Einberufung* ⇨ 📖 147 grundsätzlich wirksame Beschlüsse gefasst werden, gleichgültig, wie viele Gesellschafter/Geschäftsanteile anwesend/vertreten sind.
— Nach dem GmbHG sind Beschlüsse in der Regel mit einfacher Mehrheit (mehr als die Hälfte der Stimmen), für Satzungsänderungen und Liquidation mit ¾-Mehrheit zu fassen. Der Gesellschaftsvertrag kann Abweichungen (evtl. auch Einstimmigkeit) vorsehen. Bei Stimmengleichheit gilt ein Antrag als abgelehnt.
— Der betroffene Gesellschafter ist vom Stimmrecht ausgeschlossen, wenn es z.B. um seine Entlastung (vgl. **Checkliste Entlastung** ⇨ 🗎 29) als Geschäftsführer, seine Befreiung von einer Verbindlichkeit, die Vornahme eines Rechtsgeschäfts oder die Aufnahme eines Rechtsstreits der GmbH mit ihm geht.
— Gravierende Mängel führen bei Anfechtung zur Nichtigkeit des Beschlusses (vgl. **Checkliste Anfechtung** ⇨ 🗎 11). Solche sind u.a.: Einberufungsmängel, Formmängel, sittenwidriger Inhalt. Beschlüsse sind innerhalb von ca. 1 Monat anfechtbar, sofern ihnen Verfahrensmängel anhaften oder wenn sie gegen Gesetz oder Gesellschaftsvertrag verstoßen.

Das müssen Sie tun!

☑ Ordnungsgemäß zur Gesellschafterversammlung einladen (vgl. **Checkliste Gesellschafterversammlung** ⇨ 🗎 44).
☑ Zahl der anwesenden und vertretenen (Vollmachten) Stimmen für die Beschlussfähigkeit feststellen.
☑ *Beschlussgegenstand* ⇨ ✏ 411 als Antrag formulieren.
☑ Gesellschaftsvertragliche oder gesetzliche Mehrheitserfordernisse prüfen.
☑ Stimmrechtsausschlüsse prüfen.
☑ Formerfordernisse (z.B. notarielle Beurkundung) prüfen.

Bestellung

Der Geschäftsführer wird durch seine Bestellung zum gesetzlich zwingend vorgeschriebenen Handlungsorgan der GmbH. Seine Bestellung erfolgt entweder im Gesellschaftsvertrag oder durch Gesellschafter- bzw. Gerichtsbeschluss (§ 6 Abs. 3 i. V. m. §§ 35 ff GmbHG und 29 BGB ➪ ⚖ 104).

Das müssen Sie beachten!

— Die *Bestellung* ➪ 📖 138 f des Geschäftsführers durch Gesellschafterbeschluss bedarf grundsätzlich der einfachen Mehrheit der abgegebenen Stimmen. Der Gesellschaftsvertrag kann eine andere Mehrheit vorschreiben. Sollen Gesellschafter zu Geschäftsführern gewählt werden, dürfen sie mitstimmen.
— Die Bestellung eines *Notgeschäftsführers* ➪ 📖 141 durch das Amtsgericht, in dessen Bezirk die GmbH ihren Sitz hat, ist nur dann zulässig, wenn die GmbH keinen Geschäftsführer hat, ein dringender Fall vorliegt und einer der Gesellschafter die Bestellung beantragt (vgl. **Checkliste Notgeschäftsführer** ➪ 📄 64).
— Da das Bestellungsverfahren den Zugang des Geschäftsführers zur Erwerbstätigkeit und seinen beruflichen Aufstieg betrifft, gelten wesentliche Vorschriften des AGG.

Das müssen Sie tun!

☑ Gesellschafterversammlung zur Beschlussfassung über die *Bestellung des Geschäftsführers* ➪ ✏ 370 einberufen.
☑ Bestellung zur *Eintragung in das Handelsregister* ➪ ✏ 377 anmelden. Einzureichen sind:
   – Gesellschafterbeschluss über die Bestellung des Geschäftsführers in Urschrift oder öffentlich beglaubigter Abschrift.
   – *Versicherung* ➪ ✏ 377 des bestellten Geschäftsführers, dass keine Umstände vorliegen, die seiner Bestellung nach § 6 Abs. 2 GmbHG entgegenstehen.
   – Unterschriftzeichnung zur Aufbewahrung beim Registergericht.
☑ Bei Änderung der Bestellung des Geschäftsführers im Gesellschaftsvertrag:
   – Gesellschafterversammlung vor einem Notar einberufen.
   – Den in notariell beurkundeter Form geänderten Gesellschaftsvertrag und die Bestellung des Geschäftsführers zur Eintragung in das Handelsregister anmelden.
☑ Beizufügen sind:
   – Notariell beurkundeter Gesellschafterbeschluss in Abschrift.
   – Der vollständige, geänderte Gesellschaftsvertrag zusammen mit der Vollständigkeitsbescheinigung des Notars.
   – Versicherung des bestellten Geschäftsführers, § 6 Abs. 2 GmbHG.
   – Unterschriftzeichnung zur Aufbewahrung beim Registergericht.
☑ Sämtliche Geschäftsführer auf den Geschäftsbriefen der GmbH angeben.

Betriebsprüfung

Betriebsprüfungen sind Ermittlungen und Ermittlungsmaßnahmen der hierfür zuständigen Dienststellen, die auf Grund einer Prüfungsanordnung erfolgen und auf die umfassende Prüfung der Besteuerungsgrundlagen der GmbH gerichtet sind.

Das müssen Sie beachten!

— Der *Umfang der Betriebsprüfung* ⇨ 📖 328 (BP) ist in einer schriftlichen Prüfungsanordnung nebst Begründung und Rechtsbehelfsbelehrung zu bestimmen.
— Der Geschäftsführer ist als gesetzlicher Vertreter (§ 34 AO) der GmbH zur Mitwirkung bei der BP verpflichtet (§ 200 AO).
— Dem Prüfer sind Auskünfte zu erteilen, Aufzeichnungen, Bücher, Geschäftspapiere und andere Urkunden zur Einsicht und Prüfung vorzulegen und ein geeigneter Arbeitsplatz sowie Hilfsmittel unentgeltlich zur Verfügung zu stellen.
— Dem Betriebsprüfer muss, entweder in Form von unmittelbarem oder mittelbarem Datenzugriff oder durch *Überlassung von Datenträgern* (S. 329) die Zugriffsmöglichkeit auf steuerrelevante gespeicherte EDV-Daten eingeräumt werden.

Das müssen Sie tun!

☑ Prüfen, ob die Prüfungsanordnung formal richtig und vollständig (Firma, Anschrift, Rechtsformbezeichnung, Steuernummer, Prüfungszeiträume, Steuerarten) sowie ausreichend begründet ist. Anderenfalls *Einspruch einlegen* ⇨ 🖋 406 und *Aussetzung der Vollziehung* ⇨ 🖋 405 beantragen.
☑ Prüfen, ob der Prüfungstermin passend ist. Anderenfalls Einspruch unter Angabe von Verlegungsgründen einlegen.
☑ Prüfen, ob ein angemessener Arbeitsplatz für den Prüfer im Betrieb vorhanden ist. Anderenfalls klären, ob Prüfung an Amtsstelle oder im Büro des steuerlichen Beraters stattfinden soll.
☑ Auskunftsperson im Betrieb auswählen und benennen.
☑ Zu prüfende Bilanzen, Belege und EDV-Daten auf Schwachstellen vorsichten und mit dem steuerlichen Berater vorbesprechen.
☑ Eventuell berichtigte Erklärungen vor Erscheinen des Prüfers abgeben.

Betriebsübergang

Geht ein Betrieb oder ein Betriebsteil durch Rechtsgeschäft auf einen anderen Inhaber über, tritt dieser in die Rechte und Pflichten aus den im Zeitpunkt des Übergangs bestehenden Arbeitsverhältnissen ein (§ 613 a BGB).

Das müssen Sie beachten!

— Notwendig ist der Übergang einer ihrer Identität wahrenden wirtschaftlichen Einheit im Sinne einer organisatorischen Zusammenfassung von Ressourcen zur Verfolgung einer wirtschaftlichen Haupt- oder Nebentätigkeit, d.h., sachlicher Betriebsmittel und Personal.

— Der Übernehmer muss die tatsächliche Nutzungs- und Verfügungsmacht (= unternehmerische Leitungsmacht) erlangen.

— Wird ein Arbeitsverhältnis durch den Übergeber oder Übernehmer wegen des Übergangs gekündigt, ist die Kündigung unwirksam. Das Recht zur Kündigung aus anderen, verhaltens- oder personenbedingten Gründen bleibt unberührt.

— § 613 a BGB ist zwingend und kann deshalb weder durch Arbeitsvertrag noch durch Vereinbarung zwischen Veräußerer und Erwerber des Betriebs ausgeschlossen werden. Möglich hingegen sind Aufhebungsverträge zwischen dem alten oder neuen Betriebsinhaber und einzelnen Arbeitnehmern.

— Der Bestandsschutz erfasst auch Tarifverträge und/oder Betriebsvereinbarungen. Art und Umfang ihrer Fortgeltung hängen davon ab, ob der Betriebserwerber seinerseits der Tarifbindung unterliegt. Fehlt es hieran, werden die Regelungen des bisherigen Tarifvertrages Inhalt der Arbeitsverträge zwischen dem Erwerber und den übernommenen Arbeitnehmern. Sie unterliegen einer einjährigen Veränderungssperre.

— Die vom Übergang betroffenen Arbeitnehmer sind vorher in Textform über den geplanten Zeitpunkt des Übergangs, seinen Grund, die rechtlichen, wirtschaftlichen und sozialen Folgen und die hinsichtlich der Arbeitnehmer vorgesehenen Maßnahmen konkret zu unterrichten.

— Die betroffenen Arbeitnehmer haben das Recht, dem Übergang ihres Arbeitsverhältnisses innerhalb eines Monats nach Unterrichtung schriftlich gegenüber dem bisherigen Arbeitgeber oder dem neuen Inhaber zu widersprechen. Eine fehlerhafte oder unvollständige Unterrichtung setzt die Widerspruchsfrist nicht in Gang.

Das müssen Sie tun!

☑ Vor Betriebs- oder Teilbetriebsveräußerung oder -erwerb lückenlos die bestehenden Arbeitsverhältnisse und deren sämtliche Leistungsbestandteile, einschließlich etwaiger Ansprüche auf betriebliche Altersversorgung erfassen und bewerten.

☑ Vorausschauende Personalpolitik betreiben; erforderlichen Personalabbau, ggf. bereits in Absprache mit dem Übernehmer, durch Kündigung und Aufhebungsverträge rechtzeitig einleiten.

☑ Auf die Vollständigkeit und sachliche Richtigkeit der Unterrichtung allergrößte Sorgfalt verwenden und kompetente Beratung hinzuziehen. Die Folgen einer falschen oder unvollständigen Unterrichtung können gravierend sein.

Dienstfahrzeug

Die Überlassung eines „Firmenwagens" an den Geschäftsführer und leitende Angestellte zur beruflichen und zugleich privaten Nutzung ist Standard, bei anderen Beschäftigten die Ausnahme.

Das müssen Sie beachten!

— Die Möglichkeit, einen Dienstwagen auch privat nutzen zu können, ist keine Gefälligkeit, sondern eine zusätzliche Gegenleistung für die nach dem Anstellungsvertrag geschuldete Arbeitsleistung und damit Hauptleistungspflicht.

— Der geldwerte Vorteil ist der private Nutzungsanteil, der als Sachleistung der Einkommensteuer unterliegt. Er beträgt entweder pauschal 1 %/Monat vom Anschaffungs(Listen-)Preis ohne Abzug von Rabatten zzgl. Umsatzsteuer und der Kosten für Sonderausstattungen, oder er wird auf Grund von Einzelnachweisen (Fahrtenbuch) ermittelt. Als Entgeltbestandteil fließt der Wert der Fahrzeugnutzung auch in die Bemessungsgrundlage für das ruhegehaltsfähige Entgelt und die Karenzentschädigung für ein nachvertragliches Wettbewerbsverbot ein (vgl. *steuerliche Gestaltungs- und Praxishinweise* ⇨ 📖 311).

— Multinationale Unternehmen gewähren häufig einmalige Zuschüsse zu den Erwerbskosten (so genannte car allowances). Auch diese Zuschüsse sind im Zweifel Einkünfte und in voller Höhe im Zuflussjahr zu versteuern.

— Als Vergütungsbestandteil genießt die Privatnutzung auch Schutz davor, einseitig bzw. willkürlich gekürzt oder entzogen zu werden.

— Die vertragliche Regelung kann allerdings vorsehen, dass der Dienstwagen nach Kündigung für Zeiten der Freistellung bis zum Ablauf der Kündigungsfrist oder bei längerer Arbeitsunfähigkeit herausgegeben werden muss. Ein Zurückbehaltungsrecht am Fahrzeug steht dem Geschäftsführer nicht zu.

Das müssen Sie tun!

☑ In eigener Sache: Im Anstellungsvertrag klare und eindeutige Regelungen über die möglichst uneingeschränkte private Nutzung (und den Fahrzeugtyp bzw. die Typklasse) und einen umfassenden Versicherungsschutz (Kaskoversicherung) treffen.

☑ Als Gesellschafter-Geschäftsführer: Sicherstellen, dass die Pkw-Nutzung als Bestandteil der Vergütung ausgewiesen und versteuert wird; andernfalls droht die Annahme einer verdeckten Gewinnausschüttung (Leistungs-Eigenverbrauch).

☑ Sicherstellen, dass die Privatnutzung bis zum Ende des Anstellungsvertrages, also auch in Zeiten der Freistellung, uneingeschränkt erhalten bleibt.

☑ Als Arbeitgeber: Art und Umfang der Nutzung (Urlaub, Auslandsreisen, Nutzung durch Dritte) begrenzen bzw. jegliche private Nutzung ausschließen.

☑ Die Führung eines Fahrtenbuchs vorschreiben und regelmäßig kontrollieren.

☑ Bei größerem Fuhrpark mit wechselnden Nutzern Verantwortlichkeiten (Sorgfaltspflichten) hinsichtlich Pflege, Wartung und Verhalten bei Unfällen regeln.

☑ Bei gemischt beruflicher/privater Nutzung Rückgabepflicht für Zeiten längerer Arbeitsunfähigkeit oder bei Freistellung und Entzug der Fahrerlaubnis vereinbaren.

Direktversicherung

Anstelle einer unmittelbaren Pensionszusage an den GmbH-Geschäftsführer tritt häufig eine Alters-, Berufsunfähigkeits- und Hinterbliebenenversicherung, welche die GmbH „direkt" als Versicherungsnehmerin auf das Leben des Geschäftsführers abschließt.

Das müssen Sie beachten!

— Das aus dem Versicherungsvertrag resultierende Bezugsrecht muss dem Geschäftsführer oder seinen Hinterbliebenen zustehen. Für die Höhe der Versicherungssumme gibt es keine Mindest- oder Höchstgrenzen.
— Die Beiträge zur Direktversicherung sind für bis zum 31.12.04 abgeschlossene Verträge insoweit privilegiert, als sie bis zu einer Jahresprämie von € 1.752,00 einem pauschalen Lohnsteuersatz von 20% unterliegen, sofern die Direktversicherung nicht auf einen früheren Erlebensfall als das 60. Lebensjahr abgeschlossen und eine vorzeitige Kündigung des Versicherungsvertrages durch den bezugsberechtigten Geschäftsführer ausgeschlossen ist. Die späteren Renten sind dann steuerfrei, sofern der Vertrag zwölf Jahre bestanden hat und mindestens 5 Jahre lang einbezahlt wurde. Für ab 01.01.05 abgeschlossene Verträge entfällt die Pauschalversteuerung. Die Beiträge bleiben nur bis zu 4% der Beitragsbemessungsgrenze zzgl. eines Fixbetrages von € 1.800 jährlich steuerfrei. Die späteren Renten sind voll steuerpflichtig.
— Wird die Versorgungsanwartschaft unverfallbar (§ 1b Abs. 1 BetrAVG), darf die GmbH bei einem vorzeitigen Ausscheiden des Geschäftsführers dessen Bezugsrecht gegenüber dem Versicherungträger nicht mehr widerrufen (§ 1b Abs. 2 Satz 1 BetrAVG).
— Werden Versicherungsbeiträge durch Entgeltumwandlung erbracht, ist das Bezugsrecht sofort unwiderruflich einzuräumen (§ 1b Abs. 5 Satz 2 BetrAVG).

Das müssen Sie tun!

☑ Direktversicherungszusage als schriftlichen Bestandteil im *Anstellungsvertrag* ⇨ ✎ 431 oder in einem Nachtrag aufnehmen.
☑ Klären, ob anderweitige Kompetenzzuordnung für die Beschlussfassung (etwa an Beirat/Aufsichtsrat) besteht.
☑ Schriftlichen *Gesellschafterbeschluss* ⇨ ✎ 352 mit der notwendigen Mehrheit herbeiführen.
☑ Abschluss des Versicherungsvertrages durch die Gesellschaft mit dem Versicherungträger veranlassen.
☑ Ggf. Anspruch auf Übertragung des Versicherungsverhältnisses nach Eintritt der Unverfallbarkeit vereinbaren.

Eignungsvoraussetzungen

Das GmbHG sieht eine Reihe von zwingenden Eignungsvoraussetzungen für den Geschäftsführer vor (§ 6 Abs. 2 GmbHG ⇨ ⚖ 95). Daneben können der Gesellschaftsvertrag und der Anstellungsvertrag zusätzliche Eignungsvoraussetzungen bestimmen.

— Das müssen Sie beachten! —

— Nur natürliche und unbeschränkt geschäftsfähige Personen dürfen *Geschäftsführer* ⇨ 📖 137 sein.

— Auch Ausländer dürfen Geschäftsführer sein, selbst wenn sie im Ausland wohnen, vorausgesetzt, sie können von dort aus ihre gesetzlichen und vertraglichen Geschäftsführerpflichten erledigen.

— Juristische Personen (z.B. andere GmbH) oder sonstige Personenvereinigungen (z.B. OHG oder KG) können nicht Geschäftsführer sein.

— Beschränkt oder nicht geschäftsfähige Personen (z.B. Minderjährige oder Betreute) können nicht Geschäftsführer sein.

— Personen, die wegen einer Insolvenzstraftat (§§ 283-283e StGB), Insolvenzverschleppung (§ 15a InsO), falschen Angaben nach § 82 GmbHG oder 399 AktG, unrichtiger Darstellung nach § 400 AktG, § 331 HGB, § 313 UmwG oder § 17 PublG oder nach §§ 263 bis 264a bzw 265b bis 266a StGB zu mehr als einem Jahr Freiheitsstrafe verurteilt wurden, dürfen für die Dauer von 5 Jahren seit Rechtskraft des Urteils nicht Geschäftsführer sein.

— Personen, die bezüglich des Unternehmensgegenstandes der GmbH einem Berufsverbot unterliegen, dürfen nicht Geschäftsführer sein.

— Mitglieder eines Aufsichts- oder Beirats der GmbH dürfen nicht Geschäftsführer sein.

— Fehlen die gesetzlichen Eignungsvoraussetzungen, ist die Bestellung zum Geschäftsführer unwirksam.

— Fehlen die zusätzlichen gesellschaftsvertraglichen Eignungsvoraussetzungen, ist die Bestellung zum Geschäftsführer gleichwohl wirksam, doch widerruflich (vgl. **Checkliste Abberufung** ⇨ 📄 7).

— Fehlen die zusätzlichen dienstvertraglichen Eignungsvoraussetzungen, besteht in der Regel ein wichtiger Grund zur Kündigung (vgl. **Checkliste Kündigung** ⇨ 📄 60).

— Das müssen Sie tun! —

☑ Bei *Anmeldung* ⇨ ✏ 377 prüfen, ob die gesetzlichen Eignungsvoraussetzungen, die zusätzlichen gesellschaftsvertraglichen Eignungsvoraussetzungen und die zusätzlichen dienstvertraglichen Eignungsvoraussetzungen vorliegen.

☑ Ist dies nicht der Fall:
   – Anmeldung unterlassen.

☑ Gesellschafterversammlung zum *Widerruf der Bestellung* ⇨ ✏ 368 als Geschäftsführer und zur *Kündigung des Anstellungsvertrages* einberufen.

Einberufung

Die Gesellschafterversammlung erfolgt grundsätzlich durch die Geschäftsführer (§ 49 Abs. 1 GmbHG ⇨ ⚖ 108) und Einladung der Gesellschafter mittels eingeschriebenen Briefs. Sie ist mit einer Frist von mindestens einer Woche zu bewirken (§ 51 Abs. 1 GmbHG ⇨ ⚖ 108). Der Gesellschaftsvertrag kann Abweichendes vorsehen.

Das müssen Sie beachten!

— Bei mehreren Geschäftsführern ist jeder einzelne zur Einberufung befugt. Dies gilt auch in Fällen der Gesamtvertretung.
— Die Geschäftsführer können auch Dritte, z.B. einen Rechtsanwalt, mit der Einberufung beauftragen.
— Eine Einberufung hat immer dann zu erfolgen, wenn es im Interesse der Gesellschaft erforderlich erscheint (§ 49 Abs. 2 GmbHG ⇨ ⚖ 108).
— Die Einberufung muss unverzüglich erfolgen, wenn sich aus der Jahresbilanz oder aus einer im Laufe des Geschäftsjahres aufgestellten Bilanz ergibt, dass die Hälfte des Stammkapitals verloren ist (§ 49 Abs. 3 GmbHG ⇨ ⚖ 108), bei eine Unternehmergesellschaft (haftungsbeschränkt) bei drohender Zahlungsunfähigkeit (§ 5a Abs. 4 GmbHG) ⇨ ⚖ 94.
— Die Einberufung hat zu erfolgen, wenn Entscheidungen gefällt werden müssen, die der Gesellschafterversammlung vorbehalten sind:
  – In sämtlichen Fällen des § 46 GmbHG ⇨ ⚖ 107.
  – Bei Änderungen des Gesellschaftsvertrages.
  – Bei Auflösung und Liquidation.
— Die Geschäftsführer haben eine Gesellschafterversammlung einzuberufen, wenn Gesellschafter, deren Geschäftsanteile zusammen mindestens dem zehnten Teil des Stammkapitals entsprechen, die Einberufung der Versammlung verlangen (§ 50 Abs. 1 GmbHG ⇨ ⚖ 108).

Das müssen Sie tun!

☑ Die Gesellschafterversammlung unter Wahrung der im Gesellschaftsvertrag vorgesehenen Formen und Fristen einberufen.
☑ Soweit der Gesellschaftsvertrag keine Regelungen enthält, die Formen und Fristen des § 51 GmbHG wahren.
☑ In der Einladung die Tagesordnungspunkte, über die Beschluss gefasst werden soll, genau bezeichnen.
☑ An der Gesellschafterversammlung teilnehmen (vgl. **Checkliste Gesellschafterversammlung** ⇨ 📄 44).

Ein-Mann-GmbH

Wird eine GmbH entweder durch den Alleingesellschafter gegründet oder vereinigen sich nachträglich alle Geschäftsanteile in einer Hand, spricht man von der Ein-Mann-GmbH.

Das müssen Sie beachten!

— Das Stammkapital der Ein-Mann-GmbH beträgt mindestens € 25.000,00. Die Anmeldung darf aber – anders als nach bisher geltendem Recht – ebenso wie bei der Mehrpersonen-GmbH dann erfolgen, wenn auf den Geschäftsanteil, soweit nicht Sacheinlagen vereinbart sind, 1/4 des Nennbetrags eingezahlt ist. Insgesamt muss durch die Einzahlungen die Hälfte des Mindeststammkapitals erreicht werden.

— Die Stellung besonderer Sicherheitsleistung für das nicht eingezahlte Stammkapital wird nicht mehr verlangt.

— Auch die Ein-Mann-GmbH kann in einem vereinfachten Verfahren nach § 2 Abs. 1a GmbHG durch Verwendung des *Musterprotokolls* ⇨ ♊ 123 gegründet werden.

— Die Gesellschaft darf dann aber nur einen Geschäftsführer haben.

— Das Musterprotokoll bedarf notarieller Beurkundung. In ihm sind Gesellschaftsvertrag, Geschäftsführerbestellung und Gesellschafterliste zusammengefasst.

— Bei der Gründung dürfen darüber hinaus keine vom Gesetz abweichenden Bestimmungen getroffen werden.

— Steuerlich fließen Gewinne und gegebenenfalls Tantiemen dem Alleingesellschafter bereits dann zu und sind damit von diesem zu versteuern, wenn der Gewinnverwendungsbeschluss gefasst wird.

Das müssen Sie tun!

☑ Anhand **Checkliste Gesellschaftsvertrag** (⇨ 📄 45) prüfen, ob der Mindestinhalt des Gesellschaftsvertrages im Musterprotokoll ausreicht.

☑ Wenn nicht, rechtzeitig für den Entwurf einer ausführlichen Satzung Sorge tragen.

☑ Gesellschafter-Geschäftsführer in der *Satzung* ⇨ ✐ 420 vom Selbstkontrahierungsverbot des § 181 BGB befreien (vgl. **Checkliste In-Sich-Geschäfte** ⇨ 📄 53).

☑ Sämtliche Beschlüsse des Alleingesellschafters müssen schriftlich protokolliert und von diesem unterschrieben werden.

☑ *Vereinbarungen zur Anstellung des Geschäftsführers* ⇨ ✐ 427 und Regelung aller sonstigen Rechtsbeziehungen des Gesellschafters zur GmbH (z.B. *Darlehen*) ⇨ ✐ 440 treffen, und zwar in jedem Falle schriftlich im Voraus zu Bedingungen, die auch bei Abschluss mit fremden Dritten üblich wären.

☑ Auf tatsächliche Durchführung der Vereinbarungen achten.

Einziehung eines Geschäftsanteils

Die Einziehung (Amortisation) von Geschäftsanteilen muss im Gesellschaftsvertrag zugelassen sein (§ 34 GmbHG ⇨ ⚖ 104).

Das müssen Sie beachten!

— Die *Einziehung* ⇨ 📖 172 f nicht voll eingezahlter Geschäftsanteile ist unzulässig, wenn sie nicht mit einer Kapitalherabsetzung verbunden wird.
— Der *Gesellschafterbeschluss* ⇨ ✏ 363 bedarf keiner notariellen Form.
— Die Erklärung der Einziehung gegenüber dem betroffenen Gesellschafter soll aus Nachweisgründen schriftlich erfolgen.
— Der Gesellschafterbeschluss bedarf einfacher Mehrheit, sofern der *Gesellschaftsvertrag* ⇨ ✏ 419 ff keine abweichende Mehrheit vorsieht.
— *Voraussetzung der freiwilligen Einziehung* ⇨ 📖 172 ist die Zustimmung des betroffenen Gesellschafters.
— Im Falle der Zwangseinziehung muss der Gesellschaftsvertrag diese nicht nur zulassen, sondern die Voraussetzungen, unter welchen der Geschäftsanteil amortisiert werden kann, im Einzelnen bestimmen.
— Im Falle zwangsweiser Einziehung muss der Gesellschaftsvertrag auch das Entgelt bestimmen, das dem betroffenen Gesellschafter für die Einziehung zu zahlen ist. Sieht der Gesellschaftsvertrag bei der freiwilligen Einziehung keine Regelung vor, entspricht das Einziehungsentgelt dem Verkehrswert und wird mit Wirksamwerden der Einziehung zur Zahlung fällig. Es kann nicht aus dem zur Erhaltung des Stammkapitals erforderlichen Vermögen gezahlt werden.
— Die Einziehung *vernichtet den eingezogenen Geschäftsanteil* ⇨ 📖 172, lässt aber den Nennbetrag des Stammkapitals unberührt. Eine Nennbetragserhöhung der verbleibenden Geschäftsanteile per Gesellschafterbeschluss ist möglich und bedarf nicht der notariellen Form.

Das müssen Sie tun!

☑ Einziehung androhen.
☑ *Einberufung einer Gesellschafterversammlung* ⇨ ✏ 367 zur Beschlussfassung über
   – die Einziehung des Anteils,
   – den Auftrag an die Geschäftsführung zur Einziehungserklärung,
   – den Auftrag an die Geschäftsführung zur Ermittlung des gesellschaftsvertraglich vorgesehenen Einziehungsentgelts,
   – die Aufstockung der Geschäftsanteile zur Anpassung an das Stammkapital.
☑ Ergebnis der *Beschlussfassung* ⇨ ✏ 363 protokollieren.
☑ Einziehung schriftlich per Einschreiben und Rückschein gegenüber dem betroffenen Gesellschafter erklären.

Entlastung

Die Entlastung ist eine einseitige, nicht annahmebedürftige Erklärung, welche die vergangene Amtsführung billigt und dem Entlasteten für die Zukunft das Vertrauen ausspricht (§ 46 Nr. 5 GmbHG ⇨ ⚖ 107).

Das müssen Sie beachten!

— Die Gesellschafterversammlung beschließt die *Entlastung* ⇨ 📖 278 des Geschäftsführers. Der zu entlastende Geschäftsführer hat kein Stimmrecht.
— Durch den Entlastungsbeschluss wird die GmbH mit ihren Ersatzansprüchen gegenüber dem entlasteten Geschäftsführer und mit Kündigungsgründen ausgeschlossen, die auf Umständen beruhen, welche den Gesellschaftern bekannt sind bzw. auf Grund der von den Geschäftsführern zugänglich gemachten Informationen und Unterlagen bekannt sein müßten.
— Die Geschäftsführer haben keinen gerichtlich durchsetzbaren Anspruch auf Entlastung. Bei verweigerter Entlastung haben sie jedoch – soweit ein rechtlich relevantes Feststellungsinteresse besteht – die Möglichkeit einer negativen Feststellungsklage des Inhalts, dass der GmbH keine Schadensersatzansprüche zustehen.

Das müssen Sie tun!

☑ *Gesellschafterbeschluss* ⇨ ✎ 359 über die Entlastung der Geschäftsführer herbeiführen, vorzugsweise zusammen mit dem Beschluss über die Feststellung des Jahresergebnisses sowie der Gewinnverwendung.
☑ In der Gesellschafterversammlung ausführlich über haftungsrelevante Sachverhalte berichten.
☑ Den Bericht im Protokoll der Gesellschafterversammlung sehr detailliert wiedergeben und den Gesellschaftern übersenden.
☑ Wird die Entlastung nicht erteilt, von einem fachkundigen Rechtsberater prüfen lassen, ob negative Feststellungsklage geboten und zweckmäßig ist.

Euro – Gesellschaftsrecht

Die Einführung des Euro führte zu Änderungen des GmbH-Gesellschaftsrechts, welche in § 1 EGGmbHG geregelt sind.

Das müssen Sie beachten!

— Für Gesellschaften, die vor dem 1.1.1999 gegründet wurden:
 – Seit dem 1.1.1999 besteht Wahlfreiheit, die Nennbeträge für das Stammkapital und die Geschäftsanteile in DM oder in Euro auszuweisen.
 – Wird auf den Euro umgestellt, so hat dies zum amtlichen Umrechnungskurs zu erfolgen. Der ermittelte gebrochene Betrag ist in dem mit einfacher Mehrheit zu ändernden Gesellschaftsvertrag auszuweisen. Notarielle Beurkundung, öffentliche Beglaubigung etc. sind nicht notwendig.
 – Die infolge einer Umstellung entstandenen gebrochenen Euro-Beträge können durch eine Kapitalerhöhung aus Gesellschaftsmitteln geglättet werden, indem der Nennbetrag der Geschäftsanteile erhöht wird. Diese Änderung des Gesellschaftsvertrages bedarf eines mit ¾-Mehrheit der abgegebenen Stimmen gefassten, notariell beurkundeten Gesellschafterbeschlusses und sämtlicher Anmeldeformalitäten.
 – DM-Beträge müssen erst dann zwingend auf Euro umgestellt werden, wenn nach dem 31.12.2001 eine Änderung des Stammkapitals erfolgt.
— Für Gesellschaften, die nach dem 31.12.1998 gegründet wurden:
 – Auf Euro-Basis muss das Stammkapital mindestens 25.000 EUR betragen und der Nennbetrag jedes Geschäftsanteils auf volle Euro lauten.
 – Für Gründungen zwischen dem 1.1.1999 und dem 31.12.2001 auf DM-Basis galten materiell bereits die Euro-Beträge. Die gebrochenen DM-Beträge waren zum amtlichen Umrechnungskurs auszuweisen.
— Seit dem 1.1.2002 sind Gründungen nur noch auf Euro-Basis zulässig.

Das müssen Sie tun!

☑ Bei bloßer Umstellung auf den Euro:
 – Einen nicht notariell zu beurkundenden Gesellschafterbeschluss mit einfacher Mehrheit über die Umrechnung herbeiführen.
 – Ohne öffentliche Beglaubigung und ohne Beifügung des neuen Gesellschaftsvertrages zur Eintragung in das Handelsregister anmelden.
☑ Bei Umstellung auf Euro und gleichzeitiger Glättung der Beträge:
 – Notariell beurkundete Stammkapitalerhöhung (vgl. **Checkliste Kapitalerhöhung** ⇨ 📄 56) durch Erhöhung des Nennbetrags der Geschäftsanteile durchführen.

Existenzvernichtungshaftung, Konzernhaftung

Eine persönliche Haftung des Geschäftsführers kommt in Betracht, wenn er bei einer Vermögensverschiebung zugunsten eines Gesellschafters der GmbH mitwirkt, der entsprechend den aktienrechtlichen Vorschriften als „Konzernspitze" anzusehen ist. Nach der neueren BGH-Rechtsprechung haftet er nur bei „Existenzvernichtung" der GmbH.

Das müssen Sie beachten!

- Ein Fall der Konzernhaftung ⇨ 📖 253 ist gegeben, wenn alle folgenden Voraussetzungen vorliegen:
  - Ein Gesellschafter beherrscht allein oder zusammen mit anderen Gesellschaftern die GmbH. Die faktische Beherrschung genügt.
  - Der (faktisch) beherrschende Gesellschafter missbraucht seine Herrschaftsmacht ohne Rücksicht auf die Belange der GmbH zu deren Vermögensnachteil.
  - Die nachteilige Einflussnahme ist so komplex, dass ein Einzelausgleich des zugefügten Nachteils über nach allgemeinen Rechtsgrundsätzen begründete Einzelansprüche der GmbH ausscheidet.
- Eine persönliche Haftung des Geschäftsführers setzt voraus, dass er an einem die „Konzernhaftung" begründenden Vermögenstransfer mitwirkt. Gegenstand der Haftung ist der Anspruch der Gläubiger und der GmbH auf Ausgleich ihrer Verluste, die in Folge der Verlagerung des unternehmerischen Risikos entstanden sind.
- Ein Fall der Existenzvernichtungshaftung ⇨ 📖 254 f ist gegeben, wenn alle folgenden Voraussetzungen vorliegen:
  - Ein (faktisch) beherrschender Gesellschafter entzieht durch missbräuchliche, zur Insolvenz der GmbH führende oder diese vertiefende kompensationslose Eingriffe, Gesellschaftsvermögen seiner Zweckbindung, nämlich der vorrangigen Befriedigung der Gesellschaftsgläubiger.
  - der Gesellschafter nimmt zumindest billigend in Kauf, dass er mit seinem Handeln der GmbH Vermögen entzieht und ihr dadurch die Insolvenz droht.
  - Eine persönliche Haftung des Geschäftsführers wegen „Existenzvernichtung" setzt voraus, dass er an einer die „Existenzvernichtungshaftung" begründenden Vermögensverschiebung mitwirkt. Gegenstand der Haftung ist der Anspruch (nur) der GmbH auf vollen Ausgleich ihres Vermögensschadens.

Das müssen Sie tun!

- ☑ Die Geschäfte der GmbH so führen, dass sie einem Fremdvergleich standhalten.
- ☑ Bei Geschäften, die insbesondere Sie selbst, nahe Angehörige oder mit Ihnen verbundene Unternehmen unmittelbar oder mittelbar betreffen, einen marktüblichen, den Geschäftsgegenstand kompensierenden Gegenwert für die Vermögensverschiebung vereinbaren.

Gehaltsbestandteile

Der Vergütungsanspruch des GmbH-Geschäftsführers setzt sich in der Regel aus einer Festvergütung und ggf. aus erfolgsabhängigen Bezügen (Tantiemen, Prämien, Boni, Provisionen u.ä.) zusammen.

Das müssen Sie beachten!

— Für den Fremdgeschäftsführer besteht bei der *Bemessung der Gesamtvergütung* ⇨ 📖 315 volle Vertragsfreiheit. Die Bezüge des Gesellschaftergeschäftsführers unterliegen dagegen Beschränkungen (vgl. **Checkliste Geschäftsführergehalt** ⇨ 📄 39).

— Weitere Hinweise finden Sie in den **Checklisten Tantieme** ⇨ 📄 75, **Gehaltserhöhung** ⇨ 📄 33, **Gehaltsherabsetzung** ⇨ 📄 34, **Steuerfreie Zuschläge** ⇨ 📄 73, **Verdeckte Gewinnausschüttung** ⇨ 📄 80, **Altersversorgung** ⇨ 📄 9.

Das müssen Sie tun!

☑ Geschäftsführergehalt nach folgender Liste üblicher Vergütungsbestandteile ermitteln:
  – Jahres-Grundgehalt
  – Tantieme ⇨ 📖 303 (Durchschnitt der letzten 3 Jahre)
  – Urlaubsgeld
  – Weihnachtsgeld
  – *Mehrarbeitsvergütungen* ⇨ 📖 310 (nur Fremdgeschäftsführer lt. Aufzeichnungen)
  – Reisekostenersatz (lt. Aufzeichnungen)
  – Beiträge zur *Sozialversicherung* ⇨ 📖 311
  – (gesetzl. und freiw. Arbeitgeber- u. Arbeitnehmerbeiträge)
  – *Pensionszusage* ⇨ 📖 305 (fiktive Jahresnettoprämie ohne Abschluss- u. Verwaltungskosten)
  – *Direktversicherung* ⇨ 📖 309 (Jahresbetrag inkl. Lohnsteuer)
  – Unfallversicherungsbeiträge
  – *Vermögenswirksame Leistungen* ⇨ 📖 311
  – *Dienstfahrzeug* ⇨ 📖 311 zur privaten Nutzung (*1%-Regel oder nachw. Nutzungsanteil lt. Fahrtenbuch* ⇨ 📖 312)
  – Zinsvorteile (abweichend vom Marktzins)
  – Rabatte, Boni
  – Mietvorteil bei Wohnungsüberlassung (ortsüblicher Mietwert)
  – Sonstige Vorteile
☑ *Angemessenheit* ⇨ 📖 315 ständig anhand aktueller Branchenvergleiche mit GmbH gleicher Größe und Struktur überprüfen.

Gehaltserhöhung

Mit einer Gehaltserhöhung ist eine Änderung des bestehenden *GmbH-Geschäftsführer-Dienstvertrages* ⇨ ✐ 427 verbunden, die in die Beschlusskompetenz der Gesellschafterversammlung fällt (Annexkompetenz zu § 46 Nr. 5 GmbHG ⇨ ⚖ 107), soweit nach der Satzung keine anderweitige Zuständigkeit bestimmt ist.

--- **Das müssen Sie beachten!** ---

— Mangels abweichender Vereinbarungen für eine Gehaltserhöhung genügt ein *Gesellschafterbeschluss* ⇨ ✐ 339 mit einfacher Mehrheit. Der betroffene Gesellschafter-Geschäftsführer ist hierbei nicht vom Stimmrecht ausgeschlossen.

— Ohne zustimmenden Gesellschafterbeschluss ist die Gehaltserhöhung zivilrechtlich schwebend unwirksam und steuerlich *vGA* ⇨ 📖 318.

— Zur anschließenden Vertragsänderung selbst kann die Gesellschafterversammlung einen Gesellschafter, Geschäftsführer oder Dritten bevollmächtigen.

— Der Gesellschaftergeschäftsführer muss hierzu von § 181 BGB befreit werden. In der Einmann-GmbH muss die Befreiung im Gesellschaftsvertrag verankert sein (vgl. **Checkliste In-Sich-Geschäfte** ⇨ 📄 53).

— Bei Gesellschafter-Geschäftsführern sind *steuerliche Angemessenheitsgrenzen* ⇨ 📖 315 (vgl. **Checkliste Geschäftsführergehalt** ⇨ 📄 39) zu beachten.

— Rückwirkende Gehaltserhöhungen für *beherrschende Gesellschafter-Geschäftsführer* ⇨ 📖 301 scheiden aus. Sie sind in jedem Falle vGA.

--- **Das müssen Sie tun!** ---

☑ Klären, ob eine anderweitige Kompetenzzuordnung (etwa an Beirat) besteht.

☑ Schriftlichen *Beschluss* ⇨ ✐ 339 der Gesellschafterversammlung mit der notwendigen Mehrheit herbeiführen.

☑ Ggf. den zur Durchführung der Vertragsänderung ermächtigten Gesellschafter-Geschäftsführer durch *Beschluss* ⇨ ✐ 340 von § 181 BGB befreien.

☑ Steuerliche Angemessenheitsgrenzen einhalten und Zahlung entsprechend der vertraglichen Änderung sicherstellen (vgl. **Checkliste Gehaltsbestandteile** ⇨ 📄 32).

Gehaltsherabsetzung

Herabsetzungen des vertraglich vereinbarten Geschäftsführergehalts erfolgen in aller Regel in Krisenzeiten der GmbH oder wegen kompensatorischer Maßnahmen (*Altersversorgung* ⇨ ▢ 206).

Das müssen Sie beachten!

— Wenn sich die wirtschaftliche Situation der GmbH wesentlich verschlechtert, kann der Gesellschafter-Geschäftsführer aus seiner gesellschaftsrechtlichen *Treuepflicht* ⇨ ▢ 145 gehalten sein, einer Gehaltsherabsetzung zuzustimmen.

— Die Herabsetzung kann durch einseitigen Verzicht, aber auch durch Erlass oder Vergleich erfolgen.

— Mit einer *Gehaltsherabsetzung* ⇨ ▢ 317 auf Dauer durch Erlass und Vergleich ist eine Änderung des bestehenden *GmbH-Geschäftsführer-Dienstvertrages* ⇨ ✎ 427 verbunden, die in die Beschlusskompetenz der Gesellschafterversammlung fällt, soweit die Satzung keine anderweitige Zuständigkeit bestimmt.

— Mangels abweichender Vereinbarungen genügt ein *Gesellschafterbeschluss* ⇨ ✎ 339 mit einfacher Mehrheit. Der betroffene Gesellschafter-Geschäftsführer ist hierbei nicht vom Stimmrecht ausgeschlossen (weitere Hinweise in der **Checkliste Gehaltserhöhung** ⇨ ▤ 33).

— Ohne zustimmenden Gesellschafterbeschluss ist der Gehaltsverzicht zivilrechtlich schwebend unwirksam und steuerlich verdeckte Einlage.

— Für den Gesellschaftergeschäftsführer, der einerseits Gehalt bezieht und der Gesellschaft andererseits zur Erhaltung der Liquidität Darlehen zur Verfügung stellen muss, ist der Gehaltsverzicht wegen der ersparten Lohnsteuer vorzuziehen.

— Ein Gehaltsverzicht kann ausnahmsweise den Schluss zulassen, dass von Anfang an keine ernstlich gewollte, angemessene Gehaltsverbindlichkeit vorlag, mit der Folge, dass sämtliche bisher bezahlten Bezüge in vGA ⇨ ▢ 318 umqualifiziert werden.

Das müssen Sie tun!

☑ Möglichst einmalig über die Dauer des prognostizierten Liquiditätsengpasses der GmbH verzichten.

☑ Ständigen Wechsel zwischen Zahlung und Verzicht vermeiden.

☑ Bei einmaliger Herabsetzung lediglich auf einen präzise betragsmäßig festgelegten Teil des Gehalts, der etwa zur Beseitigung der Liquiditätskrise erforderlich ist, verzichten.

☑ Bei Herabsetzung auf längere Zeit vorher schriftlichen *Gesellschafterbeschluss* ⇨ ✎ 339 mit der erforderlichen Mehrheit herbeiführen und *Geschäftsführer-Anstellungsvertrag* ⇨ ✎ 427 entsprechend ändern.

Gemeinnützige GmbH

Eine GmbH ist in verschiedenen Steuergesetzen von der Steuerpflicht befreit, wenn sie nach ihrer Satzung und ihrer tatsächlichen Geschäftsführung ausschließlich und unmittelbar gemeinnützigen Zwecken dient.

Das müssen Sie beachten!

— Steuerbefreiungsvorschriften enthalten § 5 Abs. 1 Ziff. 9 KStG, §§ 51, 52 AO, § 3 Ziff. 6 GewStG, § 3 Abs. 1 Nr. 3 GrStG, § 13 Abs. 1 Nr. 16b ErbStG.

— "Gemeinnützigkeit" setzt voraus, dass die Tätigkeit der GmbH darauf gerichtet ist, die Allgemeinheit auf materiellem, geistigem oder sittlichem Gebiet selbstlos zu fördern. Selbstlosigkeit schließt aus, dass die GmbH in erster Linie eigenwirtschaftliche Zwecke verfolgt.

— „Ausschließlichkeit" liegt vor, wenn die GmbH nur ihre steuerbegünstigten satzungsmäßigen Zwecke verfolgt. Allerdings ist eine vermögensverwaltende Tätigkeit, die neben diesen Zwecken ausgeübt wird, unschädlich.

— „Unmittelbarkeit" ist gegeben, wenn die GmbH die steuerbegünstigten satzungsmäßigen Zwecke selbst verwirklicht.

— Ein besonderes Anerkennungsverfahren ist nicht vorgesehen. Über die Gemeinnützigkeit entscheidet das FA im Veranlagungsverfahren durch Steuerbescheid (ggf. Freistellungsbescheid) von Amts wegen. Auf Antrag kann eine vorläufige Bescheinigung erteilt werden.

Das müssen Sie tun!

☑ Die Satzung der GmbH nach den Anforderungen für die Steuervergünstigung gestalten. In ihr vorsehen, dass die Mittel der GmbH nur für die satzungsmäßigen Zwecke verwendet werden, die Gesellschafter keine Gewinnanteile oder sonstige Zuwendungen und bei ihrem Ausscheiden oder bei Auflösung der GmbH nicht mehr als ihre eingezahlten Bareinlagen sowie den gemeinen Wert ihrer geleisteten Sacheinlagen erhalten.

☑ Satzungsnebenbestimmungen vermeiden, die mit dem Ausschließlichkeitsgrundsatz unvereinbar sind (keine Hilfsgeschäfte).

☑ Übernahme der Gründungskosten durch die GmbH im Gesellschaftsvertrag angemessen begrenzen.

☑ Die tatsächliche Geschäftsführung der Satzung entsprechend aufnehmen.

☑ Gewinnrücklagen nur für satzungsmäßige Zwecke bilden (§ 58 Nr. 6 AO).

☑ Die Mittel der GmbH nur für satzungsmäßige, steuerbegünstigte Zwecke verwenden.

Geschäftsführer als Arbeitgeber

Kraft seiner Organstellung wird der GF ungeachtet seines eigenen Anstellungsverhältnisses mit der Gesellschaft zum Arbeitgeber.

Das müssen Sie beachten!

— Als Arbeitgeber übt der GF im Innenverhältnis das *Weisungsrecht* ⇨ 📖 190, 222 (Direktionsbefugnis) (vgl. **Checkliste Weisungen** ⇨ 📄 84) aus. Dazu zählt auch die Begründung und Beendigung (Kündigung) von Arbeitsverhältnissen.
— Im Verhältnis zur Gesellschafterversammlung bleibt der GF weisungsgebunden.
— Die Wahrnehmung der Arbeitgeberfunktionen durch den GF verpflichtet und berechtigt die Gesellschaft.
— Die Verletzung von Arbeitgeberpflichten durch den GF kann aber dessen *Haftung* ⇨ 📖 235 ff sowohl gegenüber der Gesellschaft als auch Dritten (etwa den Sozialversicherungsträgern) gegenüber begründen.

Das müssen Sie tun!

☑ Im Arbeitsrecht: Alle durch Gesetz, Arbeitsvertrag, ggf. bestehende Tarifverträge und Betriebsvereinbarungen begründete Arbeitgeberpflichten erfüllen, z.B. Arbeitsverhältnisse begründen und beenden, bei der Gestaltung vorformulierter Arbeitsverträge für mehrere Arbeitnehmer die Klauselverbote nach dem Recht der Allgemeinen Geschäftsbedingungen beachten. Arbeitsplätze und Abläufe entsprechend den Arbeitnehmerschutzvorschriften einrichten und den Schutz besonderer Personengruppen (Auszubildende, Schwangere, Behinderte) sicherstellen, Zeugnisse erteilen.

☑ Im Steuerrecht: Alle durch § 34 AO normierten Pflichten erfüllen, z.B. Bücher und Aufzeichnungen führen, Auskünfte und Mitteilungen gegenüber der Finanzverwaltung erstatten, alle die Gesellschaft betreffenden Steuererklärungen rechtzeitig und vollständig abgeben und erforderlichenfalls berichtigen, alle von der Gesellschaft geschuldeten Steuern (insbesondere LohnSt, MwSt, Gewerbe- und Körperschaftsteuer) rechtzeitig und vollständig entrichten.

☑ Im Sozialversicherungsrecht: Alle in § 28a SGB IV niedergelegten Meldungen erstatten, z.B. jeden sozialversicherungspflichtigen Beschäftigten anmelden, gegen geringfügiges Entgelt oder unregelmäßig beschäftigte Mitarbeiter anmelden, alle nach dem SGB beitragspflichtigen Arbeitnehmer gegenüber den zuständigen Einzugsstellen (Krankenkassen) anmelden, den nach § 28e SGB IV geschuldeten Gesamtsozialversicherungsbeitrag rechtzeitig und vollständig bezahlen.

→ auch unentgeltliche AN anmelden ?

Geschäftsführer als Arbeitnehmer

Ungeachtet seiner Organstellung und des dadurch vermittelten Status als Arbeitgeber behandeln das Steuerrecht den auf der Grundlage eines Dienstvertrages tätigen Geschäftsführer stets, das Arbeits- und Sozialversicherungsrecht zum Teil als Arbeitnehmer.

Das müssen Sie beachten!

- Arbeitsrechtlich bleibt der Geschäftsführer vom Anwendungsbereich zentraler Arbeitnehmer-Schutzgesetze (Tarifrecht, Betriebsverfassungsrecht, Kündigungsschutz) ausgenommen.
- Ertragsteuerrechtlich ist der Geschäftsführer der GmbH stets Arbeitnehmer, wenn er auf der Grundlage eines Dienstvertrages tätig wird, und zwar unabhängig davon, ob und mit welchem Anteil er zugleich am Kapital der Gesellschaft beteiligt ist.
- Als Arbeitnehmer erzielt der Geschäftsführer mit seiner Vergütung Einkünfte aus nicht selbstständiger Arbeit i.S.d. § 19 EStG. Diese Einkünfte unterliegen wie bei jedem anderen Arbeitnehmer der Lohnsteuerpflicht.
- Im Sozialversicherungsrecht und Recht der betrieblichen Altersversorgung hängt die Behandlung des Geschäftsführers als Arbeitnehmer davon ab, ob er kraft seiner Beteiligung am Kapital der Gesellschaft oder faktisch maßgeblichen Einfluss in der Gesellschaft nehmen kann.
- Wurden bei bestehender Sozialversicherungspflicht Beiträge zur Sozialversicherung entrichtet, können im Fall der Arbeitslosigkeit Leistungen der Arbeitsförderung (Arbeitslosengeld etc.) und bei Insolvenz Insolvenzgeld, im Versorgungsfall Leistungen durch den Pensionssicherungsverein beansprucht werden.

Das müssen Sie tun!

☑ Im Arbeitsrecht: Kraft Gesetzes für den Geschäftsführer nicht geltende (günstige) Regelungen im Anstellungsvertrag vereinbaren bzw. auf das Gesetz verweisen. Besonderes Augenmerk sollte der Regelung einer langen Kündigungsfrist in Verbindung mit einer Abfindung gelten.

☑ Im Steuerrecht: Alle steuerlichen Gestaltungsmöglichkeiten nutzen, die auch anderen Arbeitnehmern offen stehen. Steuerfreie Vergütungsbestandteile beim Aufwendungsersatz und für Nacht-, Sonntags- und Feiertagsarbeit vereinbaren, sofern keine oder nur eine geringe Beteiligung am Kapital der Gesellschaft besteht. In der betrieblichen Altersversorgung Lösungen wählen, die zu einer nachgelagerten Besteuerung und / oder zur Sozialversicherungsfreiheit von Beiträgen führen können.

☑ Im Sozialversicherungsrecht: Sozialversicherungspflicht anhand des von den Spitzenverbänden der Sozialversicherungsträger entwickelten Feststellungsbogens überprüfen (lassen).

☑ Leistungsanträge unverzüglich stellen, da zahlreiche Antragsfristen im Sozialversicherungsrecht Ausschlussfristen sind.

Geschäftsführer als Berater

Ein Beratervertrag mit dem Geschäftsführer über die Erbringung seiner Geschäftsführertätigkeit als unternehmerisch tätiger „freier Mitarbeiter" der GmbH ist nur ausnahmsweise zulässig.

┌─ **Das müssen Sie beachten!** ─────────────────────────────

— Sofern der Geschäftsführer Fremd- oder Minderheitsgesellschafter-Geschäftsführer ist und für die Ausübung seines Amtes eine Vergütung erhält, ist er
  – steuerlich „Arbeitnehmer" der GmbH mit der Folge, dass er lohnsteuerpflichtige Einkünfte aus nicht selbständiger Tätigkeit erzielt und nicht vorsteuerabzugsberechtigt ist;
  – grundsätzlich sozialversicherungspflichtiger „Arbeitnehmer" (vgl. **Checkliste Sozialversicherungspflicht** ⇨ 📄 72);
  – arbeitsrechtlich kein „Arbeitnehmer" (vgl. **Checkliste Anstellungsvertrag** ⇨ 📄 13).
— Verrichtet der Fremd- oder Minderheitsgesellschafter-Geschäftsführer die typischerweise zu seinem Amt gehörenden Tätigkeiten auf Grund eines zwischen ihm und der GmbH geschlossenen Beratervertrages dennoch unternehmerisch, hat dies nachteilige Konsequenzen:
  – Die vom Geschäftsführer der GmbH berechnete Umsatzsteuer muss an das FA abgeführt werden, ohne dass er vorsteuerabzugsberechtigt ist.
  – Die GmbH ist in Höhe der vom Geschäftsführer berechneten und ihm gezahlten Umsatzsteuer nicht vorsteuerabzugsberechtigt.
  – Die vom Geschäftsführer berechnete und ihm gezahlte Umsatzsteuer ist Teil seiner Einkünfte aus nicht selbständiger Tätigkeit und damit lohnsteuerpflichtig; die an das FA abgeführte Umsatzsteuer ist nicht als Betriebsausgabe abzugsfähig.
  – Sozialversicherungsbeiträge sind nachzuentrichten.
— Der Fremd- oder Minderheitsgesellschafter-Geschäftsführer kann nur solche Tätigkeiten steuerlich und sozialversicherungsrechtlich als „Unternehmer" (Freier Mitarbeiter, Berater etc) erbringen, die nicht typischerweise zu seinem Amt gehören und soweit die Voraussetzungen der Scheinselbständigkeit nicht erfüllt sind (z.B. Publikationen für eine Verlags-GmbH, Seminare für eine Veranstaltungen-GmbH, Fachgutachten).
— Nur der Allein- oder Mehrheitsgesellschafter-Geschäftsführer kann die typischerweise zu seinem Amt gehörenden Tätigkeiten auch auf Grund eines zwischen ihm und der GmbH geschlossenen Beratervertrages unternehmerisch erbringen, ohne Nachteile zu erleiden.

┌─ **Das müssen sie tun!** ─────────────────────────────

☑ Als Allein- oder Mehrheitsgesellschafter-Geschäftsführer: Entscheiden, ob *Anstellungsvertrag* ⇨ 📖 187 ff oder Beratervertrag geschlossen werden soll.
☑ Als Fremd- oder Minderheitsgesellschafter-Geschäftsführer: Stets Anstellungsvertrag abschließen.
☑ *Gesellschafterbeschluss* ⇨ ✎ 412 zur Genehmigung des jeweiligen Vertrages herbeiführen.

Geschäftsführergehalt

Das Geschäftsführergehalt ist in der Regel die Vergütung für den Einsatz der vollen Arbeitskraft des Geschäftsführers für die GmbH und wesentlicher Bestandteil des Anstellungsvertrages.

Das müssen Sie beachten!

— Der Abschluss des Anstellungsvertrages fällt in die Beschlusskompetenz der Gesellschafterversammlung, sofern die Satzung keine andere Zuweisung (etwa an Beirat/Aufsichtsrat) trifft. Ein anderer Geschäftsführer ist hierfür nicht zuständig (weitere Hinweise in der **Checkliste Anstellungsvertrag** ⇨ 📄 13).

— Für den Fremdgeschäftsführer ist die Vergütung nach den wirtschaftlichen Möglichkeiten der Gesellschaft und nach der Bereitschaft der Gesellschafterversammlung, eine bestimmte Vergütung zu beschließen, auszurichten.

— Wird ein Geschäftsführer ohne entsprechenden Anstellungsvertrag und weisungsungebunden tätig, ist seine *Vergütung* ⇨ 📖 298 umsatzsteuerpflichtig. Das kann nachteilig sein, wenn die Gesellschaft nicht zum Vorsteuerabzug berechtigt ist.

— Hinsichtlich der *Bezüge des Gesellschaftergeschäftsführers* ⇨ 📖 317 gilt das Verbot der verdeckten Rückerstattung von Einlagen (§ 30 GmbHG).

— Ferner gilt für das Gehalt des Gesellschaftergeschäftsführers das *steuerliche Angemessenheitsgebot* ⇨ 📖 298 (vgl. **Checklisten Gehaltsbestandteile** ⇨ 📄 32, **Verdeckte Gewinnausschüttung** ⇨ 📄 80). Beurteilungskriterien sind Art und Umfang der Tätigkeit, persönliche Fähigkeiten, die angemessene Verzinsung des eingezahlten Kapitals unter Berücksichtigung des Unternehmerrisikos, ein interner Vergleich mit weiteren Fremdgeschäftsführern oder leitenden Angestellten sowie externe Vergleiche mit branchen- und größengleichen Unternehmen.

Das müssen Sie tun!

☑ Vergütung in einem schriftlichen *Anstellungsvertrag* ⇨ ✏ 196, 427 im Voraus klar und eindeutig festlegen.

☑ Klären, ob anderweitige Kompetenzzuordnung (etwa an Beirat/Aufsichtsrat) besteht.

☑ Schriftlichen *Beschluss* ⇨ ✏ 187 der Gesellschafterversammlung mit der notwendigen Mehrheit herbeiführen.

☑ Zahlung entsprechend der vertraglichen Regelung sicherstellen.

Geschäftsführung und Vertretung

Die Geschäftsführung betrifft die interne Leitung und Verwaltung der GmbH. Die Vertretung betrifft das Auftreten des Geschäftsführers im Außenverhältnis gegenüber Dritten (§ 37 GmbHG ⇨ ⚖ 105).

┌─ **Das müssen Sie beachten!** ───

— Bei Fremdgeschäftsführern oder Minderheits-Gesellschafter-Geschäftsführern ist die Beschränkung der Geschäftsführungsbefugnis im Gesellschaftsvertrag, im Anstellungsvertrag oder in der Geschäftsordnung üblich (vgl. **Checkliste Geschäftsordnung** ⇨ 📄 41).

— Die *Geschäftsführungsbefugnis* ⇨ 📖 142 ff erstreckt sich nicht auf solche Angelegenheiten, die kraft Gesetzes in die Zuständigkeit der Gesellschafterversammlung fallen (vgl. **Checkliste Einberufung** ⇨ 📄 26).

— Die Geschäftsführungsbefugnis erstreckt sich nicht auf Angelegenheiten, die durch den Gesellschaftsvertrag auf andere Gesellschaftsorgane (Gesellschafterversammlung, Aufsichtsrat, Beirat) übertragen sind.

— Die *Vertretungsbefugnis* ⇨ 📖 158 ff umfasst die gerichtliche und außergerichtliche Vertretung der Gesellschaft durch den Geschäftsführer. Sie ist grundsätzlich unbeschränkt und unbeschränkbar; eine Ausnahme bilden so genannte „In-Sich-Geschäfte" (vgl. **Checkliste In-Sich-Geschäfte** ⇨ 📄 53).

┌─ **Das müssen Sie tun!** ──

☑ Sämtliche gesetzlichen und vertraglichen Verpflichtungen der GmbH in ihrem Namen erfüllen.

☑ Sämtliche gesetzlichen und vertraglichen Rechte der GmbH für diese wahrnehmen.

☑ Sämtliche gesetzlich vorgeschriebenen *Registeranmeldungen* ⇨ ✒ 376 ff vornehmen. Die Errichtung der GmbH, eine Kapitalerhöhung und eine Kapitalherabsetzung müssen von sämtlichen Geschäftsführern zum Handelsregister angemeldet werden. In allen übrigen Fällen müssen jeweils so viele Geschäftsführer handeln, wie dies zur Vertretung der GmbH erforderlich ist (**Checkliste Registeranmeldung** ⇨ 📄 71).

☑ In Gerichtsverfahren für die GmbH auftreten.

Geschäftsordnung

Die Geschäftsordnung soll eine klare Ressortaufteilung und Kompetenzzuweisung unter den Geschäftsführern schaffen, den Geschäftsführern Grenzen ihrer Geschäftsführungsbefugnis setzen und ihr Verhältnis zur Gesellschafterversammlung, ggf. auch zum Aufsichts- oder Beirat regeln.

Das müssen Sie beachten!

— Die Geschäftsordnung wird grundsätzlich durch die Gesellschafterversammlung (vgl. **Checkliste Gesellschafterversammlung** ⇨ 📄 44) beschlossen, es sei denn, der Gesellschaftsvertrag hat die Kompetenz dem Aufsichts- oder Beirat (vgl. **Checkliste Beirat** ⇨ 📄 18) zugewiesen.

— Möglich ist auch die Verabschiedung einer organinternen Geschäftsordnung durch die beteiligten GF selbst. Hierzu bedarf es keiner ausdrücklichen Ermächtigung im Gesellschaftsvertrag.

— Die organinterne Geschäftsordnung darf nicht im Widerspruch zum Gesetz oder zu Bestimmungen im Gesellschaftsvertrag stehen. Die übergeordnete Weisungsbefugnis der Gesellschafterversammlung bleibt bestehen.

— Enthält die Geschäftsordnung einen Katalog durch die Gesellschafterversammlung zustimmungsbedürftiger Rechtsgeschäfte, wird dadurch der *Anstellungsvertrag* ⇨ 📖 188 ff konkretisiert.

— Die Geschäftsordnung kann zwar Ressort-Verantwortlichkeiten schaffen, beseitigt aber die Gesamtverantwortung und gesamtschuldnerische *Haftung* ⇨ 📖 193 der Geschäftsführung grundsätzlich nicht.

Das müssen Sie tun!

☑ Sofern eine *Geschäftsordnung* ⇨ ✎ 434 bei Begründung des Anstellungsvertrags bereits existiert, Stellen- und Aufgabenbeschreibung einerseits und Geschäftsordnung andererseits aufeinander abstimmen.

☑ Ist eine mehrköpfige Geschäftsführung bestellt, auf Schaffung einer Geschäftsordnung drängen, um klare Zuständigkeiten und Ressortverantwortlichkeiten zu schaffen. Generalklauseln vermeiden.

☑ Der Geschäftsordnung widersprechende, aber wirksam zu Stande gekommene Gesellschafterbeschlüsse über Einzelweisungen befolgen. Diese gehen im Zweifel vor.

Gesellschafter-Darlehen

Ein Gesellschafterdarlehen unterliegt zwar nicht mehr der Rückzahlungssperre des § 30 Abs. 1 Satz 1 GmbHG. Jedoch sind die speziellen Insolvenzregeln (§ 39 Abs. 1 Nr. 5 InsO), die Regeln zur Anfechtbarkeit außerhalb des Insolvenzverfahrens (§ 6 AnfG) und zur Überschuldungsbilanz (§ 19 Abs. 2 InsO) zu beachten.

┌─ **Das müssen Sie beachten!** ───

— Gewährt ein Gesellschafter der GmbH ein Darlehen, spricht man von einem Gesellschafterdarlehen. Hiervon zu unterscheiden ist die Darlehensgewährung der GmbH an Gesellschafter (sog. Gesellschaftsdarlehen).

— Die Gewährung von *Darlehen* ⇨ ▭ 325 macht es zwar möglich, das haftende Stammkapital weitestgehend zu minimieren. Im Insolvenzverfahren der GmbH ist die Forderung auf Rückgewähr eines Gesellschafterdarlehens oder Forderungen aus Rechtshandlungen, die einem solchen Darlehen wirtschaftlich entsprechen, aber nachrangige Forderung. Dies gilt nicht für den nicht geschäftsführenden Gesellschafter, der mit 10 % oder weniger am Haftkapital beteiligt ist (§ 39 Abs. 5 InsO).

— Außerhalb des Insolvenzverfahrens sind Gesellschafter begünstigende Handlungen im Zusammenhang mit nachrangigen Gesellschafter-Darlehen anfechtbar (§ 6 AnfG).

— Steuerlich werden Zinszahlungen der GmbH als Betriebsausgabe anerkannt, sind also keine vGA, wenn sie nicht überhöht sind und der Darlehensvertrag auch sonst unter Dritten übliche Bedingungen enthält.

— Erklärt der Darlehensgeber in der Krise der GmbH einen qualifizierten Rangrücktritt (§ 39 Abs. 2 InsO), ist die Forderung auf Rückgewähr des Darlehens oder aus Rechtshandlungen, die einem solchen Darlehen wirtschaftlich entsprechen, in der Überschuldungsbilanz der GmbH nicht mehr zu passivieren (§ 19 Abs. 2 InsO).

— Gleiches gilt, wenn auf die Darlehensforderung gegen Besserungsschein verzichtet wird, die dann erlischt, jedoch wieder auflebt und einschließlich Zinsen zurückbezahlt werden kann, wenn die GmbH die finanzielle Krise überwunden hat.

— Auf die Passivierung der Verbindlichkeit in der Steuerbilanz hat die Vereinbarung eines qualifizierten Rangrücktritts keinen Einfluss (BMF BStBl I 2006, 497). Bei Verzicht gegen Besserungsschein ist sie zunächst auszubuchen und erst bei Eintritt des Besserungsfalles ergebniswirksam wieder einzubuchen.

┌─ **Das müssen Sie tun!** ──

☑ Vor Darlehenshingabe prüfen, ob die GmbH über ausreichendes Eigenkapital verfügt (vgl. **Checkliste Insolvenz/Insolvenzantragspflicht** ⇨ ▤ 54).

☑ Prüfen, ob nach dem Gesellschaftsvertrag Gesellschafterversammlung oder Aufsichtsrat/Beirat dem Abschluss von Darlehensgeschäften mit Gesellschaftern zustimmen müssen.

☑ Darlehensvertrag schriftlich, mit marktüblichen Zinssätzen, banküblichen Sicherheiten, Fälligkeit und Rückzahlungsbestimmungen vereinbaren (vgl. Vertragsmuster *Gesellschafter-Darlehen* ⇨ ✎ 440).

☑ Bestehenden Darlehensvertrag kündigen, sobald eine Unterkapitalisierung der Gesellschaft abzusehen ist.

Gesellschafter-Geschäftsführer

Während der Fremd-GF ungeachtet seiner Organstellung steuer- und sozialversicherungsrechtlich immer, arbeitsrechtlich u.U. wie ein Arbeitnehmer behandelt wird, gelten für den Gesellschafter-GF, insbesondere den beherrschenden Gesellschafter-GF und Alleingesellschafter-GF, zahlreiche Besonderheiten.

Das müssen Sie beachten!

— Für jeden GF gilt das Selbstkontrahierungsverbot (*In-Sich-Geschäfte* [vgl. **Checkliste In-Sich-Geschäfte** ➪ 🗎 53]). Befreiung hiervon kann generell der Gesellschaftsvertrag oder im Einzelfall ein Gesellschafterbeschluss erteilen.

— Dem Alleingesellschafter-GF kann die Befreiung nur von vornherein im Gesellschaftsvertrag oder nachträglich durch Satzungsänderung erteilt werden.

— Beim beherrschenden Gesellschafter-GF und Alleingesellschafter-GF unterliegen Bemessung und Gestaltung der *GF-Bezüge* ➪ 📖 298, 318 und etwaige Nebenbestandteile besonders kritischer Prüfung durch die Finanzverwaltung (Verdeckte Gewinnausschüttung). Für beide gilt ein striktes Rückwirkungs- und Nachzahlungsverbot (vgl. **Checkliste Verdeckte Gewinnausschüttung** ➪ 🗎 80).

— Vereinbarungen mit der Gesellschaft müssen klar und eindeutig im Voraus und zivilrechtlich wirksam getroffen sein. Werden GF-Gehälter für die Vergangenheit gezahlt oder erhöht, liegt stets eine *Verdeckte Gewinnausschüttung* ➪ 📖 298 ff vor.

— Ist der Gesellschafter-GF nicht nur unwesentlich am Kapital der Gesellschaft beteiligt, besteht keine gesetzliche *Insolvenzsicherung* ➪ 📖 55, 201 (vgl. **Checkliste Insolvenzsicherung** ➪ 🗎 55) für Gehaltsansprüche und Ansprüche auf betriebliche Altersversorgung. Ein Anspruch auf Arbeitslosengeld besteht selbst dann nicht, wenn in der irrtümlichen Annahme bestehender *Sozialversicherungspflicht* ➪ 📖 233 (vgl. **Checkliste** ➪ 🗎 72) Beiträge an die BAA entrichtet wurden (vgl. **Checkliste Sozialversicherungspflicht** ➪ 🗎 72).

Das müssen Sie tun!

☑ Bei einer Beteiligung von maximal bis zu 50 % am Stammkapital und ohne durch andere Umstände (Sonderstimmrecht, Verwandtschaft mit anderen Gesellschaftern o.ä.) vermittelten beherrschenden Einfluss auf die Gesellschaft Sozialversicherungspflicht durch *Antrag* ➪ 🖉 386 bei der DRV/Bund klären.

☑ Je nach dem gewünschten Ergebnis vorher Beteiligungsverhältnisse und *Anstellungsbedingungen* ➪ 📖 231 gestalten.

☑ Befreiung vom gesetzlichen Verbot der In-Sich-Geschäfte in der *Satzung* ➪ 🖉 420 verankern.

☑ Sicherung der zivil- und steuerrechtlichen Wirksamkeit aller Leistungsbeziehungen zur Gesellschaft durch vorherige klare und eindeutige vertragliche und schriftlich dokumentierte Regelungen.

Gesellschafterversammlung

Die Gesellschafterversammlung ist das oberste und damit maßgebliche Willensbildungs- und Beschlussorgan der Gesellschaft (§§ 48 bis 51 GmbHG ⇨ ⚖ 108).

Das müssen Sie beachten!

— Die *Gesellschafterversammlung* ⇨ 📖 147 wird durch den Geschäftsführer einberufen. Bei mehreren Geschäftsführern steht die Einberufungskompetenz jedem einzelnen zu. Der Einberufung steht die Einleitung einer schriftlichen Abstimmung (Umlaufverfahren) gleich.

— Der Gesellschaftsvertrag kann vorsehen, dass Gesellschafterversammlungen auch „virtuell" abgehalten werden, also sowohl die Ladung als auch Vertretungsvollmacht und Beschlussfassung per E-Mail oder via Internet erfolgen. Selbst eine Beschlussfassung durch fernmündlichen Rundruf schließt das Gesetz nicht aus.

— Der Fremd-GF hat eine *Teilnahmepflicht* ⇨ 📖 148, aber kein Teilnahmerecht, bei Teilnahme aber ein eigenes Antragsrecht.

— Die Gesellschafter haben grundsätzlich und unabhängig von der Höhe ihrer Beteiligung kein eigenes Einberufungsrecht, aber mit einem Quorum von mindestens 10 % des Stammkapitals das Recht, vom GF eine Einberufung zu verlangen – und für den Fall der Verweigerung ein Selbsthilferecht. Die Missachtung gesetzlicher und weiterer vertraglicher Formvorschriften für die Einberufung macht dennoch gefasste Beschlüsse anfechtbar.

— Die Gesellschafterversammlung ist kraft ihres *Kontroll- und Weisungsrechts* ⇨ 📖 147 ff „Vorgesetzte" des GF. Ihre Weisungen (vgl. **Checkliste Weisungen** ⇨ 📄 84) sind für den GF grundsätzlich verbindlich.

— Bei ordentlicher *Kündigung* ⇨ 📖 219 gilt das Stimmrechtsverbot für den Gesellschafter-GF nicht, anders bei einer fristlosen Kündigung und der Beschlussfassung über die *Entlastung* ⇨ 📖 226 des GF.

Das müssen Sie tun!

☑ Unter Beachtung der gesellschaftsvertraglich vorgeschriebenen Form und Frist alle Gesellschafter unter richtiger Adresse laden.

☑ Fehlen Bestimmungen im Gesellschaftsvertrag, Ladung innerhalb einer Woche und mit eingeschriebenem Brief (besser noch: Einschreiben / Rückschein oder Einwurfeinschreiben) bewirken, um einen Zugangsnachweis zu schaffen.

☑ In die Ladung Versammlungsort, -zeit und Tagesordnung aufnehmen (vgl. Musterschreiben *Einladung zur Gesellschafterversammlung* ⇨ ✏ 367 ff).

☑ Protokollierung der Gesellschafterversammlung vorbereiten (vgl. **Checkliste Beschlussfassung** ⇨ 📄 19).

☑ Virtuell und fernmündlich zu Stande gekommene Beschlüsse schriftlich niederlegen (Beweisfunktion). Vollmachten bedürfen zwingend der Textform.

Gesellschaftsvertrag

Grundlage der Rechtsbeziehungen zwischen GmbH und ihren Gesellschaftern und zugleich Verfassung der GmbH ist der *Gesellschaftsvertrag (Satzung)* ⇨ 🖊 419. Form und Inhalt sind in §§ 2 ff GmbHG ⇨ ⚖ 93 niedergelegt.

___ Das müssen Sie beachten! ___

— Zum gesetzlich vorgeschriebenen Mindestinhalt des Gesellschaftsvertrages gehören:
Firma und Sitz der Gesellschaft, Gegenstand des Unternehmens, der die Reichweite des Wettbewerbsverbotes mit bestimmt (vgl. **Checkliste Wettbewerbsverbot** ⇨ 📄 85), Betrag des Stammkapitals, Zahl und Nennbeträge der Geschäftsanteile, die jeder Gesellschafter gegen Einlage auf das Stammkapital (Stammeinlage) übernimmt, bei Sachgründung: Gegenstand der Sacheinlage und Nennbetrag des Geschäftsanteils, auf den sich die Sacheinlage bezieht.

— Soweit darüber hinaus keine abweichenden Regelungen getroffen werden, gilt das GmbHG.

— Die GmbH kann in einem vereinfachten Verfahren gegründet werden, wenn sie höchstens drei Gesellschafter und einen Geschäftsführer hat. Für die Gründung im vereinfachten Verfahren ist das in der Anlage zum GmbHG bestimmte *Musterprotokoll* ⇨ ⚖ 123 zu verwenden. Darüber hinaus dürfen keine vom Gesetz abweichenden Bestimmungen getroffen werden. Das Musterprotokoll gilt gleichzeitig als Gesellschafterliste und unterliegt entsprechender Anwendung der Vorschriften des GmbHG über den Gesellschaftsvertrag.

— Insbesondere bei Mehrpersonen-GmbH ist die Gründung mit individuellem Gesellschaftsvertrag dringend zu empfehlen, der zusätzliche Bestimmungen betreffend Gewinnverwendung, Beschlussfassung, Stimmrechte, Verfügung über Geschäftsanteile, Kündigung und Ausscheiden von Gesellschaftern, Nachfolgeregelungen, Ermittlung, Höhe und Auszahlung von Abfindungsguthaben, Befreiung vom Selbstkontrahierungsverbot, Regelungen zu Nebentätigkeiten und Wettbewerbsverbot sowie zustimmungspflichtigen Rechtsgeschäften enthält.

— Änderungen des Gesellschaftsvertrages bedürfen eines Gesellschafterbeschlusses, der notariell beurkundet und mit einer Mindestmehrheit von ¾ der abgegebenen Stimmen gefasst werden muss. Der Gesellschaftsvertrag kann auch eine höhere Stimmenmehrheit oder gar Einstimmigkeit verlangen.

___ Das müssen Sie tun! ___

☑ Prüfen, ob das gesetzlich vorgesehene Musterprotokoll genügt oder ein individueller Gesellschaftsvertrag erforderlich ist.

☑ Gesellschaftsvertrag schriftlich ausarbeiten und vom Gesetz geforderte Mindestangaben berücksichtigen.

☑ Gesellschaftsvertrag in notarieller Urkunde nach **Checkliste GmbH-Gründung** ⇨ 📄 46/47 errichten und zusammen mit den Anmeldeunterlagen dem Handelsregister einreichen.

☑ Ggf. nicht für die Öffentlichkeit bestimmte Regelungen in Nebenabreden vereinbaren und separat notariell beurkunden lassen.

GmbH-Gründung (reguläre)

Die Gründung einer GmbH ⇨ 📖 161 ff erfolgt durch Abschluss eines notariellen Gesellschaftsvertrages (§§ 2 Abs. 1 i. V. m. 3 ff GmbHG ⇨ ⚖ 93), Anmeldung der GmbH zum Handelsregister (§§ 7 u. 8 GmbHG ⇨ ⚖ 95 f) und ihrer Eintragung im Handelsregister (§§ 10 u. 11 GmbHG ⇨ ⚖ 97 f).

Das müssen Sie beachten!

— Zum gesetzlich vorgeschriebenen Mindestinhalt des Gesellschaftsvertrages vgl. **Checkliste Gesellschaftsvertrag** (⇨ 📄 45).
— Die Gründung der GmbH und der Gesellschaftsvertrag sind notariell zu beurkunden.
— Die GmbH muss eine oder mehrere Geschäftsführer haben. Diese sind vor der Anmeldung der GmbH zum Handelsregister zu bestellen (vgl. **Checkliste Bestellung** ⇨ 📄 20). Sie müssen die Eignungsvoraussetzungen erfüllen (vgl. **Checkliste Eignungsvoraussetzungen** ⇨ 📄 25).
— Die GmbH entsteht erst mit der Eintragung im Handelsregister. Bis dahin haften die für sie handelnden Geschäftsführer (§ 11 Abs. 2 GmbHG ⇨ ⚖ 98).

Das müssen Sie tun!

☑ GmbH erst anmelden (vgl. **Checkliste Registeranmeldung** ⇨ 📄 71), wenn auf jede Geldeinlage mindestens ¼ des Nennbetrages eingezahlt ist, sämtliche Sacheinlagen voll erbracht sind, insgesamt mindestens 12.500 EUR, und sich der Gegenstand der Leistungen endgültig in Ihrer freien Verfügung als Geschäftsführer befindet.
☑ Die GmbH ist von allen Geschäftsführern über einen Notar elektronisch zum Handelsregister anzumelden.
☑ In der Anmeldung versichern, dass
  – die gesetzlich vorgeschriebenen Leistungen auf die Geschäftsanteile bewirkt sind und dass sich der Gegenstand der Leistung endgültig in Ihrer freien Verfügung als Geschäftsführer befindet.
  – keine Umstände vorliegen, die Ihrer Bestellung als Geschäftsführer nach § 6 Abs. 2 GmbHG entgegenstehen.
☑ Der Anmeldung beifügen:
  – Ausfertigung des notariell beurkundeten Gesellschaftsvertrages.
  – Bestellung der Geschäftsführer, sofern nicht bereits im Gesellschaftsvertrag erfolgt.
  – Liste der Gesellschafter.
  – Bei Sacheinlagen Sachgründungsbericht und Unterlagen über den Wertnachweis.
☑ Prüfen, ob die Eintragung richtig vorgenommen wurde.
☑ Vor der Eintragung der GmbH keine Verpflichtungen eingehen, die ihr Stammkapital mindern.

GmbH-Gründung (vereinfachte)

Die GmbH kann in einem vereinfachten Verfahren ⇨ 📖 163 gegründet werden, wenn sie höchstens drei Gesellschafter und einen Geschäftsführer hat (§ 2 Abs. 1a GmbHG ⇨ ⚖ 93).

⎯ Das müssen Sie beachten! ⎯

— Für die Gründung im vereinfachten Verfahren ist das in der Anlage zum GmbHG bestimmte Musterprotokoll zu verwenden und notariell zu beurkunden.
— Darüber hinaus dürfen keine vom GmbHG abweichenden Bestimmungen getroffen werden.
— Möglich sind nur Geldeinlagen, nicht jedoch Sacheinlagen.
— Die Geldeinlagen sind entweder sofort in voller Höhe oder zu 50 % zu erbringen.
— Sofern Geldeinlagen nicht erbracht sind, sind sie zu leisten, sobald die Gesellschafterversammlung ihre Einforderung beschließt.
— Das Musterprotokoll gilt zugleich als Gesellschafterliste.
— Auf das Musterprotokoll finden die Vorschriften des GmbHG über den Gesellschaftsvertrag entsprechende Anwendung.
— Die GmbH entsteht erst mit ihrer Eintragung im Handelsregister. Bis dahin haften die für sie handelnden Geschäftsführer (§ 11 Abs. 2 GmbHG ⇨ ⚖ 98).

⎯ Das müssen Sie tun! ⎯

☑ Die GmbH über einen Notar elektronisch zum Handelsregister anmelden.
☑ GmbH erst anmelden (vgl. **Checkliste Registeranmeldung** ⇨ 📄 71), wenn die Geldeinlagen in der im Musterprotokoll vorgesehenen Höhe eingezahlt sind und sich endgültig in Ihrer freien Verfügung als Geschäftsführer befinden.
☑ In der Anmeldung versichern, dass
  – die gesetzlich vorgeschriebenen Leistungen auf die Stammeinlagen bewirkt sind und dass sich der Gegenstand der Leistung endgültig in Ihrer freien Verfügung als Geschäftsführer befindet.
  – keine Umstände vorliegen, die Ihrer Bestellung als Geschäftsführer nach § 6 Abs. 2 GmbHG ⇨ ⚖ 95 entgegenstehen.
☑ Der Anmeldung, eine Ausfertigung des notariell beurkundeten Musterprotokolls beifügen.
☑ Prüfen, ob die Eintragung richtig vorgenommen wurde.
☑ Vor der Eintragung der GmbH keine Verpflichtungen eingehen, die ihr Stammkapital mindern.

Haftung

Der Geschäftsführer haftet für Schäden, die er durch pflichtwidriges und schuldhaftes Verhalten verursacht, der Gesellschaft (§ 43 GmbHG ⇨ ⚖ 107), den Gesellschaftern und Dritten gegenüber.

Das müssen Sie beachten!

— Die *Haftung* ⇨ 📖 241 ff des Geschäftsführers wird häufig unterschätzt. Es gibt zahlreiche Haftungsgründe und -tatbestände.
— Haftung gegenüber der GmbH *vor Eintragung* ⇨ 📖 241 ff: Alle Gesellschafter haften solidarisch, solange kein notarieller Gesellschaftsvertrag vorliegt zwischen notariellem Gesellschaftsvertrag und Eintragung haften die für die GmbH Handelnden.
— Der Geschäftsführer haftet für Falschangaben bei der *Anmeldung* ⇨ 📖 243 ff der GmbH.
— Haftung gegenüber der GmbH *nach Eintragung* ⇨ 📖 245 ff für: rechnerischen Fehlbetrag im Zeitpunkt der Eintragung (Unterbilanzhaftung), Missmanagement bei fehlerhafter Unternehmensführung, Nichtausführung von Weisungen der Gesellschafter, Verstoß gegen ein Wettbewerbsverbot, existenzvernichtenden Eingriff bzw Konzernhaftung (**Checkliste Existenzvernichtungshaftung / Konzernhaftung** ⇨ 📄 31), Missbrauch des Amtes, Verstoß gegen Kapitalerhaltungsvorschriften, deliktisches Verhalten, Amtsniederlegung zur Unzeit, Insolvenzverschleppung.
— Haftung gegenüber den *Gesellschaftern* ⇨ 📖 258 nur ausnahmsweise, insbesondere bei deliktischen Verstößen.
— Haftung *gegenüber Dritten* ⇨ 📖 259 ff: Bei Vertragsverstößen, für Verschulden bei Vertragsverhandlung, aus Delikt, Durchgriffshaftung, für nicht abgeführte Steuern, für nicht abgeführte Sozialversicherungsbeiträge, für die Nichterfüllung öffentlich-rechtlicher Pflichten.

Das müssen Sie tun!

☑ Gesellschaftsvermögen vor Eintragung der GmbH möglichst nicht belasten.
☑ Gründliche Information über Rechte und Pflichten eines Geschäftsführers.
☑ Einrichtung eines funktionierenden internen Kontrollsystems der GmbH zur Fehlervermeidung und schnellen Fehlererkennung.
☑ Laufende Beobachtung der Vermögens-, Finanz- und Ertragslage der GmbH.

Haftung für Sozialversicherungsbeiträge

In seiner Rolle als Arbeitgeber ist der Geschäftsführer im Sozialversicherungsrecht einem besonders großen Risiko der persönlichen Inanspruchnahme ausgesetzt, sobald die Gesellschaft überschuldet und/oder zahlungsunfähig ist.

Das müssen Sie beachten!

- Schuldnerin des Gesamtsozialversicherungsbeitrags (§ 28e SGB IV) ist der Arbeitgeber, also die Gesellschaft.
- Im Vorfeld einer Insolvenz, insbesondere während der 3-wöchigen Insolvenzantragsfrist (§ 15a InsO; früher: § 64 Abs. 1 GmbHG) befindet sich der Geschäftsführer in einer Pflichtenkollision. Einerseits verbietet der Masseerhaltungsgrundsatz Zahlungen aus dem Gesellschaftsvermögen; andererseits gebietet das Sozialversicherungsrecht, Sozialabgaben abzuführen. Gleiches gilt für das steuererrechtliche Abführungsgebot (**vgl. Check-Liste Haftung für Steuern**).
- Kommt der Geschäftsführer diesem Gebot nicht nach, setzt er sich der Gefahr strafrechtlicher Verfolgung aus. Die Nichtabführung von Sozialversicherungsbeiträgen ist eine Straftat (§ 266a StGB) mit einem Strafmaß von bis zu 5 Jahren oder Freiheitsstrafe.
- Befolgt der Geschäftsführer das Abführungsgebot, droht ihm die persönliche Ersatzpflicht für alle Zahlungen, die er nach Eintritt der Zahlungsunfähigkeit oder nach Feststellung der Überschuldung noch zu Lasten der Gesellschaft leistet. Ausgenommen bleiben solche Zahlungen, die mit der Sorgfalt eines ordentlichen Kaufmanns vereinbar waren.
- Nach Auffassung des BGH kann sich der Geschäftsführer darauf berufen, bei Insolvenzreife noch erbrachte Zahlungen hätte der spätere Insolvenzverwalter anfechten können (§ 129 InsO), der Gesellschaft sei deshalb kein Schaden entstanden und seine Haftung scheide deshalb aus (sog. Reserveursache). Der BFH teilt diese Meinung nicht.
- Erfolgt der Einwand der Anfechtbarkeit zu Recht, haftet der Geschäftsführer weder zivilrechtlich auf Schadenersatz gegenüber dem Sozialversicherungsträger gem. § 823 Abs. 2 BGB iVm § 266a StGB oder gem. § 64 GmbHG gegenüber der Gesellschaft, noch strafrechtlich gem. § 266a StGB.
- Nach § 6 GmbHG kann nicht zum Geschäftsführer bestellt werden, wer wegen des Vorenthaltens von Sozialversicherungsbeiträgen nach § 266a StGB rechtskräftig zu einer Freiheitsstrafe von mindestens einem Jahr verurteilt worden ist.

Das müssen Sie tun!

- ☑ Bei konkreten Anhaltspunkten für eine bevorstehende oder eingetretene Zahlungsunfähigkeit oder Überschuldung rechtzeitig die Eröffnung des Insolvenzverfahrens beantragen (**vgl. Check-Liste Insolvenz/Insolvenzantragspflicht**).
- ☑ Ist die eigene Einschätzung unsicher, externe Berater (Rechtsanwalt, Steuerberater, Wirtschaftsprüfer) hinzuziehen
- ☑ Trotz Insolvenzreife geschuldete und fällige Sozialabgaben (und Lohnsteuern) noch abführen.

Haftung für Steuern

Der Geschäftsführer hat gem. § 34 Abs. 1 AO die steuerlichen Pflichten der GmbH zu erfüllen. Gemäß § 69 AO haftet der Geschäftsführer persönlich, soweit Ansprüche aus dem Steuerschuldverhältnis infolge vorsätzlicher oder grob fahrlässiger Verletzung der ihm auferlegten Pflichten nicht oder nicht rechtzeitig festgesetzt oder erfüllt oder soweit infolgedessen Steuervergütungen oder Steuererstattungen ohne rechtlichen Grund gezahlt werden.

Das müssen Sie beachten!

— Die Verantwortlichkeit des Geschäftsführers für die Erfüllung der steuerlichen Pflichten der GmbH ergibt sich allein aus seiner Bestellung ohne Rücksicht darauf, ob er sein Amt auch tatsächlich ausüben kann.
— Bei mehreren Geschäftsführern trifft grundsätzlich jeden einzelnen die Verantwortung für die steuerlichen Pflichten der GmbH ⇨ 📖 266 f.
— Die Haftung mehrerer Geschäftsführern kann durch eine eindeutige und schriftliche Geschäftsverteilung begrenzt werden.
— Können die Schulden der GmbH nicht alle gleichzeitig bezahlt werden, gilt:
  – Die Lohnsteuer ist gleichrangig mit den auszuzahlenden Nettolöhnen und vorrangig vor anderen Verbindlichkeiten zu entrichten ⇨ 📖 268.
  – Rückstände auf andere Steuern sind in gleicher Weise zu tilgen wie alle sonstigen Verbindlichkeiten („Grundsatz anteiliger Tilgung" ⇨ 📖 267).
— Die Nichtabführung einbehaltener Lohnsteuer oder ein Verstoß gegen den Grundsatz der anteiligen Tilgung stellt regelmäßig eine zumindest grob fahrlässige Pflichtverletzung des Geschäftsführers dar ⇨ 📖 268.
— Der Geschäftsführer kann sich i.d.R. nicht damit entschuldigen, dass er seine Pflichten auf andere, z. B. Angestellte oder Steuerberater, übertragen hat ⇨ 📖 269.

Das müssen Sie tun!

☑ Ein gut funktionierendes internes Kontrollsystem einrichten.
☑ Dafür sorgen, dass alle Steuererklärungen und -zahlungen pünktlich erfolgen.
☑ Bei Zahlungsschwierigkeiten der GmbH:
  – Lohnsteuer und Mitarbeitergehälter vorrangig bezahlen.
  – Sonstige Steuern und Verbindlichkeiten nach dem Grundsatz anteiliger Tilgung bezahlen.
  – Einen Liquiditäts-Status nach amtlichem Berechnungsschema (vgl. Erläuterungsteil S. ??) erstellen bzw. erstellen lassen.
☑ Bei Geschäftsverteilung kontrollieren, ob der für die Steuern verantwortliche Geschäftsführer seinen steuerlichen Pflichten nachkommt.
☑ Einen beauftragten Steuerberater stichprobenweise kontrollieren.

Haftpflichtversicherung

Auch deutsche Versicherungsunternehmen bieten *Haftpflichtversicherungen* ⇨ 📖 275 f u.a. für GmbH-Geschäftsführer (nach ihrer Herkunft aus den USA üblicherweise „D & O-Versicherung" <directors and officers liability insurance> genannt) an.

Das müssen Sie beachten!

— Die von der Versicherungswirtschaft erarbeiteten Allgemeinen Versicherungsbedingungen für die Vermögensschaden-Haftpflichtversicherung von Aufsichtsräten, Vorständen und Geschäftsführern (AVB-AVG) sehen vor, dass der Versicherungsvertrag mit der GmbH abgeschlossen wird und die GmbH auch den Versicherungsbeitrag bezahlt.

— Versicherbar ist sowohl die gerichtliche und außergerichtliche Abwehr von zivilrechtlichen, teilweise auch öffentlich-rechtlichen Ansprüchen, als auch die Erfüllung begründeter Ansprüche.

— Problematisch sind die weitreichenden Haftungsausschlüsse (z.B. für Schäden aus Produkthaftung, Sachmängeln, fehlerhafter Beratung, Verletzung von Urheber- und vergleichbaren Rechten, Darlehens- und Krediteinbußen), die Subsidiarität gegenüber anderen Versicherungsarten und der Umstand, dass der Anspruch noch während der Laufzeit des Vertrages geltend gemacht werden muss.

— Für den Gesellschafter-Geschäftsführer gilt, dass die Versicherung sich nicht auf den Anteil des Schadensersatzanspruchs bezieht, der seiner Beteiligung an der GmbH entspricht.

— Versichert sind nur Vermögensschäden, keine Personen- oder Sachschäden.

— Beiträge zur D & O-Versicherung sind steuerpflichtiger Bestandteil der Vergütung des Geschäftsführers, wenn der Versicherungsvertrag ausnahmsweise mit ihm abgeschlossen ist und ihm die Versicherungsbeiträge von der GmbH erstattet werden.

— Wenn die Versicherungsleistung der GmbH zusteht, das Management als ganzes versichert ist und die Versicherung in erster Linie zum Schutz der GmbH gegen Schadensersatzforderungen Dritter gedacht ist, die ihren Grund im Tätigwerden oder Untätigbleiben der Geschäftsführung haben, sind die Beiträge nicht lohnsteuerpflichtig.

Das müssen Sie tun!

☑ Das Versicherungskonzept der GmbH mit einem kompetenten Versicherungsberater mit Rücksicht auf die Subsidiarität und sonstige Einschränkungen der D & O-Versicherung abstimmen.

☑ Bei Abschluss des Versicherungsvertrages durch den Geschäftsführer als Versicherungsnehmer Erstattung des Versicherungsbeitrags durch Gesellschafterbeschluss mit der erforderlichen Mehrheit als Ergänzung zum Anstellungsvertrag feststellen lassen.

☑ Haftpflichtversicherungszusage im Anstellungsvertrag oder in einem Nachtrag aufnehmen.

Handwerks-GmbH

Auch der GmbH ist die gesetzliche Möglichkeit eröffnet, ein Handwerk zu betreiben. Die personellen und sachlichen Voraussetzungen legt § 7 der Handwerksordnung fest.

Das müssen Sie beachten!

— Die GmbH muss die üblichen Voraussetzungen eines Handwerksbetriebes erfüllen, d.h. ein stehendes Gewerbe selbstständig auf eigene Rechnung und in eigener Verantwortung betreiben.
— Um Handwerk zu sein, muss das Gewerbe einem der in der Anlage A zur Handwerksordnung aufgeführten zulassungspflichtigen oder in Anlage B aufgeführten zulassungsfreien Handwerke oder handwerksähnlichen Gewerbe zuzuordnen sein.
— Der Eintrag der GmbH in die Handwerksrolle ist davon abhängig, dass mindestens ein Gesellschafter oder Angestellter, dem die technische Betriebsleitung obliegt, vorhanden ist, der in dem Handwerk, das die GmbH betreiben will, oder einem diesem verwandten Handwerk gemäß Anlage zur Handwerksordnung die Meisterprüfung abgelegt hat (§ 7 Abs. 4 i.V.m. Abs. 1 Handwerksordnung).
— Der Betriebsleiter muss nicht notwendigerweise Geschäftsführer der GmbH sein, aber den Betrieb in fachlich-technischer Hinsicht eigenverantwortlich führen.
— Bei der Anmeldung zum Handelsregister ist der Nachweis der Eintragung in die Handwerksrolle nicht erforderlich. Vorbereitende Handlungen wie die Anmietung von Geschäftsräumen, Kapitalbeschaffung oder Abschluss von Lieferverträgen sind damit bereits vorher möglich.

Das müssen Sie tun!

☑ **Checklisten GmbH-Gründung** ⇨ 📄 46/47 und **Gesellschaftsvertrag** ⇨ 📄 45 verwenden.
☑ Antrag auf Eintragung in die Handwerksrolle stellen. Hierzu sind vorzulegen: Antragsbogen zur Eintragung nebst Qualifikationsnachweisen, Anstellungsvertrag des technischen Betriebsleiters, Betriebsleitererklärung, Krankenversicherungs- und Wohnnachweis des Betriebsleiters, GmbH-Satzung.
☑ Name des Geschäftsführers der Handwerkskammer anzeigen.
☑ Bestellung und Abberufung des Betriebsleiters der Handwerkskammer anzeigen (§ 16 Abs. 2 Handwerksordnung).
☑ Handwerksbetrieb dem für den Betriebssitz zuständigen Gewerbeamt anzeigen (§ 14 Abs. 1 Gewerbeordnung) und hierzu Handwerkskarte vorlegen.

In-Sich-Geschäfte (Selbstkontrahierungsverbot)

In-Sich-Geschäfte sind Rechtsgeschäfte, bei denen ein Vertreter auf beiden Seiten, nämlich im eigenen Namen und im Namen des Vertretenen, tätig wird ⇨ 📖 178 f. Wegen der damit zwangsläufig verbundenen Gefahr eines Interessenkonflikts (und der Schädigung einer Seite) unterliegen In-Sich-Geschäfte gem. § 181 BGB einem gesetzlichen Verbot mit Befreiungsvorbehalt. Dieses Verbot gilt auch für gesetzliche Vertreter wie den GF der GmbH. Beachte: **Checkliste Ein-Mann-GmbH** ⇨ 📄 27.

Das müssen Sie beachten!

— Ohne ausdrückliche Befreiung zulässig ist die Erfüllung einer bereits (ohne vorherigen Verstoß gegen das Verbot) begründeten Verbindlichkeit, etwa die Auszahlung des im Anstellungsvertrag vereinbarten Gehalts an sich selbst.
— Die ausdrückliche Befreiung kann generell und vorab im Gesellschaftsvertrag oder nachträglich durch satzungsändernden Beschluss mit der hierfür erforderlichen ¾-Mehrheit erteilt werden. Sie muss im Handelsregister eingetragen werden.
— Eine Befreiung im Einzelfall (Gestattung) durch Gesellschafterbeschluss ist möglich. Er bedarf lediglich der einfachen Mehrheit.
— In der Ein-Mann-GmbH muss der Gesellschafter-GF durch eine ausdrückliche Bestimmung im Gesellschaftsvertrag befreit werden. Das gilt auch dann, wenn weitere (Fremd-)GF bestellt sind.
— War die Befreiung im Gesellschaftsvertrag zu einem Zeitpunkt erteilt, als die Gesellschaft noch mehrgliedrig war und wird sie erst später zur Ein Mann-GmbH, wirkt die Befreiung fort. Sie muss nicht neu erteilt werden.

Das müssen Sie tun!

☑ Vor Abschluss eines Rechtsgeschäfts prüfen, ob generelle Befreiung im Gesellschaftsvertrag oder durch Gesellschafterbeschluss für den konkreten Einzelfall erteilt ist.
☑ Falls Befreiung noch erteilt werden muss, Gesellschafterversammlung einberufen und *Beschluss* ⇨ ✏ 340 herbeiführen.
☑ Falls generelle Befreiung durch satzungsändernden Beschluss erfolgt ist, *Anmeldung* ⇨ ✏ 384 zum Handelsregister unter Vorlage des notariell beurkundeten Gesellschafterbeschlusses veranlassen.
☑ Ein ohne vorherige Befreiung bereits abgeschlossenes Rechtsgeschäft kann auch nachträglich durch Gesellschafterbeschluss (Gestattung) genehmigt werden.

Insolvenz/Insolvenzantragspflicht

Bei Zahlungsunfähigkeit oder Überschuldung (Insolvenzreife) der GmbH haben die Geschäftsführer ohne schuldhaftes Zögern, spätestens jedoch drei Wochen nach Eintritt der Zahlungsunfähigkeit oder der Überschuldung, die Eröffnung des Insolvenzverfahrens zu beantragen (§ 15a InsO).

Das müssen Sie beachten!

— Die Insolvenzantragspflicht ⇨ 📖 156 ff, 271 f besteht bei Zahlungsunfähigkeit oder Überschuldung der GmbH. Bei „drohender Zahlungsunfähigkeit" (§ 18 Abs. 2 InsO) besteht keine Antragspflicht, sondern ein Antragsrecht.

— „Drohende Zahlungsunfähigkeit" liegt vor, wenn die GmbH voraussichtlich nicht in der Lage sein wird, ihre bestehenden Zahlungspflichten im Zeitpunkt der Fälligkeit zu erfüllen (§ 18 Abs. 2 InsO).

— Zahlungsunfähigkeit ist gegeben, wenn die GmbH nicht in der Lage ist, ihre fälligen Zahlungspflichten zu erfüllen (§ 17 Abs. 2 Satz 1 InsO).

— Überschuldung liegt vor, wenn das Vermögen der GmbH die bestehenden Verbindlichkeiten nicht deckt.

— Auf die Kenntnis der Geschäftsführer von der Insolvenzreife kommt es nicht an. Vielmehr wird von den Geschäftsführern erwartet, dass sie die Insolvenzreife rechtzeitig erkennen.

— Bei *verspäteter Insolvenzantragstellung* ⇨ 📖 272 ff haften die Geschäftsführer für den hierdurch entstehenden Schaden der GmbH und ihrer Gläubigern (§ 64 GmbHG). Die Geschäftsführer machen sich außerdem wegen Insolvenzverschleppung strafbar (§ 15a Abs. 4 und 5 InsO).

Das müssen Sie tun!

☑ Ein funktionsfähiges, effektives internes Kontrollsystem einrichten, um Fehler der betrieblichen Abläufe zu vermeiden bzw. Fehler zeitnah zu erkennen.

☑ Die wirtschaftliche Entwicklung der GmbH, insbesondere ihre Vermögens-, Finanz- und Ertragslage, zeitnah beobachten. Sanierungsmaßnahmen veranlassen.

☑ Bei sich abzeichnender Insolvenzreife Lohnsteuer und Gehälter vorrangig bezahlen.

☑ Bei eingetretener Insolvenzreife unverzüglich bei dem für den Sitz der GmbH zuständigen Insolvenzgericht (Amtsgericht) unter Einreichung einer aktuellen Zwischenbilanz sowie Gewinn- und Verlustrechnung *Insolvenzantrag* ⇨ ✏ 376 stellen.

Insolvenzsicherung

Die Werthaltigkeit finanzieller Ansprüche hängt entscheidend von ihrer Sicherung und Durchsetzbarkeit im Krisenfall ab. Für den GmbH-Geschäftsführer stellt sich deshalb die Frage, ob seine Gehaltsansprüche und Ansprüche aus der betrieblichen Altersversorgung ausreichenden gesetzlichen Schutz genießen oder einer zusätzlichen Sicherung bedürfen.

Das müssen Sie beachten!

— *Anspruch auf Insolvenzgeld* ⇨ 📖 201 hat nur der Fremd-Geschäftsführer oder der Minderheits-Geschäftsführer ohne maßgeblichen Einfluss auf die Geschicke der Gesellschaft.
— Der Anspruch gegenüber der BAA ist beschränkt auf die letzten drei Monate vor Eröffnung des Insolvenzverfahrens.
— Abfindungsansprüche aus einem vor Insolvenz-Eröffnung abgeschlossenen außergerichtlichen Aufhebungsvertrag oder Prozessvergleich sind weder Masseschulden noch bevorrechtigte Insolvenzforderungen. Sie begründen auch keinen Anspruch auf Insolvenzgeld.
— Wie andere Leistungen der Arbeitsförderung auch wird Insolvenzgeld nicht mehr in voller Höhe, nämlich des zuletzt erzielten Nettoarbeitsentgelts, sondern nur noch bis zur Höhe der Beitragsbemessungsgrenze (netto monatlich) gewährt. Der Gesamtsozialversicherungsbeitrag für drei Monate wird durch die BAA geleistet. Der Anspruch auf Insolvenzgeld ist vererblich.
— Auch Ansprüche auf betriebliche Altersversorgung sind kraft Gesetzes durch den PSV nur geschützt, wenn der Inhaber arbeitnehmerähnlich beschäftigter Geschäftsführer ist. Ist der Geschäftsführer über eine zunächst reine Fremd-Geschäftsführung, dann Minderheitsbeteiligung sukzessive in eine später beherrschende Stellung hineingewachsen, sind Versorgungsansprüche anteilig insolvenzgeschützt.

Das müssen Sie tun!

☑ Im Insolvenzfall bei der zuständigen Dienststelle der BAA für die letzten drei Beschäftigungsmonate vor Insolvenzeröffnung oder Zahlungseinstellung die Zahlung von *Insolvenzgeld* ⇨ ✐ 389 beantragen. Achtung: Ausschlussfrist von 2 Monaten nach Insolvenz gem. § 324 Abs. 3 SGB III beachten.
☑ Bei der betrieblichen Altersversorgung den Abschluss einer Rückdeckungsversicherung durch die Gesellschaft mit anschließender Verpfändung der Versicherungsansprüche für den Fall der Insolvenz veranlassen.

Kapitalerhöhung

Bei einer Kapitalerhöhung wird das im Gesellschaftsvertrag vereinbarte Stammkapital erhöht (§ 55 ff GmbHG ⇨ ⚖ 110).

Das müssen Sie beachten!

— Für eine Kapitalerhöhung ist die Änderung des Gesellschaftsvertrages durch einen mit einer ¾-Mehrheit der abgegebenen Stimmen gefassten, notariell beurkundeten Gesellschafterbeschluss erforderlich.
— Bei einer Kapitalerhöhung mit Neueinlagen werden der GmbH neue Mittel zugeführt. Zur Übernahme einer neuen Stammeinlage können die Gesellschafter oder andere Personen zugelassen werden.
— Bei einer Kapitalerhöhung mit Kapital- oder Gewinnrücklagen werden Gesellschaftsmittel zu Stammkapital umgewandelt. Dabei können entweder neue Geschäftsanteile gebildet oder die vorhandenen erhöht werden. Neue Geschäftsanteile stehen den Gesellschaftern im Verhältnis ihrer Geschäftsanteile zu. Dem Kapitalerhöhungsbeschluss ist eine geprüfte, testierte und höchstens acht Monate alte Bilanz zugrundezulegen.
— Die Kapitalerhöhung durch Kapitalerhöhungsbeschluss wird erst mit ihrer Eintragung wirksam.
— Bei einer Kapitalerhöhung durch „genehmigtes Kapital" wird die Geschäftsführung durch den Gesellschaftsvertrag für die Dauer von höchstens fünf Jahren ermächtigt, das Stammkapital bis zu einem bestimmten Nennbetrag zu erhöhen, der die Hälfte des Stammkapitals nicht übersteigen darf, das zur Zeit der Ermächtigung vorhanden ist (§ 55a GmbHG ⇨ ⚖ 110).

Das müssen Sie tun!

☑ Bei Änderung des Gesellschaftsvertrages:
  – *Einberufung* ⇨ ✐ 372 einer Gesellschafterversammlung zur notariellen Beurkundung des Kapitalerhöhungsbeschlusses.
☑ *Anmeldung* ⇨ ✐ 381 zur Eintragung in das Handelsregister.
☑ Der Anmeldung bei Kapitalerhöhung mit Neueinlagen beifügen: *Kapitalerhöhungsbeschluss* ⇨ ✐ 372; den geänderten Gesellschaftsvertrag mit Vollständigkeitsbescheinigung eines Notars; bei Kapitalerhöhungen mit Sacheinlagen die zu Grunde liegenden Verträge (soweit vorhanden), der Sachkapitalerhöhungsbericht und Unterlagen über den Wertnachweis; notariell beglaubigte Übernahmeerklärungen; Liste der neuen Gesellschafter; Versicherungen über Mindesteinzahlung und/ oder die erbrachten Sacheinlagen.
☑ Der Anmeldung bei Kapitalerhöhung aus Rücklagen beifügen: *Kapitalerhöhungsbeschluss* ⇨ ✐ 372; den geänderten Gesellschaftsvertrag mit Vollständigkeitsbescheinigung eines Notars; die der Kapitalerhöhung zugrundegelegte, geprüfte und testierte Bilanz; die letzte Jahresbilanz, falls sie nicht der Kapitalerhöhung zugrundeliegt und sofern sie noch nicht eingereicht ist; Erklärung, dass seit dem Stichtag der zugrundegelegten Bilanz keine Vermögensminderung eingetreten ist.
☑ Bei Kapitalerhöhung durch genehmigtes Kapital:
  – Mit der Ausgabe der neuen Geschäftsanteile die Einlagen (ggf. Sacheinlagen § 55a Abs. 3 GmbHG) einfordern.
  – Neue Liste der Gesellschafter zum Handelsregister einreichen.

Kapitalherabsetzung – reguläre –

Bei einer regulären Kapitalherabsetzung kann das im Gesellschaftsvertrag vereinbarte Stammkapital bis zur Höhe des Mindestkapitals gesenkt werden (§§ 58 ff GmbHG ⇨ ⚖ 114 ff).

Das müssen Sie beachten!

— Für eine Kapitalherabsetzung ⇨ 📖 167 ff ist die Änderung des Gesellschaftsvertrages durch einen mit einer ¾-Mehrheit der abgegebenen Stimmen gefassten, notariell beurkundeten Gesellschafterbeschluss erforderlich.

— Bei der regulären Kapitalherabsetzung darf das Stammkapital nicht unter das Mindestkapital von EUR 25.000 sinken. Sie vollzieht sich in folgenden Schritten:
  - Kapitalherabsetzungsbeschluss
  - Dreimalige Bekanntmachung mit Gläubigeraufruf in den Gesellschaftsblättern, dem elektronischen Bundesanzeiger.
  - Befriedigung oder Sicherstellung der sich meldenden Gläubiger
  - Ablauf eines Sperrjahres gerechnet ab der letzten Bekanntmachung
  - Anmeldung zum Handelsregister
  - Eintragung im Handelsregister
  - Vollzug des Herabsetzungsbeschlusses
— Die Kapitalherabsetzung ist erst mit ihrer Eintragung im Handelsregister wirksam

---

Das müssen Sie tun!

☑ *Einberufung* ⇨ (vgl. **Checkliste Einberufung** ⇨ 📄 26) einer Gesellschafterversammlung zur notariellen Beurkundung der Kapitalherabsetzung.

☑ *Bekanntmachung* zu drei verschiedenen Zeitpunkten in den Gesellschaftsblättern, dem elektronischen Bundesanzeiger, unter Aufforderung der Gläubiger, sich bei der GmbH zu melden.

☑ Die der Kapitalherabsetzung nicht zustimmenden Gläubiger sind zu befriedigen oder sicherzustellen.

☑ *Anmeldung* ⇨ ✒ 382 zum Handelsregister nach Ablauf eines Sperrjahres seit der letzten Bekanntmachung. Beizufügen sind:
  - *Kapitalherabsetzungsbeschluss* ⇨ ✒ 373.
  - Der geänderte Gesellschaftsvertrag mit Vollständigkeitsbescheinigung des Notars.
  - Belege über die dreimalige Bekanntmachung.
  - Versicherung der Befriedigung und Sicherstellung der Gläubiger.

Kapitalherabsetzung – vereinfachte –

Bei einer vereinfachten Kapitalherabsetzung kann das im Gesellschaftsvertrag vereinbarte Stammkapital zur Deckung von Wertminderungen und sonstigen Verlusten
bis zur Höhe des Mindestkapitals und auch darunter gesenkt werden, wenn dieses
durch eine zeitgleiche Kapitalerhöhung wiederhergestellt wird (§§ 58a ff GmbHG
⇨ ⚖ 114 ff).

Das müssen Sie beachten!

– Für eine Kapitalherabsetzung ⇨ 📖 167 ff ist die Änderung des Gesellschaftsvertrages durch einen mit einer ¾-Mehrheit der abgegebenen Stimmen gefassten, notariell beurkundeten Gesellschafterbeschluss erforderlich.
– Die Kapitalherabsetzung muss den Zweck verfolgen, Wertminderungen oder
  sonstige Verluste zu decken.
– Das Stammkapital kann auch unter das Mindestkapital von EUR 25.000 herab-
  gesenkt werden, wenn dieses durch eine gleichzeitig zu beschließende Kapitalerhöhung wieder erreicht wird. Bei dieser Kombination von Kapitalherabsetzung
  und Kapitalerhöhung müssen beide Beschlüsse innerhalb von drei Monaten seit
  der Beschlussfassung im Handelsregister eingetragen sein, anderenfalls sind sie
  nichtig.
– Die Kapitalherabsetzung ist erst mit ihrer Eintragung im Handelsregister wirksam.

Das müssen Sie tun!

☑ *Einberufung* ⇨ (vgl. **Checkliste Einberufung** ⇨ 📄 26) einer Gesellschafterver-
  sammlung zur notariellen Beurkundung der Kapitalherabsetzung.
☑ *Anmeldung* ⇨ ✒ 382 zur Eintragung in das Handelsregister. Beizufügen sind:
  – *Kapitalherabsetzungsbeschluss* ⇨ ✒ 373, ggf. Kapitalerhöhungsbeschluss;
  – der geänderte Gesellschaftsvertrag mit Vollständigkeitsbescheinigung des No-
    tars.
☑ Bei Kombination von Kapitalherabsetzung und Kapitalerhöhung sicherstellen,
  dass die Beschlüsse innerhalb von drei Monaten seit der Beschlussfassung im
  Handelsregister eingetragen sind.

Kompetenzen des Geschäftsführers

Der Geschäftsführer hat sämtliche für die laufende Geschäftsführung und Vertretung der Gesellschaft erforderlichen Kompetenzen. Diese umfassen alle zur Verfolgung des Gesellschaftszwecks erforderlichen, gewöhnlichen Maßnahmen.

Das müssen Sie beachten!

— Zu den *Kompetenzen* ⇨ 📖 141 ff des Geschäftsführers gehören sämtliche tatsächliche und rechtliche Handlungen, die der gewöhnliche Betrieb des Handelsgewerbes der GmbH mit sich bringt. Dazu gehören nicht ungewöhnliche Maßnahmen, die außerhalb des in der Satzung festgelegten Unternehmensgegenstandes liegen, insbesondere nicht solche, die faktisch satzungsändernden Charakter haben.
— Nicht in die Kompetenzen des Geschäftsführers fallen Handlungen, die von Gesetzes wegen der Gesellschafterversammlung vorbehalten oder die durch den Gesellschaftsvertrag auf andere Organe (Gesellschafterversammlung, Beirat, Aufsichtsrat) übertragen sind.
— Die Kompetenzen des Geschäftsführers sind grundsätzlich unbeschränkt. *Kompetenzbeschränkungen* ⇨ 📖 142 kann jedoch der Gesellschaftsvertrag, der Geschäftsführer-Dienstvertrag, die Geschäftsordnung oder ein Gesellschafterbeschluss vorsehen. Diese Kompetenzbeschränkungen gelten jedoch grundsätzlich nicht gegenüber Dritten, es sei denn, sie haben von ihnen Kenntnis.
— Die zur ordnungsgemäßen Geschäftsführung unabdingbaren Kompetenzen dürfen nicht beschränkt oder entzogen werden, nämlich die zur Vertretung der Gesellschaft, für notwendige Maßnahmen im Betrieb und solche, die zur Wahrung der gesetzlichen Pflichten des Geschäftsführers notwendig sind.
— Bei Kompetenzüberschreitung droht die Haftung gegenüber der GmbH oder Dritten (vgl. **Checkliste Haftung** ⇨ 📄 48).

Das müssen Sie tun!

☑ Informieren Sie sich über Ihre gesetzlichen und vertraglichen Kompetenzen und beachten Sie diese sorgfältig.
☑ Weisungen der Gesellschafter durch Gesellschafterbeschluss, welche die Geschäftsführerkompetenzen einschränken, beachten, es sei denn, der zu Grunde liegende Gesellschafterbeschluss ist nichtig oder noch anfechtbar (vgl. **Checkliste Anfechtung** ⇨ 📄 11).

Kündigung

Gegenstand einer ordentlichen oder außerordentlichen Kündigung ist der Anstellungsvertrag des GF, nicht seine organschaftliche Bestellung. Deren Beendigung durch „Abberufung" ist jederzeit möglich.

Das müssen Sie beachten!

— Zuständig, und zwar sowohl für den Ausspruch der *Kündigung* ⇨ 📖 218 als auch für die Entgegennahme der Eigenkündigung des GF sind die Gesellschafter.
— Fehlt deren Beschluss über die Kündigung oder ist dieser rechtsfehlerhaft, ist die Kündigung unwirksam. Eine Heilung, etwa durch nachträgliche Genehmigung, scheidet aus.
— Fehlt eine vertragliche Regelung der Kündigungsfrist, gelten für Fremd-GF die gesetzlichen Kündigungsfristen für Arbeiter und Angestellte, für den Gesellschafter-GF die (sehr kurzen) Kündigungsfristen für den Dienstvertrag, d.h. spätestens bis zum 15. eines Monats zum Monatsende (streitig). Das Kündigungsschutzgesetz gilt nicht.
— Die fristlose Kündigung setzt einen *wichtigen Grund* ⇨ 📖 222 ff voraus. Häufig enthalten Anstellungsvertrag (vgl. **Checkliste** ⇨ 📄 13) oder Geschäftsordnung (vgl. **Checkliste** ⇨ 📄 41) einen Katalog wichtiger Gründe. Sie begründen eine fristlose Kündigung nur dann, wenn sie tatsächlich entsprechendes Gewicht haben.
— Der Gesellschafter-GF ist bei der Beschlussfassung über seine ordentliche Kündigung *stimmberechtigt* ⇨ 📖 224, nicht bei seiner fristlosen Kündigung.
— Kündigt der GF, reicht seine Erklärung gegenüber einem anderen GF auch bei gemeinschaftlicher Vertretung aus. Anderenfalls muss sie allen Gesellschaftern gegenüber ausgesprochen werden.

Das müssen Sie tun!

☑ Je nach Interessenlage Abberufung und Kündigung miteinander verknüpfen, Anstellungsvertrag unter der auflösenden Bedingung der Abberufung schließen. Mit Abberufung tritt die auflösende Bedingung ein (vgl. **Checkliste Abberufung** ⇨ 📄 7).
☑ Abberufung und Kündigung entkoppeln, um durch eine möglichst lange Kündigungsfrist im Anstellungsvertrag bis zum Ablauf der Kündigungsfrist die Weiterbeschäftigung, mindestens Gehaltsfortzahlung zu sichern und den Abfindungsdruck zu erhöhen.
☑ *Kündigungserklärung* ⇨ ✏ 390 f.
☑ Feststellungsklage wegen möglicher Unwirksamkeit der Kündigung vor dem Amts- oder Landgericht erheben.
☑ Bestand vor Bestellung zum GF ein nicht ausdrücklich schriftlich aufgehobenes (ruhendes) Arbeitsverhältnis, Feststellungsklage beim Arbeitsgericht innerhalb von drei Wochen nach Zugang der Kündigung erheben (Anwalt einschalten).

Liquidation

Die aufgelöste GmbH ist im Wege der Liquidation nach den §§ 66 ff GmbHG ⇨ ⚖ 118 ff abzuwickeln.

Das müssen Sie beachten!

— Die *Liquidation* ⇨ 📖 174 setzt die Auflösung der GmbH voraus (zu den Fällen vgl. § 60 Abs. 1 GmbHG ⇨ ⚖ 117).

— Im Falle der Auflösung durch Gesellschafterbeschluss ist, falls der Gesellschaftsvertrag nichts anderes vorschreibt, eine ¾-Mehrheit erforderlich (§ 60 Abs. 1 Ziff. 2 GmbHG ⇨ ⚖ 117).

— Die Gesellschaft wird durch die Geschäftsführer liquidiert, wenn nicht der Gesellschaftsvertrag oder ein Gesellschafterbeschluss andere Personen bestimmt (§ 66 Abs. 1 GmbHG ⇨ ⚖ 118).

— Als Liquidator befähigt ist, wer Geschäftsführer sein kann, darüber hinaus auch eine juristische Person (§ 66 Abs. 4 i.V.m. § 6 Abs. 2 GmbHG ⇨ ⚖ 118/95).

— Die Bekanntmachung von Auflösung und Gläubigeraufgebot ist dreimal in den in § 30 Abs. 2 GmbHG ⇨ ⚖ 98 bezeichneten Blättern zu veröffentlichen. Die letzte Veröffentlichung setzt die Sperrfrist gem. § 73 Abs. 1 GmbHG ⇨ ⚖ 119 in Lauf. Schuldhafte Verzögerung macht Liquidatoren schadensersatzpflichtig.

Das müssen Sie tun!

☑ Soll auf Grund *Auflösungsbeschluss* ⇨ ✏ 366 liquidiert werden: Gesellschafterversammlung einberufen zur Beschlussfassung mit ¾-Mehrheit oder satzungsmäßiger Mehrheit über
  – Auflösung der Gesellschaft,
  – Auflösungszeitpunkt,
  – ggf. Liquidatoren und deren Vertretungsverhältnisse,
  – Person, welche die Bücher und Schriften der Gesellschaft in Verwahrung zu nehmen hat.

☑ Falls Sie als Geschäftsführer Liquidator sind: Auflösung und Liquidatoren sowie deren Vertretungsbefugnis zum Handelsregister anmelden, Unterschrift zur Aufbewahrung bei Gericht zeichnen und erforderliche Versicherungen in öffentlich beglaubigter Form abgeben.

☑ Der Anmeldung die Urkunden über die Auflösung der Gesellschaft und die Bestellung der Liquidatoren in Urschrift oder öffentlich beglaubigter Abschrift beifügen.

☑ Dreimal Auflösung und Gläubigeraufgebot in Blättern der Gesellschaft *bekannt machen* ⇨ 📖 174.

☑ Beendigung der Liquidation und des Erlöschens der Firma zum Handelsregister in notariell beglaubigter Form unter Beifügung von Belegexemplaren über die Veröffentlichung der Auflösung und des Gläubigeraufgebots anmelden.

Nachschuss

Der Gesellschaftsvertrag kann vorsehen, dass die Gesellschafter über den Betrag der Stammeinlagen hinaus die Einforderung von weiteren Einzahlungen, sog. Nachschüsse, beschließen können (§ 26 Abs. 1 GmbHG ⇨ ⚖ 101).

Das müssen Sie beachten!

— Die Einzahlung der *Nachschüsse* ⇨ 📖 171 f hat nach dem Verhältnis der Geschäftsanteile zu erfolgen.
— Bei betragsmäßig unbeschränkter Nachschlusspflicht hat der Gesellschafter das Recht, seinen Anteil preiszugeben (sog. Abandon). Bei säumigen Gesellschaftern hat die Gesellschaft das Recht, mittels eingeschriebenen Briefes zu erklären, dass sie den Geschäftsanteil als zur Verfügung gestellt betrachte, mit der Möglichkeit der anschließenden öffentlichen Versteigerung und bei Erfolglosigkeit freihändiger Veräußerung des Geschäftsanteils.
— Bei betragsmäßig beschränkter Nachschusspflicht und nach fruchtloser Nachfristsetzung ist der säumige Gesellschafter seines Geschäftsanteils zu Gunsten der Gesellschaft verlustig zu erklären. Er bleibt jedoch der Gesellschaft gegenüber verhaftet. Subsidiär haften seine Rechtsvorgänger.

Das müssen Sie tun!

☑ Gesellschafterversammlung zur *Beschlussfassung* ⇨ ✏ 374 über die Einforderung von Nachschüssen einberufen.
☑ Die Einzahlung der Nachschüsse schriftlich *einfordern* ⇨ ✏ 394.
☑ Bei unbeschränkter Nachschusspflicht nach Ablauf der gesetzlichen Einzahlungsfrist von einem Monat:
  – Dem säumigen Gesellschafter mittels eingeschriebenem Brief *erklären* ⇨ ✏ 395, dass die GmbH seinen Geschäftsanteil als zur Verfügung gestellt betrachtet.
  – Geschäftsanteil innerhalb eines Monats im Wege öffentlicher Versteigerung verkaufen lassen.
  – Bei Fruchtlosigkeit der öffentlichen Versteigerung Geschäftsanteil freihändig veräußern.
☑ Bei beschränkter Nachschusspflicht nach Ablauf der gesetzlichen Einzahlungsfrist von einem Monat:
  – Nachfrist mittels eingeschriebenem Brief setzen.
  – Nach Ablauf der Nachfrist dem säumigen Gesellschafter mittels eingeschriebenem Brief erklären, dass er seines Geschäftsanteils zu Gunsten der Gesellschaft verlustig ist.
  – Nichterbrachte Nachschüsse gegenüber dem säumigen Gesellschafter, ggf. subsidiäre gegenüber seinen Rechtsvorgängern, gerichtlich geltend machen.

Nebentätigkeit

Nebentätigkeiten sind sämtliche entgeltlichen und unentgeltlichen Tätigkeiten, die die Arbeitszeit und Arbeitskraft des Geschäftsführers beanspruchen.

Das müssen Sie beachten!

— Der Geschäftsführer unterliegt einer umfassenden *Treuepflicht* ⇨ 📖 145 gegenüber seiner GmbH. Er muss seine gesamte Arbeitskraft zum Wohle der Gesellschaft einsetzen und hat alles zu unterlassen, was dem entgegensteht.

— Ausgeübte Nebentätigkeiten müssen deshalb im *Anstellungsvertrag* ⇨ ✏ 427 schriftlich festgehalten und ausdrücklich genehmigt werden.

— *Nebentätigkeiten* ⇨ 📖 200 im Unternehmensgegenstand der GmbH unterliegen einem generellen *Wettbewerbsverbot* ⇨ 📖 146. Sollen sie dennoch ausgeübt werden, bedarf es einer zivilrechtlich und steuerrechtlich wirksamen Befreiung (vgl. **Checkliste Wettbewerbsverbot** ⇨ 📄 85).

Das müssen Sie tun!

☑ Beabsichtigte oder bereits ausgeübte Nebentätigkeiten bei Dienstvertragsabschluss und danach der GmbH mitteilen. Dazu gehören z.B.:
 – Ehrenämter.
 – Vortrags- und Referententätigkeiten.
 – Vermögensverwaltung.
 – Immobiliengeschäfte.
 – Beratungstätigkeiten.
 – Treuhandgeschäfte.

☑ Rechte anhand der Mustervereinbarung im *Anstellungsvertrag* ⇨ ✏ 430 prüfen.

Notgeschäftsführer

Ist die GmbH, etwa infolge Abberufung, Krankheit, Tod oder Amtsniederlegung ohne Geschäftsführer, kann das zuständige Registergericht auf Antrag eines Beteiligten in dringenden Fällen für die Zeit bis zur Behebung des Mangels einen Notgeschäftsführer bestellen (§ 29 BGB entsprechend).

— Das müssen Sie beachten! —

— Hat die GmbH keinen Geschäftsführer, wird sie für den Fall, dass ihr gegenüber Willenserklärungen abgegeben oder Schriftstücke zugestellt werden, zunächst durch die Gesellschafter vertreten.

— Außerdem erhalten die Gesellschafter im Falle der Führungslosigkeit der GmbH das Recht zur Stellung eines Insolvenzantrages (§ 15 Abs. 1 InsO). Die Führungslosigkeit ist glaubhaft zu machen.

— Bestellungsgrund für einen *Notgeschäftsführer* ⇨ 📖 141 ist auch eine Verhinderung des amtierenden Geschäftsführers im Einzelfall, wenn diese auf dem Selbstkontrahierungsverbot beruht (vgl. **Checkliste In-Sich-Geschäfte** ⇨ 📄 53) oder wenn der amtierende Geschäftsführer die Geschäftsführung grundsätzlich verweigert.

— Ein dringender Fall liegt vor, wenn der GmbH oder einem Beteiligten ohne die Notbestellung Schaden droht.

— Beteiligter ist jeder, dessen Rechte und Pflichten durch die Bestellung unmittelbar beeinflusst werden (Gesellschafter, Geschäftsführer, Gläubiger).

— Für Auswahl und Bestellung, die mit Bekanntgabe an den Notgeschäftsführer wirksam wird, ist der Rechtspfleger des Registergerichts zuständig. Er kann Vorschläge berücksichtigen, muss dies aber nicht. Schreibt der Gesellschaftsvertrag für den Geschäftsführer eine bestimmte Qualifikation vor, muss diese auch der Notgeschäftsführer erfüllen.

— Einen Vergütungsanspruch hat der Notgeschäftsführer nur gegen die GmbH, nicht etwa gegen die Staatskasse oder den Antragsteller.

— Die unbefristete Bestellung endet automatisch mit der Behebung des Mangels.

— Das müssen Sie tun! —

☑ Als bisheriger Gesellschafter-/(Geschäftsführer): Prüfen, ob die Führungslosigkeit nachhaltig und ein Insolvenzantrag erforderlich und verhältnismäßig ist. Andernfalls Bestellungsgründe für einen Notgeschäftsführer prüfen. Ggf. Bestellung schriftlich bei dem am Sitz der GmbH zuständigen Amtsgericht als Registergericht beantragen und begründen.

☑ Möglichst eine bestimmte, qualifizierte Person als Notgeschäftsführer vorschlagen, Notgeschäftsführer überwachen, erforderlichenfalls bei dem Registergericht *Abberufung aus wichtigem Grund* ⇨ 📖 180 beantragen.

☑ Als Notgeschäftsführer: Vergütung und Tätigkeitsbedingungen möglichst durch Gesellschafterbeschluss der GmbH bestätigen lassen, Bereitschaft zur Amtsannahme und Versicherung, dass keine Umstände vorliegen, die Ihrer Bestellung nach § 6 Abs. 2 Satz 2 GmbHG ⇨ 🔾 95 entgegenstehen, gegenüber Registergericht erklären.

Offenlegung – große GmbH (& Co.)

Die Geschäftsführer einer großen GmbH (§ 267 Abs. 3 HGB) haben den Jahresabschluss beim Betreiber des elektronischen Bundesanzeigers elektronisch einzureichen („Offenlegungspflicht", § 325 Abs. 1 Satz 1 HGB). Entsprechendes gilt für die Geschäftsführer der Komplementär-GmbH einer (großen) GmbH & Co. KG, bei der nicht wenigstens (unmittelbar oder mittelbar) ein persönlich haftender Gesellschafter eine natürliche Person ist (§ 264 a HGB).

Das müssen Sie beachten!

— Eine große GmbH (& Co.) liegt vor, wenn zu den Abschlussstichtagen von zwei aufeinanderfolgenden Geschäftsjahren mindestens zwei von drei Merkmalen (16,06 Mio. EUR Bilanzsumme, 32,12 Mio. EUR Umsatzerlöse, im Jahresdurchschnitt 250 Arbeitnehmer) überschritten werden.

— Der Jahresabschluss besteht aus einer um einen Anhang ergänzten Bilanz nebst Gewinn- und Verlustrechnung (§§ 242 Abs. 2, 264 Abs. 1 HGB). Außerdem ist ein Lagebericht zu erstellen (§ 264 Abs. 1 Satz 1 HGB). Diese Unterlagen sind beim Betreiber des elektronischen Bundeseinzeigers einzureichen. Mit einzureichen ist, soweit sich dies aus dem eingereichten Jahresabschluss nicht ergibt, der Vorschlag für die Verwendung des Ergebnisses und der Beschluss über seine Verwendung.

— Angaben über die Ergebnisverwendung brauchen nicht gemacht zu werden, wenn sich aus diesen die Gewinnanteile von Gesellschaftern, die natürliche Personen sind, feststellen lassen (§ 325 Abs. 1 S. 4).

— Der Betreiber des elektronischen Bundesanzeigers prüft, ob die einzureichenden Unterlagen fristgemäß und vollzählig eingereicht worden sind. Gibt die Prüfung Anlass zu der Annahme, dass von der Größe der GmbH abhängige Erleichterungen nicht hätten in Anspruch genommen werden dürfen, kann von der Geschäftsführung die Mitteilung der Umsatzerlöse und der durchschnittlichen Zahl der Arbeitnehmer verlangt werden.

— Bei Verstößen gegen die Offenlegungspflicht wird gegen die verantwortlichen Geschäftsführer ein Ordnungsgeldverfahren eingeleitet. Das Ordnungsgeld beträgt mindestens 2.500 EUR und höchstens 25.000 EUR (§ 335 Abs. 1 HGB).

Das müssen Sie tun!

☑ Den Jahresabschluss beim Betreiber des elektronischen Bundesanzeigers elektronisch einreichen.

☑ Mit einzureichen sind der Lagebericht und Angaben über die Ergebnisverwendung, jedoch nur dann, wenn sich aus diesen Angaben die Gewinnanteile von Gesellschaftern, die natürliche Personen sind, nicht feststellen lassen.

☑ Die Unterlagen unverzüglich nach ihrer Vorlage an die Gesellschafter, jedoch spätestens vor Ablauf des zwölften Monats des dem Abschlussstichtag nachfolgenden Geschäftsjahres zusammen mit dem Bestätigungsvermerk des Abschlussprüfers oder dem Vermerk über dessen Versagung einreichen.

Offenlegung – mittlere GmbH (& Co.)

Die Geschäftsführer einer mittelgroßen GmbH (§ 267 Abs. 2 HGB) haben den Jahresabschluss beim Betreiber des elektronischen Bundesanzeigers elektronisch einzureichen („Offenlegungspflicht", § 325 Abs. 1 Satz 1 HGB). Entsprechendes gilt für die Geschäftsführer der Komplementär-GmbH einer (großen) GmbH & Co. KG, bei der nicht wenigstens (unmittelbar oder mittelbar) ein persönlich haftender Gesellschafter eine natürliche Person ist (§ 264 a HGB).

Das müssen Sie beachten!

— Eine mittelgroße GmbH (& Co.) liegt vor, wenn zu den Abschlussstichtagen von zwei aufeinanderfolgenden Geschäftsjahren mindestens zwei von drei Merkmalen (4,015 Mio. EUR Bilanzsumme, 8,03 Mio. EUR Umsatzerlöse, im Jahresdurchschnitt 50 Arbeitnehmer) überschritten werden und die Voraussetzungen für eine große GmbH nicht erfüllt sind (vgl. **Checkliste Offenlegung – große GmbH (& Co.)** ⇨ 📄 65).

— Der Jahresabschluss besteht aus einer um einen Anhang ergänzten Bilanz nebst Gewinn- und Verlustrechnung (§§ 242 Abs. 2, 264 Abs. 1 HGB). Außerdem ist ein Lagebericht zu erstellen (§ 264 Abs. 1 Satz 1 HGB). Diese Unterlagen sind beim Betreiber des elektronischen Bundeseinzeigers einzureichen. Die Bilanz ist jedoch nur in der für kleine Kapitalgesellschaften vorgeschriebenen Form (vgl. **Checkliste Offenlegung – kleine GmbH (& Co.)** ⇨ 📄 68) einzureichen. Dabei sind in der Bilanz oder im Anhang die in § 327 Nr. 1 HGB bezeichneten Posten des § 266 Abs. 2 und 3 HGB zusätzlich und gesondert anzugeben. Der Anhang kann um die in § 327 Nr. 2 HGB bezeichneten Angaben gekürzt werden. Mit einzureichen ist, soweit sich dies aus dem eingereichten Jahresabschluss nicht ergibt, der Vorschlag für die Verwendung des Ergebnisses und der Beschluss über seine Verwendung.

— Angaben über die Ergebnisverwendung brauchen nicht gemacht zu werden, wenn sich aus diesen Angaben die Gewinnanteile von Gesellschaftern, die natürliche Personen sind, feststellen lassen.

— Der Betreiber des elektronischen Bundesanzeigers prüft, ob die einzureichenden Unterlagen fristgemäß und vollzählig eingereicht worden sind. Gibt die Prüfung Anlass zu der Annahme, dass von der Größe der GmbH abhängige Erleichterungen nicht hätten in Anspruch genommen werden dürfen, kann von der Geschäftsführung die Mitteilung der Umsatzerlöse und der durchschnittlichen Zahl der Arbeitnehmer verlangt werden.

— Bei Verstößen gegen die *Offenlegungspflicht* wird gegen die verantwortlichen Geschäftsführer ein Ordnungsgeldverfahren eingeleitet. Das Ordnungsgeld beträgt mindestens 2.500 EUR und höchstens 25.000 EUR (§ 335 Abs. 1 HGB).

Das müssen Sie tun!

☑ Die gekürzte Bilanz, die ungekürzte Gewinn- und Verlustrechnung und den gekürzten Anhang beim Betreiber des elektronischen Bundesanzeigers elektronisch einreichen.

☑ Mit einzureichen sind der Lagebericht und Angaben über die Ergebnisverwendung, jedoch nur dann, wenn sich aus diesen Angaben die Gewinnanteile von Gesellschaftern, die natürliche Personen sind, nicht feststellen lassen.

☑ Die Unterlagen unverzüglich nach ihrer Vorlage an die Gesellschafter, jedoch spätestens vor Ablauf des zwölften Monats des dem Abschlussstichtag nachfolgenden Geschäftsjahres zusammen mit dem Bestätigungsvermerk des Abschlussprüfers oder dem Vermerk über dessen Versagung einreichen.

Offenlegung – kleine GmbH (& Co.)

Die Geschäftsführer einer kleinen GmbH (§ 267 Abs. 1 HGB) haben den Jahresabschluss beim Betreiber des elektronischen Bundesanzeigers elektronisch einzureichen („Offenlegungspflicht", § 325 Abs. 1 Satz 1 HGB). Entsprechendes gilt für die Geschäftsführer der Komplementär-GmbH einer (großen) GmbH & Co. KG, bei der nicht wenigstens (unmittelbar oder mittelbar) ein persönlich haftender Gesellschafter eine natürliche Person ist (§ 264 a HGB).

Das müssen Sie beachten!

- Eine kleine GmbH (& Co.) liegt vor, wenn zu den Abschlussstichtagen von zwei aufeinanderfolgenden Geschäftsjahren mindestens zwei von drei Merkmalen (4,015 Mio. Euro Bilanzsumme, 8,03 Mio. Euro Umsatzerlöse, im Jahresdurchschnitt fünfzig Arbeitnehmer) nicht überschritten werden.
- Der Jahresabschluss besteht aus einer um einen Anhang ergänzten Bilanz nebst Gewinn- und Verlustrechnung (§§ 242 Abs. 2, 264 Abs. 1 HGB). Kleine Kapitalgesellschaften brauchen nur eine verkürzte Bilanz aufzustellen, in die nur die in § 266 Absätzen 2 und 3 HGB mit Buchstaben und römischen Zahlen bezeichneten Posten gesondert und in der vorgeschriebenen Reihenfolge aufgenommen werden. Beim Betreiber des elektronischen Bundesanzeigers einzureichen sind nur die verkürzte Bilanz und der Anhang, der die die Gewinn- und Verlustrechnung betreffenden Angaben nicht zu enthalten braucht (§ 326 HGB).
- Ein Lagebericht braucht nicht erstellt (§ 264 Abs. 1 Satz 3 HGB) und offengelegt zu werden.
- Angaben über die Ergebnisverwendung brauchen nicht gemacht zu werden.
- Der Betreiber des elektronischen Bundesanzeigers prüft, ob die einzureichenden Unterlagen fristgemäß und vollzählig eingereicht worden sind. Gibt die Prüfung Anlass zu der Annahme, dass von der Größe der GmbH abhängige Erleichterungen nicht hätten in Anspruch genommen werden dürfen, kann von der Geschäftsführung die Mitteilung der Umsatzerlöse und der durchschnittlichen Zahl der Arbeitnehmer verlangt werden.
- Bei Verstößen gegen die *Offenlegungspflicht* wird gegen die verantwortlichen Geschäftsführer ein Ordnungsgeldverfahren eingeleitet. Das Ordnungsgeld beträgt mindestens 2.500 EUR und höchstens 25.000 EUR (§ 335 Abs. 1 HGB).

Das müssen Sie tun!

- ☑ Die verkürzte Bilanz und den Anhang, der die Gewinn- und Verlustrechnung betreffende Angaben nicht zu enthalten braucht, beim Betreiber des elektronischen Bundesanzeigers elektronisch einreichen.
- ☑ Die Unterlagen unverzüglich nach ihrer Vorlage an die Gesellschafter, jedoch spätestens vor Ablauf des zwölften Monats des dem Abschlussstichtag nachfolgenden Geschäftsjahres einreichen.

Pensionszusage

Die GmbH kann sich verpflichten, dem Geschäftsführer und/oder dessen Hinter-bliebenen eine Rente oder einen einmaligen Kapitalbetrag als Altersversorgung zu zahlen.

Das müssen Sie beachten!

— Zur Alterversorgung des Geschäftsführers allgemein: **Checkliste Altersversor-gung** ⇨ 🗎 9.
— Die *Pensionszusage* ⇨ 📖 305 ist Bestandteil des *Geschäftsführer-Dienstvertrages* ⇨ 🖉 427 und fällt deshalb in die Beschlusskompetenz der Gesellschafterver-sammlung, soweit nach der Satzung keine anderweitige Zuständigkeit bestimmt ist.
— Für die Pensionszusage hat die GmbH in der Bilanz angemessene Rückstellungen zu bilden, die auch steuerlich beachtlich sind (§ 6a EStG). Eine Altersgrenze von weniger als 65 Jahren kann für die Berechnung der Pensionsrückstellung nur dann zu Grunde gelegt werden, wenn besondere Umstände nachgewiesen wer-den, die ein niedrigeres Pensionsalter rechtfertigen.
— Voraussetzung für die *steuerliche Anerkennung* ⇨ 📖 305 einer Pensionszusage an den Gesellschafter-Geschäftsführer sind deren Angemessenheit, Ernsthaftigkeit und Erdienbarkeit. Sog. „Nur-Pensionen" sind unüblich.
— Insgesamt darf die zu zahlende Rente nicht mehr als 75% der letzten Aktivbezüge (Festgehalt ohne Tantieme) betragen.
— Zwischen Zusage und Beginn der Pensionszahlung muss für den beherrschenden Gesellschafter-Geschäftsführer ein Zeitraum von mindestens 10 Jahren liegen.
— Für den nicht beherrschenden Gesellschafter-Geschäftsführer verkürzt sich diese Erdienenszeit auf bis zu 3 Jahre, wenn er im Zeitpunkt der Zahlung dem Betrieb mindestens 12 Jahre angehört hatte.

Das müssen Sie tun!

☑ Keine Pensionszusage bei Überschreiten des 60. Lebensjahres oder kurz nach Gründung der GmbH eingehen bzw. erteilen.
☑ *Gesellschafterbeschluss* ⇨ 🖉 353 mit erforderlicher Mehrheit fassen.
☑ *Pensionszusage* ⇨ 🖉 436 schriftlich entweder im Anstellungsvertrag oder als An-hang zum Anstellungsvertrag regeln.
☑ Keine rückwirkenden Vereinbarungen mit beherrschenden Gesellschafter-Ge-schäftsführern treffen.

Rechnungslegung

Die Geschäftsführer sind verpflichtet, für die ordnungsgemäße Buchführung der Gesellschaft zu sorgen (§ 41 GmbHG ⇨ ⚖ 106).

Das müssen Sie beachten!

— Die *Grundsätze ordnungsmäßiger Buchführung* ⇨ 📖 148 f (§§ 238 ff HGB) sind einzuhalten. Insbesondere muss die Buchführung vollständig, richtig, zeitgerecht sowie geordnet sein und einem sachverständigen Dritten innerhalb angemessener Zeit einen Überblick über die Geschäftsvorfälle und über die Lage des Unternehmens vermitteln können.

— Unter Beachtung der Grundsätze ordnungsmäßiger Buchführung hat der *Jahresabschluss* ⇨ 📖 149 f ein den tatsächlichen Verhältnissen entsprechendes Bild der Vermögens-, Finanz- und Ertragslage der GmbH (& Co.) zu vermitteln („true und fair view", § 264 Abs. 2 HGB).

— Bei der Aufstellung des Jahresabschlusses sind insbesondere zwingende Vorschriften zu berücksichtigen über
– Ansatz und Bewertung der Vermögensgegenstände und Schulden (§§ 246 ff, 252 ff HGB),
– Gliederung der Bilanz (§§ 266 ff HGB),
– Gewinn- und Verlustrechnung (§§ 275 ff HGB),
– Anhang (§§ 284 ff HGB) und
– Lagebericht (§ 289 HGB).

Das müssen Sie tun!

☑ Bei EDV-Buchführung außer Haus die Haftung des Rechenzentrums für Schäden aus fehlerhaften Berechnungen sicherstellen und bei Zweifeln an der Richtigkeit der Buchführung für Abhilfe sorgen.

☑ Den Jahresabschluss (Bilanz, Gewinn- und Verlustrechnung) nebst einem Anhang sowie einem Lagebericht (inklusive Risikobericht) innerhalb der ersten drei Monate eines Geschäftsjahres für das vorangegangene Geschäftsjahr selbst oder über einen Steuerberater aufstellen; bei so genannten „kleinen GmbH" (vgl. **Checkliste Offenlegung – kleine GmbH** ⇨ 📄 68) innerhalb der ersten sechs Monate.

☑ Den Jahresabschluss unterzeichnen und mit Datum versehen.

☑ Den Jahresabschluss offenlegen (vgl. **Checkliste Offenlegung** ⇨ 📄 65–68).

Registeranmeldung

Sämtliche gesetzlich vorgesehenen Anmeldungen zum Handelsregister sind durch die Geschäftsführer zu bewirken (§ 78 GmbHG ⇨ ⚖ 120) und elektronisch in öffentlich beglaubigter Form einzureichen (§ 12 Abs. 1 HGB ⇨ 📖 160 f).

Das müssen Sie beachten!

— Die elektronische Einreichung einer öffentlich beglaubigten Anmeldung kann nur über einen Notar erfolgen.

— Die Errichtung der GmbH, eine Kapitalerhöhung und eine Kapitalherabsetzung müssen sämtliche Geschäftsführer anmelden.

— In allen anderen Fällen müssen jeweils so viele Geschäftsführer handeln, wie zur Vertretung der GmbH erforderlich sind. Hierunter fallen alle übrigen Änderungen des Gesellschaftsvertrages, Bestellung und Abberufung von Prokuristen, Änderung der Geschäftsführung und Auflösung der Gesellschaft.

— Bei Errichtung der GmbH (vgl. **Checkliste GmbH-Gründung (reguläre)** ⇨ 📄 46) darf die Anmeldung erst erfolgen, wenn auf jede Bareinlage ¼ eingezahlt ist und alle Sacheinlagen voll erbracht sind, zusammen mindestens 12.500 EUR.

Das müssen Sie tun!

☑ Alle Anmeldungen öffentlich beglaubigen lassen.

☑ Den der jeweiligen Anmeldung zu Grunde liegenden Gesellschafterbeschluss in Urschrift oder öffentlich beglaubigter Abschrift zusammen mit der Anmeldung über einen Notar elektronisch einreichen.

☑ Bei *Errichtung der GmbH* (vgl. **Checkliste GmbH-Gründung (reguläre)** ⇨ 📄 46) der Anmeldung beifügen:
  – den Gesellschaftsvertrag
  – die Bestellung der Geschäftsführer
  – eine Liste der Gesellschafter
  – bei Sacheinlagen ein von den Gesellschaftern erstellter Sachgründungsbericht nebst Wertgutachten

☑ Bei Änderungen des Gesellschaftsvertrages in der Anmeldung die geänderten Bestimmungen wiedergeben, soweit sie im Handelsregister einzutragen sind, z. B. Firma, Sitz, Gegenstand des Unternehmens, Kapitalausstattung und Geschäftsführung.

☑ Bei Kapitalerhöhungen (vgl. **Checkliste Kapitalerhöhung** ⇨ 📄 56) den *Sachkapitalerhöhungsbericht* erstellen und nebst Unterlagen über den Wertnachweis einreichen.

☑ Bei der Anmeldung der *Bestellung eines Geschäftsführers* (vgl. **Checkliste Bestellung** ⇨ 📄 20) ist von diesem zu versichern, dass keine Umstände vorliegen, die seiner Bestellung nach § 6 Abs. 2 Satz 2 Nr. 2 und 3 sowie Satz 3 GmbHG entgegenstehen.

Sozialversicherungspflicht

Die Sozialversicherungspflicht entscheidet über die Beitragspflichtigkeit einerseits und den Sozialversicherungsschutz andererseits.

Das müssen Sie beachten!

— Es ist denkbar, dass Beiträge bezahlt werden, ohne dass *Sozialversicherungspflicht* ⇨ 📖 231 besteht, entweder weil sie ursprünglich irrtümlich bejaht wurde, oder auf Grund veränderter Umstände später weggefallen ist. In solchen Fällen besteht trotz Beitragszahlung kein Anspruch auf Versicherungsschutz. Das kann in sämtlichen Versicherungszweigen der Fall sein, also in der Kranken- und Pflegeversicherung, der Unfall-, Arbeitslosen- und Rentenversicherung.
— Für die Versicherungspflicht in allen Zweigen der Sozialversicherung setzt das Sozialgesetzbuch ein abhängiges Beschäftigungsverhältnis voraus. Dass der GmbH-GF, auch der Fremd-GF, kein Arbeitnehmer i.S.d. arbeitsrechtlichen Vorschriften ist, steht der Annahme eines abhängigen Beschäftigungsverhältnisses im sozialversicherungsrechtlichen Sinn nicht entgegen.
— Sozialversicherungspflichtig ist danach der Fremd-GF und der Gesellschafter-GF, der keinen maßgeblichen Einfluss auf die Geschicke der Gesellschaft ausübt. Bei einer Beteiligung von unter 50 v.H. am Stammkapital ist das die Regel, aber keineswegs zwingend.
— Besteht keine Sozialversicherungspflicht, ist dennoch, und zwar innerhalb von 5 Jahren nach Aufnahme einer selbstständigen Tätigkeit, ein Antrag auf Aufnahme in die gesetzliche Rentenversicherung möglich.
— Alternativ möglich ist auch die Entrichtung freiwilliger Beiträge in der gesetzlichen Rentenversicherung, sofern ein bestimmter Mindestbeitrag nicht unterschritten wird.
— Ist die Sozialversicherungspflicht festgestellt, besteht, anders als in der Kranken- und Pflegeversicherung, unabhängig von der Höhe des Verdienstes in der Renten- und Arbeitslosenversicherung, keine Befreiungsmöglichkeit.

Das müssen Sie tun!

☑ Sozialversicherungspflicht anhand des von den Spitzenverbänden der Sozialversicherungsträger entwickelten *Feststellungsbogens* ⇨ ✏ 413 überprüfen.
☑ Feststellung der Sozialversicherungspflicht bei der DRV/Bund selbst dann *beantragen* ⇨ ✏ 413, wenn ein Negativbescheid gewünscht wird.
☑ Ergeht ein positiver Bescheid, förmliche Zustellung an die BAA beantragen, um die Zahlung von Arbeitslosengeld im Falle der Arbeitslosigkeit oder *Insolvenzgeld* ⇨ ✏ 386 sicherzustellen.
☑ Bei negativem Feststellungsbescheid je nach Versorgungssituation *Pflichtmitgliedschaft oder freiwillige Versicherung* ⇨ ✏ 387 f beantragen.

Steuerfreie Zuschläge

Nach § 3b EStG sind Sonn-, Feiertags- und Nachtzuschläge innerhalb bestimmter Grenzen steuerfrei. Dies gilt jedoch uneingeschränkt nur für Arbeitnehmer.

Das müssen Sie beachten!

— Im Unterschied zu anderen Arbeitnehmern der GmbH bestimmt und kontrolliert der Geschäftsführer seine Arbeitszeit im Wesentlichen selbst.

— Eine Vereinbarung über *Überstundenvergütungen* ⇨ 📖 199, 310 ist deshalb mit dem Aufgabenbild eines GmbH-Geschäftsführers jedenfalls dann nicht vereinbar, wenn sie auf Überstunden an Sonn- und Feiertagen sowie während der Nacht beschränkt ist und/oder wenn außerdem eine Gewinntantieme vereinbart ist (vgl. **Checkliste Überstunden** ⇨ 📄 76).

— Die an einen Gesellschafter-Geschäftsführer geleistete Überstundenvergütung ist somit grundsätzlich unüblich und als *vGA* ⇨ 📖 318 zu qualifizieren.

— Allenfalls überzeugende betriebliche Gründe in bestimmten Branchen (z.B. Hotels u. Gaststätten, Tankstellen) können im Einzelfall eine Vereinbarung von Überstundenvergütungen rechtfertigen. Sie sind von der GmbH zu beweisen.

Das müssen Sie tun!

☑ Überstundenvergütungen in der Regel nur für Fremdgeschäftsführer vereinbaren.

☑ Überstundenvergütungen nicht zusammen mit Gewinntantieme und nur vereinbaren, wenn belegt werden kann, dass Sie ganz überwiegend geschäftsführungstypische Mitarbeit verrichten (z.B. Softwareentwicklung, Werbe- und Vertriebstätigkeit, Mitarbeit in Produktion oder F+E).

☑ Im *Anstellungsvertrag* ⇨ ✐ 428 reguläre Wochenarbeitszeit, Monats- oder Stundengehalt sowie Pflicht zur Durchführung, Aufzeichnung und Abrechnung der Überstunden klar regeln. Überstunden von der festen Arbeitszeit, für die der Grundlohn gezahlt wird, abgrenzen. Tatsächlich geleistete Mehrarbeit zeitnah und genau aufzeichnen und abrechnen.

Strafrechtliches Ermittlungsverfahren

Obwohl sich die GmbH als Unternehmen und juristische Person nicht strafbar machen kann, strahlen Ermittlungshandlungen, die sich gegen die strafrechtlich verantwortlichen Geschäftsführer oder Mitarbeiter richten, stets auf den Betrieb der GmbH ab.

Das müssen Sie beachten!

— Vgl. zum Strafbarkeitsrisiko wegen Steuerhinterziehung und wegen allgemeiner Straftatbestände unter: *Strafrechtliche Risiken des GmbH-Geschäftsführers* ⇨ 📖 281.
— Staatsanwaltschaft, im Steuerstrafverfahren auch Steuerfahndung und Straf- und Bußgeldsachenstellen der Finanzämter, sind zur Einleitung des Strafverfahrens verpflichtet, sofern ein Anfangsverdacht (§ 152 Abs. 2 StPO) vorliegt.

Das müssen Sie tun!

☑ Bei angekündigten Ermittlungshandlungen im Betrieb der GmbH:
 – Innerbetriebliche Ansprechstelle für Ermittlungsorgane festlegen und in jedem Falle an diese verweisen.

☑ Bei überraschendem Erscheinen von Ermittlungsorganen zur Durchsuchung:
 – Durchsuchungsbeschluss daraufhin prüfen, ob von einem Richter auf Antrag der Ermittlungsbehörde erlassen, genauer Ort der Durchsuchung genannt und Beschluss begründet. Anderenfalls Durchsuchung verweigern (Ausnahme „Gefahr in Verzug").
 – Betriebsangehörige anweisen, weder Auskünfte zu erteilen noch Betriebsunterlagen herauszugeben.
 – Nötigenfalls Anwalt oder steuerlichen Berater verständigen, nach Absprache mit Anwalt fehlende Unterlagen herausgeben, um unnötige Durchsuchungsmaßnahmen zu verhindern.
 – Informatorische Befragungen weitestmöglich unterbinden bzw. vermeiden.
 – Aufklärung darüber verlangen, wer als Zeuge bzw. wer als Beschuldigter in Betracht kommt und welche Unterlagen und Gegenstände herausverlangt werden.
 – Baldmöglichst Verteidiger bestellen und diesen frühzeitig um Akteneinsicht bitten.
 – Anfragen und Antworten der Ermittlungsbehörde stets schriftlich verlangen.
 – Darauf achten, dass Zeugen- und Beschuldigtenvernehmung nur in Anwesenheit eines Anwalts durchgeführt werden.

Tantieme

Tantieme ➪ ☐ 196 ist ein variabler, an den Erfolg der GmbH geknüpfter Gehaltsbestandteil, der sich in aller Regel am Gewinn und/oder am Umsatz orientiert.

Das müssen Sie beachten!

— Die *Tantiemeregelung* ➪ 🖊 428 ist Bestandteil des Anstellungsvertrages und bedarf, um steuerlich anerkannt zu werden, zivilrechtlich wirksamer Vereinbarung.
— Die Tantieme soll in der Regel nicht mehr als 25 % der *Gesamtbezüge* ➪ ☐ 303)
und nicht mehr als 50% des Bruttojahresgewinns der Gesellschaft vor Abzug der
Steuern und der Tantieme selbst überschreiten.
— Übersteigt die Tantieme diese Grenze, wird das Finanzamt im Einzelfall ermitteln, ob die gewählte Gestaltung betrieblich oder gesellschaftsrechtlich veranlasst ist.
— Ist der Gesellschafter-Geschäftsführer für einen bestehenden Verlustvortrag (mit)
verantwortlich, ist dieser in die Bemessungsgrundlage der Gewinntantieme einzubeziehen.
— Umsatztantiemen können aus steuerlichen Gründen nur noch
  – für nicht beherrschende Gesellschafter- oder Fremdgeschäftsführer im Auf-
  baustadium der GmbH,
  – zur Erreichung bestimmter, zeitlich begrenzter betriebswirtschaftlicher Ziele
  vereinbart werden.

Das müssen Sie tun!

☑ Schriftliche, zivilrechtlich wirksame Vereinbarung treffen (vgl. **Checkliste Geschäftsführergehalt** ➪ 📄 39 und *Muster Geschäftsführer-Anstellungsvertrag*
➪ 🖊 428).
☑ *Bemessungsgrundlage* ➪ ☐ 303 eindeutig definieren. Eventuell feste Obergrenze
für die Tantieme bestimmen, um unangemessene Spitzen bei übermäßiger Gewinn-
entwicklung zu vermeiden.
☑ Lohnsteuer für Tantieme einbehalten; Abschlagszahlungen auf die Tantieme im
Vertrag regeln und verzinsen, Tantieme umgehend nach Fälligkeit auszuzahlen.
☑ Tantiemen regelmäßig auf Angemessenheit nach der *75% / 25%-Regelvermutung*
➪ ☐ 303 überprüfen.

Überstunden

Wird die im Arbeits- oder Dienstvertrag vereinbarte regelmäßige Arbeitszeit überschritten, spricht man von Überstunden oder Mehrarbeit.

Das müssen Sie beachten!

— Das Arbeitszeitgesetz oder tarifliche Arbeitszeitregelungen gelten für den GF nicht. Auch die Festlegung einer regelmäßigen Arbeitszeit im Anstellungsvertrag ist eher die Ausnahme. Üblich sind Bestimmungen, wonach der GF verpflichtet ist, seine gesamte Arbeitszeit in den Dienst der Gesellschaft zu stellen, aber auch berechtigt, Zeit, Ort und Einteilung der von ihm zu leistenden Tätigkeit eigenverantwortlich zu disponieren.

— Weder Fremd-GF noch Gesellschafter-GF haben kraft Gesetzes Anspruch auf *Mehrarbeitsvergütung* ⇨ 📖 199. Auch Tarifverträge, der arbeitsrechtliche Gleichbehandlungsgrundsatz und die betriebliche Übung scheiden als Anspruchsgrundlage aus.

— Zivilrechtlich wirksame Vereinbarungen im Anstellungsvertrag über eine vertraglich vorausgesetzte Regelarbeitszeit, Mehrarbeit und deren zusätzliche Vergütung sind möglich, ihre steuerliche Anerkennung aber in den meisten Fällen ausgeschlossen.

— Das gilt inzwischen nahezu ausnahmslos für Überstundenvergütungen, die mit einem Gesellschafter-GF vereinbart werden. Als grundsätzlich unüblich werden sie als *vGA* ⇨ 📖 318 ff qualifiziert (vgl. **Checkliste Steuerfreie Zuschläge** ⇨ 📄 73).

— Wird Mehrarbeit gesondert bezahlt, ist die Vergütung in jedem Fall dem laufenden Gehalt hinzuzurechnen und mit dem laufenden Gehalt auszuzahlen.

Das müssen Sie tun!

☑ Sofern Sie Fremd-GF sind, die gewöhnliche oder regelmäßige Arbeitszeit im Anstellungsvertrag konkret fixieren.

☑ Auf Klarstellung im Anstellungsvertrag dringen, dass mit dem Gehalt nur die vertraglich geschuldete regelmäßige Arbeitszeit vergütet wird und darüber hinausgehende Arbeitszeit gesondert abzugelten ist (vgl. *Vertragsmuster GF-Anstellungsvertrag* ⇨ ✐ 427).

☑ Für die Finanzverwaltung nachvollziehbare und konkrete Aufzeichnungen über Nacht-, Sonntags- und Feiertagsarbeit fertigen und etwaige Beweismittel benennen.

Unfallversicherung

Häufige Dienstreisen und bei jüngeren Geschäftsführern niedrige Anwartschaften in der gesetzlichen Rentenversicherung machen eine angemessene Unfallabsicherung zu einer attraktiven Nebenleistung der GmbH.

┌─ Das müssen Sie beachten! ─────────────────────────────────

— Die statistisch durchschnittliche Versicherungssumme liegt im Todesfall etwa in Höhe des jährlichen Gesamtvergütung des Geschäftsführers, im Invaliditätsfall bei etwa dem Doppelten. Abgesichert wird mindestens das dienstliche, oft aber auch das private Unfallrisiko.

— Stehen die Rechte aus dem Versicherungsvertrag ausschließlich der GmbH als Versicherungsnehmerin zu, sind die Beitragsleistungen steuerlich kein Bestandteil der Vergütung. Kann der Geschäftsführer den Versicherungsanspruch unmittelbar gegenüber dem Versicherungsträger geltend machen, sind die Beiträge lohnsteuerpflichtige Zukunftssicherungsleistungen, unabhängig davon, ob es sich um eine Einzel- oder eine Gruppenunfallversicherung handelt.

— Von den Beiträgen für die Unfallversicherung des Geschäftsführers kann die Lohnsteuer pauschal mit 20 % erhoben werden, sofern es sich um eine Gruppenunfallversicherung handelt und der Teilbetrag, der sich bei einer Aufteilung der gesamten Beiträge quotal ergibt, € 62 im Kalenderjahr nicht übersteigt. Darüberhinaus sind die Beitragsleistungen dem individuellen Steuersatz des Geschäftsführers zu unterwerfen.

┌─ Das müssen Sie tun! ─────────────────────────────────

☑ Unfallversicherungszusage im *Anstellungsvertrag* ⇨ 🖋 431 oder in einem Nachtrag aufnehmen.

☑ Klären, ob anderweitige Kompetenzzuordnung für die Beschlussfassung (etwa an Beirat/Aufsichtsrat) besteht.

☑ Schriftlichen *Beschluss der Gesellschafterversammlung* ⇨ 🖋 339 oder des hierfür zuständigen Gremiums mit der notwendigen Mehrheit über den Abschluss eines Versicherungsvertrages herbeiführen; gegebenenfalls vom Verbot der In-Sich-Geschäfte (vgl. **Checkliste In-Sich-Geschäfte** ⇨ 📄 53) des § 181 BGB befreien lassen.

☑ Den Versicherungsvertrag namens der Gesellschaft mit dem Versicherungsträger abschließen.

Unternehmergesellschaft (haftungsbeschränkt)

Die Unternehmergesellschaft (haftungsbeschränkt) ist keine neue Rechtsform, sondern eine in § 5a GmbHG geregelte Variante der GmbH.

Das müssen Sie beachten!

— Die Unternehmergesellschaft kann bereits mit einem Stammkapital von 1 € gegründet werden, muss dann aber eine gesetzliche Rücklage bilden. In diese ist ¼ des um einen Verlustvortrag aus dem Vorjahr geminderten Jahresüberschusses einzustellen.
— Diese Rücklage ist gebunden und kann nur
  – für Kapitalerhöhungen aus Gesellschaftsmitteln zum Ausgleich eines Jahresfehlbetrags, soweit er nicht durch einen Gewinnvortrag aus dem Vorjahr gedeckt ist,
  oder
  – zum Ausgleich eines Verlustvortrags aus dem Vorjahr, soweit er nicht durch einen Jahresüberschuss gedeckt ist, verwendet werden.
— Auf die Unternehmergesellschaft sind sämtliche Vorschriften des GmbH-Rechts anwendbar, soweit § 5a GmbHG nichts anderes anordnet.
— Die Gesellschaft muss – jedenfalls solange das Mindeststammkapital der klassischen GmbH gemäß § 5 Abs. 1 GmbHG nicht erreicht ist – die Bezeichnung „Unternehmergesellschaft (haftungsbeschränkt)" oder „UG (haftungsbeschränkt)" führen.

Das müssen Sie tun!

☑ Die Gesellschaft erst zum Handelsregister anmelden (vgl. **Checkliste Registeranmeldung** ⇨ 🗎 71), wenn das Stammkapital in voller Höhe in bar eingezahlt ist.
☑ Keine Sacheinlagen vornehmen.
☑ Unabhängig von einem Verbrauch des Stammkapitals bei drohender Zahlungsunfähigkeit unverzüglich die Versammlung der Gesellschafter einberufen.
☑ Erreicht die Rücklage 25.000 €, Umfirmierung in „GmbH" prüfen.
☑ Sonstige allgemeine Gründungsvoraussetzungen und Gründungsmaßnahmen (vgl. **Checkliste GmbH-Gründung** ⇨ 🗎 46/47) beachten.
☑ Prüfen, ob die Eintragung der Unternehmergesellschaft richtig vorgenommen wurde.

Urlaub

Adressaten des Bundesurlaubsgesetzes mit einem gesetzlichen Urlaubsanspruch von 24 Tagen sind nur Arbeitnehmer.

Das müssen Sie beachten!

— Das Dienstvertragsrecht des BGB kennt keinen gesetzlichen *Urlaubsanspruch* ⇨ 📖 200. Folgerichtig gilt für den Urlaubsanspruch dasselbe wie für andere arbeitsrechtliche Ansprüche: Auch Tarifverträge oder Betriebsvereinbarungen, der arbeitsrechtliche Gleichheitsgrundsatz oder eine betriebliche Übung gewähren dem Geschäftsführer keinen Anspruch.

— Das bestehende Regelungsdefizit bleibt für den GF folgenlos, weil sich längst ein entsprechendes Gewohnheitsrecht herausgebildet hat.

— Mangels gesetzlicher Vorgaben herrscht uneingeschränkte Vertragsfreiheit für die Urlaubsregelung.

— Wird deshalb, was nahezu ausnahmslos der Fall ist, im *Anstellungsvertrag* ⇨ 📖 200 ein Urlaubsanspruch geregelt, gelten mangels abweichender Bestimmungen die Regelungen des Bundesurlaubsgesetzes für die Übertragung nicht genommenen Urlaubs auf das Folgejahr und die Abgeltung von aus betrieblichen Gründen nicht realisierten Urlaubsansprüchen entsprechend.

— Als Arbeitgeber (vgl. Checkliste **Geschäftsführer als Arbeitgeber** ⇨ 📄 36) schuldet der GF gegenüber den Mitarbeitern die genaue Beachtung der Regelungen des Bundesurlaubsgesetzes und ergänzender tarifvertraglicher oder einzelvertraglicher Regelungen.

— Anlass für Arbeitsrechtsstreitigkeiten (i.V.m. Kündigungsschutzprozessen) sind Probleme der Urlaubsabgeltung, die Gewährung zeitanteiligen Urlaubs vor Erfüllung von Wartezeiten oder bei Arbeitgeberwechsel und die Übertragbarkeit des Urlaubsanspruchs.

Das müssen Sie tun!

☑ Dauer, Art und Weise der Urlaubsgewährung, Abgeltung und Übertragbarkeit des Urlaubs detailliert im *Anstellungsvertrag* ⇨ ✏ 429 regeln.

☑ Für die betriebliche Urlaubsregelung genaue Zeitkonten führen und eine ggf. vom Bundesurlaubsgesetz abweichende Praxis schriftlich fixieren.

☑ Da der Geschäftsführer häufiger als seine Mitarbeiter gezwungen ist, Urlaubsansprüche aus dringenden betrieblichen Erfordernissen nicht zu realisieren, die bestehende Vertragsfreiheit für großzügige Übertragungs- und Abgeltungsgestaltungen nutzen.

Verdeckte Gewinnausschüttung

Unter einer verdeckten Gewinnausschüttung (§ 8 Abs. 3 Satz 2 KStG) ist eine Vermögensminderung (verhinderte Vermögensmehrung) zu verstehen, die durch das Gesellschaftsverhältnis veranlasst ist, sich auf die Höhe des Einkommens der GmbH auswirkt und in keinem Zusammenhang mit einer offenen Ausschüttung steht.

Das müssen Sie beachten!

— *Angemessenheitsgebot* ⇨ 📖 315: Die an den Gesellschafter/Geschäftsführer gezahlten Vergütungen müssen in der Höhe den unter Dritten vereinbarten Vergütungen entsprechen.
— *Üblichkeitsgebot* ⇨ 📖 316: Die Vergütungen, welche die GmbH an ihre Gesellschafter/Geschäftsführer zahlt, müssen dem Grunde nach Regelungen, wie sie zwischen Dritten vereinbart werden, entsprechen.
— *Klarheitsgebot* ⇨ 📖 299: Die Zahlungen zwischen GmbH und Gesellschafter/Geschäftsführer müssen dem Grunde und der Höhe nach eindeutig (schriftlich) vereinbart und durch Rechenoperationen, die für einen Außenstehenden nachvollziehbar sind, festgesetzt sein.
— *Nachzahlungsverbot* ⇨ 📖 301: Vergütungen zwischen der GmbH und ihrem beherrschenden Gesellschafter/Geschäftsführer müssen im Vorhinein schriftlich vereinbart sein. Rückwirkende Vereinbarungen sind nicht zulässig.
— Die *steuerlichen Folgen* ⇨ 📖 319) der vGA lassen sich nachträglich nicht heilen. Der Gesellschaftsvertrag kann den Empfänger aber zur Rückzahlung der vGA verpflichten.

Das müssen Sie tun!

☑ Zur Vermeidung einer vGA Überblick über sämtliche geldwerten Rechtsbeziehungen zwischen GmbH und Gesellschaftern bzw. diesen Nahestehenden verschaffen.
☑ Anhand der jeweiligen Verträge prüfen, ob
  – klare, schriftliche, bei beherrschenden Gesellschafter-Geschäftsführern auch im Voraus getroffene Vereinbarungen bestehen,
  – Vereinbarungen auch voneinander unabhängige Dritte unter gleichen oder ähnlichen Verhältnissen abgeschlossen hätten,
  – die vereinbarten Entgelte bzw. Leistungen angemessen sind.

Vererbung eines GmbH-Anteils

GmbH-Geschäftsanteile sind nach § 15 Abs. 1 GmbHG ⇨ ⚖ 98 frei vererblich und fallen somit in den Nachlass des verstorbenen Gesellschafters.

┌── Das müssen Sie beachten! ──────────────────────────────

— Eine im Gesellschaftsvertrag verankerte Beschränkung, über Geschäftsanteile zu verfügen (Vinkulierung), hindert den Übergang auf die Erbengemeinschaft nicht, ist aber im Rahmen der Erbauseinandersetzung zu beachten.

— Soll dies verhindert werden, muss die GmbH-Satzung vorsehen, dass der Anteil eines verstorbenen Gesellschafters eingezogen wird und damit endgültig untergeht (Einziehungsklausel), während die Erben lediglich Anspruch auf das Einziehungsentgelt haben, oder dass die Erben den Geschäftsanteil an eine bestimmte Person abtreten müssen (Abtretungsklausel) und ihnen nur ein Abtretungsentgelt zufließt.

— Geht ein Geschäftsanteil auf mehrere Erben über, können diese die Rechte aus dem Anteil bis zur Auseinandersetzung der Erbengemeinschaft nur gemeinschaftlich ausüben (§ 18 Abs. 1 GmbHG ⇨ ⚖ 99).

— Testamentsvollstreckung an GmbH-Geschäftsanteilen ist zulässig, wenn nicht die Satzung die Ausübung von Verwaltungsrechten durch den Testamentsvollstrecker ausschließt.

— GmbH-Geschäftsanteile im Privatvermögen fallen unter das begünstigte Vermögen gemäß § 13b Abs. 1 Nr. 3 ErbStG n.F., wenn die betreffende GmbH im Besteuerungszeitpunkt ihren Sitz (§ 11 AO) oder ihre Geschäftsleitung (§ 10 AO) im Inland hatte und der Erblasser zu diesem Zeitpunkt zu mehr als ¼ am Nennkapital der GmbH beteiligt war. Ertragsteuerlich ist der Erwerb auf Grund Einziehungsklausel wie Abtretungsklausel ein steuerpflichtiger Veräußerungsvorgang iSd § 17 EStG.

┌── Das müssen Sie tun! ──────────────────────────────

☑ Darauf hinwirken, dass der *Gesellschaftsvertrag* ⇨ ✐ 425 die zwingende Bestellung nur eines gemeinsamen Vertreters vorsieht, wenn mehrere Personen einen Geschäftsanteil erben; ferner veranlassen, dass der Gesellschaftsvertrag die Teilung und/oder die Übertragung eines Geschäftsanteils zur Durchführung einer Erbauseinandersetzung stets ohne Zustimmung der übrigen Gesellschafter zulässt.

☑ Als Gesellschafter-Geschäftsführer die eigene letztwillige Verfügung mit den Nachfolgebestimmungen des Gesellschaftsvertrages so abgleichen, dass Erben bzw. Vermächtnisnehmer des Anteils die satzungsmäßig zur Nachfolge Zugelassenen sind.

☑ Als Gesellschafter-Geschäftsführer mit einem Anteil von 25% oder weniger prüfen, ob eine Vereinbarung mit weiteren Gesellschaftern möglich ist,
– über die Anteile nur einheitlich zu verfügen,
– oder ausschließlich auf andere, derselben Verpflichtung unterliegende Anteilseigner zu übertragen,
– und das Stimmrecht gegenüber nicht gebundenen Gesellschaftern nur einheitlich auszuüben („Pool-Regelung").

Verkauf/Kauf eines GmbH-Anteils

GmbH-Anteile sind frei veräußerlich, wenn der Gesellschaftsvertrag keine Sonder-regelungen vorsieht. Der gutgläubige Erwerb eines GmbH-Anteils ist möglich.

Das müssen Sie beachten!

— Die Veräußerbarkeit im Gesellschaftsvertrag schränken ein:
  – Vorkaufs- und Ankaufsrechte.
  – Zustimmungspflicht der Gesellschafter (Vinkulierung).
  – Gesellschafterliche Treuepflicht (Keine Veräußerung an Konkurrenten).
— Der Käufer haftet unbeschränkt für nicht erbrachte Geldeinlagen oder Fehl-beträge nicht vollwertig geleisteter Sacheinlagen des Verkäufers (§ 22 GmbHG ⇨ ⚖ 100).
— Im Verhältnis zur GmbH gilt als Inhaber eines Geschäftsanteils nur, wer als solcher in der im Handelsregister aufgenommenen Gesellschafterliste (§ 40 GmbHG ⇨ ⚖ 105) eingetragen ist.
— Ein GmbH-Geschäftsanteil kann auch gutgläubig wirksam von einem nicht be-rechtigten Verkäufer erworben werden, wenn dieser als Inhaber des Geschäfts-anteils in dieser Gesellschafterliste eingetragen ist.
— Ausnahmen:
  – Die unrichtige Eintragung besteht zum Zeitpunkt des Verkaufs/Kaufs weniger als 3 Jahre und ist dem wirklichen Anteilsinhaber nicht zuzurechnen
  – dem Käufer ist die mangelnde Berechtigung bekannt oder infolge grober Fahr-lässigkeit unbekannt geblieben
  – der Gesellschafterliste ist ein Widerspruch gegen die Berechtigung des ein-getragenen Verkäufers zugeordnet.
— Die Bildung von Teil-Geschäftsanteilen und der Verkauf/Kauf mehrerer Teil-geschäftsanteile sind uneingeschränkt zulässig.
— Der Käufer haftet unbeschränkt für nicht erbrachte Geldeinlagen oder Fehlbeträ-ge nicht vollwertig geleisteter Sacheinlagen des Verkäufers ab dem Zeitpunkt der Einreichung der Gesellschafterliste, in die er als Anteilsinhaber aufgenommen ist, (§ 16 Abs. 2 GmbHG ⇨ ⚖ 99).

Das müssen Sie tun!

☑ Besondere Veräußerungsbeschränkungen anhand des *Gesellschaftsvertrages* ⇨ ✐ 422 prüfen.
☑ Als Käufer prüfen, ob die Gesellschafterliste der GmbH auf dem aktuellen Stand, der Verkäufer des Geschäftsanteils eingetragen und kein Widerspruch gegen die Berechtigung des Verkäufers zugeordnet ist.
☑ Anhand sonstiger Vertragsunterlagen prüfen,
  – ob Anteil mit Rechten Dritter belastet ist,
  – ob ein Veräußerungsgeschäft an Dritte innerhalb der letzten 3 Jahre vorliegt.
☑ *Vertragskonditionen* ⇨ ✐ 442 aushandeln. Dazu gehören u.a.:
  – Kaufpreis
  – Fälligkeit
  – Stichtag der Übertragung
  – Abgrenzung des Gewinnbezugsrechts.
☑ Ggf. *Gesellschafterbeschluss* ⇨ ✐ 364 zur Teilung eines Geschäftsanteils herbei-führen.
☑ Bei Veräußerungsbeschränkung (Vinkulierung) Zustimmung einholen.

Vor-GmbH

Als Vor-GmbH bezeichnet man die GmbH im Gründungsstadium, nämlich nach ihrer Errichtung durch notariellen Gesellschaftsvertrag bis zu ihrer Eintragung in das Handelsregister. Gesetzliche Regelungen fehlen.

Das müssen Sie beachten!

— Die GmbH entsteht als selbstständige juristische Person erst mit ihrer Eintragung.
— In der Zeit zwischen dem Abschluss des Gesellschaftsvertrages und der Eintragung der GmbH kann diese mit einem auf das Gründungsstadium hinweisenden Zusatz auftreten. Mit Eintragung gehen sämtliche Rechte und Pflichten der *Vor-GmbH* ⇨ 📖 243 im Wege der Gesamtrechtsnachfolge auf die GmbH über.
— Die vor der Eintragung für die GmbH handelnden Geschäftsführer oder wie Geschäftsführer Handelnde *haften* ⇨ 📖 242 f persönlich und gesamtschuldnerisch. Die Handelndenhaftung erlischt mit Eintragung der GmbH.
— Ist das Stammkapital im Zeitpunkt der Eintragung der GmbH teilweise oder ganz aufgebraucht oder sogar eine Unterdeckung vorhanden, so haben die Gesellschafter anteilig für die Differenz zwischen dem Stammkapital und dem Wert des Gesellschaftsvermögens zum Zeitpunkt der Eintragung aufzukommen. Für Ausfälle der Gesellschaft haften die Geschäftsführer.
— Die Vor-GmbH ist Steuersubjekt der Gewerbe- und Körperschaftsteuer, wenn ihre Eintragung ernsthaft angestrebt wird und später erfolgt.

Das müssen Sie tun!

☑ Möglichst keine, das Vermögen der Gesellschaft vermindernden Aktivitäten vor Eintragung der GmbH.
☑ Unmittelbar nach der notariellen Beurkundung des Gesellschaftsvertrages und der Erfüllung der Einlagepflichten die GmbH zur Eintragung in das Handelsregister anmelden. Den beurkundenden Notar veranlassen, die Anmeldungsunterlagen an das Handelsregister weiterzuleiten.
☑ Evtl. Eintragungshindernisse umgehend beheben.
☑ Im Zeitpunkt der Eintragung eine Eröffnungsbilanz erstellen. Soweit das Stammkapital zu diesem Zeitpunkt aufgebraucht ist, die Gesellschafter zu anteiligen Einzahlungen auffordern.

Weisungen

Als Arbeitnehmer der Gesellschaft unterliegt der Geschäftsführer dem Weisungsrecht der Gesellschafter. Diesem Weisungsrecht entspricht seine Folgepflicht. Davon zu unterscheiden ist das Weisungsrecht (Direktionsbefugnis) des Geschäftsführers in seiner Eigenschaft als Arbeitgeber.

Das müssen Sie beachten!

— Es gibt keinen weisungsfreien Kernbereich eigenverantwortlicher Geschäftsführung. Das Weisungsrecht der Gesellschafter und die Folgepflicht des Geschäftsführers kann aber schuldrechtlich durch den Gesellschafts- oder Anstellungsvertrag, ggf. in Verbindung mit einer Geschäftsordnung, beschränkt sein.
— Weisungsbefugt ist die Gesellschafterversammlung bzw. der Alleingesellschafter (§ 37 Abs. 1 GmbHG). Weisungsbefugnisse einzelner Gesellschafter oder anderer Organe (Aufsichtsrat, Beirat) kann die Satzung begründen. Dritten (Beratern, Treugebern, Verbänden), die an der Gesellschaft nicht beteiligt sind, dürfen keine Weisungsrechte eingeräumt werden (vgl. **Checkliste Gesellschafterversammlung** ➪ 📄 44).
— Jede Weisung muss auf einem wirksamen Gesellschafterbeschluss beruhen. Vorbehaltlich einer abweichenden Bestimmung im Gesellschaftsvertrag reicht hierfür die einfache Mehrheit aus.
— Weisungen dürfen weder Regelungen des Gesellschaftsvertrages widersprechen noch gegen zwingendes Recht verstoßen. Dazu zählen auch die gesetzlichen Organpflichten des Geschäftsführers, wie sie beispielsweise im Arbeits-, Steuer- und Sozialversicherungsrecht, aber auch im Wettbewerbs-, Umwelt- und Datenschutzrecht verankert sind.
— Der Geschäftsführer haftet bei rechtmäßigen Weisungen gegenüber der Gesellschaft nur für deren ordnungsgemäße Ausführung. Das gilt auch für die Ausführung unzweckmäßiger Weisungen, sofern der Geschäftsführer Bedenken hiergegen vorgetragen hat. Gegenüber den Gesellschaftern haftet der Geschäftsführer grundsätzlich nicht. Dritten gegenüber, beispielsweise Gläubigern, dem Registergericht, dem Insolvenzverwalter u.a., haftet der Geschäftsführer nur bei Verletzung zwingender gesetzlicher Vorschriften.

Das müssen Sie tun!

☑ Die Willens- und Entscheidungsbildung in der Gesellschafterversammlung oder im kraft Satzung weisungsbefugten Aufsichtsrat oder Beirat durch fundierte Information und/oder auch die Äußerung von Bedenken gegen erkennbar unzweckmäßige, fehlerhafte oder rechtswidrige Weisungen vorbereiten.
☑ Jede Weisung und etwa hiergegen vorgebrachte Bedenken dokumentieren.
☑ Jede Weisung vor Ausführung auf zur Nichtigkeit oder Anfechtbarkeit führende formelle oder materielle Mängel prüfen.
☑ Rechtmäßige oder nach Ablauf der Anfechtungsfrist unanfechtbar gewordene Weisungen (Gesellschafterbeschlüsse) befolgen. Die Umsetzung von noch anfechtbaren, aus formellen Gründen nichtigen oder erkennbar unzweckmäßigen Weisungen ggf. nach eigenem Ermessen (Prüfungsmaßstab = Gesellschaftsinteresse) aussetzen.
☑ Weisungsbeschlüsse, die durch nicht zuständige Personen oder Organe erteilt wurden oder aus materiellen Gründen nichtig sind, ignorieren (keine Folgepflicht!).

Wettbewerbsverbot (vertragliches und nachvertragliches)

Während der Dauer seiner Tätigkeit unterliegt der Geschäftsführer auch ohne ausdrückliche Regelung einem vertraglichen Wettbewerbsverbot. Gesetzliche Regelungen treffen nur das HGB für kaufmännische Angestellte und OHG-Gesellschafter sowie das AktG für Vorstandsmitglieder. Nach Beendigung der Geschäftsführer-Tätigkeit gilt ein Wettbewerbsverbot nur, wenn es vertraglich vereinbart worden ist.

Das müssen Sie beachten!

— Das Wettbewerbsverbot ist dann verletzt, wenn der Geschäftsführer im Geschäftszweig der Gesellschaft und zu deren Lasten auf eigene Rechnung tätig wird und geschäftliche Chancen der Gesellschaft für sich nutzt. Das verpflichtet den Geschäftsführer zur Unterlassung, zur Herausgabe gezogener Erlöse und ggf. zum Schadenersatz. Die Gesellschaft hat flankierend ein Auskunfts- und Eintrittsrecht in unerlaubt abgeschlossene Geschäfte.

— Duldet die Gesellschaft Wettbewerbstätigkeit ohne Vereinbarung einer angemessenen Entschädigung oder Verfolgung von Schadenersatzansprüchen, droht steuerrechtlich die Annahme einer vGA.

— Der Anstellungsvertrag kann für nicht beherrschende Gesellschafter-Geschäftsführer und Fremdgeschäftsführer eine Vorab-Befreiung vorsehen; für beherrschende Gesellschafter-Geschäftsführer ist eine entsprechende Bestimmung im Gesellschaftsvertrag erforderlich.

— Das nachvertragliche Wettbewerbsverbot muss ausdrücklich im Gesellschaftsvertrag oder Anstellungsvertrag vereinbart werden. Maßstab für seinen Umfang und seine zeitlichen und gegenständlichen Grenzen sind das berechtigte geschäftliche Interesse der Gesellschaft und die guten Sitten (§ 138 BGB).

— Für Arbeitnehmer geltende gesetzliche Rahmenbedingungen (§§ 74 ff. HGB) dehnt die Rechtsprechung des BGH mit zunehmender Tendenz auch auf nachvertragliche Wettbewerbsverbote mit Fremdgeschäftsführern aus.

— Eine Karenzentschädigung schuldet die Gesellschaft nicht kraft Gesetzes, sondern nur aufgrund vertraglicher Vereinbarung. Ein Verzicht auf oder die Entlassung aus dem nachvertraglichen Wettbewerbsverbot sind ohne die für Arbeitnehmer geltenden gesetzlichen Beschränkungen möglich.

Das müssen Sie tun!

☑ Tätigkeitsbereiche klar abgrenzen und eine gewünschte Befreiung vom Wettbewerbsverbot im Voraus herbeiführen.

☑ Angemessenes Entgelt vereinbaren, wenn die Wettbewerbstätigkeit branchenbezogen ist und den Unternehmensgegenstand der GmbH tangiert.

☑ Prüfen, ob die berechtigten Interessen der Gesellschaft tatsächlich gegenständlich und räumlich ein nachvertragliches Wettbewerbsverbot erfordern; eine daraufhin getroffene Wettbewerbsabrede auf maximal 2 Jahre nach Beschäftigungsende befristen.

☑ Sicherstellen, dass die Vereinbarung schriftlich getroffen und ausgehändigt wird und Schadenersatzansprüche wegen Verstößen gegen das vertragliche Wettbewerbsverbot wegen der kurzen Verjährungsfrist von 3 Monaten ab Kenntnis (§ 61 Abs. 2 HGB) sofort verfolgt werden.

☑ Befreiung vom Wettbewerbsverbot im Voraus herbeiführen
  – für nicht beherrschende Gesellschafter-Geschäftsführer und Fremdgeschäftsführer im Anstellungsvertrag
  – für beherrschende Gesellschafter-Geschäftsführer in der Satzung direkt oder, wenn diese eine sog. Öffnungsklausel enthält, die es den Gesellschaftern erlaubt, die Befreiung auszusprechen, durch Gesellschafterbeschluss mit einfacher Mehrheit.

Zeugnis

Jeder GF hat Anspruch auf Erteilung eines qualifizierten Zeugnisses bei Beendigung des Anstellungsvertrages oder ein Zwischenzeugnis bei laufender Tätigkeit, wenn wichtige sachliche oder personelle Änderungen stattgefunden haben.

In seiner Funktion als Arbeitgeber erteilt er Zeugnisse an andere Arbeitnehmer.

Das müssen Sie beachten!

— Zeugnistechnik und -sprache haben sich vom allgemeinen Sprachgebrauch zum Teil erheblich entfernt und verselbstständigt. Sie müssen dechiffriert werden.

— Zuständig für die Erteilung eines *Zeugnisses* ⇨ 📖 226 ist bei Arbeitnehmern der Geschäftsführer oder Personalverantwortliche, beim Geschäftsführer selbst im Zweifel die Gesellschafterversammlung, ggf. auch der Vorsitzende einer mehrköpfigen Geschäftsführung. Zuständig für die Klage auf Erteilung oder Korrektur eines erteilten Zeugnisses ist das Amts- oder Landgericht, für Arbeitnehmer das Arbeitsgericht.

— Der Grundsatz der Zeugniswahrheit verbietet das Verschweigen schwerwiegender Verfehlungen des GF während seiner Dienstzeit, und zwar insbesondere dann, wenn solche Verfehlungen nachweislich Grund für die Beendigung des Anstellungsvertrages/Abberufung gewesen sind.

— Zeugniserteilungsansprüche können relativ bald nach Beendigung eines Anstellungs- oder Arbeitsvertrages vor Ablauf der Verjährung verwirken. Verwirkte Ansprüche können gerichtlich nicht mehr durchgesetzt werden.

Das müssen Sie tun!

☑ Zwischenzeugnisse insbesondere dann einholen, wenn bestimmte Vorhaben/Projekte erfolgreich beendet, wichtige Geschäftsbeziehungen neu begründet oder für die Gesellschaft ertragreiche Geschäfte abgewickelt worden sind.

☑ Nach Möglichkeit eigenen *Zeugnisentwurf* ⇨ ✏ 415 ff mit detaillierten Angaben zur Aufgaben- und Funktionsbeschreibung und substantiellen Aussagen über die *Leistungs- und Erfolgsbeurteilung* ⇨ ✏ 415 ff vorlegen.

☑ Vor Einholung eines Zeugnisses anlässlich des Ausscheidens aus der Gesellschaft Entlastungsbeschluss herbeiführen.

☑ Vor Zeugniserteilung an Arbeitnehmer unbedingt mit den Besonderheiten der Zeugnissprache vertraut machen.

Zweigniederlassung

Eine Zweigniederlassung ist eine nach außen selbstständig geführte Abteilung der GmbH ⇨ 📖 164 f.

Das müssen Sie beachten!

— Die Zweigniederlassung ist keine eigenständige juristische Person. Die GmbH kann jedoch aus Geschäften der Zweigniederlassung am Sitz der Zweigniederlassung klagen und verklagt werden.

— Das Registergericht des Sitzes der GmbH trägt die Zweigniederlassung auf dem Registerblatt der GmbH unter Angabe des Ortes der Zweigniederlassung und des Zusatzes, falls der Firma der Zweigniederlassung ein solcher beigefügt ist, ein.

— Spätere Eintragungen, die die Zweigniederlassung betreffen, sind stets zum Handelsregister am Sitz der GmbH einzureichen.

— Für die Zweigniederlassung kann ein Prokurist bestellt werden, dessen Vollmacht sich auf die Geschäfte der Zweigniederlassung beschränkt.

— Ausländische Zweigniederlassungen sind meist Betriebsstätten im Sinne der Doppelbesteuerungsabkommen. Die Betriebsstättengewinne unterliegen der Besteuerung des Quellenstaates und werden in Deutschland, am Sitz der GmbH, nicht nochmals besteuert.

Das müssen Sie tun!

☑ Die Zweigniederlassung beim Gericht des Sitzes der GmbH, unter Angabe des Ortes der Zweigniederlassung und des Zusatzes, falls der Firma der Zweigniederlassung ein solcher beigefügt wird, zur Eintragung in das Handelsregister anmelden.

☑ Bei ausländischen Zweigniederlassungen auch die ausländischen Vorschriften über die Errichtung und Eintragung einer Zweigniederlassung beachten.

☑ Für jede Zweigniederlassung eine eigene Buchhaltung einrichten.

Gesetzestexte

Inhaltsübersicht

Gesetz betreffend die Gesellschaften mit beschränkter Haftung (GmbHG)

Einführungsgesetz zum Gesetz betreffend die Gesellschaften mit beschränkter Haftung (GmbHG-Einführungsgesetz – EGGmbHG)

Gesetz betreffend die Gesellschaften mit beschränkter Haftung (GmbHG)

Ausfertigungsdatum: 20.04.1892

„Gesetz betreffend die Gesellschaften mit beschränkter Haftung in der im Bundes-gesetzblatt Teil III, Gliederungsnummer 4123-1, veröffentlichten bereinigten Fassung, zuletzt geändert durch Artikel 1 des Gesetzes zur Modernisierung des GmbH-Rechts und zur Bekämpfung von Mißbräuchen vom 23. Oktober 2008 (BGBl. I S.2026)"

Abschnitt 1
Errichtung der Gesellschaft

§ 1 Zweck; Gründerzahl

Gesellschaften mit beschränkter Haftung können nach Maßgabe der Bestimmungen dieses Ge-setzes zu jedem gesetzlich zulässigen Zweck durch eine oder mehrere Personen errichtet wer-den.

§ 2 Form des Gesellschaftsvertrags

(1) Der Gesellschaftsvertrag bedarf notarieller Form. Er ist von sämtlichen Gesellschaftern zu unterzeichnen.

(1a) Die Gesellschaft kann in einem vereinfachten Verfahren gegründet werden, wenn sie höchstens drei Gesellschafter und einen Geschäftsführer hat. Für die Gründung im vereinfach-ten Verfahren ist das in der Anlage bestimmte Musterprotokoll zu verwenden. Darüber hinaus dürfen keine vom Gesetz abweichenden Bestimmungen getroffen werden. Das Musterprotokoll gilt zugleich als Gesellschafterliste. Im Übrigen finden auf das Musterprotokoll die Vorschriften dieses Gesetzes über den Gesellschaftsvertrag entsprechende Anwendung.

(2) Die Unterzeichnung durch Bevollmächtigte ist nur auf Grund einer notariell errichteten oder beglaubigten Vollmacht zulässig.

§ 3 Inhalt des Gesellschaftsvertrags

(1) Der Gesellschaftsvertrag muß enthalten:
1. die Firma und den Sitz der Gesellschaft,
2. den Gegenstand des Unternehmens,
3. den Betrag des Stammkapitals,
4. die Zahl und die Nennbeträge der Geschäftsanteile, die jeder Gesellschafter gegen Ein-lage auf das Stammkapital (Stammeinlage) übernimmt.

(2) Soll das Unternehmen auf eine gewisse Zeit beschränkt sein oder sollen den Gesellschaftern außer der Leistung von Kapitaleinlagen noch andere Verpflichtungen gegenüber der Gesell-schaft auferlegt werden, so bedürfen auch diese Bestimmungen der Aufnahme in den Gesell-schaftsvertrag.

§ 4 Firma

Die Firma der Gesellschaft muß, auch wenn sie nach § 22 des Handelsgesetzbuchs oder nach anderen gesetzlichen Vorschriften fortgeführt wird, die Bezeichnung „Gesellschaft mit beschränkter Haftung" oder eine allgemein verständliche Abkürzung dieser Bezeichnung enthalten.

§ 4a Sitz der Gesellschaft

Sitz der Gesellschaft ist der Ort im Inland, den der Gesellschaftsvertrag bestimmt.

§ 5 Stammkapital; Geschäftsanteil

(1) Das Stammkapital der Gesellschaft muß mindestens fünfundzwanzigtausend Euro betragen.

(2) Der Nennbetrag jedes Geschäftsanteils muss auf volle Euro lauten. Ein Gesellschafter kann bei Errichtung der Gesellschaft mehrere Geschäftsanteile übernehmen.

(3) Die Höhe der Nennbeträge der einzelnen Geschäftsanteile kann verschieden bestimmt werden. Die Summe der Nennbeträge aller Geschäftsanteile muss mit dem Stammkapital übereinstimmen.

(4) Sollen Sacheinlagen geleistet werden, so müssen der Gegenstand der Sacheinlage und der Nennbetrag des Geschäftsanteils, auf den sich die Sacheinlage bezieht, im Gesellschaftsvertrag festgesetzt werden. Die Gesellschafter haben in einem Sachgründungsbericht die für die Angemessenheit der Leistungen für Sacheinlagen wesentlichen Umstände darzulegen und beim Übergang eines Unternehmens auf die Gesellschaft die Jahresergebnisse der beiden letzten Geschäftsjahre anzugeben.

§ 5a Unternehmergesellschaft

(1) Eine Gesellschaft, die mit einem Stammkapital gegründet wird, das den Betrag des Mindeststammkapitals nach § 5 Abs. 1 unterschreitet, muss in der Firma abweichend von § 4 die Bezeichnung „Unternehmergesellschaft (haftungsbeschränkt)" oder „UG (haftungsbeschränkt)" führen.

(2) Abweichend von § 7 Abs. 2 darf die Anmeldung erst erfolgen, wenn das Stammkapital in voller Höhe eingezahlt ist. Sacheinlagen sind ausgeschlossen.

(3) In der Bilanz des nach den §§ 242, 264 des Handelsgesetzbuchs aufzustellenden Jahresabschlusses ist eine gesetzliche Rücklage zu bilden, in die ein Viertel des um einen Verlustvortrag aus dem Vorjahr geminderten Jahresüberschusses einzustellen ist.

Die Rücklage darf nur verwandt werden

1. für Zwecke des § 57c;
2. zum Ausgleich eines Jahresfehlbetrags, soweit er nicht durch einen Gewinnvortrag aus dem Vorjahr gedeckt ist;
3. zum Ausgleich eines Verlustvortrags aus dem Vorjahr, soweit er nicht durch einen Jahresüberschuss gedeckt ist.

(4) Abweichend von § 49 Abs. 3 muss die Versammlung der Gesellschafter bei drohender Zahlungsunfähigkeit unverzüglich einberufen werden.

(5) Erhöht die Gesellschaft ihr Stammkapital so, dass es den Betrag des Mindeststammkapitals nach § 5 Abs. 1 erreicht oder übersteigt, finden die Absätze 1 bis 4 keine Anwendung mehr; die Firma nach Absatz 1 darf beibehalten werden.

§ 6 Geschäftsführer

(1) Die Gesellschaft muß einen oder mehrere Geschäftsführer haben.

(2) Geschäftsführer kann nur eine natürliche, unbeschränkt geschäftsfähige Person sein. Geschäftsführer kann nicht sein, wer

1. als Betreuter bei der Besorgung seiner Vermögensangelegenheiten ganz oder teilweise einem Einwilligungsvorbehalt (§ 1903 des Bürgerlichen Gesetzbuchs) unterliegt,

2. aufgrund eines gerichtlichen Urteils oder einer vollziehbaren Entscheidung einer Verwaltungsbehörde einen Beruf, einen Berufszweig, ein Gewerbe oder einen Gewerbezweig nicht ausüben darf, sofern der Unternehmensgegenstand ganz oder teilweise mit dem Gegenstand des Verbots übereinstimmt,

3. wegen einer oder mehrerer vorsätzlich begangener Straftaten

   a) des Unterlassens der Stellung des Antrags auf Eröffnung des Insolvenzverfahrens (Insolvenzverschleppung),

   b) nach den §§ 283 bis 283d des Strafgesetzbuchs (Insolvenzstraftaten),

   c) der falschen Angaben nach § 82 dieses Gesetzes oder § 399 des Aktiengesetzes,

   d) der unrichtigen Darstellung nach § 400 des Aktiengesetzes, § 331 des Handelsgesetzbuchs, § 313 des Umwandlungsgesetzes oder § 17 des Publizitätsgesetzes oder

   e) nach den §§ 263 bis 264a oder den §§ 265b bis 266a des Strafgesetzbuchs zu einer Freiheitsstrafe von mindestens einem Jahr verurteilt worden ist; dieser Ausschluss gilt für die Dauer von fünf Jahren seit der Rechtskraft des Urteils, wobei die Zeit nicht eingerechnet wird, in welcher der Täter auf behördliche Anordnung in einer Anstalt verwahrt worden ist.

Satz 2 Nr. 3 gilt entsprechend bei einer Verurteilung im Ausland wegen einer Tat, die mit den in Satz 2 Nr. 3 genannten Taten vergleichbar ist.

(3) Zu Geschäftsführern können Gesellschafter oder andere Personen bestellt werden. Die Bestellung erfolgt entweder im Gesellschaftsvertrag oder nach Maßgabe der Bestimmungen des dritten Abschnitts.

(4) Ist im Gesellschaftsvertrag bestimmt, daß sämtliche Gesellschafter zur Geschäftsführung berechtigt sein sollen, so gelten nur die der Gesellschaft bei Festsetzung dieser Bestimmung angehörenden Personen als die bestellten Geschäftsführer.

(5) Gesellschafter, die vorsätzlich oder grob fahrlässig einer Person, die nicht Geschäftsführer sein kann, die Führung der Geschäfte überlassen, haften der Gesellschaft solidarisch für den Schaden, der dadurch entsteht, dass diese Person die ihr gegenüber der Gesellschaft bestehenden Obliegenheiten verletzt.

§ 7 Anmeldung der Gesellschaft

(1) Die Gesellschaft ist bei dem Gericht, in dessen Bezirk sie ihren Sitz hat, zur Eintragung in das Handelsregister anzumelden.

(2) Die Anmeldung darf erst erfolgen, wenn auf jeden Geschäftsanteil, soweit nicht Sacheinlagen vereinbart sind, ein Viertel des Nennbetrags eingezahlt ist. Insgesamt muß auf das Stammkapital mindestens soviel eingezahlt sein, daß der Gesamtbetrag der eingezahlten Geldeinlagen zuzüglich des Gesamtnennbetrags der Geschäftsanteile, für die Sacheinlagen zu leisten sind, die Hälfte des Mindeststammkapitals gemäß § 5 Abs. 1 erreicht.

(3) Die Sacheinlagen sind vor der Anmeldung der Gesellschaft zur Eintragung in das Handelsregister so an die Gesellschaft zu bewirken, daß sie endgültig zur freien Verfügung der Geschäftsführer stehen.

§ 8 Inhalt der Anmeldung

(1) Der Anmeldung müssen beigefügt sein:

1. der Gesellschaftsvertrag und im Fall des § 2 Abs. 2 die Vollmachten der Vertreter, welche den Gesellschaftsvertrag unterzeichnet haben, oder eine beglaubigte Abschrift dieser Urkunden,
2. die Legitimation der Geschäftsführer, sofern dieselben nicht im Gesellschaftsvertrag bestellt sind,
3. eine von den Anmeldenden unterschriebene Liste der Gesellschafter, aus welcher Name, Vorname, Geburtsdatum und Wohnort der letzteren sowie die Nennbeträge und die laufenden Nummern der von einem jeden derselben übernommenen Geschäftsanteile ersichtlich sind,
4. im Fall des § 5 Abs. 4 die Verträge, die den Festsetzungen zugrunde liegen oder zu ihrer Ausführung geschlossen worden sind, und der Sachgründungsbericht,
5. wenn Sacheinlagen vereinbart sind, Unterlagen darüber, daß der Wert der Sacheinlagen den Nennbetrag der dafür übernommenen Geschäftsanteile erreicht.
6. (weggefallen)

(2) In der Anmeldung ist die Versicherung abzugeben, daß die in § 7 Abs. 2 und 3 bezeichneten Leistungen auf die Geschäftsanteile bewirkt sind und daß der Gegenstand der Leistungen sich endgültig in der freien Verfügung der Geschäftsführer befindet. Das Gericht kann bei erheblichen Zweifeln an der Richtigkeit der Versicherung Nachweise (unter anderem Einzahlungsbelege) verlangen.

(3) In der Anmeldung haben die Geschäftsführer zu versichern, daß keine Umstände vorliegen, die ihrer Bestellung nach § 6 Abs. 2 Satz 2 Nr. 2 und 3 sowie Satz 3 entgegenstehen, und daß sie über ihre unbeschränkte Auskunftspflicht gegenüber dem Gericht belehrt worden sind. Die Belehrung nach § 53 Abs. 2 des Bundeszentralregistergesetzes kann schriftlich vorgenommen werden; sie kann auch durch einen Notar oder einen im Ausland bestellten Notar, durch einen Vertreter eines vergleichbaren rechtsberatenden Berufs oder einen Konsularbeamten erfolgen.

(4) In der Anmeldung sind ferner anzugeben:

1. eine inländische Geschäftsanschrift,
2. Art und Umfang der Vertretungsbefugnis der Geschäftsführer.

(5) Für die Einreichung von Unterlagen nach diesem Gesetz gilt § 12 Abs. 2 des Handelsgesetzbuchs entsprechend.

§ 9 Überbewertung der Sacheinlagen

(1) Erreicht der Wert einer Sacheinlage im Zeitpunkt der Anmeldung der Gesellschaft zur Eintragung in das Handelsregister nicht den Nennbetrag des dafür übernommenen Geschäftsanteils, hat der Gesellschafter in Höhe des Fehlbetrags eine Einlage in Geld zu leisten. Sonstige Ansprüche bleiben unberührt.

(2) Der Anspruch der Gesellschaft nach Absatz 1 Satz 1 verjährt in zehn Jahren seit der Eintragung der Gesellschaft in das Handelsregister.

§ 9a Ersatzansprüche der Gesellschaft

(1) Werden zum Zweck der Errichtung der Gesellschaft falsche Angaben gemacht, so haben die Gesellschafter und Geschäftsführer der Gesellschaft als Gesamtschuldner fehlende Einzahlungen zu leisten, eine Vergütung, die nicht unter den Gründungsaufwand aufgenommen ist, zu ersetzen und für den sonst entstehenden Schaden Ersatz zu leisten.

(2) Wird die Gesellschaft von Gesellschaftern durch Einlagen oder Gründungsaufwand vorsätzlich oder aus grober Fahrlässigkeit geschädigt, so sind ihr alle Gesellschafter als Gesamtschuldner zum Ersatz verpflichtet.

(3) Von diesen Verpflichtungen ist ein Gesellschafter oder ein Geschäftsführer befreit, wenn er die die Ersatzpflicht begründenden Tatsachen weder kannte noch bei Anwendung der Sorgfalt eines ordentlichen Geschäftsmannes kennen mußte.

(4) Neben den Gesellschaftern sind in gleicher Weise Personen verantwortlich, für deren Rechnung die Gesellschafter Geschäftsanteile übernommen haben. Sie können sich auf ihre eigene Unkenntnis nicht wegen solcher Umstände berufen, die ein für ihre Rechnung handelnder Gesellschafter kannte oder bei Anwendung der Sorgfalt eines ordentlichen Geschäftsmannes kennen mußte.

§ 9b Verzicht auf Ersatzansprüche

(1) Ein Verzicht der Gesellschaft auf Ersatzansprüche nach § 9a oder ein Vergleich der Gesellschaft über diese Ansprüche ist unwirksam, soweit der Ersatz zur Befriedigung der Gläubiger der Gesellschaft erforderlich ist. Dies gilt nicht, wenn der Ersatzpflichtige zahlungsunfähig ist und sich zur Abwendung des Insolvenzverfahrens mit seinen Gläubigern vergleicht oder wenn die Ersatzpflicht in einem Insolvenzplan geregelt wird.

(2) Ersatzansprüche der Gesellschaft nach § 9a verjähren in fünf Jahren. Die Verjährung beginnt mit der Eintragung der Gesellschaft in das Handelsregister oder, wenn die zum Ersatz verpflichtende Handlung später begangen worden ist, mit der Vornahme der Handlung.

§ 9c Ablehnung der Eintragung

(1) Ist die Gesellschaft nicht ordnungsgemäß errichtet und angemeldet, so hat das Gericht die Eintragung abzulehnen. Dies gilt auch, wenn Sacheinlagen nicht unwesentlich überbewertet worden sind.

(2) Wegen einer mangelhaften, fehlenden oder nichtigen Bestimmung des Gesellschaftsvertrages darf das Gericht die Eintragung nach Absatz 1 nur ablehnen, soweit diese Bestimmung, ihr Fehlen oder ihre Nichtigkeit
1. Tatsachen oder Rechtsverhältnisse betrifft, die nach § 3 Abs. 1 oder auf Grund anderer zwingender gesetzlicher Vorschriften in dem Gesellschaftsvertrag bestimmt sein müssen oder die in das Handelsregister einzutragen oder von dem Gericht bekanntzumachen sind,
2. Vorschriften verletzt, die ausschließlich oder überwiegend zum Schutze der Gläubiger der Gesellschaft oder sonst im öffentlichen Interesse gegeben sind, oder
3. die Nichtigkeit des Gesellschaftsvertrages zur Folge hat.

§ 10 Inhalt der Eintragung

(1) Bei der Eintragung in das Handelsregister sind die Firma und der Sitz der Gesellschaft, eine inländische Geschäftsanschrift, der Gegenstand des Unternehmens, die Höhe des Stammkapitals, der Tag des Abschlusses des Gesellschaftsvertrags und die Personen der Geschäftsführer anzugeben. Ferner ist einzutragen, welche Vertretungsbefugnis die Geschäftsführer haben.

(2) Enthält der Gesellschaftsvertrag eine Bestimmung über die Zeitdauer der Gesellschaft, so ist auch diese Bestimmung einzutragen. Wenn eine Person, die für Willenserklärungen und Zustellungen an die Gesellschaft empfangsberechtigt ist, mit einer inländischen Anschrift zur Eintragung in das Handelsregister angemeldet wird, sind auch diese Angaben einzutragen; Dritten gegenüber gilt die Empfangsberechtigung als fortbestehend, bis sie im Handelsregister gelöscht und die Löschung bekannt gemacht worden ist, es sei denn, dass die fehlende Empfangsberechtigung dem Dritten bekannt war.

(3) (weggefallen)

§ 11 Rechtszustand vor der Eintragung

(1) Vor der Eintragung in das Handelsregister des Sitzes der Gesellschaft besteht die Gesellschaft mit beschränkter Haftung als solche nicht.

(2) Ist vor der Eintragung im Namen der Gesellschaft gehandelt worden, so haften die Handelnden persönlich und solidarisch.

§ 12 Bekanntmachungen der Gesellschaft

Bestimmt das Gesetz oder der Gesellschaftsvertrag, dass von der Gesellschaft etwas bekannt zu machen ist, so erfolgt die Bekanntmachung im elektronischen Bundesanzeiger (Gesellschaftsblatt). Daneben kann der Gesellschaftsvertrag andere öffentliche Blätter oder elektronische Informationsmedien als Gesellschaftsblätter bezeichnen. Sieht der Gesellschaftsvertrag vor, dass Bekanntmachungen der Gesellschaft im Bundesanzeiger erfolgen, so ist die Bekanntmachung im elektronischen Bundesanzeiger ausreichend.

Abschnitt 2
Rechtsverhältnisse der Gesellschaft und der Gesellschafter

§ 13 Juristische Person; Handelsgesellschaft

(1) Die Gesellschaft mit beschränkter Haftung als solche hat selbständig ihre Rechte und Pflichten; sie kann Eigentum und andere dingliche Rechte an Grundstücken erwerben, vor Gericht klagen und verklagt werden.

(2) Für die Verbindlichkeiten der Gesellschaft haftet den Gläubigern derselben nur das Gesellschaftsvermögen.

(3) Die Gesellschaft gilt als Handelsgesellschaft im Sinne des Handelsgesetzbuchs.

§ 14 Einlagepflicht

Auf jeden Geschäftsanteil ist eine Einlage zu leisten. Die Höhe der zu leistenden Einlage richtet sich nach dem bei der Errichtung der Gesellschaft im Gesellschaftsvertrag festgesetzten Nennbetrag des Geschäftsanteils. Im Fall der Kapitalerhöhung bestimmt sich die Höhe der zu leistenden Einlage nach dem in der Übernahmeerklärung festgesetzten Nennbetrag des Geschäftsanteils.

§ 15 Übertragung von Geschäftsanteilen

(1) Die Geschäftsanteile sind veräußerlich und vererblich.

(2) Erwirbt ein Gesellschafter zu seinem ursprünglichen Geschäftsanteil weitere Geschäftsanteile, so behalten dieselben ihre Selbständigkeit.

(3) Zur Abtretung von Geschäftsanteilen durch Gesellschafter bedarf es eines in notarieller Form geschlossenen Vertrags.

(4) Der notariellen Form bedarf auch eine Vereinbarung, durch welche die Verpflichtung eines Gesellschafters zur Abtretung eines Geschäftsanteils begründet wird. Eine ohne diese Form getroffene Vereinbarung wird jedoch durch den nach Maßgabe des vorigen Absatzes geschlossenen Abtretungsvertrag gültig.

(5) Durch den Gesellschaftsvertrag kann die Abtretung der Geschäftsanteile an weitere Voraussetzungen geknüpft, insbesondere von der Genehmigung der Gesellschaft abhängig gemacht werden.

§ 16 Rechtsstellung bei Wechsel der Gesellschafter oder Veränderung des Umfangs ihrer Beteiligung; Erwerb vom Nichtberechtigten

(1) Im Verhältnis zur Gesellschaft gilt im Fall einer Veränderung in den Personen der Gesellschafter oder des Umfangs ihrer Beteiligung als Inhaber eines Geschäftsanteils nur, wer als solcher in der im Handelsregister aufgenommenen Gesellschafterliste (§ 40) eingetragen ist. Eine vom Erwerber in Bezug auf das Gesellschaftsverhältnis vorgenommene Rechtshandlung gilt als von Anfang an wirksam, wenn die Liste unverzüglich nach Vornahme der Rechtshandlung in das Handelsregister aufgenommen wird.

(2) Für Einlageverpflichtungen, die in dem Zeitpunkt rückständig sind, ab dem der Erwerber gemäß Absatz 1 Satz 1 im Verhältnis zur Gesellschaft als Inhaber des Geschäftsanteils gilt, haftet der Erwerber neben dem Veräußerer.

(3) Der Erwerber kann einen Geschäftsanteil oder ein Recht daran durch Rechtsgeschäft wirksam vom Nichtberechtigten erwerben, wenn der Veräußerer als Inhaber des Geschäftsanteils in der im Handelsregister aufgenommenen Gesellschafterliste eingetragen ist. Dies gilt nicht, wenn die Liste zum Zeitpunkt des Erwerbs hinsichtlich des Geschäftsanteils weniger als drei Jahre unrichtig und die Unrichtigkeit dem Berechtigten nicht zuzurechnen ist. Ein gutgläubiger Erwerb ist ferner nicht möglich, wenn dem Erwerber die mangelnde Berechtigung bekannt oder infolge grober Fahrlässigkeit unbekannt ist oder der Liste ein Widerspruch zugeordnet ist. Die Zuordnung eines Widerspruchs erfolgt aufgrund einer einstweiligen Verfügung oder aufgrund einer Bewilligung desjenigen, gegen dessen Berechtigung sich der Widerspruch richtet. Eine Gefährdung des Rechts des Widersprechenden muss nicht glaubhaft gemacht werden.

§ 17 (weggefallen)

§ 18 Mitberechtigung am Geschäftsanteil

(1) Steht ein Geschäftsanteil mehreren Mitberechtigten ungeteilt zu, so können sie die Rechte aus demselben nur gemeinschaftlich ausüben.

(2) Für die auf den Geschäftsanteil zu bewirkenden Leistungen haften sie der Gesellschaft solidarisch.

(3) Rechtshandlungen, welche die Gesellschaft gegenüber dem Inhaber des Anteils vorzunehmen hat, sind, sofern nicht ein gemeinsamer Vertreter der Mitberechtigten vorhanden ist, wirksam, wenn sie auch nur gegenüber einem Mitberechtigten vorgenommen werden. Gegenüber mehreren Erben eines Gesellschafters findet diese Bestimmung nur in bezug auf Rechtshandlungen Anwendung, welche nach Ablauf eines Monats seit dem Anfall der Erbschaft vorgenommen werden.

§ 19 Leistung der Einlagen

(1) Die Einzahlungen auf die Geschäftsanteile sind nach dem Verhältnis der Geldeinlagen zu leisten.

(2) Von der Verpflichtung zur Leistung der Einlagen können die Gesellschafter nicht befreit werden. Gegen den Anspruch der Gesellschaft ist die Aufrechnung nur zulässig mit einer Forderung aus der Überlassung von Vermögensgegenständen, deren Anrechnung auf die Einlageverpflichtung nach § 5 Abs. 4 Satz 1 vereinbart worden ist. An dem Gegenstand einer Sacheinlage kann wegen Forderungen, welche sich nicht auf den Gegenstand beziehen, kein Zurückbehaltungsrecht geltend gemacht werden.

(3) Durch eine Kapitalherabsetzung können die Gesellschafter von der Verpflichtung zur Leistung von Einlagen höchstens in Höhe des Betrags befreit werden, um den das Stammkapital herabgesetzt worden ist.

(4) Ist eine Geldeinlage eines Gesellschafters bei wirtschaftlicher Betrachtung und aufgrund einer im Zusammenhang mit der Übernahme der Geldeinlage getroffenen Abrede vollständig oder teilweise als Sacheinlage zu bewerten (verdeckte Sacheinlage), so befreit dies den Gesellschafter nicht von seiner Einlageverpflichtung. Jedoch sind die Verträge über die Sacheinlage und die Rechtshandlungen zu ihrer Ausführung nicht unwirksam. Auf die fortbestehende Geldeinlagepflicht des Gesellschafters wird der Wert des Vermögensgegenstandes im Zeitpunkt der Anmeldung der Gesellschaft zur Eintragung in das Handelsregister oder im Zeitpunkt seiner Überlassung an die Gesellschaft, falls diese später erfolgt, angerechnet. Die Anrechnung erfolgt nicht vor Eintragung der Gesellschaft in das Handelsregister. Die Beweislast für die Werthaltigkeit des Vermögensgegenstandes trägt der Gesellschafter.

(5) Ist vor der Einlage eine Leistung an den Gesellschafter vereinbart worden, die wirtschaftlich einer Rückzahlung der Einlage entspricht und die nicht als verdeckte Sacheinlage im Sinne von Absatz 4 zu beurteilen ist, so befreit dies den Gesellschafter von seiner Einlageverpflichtung nur dann, wenn die Leistung durch einen vollwertigen Rückgewähranspruch gedeckt ist, der jederzeit fällig ist oder durch fristlose Kündigung durch die Gesellschaft fällig werden kann. Eine solche Leistung oder die Vereinbarung einer solchen Leistung ist in der Anmeldung nach § 8 anzugeben.

(6) Der Anspruch der Gesellschaft auf Leistung der Einlagen verjährt in zehn Jahren von seiner Entstehung an. Wird das Insolvenzverfahren über das Vermögen der Gesellschaft eröffnet, so tritt die Verjährung nicht vor Ablauf von sechs Monaten ab dem Zeitpunkt der Eröffnung ein.

§ 20 Verzugszinsen

Ein Gesellschafter, welcher den auf die Stammeinlage eingeforderten Betrag nicht zur rechten Zeit einzahlt, ist zur Entrichtung von Verzugszinsen von Rechts wegen verpflichtet.

§ 21 Kaduzierung

(1) Im Fall verzögerter Einzahlung kann an den säumigen Gesellschafter eine erneute Aufforderung zur Zahlung binnen einer zu bestimmenden Nachfrist unter Androhung seines Ausschlusses mit dem Geschäftsanteil, auf welchen die Zahlung zu erfolgen hat, erlassen werden. Die Aufforderung erfolgt mittels eingeschriebenen Briefes. Die Nachfrist muß mindestens einen Monat betragen.

(2) Nach fruchtlosem Ablauf der Frist ist der säumige Gesellschafter seines Geschäftsanteils und der geleisteten Teilzahlungen zugunsten der Gesellschaft verlustig zu erklären. Die Erklärung erfolgt mittels eingeschriebenen Briefes.

(3) Wegen des Ausfalls, welchen die Gesellschaft an dem rückständigen Betrag oder den später auf den Geschäftsanteil eingeforderten Beträgen der Stammeinlage erleidet, bleibt ihr der ausgeschlossene Gesellschafter verhaftet.

§ 22 Haftung der Rechtsvorgänger

(1) Für eine von dem ausgeschlossenen Gesellschafter nicht erfüllte Einlageverpflichtung haftet der Gesellschaft auch der letzte und jeder frühere Rechtsvorgänger des Ausgeschlossenen, der im Verhältnis zu ihr als Inhaber des Geschäftsanteils gilt.

(2) Ein früherer Rechtsvorgänger haftet nur, soweit die Zahlung von dessen Rechtsnachfolger nicht zu erlangen ist; dies ist bis zum Beweis des Gegenteils anzunehmen, wenn der letztere die Zahlung nicht bis zum Ablauf eines Monats geleistet hat, nachdem an ihn die Zahlungsaufforderung und an den Rechtsvorgänger die Benachrichtigung von derselben erfolgt ist.

(3) Die Haftung des Rechtsvorgängers ist auf die innerhalb der Frist von fünf Jahren auf die Einlageverpflichtung eingeforderten Leistungen beschränkt. Die Frist beginnt mit dem Tag, ab welchem der Rechtsnachfolger im Verhältnis zur Gesellschaft als Inhaber des Geschäftsanteils gilt.

(4) Der Rechtsvorgänger erwirbt gegen Zahlung des rückständigen Betrags den Geschäftsanteil des ausgeschlossenen Gesellschafters.

§ 23 Versteigerung des Geschäftsanteils

Ist die Zahlung des rückständigen Betrags von Rechtsvorgängern nicht zu erlangen, so kann die Gesellschaft den Geschäftsanteil im Wege öffentlicher Versteigerung verkaufen lassen. Eine andere Art des Verkaufs ist nur mit Zustimmung des ausgeschlossenen Gesellschafters zulässig.

§ 24 Aufbringung von Fehlbeträgen

Soweit eine Stammeinlage weder von den Zahlungspflichtigen eingezogen, noch durch Verkauf des Geschäftsanteils gedeckt werden kann, haben die übrigen Gesellschafter den Fehlbetrag nach Verhältnis ihrer Geschäftsanteile aufzubringen. Beiträge, welche von einzelnen Gesellschaftern nicht zu erlangen sind, werden nach dem bezeichneten Verhältnis auf die übrigen verteilt.

§ 25 Zwingende Vorschriften

Von den in den §§ 21 bis 24 bezeichneten Rechtsfolgen können die Gesellschafter nicht befreit werden.

§ 26 Nachschusspflicht

(1) Im Gesellschaftsvertrag kann bestimmt werden, daß die Gesellschafter über die Nennbeträge der Geschäftsanteile hinaus die Einforderung von weiteren Einzahlungen (Nachschüssen) beschließen können.

(2) Die Einzahlung der Nachschüsse hat nach Verhältnis der Geschäftsanteile zu erfolgen.

(3) Die Nachschußpflicht kann im Gesellschaftsvertrag auf einen bestimmten, nach Verhältnis der Geschäftsanteile festzusetzenden Betrag beschränkt werden.

§ 27 Unbeschränkte Nachschusspflicht

(1) Ist die Nachschußpflicht nicht auf einen bestimmten Betrag beschränkt, so hat jeder Gesellschafter, falls er die Stammeinlage vollständig eingezahlt hat, das Recht, sich von der Zahlung des auf den Geschäftsanteil eingeforderten Nachschusses dadurch zu befreien, daß er innerhalb eines Monats nach der Aufforderung zur Einzahlung den Geschäftsanteil der Gesellschaft zur Befriedigung aus demselben zur Verfügung stellt. Ebenso kann die Gesellschaft, wenn der Gesellschafter binnen der angegebenen Frist weder von der bezeichneten Befugnis Gebrauch macht, noch die Einzahlung leistet, demselben mittels eingeschriebenen Briefes erklären, daß sie den Geschäftsanteil als zur Verfügung gestellt betrachte.

(2) Die Gesellschaft hat den Geschäftsanteil innerhalb eines Monats nach der Erklärung des Gesellschafters oder der Gesellschaft im Wege öffentlicher Versteigerung verkaufen zu lassen. Eine andere Art des Verkaufs ist nur mit Zustimmung des Gesellschafters zulässig. Ein nach Deckung der Verkaufskosten und des rückständigen Nachschusses verbleibender Überschuß gebührt dem Gesellschafter.

(3) Ist die Befriedigung der Gesellschaft durch den Verkauf nicht zu erlangen, so fällt der Geschäftsanteil der Gesellschaft zu. Dieselbe ist befugt, den Anteil für eigene Rechnung zu veräußern.

(4) Im Gesellschaftsvertrag kann die Anwendung der vorstehenden Bestimmungen auf den Fall beschränkt werden, daß die auf den Geschäftsanteil eingeforderten Nachschüsse einen bestimmten Betrag überschreiten.

§ 28 Beschränkte Nachschusspflicht

(1) Ist die Nachschußpflicht auf einen bestimmten Betrag beschränkt, so finden, wenn im Gesellschaftsvertrag nicht ein anderes festgesetzt ist, im Fall verzögerter Einzahlung von Nachschüssen die auf die Einzahlung der Stammeinlagen bezüglichen Vorschriften der §§ 21 bis 23 entsprechende Anwendung. Das gleiche gilt im Fall des § 27 Abs. 4 auch bei unbeschränkter Nachschußpflicht, soweit die Nachschüsse den im Gesellschaftsvertrag festgesetzten Betrag nicht überschreiten.

(2) Im Gesellschaftsvertrag kann bestimmt werden, daß die Einforderung von Nachschüssen, auf deren Zahlung die Vorschriften der §§ 21 bis 23 Anwendung finden, schon vor vollständiger Einforderung der Stammeinlagen zulässig ist.

§ 29 Ergebnisverwendung

(1) Die Gesellschafter haben Anspruch auf den Jahresüberschuß zuzüglich eines Gewinnvortrags und abzüglich eines Verlustvortrags, soweit der sich ergebende Betrag nicht nach Gesetz oder Gesellschaftsvertrag, durch Beschluß nach Absatz 2 oder als zusätzlicher Aufwand auf Grund des Beschlusses über die Verwendung des Ergebnisses von der Verteilung unter die Gesellschafter ausgeschlossen ist. Wird die Bilanz unter Berücksichtigung der teilweisen Ergebnisverwendung aufgestellt oder werden Rücklagen aufgelöst, so haben die Gesellschafter abweichend von Satz 1 Anspruch auf den Bilanzgewinn.

(2) Im Beschluß über die Verwendung des Ergebnisses können die Gesellschafter, wenn der Gesellschaftsvertrag nichts anderes bestimmt, Beträge in Gewinnrücklagen einstellen oder als Gewinn vortragen.

(3) Die Verteilung erfolgt nach Verhältnis der Geschäftsanteile. Im Gesellschaftsvertrag kann ein anderer Maßstab der Verteilung festgesetzt werden.

(4) Unbeschadet der Absätze 1 und 2 und abweichender Gewinnverteilungsabreden nach Absatz 3 Satz 2 können die Geschäftsführer mit Zustimmung des Aufsichtsrats oder der Gesellschafter den Eigenkapitalanteil von Wertaufholungen bei Vermögensgegenständen des Anlage- und Umlaufvermögens und von bei der steuerrechtlichen Gewinnermittlung gebildeten Passivposten, die nicht im Sonderposten mit Rücklageanteil ausgewiesen werden dürfen, in andere Gewinnrücklagen einstellen. Der Betrag dieser Rücklagen ist entweder in der Bilanz gesondert auszuweisen oder im Anhang anzugeben.

§ 30 Kapitalerhaltung

(1) Das zur Erhaltung des Stammkapitals erforderliche Vermögen der Gesellschaft darf an die Gesellschafter nicht ausgezahlt werden. Satz 1 gilt nicht bei Leistungen, die bei Bestehen eines Beherrschungs- oder Gewinnabführungsvertrags (§ 291 des Aktiengesetzes) erfolgen oder durch einen vollwertigen Gegenleistungs- oder Rückgewähranspruch gegen den Gesellschafter gedeckt sind. Satz 1 ist zudem nicht anzuwenden auf die Rückgewähr eines Gesellschafterdarlehens und Leistungen auf Forderungen aus Rechtshandlungen, die einem Gesellschafterdarlehen wirtschaftlich entsprechen.

(2) Eingezahlte Nachschüsse können, soweit sie nicht zur Deckung eines Verlustes am Stammkapital erforderlich sind, an die Gesellschafter zurückgezahlt werden. Die Zurückzahlung darf nicht vor Ablauf von drei Monaten erfolgen, nachdem der Rückzahlungsbeschluß nach § 12 bekanntgemacht ist. Im Fall des § 28 Abs. 2 ist die Zurückzahlung von Nachschüssen vor der Volleinzahlung des Stammkapitals unzulässig. Zurückgezahlte Nachschüsse gelten als nicht eingezogen.

§ 31 Erstattung verbotener Rückzahlungen

(1) Zahlungen, welche den Vorschriften des § 30 zuwider geleistet sind, müssen der Gesellschaft erstattet werden.

(2) War der Empfänger in gutem Glauben, so kann die Erstattung nur insoweit verlangt werden, als sie zur Befriedigung der Gesellschaftsgläubiger erforderlich ist.

(3) Ist die Erstattung von dem Empfänger nicht zu erlangen, so haften für den zu erstattenden Betrag, soweit er zur Befriedigung der Gesellschaftsgläubiger erforderlich ist, die übrigen Gesellschafter nach Verhältnis ihrer Geschäftsanteile. Beiträge, welche von einzelnen Gesellschaftern nicht zu erlangen sind, werden nach dem bezeichneten Verhältnis auf die übrigen verteilt.

(4) Zahlungen, welche auf Grund der vorstehenden Bestimmungen zu leisten sind, können den Verpflichteten nicht erlassen werden.

(5) Die Ansprüche der Gesellschaft verjähren in den Fällen des Absatzes 1 in zehn Jahren sowie in den Fällen des Absatzes 3 in fünf Jahren. Die Verjährung beginnt mit dem Ablauf des Tages, an welchem die Zahlung, deren Erstattung beansprucht wird, geleistet ist. In den Fällen des Absatzes 1 findet § 19 Abs. 6 Satz 2 entsprechende Anwendung.

(6) Für die in den Fällen des Absatzes 3 geleistete Erstattung einer Zahlung sind den Gesellschaftern die Geschäftsführer, welchen in betreff der geleisteten Zahlung ein Verschulden zur Last fällt, solidarisch zum Ersatz verpflichtet. Die Bestimmungen in § 43 Abs. 1 und 4 finden entsprechende Anwendung.

§ 32 Rückzahlung von Gewinn

Liegt die in § 31 Abs. 1 bezeichnete Voraussetzung nicht vor, so sind die Gesellschafter in keinem Fall verpflichtet, Beträge, welche sie in gutem Glauben als Gewinnanteile bezogen haben, zurückzuzahlen.

§ 32a (weggefallen)

§ 32b (weggefallen)

§ 33 Erwerb eigener Geschäftsanteile

(1) Die Gesellschaft kann eigene Geschäftsanteile, auf welche die Einlagen noch nicht vollständig geleistet sind, nicht erwerben oder als Pfand nehmen.

(2) Eigene Geschäftsanteile, auf welche die Einlagen vollständig geleistet sind, darf sie nur erwerben, sofern der Erwerb aus dem über den Betrag des Stammkapitals hinaus vorhandenen Vermögen geschehen und die Gesellschaft die nach § 272 Abs. 4 des Handelsgesetzbuchs vorgeschriebene Rücklage für eigene Anteile bilden kann, ohne das Stammkapital oder eine nach dem Gesellschaftsvertrag zu bildende Rücklage zu mindern, die nicht zu Zahlungen an die Gesellschafter verwandt werden darf. Als Pfand nehmen darf sie solche Geschäftsanteile nur, soweit der Gesamtbetrag der durch Inpfandnahme eigener Geschäftsanteile gesicherten Forderungen oder, wenn der Wert der als Pfand genommenen Geschäftsanteile niedriger ist, dieser Betrag nicht höher ist als das über das Stammkapital hinaus vorhandene Vermögen. Ein Verstoß gegen die Sätze 1 und 2 macht den Erwerb oder die Inpfandnahme der Geschäftsanteile nicht unwirksam; jedoch ist das schuldrechtliche Geschäft über einen verbotswidrigen Erwerb oder eine verbotswidrige Inpfandnahme nichtig.

(3) Der Erwerb eigener Geschäftsanteile ist ferner zulässig zur Abfindung von Gesellschaftern nach § 29 Abs. 1, § 122i Abs. 1 Satz 2, § 125 Satz 1 in Verbindung mit § 29 Abs. 1, § 207 Abs. 1 Satz 1 des Umwandlungsgesetzes, sofern der Erwerb binnen sechs Monaten nach dem Wirksamwerden der Umwandlung oder nach der Rechtskraft der gerichtlichen Entscheidung erfolgt und die Gesellschaft die nach § 272 Abs. 4 des Handelsgesetzbuchs vorgeschriebene Rücklage

für eigene Anteile bilden kann, ohne das Stammkapital oder eine nach dem Gesellschaftsvertrag zu bildende Rücklage zu mindern, die nicht zu Zahlungen an die Gesellschafter verwandt werden darf.

§ 34 Einziehung von Geschäftsanteilen

(1) Die Einziehung (Amortisation) von Geschäftsanteilen darf nur erfolgen, soweit sie im Gesellschaftsvertrag zugelassen ist.

(2) Ohne die Zustimmung des Anteilsberechtigten findet die Einziehung nur statt, wenn die Voraussetzungen derselben vor dem Zeitpunkt, in welchem der Berechtigte den Geschäftsanteil erworben hat, im Gesellschaftsvertrag festgesetzt waren.

(3) Die Bestimmung in § 30 Abs. 1 bleibt unberührt.

Abschnitt 3
Vertretung und Geschäftsführung

§ 35 Vertretung der Gesellschaft

(1) Die Gesellschaft wird durch die Geschäftsführer gerichtlich und außergerichtlich vertreten. Hat eine Gesellschaft keinen Geschäftsführer (Führungslosigkeit), wird die Gesellschaft für den Fall, dass ihr gegenüber Willenserklärungen abgegeben oder Schriftstücke zugestellt werden, durch die Gesellschafter vertreten.

(2) Sind mehrere Geschäftsführer bestellt, sind sie alle nur gemeinschaftlich zur Vertretung der Gesellschaft befugt, es sei denn, dass der Gesellschaftsvertrag etwas anderes bestimmt. Ist der Gesellschaft gegenüber eine Willenserklärung abzugeben, genügt die Abgabe gegenüber einem Vertreter der Gesellschaft nach Absatz 1. An die Vertreter der Gesellschaft nach Absatz 1 können unter der im Handelsregister eingetragenen Geschäftsanschrift Willenserklärungen abgegeben und Schriftstücke für die Gesellschaft zugestellt werden. Unabhängig hiervon können die Abgabe und die Zustellung auch unter der eingetragenen Anschrift der empfangsberechtigten Person nach § 10 Abs. 2 Satz 2 erfolgen.

(3) Befinden sich alle Geschäftsanteile der Gesellschaft in der Hand eines Gesellschafters oder daneben in der Hand der Gesellschaft und ist er zugleich deren alleiniger Geschäftsführer, so ist auf seine Rechtsgeschäfte mit der Gesellschaft § 181 des Bürgerlichen Gesetzbuchs anzuwenden. Rechtsgeschäfte zwischen ihm und der von ihm vertretenen Gesellschaft sind, auch wenn er nicht alleiniger Geschäftsführer ist, unverzüglich nach ihrer Vornahme in eine Niederschrift aufzunehmen.

§ 35a Angaben auf Geschäftsbriefen

(1) Auf allen Geschäftsbriefen gleichviel welcher Form, die an einen bestimmten Empfänger gerichtet werden, müssen die Rechtsform und der Sitz der Gesellschaft, das Registergericht des Sitzes der Gesellschaft und die Nummer, unter der die Gesellschaft in das Handelsregister eingetragen ist, sowie alle Geschäftsführer und, sofern die Gesellschaft einen Aufsichtsrat gebildet und dieser einen Vorsitzenden hat, der Vorsitzende des Aufsichtsrats mit dem Familiennamen und mindestens einem ausgeschriebenen Vornamen angegeben werden. Werden Angaben über das Kapital der Gesellschaft gemacht, so müssen in jedem Fall das Stammkapital sowie, wenn nicht alle in Geld zu leistenden Einlagen eingezahlt sind, der Gesamtbetrag der ausstehenden Einlagen angegeben werden.

(2) Der Angaben nach Absatz 1 Satz 1 bedarf es nicht bei Mitteilungen oder Berichten, die im Rahmen einer bestehenden Geschäftsverbindung ergehen und für die üblicherweise Vordrucke verwendet werden, in denen lediglich die im Einzelfall erforderlichen besonderen Angaben eingefügt zu werden brauchen.

(3) Bestellscheine gelten als Geschäftsbriefe im Sinne des Absatzes 1. Absatz 2 ist auf sie nicht anzuwenden.

(4) Auf allen Geschäftsbriefen und Bestellscheinen, die von einer Zweigniederlassung einer Gesellschaft mit beschränkter Haftung mit Sitz im Ausland verwendet werden, müssen das Register, bei dem die Zweigniederlassung geführt wird, und die Nummer des Registereintrags angegeben werden; im übrigen gelten die Vorschriften der Absätze 1 bis 3 für die Angaben bezüglich der Haupt- und der Zweigniederlassung, soweit nicht das ausländische Recht Abweichungen nötig macht. Befindet sich die ausländische Gesellschaft in Liquidation, so sind auch diese Tatsache sowie alle Liquidatoren anzugeben.

§ 36 (weggefallen)

§ 37 Beschränkungen der Vertretungsbefugnis

(1) Die Geschäftsführer sind der Gesellschaft gegenüber verpflichtet, die Beschränkungen einzuhalten, welche für den Umfang ihrer Befugnis, die Gesellschaft zu vertreten, durch den Gesellschaftsvertrag oder, soweit dieser nicht ein anderes bestimmt, durch die Beschlüsse der Gesellschafter festgesetzt sind.

(2) Gegen dritte Personen hat eine Beschränkung der Befugnis der Geschäftsführer, die Gesellschaft zu vertreten, keine rechtliche Wirkung. Dies gilt insbesondere für den Fall, daß die Vertretung sich nur auf gewisse Geschäfte oder Arten von Geschäften erstrecken oder nur unter gewissen Umständen oder für eine gewisse Zeit oder an einzelnen Orten stattfinden soll, oder daß die Zustimmung der Gesellschafter oder eines Organs der Gesellschaft für einzelne Geschäfte erfordert ist.

§ 38 Widerruf der Bestellung

(1) Die Bestellung der Geschäftsführer ist zu jeder Zeit widerruflich, unbeschadet der Entschädigungsansprüche aus bestehenden Verträgen.

(2) Im Gesellschaftsvertrag kann die Zulässigkeit des Widerrufs auf den Fall beschränkt werden, daß wichtige Gründe denselben notwendig machen. Als solche Gründe sind insbesondere grobe Pflichtverletzung oder Unfähigkeit zur ordnungsmäßigen Geschäftsführung anzusehen.

§ 39 Anmeldung der Geschäftsführer

(1) Jede Änderung in den Personen der Geschäftsführer sowie die Beendigung der Vertretungsbefugnis eines Geschäftsführers ist zur Eintragung in das Handelsregister anzumelden.

(2) Der Anmeldung sind die Urkunden über die Bestellung der Geschäftsführer oder über die Beendigung der Vertretungsbefugnis in Urschrift oder öffentlich beglaubigter Abschrift beizufügen.

(3) Die neuen Geschäftsführer haben in der Anmeldung zu versichern, daß keine Umstände vorliegen, die ihrer Bestellung nach § 6 Abs. 2 Satz 2 Nr. 2 und 3 sowie Satz 3 entgegenstehen und daß sie über ihre unbeschränkte Auskunftspflicht gegenüber dem Gericht belehrt worden sind. § 8 Abs. 3 Satz 2 ist anzuwenden.

(4) (weggefallen)

§ 40 Liste der Gesellschafter

(1) Die Geschäftsführer haben unverzüglich nach Wirksamwerden jeder Veränderung in den Personen der Gesellschafter oder des Umfangs ihrer Beteiligung eine von ihnen unterschriebene Liste der Gesellschafter zum Handelsregister einzureichen, aus welcher Name, Vorname, Geburtsdatum und Wohnort der letzteren sowie die Nennbeträge und die laufenden Nummern der

von einem jeden derselben übernommenen Geschäftsanteile zu entnehmen sind. Die Änderung der Liste durch die Geschäftsführer erfolgt auf Mitteilung und Nachweis.

(2) Hat ein Notar an Veränderungen nach Absatz 1 Satz 1 mitgewirkt, hat er unverzüglich nach deren Wirksamwerden ohne Rücksicht auf etwaige später eintretende Unwirksamkeitsgründe die Liste anstelle der Geschäftsführer zu unterschreiben, zum Handelsregister einzureichen und eine Abschrift der geänderten Liste an die Gesellschaft zu übermitteln. Die Liste muss mit der Bescheinigung des Notars versehen sein, dass die geänderten Eintragungen den Veränderungen entsprechen, an denen er mitgewirkt hat, und die übrigen Eintragungen mit dem Inhalt der zuletzt im Handelsregister aufgenommenen Liste übereinstimmen.

(3) Geschäftsführer, welche die ihnen nach Absatz 1 obliegende Pflicht verletzen, haften denjenigen, deren Beteiligung sich geändert hat, und den Gläubigern der Gesellschaft für den daraus entstandenen Schaden als Gesamtschuldner.

§ 41 Buchführung

Die Geschäftsführer sind verpflichtet, für die ordnungsmäßige Buchführung der Gesellschaft zu sorgen.

§ 42 Bilanz

(1) In der Bilanz des nach den §§ 242, 264 des Handelsgesetzbuchs aufzustellenden Jahresabschlusses ist das Stammkapital als gezeichnetes Kapital auszuweisen.

(2) Das Recht der Gesellschaft zur Einziehung von Nachschüssen der Gesellschafter ist in der Bilanz insoweit zu aktivieren, als die Einziehung bereits beschlossen ist und den Gesellschaftern ein Recht, durch Verweisung auf den Geschäftsanteil sich von der Zahlung der Nachschüsse zu befreien, nicht zusteht. Der nachzuschießende Betrag ist auf der Aktivseite unter den Forderungen gesondert unter der Bezeichnung „Eingeforderte Nachschüsse" auszuweisen, soweit mit der Zahlung gerechnet werden kann. Ein dem Aktivposten entsprechender Betrag ist auf der Passivseite in dem Posten „Kapitalrücklage" gesondert auszuweisen.

(3) Ausleihungen, Forderungen und Verbindlichkeiten gegenüber Gesellschaftern sind in der Regel als solche jeweils gesondert auszuweisen oder im Anhang anzugeben; werden sie unter anderen Posten ausgewiesen, so muß diese Eigenschaft vermerkt werden.

§ 42a Vorlage des Jahresabschlusses und des Lageberichts

(1) Die Geschäftsführer haben den Jahresabschluß und den Lagebericht unverzüglich nach der Aufstellung den Gesellschaftern zum Zwecke der Feststellung des Jahresabschlusses vorzulegen. Ist der Jahresabschluß durch einen Abschlußprüfer zu prüfen, so haben die Geschäftsführer ihn zusammen mit dem Lagebericht und dem Prüfungsbericht des Abschlußprüfers unverzüglich nach Eingang des Prüfungsberichts vorzulegen. Hat die Gesellschaft einen Aufsichtsrat, so ist dessen Bericht über das Ergebnis seiner Prüfung ebenfalls unverzüglich vorzulegen.

(2) Die Gesellschafter haben spätestens bis zum Ablauf der ersten acht Monate oder, wenn es sich um eine kleine Gesellschaft handelt (§ 267 Abs. 1 des Handelsgesetzbuchs), bis zum Ablauf der ersten elf Monate des Geschäftsjahrs über die Feststellung des Jahresabschlusses und über die Ergebnisverwendung zu beschließen. Der Gesellschaftsvertrag kann die Frist nicht verlängern. Auf den Jahresabschluß sind bei der Feststellung die für seine Aufstellung geltenden Vorschriften anzuwenden.

(3) Hat ein Abschlußprüfer den Jahresabschluß geprüft, so hat er auf Verlangen eines Gesellschafters an den Verhandlungen über die Feststellung des Jahresabschlusses teilzunehmen.

(4) Ist die Gesellschaft zur Aufstellung eines Konzernabschlusses und eines Konzernlageberichts verpflichtet, so sind die Absätze 1 bis 3 entsprechend anzuwenden. Das Gleiche gilt

hinsichtlich eines Einzelabschlusses nach § 325 Abs. 2a des Handelsgesetzbuchs, wenn die Gesellschafter die Offenlegung eines solchen beschlossen haben.

§ 43 Haftung der Geschäftsführer

(1) Die Geschäftsführer haben in den Angelegenheiten der Gesellschaft die Sorgfalt eines ordentlichen Geschäftsmannes anzuwenden.

(2) Geschäftsführer, welche ihre Obliegenheiten verletzen, haften der Gesellschaft solidarisch für den entstandenen Schaden.

(3) Insbesondere sind sie zum Ersatz verpflichtet, wenn den Bestimmungen des § 30 zuwider Zahlungen aus dem zur Erhaltung des Stammkapitals erforderlichen Vermögen der Gesellschaft gemacht oder den Bestimmungen des § 33 zuwider eigene Geschäftsanteile der Gesellschaft erworben worden sind. Auf den Ersatzanspruch finden die Bestimmungen in § 9b Abs. 1 entsprechende Anwendung. Soweit der Ersatz zur Befriedigung der Gläubiger der Gesellschaft erforderlich ist, wird die Verpflichtung der Geschäftsführer dadurch nicht aufgehoben, daß dieselben in Befolgung eines Beschlusses der Gesellschafter gehandelt haben.

(4) Die Ansprüche auf Grund der vorstehenden Bestimmungen verjähren in fünf Jahren.

§ 43a Kreditgewährung aus Gesellschaftsvermögen

Den Geschäftsführern, anderen gesetzlichen Vertretern, Prokuristen oder zum gesamten Geschäftsbetrieb ermächtigten Handlungsbevollmächtigten darf Kredit nicht aus dem zur Erhaltung des Stammkapitals erforderlichen Vermögen der Gesellschaft gewährt werden. Ein entgegen Satz 1 gewährter Kredit ist ohne Rücksicht auf entgegenstehende Vereinbarungen sofort zurückzugewähren.

§ 44 Stellvertreter von Geschäftsführern

Die für die Geschäftsführer gegebenen Vorschriften gelten auch für Stellvertreter von Geschäftsführern.

§ 45 Rechte der Gesellschafter

(1) Die Rechte, welche den Gesellschaftern in den Angelegenheiten der Gesellschaft, insbesondere in bezug auf die Führung der Geschäfte zustehen, sowie die Ausübung derselben bestimmen sich, soweit nicht gesetzliche Vorschriften entgegenstehen, nach dem Gesellschaftsvertrag.

(2) In Ermangelung besonderer Bestimmungen des Gesellschaftsvertrags finden die Vorschriften der §§ 46 bis 51 Anwendung.

§ 46 Aufgabenkreis der Gesellschafter

Der Bestimmung der Gesellschafter unterliegen:

1. die Feststellung des Jahresabschlusses und die Verwendung des Ergebnisses;
   1a. die Entscheidung über die Offenlegung eines Einzelabschlusses nach internationalen Rechnungslegungsstandards (§ 325 Abs. 2a des Handelsgesetzbuchs) und über die Billigung des von den Geschäftsführern aufgestellten Abschlusses;
   1b. die Billigung eines von den Geschäftsführern aufgestellten Konzernabschlusses;
2. die Einforderung der Einlagen;
3. die Rückzahlung von Nachschüssen;
4. die Teilung, die Zusammenlegung sowie die Einziehung von Geschäftsanteilen;
5. die Bestellung und die Abberufung von Geschäftsführern sowie die Entlastung derselben;
6. die Maßregeln zur Prüfung und Überwachung der Geschäftsführung;
7. die Bestellung von Prokuristen und von Handlungsbevollmächtigten zum gesamten Geschäftsbetrieb;

8. die Geltendmachung von Ersatzansprüchen, welche der Gesellschaft aus der Gründung oder Geschäftsführung gegen Geschäftsführer oder Gesellschafter zustehen, sowie die Vertretung der Gesellschaft in Prozessen, welche sie gegen die Geschäftsführer zu führen hat.

§ 47 Abstimmung

(1) Die von den Gesellschaftern in den Angelegenheiten der Gesellschaft zu treffenden Bestimmungen erfolgen durch Beschlußfassung nach der Mehrheit der abgegebenen Stimmen.

(2) Jeder Euro eines Geschäftsanteils gewährt eine Stimme.

(3) Vollmachten bedürfen zu ihrer Gültigkeit der Textform.

(4) Ein Gesellschafter, welcher durch die Beschlußfassung entlastet oder von einer Verbindlichkeit befreit werden soll, hat hierbei kein Stimmrecht und darf ein solches auch nicht für andere ausüben. Dasselbe gilt von einer Beschlußfassung, welche die Vornahme eines Rechtsgeschäfts oder die Einleitung oder Erledigung eines Rechtsstreits gegenüber einem Gesellschafter betrifft.

§ 48 Gesellschafterversammlung

(1) Die Beschlüsse der Gesellschafter werden in Versammlungen gefaßt.

(2) Der Abhaltung einer Versammlung bedarf es nicht, wenn sämtliche Gesellschafter in Textform mit der zu treffenden Bestimmung oder mit der schriftlichen Abgabe der Stimmen sich einverstanden erklären.

(3) Befinden sich alle Geschäftsanteile der Gesellschaft in der Hand eines Gesellschafters oder daneben in der Hand der Gesellschaft, so hat er unverzüglich nach der Beschlußfassung eine Niederschrift aufzunehmen und zu unterschreiben.

§ 49 Einberufung der Versammlung

(1) Die Versammlung der Gesellschafter wird durch die Geschäftsführer berufen.

(2) Sie ist außer den ausdrücklich bestimmten Fällen zu berufen, wenn es im Interesse der Gesellschaft erforderlich erscheint.

(3) Insbesondere muß die Versammlung unverzüglich berufen werden, wenn aus der Jahresbilanz oder aus einer im Laufe des Geschäftsjahres aufgestellten Bilanz sich ergibt, daß die Hälfte des Stammkapitals verloren ist.

§ 50 Minderheitsrechte

(1) Gesellschafter, deren Geschäftsanteile zusammen mindestens dem zehnten Teil des Stammkapitals entsprechen, sind berechtigt, unter Angabe des Zwecks und der Gründe die Berufung der Versammlung zu verlangen.

(2) In gleicher Weise haben die Gesellschafter das Recht zu verlangen, daß Gegenstände zur Beschlußfassung der Versammlung angekündigt werden.

(3) Wird dem Verlangen nicht entsprochen oder sind Personen, an welche dasselbe zu richten wäre, nicht vorhanden, so können die in Absatz 1 bezeichneten Gesellschafter unter Mitteilung des Sachverhältnisses die Berufung oder Ankündigung selbst bewirken. Die Versammlung beschließt, ob die entstandenen Kosten von der Gesellschaft zu tragen sind.

§ 51 Form der Einberufung

(1) Die Berufung der Versammlung erfolgt durch Einladung der Gesellschafter mittels eingeschriebener Briefe. Sie ist mit einer Frist von mindestens einer Woche zu bewirken.

(2) Der Zweck der Versammlung soll jederzeit bei der Berufung angekündigt werden.

(3) Ist die Versammlung nicht ordnungsmäßig berufen, so können Beschlüsse nur gefaßt werden, wenn sämtliche Gesellschafter anwesend sind.

(4) Das gleiche gilt in bezug auf Beschlüsse über Gegenstände, welche nicht wenigstens drei Tage vor der Versammlung in der für die Berufung vorgeschriebenen Weise angekündigt worden sind.

§ 51a Auskunfts- und Einsichtsrecht

(1) Die Geschäftsführer haben jedem Gesellschafter auf Verlangen unverzüglich Auskunft über die Angelegenheiten der Gesellschaft zu geben und die Einsicht der Bücher und Schriften zu gestatten.

(2) Die Geschäftsführer dürfen die Auskunft und die Einsicht verweigern, wenn zu besorgen ist, daß der Gesellschafter sie zu gesellschaftsfremden Zwecken verwenden und dadurch der Gesellschaft oder einem verbundenen Unternehmen einen nicht unerheblichen Nachteil zufügen wird. Die Verweigerung bedarf eines Beschlusses der Gesellschafter.

(3) Von diesen Vorschriften kann im Gesellschaftsvertrag nicht abgewichen werden.

§ 51b Gerichtliche Entscheidung über das Auskunfts- und Einsichtsrecht

Für die gerichtliche Entscheidung über das Auskunfts- und Einsichtsrecht findet § 132 Abs. 1, 3 bis 5 des Aktiengesetzes entsprechende Anwendung. Antragsberechtigt ist jeder Gesellschafter, dem die verlangte Auskunft nicht gegeben oder die verlangte Einsicht nicht gestattet worden ist.

§ 52 Aufsichtsrat

(1) Ist nach dem Gesellschaftsvertrag ein Aufsichtsrat zu bestellen, so sind § 90 Abs. 3, 4, 5 Satz 1 und 2, § 95 Satz 1, § 100 Abs. 1 und 2 Nr. 2, § 101 Abs. 1 Satz 1, § 103 Abs. 1 Satz 1 und 2, §§ 105, 110 bis 114, 116 des Aktiengesetzes in Verbindung mit § 93 Abs. 1 und 2 des Aktiengesetzes, §§ 170, 171 des Aktiengesetzes entsprechend anzuwenden, soweit nicht im Gesellschaftsvertrag ein anderes bestimmt ist.

(2) Werden die Mitglieder des Aufsichtsrats vor der Eintragung der Gesellschaft in das Handelsregister bestellt, gilt § 37 Abs. 4 Nr. 3 und 3a des Aktiengesetzes entsprechend. Die Geschäftsführer haben bei jeder Änderung in den Personen der Aufsichtsratsmitglieder unverzüglich eine Liste der Mitglieder des Aufsichtsrats, aus welcher Name, Vorname, ausgeübter Beruf und Wohnort der Mitglieder ersichtlich ist, zum Handelsregister einzureichen; das Gericht hat nach § 10 des Handelsgesetzbuchs einen Hinweis darauf bekannt zu machen, dass die Liste zum Handelsregister eingereicht worden ist.

(3) Schadensersatzansprüche gegen die Mitglieder des Aufsichtsrats wegen Verletzung ihrer Obliegenheiten verjähren in fünf Jahren.

Abschnitt 4
Abänderungen des Gesellschaftsvertrags

§ 53 Form der Satzungsänderung

(1) Eine Abänderung des Gesellschaftsvertrags kann nur durch Beschluß der Gesellschafter erfolgen.

(2) Der Beschluß muß notariell beurkundet werden, derselbe bedarf einer Mehrheit von drei Vierteilen der abgegebenen Stimmen. Der Gesellschaftsvertrag kann noch andere Erfordernisse aufstellen.

(3) Eine Vermehrung der den Gesellschaftern nach dem Gesellschaftsvertrag obliegenden Leistungen kann nur mit Zustimmung sämtlicher beteiligter Gesellschafter beschlossen werden.

§ 54 Anmeldung und Eintragung der Satzungsänderung

(1) Die Abänderung des Gesellschaftsvertrags ist zur Eintragung in das Handelsregister anzumelden. Der Anmeldung ist der vollständige Wortlaut des Gesellschaftsvertrags beizufügen; er muß mit der Bescheinigung eines Notars versehen sein, daß die geänderten Bestimmungen des Gesellschaftsvertrags mit dem Beschluß über die Änderung des Gesellschaftsvertrags und die unveränderten Bestimmungen mit dem zuletzt zum Handelsregister eingereichten vollständigen Wortlaut des Gesellschaftsvertrags übereinstimmen.

(2) Bei der Eintragung genügt, sofern nicht die Abänderung die in § 10 bezeichneten Angaben betrifft, die Bezugnahme auf die bei dem Gericht eingereichten Dokumente über die Abänderung.

(3) Die Abänderung hat keine rechtliche Wirkung, bevor sie in das Handelsregister des Sitzes der Gesellschaft eingetragen ist.

§ 55 Erhöhung des Stammkapitals

(1) Wird eine Erhöhung des Stammkapitals beschlossen, so bedarf es zur Übernahme jedes Geschäftsanteils an dem erhöhten Kapital einer notariell aufgenommenen oder beglaubigten Erklärung des Übernehmers.

(2) Zur Übernahme eines Geschäftsanteils können von der Gesellschaft die bisherigen Gesellschafter oder andere Personen, welche durch die Übernahme ihren Beitritt zu der Gesellschaft erklären, zugelassen werden. Im letzteren Fall sind außer dem Nennbetrag des Geschäftsanteils auch sonstige Leistungen, zu welchen der Beitretende nach dem Gesellschaftsvertrag verpflichtet sein soll, in der in Absatz 1 bezeichneten Urkunde ersichtlich zu machen.

(3) Wird von einem der Gesellschaft bereits angehörenden Gesellschafter ein Geschäftsanteil an dem erhöhten Kapital übernommen, so erwirbt derselbe einen weiteren Geschäftsanteil.

(4) Die Bestimmungen in § 5 Abs. 2 und 3 über die Nennbeträge der Geschäftsanteile sowie die Bestimmungen in § 19 Abs. 6 über die Verjährung des Anspruchs der Gesellschaft auf Leistung der Einlagen sind auch hinsichtlich der an dem erhöhten Kapital übernommenen Geschäftsanteile anzuwenden.

§ 55a Genehmigtes Kapital

(1) Der Gesellschaftsvertrag kann die Geschäftsführer für höchstens fünf Jahre nach Eintragung der Gesellschaft ermächtigen, das Stammkapital bis zu einem bestimmten Nennbetrag (genehmigtes Kapital) durch Ausgabe neuer Geschäftsanteile gegen Einlagen zu erhöhen. Der Nennbetrag des genehmigten Kapitals darf die Hälfte des Stammkapitals, das zur Zeit der Ermächtigung vorhanden ist, nicht übersteigen.

(2) Die Ermächtigung kann auch durch Abänderung des Gesellschaftsvertrags für höchstens fünf Jahre nach deren Eintragung erteilt werden.

(3) Gegen Sacheinlagen (§ 56) dürfen Geschäftsanteile nur ausgegeben werden, wenn die Ermächtigung es vorsieht.

§ 56 Kapitalerhöhung mit Sacheinlagen

(1) Sollen Sacheinlagen geleistet werden, so müssen ihr Gegenstand und der Nennbetrag des Geschäftsanteils, auf den sich die Sacheinlage bezieht, im Beschluß über die Erhöhung des Stammkapitals festgesetzt werden. Die Festsetzung ist in die in § 55 Abs. 1 bezeichnete Erklärung des Übernehmers aufzunehmen.

(2) Die §§ 9 und 19 Abs. 2 Satz 2 und Abs. 4 finden entsprechende Anwendung.

§ 56a Leistungen auf das neue Stammkapital

Für die Leistungen der Einlagen auf das neue Stammkapital finden § 7 Abs. 2 Satz 1 und Abs. 3 sowie § 19 Abs. 5 entsprechende Anwendung.

§ 57 Anmeldung der Erhöhung

(1) Die beschlossene Erhöhung des Stammkapitals ist zur Eintragung in das Handelsregister anzumelden, nachdem das erhöhte Kapital durch Übernahme von Geschäftsanteilen gedeckt ist.

(2) In der Anmeldung ist die Versicherung abzugeben, daß die Einlagen auf das neue Stammkapital nach § 7 Abs. 2 Satz 1 und Abs. 3 bewirkt sind und daß der Gegenstand der Leistungen sich endgültig in der freien Verfügung der Geschäftsführer befindet. § 8 Abs. 2 Satz 2 gilt entsprechend.

(3) Der Anmeldung sind beizufügen:
1. die in § 55 Abs. 1 bezeichneten Erklärungen oder eine beglaubigte Abschrift derselben;
2. eine von den Anmeldenden unterschriebene Liste der Personen, welche die neuen Geschäftsanteile übernommen haben; aus der Liste müssen die Nennbeträge der von jedem übernommenen Geschäftsanteile ersichtlich sein;
3. bei einer Kapitalerhöhung mit Sacheinlagen die Verträge, die den Festsetzungen nach § 56 zugrunde liegen oder zu ihrer Ausführung geschlossen worden sind.

(4) Für die Verantwortlichkeit der Geschäftsführer, welche die Kapitalerhöhung zur Eintragung in das Handelsregister angemeldet haben, finden § 9a Abs. 1 und 3, § 9b entsprechende Anwendung.

§ 57a Ablehnung der Eintragung

Für die Ablehnung der Eintragung durch das Gericht findet § 9c Abs. 1 entsprechende Anwendung.

§ 57b (weggefallen)

§ 57c Kapitalerhöhung aus Gesellschaftsmitteln

(1) Das Stammkapital kann durch Umwandlung von Rücklagen in Stammkapital erhöht werden (Kapitalerhöhung aus Gesellschaftsmitteln).

(2) Die Erhöhung des Stammkapitals kann erst beschlossen werden, nachdem der Jahresabschluß für das letzte vor der Beschlußfassung über die Kapitalerhöhung abgelaufene Geschäftsjahr (letzter Jahresabschluß) festgestellt und über die Ergebnisverwendung Beschluß gefaßt worden ist.

(3) Dem Beschluß über die Erhöhung des Stammkapitals ist eine Bilanz zugrunde zu legen.

(4) Neben den §§ 53 und 54 über die Abänderung des Gesellschaftsvertrags gelten die §§ 57d bis 57o.

§ 57d Ausweisung von Kapital- und Gewinnrücklagen

(1) Die Kapital- und Gewinnrücklagen, die in Stammkapital umgewandelt werden sollen, müssen in der letzten Jahresbilanz und, wenn dem Beschluß eine andere Bilanz zugrunde gelegt wird, auch in dieser Bilanz unter „Kapitalrücklage" oder „Gewinnrücklagen" oder im letzten Beschluß über die Verwendung des Jahresergebnisses als Zuführung zu diesen Rücklagen ausgewiesen sein.

(2) Die Rücklagen können nicht umgewandelt werden, soweit in der zugrunde gelegten Bilanz ein Verlust, einschließlich eines Verlustvortrags, ausgewiesen ist.

(3) Andere Gewinnrücklagen, die einem bestimmten Zweck zu dienen bestimmt sind, dürfen nur umgewandelt werden, soweit dies mit ihrer Zweckbestimmung vereinbar ist.

§ 57e Zugrundelegung der letzten Jahresbilanz; Prüfung

(1) Dem Beschluß kann die letzte Jahresbilanz zugrunde gelegt werden, wenn die Jahresbilanz geprüft und die festgestellte Jahresbilanz mit dem uneingeschränkten Bestätigungsvermerk der Abschlußprüfer versehen ist und wenn ihr Stichtag höchstens acht Monate vor der Anmeldung des Beschlusses zur Eintragung in das Handelsregister liegt.

(2) Bei Gesellschaften, die nicht große im Sinne des § 267 Abs. 3 des Handelsgesetzbuchs sind, kann die Prüfung auch durch vereidigte Buchprüfer erfolgen; die Abschlußprüfer müssen von der Versammlung der Gesellschafter gewählt sein.

§ 57f Anforderungen an die Bilanz

(1) Wird dem Beschluß nicht die letzte Jahresbilanz zugrunde gelegt, so muß die Bilanz den Vorschriften über die Gliederung der Jahresbilanz und über die Wertansätze in der Jahresbilanz entsprechen. Der Stichtag der Bilanz darf höchstens acht Monate vor der Anmeldung des Beschlusses zur Eintragung in das Handelsregister liegen.

(2) Die Bilanz ist, bevor über die Erhöhung des Stammkapitals Beschluß gefaßt wird, durch einen oder mehrere Prüfer darauf zu prüfen, ob sie dem Absatz 1 entspricht. Sind nach dem abschließenden Ergebnis der Prüfung keine Einwendungen zu erheben, so haben die Prüfer dies durch einen Vermerk zu bestätigen. Die Erhöhung des Stammkapitals kann nicht ohne diese Bestätigung der Prüfer beschlossen werden.

(3) Die Prüfer werden von den Gesellschaftern gewählt; falls nicht andere Prüfer gewählt werden, gelten die Prüfer als gewählt, die für die Prüfung des letzten Jahresabschlusses von den Gesellschaftern gewählt oder vom Gericht bestellt worden sind. Im übrigen sind, soweit sich aus der Besonderheit des Prüfungsauftrags nichts anderes ergibt, § 318 Abs. 1 Satz 2, § 319 Abs. 1 bis 4, § 319a Abs. 1, § 320 Abs. 1 Satz 2, Abs. 2 und die §§ 321 und 323 des Handelsgesetzbuchs anzuwenden. Bei Gesellschaften, die nicht große im Sinne des § 267 Abs. 3 des Handelsgesetzbuchs sind, können auch vereidigte Buchprüfer zu Prüfern bestellt werden.

§ 57g Vorherige Bekanntgabe des Jahresabschlusses

Die Bestimmungen des Gesellschaftsvertrags über die vorherige Bekanntgabe des Jahresabschlusses an die Gesellschafter sind in den Fällen des § 57f entsprechend anzuwenden.

§ 57h Arten der Kapitalerhöhung

(1) Die Kapitalerhöhung kann vorbehaltlich des § 57l Abs. 2 durch Bildung neuer Geschäftsanteile oder durch Erhöhung des Nennbetrags der Geschäftsanteile ausgeführt werden. Die neuen Geschäftsanteile und die Geschäftsanteile, deren Nennbetrag erhöht wird, müssen auf einen Betrag gestellt werden, der auf volle Euro lautet.

(2) Der Beschluß über die Erhöhung des Stammkapitals muß die Art der Erhöhung angeben. Soweit die Kapitalerhöhung durch Erhöhung des Nennbetrags der Geschäftsanteile ausgeführt werden soll, ist sie so zu bemessen, daß durch sie auf keinen Geschäftsanteil, dessen Nennbetrag erhöht wird, Beträge entfallen, die durch die Erhöhung des Nennbetrags des Geschäftsanteils nicht gedeckt werden können.

§ 57i Anmeldung und Eintragung des Erhöhungsbeschlusses

(1) Der Anmeldung des Beschlusses über die Erhöhung des Stammkapitals zur Eintragung in das Handelsregister ist die der Kapitalerhöhung zugrunde gelegte, mit dem Bestätigungsvermerk der Prüfer versehene Bilanz, in den Fällen des § 57f außerdem die letzte Jahresbilanz, sofern sie noch nicht nach § 325 Abs. 1 des Handelsgesetzbuchs eingereicht ist, beizufügen. Die

Anmeldenden haben dem Registergericht gegenüber zu erklären, daß nach ihrer Kenntnis seit dem Stichtag der zugrunde gelegten Bilanz bis zum Tag der Anmeldung keine Vermögensminderung eingetreten ist, die der Kapitalerhöhung entgegenstünde, wenn sie am Tag der Anmeldung beschlossen worden wäre.

(2) Das Registergericht darf den Beschluß nur eintragen, wenn die der Kapitalerhöhung zugrunde gelegte Bilanz für einen höchstens acht Monate vor der Anmeldung liegenden Zeitpunkt aufgestellt und eine Erklärung nach Absatz 1 Satz 2 abgegeben worden ist.

(3) Zu der Prüfung, ob die Bilanzen den gesetzlichen Vorschriften entsprechen, ist das Gericht nicht verpflichtet.

(4) Bei der Eintragung des Beschlusses ist anzugeben, daß es sich um eine Kapitalerhöhung aus Gesellschaftsmitteln handelt.

§ 57j Verteilung der Geschäftsanteile

Die neuen Geschäftsanteile stehen den Gesellschaftern im Verhältnis ihrer bisherigen Geschäftsanteile zu. Ein entgegenstehender Beschluß der Gesellschafter ist nichtig.

§ 57k Teilrechte; Ausübung der Rechte

(1) Führt die Kapitalerhöhung dazu, daß auf einen Geschäftsanteil nur ein Teil eines neuen Geschäftsanteils entfällt, so ist dieses Teilrecht selbständig veräußerlich und vererblich.

(2) Die Rechte aus einem neuen Geschäftsanteil, einschließlich des Anspruchs auf Ausstellung einer Urkunde über den neuen Geschäftsanteil, können nur ausgeübt werden, wenn Teilrechte, die zusammen einen vollen Geschäftsanteil ergeben, in einer Hand vereinigt sind oder wenn sich mehrere Berechtigte, deren Teilrechte zusammen einen vollen Geschäftsanteil ergeben, zur Ausübung der Rechte (§ 18) zusammenschließen.

§ 57l Teilnahme an der Erhöhung des Stammkapitals

(1) Eigene Geschäftsanteile nehmen an der Erhöhung des Stammkapitals teil.

(2) Teileingezahlte Geschäftsanteile nehmen entsprechend ihrem Nennbetrag an der Erhöhung des Stammkapitals teil. Bei ihnen kann die Kapitalerhöhung nur durch Erhöhung des Nennbetrags der Geschäftsanteile ausgeführt werden. Sind neben teileingezahlten Geschäftsanteilen vollständig eingezahlte Geschäftsanteile vorhanden, so kann bei diesen die Kapitalerhöhung durch Erhöhung des Nennbetrags der Geschäftsanteile und durch Bildung neuer Geschäftsanteile ausgeführt werden. Die Geschäftsanteile, deren Nennbetrag erhöht wird, können auf jeden Betrag gestellt werden, der auf volle Euro lautet.

§ 57m Verhältnis der Rechte; Beziehungen zu Dritten

(1) Das Verhältnis der mit den Geschäftsanteilen verbundenen Rechte zueinander wird durch die Kapitalerhöhung nicht berührt.

(2) Soweit sich einzelne Rechte teileingezahlter Geschäftsanteile, insbesondere die Beteiligung am Gewinn oder das Stimmrecht, nach der je Geschäftsanteil geleisteten Einlage bestimmen, stehen diese Rechte den Gesellschaftern bis zur Leistung der noch ausstehenden Einlagen nur nach der Höhe der geleisteten Einlage, erhöht um den auf den Nennbetrag des Stammkapitals berechneten Hundertsatz der Erhöhung des Stammkapitals, zu. Werden weitere Einzahlungen geleistet, so erweitern sich diese Rechte entsprechend.

(3) Der wirtschaftliche Inhalt vertraglicher Beziehungen der Gesellschaft zu Dritten, die von der Gewinnausschüttung der Gesellschaft, dem Nennbetrag oder Wert ihrer Geschäftsanteile oder ihres Stammkapitals oder in sonstiger Weise von den bisherigen Kapital- oder Gewinnverhältnissen abhängen, wird durch die Kapitalerhöhung nicht berührt.

§ 57n Gewinnbeteiligung der neuen Geschäftsanteile

(1) Die neuen Geschäftsanteile nehmen, wenn nichts anderes bestimmt ist, am Gewinn des ganzen Geschäftsjahres teil, in dem die Erhöhung des Stammkapitals beschlossen worden ist.

(2) Im Beschluß über die Erhöhung des Stammkapitals kann bestimmt werden, daß die neuen Geschäftsanteile bereits am Gewinn des letzten vor der Beschlußfassung über die Kapital-erhöhung abgelaufenen Geschäftsjahrs teilnehmen. In diesem Fall ist die Erhöhung des Stammkapitals abweichend von § 57c Abs. 2 zu beschließen, bevor über die Ergebnisverwendung für das letzte vor der Beschlußfassung abgelaufene Geschäftsjahr Beschluß gefaßt worden ist. Der Beschluß über die Ergebnisverwendung für das letzte vor der Beschlußfassung über die Kapi-talerhöhung abgelaufene Geschäftsjahr wird erst wirksam, wenn das Stammkapital erhöht worden ist. Der Beschluß über die Erhöhung des Stammkapitals und der Beschluß über die Ergebnisverwendung für das letzte vor der Beschlußfassung über die Kapitalerhöhung abgelau-fene Geschäftsjahr sind nichtig, wenn der Beschluß über die Kapitalerhöhung nicht binnen drei Monaten nach der Beschlußfassung in das Handelsregister eingetragen worden ist; der Lauf der Frist ist gehemmt, solange eine Anfechtungs- oder Nichtigkeitsklage rechtshängig ist oder eine zur Kapitalerhöhung beantragte staatliche Genehmigung noch nicht erteilt worden ist.

§ 57o Anschaffungskosten

Als Anschaffungskosten der vor der Erhöhung des Stammkapitals erworbenen Geschäftsanteile und der auf sie entfallenden neuen Geschäftsanteile gelten die Beträge, die sich für die einzelnen Geschäftsanteile ergeben, wenn die Anschaffungskosten der vor der Erhöhung des Stammkapi-tals erworbenen Geschäftsanteile auf diese und auf die auf sie entfallenden neuen Geschäftsan-teile nach dem Verhältnis der Nennbeträge verteilt werden. Der Zuwachs an Geschäftsanteilen ist nicht als Zugang auszuweisen.

§ 58 Herabsetzung des Stammkapitals

(1) Eine Herabsetzung des Stammkapitals kann nur unter Beobachtung der nachstehenden Be-stimmungen erfolgen:
1. der Beschluß auf Herabsetzung des Stammkapitals muß von den Geschäftsführern zu drei verschiedenen Malen in den Gesellschaftsblättern bekanntgemacht werden; in diesen Bekanntmachungen sind zugleich die Gläubiger der Gesellschaft aufzufordern, sich bei derselben zu melden; die aus den Handelsbüchern der Gesellschaft ersichtlichen oder in anderer Weise bekannten Gläubiger sind durch besondere Mitteilung zur Anmeldung auf-zufordern;
2. die Gläubiger, welche sich bei der Gesellschaft melden und der Herabsetzung nicht zu-stimmen, sind wegen der erhobenen Ansprüche zu befriedigen oder sicherzustellen;
3. die Anmeldung des Herabsetzungsbeschlusses zur Eintragung in das Handelsregister er-folgt nicht vor Ablauf eines Jahres seit dem Tage, an welchem die Aufforderung der Gläu-biger in den Gesellschaftsblättern zum dritten Mal stattgefunden hat;
4. mit der Anmeldung sind die Bekanntmachungen des Beschlusses einzureichen; zugleich haben die Geschäftsführer die Versicherung abzugeben, daß die Gläubiger, welche sich bei der Gesellschaft gemeldet und der Herabsetzung nicht zugestimmt haben, befriedigt oder sichergestellt sind.

(2) Die Bestimmung in § 5 Abs. 1 über den Mindestbetrag des Stammkapitals bleibt unberührt. Erfolgt die Herabsetzung zum Zweck der Zurückzahlung von Einlagen oder zum Zweck des Er-lasses zu leistender Einlagen, dürfen die verbleibenden Nennbeträge der Geschäftsanteile nicht unter den in § 5 Abs. 2 und 3 bezeichneten Betrag herabgehen.

§ 58a Vereinfachte Kapitalherabsetzung

(1) Eine Herabsetzung des Stammkapitals, die dazu dienen soll, Wertminderungen auszuglei-chen oder sonstige Verluste zu decken, kann als vereinfachte Kapitalherabsetzung vorgenom-men werden.

(2) Die vereinfachte Kapitalherabsetzung ist nur zulässig, nachdem der Teil der Kapital- und Gewinnrücklagen, der zusammen über zehn vom Hundert des nach der Herabsetzung verbleibenden Stammkapitals hinausgeht, vorweg aufgelöst ist. Sie ist nicht zulässig, solange ein Gewinnvortrag vorhanden ist.

(3) Im Beschluß über die vereinfachte Kapitalherabsetzung sind die Nennbeträge der Geschäftsanteile dem herabgesetzten Stammkapital anzupassen. Die Geschäftsanteile müssen auf einen Betrag gestellt werden, der auf volle Euro lautet.

(4) Das Stammkapital kann unter den in § 5 Abs. 1 bestimmten Mindestnennbetrag herabgesetzt werden, wenn dieser durch eine Kapitalerhöhung wieder erreicht wird, die zugleich mit der Kapitalherabsetzung beschlossen ist und bei der Sacheinlagen nicht festgesetzt sind. Die Beschlüsse sind nichtig, wenn sie nicht binnen drei Monaten nach der Beschlußfassung in das Handelsregister eingetragen worden sind. Der Lauf der Frist ist gehemmt, solange eine Anfechtungs- oder Nichtigkeitsklage rechtshängig ist oder eine zur Kapitalherabsetzung oder Kapitalerhöhung beantragte staatliche Genehmigung noch nicht erteilt ist. Die Beschlüsse sollen nur zusammen in das Handelsregister eingetragen werden.

(5) Neben den §§ 53 und 54 über die Abänderung des Gesellschaftsvertrags gelten die §§ 58b bis 58f.

§ 58b Beträge aus Rücklagenauflösung und Kapitalherabsetzung

(1) Die Beträge, die aus der Auflösung der Kapital- oder Gewinnrücklagen und aus der Kapitalherabsetzung gewonnen werden, dürfen nur verwandt werden, um Wertminderungen auszugleichen und sonstige Verluste zu decken.

(2) Daneben dürfen die gewonnenen Beträge in die Kapitalrücklage eingestellt werden, soweit diese zehn vom Hundert des Stammkapitals nicht übersteigt. Als Stammkapital gilt dabei der Nennbetrag, der sich durch die Herabsetzung ergibt, mindestens aber der nach § 5 Abs. 1 zulässige Mindestnennbetrag.

(3) Ein Betrag, der auf Grund des Absatzes 2 in die Kapitalrücklage eingestellt worden ist, darf vor Ablauf des fünften nach der Beschlußfassung über die Kapitalherabsetzung beginnenden Geschäftsjahrs nur verwandt werden

1. zum Ausgleich eines Jahresfehlbetrags, soweit er nicht durch einen Gewinnvortrag aus dem Vorjahr gedeckt ist und nicht durch Auflösung von Gewinnrücklagen ausgeglichen werden kann;

2. zum Ausgleich eines Verlustvortrags aus dem Vorjahr, soweit er nicht durch einen Jahresüberschuß gedeckt ist und nicht durch Auflösung von Gewinnrücklagen ausgeglichen werden kann;

3. zur Kapitalerhöhung aus Gesellschaftsmitteln.

§ 58c Nichteintritt angenommener Verluste

Ergibt sich bei Aufstellung der Jahresbilanz für das Geschäftsjahr, in dem der Beschluß über die Kapitalherabsetzung gefaßt wurde, oder für eines der beiden folgenden Geschäftsjahre, daß Wertminderungen und sonstige Verluste in der bei der Beschlußfassung angenommenen Höhe tatsächlich nicht eingetreten oder ausgeglichen waren, so ist der Unterschiedsbetrag in die Kapitalrücklage einzustellen. Für einen nach Satz 1 in die Kapitalrücklage eingestellten Betrag gilt § 58b Abs. 3 sinngemäß.

§ 58d Gewinnausschüttung

(1) Gewinn darf vor Ablauf des fünften nach der Beschlußfassung über die Kapitalherabsetzung beginnenden Geschäftsjahrs nur ausgeschüttet werden, wenn die Kapital- und Gewinnrücklagen zusammen zehn vom Hundert des Stammkapitals erreichen. Als Stammkapital gilt dabei

der Nennbetrag, der sich durch die Herabsetzung ergibt, mindestens aber der nach § 5 Abs. 1 zulässige Mindestnennbetrag.

(2) Die Zahlung eines Gewinnanteils von mehr als vier vom Hundert ist erst für ein Geschäftsjahr zulässig, das später als zwei Jahre nach der Beschlußfassung über die Kapitalherabsetzung beginnt. Dies gilt nicht, wenn die Gläubiger, deren Forderungen vor der Bekanntmachung der Eintragung des Beschlusses begründet worden waren, befriedigt oder sichergestellt sind, soweit sie sich binnen sechs Monaten nach der Bekanntmachung des Jahresabschlusses, auf Grund dessen die Gewinnverteilung beschlossen ist, zu diesem Zweck gemeldet haben. Einer Sicherstellung der Gläubiger bedarf es nicht, die im Fall des Insolvenzverfahrens ein Recht auf vorzugsweise Befriedigung aus einer Deckungsmasse haben, die nach gesetzlicher Vorschrift zu ihrem Schutz errichtet und staatlich überwacht ist. Die Gläubiger sind in der Bekanntmachung nach § 325 Abs. 2 des Handelsgesetzbuchs auf die Befriedigung oder Sicherstellung hinzuweisen.

§ 58e Beschluss über die Kapitalherabsetzung

(1) Im Jahresabschluß für das letzte vor der Beschlußfassung über die Kapitalherabsetzung abgelaufene Geschäftsjahr können das Stammkapital sowie die Kapital- und Gewinnrücklagen in der Höhe ausgewiesen werden, in der sie nach der Kapitalherabsetzung bestehen sollen. Dies gilt nicht, wenn der Jahresabschluß anders als durch Beschluß der Gesellschafter festgestellt wird.

(2) Der Beschluß über die Feststellung des Jahresabschlusses soll zugleich mit dem Beschluß über die Kapitalherabsetzung gefaßt werden.

(3) Die Beschlüsse sind nichtig, wenn der Beschluß über die Kapitalherabsetzung nicht binnen drei Monaten nach der Beschlußfassung in das Handelsregister eingetragen worden ist. Der Lauf der Frist ist gehemmt, solange eine Anfechtungs- oder Nichtigkeitsklage rechtshängig ist oder eine zur Kapitalherabsetzung beantragte staatliche Genehmigung noch nicht erteilt ist.

(4) Der Jahresabschluß darf nach § 325 des Handelsgesetzbuchs erst nach Eintragung des Beschlusses über die Kapitalherabsetzung offengelegt werden.

§ 58f Kapitalherabsetzung bei gleichzeitiger Erhöhung des Stammkapitals

(1) Wird im Fall des § 58e zugleich mit der Kapitalherabsetzung eine Erhöhung des Stammkapitals beschlossen, so kann auch die Kapitalerhöhung in dem Jahresabschluß als vollzogen berücksichtigt werden. Die Beschlussfassung ist nur zulässig, wenn die neuen Geschäftsanteile übernommen, keine Sacheinlagen festgesetzt sind und wenn auf jeden neuen Geschäftsanteil die Einzahlung geleistet ist, die nach § 56a zur Zeit der Anmeldung der Kapitalerhöhung bewirkt sein muss. Die Übernahme und die Einzahlung sind dem Notar nachzuweisen, der den Beschluß über die Erhöhung des Stammkapitals beurkundet.

(2) Sämtliche Beschlüsse sind nichtig, wenn die Beschlüsse über die Kapitalherabsetzung und die Kapitalerhöhung nicht binnen drei Monaten nach der Beschlußfassung in das Handelsregister eingetragen worden sind. Der Lauf der Frist ist gehemmt, solange eine Anfechtungs- oder Nichtigkeitsklage rechtshängig ist oder eine zur Kapitalherabsetzung oder Kapitalerhöhung beantragte staatliche Genehmigung noch nicht erteilt worden ist. Die Beschlüsse sollen nur zusammen in das Handelsregister eingetragen werden.

(3) Der Jahresabschluß darf nach § 325 des Handelsgesetzbuchs erst offengelegt werden, nachdem die Beschlüsse über die Kapitalherabsetzung und Kapitalerhöhung eingetragen worden sind.

§ 59 (weggefallen)

Abschnitt 5
Auflösung und Nichtigkeit der Gesellschaft

§ 60 Auflösungsgründe

(1) Die Gesellschaft mit beschränkter Haftung wird aufgelöst:

1. durch Ablauf der im Gesellschaftsvertrag bestimmten Zeit;
2. durch Beschluß der Gesellschafter; derselbe bedarf, sofern im Gesellschaftsvertrag nicht ein anderes bestimmt ist, einer Mehrheit von drei Vierteilen der abgegebenen Stimmen;
3. durch gerichtliches Urteil oder durch Entscheidung des Verwaltungsgerichts oder der Verwaltungsbehörde in den Fällen der §§ 61 und 62;
4. durch die Eröffnung des Insolvenzverfahrens; wird das Verfahren auf Antrag des Schuldners eingestellt oder nach der Bestätigung eines Insolvenzplans, der den Fortbestand der Gesellschaft vorsieht, aufgehoben, so können die Gesellschafter die Fortsetzung der Gesellschaft beschließen;
5. mit der Rechtskraft des Beschlusses, durch den die Eröffnung des Insolvenzverfahrens mangels Masse abgelehnt worden ist;
6. mit der Rechtskraft einer Verfügung des Registergerichts, durch welche nach § 144a des Gesetzes über die Angelegenheiten der freiwilligen Gerichtsbarkeit ein Mangel des Gesellschaftsvertrags festgestellt worden ist;
7. durch die Löschung der Gesellschaft wegen Vermögenslosigkeit nach § 141a des Gesetzes über die Angelegenheiten der freiwilligen Gerichtsbarkeit.

(2) Im Gesellschaftsvertrag können weitere Auflösungsgründe festgesetzt werden.

§ 61 Auflösung durch Urteil

(1) Die Gesellschaft kann durch gerichtliches Urteil aufgelöst werden, wenn die Erreichung des Gesellschaftszweckes unmöglich wird, oder wenn andere, in den Verhältnissen der Gesellschaft liegende, wichtige Gründe für die Auflösung vorhanden sind.

(2) Die Auflösungsklage ist gegen die Gesellschaft zu richten. Sie kann nur von Gesellschaftern erhoben werden, deren Geschäftsanteile zusammen mindestens dem zehnten Teil des Stammkapitals entsprechen.

(3) Für die Klage ist das Landgericht ausschließlich zuständig, in dessen Bezirk die Gesellschaft ihren Sitz hat.

§ 62 Auflösung durch eine Verwaltungsbehörde

(1) Wenn eine Gesellschaft das Gemeinwohl dadurch gefährdet, daß die Gesellschafter gesetzwidrige Beschlüsse fassen oder gesetzwidrige Handlungen der Geschäftsführer wissentlich geschehen lassen, so kann sie aufgelöst werden, ohne daß deshalb ein Anspruch auf Entschädigung stattfindet.

(2) Das Verfahren und die Zuständigkeit der Behörden richtet sich nach den für streitige Verwaltungssachen *landesgesetzlich* geltenden Vorschriften.

§ 63 (weggefallen)

§ 64 Haftung für Zahlungen nach Zahlungsunfähigkeit oder Überschuldung

Die Geschäftsführer sind der Gesellschaft zum Ersatz von Zahlungen verpflichtet, die nach Eintritt der Zahlungsunfähigkeit der Gesellschaft oder nach Feststellung ihrer Überschuldung geleistet werden. Dies gilt nicht von Zahlungen, die auch nach diesem Zeitpunkt mit der Sorgfalt eines ordentlichen Geschäftsmanns vereinbar sind. Die gleiche Verpflichtung trifft die Geschäftsführer für Zahlungen an Gesellschafter, soweit diese zur Zahlungsunfähigkeit der Gesellschaft führen mussten, es sei denn, dies war auch bei Beachtung der in Satz 2 bezeichneten Sorgfalt nicht erkennbar. Auf den Ersatzanspruch finden die Bestimmungen in § 43 Abs. 3 und 4 entsprechende Anwendung.

§ 65 Anmeldung und Eintragung der Auflösung

(1) Die Auflösung der Gesellschaft ist zur Eintragung in das Handelsregister anzumelden. Dies gilt nicht in den Fällen der Eröffnung oder der Ablehnung der Eröffnung des Insolvenzverfahrens und der gerichtlichen Feststellung eines Mangels des Gesellschaftsvertrags. In diesen Fällen hat das Gericht die Auflösung und ihren Grund von Amts wegen einzutragen. Im Falle der Löschung der Gesellschaft (§ 60 Abs. 1 Nr. 7) entfällt die Eintragung der Auflösung.

(2) Die Auflösung ist von den Liquidatoren zu drei verschiedenen Malen in den Gesellschaftsblättern bekanntzumachen. Durch die Bekanntmachung sind zugleich die Gläubiger der Gesellschaft aufzufordern, sich bei derselben zu melden.

§ 66 Liquidatoren

(1) In den Fällen der Auflösung außer dem Fall des Insolvenzverfahrens erfolgt die Liquidation durch die Geschäftsführer, wenn nicht dieselbe durch den Gesellschaftsvertrag oder durch Beschluß der Gesellschafter anderen Personen übertragen wird.

(2) Auf Antrag von Gesellschaftern, deren Geschäftsanteile zusammen mindestens dem zehnten Teil des Stammkapitals entsprechen, kann aus wichtigen Gründen die Bestellung von Liquidatoren durch das Gericht (§ 7 Abs. 1) erfolgen.

(3) Die Abberufung von Liquidatoren kann durch das Gericht unter derselben Voraussetzung wie die Bestellung stattfinden. Liquidatoren, welche nicht vom Gericht ernannt sind, können auch durch Beschluß der Gesellschafter vor Ablauf des Zeitraums, für welchen sie bestellt sind, abberufen werden.

(4) Für die Auswahl der Liquidatoren findet § 6 Abs. 2 Satz 2 und 3 entsprechende Anwendung.

(5) Ist die Gesellschaft durch Löschung wegen Vermögenslosigkeit aufgelöst, so findet eine Liquidation nur statt, wenn sich nach der Löschung herausstellt, daß Vermögen vorhanden ist, das der Verteilung unterliegt. Die Liquidatoren sind auf Antrag eines Beteiligten durch das Gericht zu ernennen.

§ 67 Anmeldung der Liquidatoren

(1) Die ersten Liquidatoren sowie ihre Vertretungsbefugnis sind durch die Geschäftsführer, jeder Wechsel der Liquidatoren und jede Änderung ihrer Vertretungsbefugnis sind durch die Liquidatoren zur Eintragung in das Handelsregister anzumelden.

(2) Der Anmeldung sind die Urkunden über die Bestellung der Liquidatoren oder über die Änderung in den Personen derselben in Urschrift oder öffentlich beglaubigter Abschrift beizufügen.

(3) In der Anmeldung haben die Liquidatoren zu versichern, daß keine Umstände vorliegen, die ihrer Bestellung nach § 66 Abs. 4 entgegenstehen, und daß sie über ihre unbeschränkte Auskunftspflicht gegenüber dem Gericht belehrt worden sind. § 8 Abs. 3 Satz 2 ist anzuwenden.

(4) Die Eintragung der gerichtlichen Ernennung oder Abberufung der Liquidatoren geschieht von Amts wegen.

(5) (weggefallen)

§ 68 Zeichnung der Liquidatoren

(1) Die Liquidatoren haben in der bei ihrer Bestellung bestimmten Form ihre Willenserklärungen kundzugeben und für die Gesellschaft zu zeichnen. Ist nichts darüber bestimmt, so muß die Erklärung und Zeichnung durch sämtliche Liquidatoren erfolgen.

(2) Die Zeichnungen geschehen in der Weise, daß die Liquidatoren der bisherigen, nunmehr als Liquidationsfirma zu bezeichnenden Firma ihre Namensunterschrift beifügen.

§ 69 Rechtsverhältnisse von Gesellschaft und Gesellschaftern

(1) Bis zur Beendigung der Liquidation kommen ungeachtet der Auflösung der Gesellschaft in bezug auf die Rechtsverhältnisse derselben und der Gesellschafter die Vorschriften des zweiten und dritten Abschnitts zur Anwendung, soweit sich aus den Bestimmungen des gegenwärtigen Abschnitts und aus dem Wesen der Liquidation nicht ein anderes ergibt.

(2) Der Gerichtsstand, welchen die Gesellschaft zur Zeit ihrer Auflösung hatte, bleibt bis zur vollzogenen Verteilung des Vermögens bestehen.

§ 70 Aufgaben der Liquidatoren

Die Liquidatoren haben die laufenden Geschäfte zu beendigen, die Verpflichtungen der aufgelösten Gesellschaft zu erfüllen, die Forderungen derselben einzuziehen und das Vermögen der Gesellschaft in Geld umzusetzen; sie haben die Gesellschaft gerichtlich und außergerichtlich zu vertreten. Zur Beendigung schwebender Geschäfte können die Liquidatoren auch neue Geschäfte eingehen.

§ 71 Eröffnungsbilanz; Rechte und Pflichten

(1) Die Liquidatoren haben für den Beginn der Liquidation eine Bilanz (Eröffnungsbilanz) und einen die Eröffnungsbilanz erläuternden Bericht sowie für den Schluß eines jeden Jahres einen Jahresabschluß und einen Lagebericht aufzustellen.

(2) Die Gesellschafter beschließen über die Feststellung der Eröffnungsbilanz und des Jahresabschlusses sowie über die Entlastung der Liquidatoren. Auf die Eröffnungsbilanz und den erläuternden Bericht sind die Vorschriften über den Jahresabschluß entsprechend anzuwenden. Vermögensgegenstände des Anlagevermögens sind jedoch wie Umlaufvermögen zu bewerten, soweit ihre Veräußerung innerhalb eines übersehbaren Zeitraums beabsichtigt ist oder diese Vermögensgegenstände nicht mehr dem Geschäftsbetrieb dienen; dies gilt auch für den Jahresabschluß.

(3) Das Gericht kann von der Prüfung des Jahresabschlusses und des Lageberichts durch einen Abschlußprüfer befreien, wenn die Verhältnisse der Gesellschaft so überschaubar sind, daß eine Prüfung im Interesse der Gläubiger und der Gesellschafter nicht geboten erscheint. Gegen die Entscheidung ist die sofortige Beschwerde zulässig.

(4) Im übrigen haben sie die aus §§ 37, 41, 43 Abs. 1, 2 und 4, § 49 Abs. 1 und 2, § 64 sich ergebenden Rechte und Pflichten der Geschäftsführer.

(5) Auf den Geschäftsbriefen ist anzugeben, dass sich die Gesellschaft in Liquidation befindet; im Übrigen gilt § 35a entsprechend.

§ 72 Vermögensverteilung

Das Vermögen der Gesellschaft wird unter die Gesellschafter nach Verhältnis ihrer Geschäftsanteile verteilt. Durch den Gesellschaftsvertrag kann ein anderes Verhältnis für die Verteilung bestimmt werden.

§ 73 Sperrjahr

(1) Die Verteilung darf nicht vor Tilgung oder Sicherstellung der Schulden der Gesellschaft und nicht vor Ablauf eines Jahres seit dem Tage vorgenommen werden, an welchem die Aufforderung an die Gläubiger (§ 65 Abs. 2) in den Gesellschaftsblättern zum dritten Male erfolgt ist.

(2) Meldet sich ein bekannter Gläubiger nicht, so ist der geschuldete Betrag, wenn die Berechtigung zur Hinterlegung vorhanden ist, für den Gläubiger zu hinterlegen. Ist die Berichtigung ei-

ner Verbindlichkeit zur Zeit nicht ausführbar oder ist eine Verbindlichkeit streitig, so darf die Verteilung des Vermögens nur erfolgen, wenn dem Gläubiger Sicherheit geleistet ist.

(3) Liquidatoren, welche diesen Vorschriften zuwiderhandeln, sind zum Ersatz der verteilten Beträge solidarisch verpflichtet. Auf den Ersatzanspruch finden die Bestimmungen in § 43 Abs. 3 und 4 entsprechende Anwendung.

§ 74 Schluss der Liquidation

(1) Ist die Liquidation beendet und die Schlußrechnung gelegt, so haben die Liquidatoren den Schluß der Liquidation zur Eintragung in das Handelsregister anzumelden. Die Gesellschaft ist zu löschen.

(2) Nach Beendigung der Liquidation sind die Bücher und Schriften der Gesellschaft für die Dauer von zehn Jahren einem der Gesellschafter oder einem Dritten in Verwahrung zu geben. Der Gesellschafter oder der Dritte wird in Ermangelung einer Bestimmung des Gesellschaftsvertrags oder eines Beschlusses der Gesellschafter durch das Gericht (§ 7 Abs. 1) bestimmt.

(3) Die Gesellschafter und deren Rechtsnachfolger sind zur Einsicht der Bücher und Schriften berechtigt. Gläubiger der Gesellschaft können von dem Gericht (§ 7 Abs. 1) zur Einsicht ermächtigt werden.

§ 75 Nichtigkeitsklage

(1) Enthält der Gesellschaftsvertrag keine Bestimmungen über die Höhe des Stammkapitals oder über den Gegenstand des Unternehmens oder sind die Bestimmungen des Gesellschaftsvertrags über den Gegenstand des Unternehmens nichtig, so kann jeder Gesellschafter, jeder Geschäftsführer und, wenn ein Aufsichtsrat bestellt ist, jedes Mitglied des Aufsichtsrats im Wege der Klage beantragen, daß die Gesellschaft für nichtig erklärt werde.

(2) Die Vorschriften der §§ 246 bis 248 des Aktiengesetzes finden entsprechende Anwendung.

§ 76 Heilung von Mängeln durch Gesellschafterbeschluss

Ein Mangel, der die Bestimmungen über den Gegenstand des Unternehmens betrifft, kann durch einstimmigen Beschluß der Gesellschafter geheilt werden.

§ 77 Wirkung der Nichtigkeit

(1) Ist die Nichtigkeit einer Gesellschaft in das Handelsregister eingetragen, so finden zum Zwecke der Abwicklung ihrer Verhältnisse die für den Fall der Auflösung geltenden Vorschriften entsprechende Anwendung.

(2) Die Wirksamkeit der im Namen der Gesellschaft mit Dritten vorgenommenen Rechtsgeschäfte wird durch die Nichtigkeit nicht berührt.

(3) Die Gesellschafter haben die versprochenen Einzahlungen zu leisten, soweit es zur Erfüllung der eingegangenen Verbindlichkeiten erforderlich ist.

Abschnitt 6
Ordnungs-, Straf- und Bußgeldvorschriften

§ 78 Anmeldepflichtige

Die in diesem Gesetz vorgesehenen Anmeldungen zum Handelsregister sind durch die Geschäftsführer oder die Liquidatoren, die in § 7 Abs. 1, § 57 Abs. 1, § 57i Abs. 1, § 58 Abs. 1 Nr. 3 vorgesehenen Anmeldungen sind durch sämtliche Geschäftsführer zu bewirken.

§ 79 Zwangsgelder

(1) Geschäftsführer oder Liquidatoren, die §§ 35a, 71 Abs. 5 nicht befolgen, sind hierzu vom Registergericht durch Festsetzung von Zwangsgeld anzuhalten; § 14 des Handelsgesetzbuchs bleibt unberührt. Das einzelne Zwangsgeld darf den Betrag von fünftausend Euro nicht übersteigen.

(2) In Ansehung der in §§ 7, 54, 57 Abs. 1, § 58 Abs. 1 Nr. 3 bezeichneten Anmeldungen zum Handelsregister findet, soweit es sich um die Anmeldung zum Handelsregister des Sitzes der Gesellschaft handelt, eine Festsetzung von Zwangsgeld nach § 14 des Handelsgesetzbuchs nicht statt.

§ 80 (weggefallen)

§ 81 (weggefallen)

§ 82 Falsche Angaben

(1) Mit Freiheitsstrafe bis zu drei Jahren oder mit Geldstrafe wird bestraft, wer

1. als Gesellschafter oder als Geschäftsführer zum Zweck der Eintragung der Gesellschaft über die Übernahme der Geschäftsanteile, die Leistung der Einlagen, die Verwendung eingezahlter Beträge, über Sondervorteile, Gründungsaufwand und Sacheinlagen,
2. als Gesellschafter im Sachgründungsbericht,
3. als Geschäftsführer zum Zweck der Eintragung einer Erhöhung des Stammkapitals über die Zeichnung oder Einbringung des neuen Kapitals oder über Sacheinlagen,
4. als Geschäftsführer in der in § 57i Abs. 1 Satz 2 vorgeschriebenen Erklärung oder
5. als Geschäftsführer einer Gesellschaft mit beschränkter Haftung oder als Geschäftsleiter einer ausländischen juristischen Person in der nach § 8 Abs. 3 Satz 1 oder § 39 Abs. 3 Satz 1 abzugebenden Versicherung oder als Liquidator in der nach § 67 Abs. 3 Satz 1 abzugebenden Versicherung falsche Angaben macht.

(2) Ebenso wird bestraft, wer

1. als Geschäftsführer zum Zweck der Herabsetzung des Stammkapitals über die Befriedigung oder Sicherstellung der Gläubiger eine unwahre Versicherung abgibt oder
2. als Geschäftsführer, Liquidator, Mitglied eines Aufsichtsrats oder ähnlichen Organs in einer öffentlichen Mitteilung die Vermögenslage der Gesellschaft unwahr darstellt oder verschleiert, wenn die Tat nicht in § 331 Nr. 1 oder Nr. 1a des Handelsgesetzbuchs mit Strafe bedroht ist.

§ 83 (weggefallen)

§ 84 Verletzung der Verlustanzeigepflicht

(1) Mit Freiheitsstrafe bis zu drei Jahren oder mit Geldstrafe wird bestraft, wer es als Geschäftsführer unterläßt, den Gesellschaftern einen Verlust in Höhe der Hälfte des Stammkapitals anzuzeigen.

(2) Handelt der Täter fahrlässig, so ist die Strafe Freiheitsstrafe bis zu einem Jahr oder Geldstrafe.

§ 85 Verletzung der Geheimhaltungspflicht

(1) Mit Freiheitsstrafe bis zu einem Jahr oder mit Geldstrafe wird bestraft, wer ein Geheimnis der Gesellschaft, namentlich ein Betriebs- oder Geschäftsgeheimnis, das ihm in seiner Eigenschaft als Geschäftsführer, Mitglied des Aufsichtsrats oder Liquidator bekanntgeworden ist, unbefugt offenbart.

(2) Handelt der Täter gegen Entgelt oder in der Absicht, sich oder einen anderen zu bereichern oder einen anderen zu schädigen, so ist die Strafe Freiheitsstrafe bis zu zwei Jahren oder Geldstrafe. Ebenso wird bestraft, wer ein Geheimnis der in Absatz 1 bezeichneten Art, namentlich ein Betriebs- oder Geschäftsgeheimnis, das ihm unter den Voraussetzungen des Absatzes 1 bekanntgeworden ist, unbefugt verwertet.

(3) Die Tat wird nur auf Antrag der Gesellschaft verfolgt. Hat ein Geschäftsführer oder ein Liquidator die Tat begangen, so sind der Aufsichtsrat und, wenn kein Aufsichtsrat vorhanden ist, von den Gesellschaftern bestellte besondere Vertreter antragsberechtigt. Hat ein Mitglied des Aufsichtsrats die Tat begangen, so sind die Geschäftsführer oder die Liquidatoren antragsberechtigt.

Anlage (zu § 2 Abs. 1a)

(Fundstelle: BGBl. I 2008, 2044–2045)

a) Musterprotokoll für die Gründung einer Einpersonengesellschaft

UR. Nr._____

Heute, den _____ ,

erschien vor mir, _____ ,

Notar/in mit dem Amtssitz in _____ ,

Herr/Frau[1]

_____

_____

_____

1. Der Erschienene errichtet hiermit nach § 2 Abs. 1a GmbHG eine Gesellschaft mit beschränkter Haftung unter der Firma _____ mit dem Sitz in

_____ .

2. Gegenstand des Unternehmens ist

_____ .

3. Das Stammkapital der Gesellschaft beträgt _____ € (i.W. _____ Euro) und wird vollständig von Herrn/Frau[1] _____ (Geschäftsanteil Nr. 1) übernommen. Die Einlage ist in Geld zu erbringen, und zwar sofort in voller Höhe/zu 50 % sofort, im Übrigen sobald die Gesellschafterversammlung ihre Einforderung beschließt[3].

4. Zum Geschäftsführer der Gesellschaft wird Herr/Frau[4] _____ , geboren am _____ , wohnhaft in _____ , bestellt. DerGeschäftsführer ist von den Beschränkungen des § 181 des Bürgerlichen Gesetzbuchs befreit.

5. Die Gesellschaft trägt die mit der Gründung verbundenen Kosten bis zu einem Gesamtbetrag von 300 €, höchstens jedoch bis zum Betrag ihres Stammkapitals. Darüber hinausgehende Kosten trägt der Gesellschafter.

6. Von dieser Urkunde erhält eine Ausfertigung der Gesellschafter, beglaubigte Ablichtungen die Gesellschaft und das Registergericht (in elektronischer Form) sowie eine einfache Abschrift das Finanzamt – Körperschaftsteuerstelle –.

7. Der Erschienene wurde vom Notar/von der Notarin insbesondere auf folgendes hingewiesen:

_____

Hinweise:
[1] Nicht Zutreffendes streichen. Bei juristischen Personen ist die Anrede Herr/Frau wegzulassen.
[2] Hier sind neben der Bezeichnung des Gesellschafters und den Angaben zur notariellen Identitätsfeststellung ggf. der Güterstand und die Zustimmung des Ehegatten sowie die Angaben zu einer etwaigen Vertretung zu vermerken.
[3] Nicht Zutreffendes streichen. Bei der Unternehmergesellschaft muss die zweite Alternative gestrichen werden.
[4] Nicht Zutreffendes streichen.

b) Musterprotokoll für die Gründung einer Mehrpersonengesellschaft mit bis zu drei Gesellschaftern

UR. Nr. _____

Heute, den _____, erschienen vor mir, _____ ,

Notar/in mit dem Amtssitz in _____ ,

Herr/Frau[1]

_____

_____

_____[2] ,

Herr/Frau[1]

_____

_____[2] ,

Herr/Frau[1]

_____

_____[2] .

1. Die Erschienenen errichten hiermit nach § 2 Abs. 1a GmbHG eine Gesellschaft mit beschränkter Haftung unter der Firma _____ mit dem Sitz

in _____ .

2. Gegenstand des Unternehmens ist _____ .

3. Das Stammkapital der Gesellschaft beträgt _____ € (i.W. _____ Euro)
und wird wie folgt übernommen:

Herr/Frau[1]) _____ übernimmt einen Geschäftsanteil mit einem Nennbetrag
in Höhe von _____ € (i.W. _____ Euro) (Geschäftsanteil Nr. 1),

Herr/Frau[1]) _____ übernimmt einen Geschäftsanteil mit einem Nennbetrag
in Höhe von _____ € (i.W. _____ Euro) (Geschäftsanteil Nr. 2),

Herr/Frau[1]) _____ übernimmt einen Geschäftsanteil mit einem Nennbetrag
in Höhe von _____ € (i.W. _____ Euro) (Geschäftsanteil Nr. 3).

Die Einlagen sind in Geld zu erbringen, und zwar sofort in voller Höhe/zu 50 % sofort, im Übrigen sobald die Gesellschafterversammlung ihre Einforderung beschließt[3].

4. Zum Geschäftsführer der Gesellschaft wird Herr/Frau[4] _____ ,
geboren am _____, wohnhaft in _____, bestellt. Der
Geschäftsführer ist von den Beschränkungen des § 181 des Bürgerlichen Gesetzbuchs befreit.

5. Die Gesellschaft trägt die mit der Gründung verbundenen Kosten bis zu einem Gesamtbetrag
von 300 €, höchstens jedoch bis zum Betrag ihres Stammkapitals.

Darüber hinausgehende Kosten tragen die Gesellschafter im Verhältnis der Nennbeträge ihrer
Geschäftsanteile.

6. Von dieser Urkunde erhält eine Ausfertigung jeder Gesellschafter, beglaubigte

Ablichtungen die Gesellschaft und das Registergericht (in elektronischer Form) sowie eine einfache Abschrift das Finanzamt – Körperschaftsteuerstelle –.

7. Die Erschienenen wurden vom Notar/von der Notarin insbesondere auf folgendes hingewiesen:

_____

Hinweise:
[1] Nicht Zutreffendes streichen. Bei juristischen Personen ist die Anrede Herr/Frau wegzulassen.
[2] Hier sind neben der Bezeichnung des Gesellschafters und den Angaben zur notariellen Identitätsfeststellung
    ggf. der Güterstand und die Zustimmung des Ehegatten sowie die Angaben zu einer etwaigen Vertretung zu
    vermerken.
[3] Nicht Zutreffendes streichen. Bei der Unternehmergesellschaft muss die zweite Alternative gestrichen wer-
    den.
[4] Nicht Zutreffendes streichen.

Einführungsgesetz zum Gesetz betreffend die Gesellschaften mit beschränkter Haftung (GmbHG-Einführungsgesetz – EGGmbHG)

„GmbHG-Einführungsgesetz vom 23. Oktober 2008 (BGBl. I S. 2026)"

§ 1 Umstellung auf Euro

(1) ¹Gesellschaften, die vor dem 1. Januar 1999 in das Handelsregister eingetragen worden sind, dürfen ihr auf Deutsche Mark lautendes Stammkapital beibehalten; Entsprechendes gilt für Gesellschaften, die vor dem 1. Januar 1999 zur Eintragung in das Handelsregister angemeldet und bis zum 31. Dezember 2001 eingetragen worden sind. ²Für Mindestbetrag und Teilbarkeit von Kapital, Einlagen und Geschäftsanteilen sowie für den Umfang des Stimmrechts bleiben bis zu einer Kapitaländerung nach Satz 4 die bis dahin gültigen Beträge weiter maßgeblich. ³Dies gilt auch, wenn die Gesellschaft ihr Kapital auf Euro umgestellt hat; das Verhältnis der mit den Geschäftsanteilen verbundenen Rechte zueinander wird durch Umrechnung zwischen Deutscher Mark und Euro nicht berührt. ⁴Eine Änderung des Stammkapitals darf nach dem 31. Dezember 2001 nur eingetragen werden, wenn das Kapital auf Euro umgestellt wird.

(2) ¹Bei Gesellschaften, die zwischen dem 1. Januar 1999 und dem 31. Dezember 2001 zum Handelsregister angemeldet und in das Register eingetragen worden sind, dürfen Stammkapital und Stammeinlagen auch auf Deutsche Mark lauten. ²Für Mindestbetrag und Teilbarkeit von Kapital, Einlagen und Geschäftsanteilen sowie für den Umfang des Stimmrechts gelten die zu dem vom Rat der Europäischen Union nach Artikel 123 Abs. 4 Satz 1 des Vertrages zur Gründung der Europäischen Gemeinschaft unwiderruflich festgelegten Umrechnungskurs in Deutsche Mark umzurechnenden Beträge des Gesetzes in der ab dem 1. Januar 1999 geltenden Fassung.

(3) ¹Die Umstellung des Stammkapitals und der Geschäftsanteile sowie weiterer satzungsmäßiger Betragsangaben auf Euro zu dem nach Artikel 123 Abs. 4 Satz 1 des Vertrages zur Gründung der Europäischen Gemeinschaft unwiderruflich festgelegten Umrechnungskurs erfolgt durch Beschluss der Gesellschafter mit einfacher Stimmenmehrheit nach § 47 des Gesetzes betreffend die Gesellschaften mit beschränkter Haftung; § 53 Abs. 2 Satz 1 des Gesetzes betreffend die Gesellschaften mit beschränkter Haftung ist nicht anzuwenden. ²Auf die Anmeldung und Eintragung der Umstellung in das Handelsregister ist § 54 Abs. 1 Satz 2 und Abs. 2 Satz 2 des Gesetzes betreffend die Gesellschaften mit beschränkter Haftung nicht anzuwenden. ³Werden mit der Umstellung weitere Maßnahmen verbunden, insbesondere das Kapital verändert, bleiben die hierfür geltenden Vorschriften unberührt; auf eine Herabsetzung des Stammkapitals, mit der die Nennbeträge der Geschäftsanteile auf einen Betrag nach Absatz 1 Satz 4 gestellt werden, ist jedoch § 58 Abs. 1 des Gesetzes betreffend die Gesellschaften mit beschränkter Haftung nicht anzuwenden, wenn zugleich eine Erhöhung des Stammkapitals gegen Bareinlagen beschlossen und diese in voller Höhe vor der Anmeldung zum Handelsregister geleistet werden.

§ 2 Übergangsvorschriften zum Transparenz- und Publizitätsgesetz

§ 42a Abs. 4 des Gesetzes betreffend die Gesellschaften mit beschränkter Haftung in der Fassung des Artikels 3 Abs. 3 des Transparenz- und Publizitätsgesetzes vom 19. Juli 2002 (BGBl. I S. 2681) ist erstmals auf den Konzernabschluss und den Konzernlagebericht für das nach dem 31. Dezember 2001 beginnende Geschäftsjahr anzuwenden.

§ 3 Übergangsvorschriften zum Gesetz zur Modernisierung des GmbH-Rechts und zur Bekämpfung von Missbräuchen

(1) [1]Die Pflicht, die inländische Geschäftsanschrift bei dem Gericht nach § 8 des Gesetzes betreffend die Gesellschaften mit beschränkter Haftung in der ab dem Inkrafttreten des Gesetzes vom 23. Oktober 2008 (BGBl. I S. 2026) am 1. November 2008 geltenden Fassung zur Eintragung in das Handelsregister anzumelden, gilt auch für Gesellschaften, die zu diesem Zeitpunkt bereits in das Handelsregister eingetragen sind, es sei denn, die inländische Geschäftsanschrift ist dem Gericht bereits nach § 24 Abs. 2 der Handelsregisterverordnung mitgeteilt worden und hat sich anschließend nicht geändert. [2]In diesen Fällen ist die inländische Geschäftsanschrift mit der ersten die eingetragene Gesellschaft betreffenden Anmeldung zum Handelsregister ab dem 1. November 2008, spätestens aber bis zum 31. Oktober 2009 anzumelden. [3]Wenn bis zum 31. Oktober 2009 keine inländische Geschäftsanschrift zur Eintragung in das Handelsregister angemeldet worden ist, trägt das Gericht von Amts wegen und ohne Überprüfung kostenfrei die ihm nach § 24 Abs. 2 der Handelsregisterverordnung bekannte inländische Anschrift als Geschäftsanschrift in das Handelsregister ein; in diesem Fall gilt die mitgeteilte Anschrift zudem unabhängig von dem Zeitpunkt ihrer tatsächlichen Eintragung ab dem 31. Oktober 2009 als eingetragene inländische Geschäftsanschrift der Gesellschaft, wenn sie im elektronischen Informations- und Kommunikationssystem nach § 9 Abs. 1 des Handelsgesetzbuchs abrufbar ist. [4]Ist dem Gericht keine Mitteilung im Sinne des § 24 Abs. 2 der Handelsregisterverordnung gemacht worden, ist ihm aber in sonstiger Weise eine inländische Geschäftsanschrift bekannt geworden, so gilt Satz 3 mit der Maßgabe, dass diese Anschrift einzutragen ist, wenn sie im elektronischen Informations- und Kommunikationssystem nach § 9 Abs. 1 des Handelsgesetzbuchs abrufbar ist. [5]Dasselbe gilt, wenn eine in sonstiger Weise bekannt gewordene inländische Anschrift von einer früher nach § 24 Abs. 2 der Handelsregisterverordnung mitgeteilten Anschrift abweicht. [6]Eintragungen nach den Sätzen 3 bis 5 werden abweichend von § 10 des Handelsgesetzbuchs nicht bekannt gemacht.

(2) [1]§ 6 Abs. 2 Satz 2 Nr. 3 Buchstabe a, c, d und e des Gesetzes betreffend die Gesellschaften mit beschränkter Haftung in der ab dem 1. November 2008 geltenden Fassung ist auf Personen, die vor dem 1. November 2008 zum Geschäftsführer bestellt worden sind, nicht anzuwenden, wenn die Verurteilung vor dem 1. November 2008 rechtskräftig geworden ist. [2]Entsprechendes gilt für § 6 Abs. 2 Satz 3 des Gesetzes betreffend die Gesellschaften mit beschränkter Haftung in der ab dem 1. November 2008 geltenden Fassung, soweit die Verurteilung wegen einer Tat erfolgte, die den Straftaten im Sinne des Satzes 1 vergleichbar ist.

(3) [1]Bei Gesellschaften, die vor dem 1. November 2008 gegründet worden sind, findet § 16 Abs. 3 des Gesetzes betreffend die Gesellschaften mit beschränkter Haftung in der ab dem 1. November 2008 geltenden Fassung für den Fall, dass die Unrichtigkeit in der Gesellschafterliste bereits vor dem 1. November 2008 vorhanden und dem Berechtigten zuzurechnen ist, hinsichtlich des betreffenden Geschäftsanteils frühestens auf Rechtsgeschäfte nach dem 1. Mai 2009 Anwendung. [2]Ist die Unrichtigkeit dem Berechtigten im Fall des Satzes 1 nicht zuzurechnen, so ist abweichend von dem 1. Mai 2009 der 1. November 2011 maßgebend.

(4) [1]§ 19 Abs. 4 und 5 des Gesetzes betreffend die Gesellschaften mit beschränkter Haftung in der ab dem 1. November 2008 geltenden Fassung gilt auch für Einlagenleistungen, die vor diesem Zeitpunkt bewirkt worden sind, soweit sie nach der vor dem 1. November 2008 geltenden

Rechtslage wegen der Vereinbarung einer Einlagenrückgewähr oder wegen einer verdeckten Sacheinlage keine Erfüllung der Einlagenverpflichtung bewirkt haben. [2]Dies gilt nicht, soweit über die aus der Unwirksamkeit folgenden Ansprüche zwischen der Gesellschaft und dem Gesellschafter bereits vor dem 1. November 2008 ein rechtskräftiges Urteil ergangen oder eine wirksame Vereinbarung zwischen der Gesellschaft und dem Gesellschafter getroffen worden ist; in diesem Fall beurteilt sich die Rechtslage nach den bis zum 1. November 2008 geltenden Vorschriften.

Der GmbH-Geschäftsführer

Inhaltsübersicht

Der GmbH-Geschäftsführer

Rechte und Pflichten

Dr. Csaba Láng

Die GmbH hat zwei notwendige Organe: Die Gesellschafterversammlung und den Geschäftsführer. Der Geschäftsführer ist Handlungs- und Vertretungsorgan der Gesellschaft, die als juristische Person nur durch ihn am Rechtsverkehr teilnehmen kann. Das Gesetz schreibt in § 6 Abs. 1 GmbHG zwingend vor, dass die Gesellschaft einen oder mehrere Geschäftsführer haben muss. Sie muss einen Geschäftsführer auch schon vor ihrer Eintragung ins Handelsregister haben, da dieser für die Anmeldung der Gesellschaft zum Handelsregister zuständig ist (§§ 7, 8, 78 GmbHG). Der wirtschaftliche Erfolg der Gesellschaft hängt weitgehend von der Kompetenz und Dynamik der Geschäftsführung ab, die gesetzlich mit einer Fülle von Befugnissen ausgestattet ist. Mit diesen korrespondiert eine ausgeprägte zivil- und strafrechtliche Verantwortung.

I. Bestellung des GmbH-Geschäftsführers

Eignungsvoraussetzungen

Geschäftsführer einer GmbH kann nur eine natürliche, unbeschränkt geschäftsfähige Person sein (§ 6 Abs. 2 Satz 1 GmbHG). Juristische Personen sind durch den eindeutigen Gesetzeswortlaut von der Geschäftsführung ausgeschlossen. Gleiches gilt für nur beschränkt geschäftsfähige Personen. Auch Betreute, die bei Besorgung ihrer Vermögensangelegenheiten einem Einwilligungsvorbehalt unterliegen, können nicht Geschäftsführer sein (§ 6 Abs. 2 Nr. 1 GmbHG).

Im GmbH-Recht gilt – anders als bei Personengesellschaften – das Prinzip der Drittorganschaft, d.h. es ist unerheblich, ob der Geschäftsführer zugleich Gesellschafter ist oder nicht.

Auch ein Ausländer kann ohne Einschränkungen zum Geschäftsführer bestellt werden. Nach überwiegender Ansicht werden an die Staatsangehörigkeit, den Wohnsitz und den gewöhnlichen Aufenthalt des Geschäftsführers keine besonderen Anforderungen gestellt. Ausländerrechtliche bzw. ausländerpolizeiliche Aufgaben fallen nicht in den Zuständigkeitsbereich des Registergerichts. Das Registergericht ist nicht zur Anforderung eines sog. „Negativ-Attests" seitens der Ausländerbehörde berechtigt (LG Hildesheim GmbHR 1995, 655 mwN; LG Köln GmbHR 1995, 656).

Ausländer können auch dann zum Geschäftsführer einer GmbH bestellt werden, wenn sie im Ausland wohnen. Dies gilt jedenfalls, solange sichergestellt ist, dass sie von dort aus ihrer gesetzlichen Verpflichtung gerecht werden. Das ist im Hinblick auf die vielfältigen Möglichkeiten schneller weltweiter Kommunikation heutzutage grundsätzlich der Fall (Scholz, GmbHG, § 6 Rz 17, 18; LG Hildesheim GmbHR 1995, 656 mwN). Jedoch kann ein Ausländer, dem wegen bestehender Visumpflicht und einer restriktiven Erteilungspraxis die Möglichkeit fehlt, jederzeit ins Inland einzureisen, nicht zum alleinigen Geschäftsführer einer GmbH bestellt werden

(OLG Köln, GmbHR 1999, 182, 343; anders OLG Dresden GmbHR 2003, 537, wonach ein Ausländer, der sich nur drei Monate im Jahr im Inland aufhalten darf, zum Geschäftsführer bestellt werden kann).

Wer wegen einer oder mehreren vorsätzlich begangenen qualifizierten Straftaten verurteilt worden ist, kann auf die Dauer von fünf Jahren seit der Rechtskraft des Urteils nicht wirksam zum Geschäftsführer bestellt werden (§ 6 Abs. 2 Satz 2 Nr. 3 GmbHG). Das neue GmbHG hat den Katalog der Straftaten erweitert. Während nach dem alten GmbH-Recht nur die Insolvenzstraftaten (§§ 283–283e StGB) Erwähnung fanden, kann darüber hinaus künftig Geschäftsführer nicht sein, wer wegen

- Insolvenzverschleppung (§ 15a InsO),
- falschen Angaben nach § 82 GmbHG oder § 399 AktG
- unrichtiger Darstellung nach § 400 AktG, § 331 HGB, § 313 UmwG oder § 17 PublG oder
- §§ 263 bis 264a bzw 265b bis 266a StGB zu mehr als einem Jahr Freiheitsstrafe
- verurteilt worden ist. Das gilt auch bei einer Verurteilung im Ausland auf Grund vergleichbarer Tatbestände.

Personen, denen durch gerichtliches Urteil oder durch vollziehbare Entscheidung einer Verwaltungsbehörde die Ausübung eines Berufs, Berufszweiges, Gewerbes oder Gewerbezweiges untersagt worden ist, können für die Zeit, für welche das Verbot wirksam ist, nicht bei einer Gesellschaft Geschäftsführer sein, deren Unternehmensgegenstand ganz oder teilweise mit dem Gegenstand des Verbots übereinstimmt (§ 6 Abs. 2 Satz 2 Nr. 2 GmbHG). Zu beachten ist hierbei, dass eine vollziehbare Anordnung einer Verwaltungsbehörde genügt; sie muss nicht unanfechtbar sein.

Ein Gewerbeverbot führt auch dann zur Amtsunfähigkeit, wenn es sich nicht ausdrücklich auf die Tätigkeit als Vertretungsberechtigter erstreckt (OLG Frankfurt GmbHR 1994, 802).

Ein Mitglied des fakultativen Aufsichtsrats kann nicht zugleich Geschäftsführer sein (§ 52 GmbHG iVm § 105 Abs. 1 AktG). Im Gesellschaftsvertrag kann von dieser Vorschrift nicht wirksam abgewichen werden, da niemand sich selbst kontrollieren kann (Scholz, GmbHG, § 52 Rz 160).

Praxishinweis! Der Gesellschaftsvertrag kann zusätzliche Eignungsvoraussetzungen vorsehen. So kann z. B. festgelegt werden, dass nur solche Personen zu Geschäftsführern ernannt werden dürfen, die Gesellschafter oder Mitglieder einer bestimmten Familie sind oder die ein bestimmtes Alter oder eine bestimmte Qualifikation haben.

Die Bestellung

Die Bestellung ist ein gesellschaftsrechtlicher Organisationsakt, durch den der Geschäftsführer die Stellung als Organ der Gesellschaft erlangt.

Die Bestellung ist von dem ihr zu Grunde liegenden Anstellungsverhältnis zu unterscheiden. Das Anstellungsverhältnis ist die schuldrechtliche Begründung eines Dienstverhältnisses zwischen der Gesellschaft und dem Geschäftsführer. Beide

Rechtsverhältnisse folgen verschiedenen Regeln und können deshalb ein durchaus verschiedenes Schicksal haben („ Trennungstheorie", BGH WM 1992, 691).

Praxishinweis! An gesellschaftsvertragliche Regelungen über die Bestellung und Abberufung des Geschäftsführers sollten grundsätzlich die Regelungen im Anstellungsvertrag angepasst werden, um eine einheitliche Abwicklung zu gewährleisten.

Die Bestellung kann zeitlich unbegrenzt oder begrenzt erfolgen. Sie kann sogar unter einer auflösenden Bedingung stehen, z. B. dass der Geschäftsführer der GmbH ab einem bestimmten Zeitpunkt seine volle Arbeitskraft zur Verfügung stellen muss, ansonsten endet sein Amt (OLG Stuttgart GmbHR 2004,417 ff; BGH GmbHR 2006, 46; Schumacher GmbHR 2006, 924).

Zuständigkeit

Die Bestellung fällt in die alleinige Zuständigkeit der Gesellschafter (§ 46 Nr. 5 GmbHG). Für die Beschlussfassung genügt die einfache Mehrheit der abgegebenen Stimmen; der Gesellschaftsvertrag kann qualifizierte Mehrheiten oder auch Einstimmigkeit vorschreiben.

Sollen Gesellschafter zu Geschäftsführern bestellt werden, dürfen sie hierüber mit abstimmen. Das Stimmverbot des § 47 Abs. 4 GmbHG findet auf den Beschluss über die Bestellung zum Geschäftsführer keine Anwendung (BGH GmbHR 1990, 452). Die gegenteilige Ansicht führt zu dem absurden Ergebnis, dass ein Mehrheits-Gesellschafter bei der Frage, ob er selbst das Unternehmen führen soll, nicht mitbestimmen dürfte.

Allerdings findet das so genannte Selbstkontrahierungsverbot (§ 181 BGB) Anwendung, wenn sich ein Gesellschafter, der von anderen Gesellschaftern zu ihrer Vertretung in Gesellschafterversammlungen bevollmächtigt ist, mit den Stimmen seiner Vollmachtgeber zum Geschäftsführer der Gesellschaft bestellt. In diesen Fällen ist die Bestellung unwirksam, es sei denn, der Geschäftsführer wurde zuvor durch Gesellschafterbeschluss vom Verbot des Selbstkontrahierens befreit (BGH GmbHR 1991, 60).

Die Bestellung zum Geschäftsführer kann auch im Gesellschaftsvertrag erfolgen (§ 6 Abs. 3 GmbHG).

Praxishinweis! Grundsätzlich sollte die Bestellung des Geschäftsführers nicht im Gesellschaftsvertrag erfolgen, denn dann ist für jede Änderung in der Geschäftsführung auch eine Änderung des Gesellschaftsvertrages erforderlich. Hierzu bedarf es der notariellen Beurkundung und eines qualifizierten Mehrheitsbeschlusses von 3/4 der abgegebenen Stimmen (§ 53 Abs. 2 S. 1 GmbhG).

Ein Sonderfall ist die mitbestimmte GmbH, bei der der Geschäftsführer zwingend von dem paritätisch besetzten Aufsichtsrat bestellt und abberufen wird (§ 31 MitbestG). Dieser Aufsichtsrat ist bei der mitbestimmten GmbH obligatorisch. Da nach § 31 MitbestG zwingend ein Arbeitsdirektor zu bestellen ist, dem die Stellung eines Geschäftsführers zukommt, sind hier mindestens zwei Geschäftsführer erforderlich (BGHZ 89, 48).

§ 6 Abs. 5 GmbHG begründet einen neuen Haftungstatbestand. Danach haften diejenigen Gesellschafter, die vorsätzlich oder grob fahrlässig eine Person zum Geschäftsführer bestellen, die die Eignungsvoraussetzungen nicht erfüllt, gesamtschuldnerisch für sämtliche Obliegenheitsverletzungen des Geschäftsführers.

Anmeldung zum Handelsregister

Die Bestellung von Geschäftsführern und jede Änderung in der Person der Geschäftsführer ist zur Eintragung in das Handelsregister anzumelden. Der Anmeldung sind die Urkunden über die Bestellung der Geschäftsführer beizufügen.

Die neuen Geschäftsführer haben in der Anmeldung zu versichern, dass keine Umstände vorliegen, die ihrer Bestellung nach § 6 Abs. 2 Satz 2 Nr. 2 und 3 sowie Satz 3 GmbHG entgegenstehen. Die Versicherung, dass ein Berufsverbot nicht vorliegt, muss allgemein gefasst sein; zur ordnungsgemäßen Anmeldung reicht die Versicherung des Geschäftsführers, ihm sei die Tätigkeit „auf dem Gebiet der Gesellschaft" nicht durch Gericht oder Verwaltungsbehörde untersagt, nicht aus (OLG Düsseldorf GmbHR 1997, 71).

Die Anmeldung einer beabsichtigten künftigen Bestellung zum Geschäftsführer ist nicht eintragungsfähig (OLG Düsseldorf GmbHR 2000, 232).

Die Anmeldung ist vom Registergericht in das Handelsregister einzutragen. Nach Prüfung der Anmeldung trägt das Registergericht die GmbH in das elektronische Handelsregister ein. Die Eintragung ist zugleich die elektronische Bekanntmachung. Die Daten sind dann für jedermann über das Internet einsehbar (z. B. www.unternehmensregister.de).

Die Eintragung ist nicht konstitutiv, sondern lediglich deklaratorisch, d.h., die Geschäftsführerbestellung erfolgt mit einem rechtswirksamen Gesellschafterbeschluss und ist von der Anmeldung und Eintragung rechtlich unanhängig. Eine Ausnahme gilt nur dann, wenn mit ihr zugleich eine Änderung des Gesellschaftsvertrages verbunden ist (§ 54 Abs. 3 GmbHG; Scholz, GmbHG, § 39 Rz 22 ff).

Der „stellvertretende Geschäftsführer" einer GmbH ist uneingeschränkt als „Geschäftsführer" in das Handelsregister einzutragen, auch dann, wenn die Eintragung des Stellvertretungszusatzes ausdrücklich beantragt ist. Ein Stellvertreterzusatz, der letztlich nichts über die tatsächlichen Vertretungsbefugnisse aussagt, sondern allenfalls Missverständnisse hervorrufen kann, ist nicht eintragungsfähig, (BGH MDR 1998, 295).

Die Befreiung des Geschäftsführers der Komplementär-GmbH einer GmbH & Co KG vom Verbot des Selbstkontrahierens kann im Handelsregister der KG eingetragen werden. Die Eintragung setzt eine Anmeldung voraus, aus der ohne Einsicht in andere Urkunden eindeutig ersichtlich ist, welcher Geschäftsführer vom Verbot des Selbstkontrahierens befreit ist (BayObLG GmbHR 2000, 91).

Der Geschäftsführer ist gegen die Ablehnung seiner Eintragung beschwerdebefugt (BayObLG GmbHR 2000, 87).

Notgeschäftsführer

Sind die zur Vertretung der Gesellschaft erforderlichen Geschäftsführer, z. B. durch Tod, Widerruf der Bestellung, Krankheit oder sonstige Abwesenheit verhindert, so ist die GmbH nicht ordnungsgemäß vertreten und kann folglich nicht rechtswirksam handeln.

Wird dieser Mangel nicht alsbald durch die Gesellschafter behoben, so hat gem. § 29 BGB (analog) das Amtsgericht, in dessen Bezirk die GmbH ihren Sitz hat, in dringenden Fällen auf Antrag, einen so genannten „Notgeschäftsführer" zu bestellen. Ein dringender Fall ist gegeben, wenn ohne die Bestellung eines Notgeschäftsführers der Gesellschaft oder einem Beteiligten ein Schaden entstehen würde oder eine alsbald erforderliche Handlung nicht vorgenommen werden könnte (Gustavus, GmbHR 1992, 15).

Antragsberechtigt sind außer den Gesellschaftern alle, die ein eigenes Interesse an der Bestellung haben, insbesondere Gläubiger der GmbH, aber auch Behörden sowie die IHK.

Der gerichtlich bestellte Notgeschäftsführer hat alle Zuständigkeiten, Befugnisse und Pflichten wie ein durch die Gesellschafterversammlung bestellter Geschäftsführer. Art und Umfang der Geschäftsführungsbefugnis richten sich nach dem Gesellschaftsvertrag.

Die Bestellung eines Notgeschäftsführers kann auch auf eine bestimmte Aufgabe bzw. einen bestimmten Wirkungskreis beschränkt werden (LG Frankenthal GmbHR 2003, 586).

Solange die Gesellschaft keinen Geschäftsführer hat (Führungslosigkeit), sieht der neu in das Gesetz aufgenommene § 35 Abs. 1 Satz 2 GmbHG vor, dass die Gesellschaft für den Fall, dass ihr gegenüber Willenserklärungen abgegeben oder Schriftstücke zugestellt werden, durch die Gesellschafter vertreten wird.

II. Aufgaben des Geschäftsführers

Gesetzliche Ausgangslage

Die Geschäftsführung im weiteren Sinne umfasst die Festlegung der Grundsätze der Unternehmenspolitik, die Leitung des Unternehmens durch Maßnahmen des laufenden Geschäftsbetriebs oder durch ungewöhnliche Maßnahmen und schließlich die allgemeine Verwaltung der Gesellschaft. Hierbei stellt sich die Frage der Verteilung der Kompetenzen im Innenverhältnis der Gesellschaft auf die einzelnen Gesellschaftsorgane.

Bestimmte gewichtige Angelegenheiten der Geschäftsführung im weiteren Sinne sind den Gesellschaftern in § 46 GmbHG vorbehalten, z. B. Feststellung des Jahresabschlusses und die Verwendung des Ergebnisses (§ 46 Nr. 1 GmbHG), Bestellung und Abberufung der Geschäftsführer sowie ihre Entlastung (§ 46 Nr. 5 GmbHG) und Maßregeln zur Prüfung und Überwachung der Geschäftsführung (§ 46 Nr. 6 GmbHG). Aus dieser Finanz-, Personal- und Überwachungskompetenz der Gesellschafter folgt, dass den Gesellschaftern allgemein die Bestimmung der Unternehmenspolitik und die Leitung des Unternehmens durch ungewöhnliche Maßnahmen vorbehalten ist und die Geschäftsführer sich hier nicht nur an die getroffenen Vorgaben zu halten haben, sondern (grundsätzlich) keine eigenverantwortlichen Entschlüsse fassen dürfen (Scholz, GmbHG, § 37 Rz 4 ff mwN).

Den Geschäftsführern obliegt die laufende Geschäftsführung und Verwaltung. Diese Geschäftsführungsbefugnis umfasst alle zur Verfolgung des Gesellschaftszwecks erforderlichen gewöhnlichen Maßnahmen. Hierzu gehören sämtliche tatsächlichen und rechtlichen Handlungen, die der gewöhnliche Betrieb des Handelsgewerbes der Gesellschaft mit sich bringt und alle organisatorischen Maßnahmen, die zur gewöhnlichen Verwaltung der Gesellschaft gehören. Dazu gehören nicht ungewöhnliche Maßnahmen, die außerhalb des in der Satzung festgelegten Unternehmensgegenstandes liegen, insbesondere solche, die quasi satzungsändernden Charakter haben (Scholz, GmbHG, § 37 Rz 12 ff; GmbHR 1989, R 20; a.A. Zitzmann, Die Vorlagepflichten des GmbH-Geschäftsführers).

Beschränkung der Geschäftsführungsbefugnis

Eine Beschränkung der Befugnisse des Geschäftsführers kraft Gesellschaftsvertrag und die Übertragung auf andere Organe ist in eingeschränktem Umfang zulässig. Auch ist es möglich, im Gesellschaftsvertrag die Vornahme einzelner Geschäfte von der Zustimmung eines anderen Organs abhängig zu machen (vgl. § 52 GmbHG iVm § 111 Abs. 4 Satz 2 AktG). Der Geschäftsführer kann ferner durch seinen Geschäftsführer-Dienstvertrag verpflichtet werden, vor der Ausführung bestimmter Geschäfte die Zustimmung eines anderen Gesellschaftsorgans (Gesellschafterversammlung, Aufsichtsrat, Beirat) einzuholen. Schließlich ist die Gesellschafterversammlung grundsätzlich befugt, dem Geschäftsführer Weisungen zu erteilen (§ 37 Abs. 1 GmbHG).

Praxishinweis! Üblich und zulässig ist die vollständige oder teilweise Aufnahme folgenden Katalogs von zustimmungsbedürftigen Geschäften im Gesellschaftsvertrag oder in den Anstellungsvertrag des Geschäftsführers oder in einer Geschäftsordnung:
– Sitzverlegung und Veräußerung des Unternehmens im ganzen oder von Teilen desselben;
– Errichtung und Aufgabe von Zweigniederlassungen;
– Gründung, Erwerb und Veräußerung anderer Unternehmen oder Beteiligung an solchen;
– Aufnahme und Aufgabe eines Geschäftszweiges;
– Erwerb, Veräußerung, Belastung von Grundstücken und grundstücksgleichen Rechten sowie die damit zusammenhängenden Verpflichtungsgeschäfte;
– Investitions- und Betriebsunterhaltungsmaßnahmen, die im Einzelfall den Betrag von <BETRAG> EUR übersteigen, sowie Leasing von Gegenständen, deren Wert im Einzelfall den Betrag von <BETRAG> EUR übersteigt;
– Abschluss von Pacht- oder Mietverträgen;
– Einstellung von Arbeitnehmern ab einem monatlichen Bruttoeinkommen von <BETRAG> EUR;
– Massenentlassungen gem. § 17 KSchG;

- Übernahme von Bürgschaften und Eingehung von Wechselverbindlichkeiten sowie die Inanspruchnahme von Krediten; ausgenommen hiervon sind die üblichen Kunden- und Lieferantenkredite;
- Gewährung von Sicherheiten aller Art (z. B. Verpfändung, Sicherungsübereignung, Gewährleistungen) und die Bewilligung von Krediten außerhalb des üblichen Geschäftsverkehrs sowie die Übernahme fremder Verbindlichkeiten;
- Abschluss, Änderung und Kündigung von Lizenz- und Kooperationsverträgen;
- Einleitung von Rechtsstreitigkeiten;
- Abschluss, Aufhebung oder Änderung von Verträgen mit Verwandten oder Verschwägerten (i.S.v. § 15 AO) eines Gesellschafters oder Geschäftsführers;
- Erteilung und Widerruf von Prokura oder Handlungsvollmacht;
- Pensionszusagen, soweit sie nicht auf einer durch Gesellschafterbeschluss genehmigten Pensionsordnung beruhen;
- Gewährung von gewinnabhängigen Vergütungen an Arbeitnehmer;
- alle Entscheidungen von grundsätzlicher Bedeutung für das Unternehmen der Gesellschaft.

Zu Beweiszwecken ist es empfehlenswert, ein zustimmungsbedürftiges Geschäft intern vom Vorliegen einer schriftlichen Zustimmungserklärung des zuständigen Gesellschaftsorgans abhängig zu machen.

Wie weit die Beschränkung der Geschäftsführungskompetenzen durch Gesellschaftsvertrag/Weisungen und Geschäftsführer-Dienstvertrag erfolgen kann, d.h. noch zulässig ist, ist umstritten. Überwiegend wird vertreten, dass dem Geschäftsführer folgende Aufgaben nicht entzogen werden dürfen:
- Vertretung der Gesellschaft nach außen;
- Durchführungsmaßnahmen im Betrieb (z. B. in Bezug auf die Arbeitnehmer);
- Kompetenzen, die zur Wahrnehmung seiner gesetzlichen Pflichten notwendig sind (siehe § 43 Abs. 3 iVm §§ 30, 31, 33, 49 Abs. 3 GmbHG);
- Kompetenzen zur Erfüllung der ihm gegenüber der Öffentlichkeit obliegenden Pflichten (§§ 40 ff GmbHG, z. B. Buchführung, Erstellung des Jahresabschlusses und ähnliches, vgl. hierzu: Kompetenzübertragung auf einen Beirat bei der GmbH in GmbHR 1989, R 20 ff).

Die Geschäftsführer sind der Gesellschaft gegenüber verpflichtet, die Beschränkungen einzuhalten, welche für den Umfang ihrer Befugnis, die Gesellschaft zu vertreten, durch den Gesellschaftsvertrag oder durch die Beschlüsse der Gesellschafter festgesetzt sind (§ 37 Abs. 1 GmbHG). Gegen dritte Personen hat jedoch eine Beschränkung der Befugnis der Geschäftsführer keine rechtliche Wirkung (§ 37 Abs. 2 GmbHG).

Praxishinweis! Grundsätzlich empfiehlt es sich, den Katalog der zustimmungsbedürftigen Geschäfte nicht im Gesellschaftsvertrag der GmbH, sondern im Anstellungsvertrag des Geschäftsführers oder in einer Geschäftsordnung zu regeln. Dies hat den Vorteil, dass Änderungen ohne Änderung des Gesellschaftsvertrages und der damit erforderlichen 3/4 Mehrheit der abgegebenen Stimmen möglich sind.

Eine Beschränkung der Geschäftsführungsbefugnis kann auch dadurch erfolgen, dass bei mehreren Geschäftsführern die Geschäftsführerkompetenzen und -pflichten in einer Geschäftsordnung auf die einzelnen Geschäftsführer aufgeteilt werden. Das bedeutet einerseits, dass nur der nach der Geschäftsordnung zuständige Geschäftsführer der GmbH gegenüber zur Erfüllung der ihm zugewiesenen Aufgaben verpflichtet ist. Die übrigen Geschäftführer haben aber das nicht beschränkbare Recht auf Information über alle Angelegenheiten der GmbH und zwar auch über diejenigen, die allein das Ressort eines Mitgeschäftsführers betreffen (OLG Koblenz DB 2008,571; vgl. auch ⇨ ✎ 434 f).

Weisungsrecht Dritter

Diskutiert wird auch die Frage, inwieweit Dritten Weisungsrechte gegenüber der Geschäftsführung eingeräumt werden dürfen.

Die Aufnahme einer solchen Bestimmung in die Satzung stellt eine bedrohliche Aushöhlung der Kompetenzen der Gesellschafter dar, weil dann ihre Zuständigkeit in den auf Dritte übertragenen Angelegenheiten wegfiele. Deshalb können eigene Kompetenzen Dritter durch die Satzung nicht begründet werden. Dritte können nur zu Organmitgliedern bestellt werden (Aufsichtsrat, Beirat). Jedoch können ihnen Organkompetenzen nicht übertragen werden (Scholz, GmbHG, § 45 Rz 15).

Kompetenzabgrenzung zum Aufsichts- und Beirat

Die Aufgabe des Aufsichtsrates ist die Überwachung der Geschäftsführertätigkeit, nicht jedoch die Überwachung der Entscheidungen der Gesellschafterversammlung. Lediglich die Ausführung der getroffenen Entscheidungen der Gesellschafterversammlung unterliegt der Überwachungskompetenz des Aufsichtsrates (Scholz, GmbHG, § 52 Rz 59, 60).

Typisch für den Beirat einer GmbH sind beratende, gelegentlich auch beaufsichtigende Kompetenzen. Es ist jedoch auch in Grenzen zulässig, ihm die Kompetenzen der Gesellschafterversammlung durch Satzung zu übertragen, vorausgesetzt, deren Kernkompetenzen (insbesondere alle satzungsändernden Beschlussgegenstände, aber auch Individualrechte der Gesellschafter, wie beispielsweise Auskunfts- und Anfechtungsrechte) bleiben unangetastet (Rohleder, Die Übertragbarkeit von Kompetenzen auf GmbH-Beiräte, 1991). In diesem Fall nimmt der Beirat die Rechte der Gesellschafter wahr, was insbesondere für sein Verhältnis zum Geschäftsführer und Aufsichtsrat von entscheidender Bedeutung ist; er ist beiden übergeordnet. Seine Beschlüsse können dann wie Gesellschafterbeschlüsse mit Nichtigkeits- oder Anfechtungsklage angegriffen werden.

Praxishinweis! Ein solcher übergeordneter Beirat kann sich bei der Unternehmensnachfolge in Familiengesellschaften empfehlen, wenn und solange nämlich die Kompetenz der Erben nicht gewährleistet erscheint oder aber um von vornherein Streitigkeiten unter den Erben zu vermeiden.

Beiräte können alle natürlichen, unbeschränkt geschäftsfähigen Personen sein. Häufig sind es in betriebswirtschaftlichen, gesellschaftsrechtlichen und steuerlichen

Fragen qualifizierte Angehörige der insbesondere rechts- oder steuerberatenden Berufe. Es können aber auch Familienangehörige der Gesellschafter sein oder die Gesellschafter selbst.

Einzel-/Gesamtgeschäftsführung

Hat die Gesellschaft nur einen Geschäftsführer, so vertritt dieser die Gesellschaft einzeln. Hat die Gesellschaft mehrere Geschäftsführer, so gilt im Außenverhältnis als gesetzliche Regel die Gesamtvertretung (§ 35 Abs. 1 GmbHG).

Für das Innenverhältnis, also die Geschäftsführungsbefugnis, fehlt eine entsprechende Vorschrift. Es ist spiegelbildlich davon auszugehen, dass mehrere Geschäftsführer auch im Innenverhältnis nur gemeinschaftlich zu handeln befugt sind, so genannte „Gesamtgeschäftsführung" (analog § 77 Abs. 1 Satz 1 AktG; Scholz, GmbHG, § 37 Rz 21 mwN).

Bei der Gesamtgeschäftsführung gilt der Grundsatz der Einstimmigkeit. Stimmenthaltungen gelten als Neinstimmen. Der Gesellschaftsvertrag oder die Gesellschafter oder die Geschäftsführer können in einer Geschäftsordnung eine interne Geschäftsverteilung vornehmen. Dies hat zur Folge, dass jeder Geschäftsführer seinen Geschäftsbereich unabhängig von den anderen Geschäftsführern leitet und für die ihm übertragenen Aufgaben verantwortlich ist. Jeden Geschäftsführer trifft jedoch grundsätzlich in dem Bereich, für den er nicht zuständig ist, eine Aufsichtspflicht (Scholz, GmbHG, § 43 Rz 34 ff mwN).

Möglich ist aber auch, dass der Gesellschaftsvertrag die Einzelgeschäftsführung vorsieht oder der Gesellschafterversammlung die Kompetenz einräumt, die Einzelgeschäftsführung zu beschließen.

Sind bei einer GmbH kraft Gesellschaftsvertrag einzelne von mehreren Geschäftsführern allein zur Vertretung der Gesellschaft befugt, so darf der Registerrichter für die Eintragung dieser Form der Vertretung in das Handelsregister – unabhängig vom Wortlaut der Anmeldung – die Begriffe: „Alleinvertretungsbefugnis" und „Einzelvertretungsbefugnis" wegen ihres in diesem Zusammenhang übereinstimmenden Bedeutungsgehalts synonym verwenden (BGH DB 2007, 1244).

Der Gesellschaftsvertrag kann auch die Geschäftsführung zusammen mit einem Prokuristen vorsehen (so genannte unechte Gesamtgeschäftsführung).

Treuepflicht

Der Geschäftsführer ist der Gesellschaft zur Treue verpflichtet. Diese Verpflichtung ist zwar nicht ausdrücklich gesetzlich geregelt, ergibt sich jedoch aus der Rechtsnatur als Geschäftsführungsorgan der Gesellschaft, das für eine möglichst optimale Verwirklichung des Gesellschaftszwecks zu sorgen hat. Es handelt sich um eine unbestimmte Verhaltenspflicht, die dem Geschäftsführer von Fall zu Fall unterschiedliche Pflichten oder Beschränkungen auferlegt.

Es gilt das Verbot der Ausnutzung der Organstellung zum Nachteil der Gesellschaft. Hierunter fällt die unberechtigte persönliche Bereicherung oder die Bereicherung Dritter aus Gesellschaftsmitteln (also etwa der Griff in die Kasse, die Gewährung von Darlehen unter Marktzins oder der Einsatz von Mitarbeitern der Gesellschaft zu eigenen oder fremden Zwecken).

Zahlungen, die der Geschäftsführer im Rahmen seiner Leitungstätigkeit von Dritten erhält, muss er an die Gesellschaft weiterleiten.

Es ist ihm verboten, sich beim Abschluss von Rechtsgeschäften zwischen der Gesellschaft und einem Dritten Provisionen versprechen zu lassen, Schmiergelder entgegenzunehmen oder andere Vorteile, wie etwa Vorzugspreise, für sich auszuhandeln (Scholz, GmbHG, § 43 Rz 141 ff, 148).

Einen weiteren Hauptanwendungsfall stellt das Wettbewerbsverbot dar. Dabei ist zu unterscheiden zwischen einem Wettbewerbsverbot während der Amtszeit als Geschäftsführer und der Zeit danach.

Grundsätzlich ist davon auszugehen, dass jeder Geschäftsführer während seiner Amtszeit einem Wettbewerbsverbot unterliegt. Eine entsprechende gesetzliche Regelung fehlt für den GmbH-Geschäftsführer zwar, doch gebietet die Pflicht zu loyalem Verhalten gegenüber der Gesellschaft, Wettbewerbshandlungen zu unterlassen. Lediglich dann, wenn ein Geschäftsführer gleich einem Kommanditisten keinen Einfluss auf das Tagesgeschäft hat und nur über beschränkte Informationen der Geschäftsführung verfügt, ist er analog § 166 HGB von einem Wettbewerbsverbot befreit (Scholz, GmbHG, § 43 Rz 126 mwN).

Praxishinweis! Zur Vermeidung von Zweifelsfällen empfiehlt es sich, im Gesellschaftsvertrag oder im Anstellungsvertrag ein gewünschtes Wettbewerbsverbot sachlich und örtlich zu regeln.

Das Wettbewerbsverbot verbietet jede Teilnahme am geschäftlichen Verkehr in eigenem oder in fremdem Namen, für eigene oder für fremde Rechnung im Geschäftsbereich der GmbH. Der Geschäftsbereich der Gesellschaft wird zunächst durch den Gesellschaftsvertrag festgelegt. Das Wettbewerbsverbot gilt daher auch für solche Bereiche, die zwar gesellschaftsvertraglicher Gegenstand der GmbH sind, aber derzeit noch nicht betrieben werden (so genannter „Kulisseneffekt"). Es gilt ferner für alle Geschäftsbereiche, in denen die GmbH tätig ist, ohne dass dies im Gesellschaftsvertrag vorgesehen wäre. Das Wettbewerbsverbot erstreckt sich insbesondere auf

– die Geschäftsführung oder sonstige leitende Positionen in einem Konkurrenzunternehmen;
– auf die Tätigkeit als Handelsvertreters, Handelsmakler oder Kommissionär für ein Konkurrenzunternehmen;
– auf die Beteiligung in einem Konkurrenzunternehmen, sei es auch nur mittelbar durch Einschaltung von Familienangehörigen oder Strohmännern (Scholz, GmbHG, § 43 Rz 127 ff).

Eine Befreiung vom Wettbewerbsverbot durch Gesellschafterbeschluss ist möglich. Dabei ist der Gesellschafter-Geschäftsführer, der vom Wettbewerbsverbot befreit werden soll, grundsätzlich nicht stimmberechtigt (§ 47 Abs. 4 Satz 2 GmbHG).

Nach der Amtszeit unterliegt der Geschäftsführer grundsätzlich keinem Wettbewerbsverbot (OLG Hamm, GmbHR 1989, 259). Zwischen der Gesellschaft und dem Geschäftsführer kann jedoch, z. B. im Anstellungsvertrag, ein nachvertragliches Wettbewerbsverbot vereinbart werden.

Verletzt der Geschäftsführer seine gesellschaftsrechtliche Treuepflicht, so kann die Gesellschaft Unterlassung verlangen, wenn die Pflichtverletzung fortdauert oder mit ihrer Wiederholung zu rechnen ist. Außerdem schuldet der Geschäftsführer der Gesellschaft Schadensersatz.

Einberufung und Teilnahme an Gesellschafterversammlungen

Die Einberufung der Gesellschafterversammlung erfolgt grundsätzlich durch die Geschäftsführer (§ 49 Abs. 1 GmbHG). Sie erfolgt durch Einladung der Gesellschafter mittels eingeschriebenen Briefs; sie ist mit einer Frist von mindestens einer Woche zu bewirken (§ 51 Abs. 1 GmbHG). Der Gesellschaftsvertrag kann Abweichendes vorsehen.

Bei mehreren Geschäftsführern ist jeder einzelne zur Einberufung befugt. Dies gilt auch in Fällen der Gesamtvertretung (Scholz, GmbHG, § 49 Rz 4).

Die Geschäftsführer können auch Dritte, z.B. einen Rechtsanwalt, mit der Einberufung beauftragen. Diese ist wirksam, solange klargestellt ist und aus der Einberufung hervorgeht, dass nicht der Dritte, sondern der Geschäftsführer Urheber der Einberufung ist und erkennbar wird, dass der Entschluss, eine Gesellschafterversammlung einzuberufen, vom Geschäftsführer selbst stammt (OLG Hamm GmbHR 1995, 735, 737 mwN).

Eine Einberufung hat immer dann zu erfolgen, wenn es im Interesse der Gesellschaft erforderlich erscheint (§ 49 Abs. 2 GmbHG).

Die Einberufung muss unverzüglich erfolgen, wenn sich aus der Jahresbilanz oder aus einer im Laufe des Geschäftsjahres aufgestellten Bilanz ergibt, dass die Hälfte des Stammkapitals verloren ist (§ 49 Abs. 3 GmbHG).

Ferner hat eine Einberufung zu erfolgen, wenn Entscheidungen gefällt werden müssen, die der Gesellschafterversammlung vorbehalten sind, wie z. B.
- Feststellung des Jahresabschlusses und die Gewinnverwendung;
- Entscheidung über die Offenlegung eines Einzelabschlusses nach internationalen Rechnungslegungsstandards;
- Billigung eines von der Geschäftsführung aufgestellten Konzernabschlusses;
- Einforderung der Einlagen;
- Rückzahlung von Nachschüssen;
- Teilung, Zusammenlegung sowie Einziehung von Geschäftsanteilen;
- Bestellung und Abberufung von Geschäftsführern;
- Entlastung der Geschäftsführer;
- Maßregeln zur Prüfung und Überwachung der Geschäftsführung;
- Bestellung von Prokuristen und Handlungsbevollmächtigten zum gesamten Geschäftsbetrieb;

- Geltendmachung von Ersatzansprüchen gegen Geschäftsführer oder Gesellschafter;
- Vertretung der Gesellschaft in Prozessen gegen den Geschäftsführer;
- Änderungen des Gesellschaftsvertrages;
- Auflösung und Liquidation.

Schließlich haben die Geschäftsführer grundsätzlich eine Gesellschafterversammlung einzuberufen, wenn Gesellschafter, deren Geschäftsanteile zusammen mindestens dem zehnten Teil des Stammkapitals entsprechen, unter Angabe des Zwecks und der Gründe, die Einberufung der Versammlung verlangen (§ 50 Abs. 1 GmbHG). Das Recht der Gesellschafter, im Wege der Selbsthilfe eine Gesellschafterversammlung einzuberufen, besteht erst dann, wenn nach dem Einberufungsverlangen an die Geschäftsführer eine angemessene Frist verstrichen ist, ohne dass diese dem Verlangen entsprochen haben (§ 50 Abs. 3 GmbHG). Angemessen ist grundsätzlich eine Frist von einem Monat, in Einzelfällen aber auch etwas weniger (OLG München, GmbHR 2000, 486).

Die Geschäftsführer sind grundsätzlich verpflichtet, an Gesellschafterversammlungen teilzunehmen. Sie können jedoch von der Mehrheit der Gesellschafter ausgeschlossen werden.

Pflicht zur Rechnungslegung

Gemäß § 41 GmbHG sind die Geschäftsführer verpflichtet, für die ordnungsgemäße Buchführung der Gesellschaft zu sorgen. Dabei sind die Grundsätze ordnungsmäßiger Buchführung zu beachten. Das dritte Buch des HGB regelt in §§ 238 ff die wesentlichen Grundsätze ordnungsmäßiger Buchführung. Diese muss u.a. vollständig, richtig, zeitgerecht und geordnet sein (§ 239 Abs. 2 HGB) und einem sachverständigen Dritten innerhalb angemessener Zeit einen Überblick über die Geschäftsvorfälle und über die Lage des Unternehmens vermitteln können.

Möglich ist die Übertragung der Buchführung auf geeignete Personen (Buchhalter, Steuerberater), die von der Geschäftsführung zu überwachen sind. Entsprechendes gilt für die heute weit verbreitete EDV-Buchführung außer Haus. Die Geschäftsführer müssen hierbei eine Haftung des Rechenzentrums für Schäden aus fehlerhaften Berechnungen sicherstellen und bei Zweifeln an der Richtigkeit der Buchführung für Abhilfe sorgen.

Gem. §§ 264 Abs. 1, 242 Abs. 1 HGB hat der Geschäftsführer als gesetzlicher Vertreter der GmbH einen Jahresabschluss (Bilanz, Gewinn- und Verlustrechnung, § 242 Abs. 3 HGB) nebst einem Anhang sowie einen Lagebericht aufzustellen. Dies hat in den ersten drei Monaten eines Geschäftsjahres für das vergangene Geschäftsjahr zu erfolgen, bei „kleinen GmbH" (§ 267 Abs. 1 HGB) innerhalb der ersten sechs Monate.

Bei der Aufstellung des Jahresabschlusses hat der Geschäftsführer zahlreiche in das HGB aufgenommene zwingende Vorschriften zu berücksichtigen. Diese betreffen insbesondere den Ansatz und die Bewertung der Vermögensgegenstände und Schulden (§§ 246 ff, 252 ff HGB), die Gliederung der Bilanz (§§ 266 ff HGB) und der Gewinn- und Verlustrechnung (§§ 275 ff HGB), den Inhalt des Anhangs (§§ 284 ff HGB) und des Lageberichts (§ 289 HGB).

Der Jahresabschluss hat unter Beachtung der Grundsätze ordnungsmäßiger Buchführung ein den tatsächlichen Verhältnissen entsprechendes Bild der Vermögens-, Finanz- und Ertragslage der GmbH zu vermitteln („true and fair view", § 264 Abs. 2 HGB).

Die Aufstellungspflicht umfasst alle Maßnahmen bis zur Vorlage eines vollständigen und feststellungsfähigen Jahresabschlusses. Der Jahresabschluss ist von sämtlichen Geschäftsführern zu unterzeichnen und mit dem Datum der Unterzeichnung zu versehen (§ 245 HGB).

Prüfungspflicht

Gem. § 316 Abs. 1 HGB ist der Jahresabschluss nebst Lagebericht einer GmbH, die nicht als kleine GmbH i.S.d. § 267 Abs. 1 HGB einzustufen ist, durch einen Abschlussprüfer zu prüfen. Abschlussprüfer können gem. § 319 Abs. 1 HGB Wirtschaftsprüfer und Wirtschaftsprüfungsgesellschaften, für mittelgroße GmbH (§ 267 Abs. 2 HGB) auch vereidigte Buchprüfer und Buchprüfungsgesellschaften, sein.

Der Abschlussprüfer wird von den Gesellschaftern gewählt (§ 318 Abs. 1 Satz 1 HGB), vorzugsweise noch vor Ablauf des Geschäftsjahres, auf das sich die Prüfungstätigkeit des zu wählenden Abschlussprüfers erstreckt (§ 318 Abs. 1 Satz 2 HGB). Unverzüglich nach der Wahl haben die Geschäftsführer dem Abschlussprüfer den Prüfungsauftrag zu erteilen (§ 318 Abs. 1 Satz 3 HGB).

Die Durchführung der gesetzlich vorgeschriebenen Prüfung ist von großer Bedeutung, da ohne eine solche Prüfung der Jahresabschluss nicht festgestellt werden kann (§ 316 Abs. 1 Satz 2 HGB). Der Jahresabschluss einer prüfpflichtigen GmbH ist nichtig, wenn er nicht durch einen Abschlussprüfer geprüft worden ist (§ 256 Abs. 1 Nr. 2 AktG analog). Der auf einem solchen Jahresabschluss beruhende Gewinnausschüttungsbeschluss der Gesellschaft ist analog § 253 Abs. 1 AktG ebenfalls nichtig.

Praxishinweis! Bei Zweifeln über die Prüfungspflicht ist der Gesellschafterbeschluss über die Gewinnverteilung so zu formulieren, dass die Ausschüttung für den Fall einer späteren Prüfung als Vorabausschüttung zu werten ist.

Nach Aufstellung des Jahresabschlusses und nach seiner Prüfung durch den Abschlussprüfer haben die Geschäftsführer den Jahresabschluss zusammen mit dem Lagebericht und dem Prüfungsbericht des Abschlussprüfers unverzüglich nach Eingang des Prüfungsberichts den Gesellschaftern zum Zwecke der Feststellung des Jahresabschlusses vorzulegen.

Offenlegungspflicht

Die Geschäftsführer haben den Jahresabschluss beim Betreiber des elektronischen Bundesanzeigers elektronisch einzureichen („Offenlegungspflicht", § 325 Abs. 1 Satz 1 HGB).

Die Einreichung und Veröffentlichung der Jahresabschlussunterlagen erfolgen über eine speziell hierfür eingerichtete Website des elektronischen Bundesanzeigers. Die Weiterleitung der Unterlagen an das zentrale Unternehmensregister erfolgt automatisch. Eine gesonderte Einreichung beim Handelsregister ist nicht mehr nötig.

Praxishinweis! Die Website des elektronischen Bundesanzeigers ist benutzerfreundlich. Nach einer einmaligen kostenfreien Anmeldung auf www.publikations-plattform.de können die Unterlagen in allen gängigen Datenformaten (MS-Word, MS-Exsel, RTF oder PDF) oder in den bei Steuerberatern verbreiteten Formaten XML/XBRL eingereicht werden. Für kleine GmbH (& Co. KG) steht ein vorgefertigtes Web-Format bereit, in welches nur noch die Bilanzdaten übertragen werden müssen.

Der Jahresabschluss ist unverzüglich nach seiner Vorlage an die Gesellschafter, jedoch spätestens vor Ablauf des zwölften Monats des dem Abschlussstichtag nachfolgenden Geschäftsjahrs, mit dem Bestätigungsvermerk oder dem Vermerk über dessen Versagung einzureichen. Gleichzeitig sind der Lagebericht, der Bericht des Aufsichtsrats, die nach § 161 AktG vorgeschriebene Erklärung und, soweit sich dies aus dem eingereichten Jahresabschluss nicht ergibt, der Vorschlag für die Verwendung des Ergebnisses und der Beschluss über seine Verwendung unter Angabe des Jahresüberschusses oder Jahresfehlbetrags elektronisch einzureichen. Angaben über die Ergebnisverwendung brauchen von Gesellschaften mit beschränkter Haftung nicht gemacht zu werden, wenn sich anhand dieser Angaben die Gewinnanteile von natürlichen Personen feststellen lassen, die Gesellschafter sind. Werden zur Wahrung der Fristen der Jahresabschluss und der Lagebericht ohne die anderen Unterlagen eingereicht, sind der Bericht und der Vorschlag nach ihrem Vorliegen, die Beschlüsse nach der Beschlussfassung und der Vermerk nach der Erteilung unverzüglich einzureichen. Wird der Jahresabschluss bei nachträglicher Prüfung oder Feststellung geändert, ist auch die Änderung einzureichen (§ 315 Abs. 1 Satz 2 bis 6 HGB).

Die Geschäftsführer haben diese Unterlagen unverzüglich nach der Einreichung im elektronischen Bundesanzeiger bekannt machen zu lassen (§ 325 Abs. 2 HGB). Dabei kann an die Stelle des Jahresabschlusses ein Einzelabschluss treten, der nach den in § 315a Abs. 1 HGB bezeichneten internationalen Rechnungslegungsstandards aufgestellt worden ist. Eine GmbH, die von diesem Wahlrecht Gebrauch macht, hat die dort genannten Standards vollständig zu befolgen (vgl. im Einzelnen § 315 Abs. 2a und b HGB).

Auf die kleine GmbH (§ 267 Abs. 1) ist § 325 Abs. 1 HGB mit der Maßgabe anzuwenden, dass die Geschäftsführer nur die Bilanz und den Anhang einzureichen haben. Der Anhang braucht die die Gewinn- und Verlustrechnung betreffenden Angaben nicht zu enthalten (§ 326 HGB).

Auf die mittelgroße GmbH (§ 267 Abs. 2) ist § 325 Abs. 1 HGB mit der Maßgabe anzuwenden, dass die Geschäftsführer die Bilanz nur in der für kleine Kapitalgesellschaften nach § 266 Abs. 1 Satz 3 HGB vorgeschriebenen Form beim Betreiber des elektronischen Bundesanzeigers einreichen müssen (§ 327 HGB). In der Bilanz oder im Anhang sind jedoch die in § 327 Nr. 1 HGB näher bezeichneten Posten des § 266 Abs. 2 und 3 zusätzlich gesondert anzugeben

§ 325 Abs. 4 HGB sieht zum Schutz der Anleger vor, dass bei einer GmbH, die einen organisierten Markt im Sinn des § 2 Abs. 5 des Wertpapierhandelsgesetzes durch von ihr ausgegebene Wertpapiere im Sinn des § 2 Abs. 1 Satz 1 des Wertpapierhandelsgesetzes in einem Mitgliedstaat der Europäischen Union oder einem Vertragsstaat des Abkommens über den Europäischen Wirtschaftsraum in Anspruch nimmt die Offenlegungsfrist längstens vier Monate beträgt. Gemäß 327a HGB gilt dies nicht für eine kapitalmarktorientierte GmbH, wenn sie ausschließlich zum Handel an einem organisierten Markt zugelassene Schuldtitel im Sinn des § 2 Abs. 1 Satz 1 Nr. 3 des Wertpapierhandelsgesetzes mit einer Mindeststückelung von 50.000 Euro oder dem am Ausgabetag entsprechenden Gegenwert einer anderen Währung begibt.

Prüfungs- und Unterrichtungspflicht des Betreibers des elektronischen Bundesanzeigers

Der Betreiber des elektronischen Bundesanzeigers prüft, ob die Unterlagen fristgemäß und vollzählig eingereicht worden sind. Der Betreiber des Unternehmensregisters stellt dem Betreiber des elektronischen Bundesanzeigers die nach § 8b Abs. 3 Satz 2 HGB von den Landesjustizverwaltungen übermittelten Daten zur Verfügung, soweit dies für die Prüfung erforderlich ist. Es besteht Datenschutz (§ 329 Abs. 1 HGB).

Gibt die Prüfung Anlass zu der Annahme, dass von der Größe der GmbH abhängige Erleichterungen oder die Erleichterung nach § 327a HGB nicht hätten in Anspruch genommen werden dürfen, kann der Betreiber des elektronischen Bundesanzeigers von der Geschäftsführung innerhalb einer angemessenen Frist die Mitteilung der Umsatzerlöse (§ 277 Abs. 1 HGB) und der durchschnittlichen Zahl der Arbeitnehmer (§ 267 Abs. 5 HGB) oder Angaben zur Eigenschaft als kapitalmarktorientierte GmbH im Sinn des § 327a HGB verlangen. Unterlässt die Geschäftsführung die fristgemäße Mitteilung, gelten die Erleichterungen als zu Unrecht in Anspruch genommen.

Ergibt die Prüfung, dass die offenzulegenden Unterlagen nicht oder unvollständig eingereicht wurden, wird die jeweils für die Durchführung von Ordnungsgeldverfahren nach den §§ 335, 340o und 341o zuständige Verwaltungsbehörde unterrichtet (§ 329 Abs. 4 HGB).

Festsetzung von Ordnungsgeld

Die meisten kleinen und mittelgroßen GmbH haben vor Änderung der Gesetzeslage durch das Gesetz über die elektronischen Handels- und Genossenschaftsregister (EHUG) ihre Jahresabschlüsse nebst Lagebericht nicht offen gelegt. Dies geschah meist ohne Konsequenzen.

Nunmehr sieht § 335 HGB zwingend die Einleitung eines Ordnungsgeldverfahrens gegen Geschäftsführer einer GmbH vor, die die Pflicht zur Offenlegung des Jahresabschlusses, des Lageberichts, des Konzernabschlusses, des Konzernlageberichts und anderer Unterlagen der Rechnungslegung (§ 325 HGB) nicht befolgen. Gegen sie ist wegen des pflichtwidrigen Unterlassens der rechtzeitigen Offenlegung vom Bundesamt für Justiz in Bonn ein Ordnungsgeldverfahren durchzuführen. Dem Verfahren steht nicht entgegen, dass eine der Offenlegung vorausgehende Pflicht, insbesondere die Aufstellung des Jahres- oder Konzernabschlusses oder die unverzügliche Erteilung des Prüfauftrags, noch nicht erfüllt ist. Das Ordnungsgeld beträgt mindestens zweitausendfünfhundert und höchstens fünfundzwanzigtausend Euro.

Den Geschäftsführern ist unter Androhung eines Ordnungsgeldes in bestimmter Höhe aufzugeben, innerhalb einer Frist von sechs Wochen vom Zugang der Androhung an, ihrer gesetzlichen Verpflichtung nachzukommen oder die Unterlassung mittels Einspruchs gegen die Verfügung zu rechtfertigen. Mit der Androhung des Ordnungsgeldes sind den Geschäftsführern zugleich die Kosten des Verfahrens aufzuerlegen. Der Einspruch kann auf Einwendungen gegen die Entscheidung über die Kosten beschränkt werden. Wenn die Geschäftsführer nicht spätestens sechs Wochen nach dem Zugang der Androhung der gesetzlichen Pflicht entsprochen oder die Unterlassung mittels Einspruchs gerechtfertigt haben, ist das Ordnungsgeld festzusetzen und zugleich die frühere Verfügung unter Androhung eines erneuten Ordnungsgeldes zu wiederholen. Wenn die Sechswochenfrist nur geringfügig überschritten wird, kann das Bundesamt das Ordnungsgeld herabsetzen. Der Einspruch gegen die Androhung des Ordnungsgeldes und gegen die Entscheidung über die Kosten hat keine aufschiebende Wirkung. Führt der Einspruch zu einer Einstellung des Verfahrens, ist zugleich auch die Kostenentscheidung aufzuheben.

Gegen die Entscheidung, durch die das Ordnungsgeld festgesetzt oder der Einspruch oder der Antrag auf Wiedereinsetzung in den vorigen Stand verworfen wird, sowie gegen die Kostenentscheidung findet die sofortige Beschwerde nach FGG statt, mit der Maßgabe, dass über die sofortige Beschwerde der Vorsitzende der Kammer für Handelssachen des für den Sitz des Bundesamtes zuständigen Landgerichts in Bonn entscheidet. Die weitere Beschwerde findet nicht statt. Das Landgericht kann nach billigem Ermessen bestimmen, dass die außergerichtlichen Kosten der Beteiligten, die zur zweckentsprechenden Rechtsverfolgung notwendig waren, ganz oder teilweise aus der Staatskasse zu erstatten sind.

Liegen dem Bundesamt keine Anhaltspunkte über die Einstufung einer Gesellschaft im Sinn des § 267 Abs. 1, 2 oder Abs. 3 HGB vor, ist den Geschäftsführern zugleich mit der Androhung des Ordnungsgeldes aufzugeben, im Fall des Einspruchs die Bilanzsumme nach Abzug eines auf der Aktivseite ausgewiesenen Fehlbetrags (§ 268 Abs. 3 HBG), die Umsatzerlöse in den ersten zwölf Monaten vor dem Abschlussstichtag (§ 277 Abs. 1 HGB) und die durchschnittliche Zahl der Arbeitnehmer (§ 267 Abs. 5 HGB) für das betreffende Geschäftsjahr und für diejenigen vorausgehenden Geschäftsjahre, die für die Einstufung nach § 267 Abs. 1, 2 oder Abs. 3 HGB erforderlich sind, anzugeben. Unterbleiben diese Angaben, so wird für das weitere Verfahren vermutet, dass die Erleichterungen der §§ 326 und 327 HGB nicht in Anspruch genommen werden können.

GmbH & Co.

Gemäß dem durch das Kapitalgesellschaften- und Co.-Richtlinie-Gesetz (KapCo-RiLiG) eingeführten § 264a HGB sind die für die GmbH geltenden Vorschriften über die Rechnungslegung (Jahresabschluss §§ 264 ff HGB, Konzernabschluss §§ 290 ff

HGB), Prüfungspflicht (§§ 316 ff HGB) und Offenlegungspflicht (§§ 325 ff HGB) auf Personenhandelsgesellschaften, d.h. offene Handelsgesellschaften und Kommanditgesellschaften, entsprechend anwendbar, bei denen nicht wenigstens ein persönlich haftender Gesellschafter eine natürliche Person oder eine Personengesellschaft mit einer natürlichen Person als persönlich haftendem Gesellschafter ist.

Die Wirksamkeit der zugrunde liegenden EG-Richlinien wurde vom EuGH bestätigt (EuGH GmbHR 2004,1463).

Auskunfts- und Informationspflicht

Gem. § 51 a GmbHG hat der Geschäftsführer jedem Gesellschafter auf Verlangen unverzüglich Auskunft über die Angelegenheiten der Gesellschaft zu geben und die Einsicht der Bücher und Schriften zu gestatten. Ein besonderes Informationsbedürfnis ist nicht erforderlich (Scholz, GmbHG, § 51 a Rz. mwN).

Zu den Angelegenheiten der Gesellschaft gehören alle das Gesellschaftsvermögen, die Unternehmensführung, die Gewinnermittlung und -verwendung, rechtliche und wirtschaftliche Verhältnisse der GmbH betreffende Tatsachen. Es kann z. B. auch Auskunft über die Bezüge jedes einzelnen Geschäftsführers begehrt werden.

Das Einsichtsrecht des Gesellschafters betrifft alle Bücher und Schriften der GmbH, d.h. sämtliche Aufzeichnungen, Urkunden, fotomechanische und elektronische Speicherungen.

Eine Informationspflicht besteht auch gegenüber einem Gesellschafter, der das Gesellschaftsverhältnis gekündigt hat, solange noch keine formgültige Übertragung seiner Geschäftsanteile stattgefunden hat, sodass der Verlust der Mitgliedschaft noch nicht eingetreten ist (OLG Frankfurt, GmbHR 1997, 130 mwN).

Eine Informationspflicht besteht jedoch nur hinsichtlich von Tatsachen. Vom Geschäftsführer kann eine Wertung nicht verlangt werden (OLG Frankfurt, GmbHR 1997, 130).

Der Geschäftsführer darf die Auskunft und die Einsicht nur verweigern, wenn die Gefahr der Verwendung der Information zu gesellschaftsfremden Zwecken besteht und dadurch der Gesellschaft oder einem mit ihr verbundenen Unternehmen ein nicht unerheblicher Nachteil zugefügt würde. Dies ist insbesondere dann der Fall, wenn der die Auskunft bzw. Einsicht fordernde Gesellschafter die Geschäftspolitik eines Konkurrenzunternehmens (mit-) bestimmt; vor allem dann, wenn er selbst ein Konkurrenzunternehmen betreibt, wenn er geschäftsführender oder beherrschender Gesellschafter eines Konkurrenzunternehmens ist oder wenn er ein solches als Fremdgeschäftsführer leitet. Das Weigerungsrecht erstreckt sich auf alle wettbewerbsrelevanten Informationen.

Bei Verweigerung durch Beschlusses der Gesellschafter ist der die Auskunft bzw. Einsicht fordernde Gesellschafter nach § 47 Abs. 4 GmbHG nicht stimmberechtigt. Ein entsprechender Gesellschafterbeschluss ist auch nicht anfechtbar, denn der Gesellschafter hat die Möglichkeit, gem. § 51b GmbHG eine gerichtliche Entscheidung herbeizuführen (Scholz, GmbHG, § 51a Rz 42).

Bei Streitigkeiten über die Informationsrechte und -pflichten entscheidet erstinstanzlich die Kammer für Handelssachen beim Landgericht, in dessen Bezirk die Gesellschaft ihren Sitz hat, im Verfahren der freiwilligen Gerichtsbarkeit (§§ 51b GmbHG i.V.m. 132 Abs. 1, 3 bis 5 AktG).

Die Informationspflichten gem. § 51a GmbHG sind zwingendes Recht. Der Gesellschaftsvertrag kann sie nicht schmälern, wohl aber ihre Ausübungen näher regeln. Unzulässig wäre es, die Rechte von einer vorherigen Zustimmung durch Gesellschafterbeschluss abhängig zu machen. Zulässig dagegen sind Formvorschriften und Fristenregelungen (OLG Koblenz, GmbHR 1990, 556).

Möglich ist auch die Gewährung weiterer Informationsrechte, z. B. gegenüber dem Aufsichtsrat (Roth, GmbHG, § 51 a Anm. 4).

Eine Besonderheit ist bei der GmbH & Co KG zu berücksichtigen. Hier gehören zu den Angelegenheiten der Komplementär-GmbH im Sinne des § 51a Abs. 1 GmbHG auch die Angelegenheiten der KG. Der Grund hierfür ist, dass sich in diesen Fällen das unternehmerische Geschehen allein in der KG abspielt und außerdem die Komplementär-GmbH für alle Angelegenheiten der KG unbeschränkt haftet (§§ 161 Abs. 1 iVm 128 HGB). Die Komplementär-GmbH hat daher allen Gesellschaftern Auskunft auch über die Verhältnisse der KG zu erteilen und Einsicht in die Unterlagen der KG zu gewähren (OLG Düsseldorf, GmbHR 1991, 18 mwN, OLG Karlsruhe, GmbHR 1998, 691).

Die Verweigerung von Auskünften durch den Geschäftsführer einer GmbH gegenüber deren Gesellschaftern stellt einen wichtigen Grund zur fristlosen Kündigung des Geschäftsführer-Anstellungsvertrags dar (OLG Frankfurt, GmbHR 1994, 114).

Anteilsbewertung

Der Geschäftsführer kann in einer Reihe von Fällen mit der Bewertung von GmbH-Geschäftsanteilen konfrontiert werden.

Dies ist etwa der Fall, wenn die eigene GmbH beabsichtigt, Anteile einer anderen GmbH zu erwerben. Für die Anteilsbewertung ist hierbei grundsätzlich der Verkehrswert des zu erwerbenden Geschäftsanteils zu ermitteln. In der Regel wird dabei der zu erwartende Ertrag aus dem zu erwerbenden Anteil zu Grund gelegt und nicht die anteilige Substanz der Ziel-GmbH. Zu ermitteln gilt anhand einer Vergangenheitsanalyse das gewichtete und bereinigte Ergebnis der Ziel-GmbH. Je nach Risiko der Geschäftätigkeit ist dieses Ergebnis höher oder niedriger zu gewichten.

In der Praxis ist eine vereinfachte, überschlägige Bewertung gängig, indem das ermittelte Ergebnis mit einem Faktor multipliziert wird, der sich nach dem Risiko der Geschäftätigkeit orientiert. Bei einer wenig riskanten Tätigkeit, z. B. Grundstücksverwaltung, ist der Faktor, mit dem das durchschnittliche, gewichtete und bereinigte Ergebnis zu multiplizieren ist 15 oder mehr, während bei einer riskanten Geschäftätigkeit der Faktor deutlich unter 10 liegt.

Praxishinweis! Das Ziel des Geschäftsführers bei der Aushandlung des Preises für den zu erwerbenden GmbH-Anteil muss sein, Umstände zu suchen und zu finden, die einen möglichst niedrigen Faktor rechtfertigen.

Hält die GmbH Anteile an anderen GmbH, so sind bei deren Verkauf ähnliche Aspekte zu berücksichtigen. Hierbei ist jedoch das Ziel des Geschäftsführers, einen möglichst hohen Faktor auszuhandeln. Dabei muss er allerdings berücksichtigen, dass er den Kaufinteressenten über alle Umstände informieren muss, welche die Werthaltigkeit des Anteils betreffen. Er kann sich nicht darauf beschränken, die erbetenen Auskünfte zu erteilen oder Unterlagen vorzulegen, falls sich aus ihnen die Informationen nicht entnehmen lassen. So muss er z. B. auch über alle aktuellen Umstände informieren, welche die Überlebensfähigkeit des Unternehmens gefährden könnten, insbesondere eine drohende oder bereits eingetretene Zahlungsunfähigkeit oder Überschuldung (BGH-Urteil vom 04.04.2001 – Az: VIII ZR 32/00).

Der Unterschiedsbetrag zwischen dem Buchwert des verkauften GmbH-Anteils und dem Verkaufserlös ist der steuerliche Veräußerungsgewinn.

Bei Einziehung eines Geschäftsanteils und bei Ausscheiden eines Gesellschafters ist mangels abweichender Regelungen des Gesellschaftsvertrages ebenfalls der Verkehrswert maßgeblich. Das ist der Preis, den ein Dritter für den Anteil zahlen würde (vgl. Scholz, GmbHG, § 34 Rz 22 mwN).

Regelmäßig sieht jedoch der Gesellschaftsvertrag eine abweichende Bewertung im Falle der Einziehung eines Geschäftsanteils und des Ausscheidens eines Gesellschafters vor. Regelmäßig wird für die Bewertung des Abfindungsguthabens der steuerliche „gemeine" Wert zu Grunde gelegt. Hierbei wird der Anteilswert unter Berücksichtigung der Vermögenswerte und der Ertragsaussichten der GmbH ermittelt. Dabei sind die bewertungsrechtlichen Grundsätzen des Bewertungsgesetzes maßgeblich.

Die Zahlung des Einziehungs- oder Abfindungsentgelts ist für die GmbH kein steuerpflichtiger Erwerbsvorgang, auch wenn der Zahlungsbetrag unter dem Wert des GmbH-Geschäftsanteils liegt.

Bei Umwandlungen ist jedem widersprechenden Anteilseigner eine Barabfindung anzubieten, welche den Verhältnissen des betreffenden Rechtsträgers im Zeitpunkt des Umwandlungsbeschlusses Rechnung tragen muss (§§ 29, 30 UmwG). Die Barabfindung hat den Verkehrswert des Anteils zu entsprechen; seine Angemessenheit ist stets durch den jeweiligen im Rahmen der Umwandlung eingeschalteten Prüfer zu beurteilen, es sei denn, die Berechtigten verzichten auf eine solche Prüfung (§ 30 Abs. 2 UmwG).

Anteilskauf

Eine Vereinbarung, durch welche die Verpflichtung eines Gesellschafters zur Abtretung seines Geschäftsanteils begründet wird, bedarf der notariellen Beurkundung (§ 15 Abs. 4 S. 1 GmbHG). Dabei sind die Erklärungen aller Vertragsparteien beurkundungsbedürftig (BGH DB 2007, 1457).

In den Fällen des Anteilskaufs ist zu berücksichtigen, dass die durch die MoMiG geänderte Fassung des § 16 GmbHG neue Bestimmungen zur Rechtsstellung bei Wechsel der Gesellschafter, zur Veränderung des Umfangs ihrer Beteiligung und zum Erwerb vom Nichtberechtigten enthält.

Gemäß § 16 Abs. 1 GmbH gilt im Verhältnis zur Gesellschaft bei einer Veränderung in den Personen der Gesellschafter oder des Umfangs ihrer Beteiligung als Inhaber eines Geschäftsanteils nur, wer als solcher in der im Handelsregister aufgenommenen Gesellschafterliste (§ 40 GmbHG) eingetragen ist. Eine vom Erwerber in Bezug auf das Gesellschaftsverhältnis vorgenommene Rechtshandlung gilt als von Anfang an wirksam, wenn die Liste unverzüglich nach Vornahme der Rechtshandlung in das Handelsregister aufgenommen wird.

Für Einlageverpflichtungen, die in dem Zeitpunkt rückständig sind, ab dem der Erwerber gemäß § 16 Abs. 1 GmbH im Verhältnis zur Gesellschaft als Inhaber des Geschäftsanteils gilt, haftet der Erwerber neben dem Veräußerer.

Gemäß § 16 Abs. 3 GmbH ist der gutgläubige Erwerb eines Geschäftsanteils (vgl. Vossius, DB 2007, 2299) möglich, wenn der Veräußerer als Inhaber des Geschäftsanteils in der im Handelsregister aufgenommenen Gesellschafterliste eingetragen ist. Dies gilt nicht, wenn die Liste zum Zeitpunkt des Erwerbs hinsichtlich des Geschäftsanteils weniger als drei Jahre unrichtig und die Unrichtigkeit dem Berechtigten nicht zuzurechnen ist. Ein gutgläubiger Erwerb ist ferner nicht möglich, wenn dem Erwerber die mangelnde Berechtigung bekannt oder infolge grober Fahrlässigkeit unbekannt ist oder der Liste ein Widerspruch zugeordnet ist. Die Zuordnung eines Widerspruchs erfolgt aufgrund einer einstweiligen Verfügung oder aufgrund einer Bewilligung desjenigen, gegen dessen Berechtigung sich der Widerspruch richtet. Eine Gefährdung des Rechts des Widersprechenden muss nicht glaubhaft gemacht werden.

Öffentlich-rechtliche Pflichten

Zu den öffentlich-rechtlichen Pflichten des Geschäftsführers zählen insbesondere die Erfüllung der Pflichten der GmbH im Rahmen der Sozialversicherung und der von ihr gegenüber dem Finanzamt bestehenden steuerlichen Pflichten.

Ferner hat der Geschäftsführer als Vertretungsorgan der GmbH für die Erfüllung sämtlicher sonstiger öffentlich-rechtlicher Pflichten der GmbH zu sorgen. Dies betrifft insbesondere die Einhaltung von bau-, gewerbe-, umwelt-, gesundheits- und polizeirechtlichen Bestimmungen.

Insolvenzantragspflicht

Jeder Geschäftsführer hat ohne schuldhaftes Zögern, spätestens aber drei Wochen nach Eintritt der Zahlungsunfähigkeit oder Überschuldung der Gesellschaft einen Insolvenzantrag zu stellen (§ 15a Abs. 1 InsO).

Der Geschäftsführer wird mit Freiheitsstrafe bis zu drei Jahren oder mit Geldstrafe bestraft, der einen Insolvenzantrag nicht, nicht richtig oder nicht rechtzeitig stellt (§ 15a Abs. 4 InsO). Handelt der Geschäftsführer fahrlässig, ist die Strafe Freiheitsstrafe bis zu einem Jahr oder Geldstrafe (§ 15a Abs. 5 InsO).

Die Geschäftsführer sind ferner gemäß § 64 GmbHG der GmbH gegenüber zum Ersatz von Zahlungen verpflichtet, die nach Eintritt der Zahlungsunfähigkeit der Gesellschaft oder nach Feststellung ihrer Überschuldung geleistet werden. Dies betrifft auch Zahlungen an Gesellschafter, soweit sie zur Zahlungsunfähigkeit der GmbH führen mussten. Dies gilt jedoch nicht für Zahlungen, die auch nach diesem Zeitpunkt mit der Sorgfalt eines ordentlichen Geschäftsmanns vereinbar sind.

Zahlungsunfähigkeit ist gegeben, wenn die GmbH nicht mehr in der Lage ist, ihre Zahlungspflichten zu erfüllen, insbesondere wenn sie ihre Zahlungen eingestellt hat (§ 17 Abs. 2 InsO). Zahlungsunwilligkeit genügt ebensowenig wie eine bloße Zahlungsstockung. Refinanzierungsmöglichkeiten bei einer Bank sind bei der Beurteilung zu berücksichtigen. Die Zahlungsunfähigkeit stellt auf einen konkreten Zeitpunkt ab (so genannte Zeitpunkt-Illiquidität). Sie enthält zwar ein prognostisches Element, es geht jedoch stets um die aktuelle Illiquidität. Die Zahlungsunfähigkeit muss deshalb auf den Eröffnungsstichtag festgestellt werden.

Der BGH beurteilt die Frage der Zahlungsunfähigkeit nach drei Kriterien (BGH IX ZR 123/04; DB 2005, 1787):

a) Eine bloße Zahlungsstockung ist anzunehmen, wenn der Zeitraum nicht überschritten wird, den eine kreditwürdige Person benötigt, um sich die benötigten Mittel zu leihen. Dafür erscheinen drei Wochen erforderlich, aber auch ausreichend.

b) Beträgt eine innerhalb von drei Wochen nicht zu beseitigende Liquiditätslücke des Schuldners weniger als 10 % seiner fälligen Gesamtverbindlichkeiten, ist regelmäßig von Zahlungsfähigkeit auszugehen, es sei denn, es ist bereits absehbar, dass die Lücke demnächst mehr als 10 % erreichen wird.

c) Beträgt die Liquiditätslücke des Schuldners 10 % oder mehr, ist regelmäßig von Zahlungsunfähigkeit auszugehen, sofern nicht ausnahmsweise mit an Sicherheit grenzender Wahrscheinlichkeit zu erwarten ist, dass die Liquiditätslücke demnächst vollständig oder fast vollständig beseitigt werden wird und den Gläubigern ein Zuwarten nach den besonderen Umständen des Einzelfalls zuzumuten ist.

Überschuldung liegt vor, wenn das Vermögen der GmbH ihre bestehenden Verbindlichkeiten nicht mehr deckt (§ 19 Abs. 2 InsO). Die Bewertung des Vermögens erfolgt nach Ansicht des BGH in zwei Stufen. Grundsätzlich sind – nach dem eindeutigen Gesetzeswortlaut – die Liquidationswerte entscheidend, das heißt die Werte, die im Falle der Liquidation der GmbH erzielt würden. Dabei sind stille Reserven aufzudecken. Liegt dann noch eine rechnerische Überschuldung vor, ist eine Fortführungs- oder Fortbestehensprognose zu stellen. Sie setzt einen dokumentierten Ertrags- und Finanzplans voraus. Die Prognose ist positiv, nämlich „nach den Umständen überwiegend wahrscheinlich" (§ 19 Abs. 2 S. 2. InsO), wenn voraussichtlich die Gesellschaft mittelfristig Einnahmenüberschüsse erzielen wird, aus denen die gegenwärtigen und künftigen Verbindlichkeiten gedeckt werden können (OLG Naumburg GmbHR 2004, 361 ff). Die Geschäftsführer haben die Umstände darzulegen und notfalls zu beweisen, aus denen sich eine günstige Prognose ergibt. Bei positiver Prognose sind die Vermögenswerte und Schulden mit dem Betrag anzusetzen, der ihnen als Bestandteil eines Gesamtkaufpreises des Unternehmens bei

konzeptgemäßer Fortführung beizulegen wäre. Bei einer negativen Fortführungs-
oder Fortbestehensprognose bleibt es bei den Liquidationswerten; dabei sind auch
die Kosten der Liquidation mit zu berücksichtigen.

Praxishinweis! Die Geschäftsführer sollten die Insolvenzprüfung dokumentieren. Insbesondere sollte für die Frage der Überschuldung von einem hierfür qualifizierten wirtschaftlichen Berater eine Überschuldungsbilanz erstellt werden.

Für den Lauf der Drei-Wochen-Frist nach § 15a Abs. 1 InsO kommt es nicht auf die
positive Kenntnis des Geschäftsführers von der Zahlungsunfähigkeit oder der Überschuldung an (Scholz, GmbHG, § 64 Rz 18). Der Geschäftsführer ist vielmehr verpflichtet, die wirtschaftliche Lage des Unternehmens laufend zu beobachten. Bei
Anzeichen einer Krise hat er einen Vermögens- und Liquiditätsstatus der GmbH
aufzustellen.

Ein weiterer Insolvenzgrund ist die „drohende Zahlungsunfähigkeit". Sie liegt vor,
wenn die GmbH voraussichtlich nicht in der Lage sein wird, die bestehenden Zahlungspflichten im Zeitpunkt der Fälligkeit zu erfüllen (§ 18 Abs. 2 InsO). Die „drohende Zahlungsunfähigkeit" begründet jedoch keine Insolvenzantragspflicht, sondern ein Insolvenzantragsrecht. Stellt also der Geschäftsführer trotz Vorliegens einer
drohenden Zahlungsunfähigkeit keinen Insolvenzantrag, macht er sich weder strafbar noch schadensersatzpflichtig. Er ist jedoch verpflichtet, bei drohender Zahlungsunfähigkeit Sanierungsmaßnahmen zu treffen, die vielschichtig sein können,
z. B. Beschaffung neuen Eigenkapitals durch Kapitalerhöhung, Reduzierung von
Personalkosten durch Kurzarbeit, Einstellungsstop, Entlassungen und vorzeitige
Pensionierungen sowie Abbau von Materialbeständen etc.

III. Vertretung

Die Gesellschaft wird durch die Geschäftsführer gerichtlich und außergerichtlich
vertreten (§ 35 Abs. 1 Satz 1GmbHG).

Grundsatz der Gesamtvertretung

Sind mehrere Geschäftsführer bestellt, sind sie alle nur gemeinschaftlich zur Vertretung der GmbH befugt, es sei denn, dass der Gesellschaftsvertrag etwas anderes
bestimmt (§ 35 Abs. 2 Satz. 1 GmbHG).

Ist jedoch der Gesellschaft gegenüber eine Willenserklärung abzugeben, genügt die
Abgabe gegenüber einem Geschäftsführer (§ 35 Abs. 2 Satz 2 GmbHG).

Grundsatz umfassender Vertretungsmacht

Die Vertretungsmacht des Geschäftsführers ist umfassend. Sie bezieht sich auf
sämtliche rechtsverbindliche Handlungen der Gesellschaft nach außen.

Im Gegensatz zur Geschäftsführungsbefugnis (Innenverhältnis) ist die umfassende
Vertretungsmacht (Außenverhältnis) grundsätzlich – durch Gesellschaftsvertrag,
Gesellschafterbeschluss, Geschäftsverteilungsplan oder Anstellungsvertrag – nicht
beschränkbar (§ 37 Abs. 2 GmbHG).

Nach geänderter Rechtsprechung kann die Vertretungsbefugnis des GmbH-Geschäftsführers im Außenverhältnis durch Gesellschafterbeschluss beschränkt werden, wenn dieser dem Vertragspartner zur Kenntnis gebracht wird. Hierfür ist es nicht erforderlich, dass der Geschäftsführer zum Nachteil der Gesellschaft gehandelt hat (BGH ZIP 2006, 1391).

Eine weitere Ausnahme bildet ein Missbrauch der Vertretungsmacht, wenn nämlich der Geschäftsführer die ihm im Innenverhältnis verbindlich gesetzten Schranken missachtet und der Dritte dies weiß. Dies gilt auch dann, wenn sich dem Dritten der Missbrauch geradezu aufdrängen muss.

Einen weiteren Ausnahmefall bilden In-Sich-Geschäfte (§ 181 BGB).

Zur Erhaltung des Stammkapitals und damit zum Schutz der Gläubiger wird die Vertretungsmacht des Geschäftsführers durch §§ 30 und 43 a GmbHG gesetzlich beschränkt. Danach darf das zur Erhaltung des Stammkapitals erforderliche Vermögen der Gesellschaft nicht an die Gesellschafter ausgezahlt werden (§ 30 Abs. 1 S. 1 GmbHG), es sei denn, es handelt sich um Leistungen, die bei Bestehen eines Beherrschungs- oder Gewinnabführungsvertrags (§ 291 des AktG) erfolgen oder durch einen vollwertigen Gegenleistungs- oder Rückgewähranspruch gegen den Gesellschafter gedeckt sind (§ 30 Abs. 1 S. 2 GmbHG) oder Rückgewähr eines Gesellschafterdarlehens und Leistungen auf Forderungen aus Rechtshandlungen, die einem Gesellschafterdarlehen wirtschaftlich entsprechen (§ 30 Abs. 1 S. 3 GmbHG). Den Geschäftsführern, anderen gesetzlichen Vertretern, Prokuristen oder Handlungsbevollmächtigten dürfen aus dem zur Erhaltung des Stammkapitals erforderlichen Vermögen keine Kredite gewährt werden (§ 43 a GmbHG).

Vertretung vor Gericht

In Gerichtsverfahren (§§ 51, 56 ZPO) wird die GmbH vom Geschäftsführer vertreten. Dieser kann nicht als Zeuge, sondern nur als Partei vernommen werden. Die Vernehmung des Geschäftsführers als Partei liegt im Ermessen des Gerichts (§ 447 ZPO). Seine Glaubwürdigkeit ist dann eine Frage der gerichtlichen Beweiswürdigung.

Der Geschäftsführer hat auch die eidesstattlichen Versicherungen für die GmbH abzugeben.

Vertretung im Insolvenzverfahren

Im Insolvenzverfahren besteht die Vertretungsbefugnis des Geschäftsführers fort, soweit die Geschäfte nicht vom Insolvenzverwalter wahrgenommen werden. Erst mit der Löschung der GmbH nach § 2 LöschG verliert der Geschäftsführer seine Vertretungsbefugnis.

Bei späterem Auftauchen von Vermögenswerten wird nicht automatisch der frühere Geschäftsführer Liquidator (BGHZ 53, 269). Vielmehr ist der Liquidator gem. § 2 Abs. 3 LöschG auf Antrag vom Gericht zu bestellen. Der Geschäftsführer kann nicht gegen seinen Willen zum Nachtragsliquidator bestellt werden (LG Köln GmbHR 1990, 268).

Vertretung bei Führungslosigkeit

Hat eine GmbH keinen Geschäftsführer (Führungslosigkeit), wird sie für den Fall, dass ihr gegenüber Willenserklärungen abgegeben oder Schriftstücke zugestellt werden, durch die Gesellschafter vertreten. (§§ 35 Abs. 1 Satz 2 und Abs. 2 Satz 2 GmbHG).

Empfangsberechtigter

Es kann ein Empfangsberechtigter mit einer inländischen Anschrift zur Eintragung in das Handelsregister angemeldet werden (§ 10 Abs. 2 Satz 2 GmbHG). Er ist dann für Willenserklärungen und Zustellungen an die Gesellschaft empfangberechtigt.

Dritten gegenüber gilt die Empfangsberechtigung als fortbestehend, bis sie im Handelsregister gelöscht und die Löschung bekannt gemacht worden ist, es sei denn, dass die fehlende Empfangsberechtigung dem Dritten bekannt war.

Registeranmeldungen

Die Errichtung der GmbH (§ 7 Abs. 1 GmbHG), eine Kapitalerhöhung (§§ 54 Abs. 3, 57 Abs. 1 GmbHG) und eine Kapitalherabsetzung (§§ 54 Abs. 3, 58 Abs. 1 Nr. 3 GmbHG) müssen sämtliche Geschäftsführer zum Handelsregister anmelden (§ 78 GmbHG).

In allen anderen Fällen müssen jeweils so viele Geschäftsführer handeln, wie zur Vertretung der GmbH erforderlich sind. Hierunter fallen alle übrigen Änderungen des Gesellschaftsvertrages, Bestellung und Abberufung von Prokuristen, Änderung der Geschäftsführung und Auflösung der Gesellschaft.

Alle Anmeldungen zur Eintragung in das Handelsregister sind elektronisch in öffentlich beglaubigter Form einzureichen (§ 12 Abs. 1 HGB). Die gleiche Form ist für eine Vollmacht zur Anmeldung erforderlich. Dokumente sind ebenfalls elektronisch einzureichen. Ist ein notariell beurkundetes Dokument oder eine öffentlich beglaubigte Abschrift einzureichen, so ist ein mit einem einfachen elektronischen Zeugnis (§ 39a Beurkundungsgesetz) versehenes Dokument zu übermitteln.

Praxishinweis! Die elektronische Einreichung einer öffentlich beglaubigten Anmeldung kann nur über einen Notar erfolgen. In Papierform übersandte Anmeldungen werden vom Registergericht unbearbeitet zurückgegeben.

Anmeldeberechtigt sind die im Zeitpunkt der Anmeldung bestellten Geschäftsführer. Der Geschäftsführer, der sein Amt bereits vor der Anmeldung niedergelegt hat, ist nicht (mehr) befugt, sein Ausscheiden zum Handelsregister anzumelden (OLG Zweibrücken GmbHR 1999, 479).

Im Interesse der handelsrechtlichen Transparenz im EU-Bereich ist zur Eintragung in das Handelsregister auch anzumelden, dass bei Bestellung eines einzigen Geschäftsführers dieser die GmbH einzeln vertritt. Das Registergericht ist berechtigt und verpflichtet, die bei ihm eingereichten Anmeldungen darauf zu prüfen, ob sie die beantragte Eintragung rechtfertigen. Im Falle der Anmeldung eines neuen Geschäftsführers der GmbH zum Handelsregister ist das Registergericht sogar befugt, die Prüfung darauf zu erstrecken, ob der Beschluss über die Bestellung des neuen Geschäftsführers ordnungsgemäß zu Stande gekommen ist.

Gemäß § 40 Abs. 1 GmbHG haben die Geschäftsführer unverzüglich nach Wirksamwerden jeder Veränderung in den Personen der Gesellschafter oder des Umfangs ihrer Beteiligung eine von ihnen unterschriebene Liste der Gesellschafter zum Handelsregister einzureichen. Der Liste müssen Name, Vorname, Geburtsdatum und Wohnort jedes Gesellschafters sowie die Nennbeträge und die laufenden Nummern der von jedem derselben übernommenen Geschäftsanteile zu entnehmen sein. Die Änderung der Liste durch die Geschäftsführer erfolgt auf Mitteilung und Nachweis.

Hat ein Notar an Veränderungen mitgewirkt, hat er gemäß § 40 Abs. 2 GmbHG unverzüglich nach deren Wirksamwerden ohne Rücksicht auf etwaige später eintretende Unwirksamkeitsgründe die Liste anstelle der Geschäftsführer zu unterschreiben, zum Handelsregister einzureichen und eine Abschrift der geänderten Liste an die Gesellschaft zu übermitteln. Die Liste muss mit der Bescheinigung des Notars versehen sein, dass die geänderten Eintragungen den Veränderungen entsprechen, an denen er mitgewirkt hat, und die übrigen Eintragungen mit dem Inhalt der zuletzt im Handelsregister aufgenommenen Liste übereinstimmen.

Reguläre Gründung einer GmbH

Die reguläre Gründung einer GmbH erfolgt durch den Abschluss eines notariellen Gesellschaftsvertrages (§§ 2 Abs. 1 iVm 3 ff GmbHG), der Anmeldung der GmbH zum Handelsregister (§§ 7 und 8 GmbHG) und ihrer Eintragung im Handelsregister (§§ 10 und 11 GmbHG).

Die Aufgabe der Geschäftsführer der GmbH ist lediglich die Anmeldung der Gesellschaft zum Handelsregister. Sie haben hierbei darauf zu achten, dass die Mindesterfordernisse für einen rechtswirksamen notariellen Gesellschaftsvertrag vorliegen.

Der Gesellschaftsvertrag muss mindestens enthalten (§ 3 Abs. 1 GmbHG):
– die Firma und den Sitz der Gesellschaft;
– den Gegenstand des Unternehmens;
– den Betrag des Stammkapitals;
– die Zahl und die Nennbeträge der Geschäftsanteile, die jeder Gesellschafter gegen Einlage auf das Stammkapital zu leistenden übernimmt.

Die Gesellschaft ist bei dem Gericht, in dessen Bezirk sie ihren Sitz hat, zur Eintragung in das Handelsregister anzumelden (§ 7 Abs. 1 GmbHG). Die Geschäftsführer müssen sich vor der Anmeldung darüber vergewissern (§ 7 Abs. 3 GmbHG), dass
– auf jeden Geschäftsanteil, soweit nicht Sacheinlagen vereinbart sind, ¼ des Nennbetrages eingezahlt ist. Insgesamt muss auf das Stammkapital mindestens soviel eingezahlt sein, dass der Gesamtbetrag der eingezahlten Geldeinlagen zuzüglich des Gesamtnennbetrags der Geschäftsanteile, für die Sacheinlagen zu leisten sind, die Hälfte des Mindeststammkapitals erreicht (§ 7 Abs. 2 GmbHG). Dasselbe gilt nach der durch das MoMiG geänderten Fassung des GmbHG auch

für die Ein-Mann-GmbH; es muss für nicht einbezahlte Bareinlagen keine Sicherung mehr bestellt sein.

– Sacheinlagen vor der Anmeldung voll bewirkt sind (§ 7 Abs. 3 GmbHG).

Der Anmeldung müssen beigefügt sein (§ 8 Abs. 1 GmbHG):

– der Gesellschaftsvertrag und die Vollmachten der Vertreter, die den Gesellschaftsvertrag unterzeichnet haben;

– die Bestellung der Geschäftsführer, sofern dieselben nicht im Gesellschaftsvertrag bestellt sind;

– eine vollständige Liste der Gesellschafter, aus welcher ihre Namen, Vornamen, Geburtsdaten und Wohnorte sowie die Nennbeträge und die laufenden Nummern der von einem jeden übernommenen Geschäftsanteile ersichtlich sind;

– bei Sacheinlagen die Verträge, die den Festsetzungen zugrunde liegen oder zu ihrer Ausführung geschlossen worden sind, und der Sachgründungsbericht sowie Unterlagen darüber, dass der Wert der Sacheinlagen den Nennbetrag der dafür, übernommenen Geschäftsanteile erreicht.

Falls der Gegenstand des Unternehmens der staatlichen Genehmigung bedarf, ist gilt nach der durch das MoMiG geänderten Fassung des GmbHG eine Genehmigungsurkunde für die Anmeldung nicht mehr erforderlich.

In der Anmeldung haben die Geschäftsführer zu versichern (§ 8 Abs. 2), dass

– die Leistungen auf die Stammeinlagen in der gesetzlich vorgeschriebenen Form bewirkt sind und dass der Gegenstand der Leistungen sich endgültig in der freien Verfügung der Geschäftsführer befindet. Das Gericht kann bei erheblichen Zweifeln an der Richtigkeit der Versicherung Nachweise (unter anderem Einzahlungsbelege) verlangen;

– keine Umstände vorliegen, die ihrer Bestellung nach § 6 Abs. 2 Satz 2 Nr. 2 und 3 sowie Satz 3 GmbHG entgegenstehen, und dass sie über ihre unbeschränkte Auskunftspflicht gegenüber dem Gericht belehrt worden sind.

In der Anmeldung ist ferner Art und Umfang der Vertretungsbefugnis der Geschäftsführer anzugeben (§ 8 Abs. 4 Nr. 2 GmbHG).

Erst mit der Eintragung im Handelsregister entsteht die GmbH (§ 11 Abs. 1 GmbHG). Bei der Eintragung sind die Firma, der Sitz, eine inländische Geschäftsanschrift, der Gegenstand, die Höhe des Stammkapitals, der Tag des Abschlusses des Gesellschaftsvertrages und die Personen der Geschäftsführer anzugeben. Ferner ist einzutragen, welche Vertretungsbefugnis die Geschäftsführer haben (§ 10 Abs. 1 GmbHG).

Enthält der Gesellschaftsvertrag eine Bestimmung über die Zeitdauer der Gesellschaft, so ist auch diese Bestimmung einzutragen.

Wenn eine Person, die für Willenserklärungen und Zustellungen an die Gesellschaft empfangsberechtigt ist, mit einer inländischen Anschrift zur Eintragung in das Handelsregister angemeldet wird, sind auch diese Angaben einzutragen; Dritten gegenüber gilt die Empfangsberechtigung als fortbestehend, bis sie im Handelsregister gelöscht und die Löschung bekannt gemacht worden ist, es sei denn, dass die fehlende Empfangsberechtigung dem Dritten bekannt war (§ 10 Abs. 2 GmbHG).

Das Registergericht macht die Eintragungen in das Handelsregister in dem von der Landesjustizverwaltung bestimmten elektronischen Informations- und Kommunikationssystem in der zeitlichen Folge ihrer Eintragung nach Tagen geordnet bekannt (§ 10 Abs. 1 HGB).

Vereinfachte Gründung einer GmbH

Die GmbH kann gemäß § 2 Abs. 1a GmbHG in einem vereinfachten Verfahren gegründet werden, wenn sie höchstens drei Gesellschafter und einen Geschäftsführer hat.

Für die Gründung im vereinfachten Verfahren ist das in der Anlage zum GmbHG bestimmte Musterprotokoll zu verwenden. Das sieht vor, dass bei einer vereinfachten Gründung nur Geldeinlagen, nicht jedoch Sacheinlagen möglich sind. Dabei können die Geldeinlagen entweder sofort in voller Höhe oder zu 50 % sofort, im Übrigen sobald die Gesellschafterversammlung ihre Einforderung beschließt, zu leisten sein. Darüber hinaus dürfen keine vom GmbHG abweichenden Bestimmungen getroffen werden.

Das Musterprotokoll gilt zugleich als Gesellschafterliste.

Im Übrigen finden auf das Musterprotokoll die Vorschriften des GmbHG über den Gesellschaftsvertrag entsprechende Anwendung.

Unternehmergesellschaft

Nach der durch das MoMiG geänderten Fassung des GmbHG kann auch eine Gesellschaft mit einem Stammkapital gegründet werden, das den Betrag des Mindeststammkapitals nach § 5 Abs. 1 GmbHG unterschreitet. Ihre Firma muss abweichend von § 4 GmbHG die Bezeichnung „Unternehmergesellschaft (haftungsbeschränkt)" oder „UG (haftungsbeschränkt)" führen (§ 5a Abs. 1 GmbHG).

Abweichend von § 7 Abs. 2 GmbHG darf die Anmeldung erst erfolgen, wenn das Stammkapital in voller Höhe eingezahlt ist. Sacheinlagen sind ausgeschlossen (§ 5a Abs. 2 GmbHG).

In der Bilanz des nach den §§ 242, 264 HGB aufzustellenden Jahresabschlusses ist eine gesetzliche Rücklage zu bilden, in die ein Viertel des um einen Verlustvortrag aus dem Vorjahr geminderten Jahresüberschusses einzustellen ist. Die Rücklage darf nur verwandt werden
– für Zwecke der Kapitalerhöhung aus Gesellschaftsmitteln gemäß § 57c GmbHG;
– zum Ausgleich eines Jahresfehlbetrages, soweit er nicht durch einen Gewinnvortrag aus dem Vorjahr gedeckt ist;
– zum Ausgleich eines Verlustvortrags aus dem Vorjahr, soweit er nicht durch einen Jahresüberschuss gedeckt ist (§ 5a Abs. 3 GmbHG).

Die Gesellschafterversammlung muss, nicht wie bei der GmbH nur bei Verlust der Hälfte des Stammkapitals (§ 49 Abs. 3 GmbHG), sondern auch bei drohender Zahlungsunfähigkeit (§ 5a Abs. 3 GmbHG) unverzüglich einberufen werden.

Erhöht die Unternehmergesellschaft ihr Stammkapital so, dass es den Betrag des Mindeststammkapitals der GmbH nach § 5 Abs. 1 GmbHG (EUR 25.000) erreicht oder übersteigt, gelten die Vorschriften für die GmbH. Die Firma der Unternehmergesellschaft darf jedoch beibehalten werden.

Zweigniederlassung

Eine Zweigniederlassung ist eine nach außen selbstständig geführte Abteilung der GmbH. Der Begriff der Zweigniederlassung ist nicht identisch mit einer Betriebsstätte (§ 16 AO) und auch nicht mit einem Teilbetrieb im Sinne des EStG und des KStG.

Merkmale der Zweigniederlassung sind:
– räumliche Selbstständigkeit;
– selbstständige Geschäftsleitung;
– selbstständiger Ein- und Verkauf;
– selbstständige Produktion;
– eigenes Bankkonto;
– gesondert geführte Buchführung;
– getrennte Gewinnermittlung.

Die Zweigniederlassung ist keine eigenständige juristische Person. Die GmbH kann jedoch aus Geschäften der Zweigniederlassung am Sitz der Zweigniederlassung klagen und verklagt werden (§ 21 ZPO).

Die Errichtung einer Zweigniederlassung ist von den Geschäftsführern der GmbH beim Gericht des Sitzes der GmbH, unter Angabe des Ortes der Zweigniederlassung und des Zusatzes, falls der Firma der Zweigniederlassung ein solcher beigefügt wird, zur Eintragung anzumelden (§ 13 Abs. 1 Satz 1 HGB). In gleicher Weise sind spätere Änderungen der die Zweigniederlassung betreffenden einzutragenden Tatsachen anzumelden (§ 13 Abs. 1 Satz 2 HGB).

Das zuständige Gericht trägt die Zweigniederlassung auf dem Registerblatt des Sitzes der GmbH unter Angabe des Ortes der Zweigniederlassung und des Zusatzes, falls der Firma der Zweigniederlassung ein solcher beigefügt ist, ein, es sei denn, die Zweigniederlassung ist offensichtlich nicht errichtet worden (§ 13 Abs. 2 HGB).

Die Bestimmungen über die Eintragung einer Zweigniederlassung gelten entsprechend für die Aufhebung der Zweigniederlassung (§ 13 Abs. 3 HGB).

Bei Zweigniederlassungen der GmbH im Ausland gelten einerseits die jeweiligen ausländischen Bestimmungen betreffend der Errichtung und der Anmeldung der Zweigniederlassung. Dessen ungeachtet ist die ausländische Zweigniederlassung von den Geschäftsführern der GmbH beim Gericht des Sitzes der GmbH zur Eintragung anzumelden. Dies gilt auch dann, wenn sich der tatsächliche und ausschließliche Verwaltungssitz GmbH nicht im Inland, sondern allein am Ort der Zweigniederlassung befindet. Die dann zur Anmeldung verpflichteten ausländischen

Geschäftsführer haben zu ihrer Legitimation den ihre Bestellung betreffenden Gesellschaftsbeschluss und etwaige weitere, zur Überprüfung der Wirksamkeit erforderliche Unterlagen beizufügen (KG Berlin, GmbHR 2004, 116).

In der Regel sind ausländische Zweigniederlassungen Betriebsstätten im Sinne der Doppelbesteuerungsabkommen. Die Betriebsstättengewinne unterliegen der Besteuerung des Quellenstaates und werden in Deutschland, am Sitz der GmbH, nicht nochmals besteuert. Eine Abschöpfung der inländischen Gewinne über ausländische Betriebsstätten ist jedoch nur beschränkt möglich, da die internen Verrechnungspreise zwischen der GmbH und ihrer ausländischen Betriebsstätte einem Fremdvergleich standhalten müssen.

Kapitalerhöhung

Bei einer Kapitalerhöhung wird das im Gesellschaftsvertrag vereinbarte Stammkapital entweder durch die Zuführung neuer Mittel oder aus vorhandenen Gesellschaftsmitteln erhöht. Dabei ist grundsätzlich eine Änderung des Gesellschaftsvertrages (§§ 53, 55 ff GmbHG) erforderlich. Sie kann nur durch Beschluss der Gesellschafter erfolgen (§ 53 Abs. 1 GmbHG). Der Beschluss muss notariell beurkundet werden und bedarf mindestens einer 3/4-Mehrheit der abgegebenen Stimmen der Gesellschafter, sofern der Gesellschaftsvertrag keine strengeren Anforderungen stellt (§ 53 Abs. 2 GmbHG).

Bei einer Kapitalerhöhung mit Neueinlagen werden der GmbH neue Mittel zugeführt. Die Neueinlagen können Geld- oder Sacheinlagen sein. Sollen Sacheinlagen geleistet werden, so müssen ihr Gegenstand und der Betrag der Stammeinlage, auf die sich die Sacheinlage bezieht, im Beschluss über die Erhöhung des Stammkapitals festgesetzt werden (§ 56 Abs. 1 GmbHG). Im Falle der Gründung einer GmbH verlangt § 5 Abs. 4 Satz 2 GmbHG einen Sachgründungsbericht. Eine entsprechende Verweisung fehlt bei den Vorschriften über die Kapitalerhöhung. Dennoch wird allgemein auch bei der Sachkapitalerhöhung ein so genannter Sachkapitalerhöhungsbericht nebst Unterlagen über den Wertnachweis gefordert (Scholz, GmbHG, § 56 Rz 89ff mwN).

Bei Gründung der GmbH sind nach dem ausdrücklichen Wortlaut des § 5 Abs. 4 Satz 2 GmbHG die Gesellschafter zur Aufstellung des Sachgründungsberichts zuständig. Nach richtiger Ansicht ist die Zuständigkeit für die Erstellung des Sachkapitalerhöhungsberichts auf die Geschäftsführer verlagert (Scholz, GmbHG, § 56 Rz 91). Die Frage ist jedoch umstritten.

Praxishinweis! Der Sachkapitalerhöhungsbericht sollte sowohl von den Gesellschaftern als auch von den Geschäftsführern unterschrieben werden.

Zur Übernahme der neu geschaffenen Stammeinlage können die bisherigen Gesellschafter oder andere Personen zugelassen werden (§ 55 Abs. 2 Satz 1 GmbHG). Die Übernehmer haben die Übernahme der neu geschaffenen Stammeinlagen in notariell beurkundeter oder beglaubigter Form zu erklären (§ 55 Abs. 1 GmbHG).

Die Geschäftsführer haben die beschlossene Kapitalerhöhung zur Eintragung in das Handelsregister des Sitzes der GmbH anzumelden (§ 57 Abs. 1 GmbHG). Der Anmeldung sind folgende Unterlagen beizufügen:
– der Kapitalerhöhungsbeschluss;
– der vollständige Wortlaut des Gesellschaftsvertrages mit der Bescheinigung eines Notars, dass die geänderten Bestimmungen des Gesellschaftsvertrages mit dem Beschluss über die Änderung des Gesellschaftsvertrags und die unveränderten Bestimmungen mit dem zuletzt zum Handelsregister eingereichten vollständigen Wortlaut des Gesellschaftsvertrags übereinstimmen (§ 54 Abs. 1 GmbHG);
– bei Kapitalerhöhung mit Sacheinlagen die auf sie gerichteten Verträge – soweit vorhanden – (§ 57 Abs. 3 Ziff. 3 GmbHG), der Sachkapitalerhöhungsbericht und die Unterlagen über den Wertnachweis;
– die notariell beglaubigten Übernahmeerklärungen der Übernehmer (§ 57 Abs. 3 Ziff. 1 GmbHG);
– eine Liste der Personen, welche die neuen Stammeinlagen übernommen haben (§ 57 Abs. 3 Ziff. 2 GmbHG);
– Versicherungen über Mindesteinzahlungen und/oder die erbrachten Stammeinlagen (§ 57 Abs. 2 GmbHG).

Bei einer Kapitalerhöhung mit Kapital- oder Gewinnrücklagen werden Gesellschaftsmittel in Stammkapital umgewandelt (§ 57 c GmbHG). Dabei können entweder neue Geschäftsanteile gebildet oder die vorhandenen erhöht werden (§ 57 h Abs. 1 GmbHG). Neu gebildete Geschäftsanteile stehen den Gesellschaftern im Verhältnis ihrer bisherigen Geschäftsanteile zu (§ 57 j GmbHG).

Dem Kapitalerhöhungsbeschluss ist eine von einem Wirtschaftsprüfer bzw. vereidigten Buchprüfer geprüfte und mit einem uneingeschränkten Bestätigungsvermerk versehene Bilanz, die höchstens 8 Monate alt sein darf, zugrunde zu legen. Die Bilanz kann entweder die letzte Jahresbilanz (§ 57 i GmbHG) sein oder eine speziell zum Zwecke der Stammkapitalerhöhung erstellte Erhöhungssonderbilanz (§ 57 f GmbHG).

Bei der Anmeldung der Stammkapitalerhöhung aus Gesellschaftsmitteln haben die Geschäftsführer beizufügen:
– den Kapitalerhöhungsbeschluss;
– den vollständigen Wortlaut des Gesellschaftsvertrages, der mit der Bescheinigung eines Notars zu versehen ist, dass die geänderten Bestimmungen des Gesellschaftsvertrages mit dem Beschluss über die Änderung des Gesellschaftsvertrages und die unveränderten Bestimmungen mit dem zuletzt zum Handelsregister eingereichten vollständigen Wortlaut des Gesellschaftsvertrages übereinstimmen (§ 54 Abs. 1 GmbHG);
– die der Kapitalerhöhung zugrundegelegte, mit dem Bestätigungsvermerk der Prüfer versehene Bilanz (§ 57 i Abs. 1 Satz 1, 1. HS GmbHG);
– die letzte Jahresbilanz, falls sie nicht der Kapitalerhöhung zugrundeliegt und sofern sie noch nicht zum Zwecke der Offenlegung (§§ 325 HGB) eingereicht ist (§ 57 i Abs. 1 Satz 1, 2. HS GmbHG);

– die Erklärung, dass seit dem Stichtag der zugrundegelegten Bilanz bis zum Tag der Anmeldung keine Vermögensminderung eingetreten ist (§ 57 i Abs. 1 Satz 2 GmbHG).

Eine Kapitalerhöhung im obigen Sinne wird, wie jede andere Satzungsänderung auch, erst mit ihrer Eintragung in das Handelsregister wirksam (§ 54 Abs. 3 GmbHG).

§ 55a der durch das MoMiG geänderten Fassung des GmbHG sieht eine weitere Variante der Kapitalerhöhung vor. Der Gesellschaftsvertrag kann die Geschäftsführer für höchstens fünf Jahre nach Eintragung der Gesellschaft ermächtigen, das Stammkapital bis zu einem bestimmten Nennbetrag (genehmigtes Kapital) durch Ausgabe neuer Geschäftsanteile gegen Einlagen zu erhöhen. Der Nennbetrag des genehmigten Kapitals darf die Hälfte des Stammkapitals, das zur Zeit der Ermächtigung vorhanden ist, nicht übersteigen. Die Ermächtigung kann auch durch Abänderung des Gesellschaftsvertrages für höchstens fünf Jahre nach deren Eintragung erteilt werden. Gegen Sacheinlagen dürfen Geschäftsanteile nur ausgegeben werden, wenn die Ermächtigung es vorsieht.

Machen die Geschäftsführer von dieser Ermächtigung Gebrauch, müssen sie mit der Ausgabe der neuen Geschäftsanteile die Einlagen (ggf. Sacheinlagen § 55a Abs. 3 GmbHG) einfordern und eine aktuelle Liste der Gesellschafter zum Handelsregister einreichen (§ 40 Abs. 1 GmbHG).

Das Gesetz lässt offen, wer zur Übernahme der neunen Anteile berechtigt sein soll. Es bietet sich eine analoge Anwendung des § 55 GmbHG an, wonach zur Übernahme eines Geschäftsanteils von der Gesellschaft die bisherigen Gesellschafter oder andere Personen, welche durch die Übernahme ihren Beitritt zu der Gesellschaft erklären, zugelassen werden können.

Kapitalherabsetzung

Bei der Kapitalherabsetzung wird das im Gesellschaftsvertrag vereinbarte Stammkapital vermindert (§§ 58 ff GmbHG).

Die Kapitalherabsetzung ist – wie auch die Kapitalerhöhung – eine Änderung des Gesellschaftsvertrages. Sie kann nur durch notariell beurkundeten Beschluss einer 3/4-Mehrheit der abgegebenen Stimmen der Gesellschafter erfolgen, sofern der Gesellschaftsvertrag keine strengeren Anforderungen stellt (§ 53 GmbHG).

Es gibt zwei Arten der Kapitalherabsetzung, nämlich die reguläre und die vereinfachte Kapitalherabsetzung.

Bei der regulären Kapitalherabsetzung (§ 58 GmbHG) darf das Stammkapital nicht unter das Mindestkapital von 25.000 EUR sinken. Sie vollzieht sich in folgenden Schritten:
– Im Herabsetzungsbeschluss bestimmen die Gesellschafter die künftige Höhe des Stammkapitals. In entsprechender Anwendung von § 222 Abs. 3 AktG ist zur Klarheit unter den Gesellschaftern, aber auch zur Prüfung durch das Registergericht geboten, den Zweck der Kapitalherabsetzung zu nennen. In Betracht kom-

men die Ausschüttung an die oder einzelne Gesellschafter, die Einstellung in Rücklagen, die Befreiung der Gesellschafter von restlichen Einlageverpflichtungen, die Beseitigung des Bilanzverlustes u.a. (Lutter/Hommelhoff, GmbHG, § 58 Rz 5 mwN).

– Der Beschluss auf Herabsetzung des Stammkapitals muss von den Geschäftsführern zu drei verschiedenen Malen in den Gesellschaftsblättern bekannt gemacht werden. In dieser Bekanntmachung sind zugleich die Gläubiger der Gesellschaft aufzufordern, sich bei derselben zu melden (§ 58 Abs. 1 Ziff.1 GmbHG).

– Die Gläubiger, die sich bei der Gesellschaft melden und der Herabsetzung nicht zustimmen, sind wegen ihrer Ansprüche zu befriedigen oder sicherzustellen (§ 58 Abs. 1 Ziff. 2 GmbHG).

– Die Geschäftsführer haben den Herabsetzungsbeschluss zur Eintragung in das Handelsregister anzumelden, jedoch nicht vor Ablauf eines Jahres seit dem Tage der letzten Bekanntmachung (§ 58 Abs. 1 Ziff. 3 GmbHG).

– Nach Prüfung der Anmeldungsunterlagen durch das Registergericht erfolgt die konstitutive Eintragung im Handelsregister.

– Nach Eintragung haben die Geschäftsführer den Kapitalherabsetzungsbeschluss gemäß dem im Beschluss festgesetzten Zweck zu vollziehen.

Der Anmeldung sind beizufügen:
– eine Ausfertigung oder beglaubigte Abschrift der notariellen Urkunde über den Kapitalherabsetzungsbeschluss;
– der vollständige Wortlaut des geänderten Gesellschaftsvertrages mit der Bescheinigung eines Notars, dass die geänderten Bestimmungen des Gesellschaftsvertrages mit dem Beschluss über die Änderung des Gesellschaftsvertrages und die unveränderten Bestimmungen mit dem zuletzt zum Handelsregister eingereichten vollständigen Wortlaut des Gesellschaftsvertrags übereinstimmen (§ 54 Abs. 1 Satz 2 GmbHG);
– Belege für die dreimalige Bekanntmachung (§ 58 Abs. 1 Ziff. 4 GmbHG);
– die Versicherung darüber, dass die Gläubiger, welche sich bei der Gesellschaft gemeldet und der Herabsetzung nicht zugestimmt haben, befriedigt oder sichergestellt sind.

Die vereinfachte Kapitalherabsetzung soll dazu dienen, Wertminderungen auszugleichen oder sonstige Verluste zu decken, also die GmbH zu sanieren (§ 58 a Abs. 1 GmbHG). Das Stammkapital kann auch unter das Mindestkapital von 25.000 EUR herabgesetzt werden, wenn dieses durch eine gleichzeitig zu beschließende Kapitalerhöhung wieder erreicht wird. Bei dieser Kombination von Kapitalherabsetzung und Kapitalerhöhung müssen beide Beschlüsse innerhalb von drei Monaten seit der Beschlussfassung im Handelsregister eingetragen sein (§ 58 a Abs. 4 GmbHG).

Bei der vereinfachten Kapitalherabsetzung müssen der Anmeldung beigefügt sein der Kapitalherabsetzungsbeschluss (ggf. Kapitalerhöhungsbeschluss) und der vollständige Wortlaut des geänderten Gesellschaftsvertrages mit der Vollständigkeitsbescheinigung eines Notars.

Praxishinweis: Im Falle der Kombination von vereinfachter Kapitalherabsetzung und gleichzeitiger Kapitalerhöhung sollte die Anmeldung unverzüglich nach Beschlussfassung erfolgen, damit beide Beschlüsse noch innerhalb der gesetzlich vorgegebenen drei Monate im Handelsregister eingetragen werden können.

Einforderung von Einlagen

Auf jeden Geschäftsanteil ist eine Einlage zu leisten. Die Höhe der zu leistenden Einlage richtet sich nach dem bei der Errichtung der Gesellschaft im Gesellschaftsvertrag festgesetzten Nennbetrag des Geschäftsanteils.

Im Fall der Kapitalerhöhung bestimmt sich die Höhe der zu leistenden Einlage nach dem in der Übernahmeerklärung festgesetzten Nennbetrag des Geschäftsanteils (§ 14 GmbHG).

Eine Einlage ist so zu bewirken, dass der Gegenstand der Leistung sich endgültig in der freien Verfügung der Geschäftsführer befindet (§ 8 Abs. 2 S. 1 GmbHG). Für eine wirksame Erbringung der Einlage ist erforderlich, das der Gegenstand der Einlage aus dem Privatvermögen des betreffenden Gesellschafters weggegeben wird, so dass er in das Sondervermögen der GmbH gelangt und die Zugehörigkeit zum Vermögen der GmbH für einen Außenstehenden objektiv erkennbar wird (OLG Oldenburg DB 2007, 2195).

Für den früher der regelmäßigen 30-jährigen Verjährung (§ 195 BGB a.F.) unterliegenden Anspruch der GmbH auf Leistung der Einlagen (§ 19 Abs. 1 GmbHG) galt seit Inkrafttreten des Schuldrechtsmodernisierungsgesetzes am 01.01.2002 zunächst die auf drei Jahre verkürzte Regelverjährung gemäß § 195 BGB n.F., bis durch Art. 13 des Verjährungsanpassungsgesetzes die spezielle, zehnjährige Verjährungsneuregelung des § 19 Abs. 6 GmbHG n.F. mit Wirkung ab 15. 12. 2004 in Kraft trat. Die für „Altfälle" noch nicht verjährter Einlageforderungen der GmbH maßgebliche besondere Überleitungsvorschrift des Art. 229 § 12 Abs. 2 EGBGB ist verfassungskonform dahin auszulegen, dass in die ab 15.12.2004 laufende neue zehnjährige Verjährungsfrist des § 19 Abs. 6 GmbHG lediglich die seit Inkrafttreten des Schuldrechtsmodernisierungsgesetzes, mithin ab 01.01.2002 verstrichenen Zeiträume der zuvor geltenden dreijährigen Regelfrist des § 195 BGB n.F. einzurechnen sind (BGH DB 2008, 751).

Durch das MoMiG ist § 19 Abs. 6 GmbHG wieder abgeschafft, wodurch die für die Übergangszeit vom 01.01.2001 bis 14.12.2004 auf drei Jahre verkürzte Regelverjährung gemäß § 195 BGB n.F. wieder eingeführt ist.

Sacheinlagen

Sacheinlagen sind sowohl bei Gründung der GmbH als auch bei einer Stammkapitalerhöhung vor Anmeldung zur Eintragung ins Handelsregister so zu bewirken, dass sie endgültig zur freien Verfügung der Geschäftsführer stehen (§§ 7 Abs. 3 und 56a GmbHG).

§ 19 Abs. 4 GmbHG definiert in der durch die MoMiG geänderten Fassung die bisher gesetzlich nicht bestimmte „verdeckte" Sacheinlage und deren Rechtsfolgen.

Danach handelt es sich um eine „verdeckte Sacheinlage", wenn eine Geldeinlage eines Gesellschafters bei wirtschaftlicher Betrachtung und aufgrund einer im Zusammenhang mit der Übernahme der Geldeinlage getroffenen Abrede vollständig oder teilweise als Sacheinlage zu bewerten ist. Die Folge ist, dass sie den Gesellschafter nicht von seiner Einlagenverpflichtung befreit. Jedoch sind die Verträge über die Sacheinlage und die Rechtshandlungen zu ihrer Ausführung nicht unwirksam. Auf die fortbestehende Geldeinlagepflicht des Gesellschafters wird der Wert des Vermögensgegenstandes im Zeitpunkt der Anmeldung der Gesellschaft zur Eintragung in das Handelsregister oder im Zeitpunkt seiner Überlassung an die Gesellschaft, falls diese später erfolgt, angerechnet. Die Anrechnung erfolgt nicht vor Eintragung der Gesellschaft in das Handelsregister. Die Beweislast für die Werthaltigkeit des Vermögensgegenstandes trägt der Gesellschafter.

Ist vor der Einlage eine Leistung an den Gesellschafter vereinbart worden, die wirtschaftlich einer Rückzahlung der Einlage entspricht und die nicht als verdeckte Sacheinlage im obigen Sinne zu beurteilen ist, so befreit dies den Gesellschafter von seiner Einlageverpflichtung nur dann, wenn die Leistung durch einen vollwertigen Rückgewähranspruch gedeckt ist, der jederzeit fällig ist oder durch fristlose Kündigung durch die Gesellschaft fällig werden kann (§ 19 Abs. 4 S. 1 GmbHG). Eine solche Leistung oder die Vereinbarung einer solchen Leistung ist in der Anmeldung zur Eintragung in das Handelsregister anzugeben (§ 19 Abs. 4 S. 2 GmbHG).

Geldeinlagen

Die Einlage ist im Falle eines „Zahlungskarussells" oder „Hin- und Herzahlens" nicht erbracht, wenn beispielsweise zeitnah der zu einer Geldeinlage verpflichtete Gesellschafter die Einlage auf das Konto der GmbH einbezahlt, seinen Geschäftsanteil verkauft, der Erwerber die eingezahlte Einlage als Gegenleistung für der GmbH gelieferte Anlagegüter abhebt und den Kaufpreis für den erworbenen Geschäftanteil bezahlt (OLG Oldenburg DB 2007, 2195). Dasselbe gilt bei Einlagenzahlung an eine Komplementär-GmbH, wenn die Einlage umgehend als „Darlehen" an die von den einlagepflichtigen Gesellschaftern beherrschte GmbH & Co. KG weiterfließt (BGH DB 2008, 173), selbst dann, wenn die Einlage (Darlehen) durch Ratenzahlungen an die GmbH zurückfließt (BGH DB 2008, 1430).

Bei Gründung der GmbH oder bei Stammkapitalerhöhung werden die in Geld zu erbringenden Geschäftsanteile häufig nicht voll geleistet, sondern nur zum Teil. Die restliche Zahlungspflicht wird in der Regel davon abhängig gemacht, dass die ausstehende Einlage eingefordert wird.

Falls der Gesellschaftsvertrag keine andere Regelung vorsieht, bedarf es hierzu eines Gesellschafterbeschlusses des Inhalts, dass die Einzahlungen unverzüglich oder unter Fristsetzung zu erbringen sind (Lutter/Hommelhoff, GmbHG, § 21 Rz 7 mwN).

Praxishinweis! Insbesondere bei mehrgliedrigen GmbH, in denen der Mehrheitsgesellschafter zugleich der Geschäftsführer ist, empfiehlt es sich, im Gesellschaftsvertrag vorzusehen, dass die Einforderung ausstehender Einlagen durch den Geschäftsführer erfolgen kann. Hierdurch lassen sich unerwünschte Verzögerungen vermeiden, die durch die Einberufung einer Gesellschafterversammlung und die Herbeiführung eines entsprechenden Beschlusses entstehen können.

In der Insolvenz der GmbH kann jedoch der Insolvenzverwalter die restliche Einlage auch ohne Gesellschafterbeschluss anfordern und fällig stellen (OLG Jena DB 2007, 1581).

Im Falle verzögerter Einzahlung kann an den säumigen Gesellschafter eine erneute Aufforderung zur Zahlung binnen einer zu bestimmenden Nachfrist von mindestens einem Monat unter Androhung seines Ausschlusses mit dem Geschäftsanteil erlassen werden. Die Aufforderung hat mittels eingeschriebenen Briefes zu erfolgen (§ 21 Abs. 1 GmbHG). Diese Nachfristsetzung erfolgt in jedem Falle durch den Geschäftsführer.

Zur Vorbereitung der Kaduzierung muss auch der Insolvenzverwalter den Einlageschuldner zur Zahlung unter Androhung des Ausschlusses auffordern. Hierbei sind die Form und Frist des § 21 Abs. 1 S. 2 und 3 GmbHG einzuhalten (OLG Jena DB 2007, 1581).

Nach fruchtlosem Ablauf der Nachfrist ist der säumige Gesellschafter seines Geschäftsanteils und der geleisteten Zahlungen mittels eingeschriebenen Briefes verlustig zu erklären. Diese Ausschlusserklärung (Kaduzierung) ist von den Geschäftsführern in der zur Vertretung der Gesellschaft erforderlichen Zahl abzugeben; eines vorangehenden Gesellschafterbeschlusses bedarf es nicht (Scholz, GmbHG, § 21 Rz 23).

Inhaberin des kaduzierten Geschäftsanteils wird die GmbH selbst (Lutter/Hommelhoff, GmbHG, § 21 Rz 15 mwN).

Für eine von dem ausgeschlossenen Gesellschafter nicht erfüllte Einlageverpflichtung haftet der Gesellschaft auch der letzte und – ersatzweise – jeder frühere Rechtsvorgänger des Ausgeschlossenen, der im Verhältnis zu ihr als Inhaber des Geschäftsanteils gilt (§ 22 Abs. 1 und 2 GmbHG). Die Haftung des Rechtsvorgängers ist auf die innerhalb der Frist von fünf Jahren auf die Einlageverpflichtung eingeforderten Leistungen beschränkt. Die Frist beginnt mit dem Tag, ab welchem der Rechtsnachfolger im Verhältnis zur Gesellschaft als Inhaber des Geschäftsanteils gilt (§ 22 Abs. 3 GmbHG).

Einforderung von Nachschüssen

Der Gesellschaftsvertrag kann vorsehen, dass die Gesellschafter über die Nennbeträge der Geschäftsanteile hinaus die Einforderung von weiteren Einzahlungen, so genannten Nachschüssen, beschließen können (§ 26 Abs. 1 GmbHG).

Die Einzahlung der Nachschüsse hat nach dem Verhältnis der Geschäftsanteile zu erfolgen (§ 26 Abs. 2 GmbHG).

Die Nachschusspflicht kann unbeschränkt sein. In diesem Falle hat jeder Gesellschafter das Recht, sich von der Zahlung des Nachschusses dadurch zu befreien, dass er innerhalb eines Monats nach der von der Geschäftsführung auszusprechenden Aufforderung zur Einzahlung seinen Geschäftsanteil zu Verfügung stellt, so genanntes Abandon (§ 27 Abs. 1 Satz 1 GmbHG). Falls der Gesellschafter binnen dieser Frist weder von seinem Abandonrecht Gebrauch macht noch die Einzahlung leistet, kann die Gesellschaft vertreten durch den Geschäftsführer durch eingeschriebenen Brief erklären, dass sie den Geschäftsanteil als zur Verfügung gestellt betrachte (§ 27 Abs. 1 Satz 2 GmbHG). Die Gesellschaft hat den Geschäftsanteil innerhalb eines Monats nach der Erklärung des Gesellschafters bzw. der Gesellschaft im Wege öffentlicher Versteigerung verkaufen zu lassen (§ 27 Abs. 2 Satz 1 GmbHG). Ist die öffentliche Versteigerung erfolglos, kann die Gesellschaft den Anteil auf eigene Rechnung veräußern (§ 27 Abs. 3 GmbHG).

Ist die Nachschusspflicht auf einen bestimmten Betrag beschränkt, so ist wie im Falle von ausstehenden Einlagen vorzugehen (§ 28 Abs. 1 GmbHG). Der Geschäftsführer hat den säumigen Gesellschafter mittels eingeschriebenen Briefes unter Nachfristsetzung von mindestens einem Monat zur Zahlung aufzufordern. Nach fruchtlosem Ablauf der Frist ist der säumige Gesellschafter seines Geschäftsanteils verlustig zu erklären. Rechtsvorgänger des säumigen Gesellschafters haften subsidiär (§ 22 GmbHG).

Inhaberin des kaduzierten Geschäftsanteils wird die GmbH selbst (Lutter/Hommelhoff, GmbHG, § 21 Rz 15 mwN).

Einziehung eines Geschäftsanteils

Die Einziehung – oder auch Amortisation – eines Geschäftsanteils bewirkt im Unterschied zum Erwerb eines eigenen Anteils, dass der eingezogene Geschäftsanteil untergeht.

Ohne die Zustimmung des betreffenden Gesellschafters findet die Einziehung nur statt, wenn ihre Voraussetzungen bereits zu dem Zeitpunkt, in dem er den Geschäftsanteil erworben hat, im Gesellschaftsvertrag geregelt waren (zwangsweise Amortisation). Als Gründe kommen insbesondere das Auflösungsbegehren eines Gesellschafters, seine Kündigung des Gesellschaftsvertrages, die Eröffnung des Insolvenzverfahrens über das Vermögen des Gesellschafters, eine grobe Verletzung der ihm obliegenden Pflichten oder ähnliche wichtige Anlässe in Betracht, die den Verbleib des Betreffenden in der Gesellschaft unzumutbar machen.

Mit Zustimmung des betreffenden Gesellschafters ist die Einziehung auch ohne Regelung weiterer Voraussetzungen im Gesellschaftsvertrag möglich. Meist wird sie dann an besondere Bedingungen, etwa an ein bestimmtes Einziehungsentgelt, geknüpft.

Die Einziehung darf nur nach Volleinzahlung des betreffenden Geschäftsanteils erfolgen, weil sie sonst eine unzulässige Befreiung von der restlichen Einlageschuld zur Folge hätte (BGHZ 9, 168).

Die Einziehung vernichtet den Geschäftsanteil. Der Nennbetrag des Stammkapitals der Gesellschaft und der verbleibenden Geschäftsanteile bleiben unberührt. Infolgedessen stimmt die Summe der Nominalwerte der Geschäftsanteile nicht mehr mit dem Stammkapital überein. Mit der Einziehung wächst den übrigen Gesellschaftern im Verhältnis ihrer Geschäftsanteile zueinander ein höherer Anteil am Gesellschaftsvermögen sowie an Gewinnbezugs- und Stimmrechten zu, ohne dass sich der Nominalwert ihrer Geschäftsanteile erhöht.

Sind die Berechnung des Abfindungsentgelts für den durch die Einziehung aus der GmbH ausscheidenden Gesellschafters und die Zahlungsmodalitäten im Gesellschaftsvertrag nicht geregelt, entspricht das Einziehungsentgelt dem Verkehrswert des eingezogenen Geschäftsanteils und wird mit Wirksamwerden der Einziehung zur Zahlung fällig. Es kann jedoch nicht aus dem zur Erhaltung des Stammkapitals erforderlichen Vermögen der Gesellschaft gezahlt werden (§§ 34 Abs. 3, 30 Abs. 1 GmbHG).

Die entgeltliche Zwangseinziehung steht unter der aufschiebenden Bedingung, dass die Abfindungszahlung unter Beachtung des Kapitalaufbringungsgebots des § 30 Abs. 1 GmbHG möglich ist (vgl. Fietz/Fingerhuth DB 2007, 1179). Solange diese Bedingung nicht eingetreten ist, behält der von der Einziehung betroffene Gesellschafter seine Gesellschafterrechte (OLG Düsseldorf DB 2007, 623). Der Gesellschaftsvertrag kann, mit Zustimmung des betreffenden Gesellschafters (§ 53 Abs. 3 GmbHG), abweichende Regelungen vorsehen, z.B. dass er ab dem Zeitpunkt des Einziehungsbeschlusses seine Gesellschafterrechte verliert.

Steuerlich bleibt die Einziehung für die Gesellschaft wie für die verbleibenden Gesellschafter ohne Auswirkung. Für die GmbH ist sie als gesellschaftsinterner Vorgang steuerlich neutral. Für die Gesellschafter liegt keine vGA vor, wenn nach einer Einziehung das Kapital aus Gesellschaftsmitteln wieder erhöht wird. Für den Inhaber des amortisierten Anteils entsteht bei Gewährung eines Einziehungsentgelts ein steuerpflichtiger Gewinn oder Verlust, sofern dieses den Buchwert des Anteils übersteigt oder unterschreitet und der Geschäftsanteil zu seinem Betriebsvermögen gehörte. Wurde der Geschäftsanteil im Privatvermögen gehalten, erfolgt eine Besteuerung nach § 17 EStG.

Ausschluss aus der GmbH

Die Ausschließung eines Gesellschafters durch gerichtliches Urteil aus der GmbH ist auch ohne gesellschaftsvertragliche Regelung zulässig (BGH GmbHR 1987, 302), bedarf dann allerdings zwingend einer Klage der Gesellschaft, die hierbei durch die Geschäftsführer vertreten wird. Voraussetzung ist, dass keine anderen Möglichkeiten zur Beseitigung der Störung des Gesellschaftsverhältnisses gegeben sind.

Der Ausschluss selbst ist nur als letztes und äußerstes Mittel zulässig und setzt einen wichtigen Grund in der Person des auszuschließenden Gesellschafters voraus. Ein solcher liegt vor, wenn den übrigen Gesellschaftern die Fortsetzung der Gesellschaft mit dem Auszuschließenden infolge seines Verhaltens oder seiner Persönlichkeit nicht mehr zuzumuten ist, seine weitere Mitgliedschaft also den Fortbestand der Gesellschaft unmöglich macht oder doch ernstlich gefährdet. Maßgebend ist die Abwägung aller wesentlichen Umstände des Einfalls (BGHZ 16, 322; 32, 31; 80, 350). Beispiele sind: Schwere Pflichtverletzungen (z.b. Wettbewerbsverstöße), Zerstörung des Vertrauensverhältnisses, geschäftsschädigendes Verhalten in der Öffentlichkeit.

Die GmbH-Satzung kann den Ausschluss hinsichtlich seiner Voraussetzungen, des Verfahrens und der Gründe näher regeln. So kann die Satzung einen Ausschluss durch Gesellschafterbeschluss vorsehen. Eine Ausschlussklage ist dann nicht nötig und auch nicht zulässig.

Der ausgeschlossene Gesellschafter hat Anspruch auf Abfindung und zwar, falls der Gesellschaftervertrag nichts anderes bestimmt, zum Verkehrswert.

Steuerlich ist auch die Ausschließung Veräußerung. Das Abfindungsentgelt stellt den Veräußerungspreis dar. Er ist steuerpflichtig, falls es sich um eine wesentliche Beteiligung im Sinne von § 17 EStG handelt oder die Beteiligung im Betriebsvermögen gehalten wurde. Die Abfindung an einen so genannten „lästigen" Gesellschafter kann sofort abzugsfähiger Aufwand sein (Schmidt/Heinicke, EStG, § 4 Rz 93).

Liquidation der GmbH

Nach Auflösung der Gesellschaft aus den in § 60 GmbH genannten Gründen ist die GmbH – mit Ausnahme ihrer Löschung wegen Vermögenslosigkeit – zu liquidieren.

Auflösungsgründe sind:
– Ablauf der im Gesellschaftsvertrag bestimmten Zeit;
– Liquidations-Beschluss der Gesellschafter, der einer Mehrheit von ¾ der abgegebenen Stimmen bedarf;
– gerichtliches Urteil oder Entscheidung einer Behörde;
– Eröffnung des Insolvenzverfahrens;
– rechtskräftiger Beschluss über die Ablehnung des Insolvenzverfahrens;
– rechtskräftige Verfügung des Registergerichts;
– Löschung der Gesellschaft wegen Vermögenslosigkeit;
– andere im Gesellschaftsvertrag genannte Gründe.

Die Auflösung der Gesellschaft ist im Handelsregister einzutragen. Dies geschieht im letztgenannten und den beiden ersten Auflösungsfällen nach Anmeldung durch die Liquidatoren (§ 65 Abs. 1 GmbHG), anderenfalls von Amts wegen. Die Auflösung ist – ausgenommen bei Löschung wegen Vermögenslosigkeit und Eröffnung des Insolvenzverfahrens – von den Liquidatoren in drei verschiedenen Nummern der Gesellschaftsblätter, dem elektronischen Bundesanzeiger (§ 12 GmbHG), bekanntzumachen (§ 65 Abs. 2 GmbHG).

Bis zur Beendigung der Liquidation und/oder Löschung der Gesellschaft (§ 74 GmbHG) besteht die GmbH fort. Ihre Firma muss jedoch einen auf die Liquidation hinweisenden Zusatz enthalten (z. B. GmbH i.L.).

Die Geschäftsführer haben als Liquidatoren die Liquidation durchzuführen, falls der Gesellschaftsvertrag oder ein Gesellschafterbeschluss nichts anderes bestimmt

(§ 66 Abs. 1 GmbHG). Sie haben für den Beginn der Liquidation eine Liquidations-Eröffnungsbilanz und einen diese erläuternden Bericht sowie für den Schluss jedes Jahres einen Jahresabschluss und einen Lagebericht aufzustellen. Im Übrigen haben sie alle wesentlichen Rechte und Pflichten der bisherigen Geschäftsführer. Ihre Vertretungsmacht ist im Außenverhältnis nicht begrenzt und erstreckt sich auch auf Prozesse über Anfechtung und Nichtigkeit des Auflösungsbeschlusses selbst (BGHZ 36, 207).

Die ersten Liquidatoren sowie ihre Vertretungsbefugnis sind durch die Geschäftsführer und jeder Wechsel der Liquidatoren und jede Änderung ihrer Vertretungsbefugnis sind durch die Liquidatoren zur Eintragung in das Handelsregister anzumelden (§ 67 Abs. 1 GmbHG). Die Regelungen für die bei der Anmeldung einzureichenden Unterlagen, abzugebenden Erklärungen und vorzunehmenden Handlungen entsprechen denen, die bei der Anmeldung der Geschäftsführer einzuhalten sind (§ 67 Abs. 2 bis 5 GmbHG). Insbesondere ist die „abstrakte", d.h. die generell für ein mehrköpfiges Organ geltende Vertretungsregelung auch dann zur Eintragung in das Handelsregister anzumelden, wenn nur ein (erster) Liquidator bestellt ist (BGH DB 2007, 1580).

Die Liquidatoren haben die laufenden Geschäfte der GmbH i.L. zu beendigen, ihre noch bestehenden Verpflichtungen zu erfüllen, ihre Forderungen einzuziehen, noch vorhandenes Vermögen zu verwerten und das verbleibende Vermögen unter die Gesellschafter nach dem Verhältnis ihrer Geschäftsanteile zu verteilen (§§ 70 und 72 GmbHG). Die Verteilung darf aber nicht vor Tilgung oder Sicherstellung der Gesellschaftsschulden und auch nicht vor Ablauf eines Jahres (Sperrfrist) seit dem Tage vorgenommen werden, an dem die Aufforderung an die Gläubiger gem. § 65 Abs. 2 GmbHG, sich bei der Gesellschaft zu melden, ergangen ist (§ 73 GmbHG). Meldet sich ein bekannter Gläubiger nicht, ist der geschuldete Betrag, wenn die Berechtigung zur Hinterlegung vorhanden ist, für diesen zu hinterlegen. Ist die Berichtigung einer Verbindlichkeit zur Zeit nicht ausführbar oder eine Verbindlichkeit streitig, darf die Verteilung erst erfolgen, wenn dem betreffenden Gläubiger Sicherheit geleistet wurde.

Auf allen Geschäftsbriefen müssen Rechtsform und Sitz der Gesellschaft mit einem die Liquidation kennzeichnenden Zusatz, das Registergericht des Sitzes der Gesellschaft und die Nummer, unter der die Gesellschaft in das Handelsregister eingetragen ist, sowie sämtliche Liquidatoren mit Familiennamen und mindestens einem ausgeschriebenen Vornamen angegeben werden.

Im Liquidationsstadium ändert sich hinsichtlich der Verhältnisse innerhalb der Gesellschaft nichts. Es gelten die Vorschriften der §§ 13–52 GmbHG, soweit sich nicht aus den Bestimmungen der §§ 60–77 GmbH und aus dem Wesen der Liquidation anderes ergibt. So haben beispielsweise während der Liquidation die Gesellschafter keinen Gewinnauszahlungsanspruch. An seine Stelle tritt der Anspruch auf Vermögensverteilung gem. §§ 72, 73 GmbHG. Ein vor der Auflösung der Gesellschaft festgestellter Gewinn ist den Gesellschaftern erst nach Befriedigung der anderen

Gläubiger auszuzahlen. Die Vorschriften über die Erhaltung des Stammkapitals (§§ 30–32 GmbHG) gelten weiterhin.

Nach Schluss der Abwicklung haben die Liquidatoren den Gesellschaftern Schlussrechnung zu legen. Den Gesellschaftern obliegt die Entlastung der Liquidatoren. Der Schluss der Liquidation ist zum Handelsregister anzumelden (§ 74 Abs. 1 GmbHG). Daraufhin ist die Gesellschaft zu löschen. Nach Beendigung der Liquidation sind ihre Bücher und Schriften für die Dauer von 10 Jahren einem der Gesellschafter oder einem Dritten in Verwahrung zu geben.

Die Steuerpflicht der Gesellschaft endet erst mit dem Aufhören jeglicher Tätigkeit. Das ist grundsätzlich der Zeitpunkt, in dem das Vermögen an die Gesellschafter verteilt worden ist (Abschn. 19 Abs. 3 GewStR). Die Gewinnermittlung während der Liquidation richtet sich nach § 11 KStG.

Einzel-/Gesamtvertretung

Nach § 35 Abs. 2 GmbHG müssen mehrere Geschäftsführer stets gemeinsam handeln, wenn nicht der Gesellschaftsvertrag ausdrücklich etwas anderes bestimmt (Grundsatz der Gesamtvertretung). Ein Rechtsgeschäft, das ein Geschäftsführer allein vornimmt, ist grundsätzlich unwirksam (OLG Dresden NJW-RR 1995, 803 = GmbHR 1995, 662).

Die Handhabung einer Gesamtvertretung ist sehr schwerfällig, weshalb die meisten Gesellschaftsverträge eine andere Regelung vorsehen oder der Gesellschafterversammlung wenigstens die Möglichkeit einräumen, eine abweichende Regelung zu beschließen.

Bei der echten Gesamtvertretung genügt es allerdings, wenn ein Gesamtvertreter den anderen intern formlos zur Abgabe einer Willenserklärung ermächtigt und dieser dann allein die Willenserklärung abgibt.

Praxishinweis! Bei einseitigen Rechtsgeschäften (z. B. Kündigung eines Angestellten) sollte bei Gesamtvertretung stets eine schriftliche Vollmacht des nicht in Erscheinung tretenden Geschäftsführers beigefügt werden. Anderenfalls könnte der Empfänger der Willenserklärung diese gem. § 174 BGB mangels Vorlage einer Vollmachtsurkunde zurückweisen, mit der Folge, dass die Willenserklärung unwirksam wäre.

Bei Gesamtvertretung muss sich ein Geschäftspartner der Gesellschaft grundsätzlich hierauf verweisen lassen. Eine Ausnahme besteht bei stillschweigender Ermächtigung des Geschäftsführers durch die anderen Geschäftsführer (Duldungsvollmacht) oder wenn die gesamtvertretungsberechtigten Geschäftsführer beim Geschäftspartner den irrigen Eindruck erwecken, der handelnde Geschäftsführer sei zur Alleinvertretung berechtigt (Anscheinsvollmacht).

Für den Empfang von Willenserklärungen (Passivvertretung) gilt Einzelvertretungsbefugnis. Gem. § 35 Abs. 2 Satz 2 genügt es, wenn die Erklärung an einen der Geschäftsführer erfolgt. Damit ist sie der Gesellschaft rechtswirksam zugegangen. Diese Vorschrift ist zwingend, kann also durch die Satzung nicht abgeändert werden. Soweit aber die Prokura und die Handlungsvollmacht reichen (§ 48 ff HGB), ist auch eine Erklärung an einen Träger dieser Vollmachten ausreichend.

Beispiele der Passivvertretung sind:
– Mahnungen;
– Kündigungen;
– Fristsetzungen;
– Mängelanzeigen gegenüber der GmbH;
– Zahlungsaufforderungen;
– Erhebung von Wechsel- und Scheckprotesten.

Der Gesellschaftsvertrag kann auch bestimmen, dass bei mehreren Geschäftsführern jeweils zwei Geschäftsführer gesamtvertretungsberechtigt sind. Er kann bestimmen, dass Geschäftsführer in Gemeinschaft mit Prokuristen vertretungsberechtigt sind (sog. unechte Gesamtvertretung, §§ 125 Abs. 3 HGB, 78 Abs. 3 AktG analog). Es muss allerdings stets die Vertretung allein durch Geschäftsführer gewährleistet sein, denn es widerspräche ihrer organschaftlichen Stellung, wenn bei allen vorgesehenen Vertretungskonstellationen ein Prokurist mitwirken müsste (Scholz, GmbHG, § 35 Rz 72 mwN). Der Prokurist wäre dann z. B. gegen seinen Willen nicht kündbar.

Die unechte Gesamtvertretung hat sich in der Praxis als zweckmäßig herausgestellt, weil im Falle der Verhinderung eines Geschäftsführers der Prokurist zusammen mit dem anderen Geschäftsführer für die Gesellschaft handeln kann.

Eine unechte Gesamtvertretung mit weiteren Personen, z. B. Handlungsbevollmächtigten, sonstigen Angestellten etc. ist nicht zulässig (Scholz, GmbHG, § 35 Rz 72).

Ist nur ein Geschäftsführer vorhanden, steht ihm die uneingeschränkte Vertretungsmacht zu. Die Vertretungsbefugnis kann nicht insgesamt oder für Teilbereiche auf eine andere Person oder ein anderes Gesellschaftsorgan übertragen werden. Der einzige Geschäftsführer der Gesellschaft ist stets einzel- bzw alleinvertretungsbefugt. Die Begriffe „Alleinvertretungsbefugnis" und „Einzelvertretungsbefugnis" sind – entgegen einer vielfach verbreiteten Rechtsansicht – synonym (BGH DB 2007, 1244).

Die konkrete Gestaltung der Vertretung muss jeweils auf die individuellen Interessen der Gesellschafter und/oder Geschäftsführer zugeschnitten sein. Eine schematische Standardlösung verbietet sich infolge der bestehenden Interessenvielfalt.

Form der Vertretung

Für eine wirksame Verpflichtung der Gesellschaft genügt es, wenn der Wille des Geschäftsführers, im Namen der GmbH zu handeln, für den Empfänger der Willenserklärung erkennbar ist. Dies wird immer dann angenommen, wenn der Geschäftsführer mit einem Dritten über eine Angelegenheit der Gesellschaft verhandelt und Willenserklärungen abgibt (Baumbach/Hueck, GmbHG, § 35 Anm. 7).

In Zweifelsfällen sollte der Geschäftsführer stets darauf achten, dass sein Handeln für die Gesellschaft eindeutig feststeht. Unterzeichnet er z. B. einen Scheck mit seinem Namen, aber ohne Gesellschaftszusatz, dann haftet er persönlich, wenn er nicht klargestellt hat, dass er für die Gesellschaft handelt, selbst wenn auf dem Scheck die Konto-Nr. der Gesellschaft angegeben ist. Hat der Geschäftsführer einen Wechsel im Namen der GmbH ausgestellt, zugleich aber auch ein Indossament ohne Zusatz lediglich mit seinem Namen gezeichnet, so haftet er persönlich. Die Beweislast für sein Handeln im Namen der GmbH trägt der Geschäftsführer (BGHZ 85, 252, 258).

In-Sich-Geschäfte

Der Geschäftsführer darf im Namen der Gesellschaft weder mit sich im eigenen Namen (Selbstkontrahieren) noch als Vertreter eines Dritten (Mehrfachvertretung) ein Rechtsgeschäft vornehmen (§ 181 BGB, sog. „Selbstkontrahierungsverbot" für „In-Sich-Geschäfte"). Eine Ausnahme gilt bei Rechtsgeschäften, die der Gesellschaft lediglich einen rechtlichen Vorteil bringen (Scholz, GmbHG, § 35 Rz 97 mwN).

Der Geschäftsführer kann aber vom gesetzlichen Verbot zum Selbstkontrahieren befreit werden. Eine solche Befreiung kann bereits im Gesellschaftsvertrag erfolgen. Der Gesellschaftsvertrag kann die Gesellschafterversammlung auch ermächtigen, eine derartige Befreiung zu beschließen. Trifft der Gesellschaftsvertrag keine Regelung, kann eine nachträgliche Befreiung des GmbH-Geschäftsführers vom Verbot der In-Sich-Geschäfte erfolgen. Hierbei ist zu differenzieren:

Die Gestattung des Selbstkontrahierens des alleinvertretungsberechtigten Geschäftsführers einer mehrgliedrigen GmbH für Einzelfälle ist durch einfachen Gesellschafterbeschluss (§§ 46 Nr. 5, 47, 48 GmbHG) zulässig. Dies kann auch außerhalb einer Gesellschafterversammlung selbst durch schlüssiges Verhalten der Gesellschafter erfolgen (Scholz, GmbHG, § 35 Rz 99).

Eine generelle Befreiung des Geschäftsführers einer mehrgliedrigen GmbH von den Beschränkungen des § 181 BGB ist durch einfachen Gesellschafterbeschluss jedoch nur dann zulässig, wenn der Gesellschaftsvertrag sie vorsieht (BFH GmbHR 1991, 332).

Nach § 35 Abs. 3 GmbHG gilt § 181 BGB auch für die Rechtsgeschäfte des alleinigen Gesellschafter-Geschäftsführers mit seiner Ein-Mann-GmbH. Ihm können Rechtsgeschäfte mit sich selbst nur von vornherein im Gesellschaftsvertrag oder nachträglich durch Änderung desselben gestattet werden. Durch einen schlichten Beschluss der Gesellschafterversammlung kann eine Befreiung vom gesetzlichen Selbstkontrahierungsverbot nicht, auch nicht für einzelne Geschäfte, erteilt werden (Scholz, GmbHG, § 35 Rz 119). Eine Befreiung durch Gesellschafterbeschluss ist jedoch dann möglich, wenn der Gesellschaftsvertrag die Gesellschafterversammlung dazu ermächtigt (OLG Hamm GmbHR 1998, 682).

Eine Befreiung im Gesellschaftsvertrag einer mehrgliedrigen GmbH wirkt fort, wenn sich die Gesellschaft in der Folgezeit zu einer Ein-Mann-GmbH wandelt (BGH GmbHR 1991, 261). Diese Rechtsansicht wird auch von der Finanzrechtsprechung geteilt (BFH BStBl II 1991, 2039; GmbHR 1991, 332).

Die Befreiung vom Selbstkontrahierungsverbot ist eine im Handelsregister eintragungspflichtige Tatsache. Die Wirksamkeit der Gestattung des Selbstkontrahierens unterliegt der Überprüfung durch das Registergericht (OLG Hamm GmbHR 1998, 682).

Ist dem Geschäftsführer einer Komplementär-GmbH einer GmbH & Co. KG gestattet, Rechtsgeschäfte mit sich im eigenen Namen und der KG vorzunehmen, kann diese Befreiung von dem Verbot des Selbstkontrahierens im Handelsregister der KG eingetragen werden. Eine solche Eintragung setzt ihre Anmeldung zur Eintragung ins Handelsregister voraus (BayObLG, GmbHR 2000, 91, 385, 731).

Die Befreiung vom Selbstkontrahierungsverbot kann auch beschränkt, z.B. auf Geschäfte mit bestimmten Personen, erteilt werden. Die Beschränkungen müssen sich aus dem Handelsregister selbst ergeben. Dies ist bei der Formulierung der Anmeldung zur Eintragung in das Handelsregister zu berücksichtigen. Bei der Beschränkung auf Geschäfte mit bestimmten Personen müssen diese in der Anmeldung namentlich genannt und im Handelsregister eingetragen werden (OLG Stuttgart DB 2007, 2423).

Generalvollmacht

Die Frage, ob eine – gesetzlich nicht geregelte – Generalvollmacht erteilt werden kann und wie diese ggf. einzuordnen ist, ist umstritten.

Unzulässig ist jedenfalls die Übertragung von Organbefugnissen, durch die der Bevollmächtigte, ohne zum Geschäftsführer bestellt zu werden, alle Funktionen des Geschäftsführers wahrnehmen und damit anstelle dessen wie ein Vertretungsorgan tätig sein soll. Eine solche, so genannte organvertretende Generalvollmacht ist unzulässig (BGH NJW 1977, 199).

Hiervon ist die zulässige, rechtsgeschäftliche Generalvollmacht abzugrenzen, durch die der Vertreter ermächtigt wird, die Gesellschaft bei allen Rechtsgeschäften zu vertreten, mit Ausnahme solcher, bei denen wegen des besonderen Charakters des Geschäfts ein Handeln eines Organs der Gesellschaft erforderlich ist. So ist etwa die Stellung des Insolvenzantrags nicht durch rechtsgeschäftliche Generalvollmacht übertragbar (Scholz, GmbHG, § 35 Rz 18).

Eine Generalvollmacht, die nicht so umfassend ist, dass sie die Vertretungsmacht des Geschäftsführers ersetzt, sondern ihm den eigenverantwortlich wahrzunehmenden Aufgabenbereich belässt, ist wirksam (OLG Naumburg GmbHR 1994, 556).

IV. Amtsbeendigung

Zeitablauf und Tod

Das Amt des Geschäftsführers endet automatisch mit Ablauf der Zeit, für die der Geschäftsführer bestellt ist oder mit dessen Tod, ohne dass es einer zusätzlichen Rechtshandlung bedürfte. Die Dauer der Bestellung unterliegt keiner Beschränkung (Ausnahme: die mitbestimmte GmbH, § 31 MitbestG, Bestellung auf höchstens 5 Jahre ab Amtsantritt).

Abberufung

Die Bestellung des Geschäftsführers ist grundsätzlich jederzeit frei widerruflich (§ 38 Abs. 1 GmbHG). Möglich ist also die fristlose Abberufung ohne Angabe von Gründen und ohne Anspruch auf vorherige Anhörung (Scholz, GmbHG, § 38 Rz 16). Darauf, ob der Geschäftsführer Anlass für seine Abberufung gegeben hat oder nicht, kommt es nicht an (OLG Karlsruhe GmbHR 2003, 771).

Soweit im Gesellschaftsvertrag nichts anderes vorgesehen ist (§ 45 Abs. 2 GmbH), ist die Gesellschafterversammlung widerrufsberechtigt (§ 46 Nr. 5 GmbHG). Einzelne Gesellschafter können nicht widerrufen, auch nicht bei Gefahr in Verzug.

War der Geschäftsführer bei der Beschlussfassung über seine Abberufung nicht anwesend, so muss ihm zur Wirksamkeit das Beschlussergebnis mitgeteilt werden. Diese Mitteilung obliegt der Gesellschafterversammlung als dem dafür zuständigen Organ (LG Dortmund GmbHR 1998, 335).

Die Abberufung begründet – von den Fällen des Rechtsmissbrauchs abgesehen – keinen Schadensersatzanspruch des Geschäftsführers gem. § 628 Abs. 2 BGB.

Ein vom Registergericht bestellter Notgeschäftsführer kann von den Gesellschaftern nicht gem. § 38 GmbHG abberufen werden. Die Bestellung des Notgeschäftsführers durch das Amtsgericht stellt einen rechtsgestaltenden Akt der Freiwilligen Gerichtsbarkeit dar, der die Gesellschaft bindet. Insoweit hat die Gesellschaftergesamtheit lediglich das Recht, die Abberufung des Notgeschäftsführers aus wichtigem Grund bei dem Registergericht zu beantragen (OLG München GmbHR 1994, 259).

Abberufung aus wichtigem Grund

Die Zulässigkeit des Widerrufs der Bestellung kann auf den Fall beschränkt werden, dass ein wichtiger Grund vorliegt. Die Beschränkung muss im Gesellschaftsvertrag vorgesehen sein.

Weitere Beschränkungen des Widerrufs sind unzulässig; Beschränkungen wie „unwiderruflich", „auf Lebenszeit" etc. sind im Zweifel als Beschränkungen auf den Fall des wichtigen Grundes auszulegen (Scholz, GmbHG, § 38 Rz 39).

Der Begriff des „wichtigen Grundes" ist ausfüllungsbedürftig und erfordert eine Abwägung der betroffenen Interessen anhand der konkreten Umstände des Einzelfalles. § 38 Abs. 2 GmbHG nennt als wichtige Gründe die grobe Pflichtverletzung oder die Unfähigkeit zur ordnungsgemäßen Geschäftsführung. Auch diese Begriffe sind ausfüllungsbedürftig.

Beispiele für grobe Pflichtverletzung:
- Annahme von Schmiergeldern;
- Missbrauch der Vertretungsmacht;
- Wettbewerb zum Nachteil der GmbH;
- rufschädigendes Verhalten in der Öffentlichkeit;
- Missachtung von Weisungen;

– Bilanzmanipulationen (OLG Köln GmbHR 1989, 76; OLG Frankfurt GmbHR 1989, 254; OLG Düsseldorf GmbHR 1989, 468; OLG Düsseldorf WM 1992, 14).

Beispiele für Unfähigkeit zur ordnungsgemäßen Geschäftsführung:
– anhaltende Erfolglosigkeit;
– Ausfall durch andauernde Krankheit.

Ein wichtiger Grund zur Abberufung eines Geschäftsführers ist stets dann zu bejahen, wenn das Verbleiben des Geschäftsführers in diesem Amt für die Gesellschaft unzumutbar ist, wobei die Gesamtumstände zu würdigen sind und dabei die Interessen der Gesellschaft im Vordergrund stehen. Dem Geschäftsführer muss nicht unbedingt pflichtwidriges oder schuldhaftes Verhalten vorzuwerfen sein; es reicht auch ein nicht vorwerfbares Verhalten – z. B. im Verhältnis zu Mitgeschäftsführern. Mit zu berücksichtigen sind auch die Vorgeschichte der Gesellschaft, der Umfang der Kapitalbeteiligung des betroffenen Geschäftsführers, die Dauer seiner Tätigkeit für die Gesellschaft und die Zeit, in der er sich einwandfrei verhalten hat. Als wichtiger Grund für die Abberufung kann auch der Verlust des Vertrauens Dritter, insbesondere von Kunden der Gesellschaft, in die Person des Geschäftsführers ausreichend sein, selbst wenn dieser keinen Grund hierfür gesetzt hat.

Schließlich kann ein Geschäftsführer auch dann aus wichtigem Grund abberufen werden, wenn zwischen mehreren Geschäftsführern ein so schwerwiegendes andauerndes Zerwürfnis besteht, dass eine gedeihliche Zusammenarbeit nicht mehr möglich erscheint. In einem solchen Fall muss einer der zerstrittenen Geschäftsführer im Interesse der Gesellschaft weichen, wobei die Gesellschafterversammlung denjenigen abberufen kann, auf dessen Mitwirkung sie weniger Wert legt (OLG Hamm GmbHR 1995, 735, 739 mwN). Voraussetzung ist jedoch, dass der abzuberufende Geschäftsführer zu dem Zerwürfnis wenigstens beigetragen hat; ein Verschulden oder gar überwiegendes Verschulden des Abzuberufenden ist nicht erforderlich. Sind die zerstrittenen Geschäftsführer gleichzeitig Gesellschafter, ist für den wichtigen Grund außerdem erforderlich, dass erhebliche, objektiv feststellbare Umstände vorliegen, die für das Ausscheiden des einen und für das Verbleiben des anderen Geschäftsführers sprechen (LG Karlsruhe GmbHR 1998, 684).

Beschluss und Stimmrecht

Der Gesellschafterbeschluss über die Abberufung erfolgt grundsätzlich mit einfacher Mehrheit (§ 47 Abs. 1 GmbHG). Die Satzung kann qualifizierte Mehrheit vorsehen.

Gem. § 47 Abs. 4 Satz 2 GmbHG ist der Gesellschafter-Geschäftsführer vom Stimmrecht ausgeschlossen, wenn die Beschlussfassung die Vornahme eines Rechtsgeschäfts ihm gegenüber betrifft. Dies gilt jedoch nur für diejenigen Rechtsgeschäfte, in denen er wie ein Dritter zur Gesellschaft in Beziehung tritt; nicht erfasst werden körperschaftliche Akte, in denen er seine Herrschafts- und Mitverwaltungsbefugnis ausübt (van Look, NJW 1991, 153).

Das Stimmverbot besteht weder bei der Bestellung des Gesellschafters zum Geschäftsführer noch bei seiner Abberufung (BGH NJW 1991, 172, 173 = GmbHR 1990, 452).

Das Stimmverbot gilt jedoch bei der Abberufung und Kündigung aus wichtigem Grund. Dies folgt aus dem etwa in §§ 117, 127, 140 HGB zum Ausdruck kommenden allgemeinen Prinzip, dass niemand Maßnahmen durch seine Stimme verhindern darf, die sich aus einem wichtigen Grund gegen ihn richten (seit BGH NJW 1961, 1299 ständige Rechtsprechung).

Rechtsschutz

Für die Frage, in welcher Weise sich der Geschäftsführer gegen seine Abberufung verteidigen kann, ist zu differenzieren zwischen
– Fremdgeschäftsführer,
– Gesellschafter-Geschäftsführer mit einer Minderheitsbeteiligung,
– Gesellschafter-Geschäftsführer mit hälftiger oder Mehrheits-Beteiligung.

Der Fremdgeschäftsführer hat seine Abberufung durch die Gesellschafterversammlung „wehrlos" hinzunehmen. Befürchtet er z. B. auf einer bevorstehenden Gesellschafterversammlung abberufen zu werden, hat er nicht die Möglichkeit, mittels einstweiliger Verfügung ein Abberufungsverbot zu erwirken. Auch eine Wiedereinsetzung als Geschäftsführer nach erfolgter Abberufung mittels einstweiliger Verfügung oder Klage ist ausgeschlossen. Der Grund hierfür liegt darin, dass dem Geschäftsführer ein eigenes Recht zur Anfechtung von Gesellschafterbeschlüssen aberkannt wird. Folglich kann er auch keine Vorteile für sich daraus herleiten, dass ein Gesellschafter Anfechtungsklage gegen den Abberufungsbeschluss erhoben hat (Vorwerk, GmbHR 1995, 266, 267 ff).

Der Minderheits-Gesellschafter-Geschäftsführer kann in seiner Funktion als Gesellschafter einen Gesellschafterbeschluss, der ihn aus wichtigem Grund abberuft, im Wege der gerichtlichen Klage anfechten. Überwiegend wird ihm jedoch die Möglichkeit versagt, sich mittels einstweiliger Verfügung gegen eine drohende Abberufung zu schützen bzw. nach erfolgter Abberufung als Geschäftsführer wieder eingesetzt zu werden. In Analogie zu § 84 Abs. 3 Satz 4 AktG, wonach der Widerruf wirksam ist, bis seine Unwirksamkeit rechtskräftig feststeht, wird dem Schutz der anderen Gesellschafter Vorrang gegeben (Scholz, GmbHG, § 38 Rz 73 mwN).

Anders verhält es sich bei einem hälftig beteiligten Gesellschafter-Geschäftsführer und bei einem Mehrheits-Gesellschafter-Geschäftsführer. Hier wird eine Analogie zu § 84 Abs. 3 Satz 4 AktG verneint. Sowohl der Gesellschaft, als auch dem abberufenen Gesellschafter-Geschäftsführer wird die Möglichkeit des vorläufigen Rechtsschutzes eingeräumt. Der Gesellschafter-Geschäftsführer kann bei entsprechender Glaubhaftmachung durch einstweilige Verfügung die vorläufige Aussetzung der Wirkung des Abberufungsbeschlusses erreichen und bis zur rechtskräftigen Entscheidung weiter als Geschäftsführer tätig sein. Umgekehrt kann aber auch die Gesellschaft bzw. können andere Gesellschafter dem abberufenen Geschäftsführer durch einstweilige Verfügung einzelne Geschäftsführungsmaßnahmen oder die Geschäftsführung insgesamt verbieten lassen (Vorwerk, GmbHR 1995, 266, 269 ff mwN).

Das Registergericht ist bei Eintragung der Abberufung eines hälftig beteiligten Gesellschafter-Geschäftsführers aus wichtigem Grund berechtigt, das Verfahren zunächst auszusetzen und dem Gesellschafter-Geschäftsführer eine Frist zum Nachweis der Klageerhebung zwecks Klärung der Wirksamkeit seiner Abberufung zu setzen. Wird der Nachweis erbracht, bleibt das Registerverfahren schwebend; wird der Nachweis nicht erbracht, so wird das Verfahren fortgesetzt (OLG Köln GmbHR 1995, 299).

Rechtsfolgen

Durch den Widerruf erlischt die Bestellung des Geschäftsführers und damit seine Geschäftsführungsbefugnis und Vertretungsmacht. Diese Wirkungen treten jedoch nicht mit dem Beschluss der Gesellschaft ein; die Abberufung muss vielmehr dem Geschäftsführer gegenüber erklärt werden. Zu dieser Erklärung kann ein Gesellschafter, ein anderer Geschäftsführer, ein Prokurist oder ein Rechtsanwalt/WP/vBP/StB ermächtigt werden (OLG Köln GmbHR 1995, 299).

Die Löschung im Handelsregister hat zwar nur deklaratorische Bedeutung, sollte jedoch wegen der negativen Publizität des Handelsregisters (§ 15 Abs. 1 HGB) bzw. des durch dessen Eintragungen verursachten Vertrauensschutzes (Baumbach/Hopt, HGB, § 15 Rz 15ff) alsbald beantragt werden. Der abberufene Geschäftsführer ist gutgläubigen Dritten gegenüber solange Vertretungsberechtigter der GmbH, bis er als Geschäftsführer im Handelsregister gelöscht ist.

Die Anmeldung zur Eintragung der Abberufung (Löschung) in das Handelsregister kann nur von einem im Zeitpunkt der Anmeldung wirksam bestellten Geschäftsführer erfolgen, nämlich einem weiteren ggf. neu bestellten oder von dem abberufenen Geschäftsführer, wenn seine Abberufung erst zu einem späteren Zeitpunkt wirksam wird.

Praxishinweis! Die Abberufung (Löschung) sollte zur Eintragung in das Handelsregister unverzüglich angemeldet und den abberufenen Geschäftsführer von den Geschäftsbriefen entfernt werden.

Amtsniederlegung

Die Amtsniederlegung ist das Gegenstück zur Abberufung des Geschäftsführers. Mit ihr erklärt der Geschäftsführer die Beendigung seines Amtes in seiner Funktion als Vertretungsorgan der GmbH. Eine gesetzliche Regelung fehlt.

Der BGH hat seine frühere Rechtsprechung, wonach die einseitige und sofortige Amtsniederlegung durch den Geschäftsführer nur aus wichtigem Grund zulässig war, aufgegeben. Die Amtsniederlegung ist aus Gründen der Rechtssicherheit sofort wirksam, auch dann, wenn sie mit keiner Begründung versehen wird (BGH GmbHR 1993, 216, 218; BGH GmbHR 1995, 653; Trölitzsch, GmbHR 1995, 857 ff mwN).

Dies gilt auch für einen Geschäftsführer, der seinerseits nur bei Vorliegen eines wichtigen Grundes abberufen werden kann (Scholz, GmbHG, § 38 Rz 87 mwN).

Die Niederlegung sollte entweder allen Gesellschaftern gegenüber oder der ordentlich einberufenen Gesellschafterversammlung gegenüber erklärt werden; es genügt jedoch auch die Erklärung gegenüber nur einem Gesellschafter (BGH DStR 2002, 183 = BGH GmbHR 2002, 26)). Die Erklärung ist formfrei und wird mit Zugang beim Erklärungsempfänger wirksam (Scholz, GmbHG, § 38 Rz 91 mwN).

Praxishinweis! Der das Amt niederlegende Geschäftsführer sollte eine Gesellschafterversammlung einberufen, in der er die Niederlegung seines Amtes erklärt. Die Amtsniederlegung sollte als Teil der Gesellschafterversammlung protokolliert werden.

Bei im Gesellschaftsvertrag erfolgter Bestellung des Geschäftsführers bedarf es für die Wirksamkeit der Amtsniederlegung nicht einer Änderung des Gesellschaftsvertrages. Andernfalls könnten die Gesellschafter die vom Geschäftsführer gewünschte Amtsniederlegung verhindern. Jedoch sollte die Änderung des Gesellschaftsvertrages möglichst rasch nachgeholt werden. Der das Amt niederlegende Geschäftsführer kann versuchen, die Amtsniederlegung mit der Änderung des Gesellschaftsvertrages zu kombinieren; er muss zu diesem Zweck die Gesellschafterversammlung vor einem Notar zur Beurkundung der Änderung des Gesellschaftsvertrages einberufen.

Die Eintragung der Amtsniederlegung im Handelsregister hat lediglich deklaratorische Bedeutung.

Der das Amt niederlegende Geschäftsführer ist selbst berechtigt, die Eintragung beim Handelsregister anzumelden (OLG Frankfurt GmbHR 1995, 301), wenn im Zeitpunkt der Anmeldung der Amtsniederlegung diese noch nicht wirksam ist, er vielmehr das Amt mit künftiger Wirkung niedergelegt hat. Ist der das Amt niederlegende Geschäftsführer der einzige, so muss er selbst die Beendigung seines Amtes zur Eintragung in das Handelsregister anmelden.

Praxishinweis! Möchte der Geschäftsführer sicherstellen, dass seine Amtsniederlegung im Handelsregister eingetragen wird, sollte er sein Amt z. B. mit der Maßgabe niederlegen, dass „die Amtsniederlegung einen Tag nach der Anmeldung ihrer Eintragung in das Handelsregister wirksam wird" und selbst seine Amtsniederlegung zur Eintragung in das Handelsregister anmelden.

Führt die Amtsniederlegung des einzigen oder sämtlicher Geschäftsführer zur Handlungsunfähigkeit der GmbH, so kann darin eine zum Schadensersatz verpflichtende Verletzung der gesetzlichen oder vertraglichen Pflichten liegen. Der/die Geschäftsführer sind dann zum Ersatz der Schäden verpflichtet, die der GmbH bis zur Bestellung eines anderen Geschäftsführers durch die Gesellschafter bzw. eines Notgeschäftsführers durch das Registergericht entstehen (Trölitzsch, GmbHR 1995, 857, 858).

Außerdem kann die vom einzigen Geschäftsführer und Mehrheitsgesellschafter einer GmbH erklärte Amtsniederlegung rechtsmissbräuchlich und damit unwirksam sein, wenn nicht gleichzeitig ein neuer Geschäftsführer bestellt wird (OLG Köln GmbHR, 2008, 544).

Mit der Amtsniederlegung ist grundsätzlich nur die gesellschaftsrechtliche Stellung des Geschäftsführers als Vertretungsorgan der GmbH beendet. Zur Beendigung des Anstellungsvertrages bedarf es grundsätzlich einer ausdrücklichen Kündigung.

Geschäftsunfähigkeit

Wird der Geschäftsführer nach seiner wirksamen Bestellung geschäftsunfähig, verliert er von Gesetzes wegen seine Vertretungsbefugnis. Sein Amt ist mit Eintritt der Geschäftsunfähigkeit beendet, ohne dass es eines ausdrücklichen Gesellschafterbeschlusses oder einer Abberufung bedürfte (BGH JZ 1992, 152; OLG Düsseldorf GmbHR 1994, 114).

Ist ein Geschäftsführer wegen fehlender Geschäftsfähigkeit nicht oder nicht mehr wirksam bestellt, jedoch im Handelsregister (noch) eingetragen, muss die GmbH nach § 15 Abs. 1 HGB Rechtshandlungen dieser Person gegen sich gelten lassen (OLG München GmbHR 1991, 63).

Die Anmeldung zur Eintragung der Löschung des Geschäftsführers in das Handelsregister kann nur von einem weiteren oder neu bestellten Geschäftsführer, nicht jedoch von dem geschäftsunfähigen selbst vorgenommen werden.

Praxishinweis! Die Löschung des geschäftsunfähigen Geschäftsführers ist zur Eintragung in das Handelsregister anzumelden.

Eintragungspflicht

Ebenso wie die Bestellung zum Geschäftsführer und jede Änderung in der Person des Geschäftsführers ist auch die Beendigung der Vertretungsbefugnis eines Geschäftsführers zwingend zur Eintragung in das Handelsregister anzumelden (§ 39 Abs. 1 HGB).

Solange die Beendigung der Geschäftsführereigenschaft nicht publik ist, kann dies schwerwiegende Folgen haben. Gem. § 15 Abs. 1 HGB kann nämlich eine im Handelsregister nicht eingetragene und bekannt gemachte Tatsache einem Dritten nicht entgegengesetzt werden, es sei denn, dass sie diesem bekannt ist (sog. „negative Publizität" des Handelsregisters). Die negative Publizität des Handelsregisters entfällt nicht bereits mit der Anmeldung der Löschung, sondern erst mit der Eintragung im Register und der Bekanntmachung in dem hierfür vorgesehenen öffentlichen Amtsblatt.

Praxishinweis! Wenn zu befürchten ist, dass ein Geschäftsführer nach seiner Abberufung und vor deren Eintragung im Handelsregister und deren Bekanntmachung nachteilige Handlungen bzw. Erklärungen für die Gesellschaft abgeben könnte, sollten alle Geschäftspartner, Gläubiger und Schuldner über die Abberufung des Geschäftsführers schriftlich informiert werden.

Keine Auswirkung auf das Anstellungsverhältnis

Der Anstellungsvertrag des Geschäftsführers endet nicht automatisch, wenn die Organstellung erlischt. Hierzu bedarf es grundsätzlich einer ausdrücklichen Kündigung.

Praxishinweis! Mit dem Geschäftsführer sollte vereinbart werden, dass der Widerruf der Organstellung bzw. die Amtsniederlegung zugleich die Kündigung des Anstellungsvertrages beinhaltet. Eine solche Regelung ist insbesondere bei Fremdgeschäftsführern empfehlenswert.

Der Anstellungsvertrag

Wolfgang Meier-Rudolph

Handlungsfähigkeit im Rechts- und Geschäftsleben erreicht die GmbH als juristische Person nur durch eine natürliche Person, nämlich den oder die Geschäftsführer. Seine Organstellung und die damit verbundene Vertretungsmacht nach außen erlangt der Geschäftsführer durch die so genannte Bestellung. Rechtsgrundlage im Innenverhältnis zur Gesellschaft ist die Anstellung, in der Regel ein Dienstvertrag, mitunter auch ein Auftragsverhältnis, nämlich dann, wenn die Geschäftsführertätigkeit, abgesehen von der Erstattung von Auslagen, unentgeltlich erfolgt (BGH WM 1992, 691).

Beide Rechtsverhältnisse sind ungeachtet ihrer im Regelfall gegebenen Verzahnung rechtlich gesondert zu beurteilen.

I. Die Anstellung

Zuständigkeit

Nach herrschender Meinung umfasst die Kompetenz der Gesellschafter zur Bestellung von Geschäftsführern nach § 46 Nr. 5 GmbHG auch deren Anstellung (BGH GmbHR 1990, 34).

Bei Abschluss des Anstellungsvertrages wird die Gesellschaft deshalb durch die Gesellschafter vertreten. Der Gesellschaftsvertrag kann diese Kompetenz aber auch auf ein anderes Organ, einen Beirat etwa, übertragen (Scholz, GmbHG, § 35 Rz 171; BGH GmbHR 1995, 373 ff; Müller / Wolf GmbHR 2003, 810 ff). Dieses Gesellschaftsorgan wiederum kann einen Gesellschafter oder einen anderen Geschäftsführer zum Abschluss des Anstellungsvertrages ermächtigen (BGH WM 1968, 570 und 1328; WM 1970, 249).

War nach der früheren Rechtsansicht nur die Änderung eines bestehenden Anstellungsvertrages betroffen, sollten bei mehrköpfiger Geschäftsführung die Mitgeschäftsführer zuständig sein (BGH GmbHR 1958, 148). Die Gesellschafter sollten nur dann zuständig sein, wenn ein weiterer Geschäftsführer fehlte (BGHZ 18, 211; WM 1970, 249) bzw. die Satzung die Zuständigkeit dem Aufsichtsrat zugewiesen hatte, dieser aber funktionsunfähig war (BGHZ 12, 337; WM 1970, 251). Allerdings war der für die Gesellschaft handelnde Geschäftsführer an Gesellschafterbeschlüsse gebunden (BGH WM 1967, 1168; WM 1968, 1325).

Diese Rechtsansicht war bedenklich. Sie ermöglichte, dass Geschäftsführer gegenseitig die Vergütung anheben, das Ruhegeld erhöhen und andere zu ihren Gunsten wirkende Vertragsänderungen vornehmen konnten, ohne dass die Gesellschafterversammlung eingeschaltet werden musste. Hieraus hat die Rechtsprechung die Konsequenz gezogen und die Zuständigkeit auch für die Änderung oder Aufhebung des Anstellungsvertrages der Gesellschafterversammlung zugewiesen (Scholz, GmbHG, § 35 Rz 173; BGH GmbHR 1991, 363 = NJW 1991, 928; OLG Köln

GmbHR 1993, 734; Gach/Pfüller GmbHR 1998, 64 ff; Goette DStR 1998, 1137; LAG Hessen, GmbHR 2001, 298 ff).

Ist eine GmbH & Co. KG Alleingesellschafterin der GmbH, erfolgt die Beschlussfassung durch den Geschäftsführer der Komplementär-GmbH (BGH GmbHR 1995, 373).

Zuständigkeit bei Gesellschafter-Geschäftsführern

Wenn der Gesellschafter bei seiner Bestellung mitstimmen darf, weil das Stimmrechtsverbot gem. § 47 Abs. 4 GmbHG insoweit nicht gilt (BGH GmbHR 1990, 452), scheidet folgerichtig auch die Anwendung des Selbstkontrahierungsverbotes nach § 181 BGB auf den Abschluss des Anstellungsvertrages aus, soweit dessen Inhalt bereits durch die Gesellschafterversammlung beschlossen ist. Eine weitere Interessenkollision ist dann nämlich nicht zu befürchten. Der Geschäftsführer kann deshalb bei dem auf Grund des Beschlussergebnisses abzuschließenden Anstellungsvertrag auf beiden Seiten des Rechtsgeschäfts tätig werden (Kirstgen, GmbHR 1989, 410).

Zuständigkeit bei der mitbestimmten GmbH

Hier ist zu unterscheiden, ob die Gesellschaft ein Unternehmen des Bergbaus oder der eisen- und stahlerzeugenden Industrie betreibt und damit dem Montan-Mitbestimmungsgesetz unterliegt, unter den Anwendungsbereich des Mitbestimmungsgesetzes vom 04.05.1976 fällt oder das BetrVerfG von 1952 einschlägig ist. Im ersten Fall wird die Gesellschaft bei Bestellung und Abschluss (Anstellung) und Änderung des Anstellungsvertrages durch den – obligatorischen – Aufsichtsrat vertreten, sofern regelmäßig mehr als 2.000 Arbeitnehmer beschäftigt werden (Kötter, MitbestG, § 12 Anm. 3 u. 4). Gleiches gilt für die zweite Alternative.

Bis zum Inkrafttreten des Drittelbeteiligungsgesetzes am 01.07.2004 gab es in kleineren Gesellschaften kein Mitbestimmungsrecht. Der lediglich fakultative Aufsichtsrat hatte keine entsprechende Befugnis. Jetzt hingegen haben Arbeitnehmer auch in Gesellschaften mit beschränkter Haftung mit in der Regel mehr als 500 Arbeitnehmern ein Mitbestimmungsrecht. Der kraft Gesetzes zu wählende Aufsichtsrat muss zu 1/3 aus Arbeitnehmervertretern bestehen.

Gegenstand und Form des Anstellungsvertrages

Der Anstellungsvertrag regelt die persönlichen Beziehungen des Geschäftsführers zur Gesellschaft. Dazu gehören insbesondere Vereinbarungen über die laufenden Bezüge, Urlaub, Nebentätigkeit, Krankheit, Pkw-Nutzung, betriebliche Altersversorgung, Hinterbliebenenversorgung, Kündigung und das nachvertragliche Wettbewerbsverbot.

Streitig ist, ob der Anstellungsvertrag Bestimmungen über den Umfang und die Form der Geschäftsführungsbefugnis enthalten darf (Scholz, GmbHG, § 37 Rz 55).

Einigkeit dürfte darüber bestehen, dass dem Geschäftsführer im Anstellungsvertrag Zustimmungsvorbehalte hinsichtlich einzelner Maßnahmen auferlegt werden dürfen.

Nach herrschender Meinung sind Vereinbarungen im Anstellungsvertrag unzulässig, die das gesellschaftsrechtliche Verhältnis betreffen, nämlich über die Zahl der Geschäftsführer, die Dauer der Bestellung, die Grenzen der Weisungsbefugnisse der Gesellschafterversammlung und über die Beschränkung der Abberufung als Geschäftsführer aus wichtigem Grund. Solche Bestimmungen sind dem Gesellschaftsvertrag vorbehalten (Scholz, GmbHG, § 35 Rz 156).

Gesetzliche Formerfordernisse für Abschluss und Beendigung des Anstellungsvertrages gibt es nicht. Er kann daher auch durch ein konkludentes Verhalten der Vertragsparteien zu Stande kommen. Vergleichsweise häufig ist dies auch heute noch bei Familiengesellschaften der Fall. Zweckmäßig ist die Schriftform aus mehreren Gründen: Die Rechte und Pflichten des Geschäftsführers sollen zweifelsfrei feststehen. Der schriftliche Anstellungsvertrag ist eine Privaturkunde. In Zweifelsfällen und Streitigkeiten begründet sie die Vermutung ihrer Richtigkeit und Vollständigkeit, weshalb derjenige, der sich auf abweichende Vereinbarungen beruft, diese beweisen muss (BGH NJW 1980, 1680). Erhebliche Bedeutung erlangt die Schriftform durch § 623 BGB. Danach bedürfen die Beendigung von Arbeitsverhältnissen durch Kündigung oder Auflösungsvertrag sowie die Befristung zu ihrer Wirksamkeit zwingend der Schriftform. Gelten für den Anstellungsvertrag des Geschäftsführers u.U. arbeitsrechtliche Vorschriften, muss mindestens bei dessen Befristung oder Beendigung die Schriftform beachtet werden (Grobys, GmbHR 2000, R 137 ff).

Soll der Verdacht einer verdeckten Gewinnausschüttung bei der Finanzverwaltung vermieden werden, sind mit einem (beherrschenden) Gesellschafter-Geschäftsführer dessen Bezüge schriftlich, im voraus, klar und eindeutig zu vereinbaren (BFH BStBl II 1974, 179; DB 1984, 1910; DB 1985, 1216).

Zwingend kann die Schriftform ferner im Gesellschaftsvertrag oder anderen vertraglichen Regelungen vereinbart oder dadurch erforderlich werden, dass im Zusammenhang mit der Anstellung ein Geschäftsanteil übernommen werden soll.

Ist der Anstellungsvertrag Arbeitsvertrag, gilt seit 1995 das Gesetz über den Nachweis der für ein Arbeitsverhältnis geltenden wesentlichen Bedingungen. Danach muss der Arbeitgeber spätestens einen Monat nach dem vereinbarten Beginn des Arbeitsverhältnisses die wesentlichen Vertragsbedingungen schriftlich niederlegen, die Niederschrift unterzeichnen und dem Arbeitnehmer aushändigen. Mit In-Kraft-Treten der Schuldrechtsreform am 01.01.2002 unterliegen Arbeitsverträge auch der Inhaltskontrolle nach dem Recht der Allgemeinen Geschäftsbedingungen.

Rechtsnatur des Anstellungsvertrages und seine Folgen

Nach herrschender Meinung im Zivil- und Arbeitsrecht ist der Anstellungsvertrag des dienstvertraglich gegen Entgelt tätigen Geschäftsführers ein „Dienstvertrag des selbstständig Tätigen", dem eine Geschäftsbesorgung zugrundeliegt (BGHZ 10, 191; 49, 31; 79, 293; BGH GmbHR 1988, 138; BAG NJW 1995, 675; Goette, DStR 1998, 1137).

Der Geschäftsführer ist danach grundsätzlich nicht Arbeitnehmer i.S.d. Arbeitsrechts; sein Anstellungsvertrag ist deshalb auch kein Arbeitsvertrag. Das BAG verwendet häufig die Formulierung, der Geschäftsführer „gelte nicht als Arbeitnehmer" i.S.d. Arbeitsrechts (BAG NZA 1986, 68; AP Nr. 8 zu § 5 ArbGG; AP Nr. 19 zu § 5 ArbGG).

Begründet wird dies damit, dass der Geschäftsführer als Organ der Gesellschaft mit nach außen unbeschränkter und unbeschränkbarer Vertretungsmacht Arbeitgeberfunktionen ausübe und deshalb nicht zugleich Arbeitnehmer der Gesellschaft sein könne. Als Träger der höchsten Befehlsgewalt im Unternehmen übe der Geschäftsführer selbst das Weisungsrecht des Arbeitgebers aus (Scholz, GmbHG, § 25 Rz 160; BGH DB 1984, 2238; BB 1984, 138; GmbHR 1981, 158).

Anders als beim Geschäftsführer als arbeitgeberähnlicher Person gelten für leitende Angestellte, wenngleich eingeschränkt, zahlreiche arbeitsrechtliche Schutznormen fort, so etwa § 613a BGB. Danach tritt der Erwerber eines Betriebs- oder Teilbetriebs kraft Gesetzes in die Rechte und Pflichten aus den im Zeitpunkt des Übergangs bestehenden Arbeitsverhältnissen ein. Der dadurch begründete Sonderkündigungsschutz bleibt gem. §§ 323, 324 UmwG auch im Falle der Verschmelzung, Spaltung oder Vermögensübertragung unberührt.

Zahlreiche Einschränkungen hat der Gesetzgeber z. B. in § 5 III BetrVG, § 18 I Nr. 2 ArbZG oder § 14 II KSchG festgelegt. Diese Vorschriften erklären das Betriebsverfassungs- und Kündigungsschutzrecht für unanwendbar. § 5 III BetrVG enthält auch die Legaldefinition für den leitenden Angestellten. Dessen Einstufung nimmt im Streitfall das Arbeitsgericht vor. Innerbetrieblich unterliegt eine solche Entscheidung zwangsläufig nicht der Mitbestimmung des Betriebsrats.

Rechtsfolgen

Da der Geschäftsführer nicht Arbeitnehmer ist, finden auf ihn arbeitsrechtliche Vorschriften grundsätzlich keine Anwendung. Im Hinblick auf den Charakter als „Dienstvertrag eines selbstständig Tätigen" finden auch die Vorschriften des Dienstvertragsrechts im BGB nur beschränkt Anwendung. Der Geschäftsführer ist kraft Gesetzes vom Geltungsbereich vieler arbeitsrechtlicher Gesetze ausgenommen:

Gem. § 5 Abs. 1 Satz 3 ArbGG ist er nicht Arbeitnehmer. Folgerichtig sind gem. § 2 ArbGG auch nicht die Arbeitsgerichte sondern die Zivilgerichte für Streitigkeiten aus dem Anstellungsvertrag zuständig (Bongen/ Renaud, GmbHR 1992, 797 ff).

Ausnahmen hiervon gelten etwa dann, wenn ein Arbeitnehmer bei fortgeltenden gleichen Arbeitsbedingungen zum Geschäftsführer bestellt und nach seiner Abberufung entlassen wird, ohne dass das vor Bestellung bestandene Arbeitsverhältnis ausdrücklich gekündigt oder aufgehoben worden ist. In solchen Fällen hat das BAG längere Zeit mit der Rechtsfigur des „im Zweifel", nämlich für die Dauer der Bestellung zum Geschäftsführer ruhenden Arbeitsverhältnisses, das nach Abberufung wieder auflebt, operiert. Mit der Abberufung soll das Beschäftigungsverhältnis wieder auf seinen ursprünglichen, arbeitsrechtlich zu qualifizierenden Inhalt zurückgeführt worden sein. Erfolgt deshalb die Kündigung nach Abberufung, sind für eine hiergegen gerichtete Klage die Arbeitsgerichte zuständig (BAG DB 1994, 1828 = NJW 1995, 675 ff; einschränkend: BAG NZA 1994, 212).

Von dieser „Zweifel"-Rechtsprechung ist das BAG inzwischen Schritt für Schritt abgerückt. Wurde beispielsweise ein Arbeitnehmer mit dem Ziel einer späteren Bestellung zum Geschäftsführer zunächst in einem Probearbeitsverhältnis beschäftigt und im Anschluss hieran tatsächlich ein Geschäftsführeranstellungsvertrag geschlossen, war damit auch ohne ausdrückliche Kündigung oder Aufhebung das frühere Arbeitsverhältnis beendet (BAG GmbHR 1994, 243). Gleiches sollte dann gelten, wenn an die Stelle eines zuvor bestandenen Arbeitsverhältnisses ein vollständig neuer Anstellungsvertrag mit einer erheblich höheren Vergütung getreten sei (BAG GmbHR 1994, 243). Schließlich befand das BAG, mit Abschluss eines neuen Geschäftsführer-Dienstvertrages sei ein früheres Arbeitsverhältnis „im Zweifel" aufgehoben (BAG GmbHR 2000, 1092). Diese Rechtsprechung ist durch den 2001 in Kraft getretenen § 623 BGB Makulatur geworden. Kein Arbeitsverhältnis kann mehr formlos oder stillschweigend beendet werden. Seine Kündigung oder einvernehmliche Aufhebung bedarf zwingend der Schriftform; auch die elektronische Form, z. B. eine E-Mail, ist ausgeschlossen (Haase, GmbHR 2004, 279 ff).

Praxishinweis! Künftig muss in allen Fällen des beruflichen Aufstiegs innerhalb der GmbH – der leitende Angestellte wird zum Geschäftsführer bestellt – die Aufhebung oder Kündigung des Arbeitsvertrages schriftlich erfolgen. Ersatzweise möglich ist auch die Aufnahme einer Klausel in den neuen Geschäftsführervertrag, wonach dieser Vertrag den zuvor bestandenen Arbeitsvertrag vollständig ersetzt.

Stützt der Geschäftsführer seinen Anspruch ausschließlich auf eine arbeitsrechtliche Grundlage, reicht allein diese Behauptung zur Begründung der arbeitsgerichtlichen Zuständigkeit aus. Verneint das Gericht die Arbeitnehmereigenschaft, wird die Klage als unbegründet abgewiesen, ohne dass eine Verweisung in einen anderen Rechtsweg erfolgt. Hauptanwendungsfall ist die Klage auf Feststellung, dass ein Arbeitsverhältnis besteht, die so genannte Status-Klage. Anders liegt der Fall, wenn gleichzeitig, und zwar kumulativ oder alternativ, sowohl arbeitsrechtliche als auch dienstvertragsrechtliche Anspruchsgrundlagen benannt werden. Hier muss das Arbeitsgericht im so genannten Vorabentscheidungsverfahren nach § 17 a GVG zuvor seine Zuständigkeit prüfen und ggf. verweisen (Weber, GmbHR 1997, 133, 135).

Das konnte lange Zeit als gesicherte Rechtsprechung gelten. Mit dieser Tradition aber hat das BAG 1999 (BAG NZA 1999, 987; DStR 1999, 1868) gebrochen und eine Kehrtwende eingeleitet (Reiserer, DStR 2000, 31 ff). Danach soll der Rechtsweg zu den Arbeitsgerichten unabhängig davon verschlossen bleiben, ob sich das Anstellungsverhältnis zwischen Geschäftsführer und Gesellschaft als freies Dienstverhältnis oder als Arbeitsverhältnis darstellt. Die ausschließliche Berufung auf arbeitsrechtliche Anspruchsgrundlagen kann eine arbeitsgerichtliche Zuständigkeit allein nicht mehr begründen und, wichtiger noch: Auch die Organstellung des Geschäftsführers in der Gesellschaft steht einer arbeitsrechtlichen Weisungsabhängigkeit nicht mehr zwingend entgegen (BAG DB 2000, 1811). Die praktischen Rechtsfolgen, insbesondere für Anstellungsverträge mit Fremd-Geschäftsführern, können gravierend sein. Enthält der Anstellungsvertrag, wie regelmäßig, arbeitsrechtlich zu qualifizierende Weisungsbefugnisse, wird der Geschäftsführer bei Auseinandersetzungen mit seiner Gesellschaft geneigt sein, sich auf arbeitsrechtliche Schutznormen zu berufen, und damit seine Position erheblich zu verbessern.

Unabhängig hiervon können Gesellschaft und Geschäftsführer gem. § 2 IV ArbGG die Zuständigkeit des Arbeitsgerichts stets auch ausdrücklich vereinbaren (LAG Düsseldorf GmbHR 1990, 393).

Eine Ausnahme galt lange für die GmbH & Co. KG, wenn der Geschäftsführer der Komplementär-GmbH mit der KG einen Anstellungsvertrag geschlossen hat. Dieser Vertrag wird regelmäßig als Arbeitsverhältnis qualifiziert (BAG EZA Nr. 1 zu § 1 ArbGG 1979 ; BAG EZA Nr. 57 zu § 626 BGB; LAG Düsseldorf GmbHR 1990, 393; BAG NJW 1995, 3338). In diesen Fällen sollten die Arbeitsgerichte zuständig bleiben. Waren hiervon zunächst einzelne Instanzgerichte abgerückt (LAG Baden-Württemberg NZA RR 2002, 483 ff; OLG München GmbHR 2003, 776 ff), hat jetzt auch das BAG seine bisherige Rechtsprechung ausdrücklich aufgegeben und die Zulässigkeit des Rechtswegs zu den Gerichten für Arbeitssachen verneint (BAG GmbHR 2003, 1208 ff; Zimmer/Rupp GmbHR 2006, 572).

Gem. § 14 Abs. 1 Nr. 1 KSchG finden die Kündigungsschutzvorschriften auf den Geschäftsführer einer GmbH keine Anwendung (Reiserer, DB 1994, 1822 ff; Goll-Müller/Langenhan-Komus, NZA 2008, 687).

In welchem Umfang die durch die Schuldrechtsreform auf das Arbeitsrecht ausgedehnte Inhaltskontrolle vertraglicher Regelungen nach dem Recht der Allgemeinen Geschäftsbedingungen auch für den Dienstvertrag des Geschäftsführers gilt, ist mangels Vorliegen höchstrichterlicher Rechtsprechung bis jetzt ungeklärt und streitig. In seiner Rolle als Arbeitgeber und Gestalter von vorformulierten Arbeitsverträgen muss der Geschäftsführer künftig allerdings besonderes Augenmerk auf die so genannten Klauselverbote richten. Kritisch sind insbesondere Standardregelungen über Vertragsstrafen, Ausschluss- und Verfallsfristen, Widerrufs- und Freiwilligkeitsvorbehalte und einseitige Leistungsbestimmungsrechte.

Für den Geschäftsführer einer GmbH gelten ferner nicht das Arbeitszeitgesetz, das Betriebsverfassungsgesetz, das Mitbestimmungsgesetz, das Vermögensbildungsgesetz, das Bundesurlaubsgesetz, das Mutterschutzgesetz und das Gesetz zum Erziehungsgeld und zur Elternzeit. Auch auf § 613a BGB (Betriebsübergang) kann sich der Geschäftsführer nicht berufen (BAG GmbHR 2003, 765).

Je nach den Umständen des Falles werden auf den Geschäftsführer angewendet:
– §§ 305 ff BGB Gestaltung rechtsgeschäftlicher Schuldverhältnisse durch Allgemeine Geschäftsbedingungen (Grobys DStR 2002, 1002 ff)
– § 314 BGB zur Erforderlichkeit einer Abmahnung vor Kündigung von Dauerschuldverhältnissen aus wichtigem Grund (Schumacher/Mohr DB 2002, 1606; Schneider GmbHR 2003, 1; BGH GmbHR 2007, 936; Doege/Jobst GmbHR 2008, 527)
– § 615 BGB zur Vergütung bei Annahmeverzug (Hachenburg/Mertens, GmbHG, § 35 Rz 122 mwN)

- § 616 Abs. 1 BGB zur vorübergehenden Verhinderung (Hachenburg/Mertens, GmbHG, § 35 Rz 122 mwN)
- § 622 BGB zur Kündigungsfrist bei Arbeitsverhältnissen (Reiserer, DB 1994, 1822 ff)
- § 628 BGB zur Vergütung und zum Schadensersatz bei fristloser Kündigung (Scholz, GmbHG, § 38 Rz 34)
- § 630 BGB über die Pflicht zur Zeugniserteilung
- §§ 74 ff HGB über die Voraussetzungen und Grenzen eines nachvertraglichen Wettbewerbsverbots
- Die vom BAG vor wenigen Jahren neu entwickelten Grundsätze zur Arbeitnehmerhaftung für durch den Betrieb veranlasste und auf Grund eines Arbeitsverhältnisses geleistete Arbeiten (BAG DB 1994, 2237)
- Gesetz über die betriebliche Altersversorgung (BetrAVG)
- §§ 183 ff SGB III: Ansprüche auf Insolvenzgeld
- § 113 InsO für die Kündigung eines Dienstverhältnisses im Insolvenzverfahren
- §§ 850 ff ZPO zum Pfändungsschutz für Arbeitseinkommen (BGH GmbHR 1978, 38 = NJW 1978, 756)
- Umstritten ist, ob die Regelungen des Arbeitnehmererfindungsgesetzes (ArbNErfG) gelten (ablehnend BGH GmbHR 1990, 160; bejahend Scholz, GmbHG, § 35 Rz 195)
- Vorschriften des Schwerbehindertenrechts (SGB IX) (ablehnend BGH DB 1978, 878; bejahend OLG Stuttgart ZIP 1981, 1336)
- das Teilzeit- und Befristungsgesetz (ablehnend BGH NJW 2002, 3104 und Boewer TzBfG 2005, § 14 Rz 35; u. U. bejahend Annuß/Thüsing/Mengel TzBfG 2. Aufl. 2006, § 6 Rz 13)

Mehrere Geschäftsführer

Viele Gesellschaften mit beschränkter Haftung werden von mehreren Geschäftsführern geleitet. Weniger häufig ist die Mehrfach-Geschäftsführung, also die gleichzeitige Leitung mehrerer Unternehmen durch einen Geschäftsführer. Sie beschäftigt vor allem die Finanzverwaltung und die Finanzgerichtsrechtsprechung unter den Stichworten Fremdvergleich und Angemessenheit von Geschäftsführergehältern (van Venrooy, GmbHR 2006, 785 und 860).

Konsequenz einer mehrköpfigen Geschäftsführung ist regelmäßig eine Ressortverteilung und die Zuweisung besonderer Ressortkompetenz. Wie die Gesellschaft die Abgrenzung regelt, steht ihr frei. Sie kann es sowohl in Gestalt von Gesellschafterbeschlüssen tun als auch ihren Geschäftsführern gestatten, eine geschäftsführungsinterne Geschäftsordnung (vgl. Checkliste „Geschäftsordnung" ⇨ 🗎 41) zu schaffen. Den Betroffenen allerdings muss bewusst bleiben, dass Ressortverantwortlichkeit den Grundsatz der Gesamtverantwortung nicht beseitigt. An die Stelle der Eigenverantwortung tritt die Überwachungsverantwortung. Kommt es zu eklatanten Fällen der Fehlgeschäftsführung, kann der ressortunzuständige Geschäftsführer nicht nur widersprechen, er muss es auch, will er sich nicht der Gefahr aussetzen, für eine schuldhaft fehlerhafte oder völlig fehlende Überwachung im

Schadenfall für eigenes Handlungs-Verschulden zu haften (vgl. Checkliste „Haftung" ⇨ 🗎 48).

Vertragspartner

Vertragspartner des Geschäftsführers ist in der Regel die Gesellschaft. Zulässig ist aber auch, dass die Organstellung in einer bestimmten juristischen Person oder Personengesamtheit auf einem Vertrag mit einem Dritten beruht. Dieses Rechtsverhältnis kann auch ein Arbeitsverhältnis sein (Scholz, GmbHG, § 35 Rz 168 mwN; BAG DB 1994, 1828; BAG DB 1996, 483).

Bejaht wird dies für den Anstellungsvertrag des Geschäftsführers eines Konzernunternehmens mit der Obergesellschaft (BGH WM 1964, 1320; BAG DB 1972, 2358) und bei der GmbH & Co. KG für den Anstellungsvertrag des Geschäftsführers der Komplementär-GmbH mit der KG (BGH WM § 109 HGB Nr. 7; BAG WM 1983, 797; 1980, 1190).

Im letztgenannten Fall ist für Vertragsänderungen die Gesellschafterversammlung der GmbH als Komplementärin zuständig (BGH WM 1972, 312).

Je nach Grad der persönlichen Abhängigkeit kann für den Gesamtprokuristen einer GmbH & Co. KG trotz zusätzlicher Bestellung zum Mitgeschäftsführer der Komplementär-GmbH die Zuständigkeit des Arbeitsgerichts erhalten bleiben (BAG NJW 1995, 3338).

II. Rechte und Pflichten des Geschäftsführers aus dem Anstellungsvertrag

Pflichten des Geschäftsführers

Durch den Abschluss des Anstellungsvertrages entsteht die Verpflichtung, die Organstellung als Geschäftsführer zu übernehmen und die dadurch begründeten Aufgaben wahrzunehmen. Diese gesellschaftsrechtlich begründeten Aufgaben werden Gegenstand des Anstellungsvertrages. Der Geschäftsführer ist somit nicht nur gesellschaftsrechtlich, sondern auch schuldrechtlich verpflichtet, die Geschäftsführung und die Vertretung der Gesellschaft nach außen wahrzunehmen.

Darüber hinaus kann der Anstellungsvertrag zusätzliche, über die aus der gesellschaftsrechtlichen Natur des Geschäftsführeramtes folgenden Pflichten hinausgehende Aufgaben vorsehen, z. B. erweiterte Informationspflichten gegenüber den Gesellschaftern oder Zustimmungspflichten für bestimmte Geschäfte der Geschäftsführung, (Scholz, GmbHG, § 35 Rz 179).

Die aus dem Anstellungsvertrag resultierenden Pflichten gelten für die Dauer des Anstellungsvertrages.

Probleme können sich nach der herrschenden „Trennungstheorie", wonach die organschaftliche und die schuldrechtliche Stellung des Geschäftsführers gesondert zu beurteilen sind, dann ergeben, wenn der Geschäftsführer vorzeitig abberufen wird oder sein Amt vorzeitig niederlegt, ohne dass ein wichtiger Grund im Sinne des Dienstvertragsrechts vorliegt. In diesen Fällen ist zwar seine organschaftliche Stellung als Geschäftsführer beendet, nicht jedoch der mit ihm geschlossene Anstellungsvertrag und die daraus resultierenden Pflichten (OLG Frankfurt GmbHR 1994, 549; BGH GmbHR 1999, 1140).

Inwieweit in diesen Fällen über den Anstellungsvertrag hinaus die gesellschaftsrechtlichen Pflichten des Geschäftsführers schuldrechtlich, nämlich bis zur Beendigung des Anstellungsvertrages, fortwirken, ist bisher weder in der Literatur noch in der Rechtsprechung abschließend behandelt. Da der Geschäftsführer mit der Abberufung seine organschaftliche Stellung verliert und somit der Gesellschaft gegenüber nicht mehr zur Vertretung und Geschäftsführung berechtigt ist, kann er hierzu auch nicht schuldrechtlich verpflichtet sein; konsequenterweise erlöschen mit seiner Abberufung jedenfalls sämtliche organschaftlichen und schuldrechtlichen Handlungspflichten (z. B. Einberufung und Teilnahme an Gesellschafterversammlungen, Buchführungs- und Bilanzierungspflichten, Auskunfts- und Einsichtspflichten, Insolvenzantragspflicht etc.).

Einzelne Instanzgerichte vertreten allerdings die Auffassung, der abberufene Geschäftsführer müsse sich nach ordentlicher Kündigung darauf einlassen, eine seinen Kenntnissen und Fähigkeiten angemessene andere leitende Stellung anzunehmen. Tue er das nicht, werde die fristlose Kündigung riskiert (OLG Karlsruhe GmbHR 1996, 208; Kothe-Heggemann/Dahlbender, GmbHR 1996, 650; GmbHR-StB 1/ 1997, 22).

Einigkeit besteht darüber, dass Unterlassungspflichten aus der organschaftlichen und – über den Anstellungsvertrag – zugleich schuldrechtlichen Treuepflicht des Geschäftsführers, z. B. die Verschwiegenheitpflicht und das Wettbewerbsverbot, in jedem Fall bis zur Beendigung des Anstellungsvertrages weiter gelten. Das BAG hat für das Verhältnis Arbeitgeber – Arbeitnehmer entschieden, dass während des rechtlich fortbestehenden, tatsächlich aber – wegen Freistellung – nicht mehr vollzogenen Arbeitsverhältnisses der Arbeitnehmer auch ohne besondere Vereinbarung sich des Wettbewerbs zu Lasten seines Arbeitgebers für die Dauer des Anstellungsverhältnisses zu enthalten hat. Bei einer Zuwiderhandlung kann der Arbeitgeber auf Unterlassung der Wettbewerbstätigkeit klagen (BAG BB 1970, 214).

Da die Stellung des Geschäftsführers zumindest im Hinblick auf seine Treuepflicht gegenüber der Gesellschaft „arbeitnehmerähnlich" ist, erlöschen die hieraus hergeleiteten Unterlassungspflichten erst mit der Beendigung des Anstellungsvertrages und nicht bereits mit einer vorzeitigen Abberufung, es sei denn, der Anstellungsvertrag enthält ausdrücklich eine abweichende Regelung.

Rechte des Geschäftsführers

Der Anstellungsvertrag regelt die vertraglichen Rechte des Geschäftsführers. Tut er dies unvollständig, kann – anders als bei Arbeitnehmern – nicht ohne weiteres auf den Gleichbehandlungsgrundsatz abgestellt werden.

Während der allgemeine arbeitsrechtliche Gleichbehandlungsgrundsatz nach herkömmlicher Auffassung nur für solche Geschäftsführer galt, die nicht oder nicht nennenswert an der Gesellschaft beteiligt sind und deshalb arbeitnehmerähnlichen

Status haben, zwingt das 2006 in Kraft getretene AGG mit seiner ausdrücklichen Einbeziehung von Organmitgliedern, also Geschäftsführern, Vorständen und Aufsichtsräten gleichermaßen, zu einer Neubesinnung. Denn die speziellen Ausprägungen des europarechtlich fundierten und in vier EU-Richtlinien abgehandelten Gleichbehandlungsgrundsatzes gelten auch für den GmbH-Geschäftsführer, soweit sein Zugang zur Erwerbstätigkeit und sein beruflicher Aufstieg betroffen sind. Ist dies der Fall, gelten die Vorschriften des 2. Abschnitts, also der §§ 6–18 AGG ausdrücklich. Auf den Prüfstand gelangen damit nicht nur Bewerbungs- und Bestellungsverfahren, sondern auch in besonderem Maße Regelungen in Anstellungsverträgen, die Bestellung und Abberufung von bestimmten Altersgrenzen abhängig machen und damit u.U. gegen § 10 AGG verstoßen. Absehbar schwierig wird die Abgrenzung zu den sonstigen Beschäftigungs- und Arbeitsbedingungen i.S.v. § 2 Abs. 1 Nr. 2 AGG sein, die im 1. Abschnitt des Gesetzes geregelt sind; hierauf soll sich der persönliche Anwendungsbereich bei Organmitgliedern ausdrücklich nicht erstrecken (Lutter BB 2007, 725; Eßer/Baluch NZG 2007, 321).

Ist der Geschäftsführer wesentlich oder jedenfalls mit einer qualifizierten Minderheitsbeteiligung an der Gesellschaft beteiligt, gilt zusätzlich der gesellschaftsrechtliche Grundsatz der Gleichbehandlung aller Gesellschafter (Gaul, GmbH-Handbuch, Arbeits- und Sozialversicherungsrecht Rz 449).

Ein im Gesellschaftsrecht verankerter Anspruch auf Gleichbehandlung mit Geschäftsführern anderer Konzerntöchter kommt nicht in Betracht (BAGE 52, 380, 390; BGH GmbHR 1990, 389).

Bezüge des Geschäftsführers

Die Geschäftsführertätigkeit muss nicht zwingend entgeltlich ausgeübt werden, sie kann auch unentgeltlich auf der Grundlage eines Auftragsverhältnisses erbracht werden, ohne dass sich hieraus eine andere rechtliche Bewertung ergibt. In der gesellschaftsrechtlichen Praxis sind reine Auftragsverhältnisse selten. Regelfall ist die Vergütung in Geld. Und mit zunehmender Tendenz enthalten die Bezüge des Geschäftsführers erhebliche zusätzliche, nicht in Geld ausgezahlte aber geldwerte Zusatzvergütungen in Gestalt von Sachleistungen, Gebrauchsüberlassungen oder Leistungszusagen Dritter, etwa bei der betrieblichen Altersversorgung.

Festvergütung

Als feste Vergütung wird regelmäßig ein Brutto-Jahresgehalt vereinbart, das in 12–14 monatlichen Teilbeträgen zu zahlen ist. Anders als früher ist heute die Vereinbarung zusätzlicher steuerfreier Zuschläge für Sonntags-, Feiertags- und Nachtarbeit nur noch für den Fremd-Geschäftsführer möglich (BFH GmbHR 1997, 711; BFH GmbHR 1997, 1163 ff).

Tantieme/Provision

Erfolgsbezogene Vergütungsbestandteile gewinnen seit längerem – auch für den Fremd-Geschäftsführer – immer größeres Gewicht. Anders als bei Aktiengesellschaften, die mit zunehmender Tendenz die Einführung sog. Stock options (= privilegierte Erwerbsmöglichkeit von Aktien des eigenen Unternehmens) diskutieren, geht es für den Geschäftsführer um Provision, Umsatz- oder Gewinntantieme. Aus Sicht des Geschäftsführers ist die Provision, da umsatz- und nicht erfolgsorientiert, kaum attraktiv. Auch die Umsatztantieme als prozentuale Beteiligung am Gesamt- oder Spartenumsatz empfiehlt sich allenfalls bei neu anlaufenden, noch gewinn- schwachen Unternehmen. Steuerlich wird sie nur in Ausnahmefällen anerkannt. Ihre Voraussetzungen sind vom Geschäftsführer darzulegen (BFH vom 19.3.1997; Aktenzeichen: I R 75/96).

Gewinntantieme: Bei der Gewinnbeteiligung empfiehlt es sich, über die Berech- nungsgrundlage und Berechnungsweise klare Abmachungen zu treffen, um jeden Zweifel auszuschließen (Gaul, GmbH-Handbuch, Arbeits- und Sozialversiche- rungsrecht Rz 448 mwN; BGH LM, § 35 GmbHG Nr. 4). Steuerlicher Maßstab für Gesellschafter-Geschäftsführer: Die Gewinntantieme darf 25% der Gesamtbezüge des Geschäftsführers nicht übersteigen. Schädlich sind andererseits aber auch Be- stimmungen, die die Kappungsgrenze scheinbar beachten, aber etwa formulieren, dass der Geschäftsführer „eine Tantieme i.H.v. mindestens 20 % des Jahresüber- schusses 'O'" erhalten soll. Die Tantieme kann hier nicht allein und zweifelsfrei allein durch Rechenvorgänge ermittelt werden, weil in ihrer Reichweite ungewisse Er- messensakte der Gesellschafterversammlung noch Einfluss auf deren Höhe nehmen können (GmbHR 2000, 715; BFH BStBl II 1985, 345 = GmbHR 1985, 380). Au- ßerdem darf die Summe aller gezahlten Geschäftsführer-Gewinntantiemen nicht mehr als 50% des Gewinnes absaugen. Das erfordert vor allem aus fiskalischen Gründen eine sorgfältige, d.h., differenzierte und zweifelsfreie Vertragsgestaltung.

Fehlt es an einer konkreten Vereinbarung, ist die Berechnung der Gewinntantieme höchst umstritten. Zum Teil wird die sinngemäße Anwendung des § 86 AktG emp- fohlen, wonach Berechnungsbasis der Jahresüberschuss ist, vermindert um den Ver- lustvortrag aus dem Vorjahr und die satzungsmäßigen Gewinnrücklagen. Maßgeb- lich ist also der Jahresüberschuss, wie er sich ohne Kürzung um die Tantieme ergäbe (Hüffer, § 86 AktG Rz 6; Hachenburg/Mertens, GmbHG, § 35 Rz 131).

Berücksichtigt werden sollen andererseits regelmäßig die Körperschaftsteuer, die Geschäftsführergehälter und ein außerordentlicher Gewinn. Schließlich wird auch die Ansicht vertreten, dass die Anrechnung eines Verlustvortrags aus dem Vorjahr nur dann zu erfolgen habe, wenn der Verlust in der Zeit der Tantiemepflicht ent- standen ist (Scholz, GmbHG, § 35 Rz 184 mwN).

Ob und inwieweit ein Gewinnvortrag aus dem Vorjahr den zugrundezulegenden Jahresüberschuss erhöht, ist ebenfalls streitig. Weil das so ist, kommt der eingangs erwähnten, klar und eindeutig erforderlichen Fixierung der Tantiemeberechnung große Bedeutung zu.

Fällig wird die Tantieme erst dann, wenn der Jahresgewinn gem. § 29 GmbHG fest- gestellt und ein Beschluss über die Gewinnverwendung gem. § 29 GmbHG gefasst worden ist (Gaul, GmbH-Handbuch aaO).

Gratifikationen

Gratifikationen (Weihnachtsgratifikationen, Jubiläumsgratifikationen) sind dem Grunde und der Höhe nach freiwillige Leistungen, auf die nur dann ein Anspruch besteht, wenn sie ausdrücklich vereinbart oder mehrfach vorbehaltlos gewährt wurden. Dies gilt auch für den Geschäftsführer (Scholz, GmbHG, § 35 Rz 186).

Werden sie lediglich der Belegschaft gegenüber gewährt, kann sich der Geschäftsführer nicht auf den Grundsatz der gleichmäßigen Behandlung berufen; für die Geschäftsführer untereinander gilt jedoch der Grundsatz der Gleichbehandlung (Gaul, GmbH-Handbuch, Arbeits- und Sozialversicherungsrecht Rz 449).

Die Berufung auf die so genannte betriebliche Übung als Anspruchsgrundlage scheidet aus. Hierfür fehlt es bei Geschäftsführern am kollektiven Bezug. Könnte nämlich eine betriebliche Übung auch für den Geschäftsführer anspruchsbegründend wirken, würde damit die ausschließliche Regelungskompetenz der Gesellschafterversammlung für Geschäftsführer-Anstellungsverträge verletzt (OLG Düsseldorf GmbHR 2000, 278).

Tarifliche Bezüge

Tariflich festgelegte Bezüge (z. B. Weihnachtsgeld und Urlaubsgeld) kann der Geschäftsführer nur beanspruchen, wenn dies ausdrücklich vertraglich vereinbart ist. Eine allgemeine Regel, wonach Geschäftsführer die für Arbeitnehmer gewährten Leistungen als Mindestleistungen erhalten, gibt es nicht. Dagegen spricht schon der Umstand, dass sie keine Arbeitnehmer sind (Gaul, GmbH-Handbuch, Arbeits- und Sozialversicherungsrecht Rz 450 mwN).

Entgeltfortzahlung

Bei Arbeitsverhinderung (Krankheit, Unfall etc.) behält der Geschäftsführer, anders als der Arbeitnehmer nach § 1 Abs. 1 EntgeltfortzG, gem. § 616 Abs. 1 BGB seinen Vergütungsanspruch für eine „verhältnismäßig nicht erhebliche" Zeit, wenn er „ohne sein Verschulden" verhindert ist. Verschulden setzt hier grobe Fahrlässigkeit voraus (Scholz, GmbHG, § 35 Rz 187 mwN; Haase, GmbHR 2005, 1260 ff).

Da die Bestimmung der „verhältnismäßig nicht erheblichen" Zeit im Einzelfall Schwierigkeiten bereiten kann, empfiehlt sich eine konkrete Regelung im Anstellungsvertrag. Während die Entgeltfortzahlung für Arbeitnehmer auf sechs Wochen beschränkt ist, sehen Anstellungsverträge für Geschäftsführer häufig eine auf drei oder mehr Monate ausgedehnte Anspruchsdauer vor.

Auslagenersatz

Gem. §§ 669 ff, 675 BGB hat der Geschäftsführer im Rahmen seiner Tätigkeit Anspruch auf die Erstattung aller Ausgaben, die er für notwendig halten durfte und die er verauslagt hat, wie z. B. Fahrt- und Übernachtungskosten anlässlich von Geschäftsreisen. Zur Vermeidung von Streitigkeiten darüber, ob im Einzelfall Art und Höhe der Ausgaben notwendig waren, sollte der Anstellungsvertrag die Erstattungskriterien konkret regeln.

Umstritten ist, ob Geldstrafen und Bußgelder von der Gesellschaft übernommen werden dürfen oder ob dem die Zweckbindung des gesellschaftsrechtlichen Vermögens entgegensteht (Scholz, GmbHG, § 35 Rz 192).

Dienstfahrzeug

Ein Dienst-Pkw mit Privatnutzung als Bestandteil der Gesamtvergütung ist für den Geschäftsführer Standard. Regelmäßig wird im Anstellungsvertrag vereinbart, dass die Betriebs- und Unterhaltskosten von der Gesellschaft getragen werden und der Geschäftsführer die Versteuerung des geldwerten Vorteils für die private Nutzung übernimmt (zur Bemessung des geldwerten Vorteils vgl. LStR 2008, Abschn. H 8.8).

Art, Umfang und Dauer der Nutzung bzw. der Zeitpunkt der Herausgabe des Fahrzeuges in Zeiten der Freistellung nach Ausspruch der Kündigung bis zum Ablauf der Kündigungsfrist sollten unbedingt im Anstellungsvertrag geregelt werden. Fehlt es daran, ist Streit über Zurückbehaltungsrechte oder Schadensersatzansprüche wegen (vorzeitig) entzogener Nutzungen vorprogrammiert.

Überstunden- bzw. Mehrarbeitsvergütung

Gesonderte Vergütungen, die die Gesellschaft ihrem Gesellschafter-Geschäftsführer für die Ableistung von Überstunden zahlt, sind aus steuerrechtlicher Sicht regelmäßig als verdeckte Gewinnausschüttung zu qualifizieren. Dahinter steht der Gedanke, dass ein an der Gesellschaft beteiligter Geschäftsführer sich in besonderem Maße mit den Interessen und Belangen der von ihm geleiteten Gesellschaft identifiziert und notwendige Arbeiten auch dann erledigt, wenn sie einen Einsatz außerhalb üblicher Arbeitszeiten erfordern. Die Extra-Vergütung zusätzlicher Arbeitszeiten soll sich mit diesem Aufgabenbild nicht vertragen. Von dieser in ständiger Rechtsprechung vertretenen Regelvermutung ist der BFH kürzlich wieder etwas abgerückt und lässt jetzt den Gegenbeweis durch betriebliche Gründe zu (BFH DStR 2004, 1785 ff = GmbHR 2004, 1397).

In einer Verwaltungsanweisung vom 07.07.2005 stellt die OFD Düsseldorf/Münster zunächst fest, dass Zuschläge, die eine GmbH ihrem Gesellschafter-Geschäftsführer für Sonntags-, Feiertags- und Nachtarbeit zahlt, mit dessen Aufgabenbild unvereinbar seien und deshalb eine Steuerfreiheit nach § 3d EStG grundsätzlich nicht in Betracht komme. Von der Regel-Annahme einer vGA will die OFD jedoch dann abweichen, wenn im Einzelfall entsprechende Vereinbarungen über die Zahlung solcher Zuschläge nicht nur mit dem Gesellschafter-Geschäftsführer, sondern auch mit vergleichbaren gesellschaftsfremden Arbeitnehmern abgeschlossen wurden (betriebsinterner Fremdvergleich).

Sonstige Nebenleistungen

Als sonstige Nebenleistungen des Anstellungsvertrages können z. B. Dienstwohnung, Telefonanschluss, die Übernahme der Beiträge von Haftpflicht-, Kranken-, Invaliditäts- und sonstigen Versicherungen, die Gewährung von zinslosen oder besonders zinsgünstigen Darlehen etc. vereinbart werden.

Zunehmende Bedeutung erlangt die Bereitstellung von elektronischen Kommunikationsmitteln (PC, Notebook, Organizer o.ä.) und die Übernahme von Nutzungsentgelten für die Inanspruchnahme von Internet- und/oder Datenbankanschlüssen außerhalb des Betriebs. Mangels gesetzlicher Anspruchsgrundlagen muss auch hier der Anstellungsvertrag die Grundlage schaffen.

Angemessenheit der Geschäftsführervergütung

Der Angemessenheit der Vergütung kommt bei Gesellschafter-Geschäftsführern entscheidende Bedeutung für deren steuerliche Anerkennung/Abzugsfähigkeit als Betriebsausgabe zu. Überhöhte Vergütungen führen in Höhe des unangemessenen Teils zur Annahme verdeckter Gewinnausschüttungen.Ob eine Geschäftsführervergütung angemessen ist, wird vorrangig unter ertrag- und umsatzsteuerrechtlichen Gesichtspunkten diskutiert und problematisiert (vgl. ⇨ 📖 315 ff).

Urlaub

Das Bundesurlaubsgesetz gewährt nur Arbeitnehmern einen gesetzlichen Urlaubsanspruch, gilt also für GmbH-Geschäftsführer nicht (Haase, GmbHR 2005, S. 265 ff und 338 ff).

Das Dienstvertragsrecht des BGB kennt keinen gesetzlichen Urlaubsanspruch. Zu Problemen führt dieses Regelungsdefizit freilich nicht, weil sich längst ein in der Treue- und Fürsorgepflicht der Gesellschaft wurzelndes Gewohnheitsrecht herausgebildet hat, wonach auch Geschäftsführern ein Anspruch auf angemessenen jährlichen Erholungsurlaub zusteht (BGH WM 1975, 761), ohne den kein Geschäftsführer für seine Tätigkeit gewonnen werden könnte.

Folgerichtig kann der Geschäftsführer auch die Abgeltung seines Urlaubsanspruchs verlangen, wenn Urlaub aus betrieblichen Gründen nicht oder nicht vollständig in Anspruch genommen werden konnte, oder ein Freizeitausgleich nach Beendigung des Anstellungsvertrages nicht mehr möglich ist (BGH LM, § 35 GmbHG Nr. 5 = NJW 1963, 535; OLG Düsseldorf GmbHR 2000, 278).

Der Abgeltungsanspruch stellt für Gesellschafter-Geschäftsführer keine verdeckte Gewinnausschüttung dar (BFH BStBl 1973 II, 322).

Praxishinweis! Weil das gesetzliche Urlaubsrecht nicht gilt und der Geschäftsführer anders als ein Arbeitnehmer oft gezwungen ist, die Realisierung seiner Urlaubsansprüche aus betrieblichen Gründen zurückzustellen oder ganz aufzugeben, sollten Übertragungs- und Abgeltungsanspruch großzügig und ausdrücklich geregelt werden. Ansonsten droht insbesondere dem Fremdgeschäftsführer bei einem Ausscheiden im Streit der Verlust solcher Ansprüche wegen Verwirkung. Fehlt es an einer Regelung, kann sich auch der von § 181 BGB befreite Geschäftsführer ohne zustimmenden Beschluss der Gesellschafterversammlung keine Urlaubsabgeltung in Geld zubilligen.

Nebentätigkeiten

Der Geschäftsführer schuldet der GmbH regelmäßig seine gesamte Arbeitskraft. Eine Nebentätigkeit ist daher grundsätzlich nicht zulässig, soweit hierdurch die

Hauptleistungspflicht gegenüber der GmbH beeinträchtigt wird (Gaul, GmbH-Handbuch, Arbeits- und Sozialversicherungsrecht, Rz 455.1).

Üblich ist deshalb eine Bestimmung im Anstellungsvertrag, wonach eine Nebentätigkeit des Geschäftsführers von der Zustimmung der Gesellschafterversammlung oder – falls vorhanden – des Aufsichtsrats abhängt. Die Zustimmung muss erteilt werden, wenn die beabsichtigte Nebentätigkeit keine Beeinträchtigung der Hauptleistungspflichten des Geschäftsführers zur Folge hat und auch keine Konkurrenztätigkeit beinhaltet. Nicht entscheidend ist, ob es sich um eine entgeltliche oder ehrenamtliche Nebentätigkeit handelt (Gaul, GmbH-Handbuch, Arbeits- und Sozialversicherungsrecht, Rz 455.2).

Insolvenzsicherung der Bezüge

Mit In-Kraft-Treten der – die Konkursordnung (KO) vom 10.2.1877 ablösenden – Insolvenzordnung (InsO) am 1.1.1999 hat sich die Stellung der Arbeitnehmer im Insolvenzverfahren erheblich verschlechtert. Die für das alte Recht geltende Privilegierung rückständiger Entgeltansprüche als Masseschuld bzw. bevorrechtigte Konkursforderung ist ebenso ersatzlos weggefallen wie die frühere Sicherung von Ansprüchen auf Leistungen aus der betrieblichen Altersversorgung. Für den Geschäftsführer reduziert sich die Frage der Insolvenzsicherung auf zwei Konstellationen; einmal, ob ein Anspruch auf Insolvenzgeld gemäß den §§ 183 ff SGB III begründbar ist (Uhlenbruck GmbHR 1999, 313 und 390; BSG GmbHR 2007, 1324), zum anderen, ob ihm darüber hinausgehende Schadensersatzansprüche gegenüber der Masse zustehen.

Das ist nur der Fall bei Fremd-Geschäftsführern und Minderheits-Geschäftsführern. Danach besteht ein Anspruch auf Insolvenzgeld bei Eröffnung des Insolvenzverfahrens über das Vermögen des Arbeitgebers, der Abweisung des Antrags mangels Masse oder der vollständigen Beendigung der Betriebstätigkeit im Inland, wenn ein Antrag fehlt und ein Insolvenzverfahren mangels Masse offensichtlich nicht in Betracht kommt. Insolvenzgesichert sind Ansprüche auf Arbeitsentgelt für die dem sog. Insolvenzereignis vorausgehenden drei Beschäftigungsmonate; und zwar maximal in Höhe der Beitragsbemessungsgrenze. Den auf diesen Zeitraum entfallenden Gesamtsozialversicherungsbeitrag zahlt die Bundesanstalt für Arbeit. Keine Änderung hat die Anmeldefrist erfahren: Gemäß § 324 Abs. 3 SGB III gilt unverändert eine Ausschlussfrist von zwei Monaten nach dem Insolvenzereignis. Wurde Arbeitsentgelt nach den Vorschriften des Betriebsrentengesetzes gem. § 183 Abs. 1 Nr. 3 Satz 5 SGB III umgewandelt und in den Durchführungswegen Pensionsfonds, Pensionskasse oder Direktversicherung verwendet, gilt die Entgeltumwandlung für die Berechnung der Höhe des Insolvenzgeldes als nicht vereinbart, wenn der Arbeitgeber Beiträge an die Versorgungsträger nicht mehr abgeführt hat.

Schadensersatzansprüche sind nur dann gem. § 113 Abs. 1 Satz 3 InsO begründet, wenn die auf 3 Monate beschränkte Kündigungsfrist des § 113 Abs. 1 Satz 2 Inso kürzer als die ansonsten geltende vertragliche Frist ist. Das dürfte beim Geschäftsführer mehrheitlich der Fall sein. Der Höhe nach beziffert sich der Schaden auf die

Differenz zwischen Arbeitslosengeld und vertraglich geschuldeter Vergütung. Anspruchsgegner ist der Insolvenzverwalter.

III. Betriebliche Altersversorgung (BAV)

Unter BAV werden alle Leistungen der Alters-, Invaliditäts- oder Hinterbliebenenversorgung verstanden, die einem Mitarbeiter aus Anlass seiner Tätigkeit zugesagt worden sind und vom Unternehmen unmittelbar oder über selbstständige Versorgungsträger erbracht werden.

Die BAV hat erst 1974 mit dem Gesetz zur Verbesserung der betrieblichen Altersversorgung (BetrAVG) eine gesetzliche Regelung erhalten. Gemäß § 1 Abs. 1 BetrAVG gilt das Gesetz zwar in erster Linie nur für Arbeitnehmer, nach § 17 Abs. 1 Satz 2 BetrAVG aber auch für solche Personen, „die nicht Arbeitnehmer sind, wenn ihnen Leistungen der Alters-, Invaliditäts- oder Hinterbliebenenversorgung aus Anlass ihrer Tätigkeit für ein Unternehmen zugesagt worden sind". Hierunter fallen neben Handelsvertretern und freiberuflich für ein Unternehmen tätigen Personen Geschäftsführer nur dann, wenn sie keinen maßgeblichen gesellschaftsrechtlichen Einfluss auf die Gesellschaft ausüben können, also weder Mehrheitsgesellschafter sind noch über eine qualifizierte Minderheitsbeteiligung verfügen, die ihnen maßgeblichen Einfluss auf die Gesellschaft sichert.

Die rechtlichen Rahmenbedingungen blieben seit 1974 für ein Vierteljahrhundert im Wesentlichen unverändert; Korrekturen erfuhren sie bis 1999 allein durch die Rechtsprechung des BAG und BGH und die Rechtsentwicklung innerhalb der EG, vornehmlich durch die Rechtsprechung des EuGH. Substantielle Gesetzesänderungen brachte in Deutschland zunächst das am 01.01.1999 in Kraft getretene Rentenreformgesetz (RRefG); weit einschneidender jedoch waren und sind auf lange Zeit die Folgen des seit dem 01.01.2002 geltenden Altersvermögensgesetzes (AVmG) und des am 01.01.2005 in Kraft tretenden Alterseinkünftegesetzes (AltEinkG). In seiner bis Ende 2001 geltenden Fassung hatte das BetrAVG keine eigenständige Anspruchsgrundlage geschaffen. Der Arbeitgeber blieb in seiner Entscheidung frei, ob und in welchem Umfang er überhaupt betriebliche Versorgungsleistungen erbringen wollte. Erst wenn diese Grundsatzentscheidung getroffen war, waren die gesetzlichen Rahmenbedingungen des BetrAVG zu beachten. Das leuchtet ohne weiteres ein, weil die herkömmliche betriebliche Altersversorgung ausschließlich arbeitgeberfinanziert und folgerichtig allein der Arbeitgeber Träger des wirtschaftlichen Risikos war. Mit dem AVmG ist neben diese freiwillige und arbeitgeberfinanzierte Altersversorgung ein ganz anderer, neuer Typus, teilweise oder vollständig arbeitnehmerfinanzierter betrieblicher Altersversorgung getreten. Setzt der Arbeitnehmer eigene Mittel für die betriebliche Altersversorgung ein, kann er unter gesetzlich definierten Bedingungen den Arbeitgeber dazu „zwingen", für ihn eine betriebliche Altersversorgung einzurichten. Die zweite wesentliche Neuerung ist der Pensionsfonds, neben der Pensionskasse, der Unterstützungskasse, der Direktversicherung und der Direktzusage der fünfte Durchführungsweg. Mit dem Alterseinkünftegesetz vom 11.06.2004 trägt der Gesetzgeber u.a. der Forderung des BVerfG Rechnung, bis spätestens zum 31.12.2004 die steuerliche Gleichbehandlung von Renten und Pensionen herbeizuführen. Gleichzeitig stärkt das AltEinkG die „Mitnahmerechte" des Arbeitnehmers beim Arbeitgeberwechsel; die Möglichkeiten für Arbeitgeber, Versorgungsrechte abzufinden, werden weiter eingeschränkt. Von Gewicht ist schließlich die für den Arbeitnehmer neu geschaffene Möglichkeit, eine bestehende Versicherung oder Versorgung mit eigenen Beiträgen fortzusetzen, wenn das Arbeitsverhältnis de iure zwar fortbesteht, die Pflichten hieraus aber suspendiert sind, wie es z. B. bei der Elternzeit (Kindererziehungszeiten) oder bei anhaltender Krankheit der Fall ist.

Die jüngsten Gesetzesänderungen haben u.a. Finanzierungsfragen im Zusammenhang mit der Insolvenzsicherung der Betriebsrenten und Rentenanwartschaften durch den PSV (Umstellung auf Kapitaldeckung) zum Gegenstand. Mit dem am 01.01.2008 in Kraft getretenen Gesetz zur Anpassung der Regelaltersgrenze an die demografische Entwicklung zur Stärkung der Finanzierungsgrundlagen der gesetzlichen Rentenversicherung ist die „Rente mit 67" in der gesetzlichen Rentenversicherung für die betriebliche Altersvorsorge umgesetzt worden. Mit Wirkung ab dem 01.01.2009 schließlich wird das bisherige Mindestalter von 30 vollendeten Lebensjahren für den Eintritt der Unverfallbarkeit auf 25 Jahre abgesenkt.

Durch die seit 1974 gesetzlich geregelten und inzwischen mehrfach modifizierten Vorschriften über die Unverfallbarkeit, die Insolvenzsicherung, das Anrechnungs- und Auszehrungsverbot sowie der Höhe nach beschränkte Abfindungsverbote und erleichterte Möglichkeiten, die betriebliche Altersversorgung zu einem neuen Arbeitgeber „mitzunehmen", hat die betriebliche Altersversorgung den Status einer eigenständigen dritten Säule im Alterssicherungssystem neben der gesetzlichen Rentenversicherung und der privaten Eigenvorsorge erlangt. Das erhebliche wirtschaftliche Gewicht dieser Versorgung ist u.a. daran abzulesen, dass sich die angesammelten Deckungsmittel inzwischen auf mehr als 300 Mrd. EUR belaufen. Relativiert wird diese Zahl freilich, wenn man den Anteil der betrieblichen Altersversorgung an der Gesamtversorgung im Alter mit Nachbarländern vergleicht. So beziehen deutsche Rentner, wenn auch mit inzwischen sinkender Tendenz, immer noch 85 % ihrer Altersversorgung aus der gesetzlichen Rentenversicherung. Die Vergleichswerte für Großbritannien lauten auf 65 %, für die Niederlande 50 % und die Schweiz nur noch 42 %. Nur 5 % der Altersversorgung in Deutschland werden bis heute aus der betrieblichen Altersversorgung gespeist, die restlichen 10 % aus dem Privatvermögen. Kritisch anzumerken ist ferner, dass die rechtlichen, insbesondere steuerrechtlichen Rahmenbedingungen auf Arbeitgeberseite kritisch gesehen werden. Die betriebliche Altersversorgung ist die mit Abstand teuerste betriebliche Sozialleistung, weil sie rund 20 % aller Personalzusatzkosten ausmacht. Das hat zur Folge, dass nach den Erhebungen des für die Insolvenzsicherung zuständigen Pensionssicherungsvereins (PSV) sowohl die Zahl der versorgungsberechtigten Beschäftigten (Betriebsrentner) als auch der Versorgungsanwärter in den meisten Branchen rückläufig ist.

Das BetrAVG spricht von Arbeitgeber und Arbeitnehmer. Diese Terminologie soll in der folgenden Darstellung beibehalten werden. Der Geschäftsführer weiß, dass er an sich, nämlich arbeitsrechtlich, kein Arbeitnehmer ist, die arbeitsrechtlichen Vorschriften des Betriebsrentenrechts aber unter den eingangs genannten Voraussetzungen auch für ihn kraft Gesetzes gelten, andernfalls vertraglich vereinbart werden müssen, wenn sie Geltung erlangen sollen.

Durchführungswege der BAV

Betriebliche Altersversorgung kann auf fünf verschieden ausgestalteten Wegen erbracht werden. Mit Ausnahme der Direktzusage, bei der die Versorgung allein und unmittelbar zwischen Arbeitgeber und Arbeitnehmer vereinbart wird und vom Arbeitgeber erbracht wird, kennzeichnet die anderen Typen der Versorgung, dass selbständige Einrichtungen als Versorgungsträger dienen. Deren Existenz ändert nichts daran, dass der Arbeitgeber primär Versorgungsschuldner bleibt; wenn er selbst nicht leistet, muss er die Leistung durch einen Dritten verschaffen. Die hieran Beteiligten stehen in einem Dreiecksverhältnis. Während Arbeitnehmer und Arbeitgeber das so genannte Versorgungsverhältnis begründen, stehen Arbeitnehmer und Versorgungsträger nach Eintritt des Versorgungsfalls im Leistungsverhältnis, Arbeitgeber und Versorgungsträger hingegen begründen das so genannte Deckungsverhältnis.

Die Durchführungswege unterscheiden sich sowohl arbeitsrechtlich und betriebswirtschaftlich als auch steuerlich zum Teil erheblich von einander. Gleiches gilt für die Insolvenzsicherung unverfallbarer Anwartschaften und der Versorgungsansprüche selbst. Bei der Finanzierung ist zwischen kapitalgedeckten und umlagefinanzierten Versorgungssystemen zu unterscheiden.

Unmittelbare Versorgung/Direktzusage (§§ 1 Abs. 1 Satz 2, 2 Abs. 1 BetrAVG): Unter Direktzusage versteht man die von der GmbH ohne Zwischenschaltung eines Trägers und ohne Bildung eines Sondervermögens selbst und unmittelbar getragene Altersversorgung. Sie wird über Pensionsrückstellungen finanziert. Auch durch Betriebsvereinbarungen oder Tarifverträge begründete Verpflichtungen der Gesellschaft, selbst Versorgungsleistungen zu erbringen, können Direktzusagen sein. Die „klassische" Direktzusage stellt die dem Geschäftsführer oder leitenden Angestellten erteilte Pensionszusage dar.

Direktversicherung (§§ 1b Abs. 2, 2 Abs. 2 BetrAVG): Bei Direktversicherungen werden die aus der Versorgung resultierenden Risiken ganz auf eine Lebensversicherungsgesellschaft übertragen. Die BAV wird auf diese Weise vollständig aus dem Betrieb herausgenommen. Versicherungsnehmer und Beitragsschuldner ist der Arbeitgeber, bezugsberechtigt ist der Arbeitnehmer/oder seine Hinterbliebenen. Mit der Zahlung der Beiträge an die Versicherungsgesellschaft ist die Versorgung in vollem Umfang sichergestellt. Das Versorgungsversprechen und die dafür abgeschlossene Versicherung werden in der Bilanz der GmbH weder aktiviert noch passiviert. Die Beiträge sind vielmehr im Jahre ihrer Entstehung als Betriebsausgaben abzugsfähig.

Pensionskasse (§§ 1b Abs. 3, 2 Abs. 3 BetrAVG): Die Pensionskasse ist wie die Unterstützungskasse rechtsfähige Versorgungseinrichtung, die ebenfalls von einem oder mehreren Unternehmen getragen wird; im Gegensatz zu den Unterstützungskassen gewährt sie Leistungen, auf die der Empfänger einen Anspruch hat. Anders als bei der Direktversicherung, wo der Arbeitgeber Versicherungsnehmer ist, ist bei der Pensionskasse der Arbeitnehmer selbst Mitglied. Die Pensionskasse ist ihrem Wesen nach ein Lebensversicherungsunternehmen, das für einen bestimmten Personenkreis Versorgungsleistungen wie eine private Rentenversicherung vorsieht. Sie unterliegt der Versicherungsaufsichtspflicht, da sie die Tatbestandsmerkmale des Lebensversicherungsgeschäfts erfüllt. Auch die an die Pensionskasse gezahlten Beiträge sind als Betriebsausgaben abzugsfähig.

Pensionsfonds (§§ 1b Abs. 3, 2 Abs. 3a BetrAVG, 112 VAG): Der Pensionsfonds ist eine rechtsfähige, der Versicherungsaufsicht unterliegende Versorgungseinrichtung, die gegen Zahlung von Beiträgen kapitalgedeckte betriebliche Altersversorgung zu erbringen hat. Die Versorgung muss auf der Grundlage eines Auszahlungsplans als lebenslange und vererbliche Altersrente erbracht werden. Das Versprechen, bei Eintritt des Versorgungsfalls einmalig eine Kapitalleistung zu erbringen (eine Variante, die das BetrVAG an sich nicht ausschließt), reicht für die Anerkennung als Pensionsfonds nicht aus. Der Betreiber eines Pensionsfonds ist von den für andere Durchführungswege typischen Anlagebeschränkungen frei. So darf das Fondskapital auch zu 100 % in Aktien angelegt werden.

Unterstützungskasse (§§ 1b Abs. 4, 2 Abs. 4 BetrAVG): Die betriebliche Unterstützungskasse ist eine mit einem Sondervermögen ausgestattete Versorgungseinrichtung mit eigener Rechtspersönlichkeit, die von einem oder mehreren („Träger"-) Unternehmen getragen wird und einmalige und/oder laufende Leistungen ohne Rechtsanspruch gewährt. „Ohne Rechtsanspruch" ist bestimmendes Element der Unterstützungskasse und besagt, dass die Trägerunternehmen lediglich in freiem Ermessen, nämlich im Rahmen ihrer Möglichkeiten und der Zumutbarkeit gehalten sind, die Funktionsfähigkeit der Unterstützungskasse zu gewährleisten. Dieses „freie Ermessen" ist jedoch durch die Rechtsprechung und den Gesetzgeber des BetrAVG zu Gunsten der Leistungsempfänger eingeschränkt worden. Der Ausschluss des Rechtsanspruchs wird als ein durch sachliche Gründe gebundenes Widerrufsrecht verstanden. Die Leistungen der Unterstützungskasse können de facto deshalb hinsichtlich der Sicherheit der Leistung den anderen Formen der BAV gleichgestellt werden.

Zusageformen

Seine Versorgungszusage kann der Arbeitgeber auf verschiedene Art erteilen. Gleich den 5 Durchführungswegen unterscheidet das BetrAVG auch 5 Zusageformen.

Leistungszusage (§ 1 Abs. 2 BetrAVG): Mit einer solchen Zusage verpflichtet sich der Arbeitgeber, dem Arbeitnehmer im Versorgungsfall eine der Höhe nach definierte Alters-, Invaliditäts- oder Hinterbliebenenversorgung zu gewähren.

Beitragsorientierte Leistungszusage (§ 1 Abs. 2 Nr. 1 BetrAVG): Sie verpflichtet den Arbeitgeber, nur der Höhe nach bestimmte Beiträge in eine Anwartschaft auf Leistung und der betrieblichen Altersversorgung umzuwandeln; die zugesagte Leistung ist der Höhe nach nicht festgelegt.

Beitragszusage mit Mindestleistung (§ 1 Abs. 2 Nr. 2 BetrAVG): Durch das AVmG eingeführt, verpflichtet sich der Arbeitgeber zur Leistung von bestimmten Beiträgen an eine Pensionskasse, einen Pensionsfond oder eine Direktversicherung. Gleichzeitig garantiert er, das aus seinen Beiträgen und hieraus erwirtschafteten Erträgen resultierende Kapital im Versorgungsfall, mindestens aber die Summe der zugesagten Beiträge zu leisten. Da mit einer solchen Zusage keine Verzinsungsgarantie verbunden ist, gilt für reine Beitragszusagen das BetrAVG nicht (BAG NZA 2005, 1239).

Entgeltumwandlung (§ 1 Abs. 2 Nr. 3): Die Entgeltumwandlung durchbricht das an sich das Betriebsrentenrecht typisierende Prinzip der Freiwilligkeit, weil diese Zusageform als einzige dem Arbeitnehmer einen klagbaren Anspruch gegen den Arbeitgeber auf Entgeltumwandlung gewährt. Entgegen langjährig diskutierten Bedenken ist die Entgeltumwandlung verfassungskonform (BAG NZA-RR 2007, 650). Den Anspruch auf Entgeltumwandlung können nur solche Arbeitnehmer geltend machen, die in der gesetzlichen Rentenversicherung pflichtversichert sind.

Umfassungszusagen (§ 1 Abs. 2 Nr. 4 BetrAVG): Hierbei handelt es sich gem. § 30e Abs. 1 BetrAVG um eine Sonderform der Entgeltumwandlung. Sie ist dadurch gekennzeichnet, dass der Arbeitgeber mit seiner eigenen Leistungszusage klarstellt, dass er auch die Leistungen aus diesen Beiträgen umfasst (Mauersberg, VersR 2008, 169; Reich/Rutzmoser DB 2007, 2314).

Anspruchsgrundlagen

Soweit die betriebliche Altersversorgung ausschließlich arbeitgeberfinanziert bleibt, fehlt es auch nach In-Kraft-Treten des AVmG an einer Anspruchsgrundlage für den Arbeitnehmer. Traditionell war betriebliche Altersversorgung eine zusätzliche freiwillige Leistung des Arbeitgebers. Anspruchsgrundlagen mussten deshalb entweder durch eine individuelle Versorgungszusage (Direktzusage) im Anstellungsvertrag oder im Zusammenhang mit einem Anstellungsvertrag oder kollektiv durch Betriebsvereinbarung oder Tarifvertrag, ggf. auch durch so genannte Gesamtzusagen (Aushang) geschaffen werden. Für den Arbeitnehmer können sich darüber hinaus auch Anspruchstatbestände aus ungeschriebenen Rechtsgrundlagen, etwa der betrieblichen Übung oder auch aus dem arbeitsrechtlichen Gleichbehandlungsgrundsatz und europarechtlichen Vorschriften über geschlechtsbezogene Diskriminierungsverbote bzw. Gleichbehandlungsgebote ergeben. Nachdem der Gesetzgeber durch das RRefG 1999 und, modifiziert durch das AVmG 2002, die – auch zuvor schon zum Teil praktizierte – Entgeltumwandlung ausdrücklich als Möglichkeit der arbeitnehmerfinanzierten oder gemischt arbeitgeber-/arbeitnehmerfinanzierten Altersversorgung anerkannt und damit unter den Schutz des Gesetzes gestellt hat, wurde zugleich zum ersten Mal für den Arbeitgeber eine gesetzliche Anspruchsgrundlage auf Begründung einer betrieblich organisierten Form der privaten Altersvorsorge geschaffen (Blomeyer DB 2001, 1413 ff). Dieser Anspruch entsteht allerdings nur, wenn und soweit der Arbeitnehmer zur Finanzierung der Versorgung auf einen Teil der ihm vertraglich zustehenden, aber noch nicht verdienten/fälligen, also künftigen Entgeltansprüche verzichtet, diesen Entgeltanteil für eine Umwandlung in Versorgungsansprüche zur Verfügung stellt und bestimmte Höchstgrenzen nicht über- bzw. Mindestgrenzen nicht unterschreitet. Der Höchstbetrag bemisst sich nicht nach dem individuellen Einkommen, sondern nach der jährlich durch Verordnung der Bundesregierung nach § 160 SGB VI festgelegten Beitragsbemessungsgrenze. Für 2009 beläuft sich der jährliche Höchstbetrag auf 2.592 € in den alten Bundesländern und 2.184 € in den neuen Bundesländern (= 4 % der jeweiligen Beitragsbemessungsgrenze in der Rentenversicherung der Arbeiter und Angestellten). Der Mindestumwandlungsbetrag beläuft sich für 2009 auf 186,38 € in den alten und 160,13 € in den neuen Bundesländern (= 1/160 der Bezugsgröße nach § 18 Abs. 1 SGB IV).

Der Entgeltumwandlungsanspruch erstreckt sich auf alle Versorgungsfälle (Alter, Invalidität, Tod) und alle Durchführungswege. Allerdings ist der Arbeitgeber berechtigt, sein Angebot auf die Durchführungswege Pensionskasse, Pensionsfonds und Direktversicherung zu beschränken. Fehlt es an seiner Bereitschaft, sich mit dem Arbeitnehmer über die Begründung von Versorgungsanwartschaften in einer Pensionskasse oder einem Pensionsfonds zu verständigen, kann der Arbeitnehmer (nur) den Abschluss einer Direktversicherung erzwingen.

Steuerlich attraktiv war die arbeitnehmerfinanzierte betriebliche Altersversorgung durch die Möglichkeit der so genannten nachgelagerten Besteuerung, wenn die Direktzusage oder eine Unterstützungskasse als Durchführungsweg gewählt wurden. Anders als bei der Direktversicherung oder Pensionskasse nämlich unterlagen die umgewandelten Gehaltsbestandteile erst im Versorgungsfall, also bei Zahlung von Altersversorgungsleistungen, der Besteuerung (Rundschreiben des BMF vom 04.02.2000, DStR 2000, 327 ff).

Die steuerliche Behandlung der Leistungen aus einer Direktversicherung, Pensionskasse und einem Pensionsfonds in der Auszahlungsphase hängt davon ab, ob und inwieweit die Beiträge in der Ansparphase durch die Steuerfreiheit nach § 3 Nr. 63 EStG, nach § 3 Nr. 66 EStG oder durch den Sonderausgabenabzug nach § 10a EStG gefördert wurden (Niermann DB 2001, 1380 ff).

Für Anwartschaften oder Versorgungsfälle bis Ende 2004 bleibt es bei der alten Gesetzeslage. Mit dem AltEinkG wird die nachgelagerte Besteuerung, d.h. die steuerliche Freistellung angemessener Altersversorgungsbeiträge in der Ansparphase und Regelbesteuerung der Alterseinkünfte in der Auszahlungsphase in allen fünf Durchführungswegen der betrieblichen Altersversorgung die Regel. Aus fiskalpolitischen Gründen gilt für den Übergang zur nachgelagerten Besteuerung eine lange, 20-jährige Übergangsfrist, in der die Aufwendungen für Altersvorsorgeleistungen schrittweise steuerlich in höherem Maße als bisher als Sonderausgaben begünstigt werden. Ab dem 01.01.2005 sind zunächst nur 60 % der Aufwendungen begünstigt, die restlichen 40 % zu versteuern. Über 20.000 EUR jährlich, bei Ehegatten 40.000 EUR, hinausgehende Aufwendungen werden nicht begünstigt. Bei einer jährlichen Erhöhung des Sonderausgabenfreibetrages um 2 % wird erst ab 2025 der volle Sonderausgabenabzug von 20.000 EUR bei ledigen und 40.000 EUR bei Ehegatten möglich (Maute, GmbHR 2004, 1198 ff).

Finanziert der Arbeitgeber die Versorgung allein, besteht seit dem RRefG 1999 und der zeitgleich in Kraft getretenen Änderung des BetrAVG auch Klarheit darüber, dass eine beitragsorientierte Leistungszusage oder eine Beitragszusage mit Mindestleistung von den Regelungen des Betriebsrentenrechts erfasst wird. Die beitragsorientierte Leistungszusage trägt insbesondere den betrieblichen Interessen Rechnung, die Verpflichtung auf einen vereinbarten Versorgungsaufwand zu begrenzen und diese besser kalkulieren zu können als eine festgelegte Versorgungsleistung bei Fälligkeit. Beitragsorientierte Leistungszusagen liegen beispielsweise vor bei den in großen Konzernen/Unternehmen verbreiteten (Versorgungs-) Baustein-Systemen. Die Beitragszusage mit Mindestleistung wird nur dann als betriebliche Altersversorgung anerkannt, wenn die Beiträge an einen Pensionsfonds, eine Pensionskasse oder in eine Direktversicherung einbezahlt werden. Die zugesagte Mindestversorgung entspricht der unverzinsten Summe der eingesetzten Beiträge.

Sicherung betrieblicher Versorgungsanwartschaften und -leistungen

Das BetrAVG kennt zahlreiche Sicherungsinstrumente, die in der Reihenfolge ihrer Bedeutung ihrem wesentlichen Inhalt nach das Bild von der dritten Säule der Alterssicherung rechtfertigen.

Insolvenzsicherung (§ 7 BetrAVG)

Von herausragender Bedeutung für den Geschäftsführer ist die Frage, ob auch seine Versorgungsansprüche und unverfallbaren Versorgungsanwartschaften der Insolvenzsicherung unterliegen (Uhlenbruck GmbHR 1999, 313 ff und 390 ff). Die unverfallbaren Versorgungsanwartschaften genießen freilich nur einen geringeren Insolvenzschutz. Er umfasst beispielsweise nicht an variablen Größen orientierte Rentenanpassungen. Auch einzelvertragliche Unverfallbarkeitszusagen finden den PSV nicht, wenn sie günstiger als die gesetzliche Regelung sind.

Damit eine von der Gesellschaft zugesagte BAV auch bei Zahlungsunfähigkeit des Arbeitgebers bzw. Versorgungsträgers gesichert ist, wurde zur Insolvenzsicherung der Pensions-Sicherungsverein (PSV) eingerichtet. Die Mittel für die Durchführung der Insolvenzsicherung werden durch Beiträge aller Arbeitgeber aufgebracht, die Leistungen der BAV unmittelbar oder über eine Unterstützungskasse, eine Direktversicherung oder einen Pensionsfonds zugesagt haben. Der Zahlungsunfähigkeit durch Insolvenz stehen die Abweisung des Antrags auf Eröffnung des Insolvenzverfahrens mangels Masse, der außergerichtliche Vergleich des Arbeitgebers mit seinen Gläubigern zur Abwendung eines Insolvenzverfahrens bei Zustimmung durch den PSV und schließlich die vollständige Beendigung der Betriebstätigkeit im Geltungsbereich des BetrAVG gleich. Die Leistungspflicht des PSV beginnt mit dem auf den Sicherungsfall folgenden Monatsersten. Sie endet mit dem Ablauf des Monats, in dem der

Begünstigte stirbt. Der PSV steht grundsätzlich auch für rückständige Versorgungsleistungen bis zu einer Dauer von 6 Monaten ein.

Abgesehen von Fällen des Versicherungsmissbrauchs, der zu einem Anspruchsausschluss führt und Fälle betrifft, in denen beispielsweise auf Grund der wirtschaftlichen Situation der Gesellschaft bereits bei Erteilung oder Erhöhung der Versorgungszusage nicht mehr ernstlich mit deren Erfüllung gerechnet werden konnte, ist der Leistungsanspruch gegen den PSV auf höchstens das Dreifache der bei erster Fälligkeit maßgebenden monatlichen Bezugsgröße gemäß § 18 SGB IV beschränkt. Zum 01.01.2008 betrug die monatliche Bezugsgröße 2.485,00 € und der Höchstbetrag somit 7.455,00 €. Insoweit behält der Masseerhaltungsgrundsatz seine Priorität. Bis zu dieser Grenze haftet der PSV in Höhe der Leistungen, die der Arbeitgeber auf Grund seiner Versorgungszusage hätte erbringen müssen, nicht hingegen für die kraft Gesetzes nach § 16 BetrAVG geschuldete Anpassung der Leistungen oder Dynamisierung von Versorgungsanwartschaften. Die 1999 mit dem RRefG eingeführte Beschränkung der Insolvenzsicherung für Versorgungszusagen nach Entgeltumwandlung auf 3/10 der monatlichen Bezugsgröße (seinerzeit ca. 1.350 DM) ist durch das AVmG wieder aufgehoben worden. Der PSV haftet der Höhe nach unabhängig davon, ob und in welchem Verhältnis die Betriebliche Altersversorgung arbeitgeber- und/oder arbeitnehmerfinanziert ist.

Für den Geschäftsführer der GmbH, für den über Jahre hinweg Beiträge an den PSV gezahlt wurden, stellt sich die Frage, ob auch er im Falle der Insolvenz seiner Gesellschaft Ansprüche auf betriebliche Altersversorgung gegenüber dem PSV durchsetzen kann. Zu dieser Frage liegt aus den letzten zwei Jahrzehnten eine große Anzahl von höchstrichterlichen Entscheidungen vor, deren Inhalt wie folgt zusammengefasst werden kann: In einer Leitentscheidung stellt der BGH (BGHZ 77, 233 = DB 1980, 1588) zunächst klar, dass die Bestimmungen des BetrAVG in erster Linie für Arbeitnehmer gelten (§ 17 Abs. 1 Satz 1 BetrAVG), zu denen ein Geschäftsführer zivilrechtlich bzw. arbeitsrechtlich nicht zählt. Nach § 17 Abs. 1 Satz 2 BetrAVG ist jedoch das Gesetz auch auf Personen anwendbar, die nicht Arbeitnehmer sind, denen aber Versorgungsleistungen aus Anlass ihrer Tätigkeit für ein Unternehmen zugesagt worden sind. Da das Gesetz vorrangig dem Schutz von Arbeitnehmern dient, muss diese Vorschrift restriktiv ausgelegt werden. Insolvenzgesichert ist nach der Rechtsprechung des BGH nur die Anwartschaft desjenigen Geschäftsführers, der für ein „fremdes" Unternehmen tätig ist. „Fremd" in diesem Sinne ist das Unternehmen für den Geschäftsführer dann, wenn er auf Grund der Kapital- und Stimmrechtsverhältnisse keinen maßgeblichen Einfluss auf die Willens- und Entscheidungsbildung in der Gesellschaft nehmen kann (BGH aaO; LG Köln BB 1987, 338; BB 1987, 1394; OLG Köln GmbHR 1988, 64; GmbHR 1989, 80; GmbHR 1989, 81; GmbHR 1989, 419; GmbHR 1989, 422; BGH GmbHR 1980, 162; GmbHR 1990, 72; BAG GmbHR 1997, 2495).

Danach genießt der Geschäftsführer einer GmbH folgerichtig keinen Insolvenzschutz nach § 7 BetrAVG, wenn er zugleich Alleingesellschafter (BGHZ 77, 94 = GmbHR 1980, 162; GmbHR 1990, 73) oder Mehrheitsgesellschafter ist (GmbHR

1980, 162; GmbHR 1990, 73; GmbHR 1991, 458). Anteile von Familienangehörigen werden grundsätzlich nicht hinzugerechnet (Scholz, GmbHG § 35 Rz 203).

Kein Insolvenzschutz besteht ferner, wenn der Gesellschafter-Geschäftsführer über eine qualifizierte Minderheitsbeteiligung verfügt, die zusammen mit den Anteilen eines oder mehrerer anderer Gesellschafter-Geschäftsführer maßgeblichen Einfluss auf die Willens- und Entscheidungsbildung in der Gesellschaft sichert (BGHZ 77, 233, 241 = GmbHR 1980, 266; GmbHR 1990, 73). Schon eine Minderheitsbeteiligung von 10 % kann in diesem Sinne unter Umständen als „qualifiziert" anzusehen sein (OLG Köln BB 1987, 338).

Das LG Köln versagt selbst einem Gesellschafter-Prokuristen den Insolvenzschutz des § 7 BetrAVG, wenn dieser zusammen mit weiteren (nicht mehrheitlich beteiligten) Gesellschafter-Geschäftsführern die Mehrheit der Geschäftsanteile inne hat, jeweils gemeinsam mit einem Geschäftsführer die Gesellschaft vertreten darf und seine Stellung innerhalb der Gesellschaft – auch unter Berücksichtigung seiner Kapitalbeteiligung – nach der wirtschaftlichen und tatsächlichen Bedeutung mit der eines Geschäftsführers vergleichbar ist (LG Köln BB 1987, 338).

Dagegen genießt ein Minderheitsgesellschafter, der zusammen mit einem Mehrheitsgesellschafter die Geschäfte einer GmbH führt, den Schutz des BetrAVG (BGH GmbHR 1990, 72, 73).

Fremdgeschäftsführer oder Geschäftsführer mit einer lediglich minimalen Beteiligung (unter 10 %) oder die zusammen mit anderen Minderheitsgesellschafter-Geschäftsführern über keine Mehrheit verfügen, genießen stets den Schutz des BetrAVG. Das gilt auch und erst recht für den Fall einer nur mittelbaren, nämlich über eine Gesellschaft bürgerlichen Rechts vermittelte Beteiligung (BGH GmbHR 1997, 843 ff). Für die GmbH & Co. KG gilt folgende Besonderheit: Da bei einer typischen GmbH & Co KG die GmbH keinen eigenen Betrieb unterhält, sondern lediglich die Geschäfte der Kommanditgesellschaft leitet, sind beide Gesellschaften als wirtschaftliche Einheit zu betrachten. Für die Beurteilung, ob ein geschäftsführender Gesellschafter der Komplementär-GmbH unternehmer- oder arbeitnehmerähnliche Person i.S.v. § 17 Abs. 1 BetrAVG ist, sind daher seine unmittelbare und seine mittelbare (über die GmbH) Beteiligung an der KG zusammenzurechnen. Ergibt sich hierbei eine Kapital- und Stimmenmehrheit, so ist der Gesellschafter-Geschäftsführer kein Arbeitnehmer i.S.d. BetrAVG. Ebenso verhält es sich, wenn er an der Kommanditgesellschaft überhaupt nicht direkt beteiligt ist, seine indirekte Beteiligung über die GmbH aber schon eine beherrschende Stellung vermittelt (BGH DB 1980, 1588). Ist der Geschäftsführer der GmbH zugleich persönlich haftender Gesellschafter der KG, genießt er keinen Schutz des BetrAVG (BGH DB 1980, 1588).

Das gilt auch dann, wenn er in der KG als persönlich haftender Gesellschafter ohne eigene Geschäftsführungsbefugnis nur deshalb aufgenommen wurde, um die Übernahme seines Namens durch die KG zu ermöglichen (OLG Köln GmbHR 1989, 80).

Für die Frage, ob einem GmbH-Geschäftsführer wegen seiner Unternehmereigenschaft der Insolvenzschutz zu versagen ist, kommt es grundsätzlich nicht auf den

Zeitpunkt der Versorgungszusage, sondern darauf an, inwieweit das Ruhegeld durch seine Tätigkeit als arbeitnehmerähnliche Person und inwieweit es durch eine solche als Unternehmer verdient worden ist (BAG DB 2001, 2102 ff). Bei einem Wechsel von der Arbeitnehmer- in die Unternehmerstellung und umgekehrt ist der nach § 7 BetrAVG insolvenzgesicherte Teil einer Versorgungsrente nach dem Verhältnis der Zeiträume zu berechnen, in denen der Berechtigte in der einen und in der anderen Eigenschaft tätig gewesen ist (BGH DB 1980, 1527; DB 1980, 1588; GmbHR 1980, 266; WM 1980, 1116; GmbHR 1990, 72, 73; BAG DB 1995, 2147).

Eines allerdings kann auch die gesetzliche Insolvenzsicherung nicht verhindern, nämlich den Widerruf noch nicht unverfallbar gewordener Versorgungsanwartschaften in der Insolvenz durch den Insolvenzverwalter. Ein solcher Widerruf ist selbst bei der Gehaltsumwandlung möglich, also dort, wo der Geschäftsführer eigene künftige Gehaltsansprüche für den Aufbau einer betrieblichen Altersversorgung preisgegeben hat (BAG DB 1999, 2069 ff; BGH NZA RR 2003, 154 ff = DB 2002, 2104 ff). Zieht der Insolvenzverwalter nach Widerruf der Versorgungszusage beispielsweise Versicherungsleistungen zur Masse und verwertet sie dort, bleibt dem betroffenen Geschäftsführer allein der – in der Regel wirtschaftlich wertlose – Schadensersatzanspruch an die Masse. Nach dem so genannten Günstigkeitsprinzip des § 17 III, S. 3 BetrAVG an sich mögliche abweichende Vereinbarungen zu Gunsten des Betroffenen im Einzelfall, etwa über den vorzeitigen Eintritt der Unverfallbarkeit, sind bei der Insolvenzsicherung nicht möglich. Begründet wird dies mit dem zwingenden Charakter aller Vorschriften über den Insolvenzschutz. Jede Besserstellung eines Einzelnen würde sich nämlich wirtschaftlich im Ergebnis zu Lasten des PSV auswirken (Blomeyer/Otto, BetrAVG, 2. Aufl. § 17 Rz 198).

Praxishinweis! Eine auch für den Gesellschafter-Geschäftsführer zulässige und taugliche, vertragliche Insolvenzsicherung ist die Verpfändung von Ansprüchen aus einer Rückdeckungsversicherung. Anders als bei einer aufschiebend (für den Fall der Insolvenz) bedingten Abtretung solcher Ansprüche entzieht die Verpfändung den Anspruch aus dem Versicherungsvertrag dem Zugriff anderer Gläubiger (und des Insolvenzverwalters) sofort. Alle Versicherer halten hierfür Muster bereit.

Unverfallbarkeit (§ 1b Abs. 1 BetrAVG)

Der arbeitnehmerähnlich beschäftigte, also ohne oder mit nur geringer Beteiligung am Kapital der Gesellschaft tätige Geschäftsführer, behält seine Anwartschaft auf betriebliche Altersversorgung bei seinem Ausscheiden aus dem Anstellungsverhältnis kraft Gesetzes, wenn das Beschäftigungsverhältnis nach Vollendung des 30. Lebensjahres endet und die Versorgungszusage zu diesem Zeitpunkt mindestens 5 Jahre bestanden hat oder er auf Grund einer Vorruhestandsregelung ausscheidet und ohne das vorherige Ausscheiden die Wartezeit und die sonstigen Voraussetzungen für den Bezug von Altersversorgungsleistungen hätte erfüllen können. So lautet die nach In-Kraft-Treten des AVmG am 01.01.2002 für Versorgungszusagen ab dem 01.01.2001 geltende Neuregelung der Unverfallbarkeit. Für so genannte Altzusagen gilt unverändert die seit 1974 gültige Regelung, nach der die Unverfallbarkeit die Vollendung des 35. Lebensjahres und eine bei Ausscheiden mindestens 10 Jahre bestehende Versorgungsanwartschaft zur Voraussetzung hatte, alternativ eine mindestens 12-jährige Betriebszugehörigkeit bei mindestens 3-jährigem Bestand einer Versorgungszusage.

Diese seit 2001 geltende Neuregelung ist seit kurzem auch nur noch Bestandteil einer Übergangsregelung (§ 30f BetrAVG). Mit dem Gesetz zur Förderung der zusätzlichen Altersvorsorge vom 10.12.2007 wird am 01.01.2009 das bisherige Mindestalter von 30 Lebensjahren noch einmal um 5 Jahre auf Vollendung des 25. Lebensjahres abgesenkt. Das hat zur Folge, dass für die Unverfallbarkeit von Versorgungsanwartschaften inzwischen drei Regelungen mit unterschiedlich laufenden Laufzeiten gelten, nämlich für Versorgungszusagen, die vor dem 01.01.2001 erteilt wurden (unverfallbar ab Vollendung des 35. Lebensjahrs), Zusagen zwischen dem 01.01.2001 und dem 31.12.2008 (Unverfallbarkeit ab Vollendung des 30. Lebensjahres) und schließlich Leistungszusagen ab dem 01.01.2009 (Unverfallbarkeit ab Vollendung des 25. Lebensjahres).

Von den nur zu Gunsten des Arbeitnehmers abkürzbaren Unverfallbarkeitsfristen zu unterscheiden sind so genannte Wartezeiten. Ein Arbeitgeber kann beispielsweise im Extremfall eine Wartezeit von 20 Jahren Betriebszugehörigkeit vorsehen, bevor überhaupt eine Versorgungszusage erteilt wird, ab deren Erteilung erst die Unverfallbarkeitsfrist zu laufen beginnt. Eine auf den 01.01.2001 rückwirkende Sonderregelung (§ 1b Abs. 5 Satz 2 BetrAGV) bestimmt für Fälle der Entgeltumwandlung den sofortigen Eintritt der Unverfallbarkeit und damit auch der Insolvenzsicherung.

Praxishinweis! Mit Beginn der Entgeltumwandlung entstandene unwiderrufliche Bezugsrechte können auch durch den Insolvenzverwalter nicht mehr widerrufen werden.

Wird zu Gunsten des Arbeitnehmers im Übrigen, also außerhalb der Entgeltumwandlung, eine kürzere Unverfallbarkeitsfrist vereinbart oder werden Vordienstzeiten in andern Unternehmen als anwartschaftsbegründend oder -erhöhend gewertet, tritt die Insolvenzsicherung gleichwohl erst nach Ablauf der gesetzlichen Fristen ein. Die fehlende gesetzliche Absicherung kann auch bei der arbeitgeberfinanzierten Versorgungszusage eine Rückdeckungsversicherung – und ggf. deren Abtretung oder Verpfändung an den Anwartschaftsinhaber – ersetzen.

Schutz vor Eingriffen in Versorgungsanwartschaften und die laufende Versorgung

Das BetrAVG regelt nicht, wann und unter welchen Voraussetzungen Versorgungszusagen geändert werden können. Dieser Aufgabe hat sich die Rechtsprechung angenommen. Für Eingriffe in Versorgungszusagen vor Eintritt des Versorgungsfalls hat das BAG in ständiger Rechtsprechung einen 3-Stufen-Katalog entwickelt. Danach erfordern Schmälerungen des bereits erdienten Besitzstands zwingende Gründe; grundsätzlich sind sie damit jeglicher verschlechternden Änderung entzogen. Triftiger Gründe bedarf es bei Eingriffen in die von der Dienstzeit unabhängige Dynamik. Für Eingriffe in künftige, von der Dienstszeit abhängige Zuwächse sollen hingegen sachlich proportionale, d.h,, willkürfreie Gründe ausreichen. Weil hiermit Fragen der betrieblichen Lohngestaltung bzw. betrieblicher Sozialeinrichtungen berührt sind, sind auch Mitbestimmungsrechte des Betriebsrats betroffen. Da das Mitbestimmungsrecht des Betriebsrats das Bestehen einer Versorgungszusage voraussetzt und der Betriebsrat die Einführung einer arbeitgeberfinanzierten betrieblichen Altersversorgung nicht erzwingen kann, führen Meinungsverschiedenheiten über die künftige Dotierung eines bestehenden Versorgungswerks nicht selten zu dessen Schließung für die Zukunft. Nachdem der Insolvenzfall der wirtschaftlichen Notlage nach § 7 BetrAVG a.F. entfallen ist, dürfte ein hierauf und auf den Wegfall der Geschäftsgrundlage gestützter (Teil-)Widerruf von Versorgungszusagen nicht mehr möglich sein. Ebenfalls nicht möglich bzw. steuerlich kontraproduktiv, weil rückstellungsfeindlich, ist ein bereits bei Erteilung der Versorgungszusage (an sich möglicher) vereinbarter Widerrufsvorbehalt. Umstritten ist die Frage, ob ändernde oder ablösende Betriebsvereinbarungen über Versorgungszusagen durch den jeweils amtierenden Betriebsrat überhaupt noch mit Wirkung gegenüber aus dem Betrieb ausgeschiedenen Betriebsrentnern abgeschlossen werden können.

Welchen inhaltlichen Anforderungen Eingriffe in Versorgungsanwartschaften genügen müssen, richtet sich nach der Art ihrer Gewährung/Zusage. Wurzelt die Versorgungszusage im Einzelarbeitsvertrag, muss der Versorgungsberechtigte zustimmen; tut er das nicht, bleibt dem Arbeitgeber nur die Änderungskündigung. Das gilt grundsätzlich auch für kollektive Regelungen (Gesamtzusage, Einheitsregelung, betriebliche Übung). Allerdings lässt das BAG hier auch ablösende Betriebsvereinbarungen insoweit zu, als sie das Dotierungsvolumen unangetastet lassen. Beruht die Versorgungszusage auf einem Tarifvertrag oder einer Betriebsvereinbarung, können deren Bestimmungen durch einen nachfolgenden Tarifvertrag oder eine nachfolgende Betriebsvereinbarung auch zu Lasten der Betroffenen geändert werden.

Vom Widerruf aus betriebswirtschaftlichen Gründen zu unterscheiden ist der Widerruf wegen Treuebruchs, also etwa vorsätzlichen Schädigungen des Unternehmens durch den Versorgungsberechtigten. Nach der Rechtsprechung des BAG und des BGH ist die Berufung eines Arbeitnehmers auf eine ihm erteilte Versorgungszusage nur dann rechtsmissbräuchlich, wenn sich die von ihm als Gegenleistung für die Versorgungszusage erbrachte Betriebstreue im Hinblick auf nachhaltige, unter Umständen existenzbedrohende Schädigungen des Arbeitgebers im Nachhinein als wertlos erweist (BGH DB 2000, 1328 ff; NZA-RR 2004, 281).

Eingriffe nach Eintritt des Versorgungsfalls, also in die laufende Versorgung, sind grundsätzlich unwirksam (BAG NZA 2005, 580). Geringfügige Korrekturen etwa an der Indexierung von Renten oder einer Verschiebung der Zahlungsfähigkeit hat das BAG früher freilich zugelassen (BAG DB 1997, 631; BAG NZA 1998, 541).

Teilrentenanspruch und vorzeitiger Bezug von Altersleistungen (§§ 2 Abs. 1, 6 BetrAVG)

Zwangsläufige Konsequenz aus der Unverfallbarkeit von Versorgungsanwartschaften vor Eintritt des Versorgungsfalls und unabhängig vom Fortbestand des Beschäftigungsverhältnisses ist, dass aus der unverfallbaren Anwartschaft ein entsprechender Teilrentenanspruch erwachsen muss. Er wird errechnet aus dem Quotienten aus der (fiktiven) Vollrente im Versorgungsfall und der in Monaten oder Tagen bezifferten tatsächlich zurückgelegten Betriebszugehörigkeit im Verhältnis zu der bis zum

Erreichen der Altersgrenze möglichen Betriebszugehörigkeit. Die früher übliche Differenzierung beim Rentenzugangsalter zu Lasten männlicher Altersrentner hat der EuGH wegen Verstoßes gegen Art. 114 und 119 EG-Vertrag verworfen. Diese Differenzierung hatte Männer nicht nur durch einen späteren Eintritt des Versorgungsfalls benachteiligt, sondern auch durch einen proportional höheren Teilrentenanspruch weiblicher Versorgungsberechtigter bei vorzeitigem Ausscheiden (EuGH-„Barber", EG-Vertrag Art. 119 Nr. 18 = AP EWG-Vertrag Art. 119 Nr. 20; EuGH-„Moroni", AP BetrAVG § 1 Gleichbehandlung Nr. 16). Faktum bleibt allerdings die erheblich höhere Lebenserwartung von Frauen und der hieraus resultierende längere Rentenbezug.

Die Synchronisierung des Versorgungsfalls in der gesetzlichen Rentenversicherung mit dem Bezug der Betriebsrente gibt dem Versorgungsberechtigten die Möglichkeit, betriebliche Versorgungsleistungen zu beanspruchen, obwohl die Versorgungszusage bzw. die Versorgungsordnung an sich einen späteren Beginn der Altersrente vorsieht. Das Gesetz gestattet damit dem Arbeitnehmer, den in der Versorgungszusage bzw. Versorgungsordnung geregelten Eintritt des Versorgungsfalls „Alter" durch einseitige Erklärung auf den Beginn der gesetzlichen (Alters-) Rente vorzuverlegen.

Umgekehrt führt die Heraufsetzung des gesetzlichen Rentenalters auf die Regelaltersgrenze von 67 Lebensjahren durch das RV-Altersgrenzenanpassungsgesetz nicht automatisch zu einem späteren Auszahlungszeitpunkt in der betrieblichen Altersversorgung. Sieht etwa die Versorgungsordnung als einzige Leistungsvoraussetzung die Vollendung des 63. Lebensjahres vor, verschiebt sich der Start der Rente selbst dann nicht, wenn die gesetzliche Altersrente erst mit 67 beansprucht werden kann. Anders gewendet: Die Beendigung des Arbeitsverhältnisses ist keine zwingende im Betriebsrentenrecht vorgeschriebene Voraussetzung für Versorgungsleistungen (Baumeister/Merten DB 2007, 1306).

Auszehrungs- und Anrechnungsverbot (§ 5 BetrAVG)

Sein Anwendungsbereich sind so genannte Gesamtversorgungssysteme, in denen Leistungen der BAV dem Grunde und der Höhe nach von anderweitigen Versorgungsbezügen, etwa aus der gesetzlichen Rentenversicherung, abhängen und alle Leistungen zusammen ein bestimmtes Versorgungsniveau, bezogen auf das zuletzt erzielte Einkommen, gewährleisten sollen. Das Auszehrungsverbot verhindert, dass Leistungen der betrieblichen Altersversorgung auf Grund von Erhöhungen anderer Leistungs- oder Versorgungsträger fortlaufend gemindert werden und ggf. vollständig entfallen. Das Anrechnungsverbot greift früher und schränkt bereits bei Erteilung der Versorgungszusage/Einrichtung der Versorgungsregelung die Vertragsfreiheit ein. So dürfen Leistungen, die allein durch Beitragszahlungen des Arbeitnehmers erworben werden, gar nicht angerechnet werden; andere Anrechnungstatbestände müssen bereits in der Versorgungsordnung klar geregelt werden.

Nach Eintritt des Versorgungsfalls oder der Unverfallbarkeit dürfen Leistungen/Anwartschaften nur in den gesetzlich genannten Ausnahmefällen herabgesetzt oder ganz widerrufen werden. Selbst bei schwersten Verfehlungen des Geschäftsführers, die die Gesellschaft zur fristlosen Kündigung berechtigen, liegt ohne das Hinzutreten weiterer Umstände noch kein Widerrufsgrund vor (BGH WM 1981, 940; DB 1984, 497; BAG DB 1990, 2173).

Andererseits kann bei einer den Bestand der Gesellschaft gefährdenden Zwangslage die Zahlung zeitweise eingestellt oder gekürzt werden (Scholz, GmbHG, § 35 Rz 209).

Anpassungs- und Dynamisierungspflicht bei laufenden Leistungen (§ 16 BetrAVG)

Die in § 16 BetrAVG normierte Anpassungs- und Dynamisierungspflicht bei laufenden Leistungen, die durch die Rechtsprechung des BAG (BAG DB 1992, 401; 1993, 282) zur nachholenden Anpassung noch eine Verschärfung erfahren hatte und deshalb massiver Kritik von Arbeitgeberseite ausgesetzt war, hat durch das RRefG 1999 erhebliche, durch das AVmG 2002 noch einmal geringfügigere Änderungen erfahren. Die dreistufige Anpassungsprüfung als Grundregel blieb erhalten. In einem ersten Schritt ist der Anpassungsbedarf zu ermitteln, der zweite Schritt kontrolliert den ermittelten Anpassungsanspruch anhand der reallohnbezogenen Obergrenze, gefolgt von einem dritten Prüfschritt, der sich der wirtschaftlichen Leistungsfähigkeit (Anpassungsfähigkeit) des Arbeitgebers widmet. § 16 Abs. 2 BetrAVG fingiert jetzt die Anpassungsverpflichtung als erfüllt, wenn sie nicht geringer ist als der Anstieg des Preisindexes für die Lebenshaltung von 4-Personen-Haushalten von Arbeitern oder Angestellten mit mittlerem Einkommen oder der Anstieg der Nettolöhne vergleichbarer Arbeitnehmergruppen des Unternehmens. Von erheblich größerem Gewicht sind die neu geschaffenen Abs. 3–6 der Vorschrift. Danach entfällt eine Anpassungsprüfung bei einer Versorgung über eine Direktversicherung oder Pensionskasse, wenn ab Rentenbeginn sämtliche auf den Rentenbestand entfallenden Überschussanteile zur Erhöhung der laufenden Leistung verwendet werden. Absatz 4 beseitigt dezidiert die von der Rechtsprechung entwickelte Pflicht des Arbeitgebers zur nachholenden Anpassung mit einer freilich schon jetzt wegen ihrer Kompliziertheit höchst umstrittenen Verfahrensregelung. Für die Beitragszusage mit Mindestleistung gilt entsprechend der beschränkten Versorgungszusage des Arbeitgebers keine Anpassungspflicht, während § 16 Abs. 5 BetrAVG auch die Entgeltumwandlung der pauschalen 1 %-Regelung oder der differenzierten, für die Direktversicherung und die Pensionskasse geltenden Regelung unterstellt. Nach einer besonderen Übergangsbestimmung gilt die 1 %-Regelung erst für Versorgungszusagen, die nach dem 31.12.1998 erteilt worden sind. Streitig ist, ob eine ergänzende (Aufstockungs-) Zusage als Neuzusage oder lediglich als Änderung einer bestehenden Zusage gewertet werden muss. § 16 Abs. 6 BetrAVG schließlich nimmt den Pensionsfonds mit seinen Rentenzahlungen nach einem Auszahlungsplan sowie Renten ab Vollendung des 85. Lebensjahres im Anschluss an einen Auszahlungsplan generell von der Anpassungspflicht aus.

Abfindungsverbot (§ 3 BetrAVG)

Die Abfindung betrieblicher Versorgungsanwartschaften war schon vor Verabschiedung des RRefG zwar nicht generell unzulässig, aber auf solche Versorgungszusagen beschränkt, die weniger als 10 Jahre vor dem Ausscheiden aus dem Unternehmen erteilt wurden, also noch nicht unverfallbar waren und bei Beendigung des Anstellungsverhältnisses mit Zustimmung des ausscheidenden Beschäftigten abgefunden werden sollten. Unabhängig von der Zusagedauer war eine Abfindung immer dann zulässig, wenn Beiträge zur gesetzlichen Rentenversicherung erstattet wurden sowie in solchen Fällen, in denen eine Abfindungsvereinbarung im Rahmen eines bestehenden Anstellungsvertrages getroffen wurde. Ein Verstoß gegen das Abfindungsverbot unverfallbarer Versorgungsanwartschaften führte stets zur Nichtigkeit der Vereinbarung.

Die Neuregelung von § 3 BetrAVG durch das RRefG 1999 hatte die Möglichkeiten, auch unverfallbar gewordene Versorgungsanwartschaften bei Ausscheiden aus dem Beschäftigungsverhältnis abzufinden, zunächst beträchtlich erweitert. Mit dem Alt-EinkG ist diese Liberalisierung nach gerade einmal 5 Jahren wieder kassiert, das Abfindungsrecht völlig neu und weit restriktiver denn je gefasst worden. Das gesetzgeberische Ziel ist dadurch definiert, dass die für eine Altersversorgung reservierten Mittel nach Möglichkeit vor jedem vorzeitigen Konsum, jeder vorzeitigen Ablösung bewahrt werden sollen. Der Arbeitgeber besitzt nur noch ein einseitiges Abfindungsrecht für Bagatellanwartschaften. Diese liegen vor, wenn die beim Erreichen der gesetzlichen Altersgrenze abrufbare monatliche Altersrente nicht mehr als 1 % der monatlichen Bezugsgröße des § 18 SGB IV ausmacht. Für 2004 ergibt das einen Betrag von 24,15 EUR. Auch Kapitalleistungen dürfen nur noch dann abgefunden werden, wenn sie 12/10 der monatlichen Bezugsgröße nach § 18 SGB IV nicht überschreiten. Für 2004 ergibt das einen Grenzwert von 2.898 EUR. Alle weitergehenden Abfindungsrechte hat der Gesetzgeber wieder aufgehoben. Galt das Abfindungsverbot bisher nur für Anwartschaften, erstreckt es sich jetzt auch auf „laufende Leistungen", also nach Eintritt des Versorgungsfalls gezahlte Renten. Diese Regelung war bereits vor ihrem In-Kraft-Treten umstritten.

Findet das BetrAVG auf Geschäftsführer Anwendung, dürften die vergleichsweise niedrigen Wertgrenzen regelmäßig überschritten werden, eine Abfindung also ausscheiden. Im Zusammenhang mit der Veräußerung von Geschäftsanteilen oder der Gesellschaft als Ganzes wird der Gesellschafter-Geschäftsführer häufig mit dem Verlangen des potenziellen Erwerbers konfrontiert, sich auf eine Abfindung seiner Versorgungsanwartschaften oder auch einen Verzicht zu verständigen. Da das – relative – Abfindungsverbot nicht bei fortbestehendem Anstellungsverhältnis gilt, wird häufig für eine Übergangszeit nach Abtretung der Geschäftsanteile pro forma das Geschäftsführer-Anstellungsverhältnis aufrecht erhalten. Da gesellschaftsrechtlich veranlasst, droht die Annahme einer vGA (Neumann GmbHR 1997, 296; GmbHR 1999, 75 ff). Noch gravierender sind die steuerlichen Folgen im Falle eines Verzichts auf die Pensionszusage. Der Verzicht nämlich führt dazu, dass eine Einlage des GGF angenommen wird. Wird diese Einlage nicht aus versteuerten Mitteln, sondern aus dem Betriebsvermögen geleistet, nimmt die Finanzverwaltung in Höhe des Teilwertes der Pensionsanwartschaft einen Zufluss von Arbeitslohn an (Lederle GmbHR 2004, 269 ff). Ein besonderes Abfindungsrecht hatte schon nach der alten Rechtslage der die Insolvenzsicherung garantierende Pensonssicherungsverein. Die Novellierung des Abfindungsverbots hat auch eine Anpassung von dessen Abfindungsrechten erforderlich gemacht. Tatsächlich handelt es sich bei diesem besonderen Abfindungsrecht jedoch eher um eine Übertragung, weil der PSV die Versorgung gerade nicht im Sinne einer Abfindung auszahlt, sondern sie „an ein Unternehmen der Lebensversicherung" zahlt.

Übernahme von Versorgungsanwartschaften (§ 4 BetrAVG)

Auch die Übernahme bzw. Übertragung von gesetzlich unverfallbaren Versorgungsanwartschaften (sog. Portabilität) hat das AltEinkG grundlegend neu geregelt. Kommt es zur einvernehmlichen unveränderten und schuldbefreienden Übertragung von Anwartschaften vom alten auf den neuen Arbeitgeber, liegt ein Fall der so genannten Übernahme iSv § 4 Abs.2 Nr. 1 BetrAVG vor, eine für den übernehmenden Arbeitgeber angesichts der Übernahme einer ihm unbekannten Versorgungsregelung nicht risikolose Variante. Alternativ genügt für eine einvernehmliche Übertragung auch, wenn der bisherige Arbeitgeber dem neuen Arbeitgeber einen kapitalisierten Übertragungswert dafür zahlt, dass er mit schuldbefreiender Wirkung die unverfallbare Anwartschaft übernimmt. Stimmt der Arbeitnehmer nicht zu, fehlt es also an der vom Gesetz vorausgesetzten Einvernehmlichkeit, verbleibt seine unverfallbare Anwartschaft beim bisherigen Arbeitgeber bzw. bei dessen Versorgungsträger.

Anders als bisher gewährt die ab dem 01.01.2005 geltende Neuregelung dem Arbeitnehmer ein einseitiges Übertragungsrecht auf den Versorgungsträger des neuen Arbeitgebers, wenn der bisherige Arbeitgeber die Betriebliche Altersversorgung über eine Pensionskasse, einen Pensionsfonds oder eine Direktversicherung durchgeführt hatte. Diesen Übertragungsanspruch muss der Arbeitnehmer innerhalb eines Jahres nach Beendigung seines Arbeitsverhältnisses ausüben; er kann ihn ausüben bis zur Beitragsbemessungsgrenze in der gesetzlichen Rentenversicherung. Im Kalenderjahr 2004 hätten danach Anwartschaften bis zu einem Wert von 61.800 EUR übertragen werden können.

Den Übertragungsanspruch des Arbeitnehmers hat der Gesetzgeber außerdem durch Einführung eines erweiterten Auskunftsanspruchs nach § 4a BetrAVG gestärkt.

Auskunftsanspruch (§ 4a BetrAVG)

Der früher in § 2 Abs. 6 geregelte und jetzt eigenständig in § 4a BetrAVG normierte Auskunftsanspruch hat vor allem vor dem Hintergrund erweiterter Übertragungsmöglichkeiten betrieblicher Versorgungsanwartschaften erheblich an Bedeutung gewonnen. Anders als früher ist der Auskunftsanspruch nicht mehr auf das Versorgungsverhältnis beschränkt, sondern auf das aktive Arbeitsverhältnis erweitert worden. Anspruchsvoraussetzung ist ein berechtigtes Interesse. Sein Nachweis vorausgesetzt, ist die Auskunft dem Versorgungsberechtigten schriftlich zu erteilen.

IV. Beendigung des Anstellungsvertrages

Formen der Beendigung

Die Beendigung des Anstellungsvertrages kann durch Zeitablauf (bei befristeten Verträgen), durch Kündigung, durch vertragliche Aufhebung oder durch Tod des Geschäftsführers erfolgen. Ob die nach dem Gesetzeswortlaut des § 623 BGB ausdrücklich nur für Arbeitsverhältnisse geltende zwingende Schriftform auch für Anstellungsverträge mit Geschäftsführern gilt, ist umstritten (Grobys GmbHR 2000, R 137; ErfK/Müller-Glöge, § 623 BGB, Rdr. 4). Für Dienstverträge mit Fremdgeschäftsführern wird sie überwiegend bejaht (KR/Spilger, § 623 BGB, Rdr. 41 m.w.).

Die Auflösung der GmbH (§ 60 GmbHG) beendet den Anstellungsvertrag nicht. Der Geschäftsführer wird grundsätzlich Liquidator (§ 66 GmbHG).

Auch die Insolvenz der Gesellschaft beendet den Anstellungsvertrag nicht automatisch. Zwar wird der Geschäftsführer nicht Liquidator; er kann aber, ebenso wie der Insolvenzverwalter, den Anstellungsvertrag mit der gesetzlichen Sonderkündigungsfrist des § 113 InsO mit dreimonatiger Frist zum Monatsende kündigen.

Ebenso beenden Abberufung, Widerruf der Bestellung und Amtsniederlegung den Anstellungsvertrag nicht (OLG Karlsruhe, GmbHR 2003, 771 ff). Denn die Beendigung der Organstellung des Geschäftsführers hat bekanntlich ebensowenig automatisch die Auflösung des Anstellungsverhältnisses zur Folge wie umgekehrt die Auflösung des Anstellungsvertrages die Beendigung der Organstellung (OLG Frankfurt GmbHR 1994, 549). Vielmehr ist sowohl bei der Abberufung als auch bei der Amtsniederlegung gesondert zu prüfen, ob eine Kündigung erklärt ist und die Kündigungsvoraussetzungen vorliegen.

Zuständigkeit

Sowohl für die einvernehmliche vertragliche Aufhebung des Anstellungsvertrages als auch für seine Kündigung durch die GmbH ist bei der mitbestimmungsfreien Gesellschaft die Gesellschafterversammlung zuständig. Der Gesellschaftsvertrag kann freilich die Zuständigkeit auf ein anderes Organ, etwa einen Beirat oder Aufsichtsrat, übertragen (BGH GmbHR 1991, 363; BGH GmbHR 1995, 373, Müller / Wolf GmbHR 2003, 810 ff). Fehlt ein wirksamer Gesellschafterbeschluss, so ist die Kündigung bzw. das Einverständnis zur vertraglichen Aufhebung unwirksam. Eine rückwirkende Genehmigung durch Beschluss ist bei der Kündigung nicht möglich (OLG Köln GmbHR 1991, 156). Zur Erklärung der Kündigung können sich die Gesellschafter eines Bevollmächtigten bedienen (BGH WM 1968, 570). Bei der GmbH & Co. KG besteht die Besonderheit, dass über die Kündigung des organschaftlichen Anstellungsverhältnissees des Geschäftsführers der Komplementär-GmbH dessen Mitgeschäftsführer (!) entscheiden. In einer Komplementär-GmbH nämlich, deren Anteile von der KG gehalten werden, nehmen – sofern der Gesellschaftsvertrag der KG keine abweichende Regel enthält – die der KG als Alleingesellschafterin zustehenden Rechte in der Gesellschafterversammlung die organschaftlichen Vertreter der GmbH wahr (BGH DB 2007, 1916).

Kündigt der Geschäftsführer, so genügt seine Erklärung gegenüber einem anderen Geschäftsführer, auch wenn Kollektivvertretung besteht (§ 35 Abs. 2 S. 3 GmbHG), (BGH GmbHR 1961, 48; OLG Hamm NJW 1960, 872). Ob auch ein Gesellschafter zur Entgegennahme der Kündigung zuständig ist, ist streitig (Scholz, GmbHG, § 35 Rz 224 mwN).

Kündigung des Anstellungsvertrages

Ist der Anstellungsvertrag auf unbestimmte Zeit geschlossen, kann fristgerecht mit der im Vertrag bestimmten oder gesetzlichen Frist, ggf. auch fristlos aus wichtigem Grund, gekündigt werden. Fehlt es an der im Anstellungsvertrag zu regelnden ausdrücklichen Verknüpfung von Abberufung und Kündigung in Form einer Koppelungsklausel, ersetzt bzw. umfasst die Abberufung die Kündigungserklärung nicht (OLG Köln GmbHR 2000, 432; Reiserer, DB 2006, 178).

Praxishinweis! Eine typische, von Rechtsprechung und Literatur uneingeschränkt für zulässig gehaltene Klausel würde lauten: „Der Dienstvertrag ist für die Dauer der Bestellung abgeschlossen und endet automatisch mit der Abberufung des Geschäftsführers."

Problematisch ist die Vereinbarung solcher Klauseln allerdings in befristeten Anstellungsverträgen, weil der Geschäftsführer auf Grund der Befristung keine Möglichkeit der vorzeitigen Lösung aus dem Vertragsverhältnis hat, sich die Gesellschaft hingegen einseitig die Auflösung des Beschäftigungsverhältnisses bei Abberufung vorbehält (Hillmann-Stadtfeld GmbHR 2004, 1457).

Konsequenz jeder Befristung ist gerade der Ausschluss der ordentlichen Kündigungsmöglichkeit bis zum Ablauf der Befristung (BGH GmbHR 1999, 1140), so denn nicht ausdrücklich und zusätzlich ein ordentliches Kündigungsrecht vereinbart wird. Folgerichtig können befristete Anstellungsverträge nur außerordentlich gekündigt werden; eine solche Kündigung setzt aber das Vorliegen eines wichtigen Grundes voraus, der nicht ohne Weiteres aus der Abberufung als solcher folgt, ist doch die Abberufung kraft Gesetzes (§ 38 GmbHG) „sowieso" jederzeit, also auch grundlos möglich. Die Befristung, die dem kündigungsschutzlosen Geschäftsführer gerade Anstellung und Vergütung für die Dauer der Befristung sichern soll, würde auf diese Weise entwertet. Wer Koppelungsklauseln vereinbart oder sich auf sie einlässt, muss deshalb im unbefristeten Dienstvertrag davon ausgehen, dass in jedem Fall die gesetzlichen Mindestkündigungsfristen des § 622 Abs. 1 BGB zu beachten sind. Bei befristeten Dienstverträgen entfalten Koppelungsklauseln nur dann Wirkung, wenn die Abberufung tatsächlich aus wichtigem Grund erfolgt.

Fehlt es an einer vertraglichen Kündigungsregelung und hat die Gesellschaft mit dem Geschäftsführer feste, nach Monaten bemessene Bezüge vereinbart, kommen zwei gesetzliche Kündigungsregelungen in Frage, nämlich die für Dienstverhältnisse gültige Bestimmung des § 621 BGB oder die Kündigungsregelung für Arbeitsverhältnisse nach § 622 BGB. Nach § 621 Nr. 3 BGB ist bei einem Dienstverhältnis, das kein Arbeitsverhältnis i.S.d. § 622 BGB ist, die Kündigung am 15. eines Monats zum Monatsende zulässig, während nach § 622 Abs. 1 BGB das Arbeitsverhältnis eines Arbeitnehmers unter Einhaltung einer Kündigungsfrist von vier Wochen zum

15. oder zum Ende eines Kalendermonats kündbar ist. Das 1993 in Kraft getretene Kündigungsfristengesetz hat die Kündigungsfristen für Arbeiter und Angestellte einheitlich geregelt und im Ergebnis für Angestellte verkürzt.

Für den Fremd-Geschäftsführer hat der BGH die Anwendung des § 622 Abs. 1 BGB bejaht, obwohl es an einem Arbeitsverhältnis fehlt. Danach ist der Geschäftsführer im Verhältnis zur Gesellschaft wie ein Angestellter zu behandeln; er hat seine Arbeitskraft der Gesellschaft zu überlassen und ist von der hierfür geschuldeten Gegenleistung abhängig (BGHZ 79, 291; BGHZ 91, 217 = WM 1984, 1313). Der BGH hat jedoch offengelassen, ob diese Kündigungsfrist auch auf den Gesellschafter-Geschäftsführer anwendbar ist (BGHZ 91, 217). Die Frage ist umstritten, hat jedoch durch das Kündigungsfristengesetz erheblich an Bedeutung verloren (Hachenburg/Mertens, GmbHG, § 38 Rz 15; Scholz, GmbHG, § 35 Anm. 226; Gaul, GmbH-Handbuch, Arbeits- und Sozialversicherungsrecht, Rz. 532). Umstritten ist auch, ob § 624 BGB entsprechend gilt, wonach bei Anstellung auf Lebenszeit oder auf länger als 5 Jahre der Anstellungsvertrag nur vom Verpflichteten, also dem Geschäftsführer mit einer Kündigungsfrist von sechs Monaten gekündigt werden kann (Scholz, GmbHG, § 35 Rz 227 mwN).

Das wohl schwierigste, zuvor bereits angesprochene Problem nach Ausspruch einer ordentlichen Kündigung des Geschäftsführer-Dienstvertrages ist die Frage, ob der Geschäftsführer bei fehlendem Freistellungsvorbehalt im Anstellungsvertrag während des Laufs der Kündigungsfrist seine Weiterbeschäftigung zu unveränderten Bedingungen verlangen, oder aber eine vom Status her abgewertete, aber immer noch angemessene leitende Tätigkeit akzeptieren muss. Der Konflikt ist evident: Der Sorge um die fehlende Motivation und Loyalitätskonflikte im gekündigten Beschäftigungsverhältnis auf Seiten der Gesellschaft einerseits stehen andererseits u.U. beträchtliche Gehaltszahlungsverpflichtungen gegenüber, für die eine Gegenleistung erwartet wird. Ist der Geschäftsführer mit konkreten Projekten betraut, die ihm im womöglich bereits mit einem Wettbewerber angebahnten neuen Beschäftigungsverhältnis verwertbares know-how und wertvolle Geschäftsbeziehungen verschaffen, ist auf Seiten der Gesellschaft die Neigung groß, Sonderaufgaben zu schaffen, die eher den Charakter einer „Beschäftigungstherapie" haben, und gegen die sich der Geschäftsführer womöglich mit dem Argument der Unzumutbarkeit zur Wehr setzt. Verweigert der Geschäftsführer zu Unrecht die Dienstleistung, droht das Nachschieben einer fristlosen Kündigung. Nicht selten aber, insbesondere in kleineren Unternehmen, können vergleichbare Positionen und Tätigkeitsfelder für die Zeit zwischen Ausspruch der Kündigung und Ablauf der Kündigungsfrist gar nicht geschaffen werden, weil es an entsprechendem Bedarf für Führungsaufgaben fehlt. In der gesellschaftsrechtlichen Literatur wird zum Teil die Auffassung vertreten, jede nicht auf Geschäftsführungsebene angesiedelte Tätigkeit sei unzumutbar, und die Weigerung des Geschäftsführers, hierfür Dienste zu leisten, könne deshalb keine fristlose Kündigung des Dienstvertrages begründen (Kothe-Heggemann/Dahlbender GmbHR 1996, 950). Anders die Rechtsprechung, die den gekündigten Geschäftsführer grundsätzlich für verpflichtet hält, bis zum Ablauf der Kündigungsfrist auch eine andere leitende Stellung anzunehmen, sofern sie seinen Fähigkeiten angemessen und deshalb zumutbar sei (BGH GmbHR 1978, 85; OLG Karlsruhe GmbHR 1996, 298; Röder/Lingemann DB 1993, 1341; Bayer/Rempp GmbHR 1999, 530, Leuchten GmbHR 2001, 750; OLG Nürnberg GmHR 2001, 73).

Lange Kündigungsfristen im Geschäftsführer-Dienstvertrag sind aus Sicht der Gesellschaft eher problematisch. Die Zeit zwischen Ausspruch der Kündigung und Ablauf der Kündigungsfrist umfasst oft ein Kalenderjahr. Wer die Kosten einer Freistellungsregelung gegen Fortzahlung der Geschäftsführerbezüge im Anstellungsvertrag scheut, sollte mindestens die Kriterien für eine Weiterbeschäftigung nach Kündigung bereits im Dienstvertrag festschreiben. Ein Formulierungsbeispiel hierfür könnte lauten:

Praxishinweis! Die Gesellschaft ist berechtigt, den Geschäftsführer nach Ausspruch der Kündigung nach ihrer Wahl gegen Fortzahlung der Bezüge freizustellen oder aber in anderer leitender Stellung unterhalb der Geschäftsführungs-Ebene weiterzubeschäftigen, auch wenn diese Beschäftigung/Position nur noch mit eingeschränkten Befugnissen versehen ist."

Für den Geschäftsführer empfiehlt sich wegen des fehlenden gesetzlichen Kündigungsschutzes stets die Vereinbarung einer langen Kündigungsfrist, sofern die Gesellschaft nicht ohnehin auf dem Abschluss eines befristeten Dienstverhältnisses besteht. Trotz einer solchen Befristung – und des damit an sich ausgeschlossenen Rechts zur außerordentlichen Kündigung – können sich die Vertragsparteien auf eine Probezeit mit einem befristeten Sonderkündigungsrecht für beide Seiten verständigen (OLG Hamm, GmbHR 2008, 542).

Gem. § 14 Abs. 1 Nr. 1 KSchG gelten die Kündigungsschutzvorschriften bekanntlich nicht für den Geschäftsführer einer GmbH. Das BAG hatte dennoch lange Zeit an seiner Auffassung festgehalten, für den bei der KG angestellten Geschäftsführer einer GmbH & Co. KG gelte das KSchG weiter (BAG DB 1983, 1442) und für seine Klage bleibe die Zuständigkeit der Arbeitsgerichte erhalten. Begründet wurde dies u. a. damit, dass § 14 Abs. 1 Nr. 1 KSchG nur den unmittelbaren Vertreter der Personengesamtheit erfasse, und das sei bei der GmbH & Co. KG nur die GmbH, nicht aber deren Geschäftsführer. Seit der Entscheidung BAG GmbHR 2003, 1208 bleibt auch dem GmbH-Geschäftsführer mit Anstellungsvertrag bei der KG der Rechtsweg zum Arbeitsgericht verschlossen. Gleiches gilt in Umwandlungsfällen: Das mit der GmbH unterhaltene Anstellungsverhältnis des GF mutiert also durch deren Umwandlung in eine GmbH & Co. KG nicht in ein dem KSchG unterliegendes Arbeitsverhältnis (BGH NZA 2007, 1174).

Eine möglicherweise unwirksame Kündigung muss der Geschäftsführer trotz fehlenden Kündigungsschutzes dennoch nicht ohne Weiteres hinnehmen. Allerdings ist sein „Kündigungsschutz" letztlich auf die Abwehr außerordentlicher Kündigungen reduziert, weil die zeitliche Begrenzung durch die Vereinbarung einer Kündigungsfrist sanktionslos hinzunehmen ist. Gegen den der Kündigung zugrunde liegenden Gesellschafterbeschluss kann der Fremd-Geschäftsführer mangels Klagebefugnis von vornherein nicht vorgehen (BGH GmbHR 2008, 426 ff = DStR 2008, 684 ff.). Der Gesellschafter-Geschäftsführer muss entweder fristgerecht (1 Monat) Anfechtungsklage, oder, sofern der Abrufungsbeschluss nichtig war, Feststellungsklage erheben.

Kündigung aus wichtigem Grund

Geschäftsführer und Gesellschafter können den Anstellungsvertrag fristlos kündigen, wenn ein „wichtiger Grund" vorliegt (§ 626 BGB). Das ist der Fall, wenn das beiderseitige Vertrauensverhältnis so nachhaltig zerstört ist, dass dem Kündigenden die Fortsetzung des Dienstverhältnisses auch während der Kündigungsfrist nicht mehr zugemutet werden kann. Bei bloßen Verstößen gegen innergesellschaftliche Kompetenz- und Zuständigkeitsregelungen setzt der BGH selbst dann, wenn ein Satzungsverstoß damit verbunden ist, die Messlatte hoch (BGH GmbHR 2007, 487). Eine schuldhafte Pflichtverletzung ist ebensowenig erforderlich wie eine vorausgegangene Abmahnung (BGH GmbHR 2000, 431, BGH GmbHR 2001, 1158; Reiserer, DB 2006, 1787; Döge/Jobst GmbHR 2008, 527 ff).

Beispiele für Pflichtverletzungen des Geschäftsführers:
– Ständiges Widersetzen gegen Weisungen der Gesellschafter (OLG Düsseldorf ZIP 1984, 1476; OLG Stuttgart GmbHR 1995, 229)
– Geschäftemachen i.S.v. § 88 AktG (BGH NJW 1997, 2055)
– Annahme von Schmiergeldern (BAG NJW 1973, 533)
– Verdacht auf Subventionsbetrug (BGH WM 1984, 1187)
– Missbrauch der Geschäftsführungsbefugnis (BGH GmbHR 1991, 197; BGH WM 1979, 1296)
– Verschweigen von Eigengeschäften sowie gesellschaftsschädigende Äußerungen in der Öffentlichkeit (OLG Karlsruhe GmbHR 1988, 484)
– Tiefgreifende Zerrüttung zwischen Mit-Geschäftsführern (LG Karlsruhe GmbHR 1998, 684)
– Schuldhaft verursachte, erhebliche Bewertungsdifferenzen in der Bilanz (OLG Bremen GmbHR 1998, 536)
– Verletzung der Insolvenzantragspflicht gem. § 15a InsO; früher: § 64 Abs. 1 GmbHG (BGH GmbHR 2008, 256)
– Handgreiflichkeiten und Bedrohung von Gesellschaftern (BGH DStR 1995, 1359)
– Unregelmäßigkeiten in den Benzin-, Reisekosten- und Spesenabrechnungen (BGH GmbHR 2003, 33 ff = DStR 2003, 40 ff)
– Ungenehmigter und massiver Einsatz der Firmenkreditkarte zu privaten Zwecken (OLG Brandenburg, GmbHR 2007, 874)
– Anhaltende Eingriffe in die Ressortzuständigkeit eines Mitgeschäftsführers (LG Berlin GmbHR 2004, 741; BGH GmbHR 2007, 487)

Bis zum In-Kraft-Treten der Schuldrechtsreform bestand Einigkeit darüber, dass die fristlose Kündigung eines Geschäftsführers schon deshalb keiner vorherigen Abmahnung bedarf, weil ein solches Abmahnerfordernis auch im Arbeitnehmer-Kündigungsschutzrecht nicht bestand. Das hat der BGH (BGH GmbHR 2007, 936) inzwischen noch einmal bekräftigt. § 314 II BGB verlangt jetzt jedoch für Dauerschuldverhältnisse generell vor Ausspruch einer Kündigung aus wichtigem Grund wegen Vertragspflichtverletzungen eine vorherige erfolglose Abmahnung. Die Regelung kam erst 2002 ins Gesetz. In der gesellschaftsrechtlichen Literatur allerdings mehren sich Stimmen, die auch vor Ausspruch einer Kündigung aus wichtigem Grund gegenüber einem Organmitglied eine Abmahnung mindestens dann für zwingend erforderlich halten, wenn Kündigungsgrund zwar eine schwere, aber nur einmalige Pflichtverletzung war, aus der allein nicht darauf geschlossen werden kann, dass die Fortsetzung des Vertragsverhältnisses unzumutbar sei (Schumacher/Mohr DB 2002, 1606, Schneider GmbHR 2003, 1; Doege-Jobst GmbHR 2008, 527). Das soll vor allem bei befristeten Geschäftsführer-Anstellungsverträgen gelten wie sie in der Praxis überwiegen. Liegt kein i.S.d. § 626 BGB wichtiger Grund vor, kann allenfalls eine vor Kündigung erfolglos ausgesprochene Abmahnung die vorzeitige Beendigung durch fristlose Kündigung ermöglichen. Umgekehrt können schwerwiegende Vertragsverletzungen durch die Gesellschaft auch den Geschäftsführer zur fristlosen Kündigung berechtigen. Das gilt beispielsweise bei nachhaltig unbegründeten oder haltlosen Angriffen gegen den Geschäftsführer durch die Gesellschafterversammlung, wenn der Geschäftsführer angewiesen wird, gesetzwidrige Beschlüsse der Gesellschafterversammlung auszuführen oder daran gehindert wird, die Buchführung der Gesellschaft zu überwachen (BGH DStR 1995, 1639; zahlreiche Beispiele in WM, Sonderbeilage zu Nr. 3/81, 12 ff).

Der Anstellungsvertrag kann wichtige Kündigungsgründe beispielhaft aufzählen. Diese Beispiele müssen jedoch auch tatsächlich wichtige Gründe darstellen. Fehlt es daran, führt ihr Vorliegen lediglich dazu, dass eine Beendigung des Anstellungsvertrages mit der nach § 622 BGB vorgesehenen ordentlichen Kündigungsfrist erfolgen kann (BGH WM 1981, 759; BGH GmbHR 1990, 345; Hillmann-Stadtfeld GmbHR 2004, 1457).

Die Kündigung aus wichtigem Grund muss innerhalb von zwei Wochen ab Kenntnis der maßgebenden Tatsachen erfolgen (§ 626 Abs. 2 BGB). Wird die Frist überschritten, ist das Kündigungsrecht verwirkt. Auf wessen Kenntnis aber kommt es an und wie muss die Kenntnis erlangt werden, um die Frist in Gang zu setzen? Auf diese, früher uneinheitlich entschiedenen Fragen (BAG DB 1978, 343; BGH GmbHR 1980, 1177; BGH GmbHR 1990, 345; BGH GmbHR 1993, 33; BGH GmbHR 1996, 452) hat der BGH im Jahre 1998 eine neue, einfache und die bisherige Rechtsprechung ausdrücklich ändernde Antwort gegeben (BGH DStR 1998, 1101). Kenntnis haben die Gesellschafter danach erst dann, wenn die Gesellschafterversammlung als das für die Kündigung ausschließlich zuständige Kollegialorgan den Kündigungssachverhalt erfährt und hierauf gestützt eine Willens- und Entscheidungsbildung möglich ist. Erst dann beginnt die Zwei-Wochen-Frist zu laufen. Lange Ladungsfristen oder andere Einberufungshemmnisse haben damit an Brisanz verloren. Wird allerdings die Einberufung der Gesellschafterversammlung nach Kenntnis des Kündigungssachverhalts unangemessen verzögert, droht Gefahr. Dann nämlich will der BGH die Frist mit der frühestmöglichen Einberufung ablaufen lassen.

Kündigung eines Gesellschafter-Geschäftsführers

Bei ordentlicher Kündigung eines Gesellschafter-Geschäftsführers durch die Gesellschafterversammlung findet nach herrschender Ansicht das Stimmverbot des

§ 47 Abs. 4 GmbHG keine Anwendung (BGHZ 51, 209; Hachenburg/Hüffer, Rz 169 zu § 47 GmbHG; OLG Düsseldorf GmbHR 1989, 468, 469 mwN); der Betroffene darf also mitstimmen. Die gegenteilige Auffassung würde andernfalls einen Mehrheitsgesellschafter in der entscheidenden Frage, ob er selbst das Unternehmen führen soll, entmachten. (Kirstgen, GmbHR 1989, 410; Scholz, GmbHG, § 46 Rz 74 ff; Gach/Pfüller GmbHR 1998, 64 ff).

Anders ist die Rechtslage bei Abberufung und Kündigung aus wichtigem Grund. Hier greift der Stimmrechtsausschlussgrund des „Richters in eigener Sache", und zwar bereits dann, wenn ernstzunehmende Anhaltspunkte für einen wichtigen Grund vorliegen. Fehlt es daran, ist der Gesellschafterbeschluss anfechtbar (OLG Düsseldorf GmbHR 1989, 468, 469 mwN; Scholz, GmbHG, § 46 Rz 76). Weil der Gesellschafter-Geschäftsführer sein Stimmrecht bei einer ordentlichen Kündigung seines Anstellungsvertrages ausüben darf, scheidet aber die im Arbeitsrecht häufige Umdeutung einer außerordentlichen Kündigung in eine ordentliche Kündigung aus (BGH DB 2000, 766 = GmbHR 2000, 376 ff). Das gilt mindestens dann, wenn eine Beschlussfassung über die Kündigung gegen die Stimmen des betroffenen Geschäftsführers nicht hätte erfolgen können.

Folgen einer unwirksamen Kündigung / Rechtsschutz

Ist die Kündigung unwirksam, ist der Anstellungsvertrag nicht beendet. Da der Geschäftsführer in der Regel aber gleichzeitig von seinem Amt abberufen wird, ist er zur Geschäftsführung und Vertretung der Gesellschaft weder verpflichtet noch berechtigt. Er behält jedoch seine Rechte aus dem Anstellungsvertrag, insbesondere seinen Vergütungsanspruch.

Die Unwirksamkeit der Kündigung wird der Geschäftsführer gerichtlich feststellen lassen müssen. Hierfür sind die Zivilgerichte, nicht die Arbeitsgerichte, zuständig. Für die Schwebezeit nach Ablauf der Kündigungsfrist erhält er von der Gesellschaft keine Vergütung. Bezieht der gekündigte Geschäftsführer für diese Zeit Arbeitslosengeld, so gehen in dessen Höhe seine Gehaltsansprüche gegen die GmbH gem. § 115 Abs. 1 SGB-X auf die Bundesagentur für Arbeit über. Der Geschäftsführer kann deshalb Gehaltsansprüche gegen die GmbH in voller Höhe nur durchsetzen, wenn die Bundesanstalt für Arbeit die auf sie übergegangene Forderung gegen die GmbH dem Geschäftsführer gegen Rückerstattung des Arbeitslosengeldes abtritt (BGH GmbHR 1990, 389).

Von entscheidender Bedeutung nach Abberufung und Kündigung sind für den Geschäftsführer vor allem zwei Fragen, nämlich einmal, ob er einstweiligen Rechtsschutz in Anspruch nehmen kann, zum anderen, ob er seinen Vergütungsanspruch sowie einen evtl. bereits fälligen Abfindungsanspruch – insbesondere nach fristloser Kündigung des Anstellungsvertrages – auch im Urkundsprozess geltend machen kann. Nur auf diesem Weg nämlich könnte der Geschäftsführer schnell zu einem vollstreckbaren Titel gegen die Gesellschaft und damit zu einem Druckmittel gelangen. Während das BAG jahrzehntelang diese Prozessart auch für sog. Bruttozahlungsklagen als statthaft angesehen hat, rudert die Zivilrechtsprechung tendenziell wieder zurück. (Schönhöft GmbHR 2008, 95; Reiserer DB 2008, 167 ff.; OLG Düsseldorf, GmbHR 2005, 991; LG München, GmbHR 2007, 45 ff, OLGR München 2007, 440). Nach § 38 GmbHG ist seine Bestellung jederzeit widerruflich. § 84 Abs. III Satz 4 AktG sieht den Widerruf einer Bestellung zum Vorstand solange als wirksam an, als das Gegenteil nicht durch ein rechtskräftiges Urteil festgestellt ist. Hierauf gestützt, versagt die Rechtsprechung dem Fremdgeschäftsführer generell einstweiligen Rechtsschutz gegen seine Abberufung und (fristlose) Kündigung mit der Begründung, er habe keine einstweilig schützenswerten Interessen in der Gesellschaft (OLG Hamm GmbHR 2002, 327). Anderes gilt für den paritätisch beteiligten Gesellschafter-Geschäftsführer in der zweiköpfigen GmbH und den Mehrheitsgesellschafter als Geschäftsführer. Würde man auch wesentlich an der Gesellschaft beteiligten Geschäftsführern einstweiligen Rechtsschutz versagen, wäre auf Grund des jeweils geltenden Stimmrechtsausschluss (§ 47 Abs. 4 GmbHG) zu Lasten des betroffenen Gesellschafter-Geschäftsführer dem Rechtsmissbrauch Tor und Tür geöffnet. So könnte beispielsweise ein Minderheitsgesellschafter die Abberufung des Mehrheitsgesellschafter-Geschäftsführers durchsetzen und für längere Zeit Fakten schaffen. Bei zwei gleichberechtigten bzw. gleichbeteiligten Gesellschafter-Geschäftsführern bestünde die Gefahr eines Abberufungswettlaufs mit der Folge, dass die Gesellschaft längere Zeit führungslos bliebe und/oder die Bestellung eines Notgeschäftsführers erforderlich wird.

Aus Sicht der Gesellschaft und einzelner, an der Geschäftsführung nicht beteiligter Gesellschafter stellt sich die Frage nach einstweiligem Rechtsschutz in Abberufungs- und Kündigungsfällen anders. Einmal ist denkbar, dass bestimmte Geschäftsführungsmaßnahmen unbedingt verhindert werden müssen, die Gesellschafterversammlung aber an einem kurzfristigen Zusammentreten und wirksamer Beschlussfassung gehindert ist; zum anderen, dass ein Gesellschafter eigene Rechtspositionen gegenüber dem Geschäftsführer unverzüglich durchsetzen muss. Antragsbefugt ist im ersten Fall die Gesellschaft, im zweiten Fall der betroffene Gesellschafter. Für den einzelnen Gesellschafter kann sich eine Antragsbefugnis für die Gesellschaft nach den Grundsätzen der actio pro socio (OLG Frankfurt GmbHR 1998, 1126) bzw. actio pro societate dann ergeben, wenn die Gesellschaft selbst handlungsunfähig oder handlungsunwillig ist (Zwissler GmbHR 1999, 336, Baumbach/Hueck/Zöllner GmbHG, 16. Aufl. 1996 § 38 Rz 35a).

Gemeinsames Kennzeichen aller zu Fragen des einstweiligen Rechtsschutzes vorliegenden Entscheidungen ist, dass die Anforderungen an die Darlegung von Verfügungsgrund und Verfügungsanspruch hoch sind. Damit will die Rechtsprechung der missbräuchlichen Inanspruchnahme solcher Rechtsbehelfe vorbeugen (OLG Karlsruhe NJW-RR 1993, 1505; OLG Frankfurt GmbHR 1998, 1026; Zwissler aaO).

Abfindung

Häufige Konsequenz einer unwirksamen Kündigung – bei bestehendem Kündigungsschutz zugleich Voraussetzung des sog. Auflösungsurteils – ist die Zahlung einer Abfindung als Entschädigung für den Arbeitsplatzverlust. Nach Wegfall der Freibeträge gem. § 3 Nr. 9 EStG sind Abfindungen heute nur noch insoweit privilegiert, als sie unter bestimmten Voraussetzungen als Entschädigungen i.S.v. § 24 Nr. 1a i.V.m. § 34 Abs. 1 und 2 Nr. 2 EStG als außerordentliche Einkünfte steuerbegünstigt erklärt und veranlagt werden können (sog. 5tel-Regelung). Erhalten geblieben ist hingegen die Sozialversicherungsfreiheit. Nach § 14 Abs. 1 SGB IV gehören zum Arbeitsentgelt (nur) alle laufenden und einmaligen Einnahmen aus einer versicherungspflichtigen Beschäftigung. Da die „echte" Abfindung als Entschädigung für den Arbeitsplatzverlust und die damit verbundene Einbuße künftiger Verdienstmöglichkeiten keiner versicherungspflichtigen Beschäftigungszeit zugeordnet werden kann, sind nach der Grundsatzentscheidung des BSG von 1990 (BSG BB 1990, 1520 ff), die steuerlichen Kriterien zur Begründung der Steuerpflicht für Bezüge und Vorteile aus früheren Dienstleistungen auf den sozialversicherungsrechtlich eigenständig definierten Tatbestand des Arbeitsentgelts nicht übertragbar. Und so kommt es, dass immer noch beide Parteien eines Beschäftigungsverhältnisses von einer einvernehmlichen Abfindungslösung bei Beendigung profitieren.

Die kurzfristig in Kraft getretene generelle Anrechnung von Abfindungen bzw. Entlassungsentschädigungen auf Arbeitslosengeld-Ansprüche ist ebenso kurzfristig durch das Entlassungsentschädigungs-Änderungsgesetz wieder aufgehoben worden, um den Preis der Wiedereinführung der früher in § 128 AFG geregelten, jetzt noch in § 147 a SGB III enthaltenen Verpflichtung des Arbeitgebers, an den Arbeitslosen nach Vollendung des 57. Lebensjahres gezahltes Arbeitslosengeld bis zu maximal 32 Monaten zu erstatten. Mit dem 3. Gesetz zu Reformen am Arbeitsmarkt (HARTZ III), mit dem die Dauer des Arbeitslosengeldbezugs von früher maximal 32 Monaten auf jetzt maximal 18 Monate annähernd halbiert wurde, läuft die Erstattungspflicht des Arbeitgebers aus; für Arbeitslosengeldansprüche, die nach dem 01.01.2004 entstanden sind, gilt sie bereits nicht mehr (§ 434 l Abs. 4 SGB III).

V. Nachvertragliche Rechte und Pflichten

Rechnungslegung

Der Geschäftsführer ist verpflichtet, nach Beendigung des Anstellungsvertrages über seine Tätigkeiten Rechnung zu legen und alle Geschäftsunterlagen zurückzugeben (§§ 259, 666, 675 BGB). Ein Zurückbehaltungsrecht wegen noch bestehender Gehaltsansprüche steht ihm nicht zu (BGH WM 1968, 1325).

Zeugnis

Entsprechend § 630 BGB hat der Geschäftsführer Anspruch auf die Ausstellung eines Zeugnisses (BGHZ 49, 30 für den Fremdgeschäftsführer). Nach überwiegender Ansicht steht dieser Anspruch aber auch dem (beherrschenden) Gesellschafter-Geschäftsführer zu (Scholz, GmbHG, § 35 Rz 244 mwN).

Entlastung

Streitig ist, ob der Geschäftsführer einen klagbaren Leistungsanspruch auf Entlastung hat (Buchner, GmbHR 1988 9 ff; Tellis, GmbHR 1989, 113 ff jeweils mwN).

Der BGH hat das verneint, bejaht aber die Möglichkeit einer negativen Feststellungsklage in Fällen ausdrücklich verweigerter Entlastung (BGHZ 94, 324 = WM 1985, 1200 = GmbHR 1985, 356 = BB 1985, 1325 = DB 1985, 2290 = NJW 1986, 129). Unzulässig hingegen sind Vereinbarungen im Vorfeld einer Beendigung des Anstellungsverhältnisses oder anlässlich des Ausscheidens, wenn sich die Gesellschaft darin verpflichtet, einen Entlastungsbeschluss künftig zu fassen (Meier GmbHR 2004, 111 f).

Nachvertragliches Wettbewerbsverbot

Ein gesetzliches nachvertragliches Wettbewerbsverbot besteht für den ausgeschiedenen Geschäftsführer nicht. Ein nachvertragliches Wettbewerbsverbot kann nur im Gesellschafts- oder Anstellungsvertrag begründet werden (BGH GmbHR 1990, 77 mwN; GmbHR 1991, 310; Bauer/Diller, GmbHR 1999, 885 ff).

Denkbar ist auch die Vereinbarung eines Wettbewerbsverbotes für Gesellschafter-Geschäftsführer im Unternehmenskaufvertrag (Schnelle, GmbHR 2000, 599 ff).

Das Wettbewerbsverbot nach Beendigung der Geschäftsführertätigkeit unterliegt nach ständiger Rechtsprechung des BGH nicht den für Handlungsgehilfen (praktisch: alle Arbeitnehmer) geltenden Beschränkungen des § 74 Abs. 2 HGB. Es ist daher auch grundsätzlich ohne Vereinbarung einer Karenzentschädigung wirksam (BGH ZIP 1990, 1196; GmbHR 1989, 450 ff, 453 mwN).

Allerdings ist auch der BGH nicht der Auffassung, Wettbewerbsverbote mit Geschäftsführern seien schrankenlos möglich. Auch der GmbH-Geschäftsführer steht unter dem Schutz der Berufs(ausübungs)freiheit des Art. 12 GG und im Ergebnis orientiert sich auch der BGH an der nur für Arbeitnehmer geltenden Vorschrift des § 74 a Abs. 1 Satz 2 HGB. Er prüft nämlich zunächst, ob das vereinbarte Wettbewerbsverbot dem Schutz eines berechtigten Unternehmensinteresses dient, dann, in einem zweiten Schritt, ob die wirtschaftliche Betätigung des Geschäftsführers nach Ort, Zeit und Gegenstand seiner Berufsausübung nicht unbillig erschwert wird. Fehlt es bereits an einem berechtigten Interesse des Unternehmens, ist das Wettbewerbsverbot wegen Verstoßes gegen die guten Sitten nach § 138 BGB nichtig. Vor diesem Nichtigkeitsurteil rettet auch nicht etwa eine besonders üppige Karenzentschädigung (Bauer/Diller, GmbHR 1999, 885, 887).

Welche Unternehmensinteressen aber sind schutzwürdig? Grundsätzlich gibt es nur zwei legitime Gründe für die Vereinbarung eines nachträglichen Wettbewerbsverbotes, nämlich einmal den Schutz von Betriebs- und Geschäftsgeheimnissen, zum anderen den Schutz eines vorhandenen Kunden- bzw. Lieferantenkreises. Liegt ein schutzwürdiges Unternehmensinteresse vor, kommt es für die Frage, ob das Fortkommen des ausscheidenden Geschäftsführers unbillig erschwert wird, entscheidend darauf an, ob und in welcher Höhe eine Karenzentschädigung geleistet wird. Einheitliche Kriterien hierfür lassen sich in der Rechtsprechung nicht ausmachen. So soll beispielsweise die Vereinbarung einer Kundenschutzklausel dann auch ohne Karenzentschädigung zulässig sein, wenn das Wettbewerbsverbot auf einen Zeitraum von 2 Jahren und solche Kunden beschränkt bleibt, die in den letzten 2 max. 3 Jahren vor

Ausscheiden in geschäftlichem Kontakt zum Unternehmen standen (BGH GmbHR 1991, 15; BGHZ 91, 1). Wird hingegen ein umfassendes Tätigkeitsverbot zum Schutz von Betriebs- und Geschäftsgeheimnissen vereinbart, ist ein Wettbewerbsverbot ohne Karenzentschädigung unwirksam (Jaeger, „Der Anstellungsvertrag des GmbH-Geschäftsführers", 3. Aufl., 1994, 77; BGH WM 1986, 1282; Bauer/Diller, BB 1995, 1134) und bleibt u. U. selbst bei einer 50 % der zuvor bezogenen Vergütung betragenden Karenzentschädigung unwirksam, wenn sein zeitlicher, räumlicher und sachlicher Geltungsbereich für den Geschäftsführer besonders belastend ist. Anders als bei Arbeitnehmern können aber anstelle einer Karenzentschädigung oder zusätzlich auch andere finanzielle Vorteile mit dem Geschäftsführer vereinbart werden. Dazu zählen Übergangsgelder, erhöhte Abfindungen oder auch Zusagen auf erhöhte Leistungen aus betrieblichen Versorgungszusagen. Die gesetzliche, in § 74c HGB wurzelnde Verpflichtung, sich auf die Karenzentschädigung anderweitige Erwerbseinkünfte anrechnen zu lassen, gilt ohne ausdrückliche vertragliche Vereinbarung für den Geschäftsführer nicht (BGH DB 2008, 1558 f = GmbHR 2008, 930).

In zeitlicher Hinsicht sind Wettbewerbsverbote für eine Zeitspanne von bis zu 2 Jahren nach Beendigung des Anstellungsvertrages unbedenklich; solange kann i.d.R. ein schutzwürdiges Interesse der Gesellschaft daran angenommen werden, dass der ausgeschiedene Geschäftsführer seine umfassende Kenntnis von den Vorgängen in der Gesellschaft und ihrer Marktposition nicht zu eigenen wettbewerblichen Zwecken verwertet (Scholz, GmbHG, § 43 Rz 135 a, b; BGH GmbHR 1990, 77, 79 mwN).

Von erheblicher Tragweite für die Unternehmenspraxis ist die Frage, ob und unter welchen Umständen vor oder bei Beendigung des Beschäftigungsverhältnisses eine Lösung vom Wettbewerbsverbot oder ein Verzicht hierauf durch die Gesellschaft möglich sind und ob für den Verzicht eine analoge Anwendung der für Arbeitnehmer geltenden Regelung des § 75 a HGB in Frage kommt. Der BGH bejaht das. Das Unternehmen kann also auch dem Geschäftsführer gegenüber auf ein nachvertragliches Wettbewerbsverbot verzichten, sofern der Verzicht bei noch bestehendem Anstellungsverhältnis mit einjähriger Frist ausgesprochen wird. Schwieriger zu beurteilen sind die Lösungsmöglichkeiten bei einer Kündigung. So soll einerseits das wechselseitige, innerhalb eines Monats auszuübende besondere Lösungsrecht bei Vorliegen einer (begründeten) fristlosen Kündigung auch ohne ausdrückliche Vereinbarung in der Wettbewerbsabrede auch für Geschäftsführer gelten (OLG Celle GmbHR 1980, 32; Bauer/Diller GmbHR 1999, 885 ff, 893), andererseits aber nicht das einseitige Lösungsrecht für Arbeitnehmer gem. § 75 Abs. 2 HGB nach Ausspruch einer ordentlichen betriebsbedingten Kündigung.

Das im Anstellungsvertrag vereinbarte nachvertragliche Wettbewerbsverbot wird auch nicht dadurch (automatisch) verkürzt oder hinfällig, dass der Geschäftsführer nach Kündigung durch die Gesellschaft bis zum Ablauf der Kündigungsfrist und Fortzahlung seiner Bezüge freigestellt wird und der Freistellungszeitraum einen gleich langen Zeitraum umfasst wie das nachvertragliche Wettbewerbsverbot (BGH GmbHR 2002, 431 ff). Das Wettbewerbsverbot ist aber verzichtbar. § 75 a HGB verlangt hierfür die Einhaltung einer einjährigen Frist. Erst nach deren Ablauf wird der Arbeitgeber (die Gesellschaft) von der Verpflichtung befreit, Karenzentschädigung zu bezahlen. Die Rechtsprechung tendiert allerdings dazu, kürzere Fristen bei nachvertraglichen Wettbewerbsverboten mit Organmitgliedern, Geschäftsführern und Vorständen also, zuzulassen (BGH DB 1992, 936; OLG Düsseldorf WiB 1997, 84).

In der entgeltlichen, also gegen Zahlung der Karenzentschädigung geleisteten Unterlassung von Wettbewerb über einen mehrjährigen Zeitraum sieht der BFH eine nachhaltige gewerbliche oder berufliche Tätigkeit i.S.d. UStG (BFH GmbHR 2004, 373). Umsatzsteuerrechtlich können Leistungen auch in einem Unterlassen oder im Dulden einer Handlung oder eines Zustands bestehen.

Die häufig auch mit Geschäftsführern vereinbarte und geschuldete Karenzentschädigung macht Wettbewerbsverbote teuer. Entsprechend zahlreich sind die Versuche, die Entschädigungspflicht durch Bedingungen und Vorbehalte zu umgehen. Abgesehen von stets unzulässigen bedingten Wettbewerbsverboten ist zu unterscheiden zwischen:

– Inanspruchnahmeklauseln, bei denen das Unternehmen sich die Möglichkeit vorbehalten will, nach Beendigung des Arbeits- bzw. Dienstverhältnisses ein Wettbewerbsverbot auszusprechen. Solche Klauseln sind nach der Rechtsprechung des BAG unverbindlich;

– Freigabeklauseln, die eine einseitige Freistellung des Beschäftigten durch das Unternehmen von einem zunächst verbindlich vereinbarten Wettbewerbsverbot vorsehen. Auch solche Klauseln sind unverbindlich, jedenfalls dann, wenn mit der Freigabe auch der Verlust der Karenzentschädigung verbunden sein soll;

– echten Verzichtsklauseln, die in den Grenzen von § 75 a HGB zulässig sein sollen, wenn der Verzicht rechtzeitig, also binnen Jahresfrist vor Beendigung des Dienstverhältnisses ausgesprochen wird;

– Konkretisierungsklauseln, die die Geltung des Wettbewerbsverbotes mit einer bestimmten objektiven Entwicklung des Beschäftigungsverhältnisses verknüpfen, etwa dem Erreichen einer bestimmten Position, der Überschreitung einer bestimmten Gehaltsgrenze oder dem Ablauf einer Probezeit (Bauer/Diller, DB 1997, 94 ff).

Praxishinweis! Das mit dem Geschäftsführer vereinbarte nachvertragliche Wettbewerbsverbot sollte stets eine salvatorische Klausel enthalten, mit der ergänzend die Geltung der gesetzlichen Regelung der § 74 ff HGB vereinbart wird. Damit ist die Möglichkeit eröffnet, ein zu weit reichendes, weil durch berechtigte geschäftliche Interessen der Gesellschaft nicht mehr gedecktes Wettbewerbsverbot zu „halten" (sog. geltungserhaltende Reduktion).

Hat der Geschäftsführer gegen ein wirksam vereinbartes Wettbewerbsverbot verstoßen, steht dem Unternehmen ein klagbarer, in Eilfällen auch im Wege der einstweiligen Verfügung durchsetzbarer, Unterlassungsanspruch zur Seite. Für die Zeit der Zuwiderhandlung verliert der Geschäftsführer seinen Entschädigungsanspruch. Er schuldet außerdem Schadensersatz, sofern es dem Unternehmen gelingt, einen Schaden substantiiert darzulegen und zu beweisen.

Praxishinweis! Die konkrete Darlegung eines materiellen Schadens und der Ursächlichkeit einer Wettbewerbshandlung des ausgeschiedenen Geschäftsführers hierfür gelingt selten. Besser, weil effizient, ist die Vereinbarung einer Vertragsstrafe – und deren mehrmalige Verwirkung im Wiederholungsfall.

Für alle Schadensersatzansprüche der Gesellschaft aus einer Verletzung des vertraglichen Wettbewerbsverbots gilt die außerordentlich kurze dreimonatige Verjährungsfrist des § 61 II HGB. Sie beginnt mit Kenntnis der Gesellschafter (-versammlung) vom Verstoß (BGH GmbHR 2001, R 7, 11).

Der Versuch, Zugriff auf Ruhegeldansprüche des Geschäftsführers zu nehmen, scheitert i.d.R., es sei denn, der Wettbewerbsverstoß hat nachweislich zu einer Existenzgefährdung des Unternehmens geführt.

Hatte ein nachvertragliches Wettbewerbsverbot Arbeitslosigkeit zur Folge, bestand in der Vergangenheit für den Arbeitgeber eine sozialversicherungsrechtlich begründete Erstattungspflicht für einen Teil des gezahlten Arbeitslosengeldes. Diese Verpflichtung besteht nicht mehr. Sie wurde durch das Dritte Gesetz für moderne Dienstleistungen am Arbeitsmarkt vom 23.12.2003 (HARTZ III) mit Wirkung zum 01.01.2004 aufgehoben.

Der GmbH-Geschäftsführer in der Sozialversicherung

Wolfgang Meier-Rudolph

I. Sozialversicherungspflicht

Interessenlage

Die Sozialversicherungspflicht entscheidet über die Beitragspflichtigkeit einerseits und den Sozialversicherungsschutz andererseits.

Es ist denkbar, dass Beiträge bezahlt werden, ohne dass Sozialversicherungspflicht besteht, entweder, weil sie ursprünglich irrtümlich bejaht wurde oder auf Grund veränderter Umstände später weggefallen ist. In diesen Fällen besteht trotz Beitragszahlung kein Anspruch auf Versicherungsschutz (kein formaler Versicherungsschutz). Dies kann in sämtlichen Versicherungszweigen der Fall sein, also in der Kranken-, Pflege-, Unfall-, Arbeitslosen- und Rentenversicherung; in der Rentenversicherung allerdings nur im Falle der Berufs- und Erwerbsunfähigkeit, da die Beiträge zur Altersrente als freiwillige Versicherung stehenbleiben können.

Sozialversicherungspflicht des GmbH-Geschäftsführers

Für die Versicherungspflicht setzen sowohl die Legaldefinition des § 7 Abs. 1 SGB IV als auch die einschlägigen Vorschriften aus den einzelnen Sozialversicherungszweigen (für die Krankenversicherung § 5 Abs. 1 Nr. 1 SGB V; für die soziale Pflegeversicherung § 1 Abs. 2 SGB XI; für die Unfallversicherung § 2 SGB VII; für die Rentenversicherung § 1 Abs. 1 Nr. 1 SGB VI und für die Arbeitslosenversicherung §§ 24 ff SBG III) übereinstimmend ein abhängiges Beschäftigungsverhältnis voraus. Dass der GmbH-Geschäftsführer kein Arbeitnehmer i.S.d. arbeitsrechtlichen Vorschriften ist, steht der Annahme eines abhängigen Beschäftigungsverhältnisses i.S.d. sozialversicherungsrechtlichen Bestimmungen nicht entgegen. Gilt der Geschäftsführer im Arbeitsrecht allein auf Grund seiner Organstellung nicht als Arbeitnehmer, schließt nach ständiger Rechtsprechung des Bundessozialgerichts (BSG DB 1990, 1875; BSG NJW 1991, 862) die Organstellung des Geschäftsführers allein das Vorliegen eines abhängigen Beschäftigungsverhältnisses i.S.d. Sozialversicherungsrechts nicht aus. Entscheidend ist allein, ob der Geschäftsführer seine Tätigkeit in persönlicher Abhängigkeit erbringt (Jaeger, Der Anstellungsvertrag des GmbH-Geschäftsführers, München 1994, 3. Aufl., S. 31 ff; Figge, GmbHR 1995, 111; Louven DB 1999, 1061 ff; Hillmann-Stadtfeld GmbHR 2004, 1207 ff).

Das ist regelmäßig der Fall beim Fremdgeschäftsführer, da er kein Unternehmerrisiko trägt, sondern allein seine Arbeitskraft gegen Entgelt der Gesellschaft zur Verfügung stellt und an Gewinn oder Verlust der Gesellschaft nicht beteiligt ist. Daraus folgt umgekehrt, dass für den Gesellschafter-Geschäftsführer die Sozialversicherungspflicht verneint wird, wenn er auf Grund seiner Kapitalbeteiligung so maßgebenden Einfluss auf die Willens- und Entscheidungsbildung in der Gesellschaft nehmen kann, dass von einer beherrschenden (Unternehmer-) Stellung gesprochen werden muss. Maßgebliches Kriterium ist folgerichtig die Beteiligung am Stammkapital. Beträgt sie 50 %

oder mehr, wird man regelmäßig die Sozialversicherungspflicht verneinen können. Der Umkehrschluss ist naheliegend, führt aber in die Irre. Nach der neueren, stark einzelfallbezogenen Rechtsprechung des BSG nämlich kann einerseits auch eine mit einer Sperrminorität versehene Minderheitsbeteiligung die Versicherungspflicht entfallen lassen (BSG GmbHR 1999, 1127; GmbHR 2008, R 40), andererseits kann aber die Sozialversicherungspflicht auch für einen Mehrheitsgesellschafter-Geschäftsführer begründet sein, wenn dieser tatsächlich keinen bestimmenden, über die Rechte eines Minderheitsgesellschafters hinausgehenden Einfluss auf Gestaltung und Dauer seiner eigenen Tätigkeit nehmen kann (Teigelkötter GmbHR 2009, R 33; BSG GmbHR 2007, 1324; Freckmann DStR 2008, 52).

Auch die einem Fremdgeschäftsführer durch die Gesellschafter eingeräumte Stimmrechtsvollmacht, Gesellschafterbeschlüsse aller Art zu fassen, hindert nicht die Sozialversicherungspflicht (BSG GmbHR 2002, 324 ff).

In einer weiteren, zum früheren Anspruch auf Konkursausfallgeld ergangenen Entscheidung geht das BSG sogar so weit, dem (Minderheitsgesellschafter-) Geschäftsführer die von der Ehefrau gehaltenen Anteile sozialversicherungsrechtlich mit der Begründung und Folge zuzurechnen, diese habe in keiner Weise Arbeitgeberfunktionen ausgeübt, weshalb der (Minderheitsgesellschafter-) Geschäftsführer als Unternehmer anzusehen sei (BSG GmbHR 1989, 34). Diese extensive Auslegung der Sozialversicherungspflicht hat das BSG später noch einmal ausdrücklich bekräftigt (BSG GmbHR 2000, 618 ff). Auch der Geschäftsführer, der nicht mehrheitlich am Stammkapital beteiligt ist, ja nicht einmal über eine Sperrminorität verfügt, ist dann nicht sozialversicherungspflichtig, wenn sein tatsächlicher Einfluss auf die Willensbildung der GmbH ausreicht, Weisungen an ihn zu verhindern.

Für die Praxis folgt hieraus, dass eine gezielte Vertragsgestaltung je nach Interessenlage im Einzelfall die Sozialversicherungspflicht begründen oder vermeiden kann. Da die Rechtsprechung der Sozialgerichte sich an einer Vielzahl von Indizien orientiert und bis heute stark einzelfallbezogen ist, empfiehlt sich dringend, einen eigenen Indizienkatalog in Form einer Checkliste aufzustellen (Freckmann DStR 2008, 52).

Für erhebliche Unruhe und Unsicherheit hatte kurze Zeit eine Entscheidung des BSG aus dem Herbst 2005 gesorgt (BSG DB 2006, 616 = NZA 2006, 396). Danach sollte auch ein Gesellschafter-Geschäftsführer (der Leitsatz der Entscheidung sprach von einem „selbständigen" Geschäftsführer) grundsätzlich der Rentenversicherungspflicht als arbeitnehmerähnlicher Selbständiger gem. § 2 Satz 1 Nr. 9 SGB VI unterliegen, wenn er selbst keine Arbeitnehmer beschäftigte und nur für eine Gesellschaft tätig war. Wäre dies so geblieben, hätte die Entscheidung zu einer erheblichen Ausweitung der Rentenversicherungspflicht von Gesellschaftergeschäftsführern kleiner Unternehmen geführt. Stattdessen hat der Gesetzgeber wenig später in § 2 Satz 1 Nr. 9b 2. HS SGB VI klargestellt, dass bei Gesellschaften die Auftraggeber der Gesellschaft als Auftraggeber der Gesellschafter gelten. Damit ist der am Kapital der Gesellschaft beteiligte Geschäftsführer nicht rentenversicherungspflichtig. Voraussetzung aber bleibt, dass die Gesellschaft mindestens einen versicherungspflichtigen Arbeitnehmer beschäftigt (§ 2 Satz 1 Nr. 9a SGB VI). Die

Konsequenz also lautet, dass nur dann, wenn auch die Gesellschaft keinen (einzigen!) sozialversicherungspflichtigen Arbeitnehmer beschäftigt oder nur einen Auftraggeber hat, auch der Gesellschafter-Geschäftsführer rentenversicherungspflichtig werden kann.

Praxishinweis! Alle Sozialversicherungsträger halten Vordrucke/Feststellungsbögen bereit, die unter dem Titel „Entscheidungshilfe zur versicherungsrechtlichen Beurteilung von Gesellschafter-Geschäftsführern einer GmbH und mitarbeitenden Gesellschaftern einer GmbH" die richtige versicherungsrechtliche Beurteilung erleichtern. Dazu gehört auch eine Zusammenstellung von rund 30 Urteilen des BSG zur Sozialversicherung von GmbH-Gesellschafter-Geschäftsführern und mitarbeitenden Gesellschaftern.

Bestehen auch danach oder mangels ausreichender Beratung im Vorfeld der Vertragsgestaltung noch Unsicherheiten, ist eine Statusanfrage nach § 7 a SGB IV ratsam, um eine verbindliche Entscheidung über die Sozialversicherungspflicht herbeizuführen.

Die Entscheidung über die Sozialversicherungspflicht traf früher die zuständige Einzugsstelle der Sozialversicherungsträger (Krankenkasse) im Wege eines Verwaltungsakts. Seit „Hartz IV" entscheidet jetzt die Deutsche Rentenversicherung hierüber. Deren Entscheidung, wie auch früher die Entscheidung der Krankenkasse, ist auf Grund ihrer sog. Tatbestandswirkung auch für steuerliche Zwecke maßgebend (OFD Köln, Verwaltungsanweisung vom 17.08.1994, GmbHR 1994, 902; Erlass des Finanzministeriums Baden-Württemberg vom 14.05.2003, DStR 2003, 880).

Wurde durch die AOK im Rahmen einer Entscheidung über eine freiwillige Versicherung oder Familienversicherung bereits ein Statusfeststellungsverfahren durchgeführt oder eingeleitet, kann das Anfrageverfahren bei der DRV nicht mehr durchgeführt werden. Das gilt auch, wenn ein Träger der Rentenversicherung, nach einer Betriebsprüfung die Arbeitnehmereigenschaft bereits festgestellt hat oder eine entsprechende gerichtliche Entscheidung vorliegt.

Praxishinweis! Gegenüber der Bundesagentur für Arbeit (BAA) tritt für den Bereich der Arbeitslosenverwaltung die Bindung nur ein, wenn ihr der Verwaltungsakt zugeleitet worden ist und sie um Zustimmung ersucht worden ist (§ 336 SGB III). Wollen Sie deshalb sichergehen, dass Ihnen bei Arbeitslosigkeit auch Arbeitslosengeld gezahlt wird, sollten Sie bei positivem Bescheid durch die BfA bei der Bundesagentur für Arbeit beantragen, diesem Bescheid ausdrücklich zuzustimmen.

Bis heute jedenfalls sind Fälle nicht selten, wo der Antrag eines Geschäftsführers auf Gewährung von Arbeitslosengeld von der Arbeitsverwaltung mit der Begründung abgelehnt wird, es habe gem. § 26 Abs. 2 SGB IV keine Beitragspflichtigkeit vorgelegen. Zu Unrecht geleistete Beiträge werden auf Antrag, und zwar getrennt nach Arbeitgeber- und Arbeitnehmeranteilen, zurückerstattet (Figge, GmbHR 1995, 111; Schwedhelm, GmbHR 1993, 354). Der Erstattungsanspruch verjährt gem. § 27 Abs. 2 SGB IV in 4 Jahren nach Ablauf des Kalenderjahres, in dem die Beiträge entrichtet wurden. Diese eher unbefriedigende Rechtslage hat der Gesetzgeber durch Ergänzungen in § 7a Abs. 1 und 28a Abs. 3 Satz 1 SGB IV verbessert. Mit einem besonderen „Statuskennzeichen" soll jetzt bereits bei der Meldung nach der Datenerfassungs- und Übermittlungsverordnung gesondert gekennzeichnet werden, wenn es sich um Ehegatten, Lebenspartner oder Verwandte/Verschwägerte des Arbeitgebers handelt oder der Geschäftsführer zugleich Gesellschafter der GmbH ist. In diesem Fall hat die Einzugsstelle künftig von Amts wegen eine Entscheidung bei der Bundesagentur für Arbeit darüber zu beantragen, ob eine abhängige Beschäftigung und damit Sozialversicherungspflicht vorliegt.

Bei der gesetzlichen Rentenversicherung werden gem. § 202 SGB VI in der irrtümlichen Annahme der Rentenversicherungspflicht entrichtete und nicht zurückgeforderte Beiträge als für die freiwillige Rentenversicherung geleistet angesehen. Fordert die Gesellschaft ihren Arbeitgeberanteil zurück, hat der Versicherte die Möglichkeit, der Gesellschaft den von ihr gezahlten Beitragsanteil nach § 26 Abs. 3 Satz 2 SGB IV zu ersetzen. Damit entfällt der Erstattungsanspruch der GmbH, die geleisteten Beiträge verbleiben in voller Höhe als freiwillige Beiträge in der Rentenversicherung. Selbst nach vollzogener Erstattung an die Gesellschaft hat der Geschäftsführer noch die Möglichkeit, den an die Gesellschaft geflossenen Erstattungsbetrag an den Rentenversicherungsträger mit der gleichen o.g. Folge zurückzuzahlen.

II. Pflichten des Geschäftsführers in der Sozialversicherung

Meldepflicht

Die GmbH hat gegenüber der Einzugsstelle für jeden in der Kranken- und Rentenversicherung kraft Gesetzes versicherten Beschäftigten oder nach dem SGB beitragspflichtigen Arbeitnehmer eine Reihe von Meldepflichten, die im Einzelnen in § 28 a SGB IV niedergelegt sind (z. B. Beginn und Ende der Beschäftigung, beitragspflichtiges Arbeitsentgelt, jede Änderung während der Dauer der Beschäftigung etc.).

Einzugsstellen sind die Krankenkassen, die auch über die Versicherungspflicht und die Beitragshöhe zu den Sozialversicherungen entscheiden (vgl. § 28 h SGB IV).

Meldepflichtig ist der Geschäftsführer. Zu diesem Zweck muss er sich bei Beginn des Beschäftigungsverhältnisses den Sozialversicherungsausweis aushändigen lassen. Mit Wirkung zum 1.4.1998 ist das bis dahin übliche Sozialversicherungs-Nachweisheft abgeschafft und durch einen einzigen, bundeseinheitlichen Meldevordruck ersetzt worden. An die Stelle der bisherigen Datenerfassungs- und Datenübermittlungsverordnungen (DEVO und DÜVO) ist ab dem 1.1.1999 eine einheitliche Datenerfassungs- und Übermittlungsverordnung DEÜV (Figge DB 1998, 1965 ff) getreten.

Auskunftspflicht

Der Geschäftsführer ist im Namen der GmbH verpflichtet, den Einzugsstellen auf Verlangen Auskunft über alle Tatsachen zu geben, die eine Meldung gem. § 28 a SGB IV zu beinhalten hat.

Beitragszahlung

Der Geschäftsführer hat für die GmbH die gesamten Sozialversicherungsbeiträge für Kranken-, Renten- und Arbeitslosenversicherung an die Einzugsstellen (Krankenkassen) abzuführen (§ 28 h Abs. 1 SGB IV).

Diese Versicherungspflichtbeiträge werden in der Regel je hälftig von Arbeitgeber und Arbeitnehmer (§ 249 SGB V) getragen. Übersteigt das Arbeitsentgelt monatlich 400 EUR nicht, hat die Gesellschaft die gesamten Beiträge für die verschiedenen Versicherungszweige allein zu tragen (§ 249 Abs. 2 SGB V).

Demgegenüber braucht sich die GmbH grundsätzlich nicht an den Beiträgen zu beteiligen, die freiwillig in die Sozialversicherung bezahlt werden. Geschäftsführer, die wegen Überschreitens der Jahresarbeitsverdienstgrenze versicherungsfrei oder von der Versicherungspflicht befreit sind, haben Anspruch auf Beitragszuschuss zur Krankenversicherung gem. § 257 Abs. 1 bzw. Abs. 2 SGB V und zur Pflegeversicherung gem. § 61 Abs. 1 bzw. Abs. 2 SGB XI. Diese auf Grund gesetzlicher Verpflichtung gewährten Leistungen sind nach § 3 Nr. 62 EStG steuerfrei, sofern der Sozialversicherungsträger zuvor die Sozialversicherungspflicht des Geschäftsführers festgestellt hat. Diese Feststellung hat Tatbestandswirkung und bindet auch die Finanzverwaltung (Erlass des Finanzministeriums Baden-Württemberg vom 14.05.2003, DStR 2003, 880).

Die Beitragsbemessungsgrenzen in der gesetzlichen Renten- und Krankenversicherung werden jährlich entsprechend der sog. Bezugsgröße gem § 18 SGB IV angepasst. Diese Bezugsgröße im Sinne der Vorschriften für die Sozialversicherung wird definiert als das Durchschnittsentgelt der gesetzlichen Rentenversicherung im vorvergangenen Kalenderjahr, aufgerundet auf den nächsthöheren, durch 420 teilbaren Betrag. Auf ihrer Grundlage werden sämtliche maßgeblichen Beitragsbemessungsgrenzen in der Sozialversicherung ermittelt, also beispielsweise die Entgelt-Geringfügigkeitsgrenze, die Jahresarbeitsentgelt-Grenze und Beitragsbemessungsgrenze in der Kranken- und Rentenversicherung, sowie auch die Hinzuverdienstgrenzen bei Teilrenten. Diese Werte differenzieren unverändert zwischen den alten Bundesländern und dem sog. Beitrittsgebiet.

Die Beiträge für eine Unfallversicherung trägt der Arbeitgeber allein; im Gegenzug führt dies zur Freistellung von Schadensersatzansprüchen aus Arbeits- und Wegeunfällen gem. §§ 104 ff SGB VII. Die Beiträge werden durch die Berufsgenossenschaften im Umlageverfahren erhoben.

Persönliche Verantwortlichkeit / Haftung des Geschäftsführers

Die Haftung für die richtige und rechtzeitige Zahlung der Sozialversicherungsbeiträge trifft grundsätzlich die Gesellschaft, vor deren Eintragung ins Handelsregister unbeschadet § 11 Abs. 2 GmbHG allerdings auch die Gesellschafter der Vorgesellschaft persönlich (OLG Frankfurt GmbHR 1994, 708) und den (faktischen) Geschäftsführer der Vorgesellschaft nur dann, wenn er zugleich Gesellschafter war (KG Berlin GmbHR 2002, 381; GmbHR 2003, 591).

Ob der Geschäftsführer für nichtabgeführte Sozialversicherungsbeiträge persönlich haftet, hängt davon ab, ob der Arbeitgeber- oder der Arbeitnehmeranteil betroffen ist. Handelt es sich um den Arbeitnehmeranteil, macht sich der Geschäftsführer bei unterlassener Beitragszahlung gegenüber dem Sozialversicherungsträger gem. § 823 Abs. 2 BGB nicht nur wegen Verletzung von Amtspflichten schadensersatzpflichtig, sondern auch strafbar gem. § 266a StGB (Stein DStR 1998, 1055; Reck, GmbHR 1999, 102 ff; Hey/Reck GmbHR 1999, 760 ff). Ist hingegen der Arbeitgeberanteil betroffen, kommt grundsätzlich nur eine zivilrechtliche Haftung gem. § 43 GmbHG der Gesellschaft gegenüber in Frage, und zwar wegen schuldhafter Verletzung der dem Geschäftsführer kraft Amtes obliegenden Sorgfaltspflichten (Gaul, GmbH-Handbuch, Arbeits- und Sozialversicherungsrecht Rz 922 ff). § 266a BGB ist echtes Unterlassungsdelikt und setzt mindestens bedingten Vorsatz voraus. Die Verantwortlichkeit setzt erst mit Bestellung zum Geschäftsführer ein (GmbHR 2002, 208 ff) und endet mit der wirksamen und tatsächlich vollzogenen Amtsniederlegung (OLG Naumburg GmbHR 2000, 558 ff; BGH GmbHR 2003, 544 ff). Pflichtwidriges Verhalten früherer Geschäftsführer (OLG Düsseldorf GmbHR 2003, 420 ff) kann dem amtierenden Geschäftsführer strafrechtlich nicht zugerechnet werden. Auch eine Zurechnung/Strafbarkeit einzelner Gesellschafter ist ausgeschlossen, da § 266a StGB Sonderdelikt ist, d.h. nach § 14 I Nr. 1 StGB nur durch das vertretungsberechtigte Organ der Gesellschaft verwirklicht werden kann (OLG Naumburg GmbHR 2002, 1237 ff).

Diese scheinbar einfache Regelung wirft in der Praxis aber erhebliche Probleme auf, so etwa dann, wenn, wie häufig in wirtschaftlichen Krisen und im Vorstadium der Insolvenz, Beitragsrückstände entstehen und nur Teilzahlungen erbracht werden, oder, wenn Krankenkassen Teilzahlungen auf rückständige Sozialversicherungsbeiträge vollständig auf Arbeitgeberanteile verrechnen, um den Arbeitgeber anschließend im Rahmen seiner Haftung wegen unerlaubter Handlung gem. § 823 Abs. 2 BGB iVm § 266 a StGB persönlich und uneingeschränkt für die Arbeitnehmeranteile in Anspruch zu nehmen (Hey/Reck GmbHR 1999, 760).

Will der Geschäftsführer vermeiden, auf Grund der für den Sozialversicherungsträger vorgeschriebenen Verrechnungspraxis mit fälligen Beiträgen erneut in Rückstand zu geraten und sich damit eigener Haftung auszusetzen, muss er mit Beitragsentrichtung (nicht später) ausdrücklich eine Tilgungsbestimmung treffen, wonach die an die zuständige Einzugsstelle geleisteten Zahlungen vorrangig auf fällige Arbeitnehmeranteile angerechnet werden sollen. Eine solche Tilgungsbestimmung hat die zuständige Einzugsstelle zu beachten.

Längere Zeit umstritten war auch, ob die Nichtabführung von Sozialversicherungsbeiträgen straffrei bleibt, wenn überhaupt keine Lohn- und Gehaltszahlungen im maßgeblichen Zeitraum vorgenommen wurden, so die sog. Lohnzahltheorie, oder aber der Lohnpflichttheorie zu folgen ist, wonach allein die sozialversicherungsrechtlich begründete Fälligkeit und deren Nichtbeachtung nicht nur zivilrechtliche Haftung auslöst, sondern auch den Vorwurf des Vorenthaltens und damit die Strafbarkeit nach § 266 a StGB begründet. Der BGH hat die Streitfrage zu Gunsten der

Lohnpflichttheorie entschieden (BGH GmbHR 2000, 816 ff; BGH GmbHR 2001, 236 ff = DB 2001, 528 ff). Danach können Arbeitnehmerbeiträge zur Sozialversicherung auch dann i.S.d. § 266 a Abs. 1 StGB vorenthalten werden, wenn für den betreffenden Zeitraum noch kein Lohn an die Arbeitnehmer ausgezahlt worden ist. Im Rechtssinne erzielt ist Arbeitsentgelt nämlich nicht erst dann, wenn es tatsächlich ausbezahlt wird, sondern schon in dem Zeitpunkt, in dem es durch Arbeitsleistung verdient worden ist. Der Tatbestand des „Vorenthaltens" kann nur mindestens bedingt vorsätzlich, nicht fahrlässig verwirklicht werden. Konnte der Geschäftsführer beispielsweise nach der bisherigen Finanzierungspraxis der Hausbank davon ausgehen, dass diese trotz akuter Zahlungsschwierigkeiten der GmbH die nötigen Mittel noch zur Verfügung stellen werde (BGH GmbHR 1992, 170), kann aus einem solchen Verhalten kein Vorsatz abgeleitet werden. Den Geschäftsführer trifft auch keine Verpflichtung, die erforderlichen Geldbeträge vorab zurückzulegen, um sie bei Fälligkeit zur Verfügung zu haben (OLG Celle GmbHR 1996, 51).

Gefahren und Risiken zivilrechtlicher Haftung einerseits, strafrechtliche Verurteilung andererseits werden oft unterschätzt. Das ist sträflicher Leichtsinn, weil die neuere Rechtsprechung dazu tendiert, den Geschäftsführer strenger denn je zivil- und strafrechtlich in die Pflicht zu nehmen (Jestaedt GmbHR 1998, 672 ff). So entlastet beispielsweise eine interne Ressort- und Arbeitsteilung nicht (Medicus, GmbHR 1998, 9). Der „technische" Geschäftsführer bleibt in der Haftung, auch wenn die Wahrnehmung aller buchhalterischen Belange allein Sache des „kaufmännischen" Geschäftsführers war, weil stets eine – gegenseitige – Überwachungspflicht zwischen Geschäftsführern bestehen bleibt (OLG Schleswig-Holstein GmbHR 2002, 216 ff; OLG Koblenz GmbHR 1999, 122 ff). Interne Zuständigkeitsvereinbarungen und/oder die Delegation von im Sozialversicherungsrecht wurzelnden Pflichten können allenfalls zu einer Haftungsbeschränkung des vorrangig nicht verantwortlichen Geschäftsführers führen. Die bereits eingetretene Zahlungsunfähigkeit der Gesellschaft wirkt nicht haftungs- und strafbefreiend, wenn die Herbeiführung der Zahlungsunfähigkeit dem Geschäftsführer als bedingt vorsätzliches und damit pflichtwidriges Verhalten zur Last gelegt werden kann (BGH GmbHR 1997, 304; LG Leipzig GmbHR 1997, 652; BGH GmbHR 2002, 1026 ff). Auch eine ausdrückliche Weisung der Gesellschafterversammlung an den Geschäftsführer, keine Sozialversicherungsbeiträge mehr abzuführen, entlastet den Geschäftsführer nicht. Eine solche Weisung kann und muss der Geschäftsführer missachten (OLG Naumburg, DStR 1999, 1625 ff).

Ungeachtet seiner fehlenden Strafbarkeit und Haftung für vor seiner Bestellung entstandene Schäden oder Beitragsrückstände droht dem Geschäftsführer unter Umständen dennoch Gefahr durch die Verordnung über die Zahlung, Weiterleitung, Abrechnung und Abstimmung des Gesamtsozialversicherungsbeitrags (kurz: BeitragszahlungVO). Diese Vorschrift sucht die gleichmäßige Tilgung von Arbeitgeber- und Arbeitnehmerbeiträgen im Rahmen der Gesamtsozialversicherungsbeiträge sicherzustellen. Nimmt beispielsweise der neu bestellte Geschäftsführer Zahlungen auf fällige Beiträge vor, darf der Sozialversicherungsträger die Leistungen im Hinblick auf Rückstände auf die jeweils älteste offene Beitragsforderung, und zwar je hälftig auf Arbeitgeber- und Arbeitnehmerbeiträge, verrechnen. Zur Vermeidung strafrechtlicher und haftungsrechtlicher Folgen aber muss dem Geschäftsführer daran gelegen sein, vorrangig die Arbeitnehmeranteile zu tilgen, denn nur hierfür haftet er (BGH GmbHR 2001, 721 ff; DB 2001, 1253 ff).

Prozessual sieht sich der Geschäftsführer u. U. mit dem Problem konfrontiert, dass zu seinen Lasten eine Beweislastumkehr greift. Begründet wird das mit der Überlegung, Wesen und Inhalt der Schutznormen (§ 823 Abs. 2 BGB, § 266a StGB) sprächen dafür, dem Schädiger das Risiko der Sachverhaltsaufklärung aufzuerlegen, weil allein der Adressat der Schutznorm über die nötige Tatsachenkenntnis verfüge. Dazu gehört u. U. die detaillierte und substanziierte Darlegung des Zahlungsverkehrs in der Krise (OLG Düsseldorf GmbHR 1996, 368; Marschner DB 1996, 1825; BGH GmbHR 1997, 25). Eine unmittelbare Haftung des Geschäftsführers gegenüber betroffenen Arbeitnehmern besteht nicht. Auch hier haftet im Außenverhältnis die Gesellschaft als Arbeitgeberin für ein schuldhaftes Verhalten ihres Geschäftsführers, unbeschadet der Möglichkeit, den Haftungsschaden gem. § 43 GmbHG und auf Grundlage des mit dem Geschäftsführer bestehenden Dienstvertrages im Regresswege zu realisieren.

Ist die Gesellschaft insolvent, steht der Geschäftsführer vor einer Pflichtenkollision. Einerseits verbietet ihm der Grundsatz der Massesicherung und Masseerhaltung, noch Zahlungen aus dem Gesellschaftsvermögen zu leisten (§ 64 GmbHG). Andererseits trifft ihn die Verpflichtung, Sozialabgaben (und Lohnsteuer) abzuführen. Und die Verletzung dieser Pflichten begründet nicht nur gesetzliche Schadenersatzpflichten, sondern in vielen Fällen auch eine strafrechtliche Verantwortung, für den Bereich der Sozialversicherung nach § 266a StGB. In dieser Konfliktlage hatte die Rechtsprechung den Geschäftsführer längere Zeit „allein" gelassen, etwa, indem sie dem Masseerhaltungsgrundsatz unbedingten Vorrang vor den gesetzlich begründeten Abführungsverpflichtungen eingeräumt hatte. Seit seiner Entscheidung aus dem Mai 2007, wonach einem Geschäftsführer nicht angesonnen werden könne, Zahlungen zur Erfüllung der Massesicherungspflicht aus § 64 Abs. 2 GmbHG (a.F.) nicht zu leisten, wenn er sich dadurch strafrechtlicher Verantwortung aussetze, hat der Bundesgerichtshof diese Rechtsprechung 2008 noch zweimal bestätigt und bekräftigt, dass es mit den Pflichten eines ordentlichen und gewissenhaften Geschäftsleiters vereinbar sei, wenn er zur Vermeidung strafrechtlicher Verfolgung fällige Leistungen an die Sozialkassen erbringe (BGH GmbHR 2007, 757 m.Komm. Chr. Schröder = ZIP 2007, 1265; BGH GmbHR 2008, 813 m.Komm. Lindemann; BGH GmbHR 2008, 815). Allerdings: Haftungsfrei und straflos bleibt der Geschäftsführer nur dann, wenn er sich vor dem Hintergrund einer strafbewehrten Pflichtverletzung zu Lasten der Masse entscheidet.

Praxishinweis! Für den Geschäftsführer ergibt sich damit eine zwingend zu beachtende Rangordnung von Zahlungs- bzw. Abführungsverpflichtungen bei Insolvenzreife. Priorität genießen alle strafbewehrten Pflichten, gleich ob nach § 266a StGB oder nach anderen Straftatbeständen. Mit der Erfüllung solcher Verpflichtungen ist eine Ersatzpflicht des Geschäftsführers aus § 64 GmbHG nicht begründbar. Leistet der Geschäftsführer hingegen

Zahlungen, deren Pflichterfüllung nur zivilrechtlich geahndet werden könnte, bleibt es bei der Priorität des Masseerhaltungsgrundsatzes und damit seiner Haftung nach § 64 GmbHG.

Gibt der Geschäftsführer gegenüber dem Sozialversicherungsträger zu Sicherungszwecken ein konstitutives Schuldanerkenntnis über rückständige Sozialabgaben ab, haften die Gesellschaft und Geschäftsführer als Gesamtschuldner i.S.v. § 421 BGB. Im Innenverhältnis zwischen Gesellschaft und Geschäftsführer aber bleibt die Gesellschaft als Arbeitgeberin allein zahlungspflichtig. Das hat zur Konsequenz, dass die Gesellschaft im Innenverhältnis zwischen ihr und dem Geschäftsführer keinen Gesamtschuldnerausgleich verlangen kann (BGH DB 2007, 1808).

Haftung

Dr. Csaba Láng

I. Haftung vor Eintragung der GmbH

Vor Eintragung der GmbH in das Handelsregister gibt es zwei denkbare Haftungs-konstellationen:
- Die künftigen GmbH-Gesellschafter beschließen die Gründung einer GmbH zu einem bestimmten unternehmerischen Zweck. Ein notarieller Gesellschaftsver-trag wird noch nicht geschlossen. Es handelt sich um eine so genannte Vorgrün-dungsgesellschaft.
- Der notariellen Gesellschaftsvertrages ist protokolliert, aber die GmbH ist im Handelsregister noch nicht eingetragen. Es handelt es sich um eine so genannte Vor-GmbH.

Vorgründungsgesellschaft

Die Vorgründungsgesellschaft ist eine Innengesellschaft, die nach außen nicht in Er-scheinung tritt und deren Rechtsnatur und Rechtsfolgen sich im Innenverhältnis der Gesellschafter zueinander nach den Bestimmungen über die Gesellschaft bürger-lichen Rechts (§ 705 ff BGB) richten. Der gemeinsame Zweck ist die Errichtung der GmbH. Solange die künftigen Gesellschafter, die bei der Vorgründungsgesellschaft allesamt geschäftsführungsbefugt sind, nach außen nicht auftreten, besteht kein Haftungsrisiko.

Werden bereits im Vorgründungsstadium einer GmbH Geschäfte mit Dritten ge-schlossen, so haften die Gründer für sämtliche im Namen der künftigen GmbH ein-gegangenen Verbindlichkeiten unbeschränkt und solidarisch, sofern nicht mit den einzelnen Gläubigern abweichende Vereinbarungen getroffen werden (Scholz, GmbHG, § 11 Rz 14, 16 ff).

Eine Haftungsbegrenzung erfolgt nicht mit dem Hinweis bzw. Zusatz „GmbH in Gründung" (BGH GmbH-Rundschau 1984, 316 ff) und auch nicht mit der späteren Eintragung der GmbH (BGH GmbHR 1998, 633).

Praxishinweis! Im Vorgründungsstadium einer GmbH sollten keine Verpflichtungen mit Dritten eingegangen werden. Die Gründungsgesellschafter sollten alsbald den GmbH-Gesellschaftsvertrag notariell beurkunden lassen.

Die „Vor-GmbH"

Als Vor-GmbH bezeichnet man die GmbH im Gründungsstadium, also den Zeit-raum nach ihrer Errichtung durch notariellen Gesellschaftsvertrag bis zu ihrer Ein-tragung im Handelsregister (Scholz, GmbHG, § 11 Rz 21).

Ist vor der Eintragung im Namen der Gesellschaft gehandelt worden, so haften die Handelnden persönlich und solidarisch (§ 11 Abs. 2 GmbHG).

Haftungsvoraussetzungen

Voraussetzung dieser so genannten „Handelnden-Haftung" ist, dass der für die Vor-GmbH oder künftige GmbH Handelnde wirksam zum Geschäftsführer bestellt ist oder ohne wirksame Bestellung als Geschäftsführer die Angelegenheiten der Gesellschaft faktisch wahrnimmt (Scholz, GmbHG, § 11 Rz 94, 101 mwN; LAG Berlin GmbHR 1996, 686 mwN). Der (faktische) Geschäftsführer muss „im Namen der Gesellschaft" handeln.

Nicht Voraussetzung ist, dass der (faktische) Geschäftsführer selbst und allein handelt. Es genügt vielmehr, dass er einen Bevollmächtigten mit der Wahrnehmung von Geschäften der Gesellschaft beauftragt hat (Scholz, GmbHG, § 11 Rz 103 mwN).

Der zukünftige Geschäftsführer einer GmbH, der einem anderen die Verfügungsmöglichkeit über das GmbH-Konto überlässt, muss für dessen Handeln nach § 11 Abs. 2 GmbHG so einstehen, als ob er selbst unmittelbar tätig geworden wäre (OLG Hamm GmbHR 1997, 602).

Es haftet nicht der Bevollmächtigte, der nicht Geschäftsführer ist und nicht als solcher auftritt, insbesondere nicht der Prokurist (Scholz, GmbHG, § 11 Rz 105 mwN). Wurde der Prokurist von der Gesellschafterversammlung bestellt (§ 46 Nr. 7 GmbHG), scheidet eine Haftung des Geschäftsführers für Handlungen des Prokuristen aus.

Praxishinweis! Die Verwendung eines Firmenzusatzes „i.G." o.ä. schließt eine Haftung nicht aus. Entgegen häufig anzutreffender Ansicht haben solche oder ähnliche Zusätze keine haftungsbeschränkende Wirkung.

Neben dem (faktischen) Geschäftsführer haften grundsätzlich die Gründungs-Gesellschafter und die Gesellschaft (Scholz, GmbHG, § 11 Rz 81 ff, 94, 111).

Sachlicher Anwendungsbereich

Die Haftung nach § 11 Abs. 2 GmbHG besteht nur im Falle der Vor-Gesellschaft. Nicht anzuwenden ist die Vorschrift auf das Vorgründungsstadium und auch nicht für die Fälle der Änderung des Gesellschaftsvertrages, insbesondere der Kapitalerhöhung (Scholz, GmbHG, § 11 Rz 98 mwN).

Geschützter Personenkreis

Geschützt sind nur Dritte. Grundsätzlich sind Gesellschafter selbst nicht geschützt. Streitig ist dies für die Fälle, in denen Gesellschafter wie Dritte Forderungen gegen die Vor-GmbH erlangen (Scholz, GmbHG, § 11 Rz 108 mwN).

Die Handelnden-Haftung soll dem jeweils betroffenen Gläubiger einen Ausgleich dafür geben, dass die Kapitalgrundlage der ihm zunächst haftenden Vorgesellschaft noch nicht im gleichen Maße wie bei der eingetragenen GmbH gerichtlich kontrolliert, bekannt gemacht und durch zwingende Schutzvorschriften abgesichert ist (LAG Berlin GmbHR 1996, 686 ff, 687 mwN).

Haftungsumfang

Bei der Handelnden-Haftung handelt es sich um eine unbeschränkte Haftung, die jedoch gegenüber der Primär-Haftung der Vor-GmbH bzw. der später eingetragenen GmbH akzessorisch ist, d.h., sie tritt inhaltsgleich neben die Haftung der Gesellschaft (Scholz, GmbHG, § 11 Rz 111 u. 112 mwN).

Dem Gläubiger gegenüber kann nicht eingewendet werden, er könne nicht mehr verlangen, als er bei einer bereits eingetragenen GmbH bekäme (Scholz, GmbHG, § 11 Rz 112 mwN).

Die Haftung des § 11 Abs. 2 GmbHG ist abdingbar (Scholz, GmbHG, § 11 Rz 110 mwN).

Regressmöglichkeiten

Sofern der Handelnde pflichtgemäß gehandelt hat, stehen ihm Regressansprüche gegen die Gesellschaft zu. Ob daneben die Gründer persönlich haften, ist umstritten. Nach der Rechtsprechung ist dies bis zur Höhe der versprochenen Einlage der Fall (BGH GmbHR 1983, 46).

Erlöschen der Haftung

Die Haftung gem. § 11 Abs. 2 GmbHG erlischt ohne Rücksicht darauf, ob es sich um eine Sach- oder um eine Bargründung handelt, mit der Eintragung der GmbH. Ab da besteht kein Grund mehr, die Altgläubiger aus der Zeit vor der Eintragung besser als die Neugläubiger aus der Zeit nach der Eintragung zu behandeln (Scholz, GmbHG, § 11 Rz 118 mwN).

II. Haftung bei Anmeldung

Die Gesellschaft ist bei dem Gericht, in dessen Bezirk sie ihren Sitz hat, zur Eintragung in das Handelsregister anzumelden (§ 7 Abs. 1 GmbHG). Zuständig für diese Anmeldung sind sämtliche Geschäftsführer (§ 78 GmbHG).

In der Anmeldung haben die Geschäftsführer zu versichern (§ 8 Abs. 2), dass
– die Leistungen auf die Stammeinlagen in der gesetzlich vorgeschriebenen Form bewirkt sind und dass der Gegenstand der Leistungen sich endgültig in der freien Verfügung der Geschäftsführer befindet. Das Gericht kann bei erheblichen Zweifeln an der Richtigkeit der Versicherung Nachweise (unter anderem Einzahlungsbelege) verlangen;
– keine Umstände vorliegen, die ihrer Bestellung nach § 6 Abs. 2 Satz 2 Nr. 2 und 3 sowie Satz 3 GmbHG entgegenstehen, und dass sie über ihre unbeschränkte Auskunftspflicht gegenüber dem Gericht belehrt worden sind.

In der Anmeldung ist ferner Art und Umfang der Vertretungsbefugnis der Geschäftsführer anzugeben (§ 8 Abs. 4 Nr. 2 GmbHG).

Gründungshaftung

Werden zum Zwecke der Errichtung der Gesellschaft falsche Angaben gemacht, so haben die Gesellschafter und Geschäftsführer der Gesellschaft als Gesamtschuldner für den entstehenden Schaden Ersatz zu leisten („Gründungshaftung", § 9 a Abs. 1 GmbHG).

Von dieser Ersatzpflicht ist ein Gesellschafter oder Geschäftsführer nur befreit, wenn er die haftungsbegründenden Tatsachen weder kannte noch bei Anwendung der Sorgfalt eines ordentlichen Geschäftsmannes kennen musste (§ 9 a Abs. 3 GmbHG).

Somit haften auch die Geschäftsführer für die Richtigkeit der Angaben der Gesellschafter, z. B. über die Übernahme der Stammeinlagen oder zum Sachgründungsbericht, und umgekehrt haften die Gesellschafter für die Richtigkeit der Angaben der Geschäftsführer bei der Anmeldung der Gesellschaft (Scholz, GmbHG, § 9 a Rz 11 mwN).

Praxishinweis! Der Geschäftsführer sollte vor Anmeldung der Gesellschaft zur Eintragung in das Handelsregister für diese ein Bankkonto einrichten, auf das die zu zahlenden Stammeinlagen im Zeitpunkt der Anmeldung, aber nicht bereits bei notarieller Errichtung der GmbH, eingezahlt sein müssen. Ferner sollte sich der Geschäftsführer über die Richtigkeit der Angaben in einem Sachgründungsbericht vergewissern, ggf. unter Hinzuziehung eines geeigneten Beraters. Die hierdurch entstehenden Kosten zählen zum Gründungsaufwand, der auf die Gesellschaft abgewälzt werden kann.

Die Gründungshaftung trifft nur denjenigen, der zum Zeitpunkt der Eintragung der Gesellschaft im Handelsregister noch der Gesellschaft angehört, sei es als Gesellschafter oder als Geschäftsführer (Scholz, GmbHG, § 9a Rz 24 mwN).

Praxishinweis! Droht für den Fremdgeschäftsführer eine von ihm nicht in Kauf genommene Gründungshaftung, muss er sein Amt noch vor Eintragung der GmbH in das Handelsregister niedergelegt haben.

Der Gründungshaftung entspricht die Kapitalerhöhungshaftung der Geschäftsführer nach § 57 Abs. 4 GmbHG. Erfolgt eine Kapitalerhöhung z. B. durch Sacheinlagen, so hat der Geschäftsführer auch für die angegebenen Werte der Sacheinlagen einzustehen.

Praxishinweis! Bei der Sachkapitalerhöhung ist der Geschäftsführer nicht nur für die Anmeldung zum Handelsregister, sondern auch für den Sachkapitalerhöhungsbericht zuständig.

Umfang der Haftung

Die Gründungshaftung bezweckt, die ordnungsmäßige Gründung der Gesellschaft sicherzustellen. Die Gesellschaft ist so zu stellen, als wäre die betreffende Angabe zutreffend gewesen. Der Einwand, dass ohne die falsche Angabe die GmbH gar nicht entstanden wäre, ist unbeachtlich (Scholz, GmbHG, § 9a Rz 30 mwN).

Die Gründungshaftung erstreckt sich insbesondere auf fehlende Einzahlungen auf die Stammeinlagen, auf Wertersatz in bar für nicht werthaltige Sacheinlagen und auf einen Ersatz des im Gesellschaftsvertrag nicht aufgenommenen Gründungsaufwandes (Scholz, GmbHG, § 9a Rz 31 ff mwN).

Erlöschen der Haftung

Eine Haftung der Geschäftsführer aus § 9a GmbHG erlischt, wenn der Fehler geheilt wird, z. B. bei fehlender Einzahlung der Stammeinlagen dann, wenn die Gesellschafter die Einlagen später einzahlen (OLG Düsseldorf GmbHR 1995, 582).

Ein Verzicht der Gesellschaft auf Ersatzansprüche aus Gründungshaftung oder ein Vergleich der Gesellschaft über diese Ansprüche ist grundsätzlich unwirksam, soweit der Ersatz zur Befriedigung der Gläubiger der Gesellschaft erforderlich ist (§ 9b Abs. 1 Satz 1 GmbHG).

Die Ersatzansprüche der Gesellschaft aus Gründungshaftung verjähren in fünf Jahren. Die Verjährung beginnt mit der Eintragung der Gesellschaft in das Handelsregister oder, wenn die zum Ersatz verpflichtende Handlung später begangen worden ist, mit der Vornahme der Handlung (§ 9b Abs. 2 GmbHG).

III. Haftung gegenüber der GmbH

Die Geschäftsführer haben in den Angelegenheiten der Gesellschaft die Sorgfalt eines ordentlichen Geschäftsmannes anzuwenden (§ 43 Abs. 1 GmbHG; Lutter, Haftung und Haftungsfreiräume des Geschäftsführers, GmbHR 2000, 301).

Die Sorgfaltspflicht geht über die eines ordentlichen Kaufmanns hinaus, denn verlangt wird die Sorgfalt, die ein ordentlicher Geschäftsmann in verantwortlich leitender Position bei selbstständiger, treuhänderischer Wahrung fremder Vermögensinteressen zu beachten hat. Für den Sorgfaltsmaßstab können insbesondere Art, Gegenstand und Struktur des Unternehmens von entscheidender Bedeutung sein. Dem Geschäftsführer kommt ein weiter Ermessensspielraum zu. Die Gerichte können nur überprüfen, ob die aus Gesetz und Satzung sich ergebenden Schranken und Regeln eingehalten sind. Eine Zweckmäßigkeitskontrolle findet nicht statt (OLG Zweibrücken, GmbHR 1999, 715).

Geschäftsführer, welche ihre Obliegenheiten verletzen, haften der Gesellschaft solidarisch für den entstandenen Schaden (§ 43 Abs. 2 GmbHG).

Zum Schutz des Kapitals der Gesellschaft werden die Geschäftsführer zum Schadensersatz verpflichtet, wenn sie gesetzeswidrige Zahlungen aus dem zur Erhaltung des Stammkapitals erforderlichen Vermögen der Gesellschaft vornehmen (§§ 43 Abs. 3 iVm 30 GmbHG).

Die Haftungsnorm des § 43 GmbHG gilt für den Geschäftsführer bereits dann, wenn er durch Gesellschafterbeschluss bestellt worden ist. Die unterbliebene Eintragung in das Handelsregister ändert daran nichts (BGH GmbHR 1995, 128).

Unterbilanzhaftung

Beträgt zum Zeitpunkt der Eintragung das Nettovermögen der GmbH weniger als das Stammkapital, so haften die Gesellschafter, soweit sie der Geschäftsaufnahme zugestimmt haben, entsprechend § 9 GmbHG und nach dem Verhältnis ihrer Gesellschaftsanteile auf die volle Differenz („Unterbilanzhaftung" oder „Differenzhaftung"). Dies festzustellen ist Aufgabe des Geschäftsführers, der zum Eintragungszeitpunkt eine fiktive Zwischenbilanz aufzustellen hat und ggf. verpflichtet ist, die Gesellschafter wegen ihrer Haftung in Anspruch zu nehmen (Lutter-Hommelhoff, GmbHG, § 11 Rz 10 mwN).

Wenn bereits vor Eintragung der GmbH ein Aufwand entstand, insbesondere durch Zahlung von Gehältern oder Mietzinsen, muss der Geschäftsführer im Zeitpunkt der Eintragung prüfen, ob das zu diesem Zeitpunkt vorhandene Aktivvermögen der Gesellschaft mindestens dem Wert des Stammkapitals entspricht. Dabei sind stille Reserven nicht aufzulösen.

Praxishinweis! Bis zur Eintragung der GmbH keine Geschäfte tätigen, welche das Nominal-Vermögen der GmbH zum Zeitpunkt ihrer Eintragung unter ihr Stammkapital senken!

Versäumt der Geschäftsführer seine Prüfungspflicht und fordert er die Gesellschafter nicht zum Ausgleich der Differenz auf, haftet er für Ausfälle. Allerdings ist zu beachten, dass die Gesellschaft für die Unterbilanzhaftung der Gesellschafter die volle Beweislast trägt (OLG Düsseldorf GmbHR 1993, 587).

Ein Fall der Unterbilanzhaftung des Geschäftsführers ist auch gegeben, wenn er entgegen den Kapitalerhaltungsbestimmungen der §§ 30 und 31 GmbHG Zahlungen tätigt, die zu einer Unterbilanz führen und von den Gesellschaftern eine Erstattung nicht zu erlangen ist. Der Geschäftsführer haftet nur dann nicht, wenn er nachweisen kann, dass er die Mittel für Geschäfte im Interesse der Gesellschaft verwendet hat und der Gesellschaft daraus gleichwertige Gegenleistungen zugeflossen sind (OLG Celle GmbHR 1997, 647).

Missmanagement

Maßstab für die anzuwendende „Sorgfalt eines ordentlichen Geschäftsmannes" (§ 43 Abs. 1 GmbHG) sind die Grundregeln ordnungsgemäßer Unternehmensführung.

Der Inhalt dieser Grundregeln ist nicht allgemein vorgegeben, sondern wird einerseits durch den Unternehmensgegenstand, die Branche, die Größe des Unternehmens und andererseits durch die konkrete Entscheidungssituation bestimmt. Zu berücksichtigen ist dabei, dass der Geschäftsführer im Rahmen seiner Unternehmensführung einen Ermessensspielraum hat, so dass allgemein verbindliche Vorgaben nicht gemacht werden können (Scholz, GmbHG, § 43 Rz 70 ff mwN).

Die Schadensersatzpflicht setzt voraus,
– eine Pflicht, die dem Geschäftsführer persönlich gegenüber der Gesellschaft obliegt,
– einen durch die Pflichtverletzung verursachten Schaden und
– ein Verschulden des Geschäftsführers.

Hierbei ist die zentrale Frage, unter welchen Voraussetzungen eine Pflichtverletzung anzunehmen ist.

Gemäß dem Grundsatz der Gesamtverantwortung der Geschäftsführung trägt, auch bei mehreren Geschäftsführern, jeder Geschäftsführer für sich die Verantwortung und hat sich grundsätzlich die Tätigkeit der übrigen Geschäftsführer zurechnen zu lassen. Liegt ein wirksamer Geschäftsverteilungsplan vor oder sind gewisse Geschäftsführertätigkeiten auf nachgeordnete Mitarbeiter delegiert, so tragen die übrigen Geschäftsführer nicht die volle „Handlungsverantwortung", sondern nur noch die „Führungsverantwortung". Der nicht zuständige Geschäftsführer hat sich aus dem Geschäftsbereich des jeweils Zuständigen herauszuhalten; ihn treffen lediglich allgemeine Überwachungspflichten (Scholz, GmbHG, § 43 Rz 35 ff mwN; BGH GmbHR 1994, 459).

Einzelfälle

Ob gegen die „Grundregeln ordnungsgemäßer Unternehmensführung" verstoßen wurde, richtet sich nach den Umständen des Einzelfalles. Hierzu einige Beispiele aus der Rechtsprechung, in denen eine Pflichtverletzung der Geschäftsführer angenommen wurde:

– Verwendung nahezu des gesamten Stammkapitals für eine Fertigungsanlage, ohne hinreichende Finanzierungsabsicherung und wirtschaftliche Analyse (OLG Tübingen, GmbHR 1999, 346);
– Überschreitung von verbindlichen Kreditrichtlinien in erheblicher Höhe (BGH WM 1994, 131);
– Gefälligkeitswechsel für einen notleidend gewordenen Kunden ohne angemessene Kreditsicherheiten (BGH NJW 1980, 1629; Ulmer, NJW 1980, 1603);
– Eigenmächtige Verfügung über Gesellschaftsmittel zu eigenen Gunsten ohne Rechtsgrundlage (OLG Hamm GmbHR 1993, 815);
– Verkauf eines Grundstücks der Gesellschaft in der Weise, dass das Grundstück vorzuleisten und der Kaufpreisanspruch nicht abgesichert ist; die Beratungspflicht des Notars exkulpiert den Geschäftsführer hier ebenso wenig, wie die Billigung des Geschäfts durch die Gesellschafterversammlung oder einen vorhandenen Aufsichtsrat (BGH BB 1966, 887);
– Verkauf von Waren auf Kredit ohne vorherige Prüfung der Kreditwürdigkeit bzw. ohne ausreichende Sicherheiten (BGH GmbHR 1981, 191);
– Spekulationsgeschäfte oder andere gewagte Geschäfte, die vom Unternehmensgegenstand nicht gedeckt sind und zu einem Verlust führen (Scholz, GmbHG, § 43 Rz 80 mwN);
– Unterlassene Rentabilitätskalkulation eines Angebots mit einer Auftragssumme von mehreren Millionen DM (BGH WM 1971, 1548);
– Verjähren lassen einer Forderung der Gesellschaft (KG Berlin, GmbHR 1959, 257);
– Verletzung der Pflicht zur ordnungsgemäßen Buchführung, z. B. dadurch, dass kein Kassenbuch geführt wird und Bareingänge sowie Barauszahlungen nicht ordnungsgemäß verbucht und quittiert werden können (BGH WM 1985, 1293; GmbHR 1991, 101);
– Fehlen einer funktionsfähigen Warenbestandskontrolle für nicht nur unerhebliche Warenfehlbestände (BGH GmbHR 1980, 298);
– Verletzung von Kontrollpflichten bei Abschluss von Verträgen für die GmbH, wenn sich der Geschäftsführer blind auf die angeblichen – im Ergebnis nicht vor-

handenen – Erfahrungen und Verbindungen des Geschäftspartners verlässt (BGH GmbHR 1994, 464);

– Abschluss von Geschäften zum Nachteil der Gesellschaft außerhalb der dem Geschäftsführer innergesellschaftlich eingeräumten Befugnisse (Zacher, GmbHR 1994, 843);

– Gewährung eines Arbeitgeberdarlehens an die Ehefrau des Geschäftsführers, wenn ein zur Familie des Geschäftsführers nicht gehörender Arbeitnehmer ein solches Darlehen nicht erhalten hätte (OLG Düsseldorf, GmbHR 1995, 227).

Ausführung von Weisungen

Gemäß § 37 Abs. 1 GmbHG ist der Geschäftsführer der Gesellschaft gegenüber verpflichtet, die Beschränkungen einzuhalten, welche durch die Beschlüsse der Gesellschafter festgesetzt sind. Der Geschäftsführer befindet sich damit in einem Spannungsverhältnis zwischen Weisungsgebundenheit und Eigenverantwortlichkeit. Er ist einerseits an rechtmäßige Weisungen gebunden, andererseits trifft ihn bei fehlerhaften Weisungen das Haftungsrisiko (Ebenroth/Lange, GmbHR 1992, 72).

Haftung bei rechtmäßigen Weisungen

Der Geschäftsführer ist verpflichtet, Weisungen der Gesellschafter auszuführen. Ein weisungsgemäßes Verhalten führt grundsätzlich nicht zu einer Schadensersatzpflicht des Geschäftsführers, da ein Sorgfaltspflichtverstoß i.S.v. § 43 Abs. 1 und 2 GmbH nicht vorliegen kann (Scholz, GmbHG, § 43 Rz 95 ff).

Die Weisung muss aber rechtmäßig sein, d.h. im Einklang mit Gesetz und Gesellschaftsvertrag stehen, und auf einem Beschluss des dafür zuständigen Organs, regelmäßig der Gesellschafterversammlung, beruhen (Ebenroth/Lange, GmbHR 1992, 73).

Liegen diese Voraussetzungen vor, dann hat der Geschäftsführer eine Weisung auch dann zu befolgen, wenn dadurch der Gesellschaft offensichtlich wirtschaftliche Nachteile zugefügt werden. Wenn allerdings die Gefahr einer Insolvenz droht, darf und muss der Geschäftsführer die Weisung verweigern (OLG Frankfurt GmbHR 1997, 346).

Auch die Weisungen eines Alleingesellschafters sind verbindlich, weil dessen Wille stets identisch mit dem der Gesellschaft ist. Dagegen beseitigt eine Weisung des Mehrheitsgesellschafters die Haftung nicht, da ansonsten die Mitwirkungsrechte der Minderheitsgesellschafter in unzulässiger Weise beeinträchtigt würden (Ebenroth/ Lange, GmbHR 1992, 73).

Praxishinweis! Bei Weisungen der Gesellschafterversammlung (oder eines zuständigen Beirats) muss sich der Geschäftsführer stets selbst vergewissern, ob die Weisungen rechtmäßig sind mit der Folge, dass er sie zu befolgen hat. In Zweifelsfällen sollte stets eine Rechtsauskunft eingeholt werden, deren Kosten von der Gesellschaft zu tragen sind.

Haftung bei fehlerhaften Weisungen

Der Geschäftsführer ist nicht verpflichtet, fehlerhaften Weisungen Folge zu leisten. Im Gegenteil trifft ihn bei Ausführung solcher Weisungen gegenüber der Gesellschaft eine Schadensersatzpflicht.

Fehlerhaft ist eine Weisung stets, wenn sie von einer hierzu nicht kompetenten Person oder dem unzuständigen Organ erteilt wird (Ebenroth/Lange, GmbHR 1992, 73).

Beruht die Weisung auf einem fehlerhaften Beschluss, so ist zu differenzieren:
– War der Beschluss nichtig, so darf der Geschäftsführer sie nicht ausführen. Dies ist insbesondere der Fall, wenn durch die Ausführung der Weisung Vorschriften verletzt würden, die überwiegend zum Schutz der Gläubiger der Gesellschaft (§§ 30, 43 Abs. 3 GmbHG) oder sonst im öffentlichen Interesse bestehen oder wenn die Ausführung der Weisung für die Gesellschaft existenzgefährdend wäre oder gegen die guten Sitten verstoßen würde (Scholz, GmbHG, § 43 Rz 98).
– Ist der Beschluss nur anfechtbar, so besteht für den Geschäftsführer eine Folgepflicht, wenn die Frist zur Anfechtung abgelaufen und der Beschluss unanfechtbar geworden ist. Solange der Beschluss noch anfechtbar ist, besteht für den Geschäftsführer grundsätzlich keine Folgepflicht. Für den Fall jedoch, dass mit einer Anfechtung nicht zu rechnen ist, muss der Geschäftsführer die Weisung vor Ablauf der Anfechtungsfrist ausführen. Die Grenze der Folgepflicht ist die drohende Insolvenz der GmbH und das Gebot der Kapitalerhaltung (§ 43 Abs. 3 Satz 3 GmbHG).

Für die Anfechtung von GmbH-Gesellschafterbeschlüssen gibt es keine gesetzlich bestimmten Anfechtungsfristen. In vielen Gesellschaftsverträgen ist deshalb die entsprechende Anwendung des Aktiengesetzes vorgesehen, nämlich eine Anfechtungsfrist von einem Monat nach der Beschlussfassung (§ 246 AktG). Ohne eine solche Vorgabe ist bei einer GmbH die entsprechende Anwendung der aktienrechtlichen Monatsfrist nicht zwingend, sondern lediglich Leitbild. Die Anfechtung muss dann innerhalb angemessener Frist erfolgen, die in der Regel nicht länger als 3 Monate sein kann. Der Geschäftsführer selbst ist – wenn er nicht zugleich Gesellschafter ist – zur Anfechtung nicht befugt; er kann allerdings die Angemessenheit der Frist dadurch verkürzen, dass er umgehend nach Beschlussfassung die zur Anfechtung berechtigten Gesellschafter auf die Möglichkeit einer Anfechtung hinweist.

Die Möglichkeit der Anfechtung, selbst eine schwebende Anfechtungsklage, hindern den Geschäftsführer jedoch nicht, den Beschluss auszuführen (Scholz, GmbHG, § 43 Rz 103 mwN). Stellt sich dann heraus, dass die Weisung unwirksam war, muss sich der Geschäftsführer ggf. vorhalten lassen, dass er dies hätte erkennen können.

Praxishinweis: Verbleiben Zweifel an der Rechtmäßigkeit einer Weisung durch Gesellschafterbeschluss, sollte der Geschäftsführer die Anfechtungsfrist abwarten. Der Geschäftsführer sollte umgehend nach Beschlussfassung die zur Anfechtung berechtigten Gesellschafter auf die Möglichkeit einer Anfechtung hinweisen und sie auffordern entweder anzufechten oder auf die Anfechtung zu verzichten.

Verstöße gegen den Anstellungsvertrag

Sämtliche schuldhaften Verstöße gegen die Pflichten aus dem Anstellungsverhältnis mit der GmbH begründen einen Haftungstatbestand.

Die meisten der nachfolgend aufgezählten Pflichtverstöße sind sowohl Verstöße gegen § 43 Abs. 1 GmbHG als auch Verstöße gegen die Pflichten des Geschäftsführers aus seinem Anstellungsverhältnis:

Kündigung

Kündigt der Geschäftsführer einer GmbH ohne rechtfertigenden Grund den Geschäftsführer-Dienstvertrag vorzeitig, nämlich vor Ablauf der fest vereinbarten Vertragsdauer, macht er sich wegen positiver Vertragsverletzung schadensersatzpflichtig.

Zum ersatzfähigen Schaden können auch die an eine Vermittlungsfirma gezahlten Kosten für die Suche nach einem geeigneten Nachfolger gehören. Macht der Geschäftsführer geltend, Kosten in entsprechender Höhe wären dem Unternehmen auch bei vertragsgerechtem Verhalten entstanden, trägt er hierfür die Darlegungs- und Beweislast (OLG Köln GmbHR 1997, 30).

Wettbewerbsverbot

Während seiner Amtszeit unterliegt der Geschäftsführer einem gesetzlichen Wettbewerbsverbot. Für die Zeit nach Beendigung seiner Tätigkeit muss mit ihm ein nachvertragliches Wettbewerbsverbot ausdrücklich vereinbart sein (vgl. „nachvertragliches Wettbewerbsverbot").

Verletzt der Geschäftsführer das Wettbewerbsverbot, so hat die Gesellschaft neben einem Unterlassungsanspruch einen Schadensersatzanspruch in Höhe des durch den Wettbewerbsverstoß verursachten Schadens, insbesondere eines entgangenen Gewinns der Gesellschaft. Dabei obliegt es der Gesellschaft, die Höhe des Schadens nachzuweisen (Scholz, GmbHG, § 43 Rz 130, 131 mwN).

Durch den Wettbewerbsverstoß verwirkt der Geschäftsführer jedoch nicht seine etwaigen noch bestehenden Vergütungsansprüche. Jedoch kann die Gesellschaft mit ihrem Schadensersatzanspruch aufrechnen (BGH GmbHR 1988, 100).

Unfälle

Der Geschäftsführer haftet für von ihm schuldhaft verursachte oder nicht verhinderte Unfallschäden der GmbH. So haftet er der GmbH für einen Schaden an einem von ihm geführten Firmenwagen jedenfalls dann, wenn ihm grobe Fahrlässigkeit zur Last fällt.

Persönliche Bereicherung

Schadensersatzpflichtig ist der Geschäftsführer für jede Bereicherung, die ihm nicht als Vergütung zusteht, wie etwa für die Gewährung von Darlehen unter Marktzins, für unentgeltliche Leistungen von Mitarbeitern der GmbH im privaten Bereich (z. B. Gartengestaltung), für als Geschäftsreisen getarnte Privatausflüge etc. (Scholz, GmbHG, § 43 Rz 142 mwN). Hierzu zählen auch die Vergütungskomponenten, die steuerlich als verdeckte Gewinnausschüttung gewertet werden, nämlich überhöhte Bezüge des Gesellschafter-Geschäftsführers, Verzicht auf die Vergütung bei einem Dispens vom Wettbewerbsverbot etc.

Ankoppelungsverbot

Der Geschäftsführer handelt pflichtwidrig, wenn er sich an die geschäftliche Tätigkeit der GmbH anhängt, um daraus unmittelbare oder mittelbare Vorteile für sich selbst abzuleiten, z. B. durch Gewährung von Provisionen oder Schmiergeldern für einen Geschäftsabschluss.

In diesen Fällen ist der Nachweis eines Schadens für die Gesellschaft häufig schwierig. Jedoch spricht die Lebenserfahrung dafür, dass die dem Geschäftsführer gewährten Vorteile zu Lasten der Gesellschaft gehen, sodass nach den Grundsätzen des Beweises des ersten Anscheins ein Schaden der Gesellschaft mindestens in Höhe der dem Geschäftsführer gewährten Vorteile zu vermuten ist (Scholz, GmbHG, § 43 Rz 149 mwN; OLG Düsseldorf, GmbHR 2000, 666).

Missbrauch der Vertretungsmacht

Oft – insbesondere bei Fremdgeschäftsführern – wird die Vertretungsmacht im Anstellungsvertrag mit der GmbH oder sogar im Gesellschaftsvertrag eingeschränkt.

Dritten gegenüber haben solche Beschränkungen der Befugnisse des Geschäftsführers keine rechtliche Wirkung (§ 37 Abs. 2 Satz 1 GmbHG). Überschreitet der Geschäftsführer die ihm intern zustehende Vertretungsmacht, kommen die Geschäfte dennoch grundsätzlich zu Stande. Für einen hierdurch der Gesellschaft entstehenden Schaden ist der Geschäftsführer schadensersatzpflichtig.

Ein Geschäftspartner, der weiß oder dem es sich geradezu aufdrängen muss, dass der Geschäftsführer seine Vertretungsmacht zum Schaden der Gesellschaft missbraucht, handelt jedoch arglistig und rechtsmissbräuchlich, wenn er sich auf eine im Außenverhältnis wirksame oder nicht beschränkbare Vollmacht des Geschäftsführers beruft. Dieser Geschäftspartner kann aus dem formal durch die Vertretungsmacht des Geschäftsführers gedeckten Geschäfts keine vertraglichen Rechte herleiten (KG Berlin GmbHR 1995, 52; OLG Hamm GmbHR 1997, 999). Dies soll auch dann der Fall sein, wenn der Geschäftspartner die Überschreitung der Innenbefugnis seitens des Geschäftsführers grob fahrlässig nicht erkennt (OLG Dresden, GmbHR 1995, 662).

Kapitalerhaltung

Zum Schutz des Stammkapitals der Gesellschaft (vgl. Kallmayer, DB 2007, 2755) begründet § 43 Abs. 3 GmbHG eine verschärfte Haftung des Geschäftsführers.

Dem Geschäftsführer ist verboten, an die Gesellschafter aus dem zur Erhaltung des Stammkapitals erforderlichen Vermögen der Gesellschaft Zahlungen zu leisten, die der Kapitalerhaltungsvorschrift des § 30 GmbHG widersprechen.

Gleichzustellen sind Zahlungen aus dem Vermögen einer überschuldeten GmbH an die Gesellschafter (Scholz, GmbHG, § 43 Rz 192, 193). Hierbei ist auf eine den Anforderungen des § 42 GmbHG entsprechende ordnungsmäßige Bilanz zu fortgeführten Buchwerten abzustellen. Stille Reserven sind – anders als bei einer Überschuldungsbilanz – nicht zu berücksichtigen (Scholz, GmbHG, § 30 Rz 13 ff mwN).

Gesetzliche Ausnahmen von der Kapitalerhaltungspflicht sieht die durch das MoMiG geänderte Fassung des § 30 Abs. 1 GmbHG für Leistungen vor, die bei Bestehen eines Beherrschungs- oder Gewinnabführungsvertrags (§ 291 AktG) erfolgen oder durch einen vollwertigen Gegenleistungs- oder Rückgewähranspruch gegen den Gesellschafter gedeckt sind. Dasselbe gilt für die Rückgewähr eines Gesellschafterdarlehens und Leistungen auf Forderungen aus Rechtshandlungen, die einem Gesellschafterdarlehen wirtschaftlich entsprechen.

Zahlungen, welche der Kapitalerhaltungpflicht zuwider geleistet sind, müssen der Gesellschaft durch den Zahlungsempfänger erstattet werden (§ 31 Abs. 1 GmbHG). Unter Zahlungen sind sämtliche Leistungen, nicht nur Auszahlung, zu verstehen, denen keine gleichwertige Gegenleistung gegenübersteht (z. B. Darlehensrückführung, Gewinnausschüttung, unentgeltliche Sachübereignung, Abtretung einer Forderung der Gesellschaft, Aufrechnung etc.).

So sind zB auch Kreditgewährungen an Gesellschafter, die nicht aus Rücklagen oder Gewinnvorträgen, sondern zu Lasten des gebundenen Vermögens der GmbH erfolgen, selbst dann grundsätzlich als verbotene Auszahlungen iSd § 30 GmbH zu werten, wenn der Rückzahlungsanspruch gegen den Gesellschafter im Einzelfall vollwertig ist (BGH GmbHR 2004, 302 ff).

Eine Schadensersatzpflicht gegenüber der GmbH trifft den Geschäftsführer insbesondere dann, wenn der Empfänger im guten Glauben war und er gem. § 31 Abs. 2 GmbHG nur insoweit die Erstattung vorzunehmen hat, als sie zur Befriedigung der Gesellschaftsgläubiger erforderlich ist. Des Weiteren trifft den Geschäftsführer dann eine Schadensersatzpflicht, wenn vom Zahlungsempfänger und den übrigen Gesellschaftern (§ 31 Abs. 3 GmbHG), z. B. mangels Zahlungsfähigkeit, ein Ausgleich nicht erfolgt (§ 31 Abs. 6 GmbHG).

Soweit der Ersatz zur Befriedigung der Gläubiger der Gesellschaft erforderlich ist, kann sich der Geschäftsführer nicht darauf berufen, dass er in Befolgung eines Beschlusses der Gesellschafter gehandelt hat (§ 43 Abs. 3 Satz 3 GmbHG).

Praxishinweis! In sämtlichen Fällen der Leistungen (nicht nur Auszahlung) an Gesellschafter, denen keine gleichwertige Gegenleistung gegenübersteht, sollte sich der Geschäftsführer vergewissern, dass das verbleibende nominale Aktivvermögen abzüglich der Schulden der Gesellschaft mindestens deren Stammkapital ausmacht.

Im Insolvenzverfahren sind gemäß § 39 Abs. 1 Nr. 5 InsO Forderungen auf Rückgewähr eines Gesellschafterdarlehens oder Forderungen aus Rechtshandlungen, die einem solchen Darlehen wirtschaftlich entsprechen, letztrangig. Auf den eigenkapitalersetzenden Charakter, den § 32a Abs. 1 GmbHG (alt) voraussetzte, kommt es nicht mehr an. Ausgenommen sind jedoch Forderungen eines Gläubigers, der bei drohender oder eingetretener Zahlungsunfähigkeit oder bei Überschuldung der GmbH Anteile zum Zweck ihrer Sanierung erwirbt (§ 39 Abs. 4 InsO) und eines nicht geschäftsführenden Gesellschafters, der mit zehn Prozent oder weniger am Stammkapital beteiligt ist (§ 39 Abs. 5 InsO).

Einberufungspflicht

Gemäß § 49 Abs. 3 GmbHG ist der Geschäftsführer verpflichtet, unverzüglich eine Gesellschafterversammlung einzuberufen, wenn sich aus der Jahresbilanz oder aus einer im Laufe des Geschäftsjahres aufgestellten Bilanz ergibt, dass die Hälfte des Stammkapitals verloren ist.

Diese Verpflichtung des GmbH-Geschäftsführers setzt nicht erst dann ein, wenn eine Jahres- oder Zwischenbilanz vorliegt. Der Geschäftsführer hat vielmehr die wirtschaftliche Lage der GmbH laufend zu beobachten und sich bei Anzeichen einer kritischen Entwicklung einen Überblick über den Vermögensstand zu verschaffen. Der Geschäftsführer muss hierbei für eine Organisation sorgen, die ihm eine Übersicht über die wirtschaftliche und finanzielle Situation der GmbH jederzeit ermöglicht. Er trägt selbst dann die Verantwortung, wenn auf Grund einer internen Geschäftsverteilung ein Mitgeschäftsführer für den kaufmännischen Bereich zuständig ist und wesentliche Teile der Buchhaltungsarbeiten nicht am Sitz der GmbH erledigt werden (BGH GmbHR 1995, 299).

Bei Verletzung der Einberufungspflicht ist der Geschäftsführer zum Schadensersatz nach § 43 Abs. 2 GmbHG verpflichtet (Scholz, GmbHG, § 49 Rz 31 mwN).

Management-Buy-Out (MBO)

Unter MBO versteht man die Übernahme eines Unternehmens durch sein eigenes Management. Dies geschieht entweder durch Übernahme der Anteile durch die Geschäftsführer selbst oder durch eine zwischengeschaltete Gesellschaft, deren Anteile von den Geschäftsführern gehalten werden.

Stets wird der Kaufpreis für die Anteile insgesamt oder zu einem großen Teil aus Mitteln der GmbH finanziert. Da regelmäßig deren Gewinne zur Finanzierung nicht ausreichen, vielmehr auf die vorhandene Liquidität oder auf stille Reserven zurückgegriffen werden muss, stellt sich zwangsläufig die Frage, wann und inwieweit die erwerbenden Geschäftsführer ihrer eigenen Gesellschaft gegenüber haften.

Eine Pflichtverletzung ist nicht allein darin zu sehen, dass ein MBO zu einer höheren Fremdverschuldung führt, was regelmäßig der Fall ist. Eine Haftung kommt nur dann in Betracht, wenn durch die Finanzierung aus Gesellschaftsmitteln das zur Erhaltung des Stammkapitals erforderliche Vermögen der Gesellschaft angegriffen wird (§ 30 GmbHG; Wittkowski, GmbHR 1990, 548).

Praxishinweis! Im Falle eines MBO muss die Geschäftsführung vorab prüfen, ob durch die Finanzierung des MBO das Stammkapital der Gesellschaft angegriffen wird.

Konzernhaftung

Die Voraussetzungen, unter denen von einem Konzern auszugehen ist, sind im Aktiengesetz geregelt (§§ 16 ff AktG). Die Regelungen gelten ganz allgemein für „Unternehmen", nicht also ausschließlich für Aktiengesellschaften.

Zwingende Voraussetzung für den Konzern ist die „einheitliche Leitungsmacht". Beruht sie auf einem Vertragsverhältnis, spricht man von einem „Vertragskonzern"; fehlt eine vertragliche Beziehung, spricht man von einem „faktischen Konzern". Ein „qualifizierter faktischer Konzern" liegt nach der Rechtsprechung dann vor, wenn das herrschende Unternehmen die Geschäfte des abhängigen Unternehmens vergleichbar einer eigenen Betriebsabteilung dauernd und umfassend führt (BGH DB 1991, 2178).

Für den Fall, dass das abhängige Unternehmen eine Aktiengesellschaft ist, sieht das Aktienrecht für den Vertragskonzern gem. §§ 302 und 303 AktG eine unmittelbare Haftung des herrschenden Unternehmens für Verluste der abhängigen AG vor.

GmbH-Konzernhaftung

Für die GmbH fehlt eine entsprechende Regelung. Allerdings ist eine analoge Anwendung dieser aktienrechtlichen Vorschriften auch auf die GmbH anerkannt.

Dies gilt nicht nur für den Vertragskonzern, sondern auch für den faktischen Konzern. Der Grund hierfür ist, dass im Gegensatz zur Aktiengesellschaft, in der der Aufsichtsrat nur einen begrenzten Einfluss auf die Tätigkeit des Vorstandes hat und daher nur bei Vorliegen eines Beherrschungsvertrages das herrschende Unternehmen dem abhängigen Unternehmen seinen Willen aufzwingen kann, bei der GmbH der Geschäftsführer den Weisungen der Gesellschafterversammlung unterliegt (§ 111 AktG im Gegensatz zu § 37 Abs. 1 GmbHG, Lutter/Hommelhoff, GmbHG, Anhang 13 Rz 7 ff mwN).

Eine persönliche Haftung des Geschäftsführers im Konzern setzt voraus, dass er an einem die Konzernhaftung begründenden Vermögenstransfer mitwirkt. Damit verstößt er gegen die Pflichten eines ordentlichen Geschäftsmannes und er haftet sowohl der GmbH als auch deren Gläubigern gegenüber gemäß § 43 Abs. 2 GmbHG.

Haftung wegen Existenzvernichtung

Der BGH hat seine bisherige Rechtsprechung zur Konzernhaftung aufgegeben und durch eine „Haftung wegen Existenzvernichtung" ersetzt.

Während diese Haftung zunächst als eine Außenhaftung des haftenden (beherrschenden) Gesellschafters gegenüber Gesellschaftsgläubigern angenommen wurde (BGH GmbHR 2001,1036,1038; GmbHR 2002, 549 und 902; 2004,1010 und 1528), hat der BGH in seinem „Trihotel"-Urteil (BGH GmbHR 2007, 927 = DB 2007, 1802) die Haftung auf eine deliktsrechtliche Innenhaftung der GmbH gegen den (beherrschenden) Gesellschafter geändert.

Der BGH definiert die „Existenzvernichtungshaftung" als Haftung des Gesellschafters für missbräuchliche, zur Insolvenz der GmbH führende oder diese vertiefende kompensationslose Eingriffe, die das Gesellschaftsvermögens seiner Zweckbindung, nämlich der vorrangigen Befriedigung der Gesellschaftsgläubiger zu dienen, entziehen. Die Haftung des Gesellschafters resultiert aus einer missbräuchlichen Schädigung des im Gläubigerinteresse zweckgebundenen Gesellschaftsvermögens und ist eine besondere Fallgruppe der sittenwidrigen vorsätzlichen Schädigung (§ 826 BGB).

Der Anspruch steht nicht dem geschädigten Gläubiger direkt, sondern der GmbH bzw. deren Insolvenzverwalter gegen den beherrschenden Gesellschafter zu.

Die Existenzvernichtungshaftung als eine besondere Fallgruppe der sittenwidrigen vorsätzlichen Schädigung der GmbH setzt zumindest bedingten Vorsatz des (beherrschenden) Gesellschafters voraus, der billigend in Kauf nehmen muss, dass er mit seinem Handeln der GmbH Vermögen entzieht und ihr dadurch die Insolvenz droht. Beweisbelastet ist die GmbH bzw der Insolvenzverwalter.

Für den beherrschenden Einfluss kommt es nicht auf die „formaljuristische Konstruktion", d.h. Mehrheit an Stimmrechten, sondern auf die tatsächliche Einflussmöglichkeit an. Es genügt, wenn der Gesellschafter faktisch das Sagen hat (BGH GmbHR 2007, 927 Rz 51).

Werden der Gesellschaft unter dem Gesichtspunkt der Existenzvernichtungshaftung Geldbeträge entzogen, so hat der rechtswidrig handelnde Gesellschafter Verzugszinsen ab der Entziehung zu entrichten (BGH DB 2008, 520).

An einem die Existenzvernichtungshaftung begründenden Eingriff fehlt es, wenn der Gesellschafter zwar Forderungen der GmbH gegen Dritte auf ein eigenes Konto einzieht, mit diesen Mitteln jedoch Verbindlichkeiten der GmbH begleicht (BGH DB 2008, 1557).

Auch der Umstand, dass die GmbH unzureichend kapitalisiert ist, begründet keine Existenzvernichtungshaftung, denn es stellt einen Unterschied dar, ob ihr vorhandenes Vermögen entzogen wird oder sie finanziell nicht hinreichend ausgestattet ist. Der BGH lehnt eine Haftung wegen materieller Unterkapitalisierung der GmbH ab (BGH DB 2008, 1423; Heeg DB 2008, 1787).

Eine persönliche Haftung des Geschäftsführers wegen „Existenzvernichtung" setzt, wie bei der Konzernhaftung, voraus, dass er an einem die „Existenzvernichtungshaftung" begründenden Vermögenstransfer mitwirkt. Damit verstößt er gegen die Pflichten eines ordentlichen Geschäftsmannes und er haftet der GmbH gegenüber gemäß § 43 Abs. 2 GmbHG. Haftende Gesellschafter und Geschäftsführer haften gesamtschuldnerisch. Wird der Geschäftsführer in Anspruch genommen, kann der von der GmbH gemäß § 255 BGB verlangen, dass sie ihren Anspruch gegen den ersatzpflichtigen Gesellschafter abtritt (vgl. Paefgen, DB 2007, 1910).

Praxishinweis! Der (faktisch) beherrschende Gesellschafter-Geschäftsführer sollte stets darauf achten, die Geschäfte der GmbH so zu führen, dass sie einem Fremdvergleich standhalten. Insbesondere sollte er darauf achten, dass bei Geschäften, die ihn selbst, die Gesellschafter oder nahe Angehörige unmittelbar oder mittelbar betreffen, ein marktüblicher, den Geschäftsgegenstand kompensierender Gegenwert vereinbart wird.

BAG und BSG haben bislang noch nicht entschieden, ob auch sie ihre Rechtsprechung zur Konzernhaftung aufgeben und sich dem BGH anschließen.

Haftung aus Delikt

Es bedarf keiner näheren Erläuterung, dass der Geschäftsführer selbstverständlich für einen durch deliktisches Verhalten verursachten Schaden der GmbH einzustehen hat, z. B. wegen Veruntreuung, sittenwidriger Schädigung, Sachbeschädigung etc.

Amtsniederlegung zur Unzeit

Der drohende Zusammenbruch einer GmbH gibt dem Geschäftsführer nicht das Recht, sein Amt niederzulegen, ohne dies den Gesellschaftern rechtzeitig anzuzeigen, damit ihnen eine angemessene Zeit verbleibt, um einen neuen Geschäftsführer zu bestellen.

Wird die GmbH wegen einer gleichwohl erfolgten Amtsniederlegung handlungsunfähig, so ist der Geschäftsführer der GmbH gegenüber schadensersatzpflichtig (OLG Koblenz GmbHR 1995, 730).

Die GmbH wird zwar durch eine Amtsniederlegung zur Unzeit nicht gänzlich handlungsunfähig, denn für den Fall der „Führungslosigkeit" sieht § 35 Abs. 1 Satz 2 GmbHG vor, dass die GmbH für ihr gegenüber abzugebende Willenserklärungen oder zuzustellende Schriftstücke durch die Gesellschafter vertreten wird. Allerdings ist diese Vertretung nur eine „passive", denn die Gesellschafter sind nur Empfangsbevollmächtigte und können nicht aktiv für die GmbH tätig werden. Außerdem müssen die Gesellschafter erst ausfindig gemacht werden, denn das Gesetz sieht nicht vor, dass sie auf den Geschäftsbriefen mit Namen und Zustelladresse geführt werden müssen (§ 35a GmbHG). Daher kann der Gesellschaft bei einer Amtsniederlegung zur Unzeit wegen der damit verbundenen teilweisen Handlungsunfähigkeit Schaden entstehen.

Inanspruchnahme des Geschäftsführers

Für die Inanspruchnahme des Geschäftsführers seitens der GmbH ist grundsätzlich ein Gesellschafterbeschluss gem. § 46 Nr. 8 GmbHG erforderlich. Anderenfalls ist eine gegen den Geschäftsführer erhobene Klage unbegründet (OLG Köln GmbHR 1993, 816 mwN). Der Grund hierfür ist der Schutz der GmbH vor einer ungewünschten Offenlegung von Interna (BGH GmbHR 2004, 1279 ff).

Der Wirksamkeit eines entsprechenden Gesellschafterbeschlusses steht nicht entgegen, dass der betroffene Mehrheits-Gesellschafter-Geschäftsführer die Gesellschafterversammlung vor Beschlussfassung über seine Inanspruchnahme verlässt, wenn das Stimmverbot des § 47 Abs. 4 GmbHG greift (OLG Hamm GmbHR 1993, 815).

Nach der vom Gesetzgeber mit dem Beschlusserfordernis des § 46 Nr. 8 GmbHG verfolgten Intention, dass ohne den Willen der Gesellschafterversammlung innere Angelegenheiten der Gesellschaft nicht nach außen getragen werden sollen, muss der Beschluss, den Geschäftsführer auf Schadensersatz in Anspruch zu nehmen, die ihm vorgeworfene Pflichtverletzung und die betreffende Angelegenheit hinreichend genug umreißen (OLG Düsseldorf GmbHR 1995, 232).

Auch im Falle der Aufrechnung eines Schadensersatzanspruches der Gesellschaft mit Gegenansprüchen des Geschäftsführers bedarf es für die Geltendmachung des

Schadensersatzanspruches eines Beschlusses der Gesellschafter nach § 46 Nr. 8 GmbHG (OLG Düsseldorf GmbHR 1995, 232).

Selbst im Falle einer Klage „actio pro societate", nämlich seitens eines Gesellschafters gegen den Geschäftsführer auf Schadensersatz zu Gunsten der GmbH bedarf es eines zustimmenden Gesellschafterbeschlusses. Ist durch Gesellschafterbeschluss die Geltendmachung von Ersatzansprüchen gegen den Geschäftsführer abgelehnt worden, so ist der Gesellschafter, der gleichwohl Ansprüche verfolgen möchte, gehalten, den Beschluss zunächst anzufechten. Die Wirksamkeit des Beschlusses kann nicht als Vorfrage im Schadensersatzprozess geprüft werden (OLG Köln GmbHR 1993, 816).

Ein Beschluss nach § 46 Nr. 8 GmbHG ist nur erforderlich, wenn ein zur Zeit der Klageerhebung noch amtierender Geschäftsführer Verfahrensgegner ist (OLG Brandenburg GmbHR 1998, 599). Hat der Geschäftsführer sein Amt niedergelegt oder wurde er als solcher abberufen und ist dadurch die GmbH mangels Geschäftsführung handlungsunfähig, können Ansprüche der GmbH gegen ihren ehemaligen Geschäftsführer von einzelnen Gesellschaftern geltend gemacht werden (OLG Koblenz GmbHR 1995, 730, 732 mwN). Es wird aber auch die gegenteilige Ansicht vertreten (Scholz, GmbHG, § 46 Rz 146).

Eines Gesellschafterbeschlusses bedarf es auch dann nicht, wenn über das Vermögen der GmbH das Insolvenzverfahren eröffnet worden ist oder bei masseloser Liquidation der GmbH, wenn sie ihren Geschäftsbetrieb eingestellt hat und die Liquidation nur deshalb insolvenzfrei erfolgt, weil eine die Kosten deckende Masse nicht vorhanden ist (BGH GmbHR 2004, 1279 ff). Die Ansprüche können bei Insolvenz vom Insolvenzverwalter und bei masseloser Liquidation von einem Notgeschäftsführer oder von einem Gesellschafter (im eigenen Namen mit der Maßgabe der Zahlung an die GmbH) geltend gemacht werden.

Gerichtsstand

Für auf § 43 Abs. 2 GmbHG gestützte Ansprüche wegen fehlerhafter Erfüllung von Geschäftsführerpflichten ist der Gerichtsstand des Erfüllungsortes (§ 29 Abs. 1 ZPO) am Sitz der Gesellschaft begründet (BGH GmbHR 1992, 303).

Für deliktische Ansprüche der Gesellschaft ist entweder das Gericht des Wohnsitzes des beklagten Geschäftsführers zuständig (§ 13 ZPO) oder das Gericht, in dessen Bezirk die unerlaubte Handlung begangen wurde (§ 32 ZPO). Das Wahlrecht hat die klagende GmbH (§ 35 ZPO).

Verjährung

Die Schadensersatzansprüche der Gesellschaft gegen den Geschäftsführer gem. § 43 GmbHG verjähren in 5 Jahren (§ 43 Abs. 4 GmbHG). Verjährungsbeginn ist die Entstehung des Anspruches dem Grunde nach; die Höhe braucht noch nicht festzustehen. Auf die Kenntnis oder grobfahrlässige Unkenntnis kommt es nicht an, denn § 199 Abs. 1 BGB gilt nach dem eindeutigen Wortlaut nur für die Regelverjährung des § 195 BGB (Baumbach/Hueck, GmbHG, § 43 Rz 57).

Deliktische Ansprüche gegen den Geschäftsführer verjähren in 3 Jahren von dem Zeitpunkt an, in welchem die Gesellschaft von den den Anspruch begründenden Umständen Kenntnis erlangt oder ohne grobe Fahrlässigkeit erlangen müsste (§ 199 Abs.1 Nr. 2 BGB), ohne Rücksicht auf die Kenntnis oder grob fahrlässiger Unkenntnis in 10 Jahren von der Entstehung des Schadensersatzanspruches (§ 199 Abs. 3 Nr.1 BGB) und ohne Rücksicht auf die Entstehung und die Kenntnis oder grob fahrlässiger Unkenntnis in 30 Jahren von dem den Schadensersatzanspruch auslösenden Ereignis (§ 199 Abs. 3 Nr. 2 BGB).

IV. Haftung gegenüber den Gesellschaftern

Organschaftliche Haftung

Dem Geschäftsführer obliegt die ordnungsgemäße Unternehmensführung ausschließlich gegenüber der GmbH, nicht auch gegenüber den einzelnen Gesellschaftern. Der Geschäftsführer haftet den Gesellschaftern nicht gem. § 43 GmbHG. Diese Vorschrift ist auch kein Schutzgesetz i.S.v § 823 Abs. 2 BGB (Scholz, GmbHG, § 43 Rz 211 mwN).

Dennoch treffen den Geschäftsführer gegenüber den Gesellschaftern organschaftliche Pflichten, nämlich

- die Pflicht, ein Bankkonto zu nennen, auf das der Gesellschafter seine Einlage mit befreiender Wirkung leisten kann;
- die Pflicht zur Rechnungslegung (§§ 41 ff GmbHG);
- die Pflicht, Auskunft zu erteilen (§ 51 a GmbHG);
- die Pflicht, keine Zahlungen entgegen § 30 GmbHG vorzunehmen.

Bei Verletzung dieser Pflichten macht sich der Geschäftsführer gegenüber den betroffenen Gesellschaftern schadensersatzpflichtig. Das ist für Zahlungen, die nicht im Einklang mit § 30 GmbHG stehen, ausdrücklich in § 31 Abs. 6 GmbHG geregelt.

Vertragliche Haftung

Der Anstellungsvertrag des Geschäftsführers mit der GmbH ist grundsätzlich kein Vertrag mit Schutzwirkung zu Gunsten der Gesellschafter. Diese können daher bei Vertragsverletzungen keine Rechte für sich geltend machen (Scholz, GmbHG, § 43 Rz 213).

Haftung aus Delikt

Die Mitgliedschaft eines Gesellschafters in der GmbH ist ein „sonstiges Recht" i.S.v. § 823 Abs. 1 BGB. Eine schuldhafte Beeinträchtigung dieses Rechts kann daher zu Schadensersatzansprüchen führen.

Dies ist in folgenden Fällen denkbar:
- Verletzung der Gleichbehandlungspflicht im Hinblick auf Bezugsrechte;
- Verstoß gegen die Bestimmungen des Gesellschaftsvertrages und damit verbundene Beeinträchtigung des Mitgliedschaftsrechts, z. B. durch faktische Änderungen des Unternehmensgegenstandes oder der Organisationsstruktur der Gesellschaft (Scholz, GmbHG, § 43 Rz 216 mwN).

V. Haftung gegenüber Dritten

§ 43 GmbHG regelt die Haftung des GmbH-Geschäftsführers nach innen, also gegenüber der Gesellschaft. Die Außenhaftung des Geschäftsführers, also die Haftung gegenüber Dritten, wird im GmbH-Gesetz nicht geregelt; sie richtet sich daher nach allgemeinem Zivilecht.

Unberechtigte Einzelvertretung

Bei Abschluss eines Vertrages für die GmbH durch einen Geschäftsführer, der nur zusammen mit einem weiteren Geschäftsführer berechtigt ist, die Gesellschaft zu vertreten, folgt die Außenhaftung des Geschäftsführers aus den Grundsätzen der Vertretung ohne Vertretungsmacht (§ 179 BGB). Hierbei ist allerdings die Publizitätswirkung des Handelsregisters (§ 15 HGB) zu berücksichtigen.

Es sind drei Fälle denkbar:
- der gesamtvertretungsberechtigte Geschäftsführer ist im Handelsregister noch gar nicht eingetragen;
- der gesamtvertretungsberechtigte Geschäftsführer ist im Handelsregister (noch) als einzelvertretungsberechtigt eingetragen;
- der gesamtvertretungsberechtigte Geschäftsführer ist als solcher im Handelsregister eingetragen.

Im ersten Fall haftet der seine Vertretungsmacht überschreitende Geschäftsführer dem Vertragspartner gegenüber unmittelbar, es sei denn, dieser kannte den Mangel der Vertretungsmacht oder hätte ihn kennen müssen oder die GmbH genehmigt den Vertrag (§ 179 Abs. 1 und 3 BGB).

Im zweiten Fall wird wegen der negativen Publizität des Handelsregisters (§ 15 Abs. 1 HGB), weil die Einzelvertretung noch nicht in die Gesamtvertretung umgeschrieben ist, die GmbH direkt verpflichtet, es sei denn, der Geschäftspartner kannte den Mangel der Vertretungsmacht oder hätte ihn kennen müssen.

Im dritten Fall muss sich der Geschäftspartner die positive Publizität des Handelsregisters (§ Abs. 2 HGB), nämlich die eingetragene Gesamtvertretung, entgegenhalten lassen. Grundsätzlich, wenn nicht weitere Umstände hinzukommen (z. B. Inanspruchnahme besonderen Vertrauens durch den Geschäftsführer, Genehmigung des Geschäfts durch die GmbH) werden weder die GmbH noch der handelnde Geschäftsführer verpflichtet (Medicus, GmbHR 1993, 534).

Rechtsscheinhaftung

Kraft Rechtsscheins haftet der Geschäftsführer den Gesellschaftsgläubigern gegenüber grundsätzlich dann, wenn er zwar vertretungsberechtigt ist und als Vertreter auftritt (z.B. „ich handle für die Firma Sonnenschein"), jedoch nicht auch die beschränkte Haftung der Gesellschaft offen legt (Medicus, GmbHR 1993, 534; BGH GmbHR 1996, 764; DB 2007, 963).

Praxishinweis! Bei der Unterzeichnung von Verträgen, Wechseln und Schecks stets einen Hinweis auf die Vertretung der GmbH – am Besten mit Firmenstempel – machen.

Eine persönliche Haftung scheidet aber aus, wenn der Geschäftspartner wusste, dass der Geschäftsführer die GmbH und nicht sich selbst verpflichten wollte (OLG Hamm GmbHR 1993, 159).

Wählt der Geschäftsführer versehentlich oder bewusst eine unzutreffende Firmenbezeichnung, so haftet er grundsätzlich selbst. Wenn er z. B. einen Wechsel zeichnet und dabei die falsche Anordnung der Personen- und Sachfirma wählt („Bauelemente S GmbH" statt „S Bauelemente GmbH"), haftet er wegen Handelns für eine nicht existente Gesellschaft selbst wechselmäßig nach Art. 8 WG (OLG Köln GmbHR 1995, 127).

Zeichnet beim Abschluss eines Geschäfts einer von zwei Geschäftsführern allein mit seinem Namen unter Verwendung eines Stempelabdrucks ohne GmbH-Zusatz, so haftet grundsätzlich nur er und nicht der andere Geschäftsführer, selbst dann nicht, wenn dieser den verwendeten Stempel hat herstellen lassen (OLG Oldenburg, GmbHR 2000, 822).

Praxishinweis! Der Geschäftsführer sollte stets seine Unterschrift mit einem korrekten Firmenstempel versehen. Er sollte schon zur Beweissicherung nicht darauf vertrauen, dass für den Geschäftspartner seine Vertretung für die GmbH erkennbar ist.

Eine persönliche Haftung des Geschäftsführers besteht nicht bei einem „unternehmensbezogenen Geschäft", wenn nämlich für den Geschäftspartner erkennbar der Geschäftsgegenstand zum Tätigkeitsbereich der Gesellschaft gehört, z. B. bei Verkauf von Produkten der GmbH (Medicus, GmbHR 1993, 534; OLG Hamm GmbHR 1995, 661).

Ein unternehmensbezogenes Geschäft liegt nur dann vor, wenn sich dies aus den konkreten Umständen unzweifelhaft ergibt (OLG Frankfurt GmbHR 1993, 158).

Die Grundsätze über die Rechtsscheinhaftung gelten auch für die Handelnden-Haftung des Geschäftsführers bei der Vorgesellschaft (§ 11 Abs. 1 GmbHG; BGH GmbHR 1996, 764).

Prospekthaftung

Die Rechtsprechung des BGH hinsichtlich einer möglichen Prospekthaftung des Geschäftsführers einer GmbH, die mittels Prospekt ihre Produkte vertreibt, ist uneinheitlich.

Eine Außenhaftung des Geschäftsführers wurde verneint für den Vertrieb von Warentermin-Optionen mittels Prospekt (BGH NJW 1981, 2810).

Im Falle einer schriftlichen Verkaufsofferte, die an eine Vielzahl von Personen gerichtet ist, und die der Werbung eines Kapitalanlegers für den Erwerb eines Grundstücks im Bauherrenmodell dient, ist eine Außenhaftung nach den Grundsätzen der Prospekthaftung verneint worden (BGH NJW 1990, 390).

Demhingegen wurde im Falle eines gemischten Angebots in Form des so genannten Hamburger Modells eine Prospekthaftung bejaht. Dabei wurde auf das besondere Informationsbedürfnis des Anlegers zur Einschätzung seines Risikos und die herausragende Bedeutung des Prospekts als insoweit einziger und entscheidender Informationsquelle des Anlegers abgestellt (BGH NJW 1990, 2461 ff; NJW 1992, 228).

Diesem letztgenannten Ansatz hat sich das LG Berlin für ein Erwerbermodell angeschlossen, da auch in diesem Fall der Prospekt die entscheidende Informationsquelle für den Anleger sei. Bei Anwendung der Grundsätze der Prospekthaftung haften auch unabhängig von der Inanspruchnahme besonderen Vertrauens diejenigen Personen für die Vollständigkeit und Richtigkeit des Prospekts, die hinter der Anlagegesellschaft stehen, d.h. die Geschäftsführer (LG Berlin GmbHR 1994, 405).

Verschulden bei Vertragsverhandlungen

Für die Folgen einer Verletzung von vorvertraglichen Aufklärungs- und Obhutspflichten durch den Geschäftsführer haftet nach den allgemeinen Regeln grundsätzlich nur die GmbH.

Ausnahmsweise kann aber auch der Geschäftsführer selbst schadensersatzpflichtig werden, wenn er persönlich in besonderem Maße das Vertrauen des Vertragspartners in Anspruch genommen hat (OLG Zweibrücken GmbHR 2002, 591) oder wenn er persönlich wirtschaftlich am Vertragsabschluss interessiert ist.

Wirtschaftliches Eigeninteresse

Die frühere Rechtsprechung hat ein die Haftung begründendes wirtschaftliches Eigeninteresse bereits in Fällen angenommen, in denen ein GmbH-Geschäftsführer maßgeblich, vor allem als Allein- oder Mehrheitsgesellschafter, an der GmbH, in deren Namen er die Vertragsverhandlungen führt, beteiligt war (BGH GmbHR 1983, 197).

Hierdurch wird jedoch die Haftungsbeschränkung der GmbH unterlaufen und eine Durchgriffshaftung gegen den Gesellschafter-Geschäftsführer ohne Vorliegen weiterer Voraussetzungen geschaffen. Wegen dieses dem Gesetzeszweck widersprechenden Ergebnisses werden zusätzliche Umstände gefordert, die die Annahme rechtfertigen können, der Gesellschafter-Geschäftsführer habe „wie in eigener Sache" gehandelt.

Dies ist insbesondere der Fall, wenn
- die Tätigkeit des Gesellschafter-Geschäftsführers auf die Beseitigung von Schäden abzielt, für die er anderenfalls von der Gesellschaft in Anspruch genommen werden könnte (BGH GmbHR 1986, 43);
- der Gesellschafter-Geschäftsführer bei Abschluss des Vertrages die Absicht hat, die vom Vertragspartner zu erbringende vertragliche Leistung nicht ordnungsgemäß an die Gesellschaft weiterzuleiten, sondern sie zum eigenen Nutzen zu verwenden (BGH GmbHR 1986, 43; Scholz, GmbHG, § 43 Rz 226 ff).

Inanspruchnahme besonderen persönlichen Vertrauens

Eine Außenhaftung des Geschäftsführers kommt in Betracht, wenn er im Rahmen von Vertragsverhandlungen für sich persönlich besonderes Vertrauen in Anspruch genommen hat. Das ist insbesondere dann der Fall, wenn er dem Verhandlungspartner eine zusätzliche, persönliche Gewähr für den Bestand und die Erfüllung des in Aussicht genommenen Geschäfts geboten hat, die für den Willensentschluss des anderen Teils bedeutsam war (BGH GmbHR 1988, 195; OLG Köln GmbHR 1996, 766, 767).

Dies kann der Fall sein, wenn der Geschäftsführer
- enge persönliche Beziehungen zu dem anderen Vertragsteil unterhält, z. B. verwandt, verschwägert, befreundet oder gut bekannt ist;
- unter Hinweis auf seine besondere Sachkunde beim Vertragspartner den Eindruck einer zusätzlichen persönlichen Gewähr bietet (Emmerich, MüKo BGB, vor § 275 Rz 181 mwN).

Letzteres ist z. B. der Fall, wenn der Geschäftsführer
- die dem Geschäft zu Grunde liegenden Zahlenangaben nicht einfach mitteilt und erläutert, sondern zusätzlich versichert, er habe sich dank eigener Sachkunde von deren Richtigkeit überzeugt;
- unter Hinweis auf seine Zulassung als Steuerberater dem Vertragspartner unrichtige Angaben über die Höhe der von letzterem bei Vertragsschluss zu zahlenden Steuern erteilt (Medicus, GmbHR 1993, 537).

Grundsätzlich ist davon auszugehen, dass der Geschäftsführer einer GmbH, wenn er für diese in Vertragsverhandlungen eintritt, nur das normale Verhandlungsvertrauen in Anspruch nimmt, für dessen Verletzung allein die GmbH einzustehen hat (OLG Köln GmbHR 1996, 766, 767).

Verletzung von Aufklärungspflichten

Der BGH hat in der Vergangenheit verschiedentlich die Möglichkeit einer Haftung des GmbH-Geschäftsführers aus Verschulden bei Vertragsverhandlungen angenommen, falls dieser eine erkennbare Überschuldung der Gesellschaft, durch welche die Vertragsdurchführung gefährdet wird, bei Vertragsschluss nicht offenbart hat (BGH NJW 1983, 677; 1988, 2235).

Die Pflicht zur Offenbarung der wirtschaftlichen Verhältnisse der GmbH ist jedoch ausschließlich eine Verpflichtung der Gesellschaft selbst, die der Geschäftsführer in deren Namen zu erfüllen hat, so dass die Folgen ihrer Nichterfüllung grundsätzlich die GmbH treffen und nicht auch den Geschäftsführer (BGH NJW-RR 1991, 1313; OLG Köln GmbHR 1996, 766, 768).

Vertrag mit Schutzwirkung zu Gunsten Dritter

Besteht zwischen der GmbH und dem geschädigten Dritten eine besondere Nähe, kann der Dritte in die Schutzwirkung des Geschäftsführer-Dienstvertrages einbezogen sein.

Dies ist zum Beispiel dann der Fall, wenn die wesentliche Aufgabe des Geschäftsführers einer Komplementär-GmbH in der Geschäftsführung für die Kommanditgesellschaft besteht. Dann entfaltet der Anstellungsvertrag zwischen dem Geschäftsführer und der GmbH Schutzwirkung zu Gunsten der KG. Diese kann Schadensersatzansprüche aus § 43 Abs. 2 GmbHG und aus der Treuepflicht hergeleitete Ansprüche unmittelbar gegen den Geschäftsführer geltend machen (OLG Düsseldorf, GmbHR 2000, 666).

Haftung aus Delikt

Begeht ein Geschäftsführer bei der Ausübung seiner organschaftlichen Tätigkeit als Täter, Gehilfe oder Anstifter eine unerlaubte Handlung und wird hierdurch ein Dritter geschädigt, so haftet er persönlich.

Die Rechtsprechung zur deliktischen Haftung des Geschäftsführers ist umfangreich und zunehmend für ihn nachteilig.

Sittenwidrige Schädigung

Eine Außenhaftung des Geschäftsführers gem. § 826 BGB ist insbesondere dann anzunehmen, wenn er vorsätzlich einen Gläubiger der Gesellschaft dadurch schädigt, dass er Gesellschaftsvermögen beiseite schafft (Scholz, GmbHG, § 43 Rz 238).

Eine solche sittenwidrige Schädigung wird bejaht wegen unterlassener Offenbarung der schlechten Vermögenslage der Gesellschaft, deren Folge eine vorherzusehende Insolvenz ist (BGH GmbHR 1992, 363).

Der BGH bejaht ein solches sittenwidriges Verhalten sogar dann, wenn der Geschäftsführer nicht für eine ordnungsgemäße Kalkulation sorgt, vielmehr die GmbH ihre Leistungen unter Selbstkostenpreis anbietet, sodass die Gläubiger jedenfalls von einem Zeitpunkt an mit dem Ausfall zumindest eines Teiles ihrer Forderungen rechnen müssen. Eine solche Risikoverlagerung auf die Gläubiger verstößt nach Ansicht des BGH „im allgemeinen" gegen die guten Sitten (BGH GmbHR 1992, 364, 365).

Eine sittenwidrige Schädigung kann auch bei Warentermingeschäften vorliegen. Da es sich hierbei um hochspekulative Geldanlagen handelt, muss bei der Vermittlung solcher Geschäfte grundsätzlich über die wesentlichen Grundlagen, die wirtschaftlichen Zusammenhänge und vor allem über die dem Warentermingeschäft innewohnenden Risiken sowie deren Verhältnis zu den tatsächlichen Gewinnaussichten, namentlich unter Berücksichtigung der den Gewinn schmälernden Provisionen, umfassend aufgeklärt werden. Eine solche Aufklärungspflicht besteht nicht nur bei Options-, sondern auch bei Warentermindirektgeschäften. Allerdings trifft die Aufklärungspflicht grundsätzlich die GmbH. Jedoch haftet der Geschäftsführer dann persönlich, wenn er veranlasst oder bewusst nicht verhindert, dass die Gesellschaft den nicht sachkundigen Anleger nicht aufklärt (BGH GmbHR 1993, 811). In diesen Fällen wird in der Regel eine Außenhaftung des Geschäftsführers bejaht, weil er auf Grund seiner Stellung als Geschäftsführer die Möglichkeit hat, durch entsprechende Information oder Anweisungen der Mitarbeiter die der GmbH obliegende Aufklärungspflicht zu erfüllen. Wenn er dies nicht tut, wird ein Schädigungsvorsatz unterstellt (BGH GmbHR 1993, 812).

Rechtfertigt das wirtschaftliche Ergebnis die Annahme, dass angesichts der außerordentlich negativen Geschäftsentwicklung die Begleichung von Verbindlichkeiten durch die GmbH wahrscheinlich nicht möglich sein wird und unterlässt der Geschäftsführer eine Offenbarung der Vermögenslage bei Vertragsverhandlungen, so haftet er persönlich nach § 826 BGB (OLG Celle GmbHR 1994, 467).

Eine spezielle Haftung ist die „Existenzvernichtungshaftung". Sie wird vom BGH jedoch lediglich als eine Innenhaftung des Gesellschafter-Geschäftsführers gegenüber der GmbH bejaht, nicht jedoch als Außenhaftung gegenüber dem geschädigten Gläubiger (vgl. die Ausführungen zu „Haftung wegen Existenzvernichtung" ⇨ 📖 254 f).

Verletzung eines Schutzgesetzes

Die Verletzung eines Schutzgesetzes zu Gunsten außenstehender Dritter führt gem. § 823 Abs. 2 BGB zu einer Schadensersatzpflicht des Geschäftsführers.

In Betracht kommen insbesondere Delikte wie Betrug (§ 263 StGB), Untreue (§ 266 StGB) und Insolvenzstraftaten (§ 283 ff StGB).

Organisation und Überwachung

Der Geschäftsführer hat für die unerlaubten Handlungen der nachgeordneten Mitarbeiter der GmbH grundsätzlich nicht einzustehen. Diese Mitarbeiter sind nicht seine Verrichtungsgehilfen (Scholz, GmbHG, § 43 Rz 229).

Dessen ungeachtet hat der Geschäftsführer durch entsprechende Organisation und Überwachung dafür zu sorgen, dass durch die Gesellschaft und ihre Mitarbeiter keine unerlaubten Handlungen begangen werden. Verletzt der Geschäftsführer seine Organisations- und Überwachungspflichten, haftet er auch für Handlungen der Mitarbeiter im Unternehmen, an denen er selbst nicht beteiligt ist, persönlich (Scholz, GmbHG, § 43 Rz 230).

Z.B. hat der Geschäftsführer als der für die Organisation der GmbH in erster Linie Verantwortliche Vorsorge für die Beachtung fremden Vorbehaltseigentums zu treffen. Unterlässt er dies, ist er dem Eigentümer zum Schadensersatz aus § 823 Abs. 1 BGB unmittelbar verpflichtet, wenn dessen Eigentum an dem unter Eigentumsvorbehalt Gelieferten verloren geht (Medicus, GmbHR 1993, 540; Keßler, GmbHR 1994, 429 ff; BGH GmbHR 1990, 207).

Produkthaftung

Zur unmittelbaren Produkthaftung eines Geschäftsführers liegen bisher nur wenige Gerichtsentscheidungen vor (Scholz, GmbHG, § 43 Fn 500 mwN).

Die Pflicht zur ordnungsmäßigen Entwicklung, Konstruktion, Fabrikation, Instruktion und Produktbeobachtung obliegt der produzierenden GmbH und nicht ihrem Geschäftsführer. Jedoch ist der Geschäftsführer kraft seines Amtes verpflichtet, sicherzustellen, dass sich die Gesellschaft rechtmäßig verhält. Er hat daher die Aufgabe, dafür zu sorgen, dass die GmbH ihre von der Rechtsprechung entwickelten Produzentenpflichten erfüllt. Dabei handelt es sich um einen speziellen Fall, der dem Geschäftsführer obliegenden Organisations- und Überwachungspflichten, bei deren Verletzung er sich persönlich gegenüber den geschädigten Dritten haftbar machen kann (Scholz, GmbHG, § 43 Rz 240 mwN; Medicus, GmbHR 2002, 809).

Praxishinweis! Der Geschäftsführer sollte darauf achten, dass das so genannte „interne Kontrollsystem" der GmbH funktioniert. Insbesondere müssen die Arbeitsabläufe durch detaillierte, möglichst durch Belege und Formulare schematisierte Dienst- und Arbeitsanweisungen festgelegt sein, muss eine saubere Funktionstrennung eingehalten werden und müssen den Arbeitsgängen vorgeschaltete, gleichgeschaltete und nachgeschaltete Kontrollen existieren. Letztere sind bei einem Produktionsunternehmen besonders wichtig betreffend Produktentwicklung, Wareneingangskontrolle, Qualitätskontrolle, Produktausgangskontrolle und Produktbeobachtung im Markt.

Durchgriffshaftung

Grundsätzlich ist zwischen dem Vermögen der GmbH und dem ihrer Gesellschafter (-Geschäftsführer) zu trennen. Nur ausnahmsweise können sich die Gesellschafter (-Geschäftsführer) nicht auf diese Trennung berufen, nämlich dann, wenn sie die Rechtsform der GmbH oder deren Haftungsbeschränkung zu eigenen Zwecken missbrauchen („Durchgriffshaftung").

Einheitliche Grundsätze zur Durchgriffshaftung gibt es nicht. Der BGH neigt zu strengen Anforderungen (vgl. Baumbach-Hueck, GmbHG, § 13 Rz 10, 11).

Z.B. wird eine Durchgriffshaftung bejaht, wenn Gesellschafter (-Geschäftsführer) die GmbH zum Empfang von Schmiergeldern oder für den Aufbau eigenen Vermögens vorschieben. Die Durchgriffshaftung bei „existenzvernichtendem Eingriff" hat der BGH unlängst wieder aufgegeben (vgl. die Ausführungen zu „Haftung wegen Existenzvernichtung" ⇨ 📖 254 f).

Wettbewerbsverstoß

Obwohl eine gesetzliche Regelung für eine persönliche Haftung des Geschäftsführers bei Wettbewerbsverstößen oder Schutzrechtsverletzungen fehlt, kann er unter Umständen neben der GmbH auf Unterlassung und Schadensersatz verklagt werden.

Der BGH geht allerdings davon aus, dass eine persönliche Haftung des Geschäftsführers nur dann in Betracht kommt, wenn dieser selbst die Rechtsverletzung für die GmbH begangen hat oder wenn er wenigstens von ihr Kenntnis hatte und die Möglichkeit besaß, sie zu unterbinden (Grunewald, GmbHR 1994, 667 mwN).

Praxishinweis! Im Rahmen des internen Kontrollsystems sollte sichergestellt sein, dass bei Aktivitäten der GmbH, die zu Wettbewerbsverstößen oder Schutzrechtsverletzungen führen können, eine vorherige rechtliche Prüfung und Freigabe durch einen hierfür qualifizierten Berater erfolgt.

Haftung für Steuern

Der Geschäftsführer hat gem. § 34 Abs. 1 AO die steuerlichen Pflichten der GmbH zu erfüllen, nämlich Bücher und Aufzeichnungen zu führen (§§ 140 bis 148 AO), Steuererklärungen abzugeben und zu berichtigen (§§ 149 bis 153 AO), Auskünfte zu erteilen (§ 93 AO), Mitteilungen zu machen (§§ 137 bis 139 AO) und insbesondere dafür zu sorgen, dass die Steuern aus den Mitteln entrichtet werden, die er verwaltet (§ 34 Abs. 1 Satz 2 AO). Diese zuletzt erwähnte Entrichtung der Steuer betrifft im Wesentlichen die Lohnsteuer für die Mitarbeiter und für den Geschäftsführer selbst, die Gewerbesteuer, die Körperschaftsteuer und die Umsatzsteuer nebst Vorauszahlungen.

Darüber hinaus müssen die konkreten Gegebenheiten der GmbH berücksichtigt werden. Daher muss z. B. der Geschäftsführer einer GmbH, die ein Mineralöllager unterhält, sicherstellen, dass zu dem gesetzlichen Termin für die Fälligkeit der Mineralölsteuer für Mineralöl, das aus dem Lager entnommen worden ist, Gelder zur Verfügung stehen (BFH BStBl II 1989, 491).

Gemäß § 69 AO haftet der Geschäftsführer persönlich, soweit Ansprüche aus dem Steuerschuldverhältnis infolge vorsätzlicher oder grob fahrlässiger Verletzung der ihm auferlegten Pflichten nicht oder nicht rechtzeitig festgesetzt oder erfüllt oder soweit infolgedessen Steuervergütungen oder Steuererstattungen ohne rechtlichen Grund gezahlt werden. Die Haftung umfasst auch die infolge der Pflichtverletzung zu zahlenden Säumniszuschläge, nicht jedoch die Hinterziehungszinsen. Schuldner der Hinterziehungszinsen ist ausschließlich der Steuerschuldner selbst, nämlich die GmbH (BFH BStBl II 1992, 163).

Die Verantwortlichkeit eines Geschäftsführers für die Erfüllung der steuerlichen Pflichten der GmbH ergibt sich allein aus seiner Bestellung ohne Rücksicht darauf, ob er sein Amt auch tatsächlich ausüben kann. Der Geschäftsführer kann sich nicht damit entschuldigen, dass er von der ordnungsmäßigen Führung der Geschäfte ferngehalten wurde und diese tatsächlich von einem anderen geführt worden sind (BFH GmbHR 1998, 203, 387).

Hinsichtlich der Verwirklichung des Haftungstatbestandes (§ 69 AO) ist nicht auf den Zeitpunkt einer in Folge von Rechtmitteln erst späteren tatsächlichen Fälligkeit abzustellen, sondern auf den gesetzlichen Fälligkeitszeitpunkt der Steuern (BFH GmbHR 2004,1099 ff).

Haftender Personenkreis

Bei mehreren Geschäftsführern trifft grundsätzlich jeden einzelnen die Verantwortung für die steuerlichen Pflichten. Sie können gem. §§ 44 i.V.m. 69 AO als Gesamtschuldner in Anspruch genommen werden (BFH BStBl II 1990, 1008; BayVGH DB 2007, 2083).

Die Haftung von mehreren Geschäftsführern kann jedoch durch eine entsprechende interne Verteilung der Geschäfte begrenzt werden, wobei eine eindeutige und schriftliche Regelung erforderlich ist. Dabei handelt es sich lediglich um eine interne Abgrenzung, wonach einem Geschäftsführer die steuerlichen Pflichten in erster Linie zugewiesen werden. Die Verantwortung der anderen Geschäftsführer wird dadurch aber nicht im Ganzen aufgehoben. Vielmehr tritt der Umfang ihrer Pflichten nur insoweit und solange zurück, wie für sie unter den Maßstäben der Sorgfalt eines ordentlichen Geschäftsmannes (§ 43 Abs. 1 GmbHG) kein Anlass besteht, anzunehmen, die steuerlichen Pflichten der Gesellschaft würden nicht erfüllt. Die Gesamtverantwortung aller Geschäftsführer ist dann gegeben, wenn Anlass besteht, an der korrekten Erfüllung der steuerlichen Pflichten durch den hierfür zuständigen Geschäftsführer zu zweifeln, oder die wirtschaftliche Lage der Gesellschaft für die Überprüfung der ordnungsgemäßen Erfüllung der steuerlichen Pflichten Anlass gibt (BFH BStBl II 1984, 776).

Im Rahmen der Ermessensentscheidung des Finanzamts, welcher von mehreren Geschäftsführern für ausstehende Steuerschulden der GmbH in Anspruch genommen wird, spielt es eine erhebliche Rolle, wer intern für die Erfüllung der steuerlichen Pflichten der GmbH zuständig ist. Grundsätzlich stellt es keinen Ermessensfehler dar, wenn der für den technischen Bereich eines Unternehmens zuständige Geschäftsführer zu Lasten des kaufmännischen Geschäftsführers, den auch bei der grundsätzlich bestehenden Gesamtverantwortung aller Geschäftsführer für die Erfüllung der steuerlichen Verpflichtungen eine größere Verantwortlichkeit trifft, von der Haftung nach § 69 AO freigestellt wird (BFH/NV 1992, 576 = GmbHR 1992, 772).

Das Finanzamt handelt nicht ermessensfehlerhaft, wenn es bei mehreren als Haftungsschuldner in Betracht kommenden Geschäftsführern einer GmbH denjenigen in Anspruch nimmt, der nach der internen Geschäftsverteilung für die Buchhaltung, den Zahlungsverkehr und die steuerlichen Angelegenheiten der GmbH verantwortlich ist (BFH/NV 1992, 785 = GmbHR 1993, 187).

Bei Ausübung des Auswahlermessens muss jedoch das Finanzamt seine Ermessenserwägungen, wenn es nur einen der Geschäftsführer durch Haftungsbescheid in Anspruch nehmen will und nicht ausgeschlossen sein kann, dass auch die übrigen sich haftbar gemacht haben, eingehend begründen, so dass erkennbar ist, warum die übrigen Geschäftsführer nicht in Anspruch genommen wurden.

Bei der Inanspruchnahme eines Geschäftsführers als Haftungsschuldner muss das Finanzamt bei der Ausübung seines Auswahlermessens auch die Möglichkeit einer Inanspruchnahme eines faktischen Geschäftsführers und des Nachfolgegeschäftsführers in seine Erwägungen einbeziehen.

Die Ermessensausübung ist im Haftungsbescheid, spätestens in der Einspruchsentscheidung zu begründen (BFH/NV 1993, 213 = GmbHR 1993, 315). Anderenfalls ist die Auswahl-Ermessensentscheidung rechtswidrig (BFH/NV 1993, 143 = GmbHR 1993, 251; FG Niedersachsen EFG 1992, 498 = GmbHR 1992, 772).

Pflichtverletzung

War im Zeitpunkt der Nichtabgabe oder der unrichtigen oder unvollständigen Abgabe oder der Fälligkeit der Steuer die GmbH zahlungsunfähig, so scheidet eine Haftung des Geschäftsführers gem. § 69 AO aus (Klein/Orlopp, AO, § 69 Rz 5 mwN).

Können die Schulden nicht alle gleichzeitig bezahlt werden, gilt der „Grundsatz anteiliger Tilgung", wobei zwischen Unternehmenssteuern (insbesondere Umsatzsteuer, Körperschaftsteuer, Gewerbesteuer und pauschale Lohnsteuer) und den Abzugsteuern (insbesondere Lohnsteuer) zu unterscheiden ist (kritisch hierzu Müller, GmbHR 2003, 389):

– Die Rückstände auf Unternehmensteuern sind in gleicher Weise zu tilgen wie alle sonstigen Forderungen anderer Gläubiger (Klein/ Orlopp, AO, § 69 Rz 5 mwN).

– Bei der abzuziehenden Lohnsteuer gelten strengere Anforderungen. Sie ist gleichrangig mit den auszuzahlenden Nettolöhnen und vorrangig vor anderen betrieblichen Verpflichtungen zu entrichten (Klein/Orlopp, AO, § 69 Rz 5 mwN; BFH/NV 94, 142 GmbHR 1994, 496; BFH DB 2007,2125).

Das hat zur Folge, dass bei der Ermittlung der Haftungsquote für die Umsatzsteuer die im Haftungszeitraum getilgten Lohnsteuern weder bei den Gesamtverbindlichkeiten noch bei den geleisteten Zahlungen zu berücksichtigen sind (BFH 2007,2125).

Der Geschäftsführer handelt pflichtwidrig, wenn er z. B. einer Vereinbarung mit der kreditgebenden Bank zustimmt, die den Fiskus schlechter stellt als die Arbeitnehmer; das gleiche gilt, wenn er sich stillschweigend mit einem entsprechenden Vorgehen der Bank einverstanden erklärt. Ein Geschäftsführer, der nur diese Möglichkeiten hat, muss entweder sein Amt niederlegen oder Insolvenzantrag stellen (BFH/NV 1992, 575 = GmbHR 1992, 772).

Verschulden

Die Außenhaftung des Geschäftsführers für Steuerschulden der GmbH tritt nur bei Vorsatz oder grober Fahrlässigkeit ein. Fraglich ist insbesondere, wann ein grob fahrlässiges Verhalten anzunehmen ist, nämlich eine im besonderen Maße Außerachtlassung der im Verkehr erforderlichen Sorgfalt.

Ein grob fahrlässiges Verschulden ist grundsätzlich bei einem Verstoß gegen den Grundsatz der anteiligen Tilgung zu bejahen (BFH/NV 1992, 785 = GmbHR 1993, 187; FG Hamburg EFG 1994, 596 = GmbHR 1994, 902).

Praxishinweis! Bei Zahlungsschwierigkeiten der GmbH, wenn nämlich die vorhandenen liquiden Mittel nicht ausreichen, um alle fälligen Verbindlichkeiten zu begleichen, sollte der Geschäftsführer einen Liquiditäts-Status erstellen bzw. erstellen lassen und anhand dessen anteilige Zahlungen auf die ausstehenden Verbindlichkeiten vornehmen. Nur so kann er dem Vorwurf angemessen vorbeugen, er habe gegen den Grundsatz der anteiligen Tilgung verstoßen.

Allerdings wird vom Geschäftsführer auch erwartet, bereits vor Fälligkeit der Steuern die Mittel der GmbH so zu verwalten, dass er diese zur pünktlichen Tilgung der erst künftig fällig werdenden Steuerschulden verwenden kann (BFH GmbHR 1997, 140).

Die Nichtabführung einbehaltener Lohnsteuer stellt regelmäßig eine zumindest grob fahrlässige Pflichtverletzung des Geschäftsführers dar (FG Niedersachsen EFG 1991, 579 = GmbHR 1992, 552).

Der Geschäftsführer kann sich i.d.R. nicht damit entschuldigen, dass er seine Pflichten auf andere, z. B. Angestellte oder Steuerberater, übertragen hat (Klein/Orlopp, AO, § 69 Rz 9; FG Münster EFG 1998, 617). Ein grob fahrlässiges Verhalten des Geschäftsführers i.S.v. § 69 AO liegt bei fehlerhaften Steuererklärungen jedoch dann nicht vor, wenn der Geschäftsführer unter Berücksichtigung der Umstände des Einzelfalles keine Veranlassung hatte, die vom Steuerberater der GmbH erstellten Steuererklärungen auf deren inhaltliche Richtigkeit zu überprüfen (FG Nürnberg EFG 1992, 241 = GmbHR 1992, 487).

Der Geschäftsführer kann auch dem Finanzamt gegenüber grundsätzlich nicht einwenden, dass es den Steueranspruch durch Vollstreckungsmaßnahmen in das Vermögen der Gesellschaft hätte beitreiben können. Nur ausnahmsweise, wenn die unterlassene oder fehlgeschlagene Beitreibung bei der Gesellschaft auf einer vorsätzlichen oder sonstigen besonders groben Pflichtverletzung der zuständigen Finanzbehörde beruht, kann etwas anderes gelten (BFH/NV 1994, 357 = GmbHR 1994, 497).

Überweist z. B. das Finanzamt eine ihm von einer überschuldeten GmbH zur Verrechnung mit Steuerschulden angebotene Steuererstattung auf das im Soll stehende Bankkonto der Gesellschaft, so ist eine dem Grunde nach berechtigte Inanspruchnahme des Geschäftsführers für die betreffenden Steuerschulden der GmbH in Höhe des finanzamtlich ausgezahlten Erstattungsbetrages nicht gegeben (FG Saarland EFG 1994, 329 = GmbHR 1994, 497). Bewirkt eine inhaltlich falsche Umbuchungsmitteilung des Finanzamts, dass der Geschäftsführer die angemeldete Lohnsteuer nach Fälligkeit bei ausreichenden finanziellen Mitteln der GmbH nur in Höhe des in der Umbuchungsmitteilung ausgewiesenen offenen Betrages abführt, so stellt dies ein Mitverschulden des Finanzamts dar, das bei der Haftungsinanspruchnahme des Geschäftsführers im Rahmen der Schadenszurechnung zu einer Herabsetzung der Haftung führt (FG Münster EFG 1996, 82).

Praxishinweis! Zur Beurteilung des Regressrisikos empfiehlt es sich, in der Krise der GmbH in zeitlich nahen Abständen entsprechend dem von der OFD Magdeburg erstellten Berechnungsschema (BB 1995, 82) den Zu- und Abfluss für Forderungen und Verbindlichkeiten einschließlich von Steuern zu ermitteln. Nur wenn das Ergebnis null oder weniger beträgt, besteht kein Haftungsrisiko.

Berechnungsschema Berechnungsbogen zur Ermittlung der Haftungssumme für den Haftungszeitraum vom – bis –

1.   Berechnung der Gesamtverbindlichkeiten
1.1   Schuldenstand zu Beginn des Haftungszeitraums
       (ohne Steuerrückstände)   ..... EUR
       Zugang (+), Abgang (./.) an Schulden i.S.v. 1.1
       (ohne Berücksichtigung geleisteter Zahlungen) bis zur Zahlungs-
       einstellung (d. i. spätestens Eröffnung des Insolvenzverfahrens),
       z. B. Forderungsverzicht, Skonti, Rabatte   ...... EUR
       Zu tilgen waren mithin (bis zur Zahlungseinstellung)
       insgesamt   ..... EUR

1.2   Steuerschulden zu Beginn des Haftungszeitraums
        (zu berücksichtigen sind nicht nur die fälligen,
        sondern auch die bereits entstandenen Steuerschulden)

1.2.1   rückständige Lohnsteuer   ...... EUR

1.2.2   übrige Steuerrückstände   ...... EUR

1.3   Zugang (+), Abgang (./.) an Steuerrückständen
        i.S.v. 1.2.1 und 1.2.2 im Haftungszeitraum
        (ohne Berücksichtigung geleisteter Zahlungen)

1.3.1   Lohnsteuer   ...... EUR

1.3.2   übrige Steuern   ...... EUR

1.4   rückständige Steuern insgesamt
        (Betrag aus Nr. 1.2 und 1.3)   ...... EUR

1.4.1 davon übrige Steuern (Betrag aus 1.2.2 und 1.3.2)   ...... EUR

1.5   Die Gesamtverbindlichkeiten (1.1 + 1.4) betragen   ...... EUR

2.   Berechnung der Mittelverwendung:

2.1   Summe der bezahlten Schulden
        i.S.v. 1.1 bis zur Zahlungseinstellung   ...... EUR

2.2   Summe der bezahlten Steuerverbindlichkeiten
        i.S.v. 1.4.1 (einschließlich Umbuchungen)
        bis zur Zahlungseinstellung   + ... EUR

2.3   Gesamtsumme der bezahlten Verbindlichkeiten   ...... EUR

2.4   Durchschnittliche Tilgungsquote
        (Betrag lt. 2.3 in v.H. des Betrages lt. 1.5   v.H.

3.   Bei Anwendung des Prozentsatzes lt. 2.4 auf die
        Gesamtsumme der Steuerrückstände
        lt. 1.4.1 hätte hierauf entrichtet werden müssen ein Betrag von   ...... EUR

4.   Die Haftungssumme errechnet sich wie folgt:

4.1   Betrag, der bei annähernd gleicher Behandlung von Schulden
        i.S.v. 1.1 und Steuerschulden i.S.v. 1.4.1 auf die Steuerrückstände
        hätten gezahlt werden müssen lt. 3   ...... EUR

4.2   Betrag, der tatsächlich auf die Steuerrückstände
        (einschließlich Umbuchungen) gezahlt worden ist lt. 2.2   ./. ...... EUR

5.   Ergebnis: Die Haftungssumme beläuft sich auf   ...... EUR

Aus diesem Berechnungsschema ist gemäß BFH die Lohnsteuer zu eliminieren: „Das bedeutet ... nicht – insoweit missverständlich das Berechnungsschema zur Ermittlung der Haftungssumme der Oberfinanzdirektion (OFD) Magdeburg (vom 23. November 1994, zit. in Klein/Rüsken, AO, 8. Aufl., § 69 Rz 125) – dass Lohnsteuer, zu deren Tilgung gezahlt worden ist, gleichwohl in den Gesamtverbindlichkeiten enthalten sein darf. Vielmehr sind Lohnsteuern, soweit sie getilgt sind, weder bei den Verbindlichkeiten noch bei den im Haftungszeitraum geleisteten Zahlungen zu berücksichtigen." (BFH DB 2007,2125 unter II. 3.a)

Haftung für Sozialversicherungsbeiträge

Bei nicht abgeführten Beiträgen zur Sozialversicherung ist zu unterscheiden zwischen dem Arbeitgeber- und dem Arbeitnehmeranteil. Eine ausführliche Darstellung findet sich unter „Der GmbH-Geschäftsführer in der Sozialversicherung" II. „Persönliche Verantwortlichkeit des Geschäftführers".

Haftung für sonstige öffentlich-rechtliche Pflichten

Neben den Pflichten der GmbH im Rahmen der Sozialversicherung und der von ihr gegenüber dem Finanzamt wahrzunehmenden steuerlichen Pflichten hat der Geschäftsführer als Vertretungsorgan der GmbH für die Erfüllung sämtlicher sonstigen öffentlich-rechtlichen Pflichten der GmbH zu sorgen. Dies betrifft insbesondere die Einhaltung von bau-, gewerbe-, umwelt-, gesundheits- und polizeirechtlichen Bestimmungen.

Die von der GmbH in diesem Zusammenhang zu beachtenden Bestimmungen treffen neben der Gesellschaft auch den Geschäftsführer persönlich, soweit ihm aus der ihm übertragenen organisatorischen Aufgabe eine Garantiepflicht erwächst. Dies führt z. B. dazu, dass der Geschäftsführer einer GmbH & Co. KG auch abfallrechtlich als so genannter Handlungsstörer für sein Verhalten im Zusammenhang mit den von ihm abgewickelten Geschäften haftet (VG Frankfurt, GmbHR 1997, 310).

VI. Haftung wegen Insolvenzverschleppung

Insolvenzantragspflicht

Bei Insolvenzreife der GmbH (Zahlungsunfähigkeit oder Überschuldung, vgl. „Rechte und Pflichten des GmbH-Geschäftsführers" II. „Insolvenzantragspflicht") hat der Geschäftsführer ohne schuldhaftes Zögern, spätestens aber drei Wochen nach Eintritt der Zahlungsunfähigkeit oder der Überschuldung, die Eröffnung des Insolvenzverfahrens zu beantragen (§ 15a Abs. 1 InsO).

Kommt der Geschäftsführer dieser Insolvenzantragspflicht nicht nach, macht er sich sowohl gegenüber der Gesellschaft als auch gegenüber den Gesellschaftsgläubigern schadensersatzpflichtig.

Eine persönliche Haftung des Geschäftsführers wegen schuldhaften Verstoßes gegen die Insolvenzantragspflicht entfällt, wenn er nach rechtlicher bzw. steuerlicher Beratung nicht von einer Insolvenzreife des Unternehmens ausgehen durfte (OLG Stuttgart GmbHR 1998, 89).

Praxishinweis! Bei Anhaltspunkten für eine mögliche Insolvenzreife der GmbH sollte der Geschäftsführer unverzüglich einen geeigneten Berater zur Prüfung dieser Frage einschalten, um dadurch einer eventuellen eigenen Haftung zu begegnen.

Die Insolvenzantragspflicht entfällt mit Fortfall der Insolvenzreife. Hat der Geschäftsführer bis zu diesem Zeitpunkt nicht schuldhaft gegen § 15a Abs. 1 InsO verstoßen, braucht er keine Sanktion zu fürchten (Scholz, GmbHG, § 64 Rz 21 mwN).

Auch bei Niederlegung des Amtes als Geschäftsführer entfällt die Insolvenzantragspflicht, da hierdurch die Organstellung des Geschäftsführers erlischt (Scholz, GmbHG, § 64 Rz 23 mwN).

Die Insolvenzantragspflicht erlischt jedoch nicht, wenn alle Gesellschafter und Gläubiger der GmbH auf einen Antrag verzichten. § 15a Abs. 1 InsO schützt über Gesellschafter und Gläubiger hinaus den allgemeinen Rechtsverkehr (Scholz, GmbHG, § 64 Rz 10 u. 22 mwN).

Darlegungs- und beweispflichtig für das Vorliegen der objektiven Voraussetzungen der Insolvenzantragspflicht ist grundsätzlich der Regress nehmende Gläubiger. Wenn jedoch feststeht, dass die Gesellschaft zu einem bestimmten Zeitpunkt rechnerisch zahlungsunfähig oder überschuldet war, obliegt dem Geschäftsführer der Entlastungsbeweis dafür, dass er die sich aus § 15a Abs. 1 InsO ergebenden Pflichten zur rechtzeitigen Insolvenzantragstellung und zur Sicherung der Masse mit der gebotenen Sorgfalt erfüllt hat. Im Falle der Überschuldung obliegt es ihm, Umstände darzutun, die es rechtfertigten, die GmbH trotz bestehender rechnerischer Überschuldung fortzuführen (OLG Celle GmbHR 1997, 127; LG Aachen GmbHR 1996, 53).

Neben der Zahlungsunfähigkeit und der Überschuldung hat die Insolvenzordnung die „drohende Zahlungsunfähigkeit" als neuen, weiteren Insolvenzgrund eingeführt. „Der Schuldner droht zahlungsunfähig zu werden, wenn er voraussichtlich nicht in der Lage sein wird, die bestehenden Zahlungspflichten im Zeitpunkt der Fälligkeit zu erfüllen" (§ 18 Abs. 2 InsO).

Bei drohender Zahlungsunfähigkeit besteht allerdings im Gegensatz zur Zahlungsunfähigkeit oder Überschuldung keine Insolvenzantragspflicht des Geschäftsführers. Er ist lediglich berechtigt, einen Insolvenzantrag für die Gesellschaft zu stellen. Wenn er also trotz einer drohenden Zahlungsunfähigkeit keinen Insolvenzantrag stellt, macht er sich weder schadensersatzpflichtig noch strafbar.

Haftung gegenüber der Gesellschaft

Der Geschäftsführer ist nach dem Gesetzeswortlaut gegenüber der GmbH zum Ersatz von Zahlungen verpflichtet, die nach Eintritt der Zahlungsunfähigkeit der Gesellschaft oder nach Feststellung ihrer Überschuldung geleistet werden (§ 64 GmbHG). Die Vorschrift bezweckt, einen Schaden der gesamten Gläubigerschaft über die GmbH zu liquidieren; die Ersatzleistungen des Geschäftsführers kommen letztlich den Insolvenzgläubigern über eine Erhöhung ihrer Insolvenzquote zugute (Medicus, GmbHR 1993, 537).

Praxishinweis! Der Geschäftsführer sollte stets die Entwicklung der Finanz-, Ertrags- und Vermögenslage der GmbH beobachten. Auch in diesem Zusammenhang hat ein funktionierendes internes Kontrollsystem eine große Bedeutung. Insbesondere sollte er täglich die Frage der Zahlungsfähigkeit der GmbH prüfen und dafür Sorge tragen, dass monatliche betriebswirtschaftliche Auswertungen erfolgen, um zu sehen, ob noch genügend Eigenkapital der Gesellschaft vorhanden ist. In Zweifelsfällen sollten unverzüglich geeignete Berater hinzugezogen werden.

Der Geschäftsführer haftet der Gesellschaft gegenüber für den gesamten Quotenschaden der Gläubigerschaft, der durch masseschmälernde Zahlungen und Belastungen mit Neuschulden nach Insolvenzreife verursacht wird. Er hat soviel in die Masse zu zahlen, dass alle Gläubiger diejenige Quote erhalten, die auf sie entfallen wäre, wenn die Insolvenz ohne schuldhafte Verschleppung eröffnet worden wäre. Es ist folglich lediglich die Masseschmälerung auszugleichen (Scholz, GmbHG, § 64 Rz 33 mwN).

Der Geschäftsführer verletzt seine Pflicht, das Gesellschaftsvermögen zur ranggerechten und gleichmäßigen Befriedigung aller künftigen Insolvenzgläubiger zusammenzuhalten, auch dann, wenn er bei Insolvenzreife der Gesellschaft Mittel von einem Dritten zu dem Zweck erhält, eine bestimmte Schuld zu tilgen, die er auch bezahlt (BGH GmbHR 2003, 664).

Er haftet aber nicht für Zahlungen, welche die Erfüllung von für die GmbH vorteilhaften zweiseitigen Verträgen betreffen, die auch vom Insolvenzverwalter (§ 103 InsO) erfüllt würden und die der Abwendung höherer Schäden aus einer sofortigen Betriebseinstellung dienen. Denn auch nach Eintritt der Insolvenz muss der Geschäfts- und Zahlungsverkehr aufrecht erhalten bleiben. Einer Entscheidung des Insolvenzverwalters soll nicht vorgegriffen oder dessen Entscheidungsspielraum nicht eingeschränkt werden. Dabei sind jedoch nur solche Zahlungen nicht als ersatzpflichtig gemäß § 64 GmbHG zu qualifizieren, die seitens der Gesellschaft auch bei rechtzeitiger Stellung des Insolvenzantrages (noch) geleistet worden wären. Dafür wiederum ist entscheidend, wann ein voraussichtlich eingesetzter Insolvenzverwalter die Geschäfte hätte tätigen können (OLG Celle, GmbHR 2004, 568 ff).

Zahlungen des Geschäftsführers nach Insolvenzreife sind insbesondere dann mit der Sorgfalt eines ordentlichen Geschäftsmanns vereinbar, wenn durch sie größere Nachteile für die Insolvenzmasse abgewendet werden sollen. Das kommt insbesondere bei Zahlungen auf die Wasser-, Strom- und Heizrechnungen in Betracht, wenn ohne diese Zahlungen der Betrieb im Zweifel sofort hätte eingestellt werden müssen, was jede Chance auf Sanierung oder Fortführung im Insolvenzverfahren zunichte gemacht hätte (BGH DB 2008, 52).

Zahlungen mit Kreditmitteln aus einem debitorisch geführten Bankkonto einer insolvenzreifen GmbH oder GmbH & Co. KG fallen nicht unter die – dem Schutz ihrer Gläubigergesamtheit dienenden – Haftung wegen Insolvenzverschleppung, sondern gehen allein zum Nachteil der Bank. Der Geschäftsführer einer insolvenzreifen GmbH (oder GmbH & Co. KG) muss jedoch aufgrund seiner Masseerhaltungspflicht dafür sorgen, dass Zahlungen von Gesellschaftsschuldnern nicht auf ein debitorisch geführtes Bankkonto der Gesellschaft geleistet werden (BGH DB 2007, 1186).

Unter dem Begriff der „Zahlung" im Sinne des § 64 GmbHG sind nicht nur Geldzahlungen, sondern alle Leistungen zu verstehen, die das Gesellschaftsvermögen schmälern, z. B. Lieferungen von Waren ohne gleichwertige Gegenleistung (OLG Düsseldorf GmbHR 1996, 616).

Beispiele:
- Der Geschäftsführer haftet dem Insolvenzverwalter gegenüber für alle nach Eintritt der Insolvenzreife vorgenommenen Umsatzsteuerzahlungen an das Finanzamt (OLG Köln GmbHR 1995, 828).
- Zahlungen des Geschäftsführers nach Eintritt der Insolvenzreife auf ein im Debet geführtes Kontokorrentkonto der Gesellschaft (LG Itzehoe GmbHR 1996, 455).

Werden durch die Zahlungen des Geschäftsführers quotenberechtigte Gläubiger begünstigt, ist der Geschäftsführer berechtigt, die hypothetische Quote der durch die Zahlungen begünstigten Gläubiger als Vorteilsausgleich geltend zu machen. Andernfalls würde die Masse ungerechtfertigt bereichert (BGH GmbHR 2001, 190; 2003, 716).

Haftung gegenüber Gesellschaftsgläubigern

Die Insolvenzantragspflicht begründende Bestimmung des § 15a Abs. 1 InsO ist zugleich eine Schutzvorschrift zu Gunsten der Gesellschaftsgläubiger i.S.v. § 823 Abs. 2 BGB.

Zu differenzieren ist zwischen Gesellschaftsgläubigern vor Insolvenzreife (Altgläubiger) und solchen, deren Forderungen gegenüber der GmbH nach Insolvenzreife (Neugläubiger) begründet wurden (Scholz, GmbHG, § 64 Rz 37 ff).

Altgläubigern der GmbH ist ihr „Quotenschaden" zu ersetzen.

Neugläubiger haben einen Anspruch auf Ausgleich des vollen, nicht durch den „Quotenschaden" begrenzten Schadens, der ihnen dadurch entsteht, dass sie in Rechtsbeziehungen zu einer überschuldeten oder zahlungsunfähigen GmbH getreten sind. Der Geschäftsführer haftet bei vertraglichen Forderungen aus dem Gesichtspunkt des Verschuldens bei Vertragsverhandlungen, weil er den späteren Vertragspartner der GmbH nicht auf die Insolvenzreife der GmbH hingewiesen hat (BGH GmbHR 1994, 539; OLG Thüringen GmbHR 2002, 112).

Der Schadensersatzanspruch eines Neugläubigers ist nicht um die Beträge zu kürzen, die er zur Begleichung seiner Altforderungen im Zeitraum der Insolvenzverschleppung von der Schuldnerin erhalten hat, über deren Vermögen das Insolvenzverfahren mangels Masse nicht eröffnet worden ist (BGH DB 2007, 1184).

Im Schadensersatzprozess muss der Anspruchsteller beweisen, dass die Gesellschaft zum Zeitpunkt des Rechtsgeschäfts insolvenzreif war (OLG Koblenz GmbHR 2003, 419).

Der Insolvenzverwalter ist nicht berechtigt, den Schaden eines Neugläubigers gegenüber dem Geschäftsführer der GmbH wegen verspäteter Stellung des Insolvenzantrages geltend zu machen. Anspruchsberechtigt ist ausschließlich der Neugläubiger selbst (BGH GmbHR 1998, 594; OLG Karlsruhe GmbHR 2002, 1076). Anders verhält es sich bei dem Quotenschaden von Altgläubigern, die der Insolvenzverwalter als Schaden der Gesellschaft nach § 15 Abs. 2 InsO geltend machen kann (BGH GmbHR 1998, 594; Scholz, GmbHG, § 64, Rz 33; Grunewald, GmbHR 1994, 665).

Wer zum Zwecke der Eröffnung eines Insolvenzverfahrens einen Massekostenvorschuss geleistet hat, kann die Erstattung dieses Betrages von dem Geschäftsführer verlangen, der den Antrag auf Eröffnung des Insolvenzverfahrens pflichtwidrig und schuldhaft nicht gestellt hat (§ 26 Abs. 3 Satz 1 InsO). Ist streitig, ob der Geschäftsführer pflichtwidrig und schuldhaft gehandelt hat, so trifft ihn die Beweislast (§ 26 Abs. 3 Satz 2 InsO).

Mithaftung des Insolvenzverwalters

Der Insolvenzverwalter kann Rechtshandlungen, welche vor der Eröffnung des Insolvenzverfahrens vorgenommen worden sind und welche die Insolvenzgläubiger benachteiligen, unter den gesetzlichen Voraussetzungen anfechten (§§ 128 bis 146 InsO).

Unterlässt der Insolvenzverwalter schuldhaft die Geltendmachung von solchen Anfechtungsrechten, macht er sich gegenüber den Insolvenzgläubigern schadensersatzpflichtig.

Die Ansprüche der Insolvenzgläubiger gegen den Insolvenzverwalter und den Geschäftsführer sind gleichrangig. Eine Entlastung des Geschäftsführers von seiner Haftung tritt nur ein, wenn und soweit die Masse tatsächlich vom Insolvenzverwalter Ersatz ihres entstandenen Schadens erhält (BGH GmbHR 1996, 211).

VII. Möglichkeiten der Haftungsbeschränkung

Haftpflichtversicherung

In den USA besteht seit den 1930-er Jahren die Möglichkeit, die Geschäftsführer wegen fehlerhafter Unternehmensleitung zu versichern. Gemäß einer statistischen Erhebung haben über 90 % der untersuchten Unternehmen eine solche „directors and officers liability insurance" (D&O insurance, Scholz, GmbHG, § 43 Rz 296 ff; Koch GmbHR 2004, 18 ff, 160 ff, 288 ff).

Die erste D&O-Versicherung in Deutschland wurde 1986 von der Tochtergesellschaft eines US-Versicherers angeboten. Die D&O Versicherung kann zwischenzeitlich auch bei anderen deutschen Versicherern geschlossen werden. Grundlage sind die „Allgemeinen Versicherungsbedingungen für die Vermögenschaden-Haftpflichtversicherung von Aufsichtsräten, Vorständen und Geschäftsführern" (AVB-AVG).

Die D&O-Versicherung ist eine Versicherung auf fremde Rechnung (§§ 74 ff VVG). Der Versicherungsvertrag wird in der Regel mit der GmbH geschlossen, die den Versicherungsbeitrag schuldet. Versichert sind die Geschäftsführer.

Gegenstand der Versicherung ist, die Geschäftsführer für Haftpflichtfälle gegenüber Dritten und der GmbH freizustellen. Sie dient somit sowohl dem Schutz der Geschäftsführer als auch dem der GmbH. Darin liegt zugleich die besondere Problematik, denn die Mitversicherung der Innenhaftung birgt die Gefahr, dass unternehmerische Risiken auf die D&O-Versicherung abgewälzt werden. Vermehrt werden sie von den versicherten Gesellschaften auf Zahlung wegen angeblicher Pflichtverletzungen ihrer Geschäftsführung in Anspruch genommen. Dies führt zunehmend dazu, dass die auf dem Markt angebotenen D&O-Versicherungen insbesondere hinsichtlich der Risikoausschlüsse stark von der AVB-AVG abweichen (Koch, GmbHR 2004, 19).

Praxishinweis! Vor Abschluss einer D&O-Versicherung die Bedingungen der einzelnen Versicherer insbesondere auf Risikoausschlüsse vergleichen.

Regelmäßig werden nur zivilrechtliche Ansprüche versichert, nicht jedoch öffentlich-rechtliche, wie z. B. die Haftung für Steuern und Sozialversicherungsbeiträge. Manche Versicherer bieten aber auch Schutz gegen öffentlich-rechtliche Ansprüche. Wegen der Präjudizwirkung von Strafurteilen für Zivilverfahren wird ein Versicherungsschutz auch für Strafverfahren angeboten.

Da der Abschluss einer D&O-Versicherung die Wirkung einer Haftungsmilderung für den Geschäftsführer hat, ist stets die Zustimmung der Gesellschafterversammlung erforderlich (Scholz, GmbHG, § 43 Rz 299a). Der betroffene Gesellschafter-Geschäftsführer hat hierbei kein Stimmrecht (§ 47 Abs. 4 S. 1 GmbHG).

Haftungsbeschränkung gegenüber Dritten

Der Geschäftsführer kann bei Vertragsschluss mit dem Geschäftspartner der GmbH vereinbaren, dass eine persönliche Inanspruchnahme des Geschäftsführers beschränkt oder ausgeschlossen ist. Eine solche Haftungsbeschränkung ist, wenn auch nicht für die Fälle der Arglist und der Sittenwidrigkeit, rechtlich zulässig, wird jedoch in der Praxis nur in den seltensten Fällen durchsetzbar sein.

Haftungsbeschränkung gegenüber der Gesellschaft

Diese neuen Grundsätze zur Arbeitnehmerhaftung (BAG DB 1994, 2237) sind nach allgemeiner Ansicht auf den Geschäftsführer einer GmbH nicht anzuwenden. Nur dann soll eine Ausnahme gelten, wenn die Pflichtverletzung nicht in unmittelbarem Zusammenhang mit der Unternehmensleitung stand, z. B. bei einem Unfall mit dem Pkw auf einer Dienstfahrt (Scholz, GmbHG, § 43 Rz 180 ff).

Vertragliche Haftungsbeschränkung

Die Haftung der Vorstandsmitglieder einer AG kann vertraglich nicht beschränkt werden. Umstritten ist, ob dies auch auf den Geschäftsführer einer GmbH zu übertragen ist.

Teilweise wird die Ansicht vertreten, dass in den Fällen, in denen die Interessen der Gläubiger der GmbH nicht tangiert werden, eine vertragliche Haftungsbeschränkung möglich sei. Dies ist insbesondere dann nicht der Fall, wenn es um die Kapitalaufbringung oder die Kapitalerhaltung der GmbH geht (§§ 40, 41, 43 Abs. 3; §§ 57 Abs. 4 iVm 9 b Abs. 1 GmbHG).

In anderen Fällen soll eine Haftungsbeschränkung für den Fall der leichten Fahrlässigkeit zulässig sein, jedenfalls dann, wenn im Falle einer Insolvenz der GmbH der Anspruch noch geltend gemacht werden kann. Unbedenklich soll auch ein vertraglicher Haftungsausschluss für fahrlässig begangene unerlaubte Handlungen sein, z. B. für einen Unfall mit dem Dienstwagen.

Soweit eine Haftungsbeschränkung zulässig ist, kann diese bereits im Gesellschaftsvertrag der GmbH aufgenommen werden oder in einer Geschäftsordnung für die Geschäftsführung oder im Anstellungsvertrag des Geschäftsführers (Scholz, GmbHG, § 43 Rz 184 ff).

Praxishinweis: Trotz bestehender Bedenken gegen eine vertragliche Haftungsbeschränkung gegenüber der GmbH, sollte zur Sicherung insbesondere des beherrschenden Gesellschafter-Geschäftsführers gegen persönliche Inanspruchnahme in seinem Anstellungsdienstvertrag eine Klausel aufgenommen werden, wonach seine Haftung auf Vorsatz und grobe Fahrlässigkeit beschränkt wird. Im Falle der Insolvenz der Gesellschaft ist es dann Sache des Insolvenzverwalters Schadensersatzansprüche wegen fahrlässiger Pflichtverletzungen entgegen der getroffenen Vereinbarung durchzusetzen. Außerdem sollten kurze Verfallsfristen vereinbart werden.

Verzicht und Vergleich

Die Aktiengesellschaft kann gegenüber Vorstandsmitgliedern erst 3 Jahre nach Entstehung eines Regressanspruchs auf diesen verzichten oder sich über ihn vergleichen; dazu bedarf es ferner der Zustimmung einer qualifizierten Mehrheit der Hauptversammlung (§ 93 Abs. 4 Satz 3 AktG).

Eine entsprechende Anwendung für die GmbH wird allgemein abgelehnt. Die Gesellschaft kann grundsätzlich auf Ersatzansprüche gegenüber dem Geschäftsführer verzichten oder hierüber einen Vergleich schließen. Ausgenommen sind die gesetzlichen Bestimmungen, die einen Verzicht oder Vergleich ausschließen, nämlich wegen
– Gründungshaftung (§ 9 b GmbHG),
– Verstöße gegen Kapitalerhaltung oder -aufbringung (§ 43 Abs. 3 GmbHG),
– Kapitalerhöhungshaftung (§ 47 Abs. 4 GmbHG; Scholz, GmbHG, § 43 Rz 187).

Aus § 46 Nr. 6, 8 GmbHG ergibt sich, dass es Sache der Gesellschafter ist, darüber zu befinden, ob ein Geschäftsführer wegen etwaiger Pflichtwidrigkeiten zur Rechenschaft gezogen oder ob auf Ansprüche gegen ihn durch Entlastungs- oder Generalbereinigungsbeschluss verzichtet werden soll (BGH GmbHR 2002, 1197; 2003, 712). Der betroffene Gesellschafter-Geschäftsführer hat hierbei kein Stimmrecht (§ 47 Abs. 4 S. 1 GmbHG).

Abkürzung der Verjährung

Die Schadensersatzansprüche der GmbH gegenüber ihren Geschäftsführern verjähren in 5 Jahren nach der Entstehung des jeweiligen Anspruchs (§§ 43 Abs. 4 GmbHG iVm 198 BGB).

Die 5-jährige Frist für die Verjährung der Schadensersatzansprüche gegen die Geschäftsführer kann in der Satzung oder im Anstellungsvertrag des Geschäftsführers abgekürzt werden, soweit die Gesellschaft auf den Anspruch verzichten oder sich darüber vergleichen könnte (OLG Brandenburg, GmbHR 1999, 344; Scholz, GmbHG § 43 Rz 207).

Der Bundesgerichtshof hat seine Rechtsprechung, dass eine Verkürzung der Verjährungsfrist des § 43 Abs. 2 GmbHG durch Vereinbarung nur insoweit zulässig ist, als der Schadensersatzbetrag zur Befriedigung der Gläubiger der GmbH nicht erforderlich ist (BGH GmbHR 2000, 187), aufgegeben. Die Verjährung kann abgekürzt werden, solange nicht die Pflichtverletzung des Geschäftsführers darin besteht, dass er entgegen § 43 Abs. 3 GmbHG an der Auszahlung gebundenen Kapitals der GmbH an Gesellschafter mitgewirkt hat (BGH GmbHR 2002, 1197).

In Anlehnung hieran gilt auch die Vereinbarung einer Ausschlussfrist im Geschäftsführer-Dienstvertrag, innerhalb derer die Gesellschaft ihre Ansprüche gegenüber dem Geschäftsführer geltend machen muss, grundsätzlich für alle Ansprüche der Gesellschaft gegen ihren Geschäftsführer (OLG Stuttgart GmbHR 2003, 835).

Entlastung

Gemäß § 46 Nr. 5 entscheidet die Gesellschafterversammlung über die Entlastung des Geschäftsführers. Der betroffene Gesellschafter-Geschäftsführer hat hierbei kein Stimmrecht (§ 47 Abs. 4 S. 1 GmbHG).

In der Entlastung liegt eine Bekundung des Vertrauens in die vergangene, gegenwärtige und künftige Geschäftsführung. Gleichzeitig wird die GmbH mit ihren Ersatzansprüchen und Kündigungsgründen ausgeschlossen, die auf Umständen beruhen, die den Gesellschaftern bekannt sind bzw. auf Grund der von der Geschäftsführung zugänglich gemachten Informationen und Unterlagen bekannt sein müssten (Scholz, GmbHG, § 43 Rz 188).

Einen durchsetzbaren Anspruch auf Entlastung durch eine „Entlastungsklage" gibt es nicht. Jedoch hat der Geschäftsführer bei verweigerter Entlastung die Möglichkeit einer negativen Feststellungsklage (BGH GmbHR 1985, 356).

Praxishinweis! Der Geschäftsführer sollte in der Einladung zur Gesellschafterversammlung über die Feststellung des Jahresabschlusses und die Gewinnverteilung den Tagesordnungspunkt „Entlastung" aufnehmen. Mit der Einladung sollte er einen umfangreichen Geschäftsbericht übersenden, der auch Vorfälle wiedergibt, die seine mögliche Haftung zur Folge haben können. Er ist nicht verpflichtet hierüber in der Gesellschafterversammlung nochmals zu berichten.

Der Gesellschaft steht im Übrigen bei der Beschlussfassung über die Entlastung ihres Geschäftsführers ein weit größerer Ermessensspielraum zu als dem Aufsichtsrat einer AG hinsichtlich des Vorstands (OLG Köln DB 2001, 31 f).

Generalbereinigung

Denkbar ist auch, dass die Gesellschaft mit dem Geschäftsführer anlässlich der Beendigung seines Amtes im Rahmen einer sog. Generalbereinigung vereinbart, dass alle Ansprüche zwischen der Gesellschaft und dem Geschäftsführer abgegolten und ausgeglichen sein sollen. Für eine solche Generalbereinigung ist ausschließlich die Gesellschafterversammlung zuständig, was sich bereits daraus ergibt, dass über die Entlastung eines Geschäftsführers gem. § 46 Nr. GmbHG allein die Gesellschafterversammlung zu befinden hat und dasselbe erst recht für die Entscheidung über eine Generalbereinigung gelten muss (BGH GmbHR 1998, 278).

Die Generalbereinigung und Entlastung unterscheiden sich im Wesentlichen dadurch, dass bei letzterer auf die den Gesellschaftern zur Zeit der Beschlussfassung bekannten oder aus den ihnen zugänglich gemachten Unterlagen erkennbare Ersatzansprüche gegen den Geschäftsführer verzichtet wird, während eine Generalbereinigung einen Verzicht auf sämtliche denkbaren Ersatzansprüche bis zur Grenze des rechtlich Zulässigen darstellt (BGH GmbHR 1998, 278).

Praxishinweis. Eine Vereinbarung mit dem Geschäftsführer anlässlich der Beendigung seines Amtes und des Anstellungsvertrages, in der die gegenseitigen Ansprüche abschließend geregelt werde und die eine Abgeltungsklausel enthält, bedarf stets der Zustimmung der Gesellschafterversammlung. Der (Noch-) Geschäftsführer sollte auch bei Abschluss einer ihn selbst betreffenden Generalbereinigung eine Gesellschafterversammlung einberufen und einen entsprechenden Beschluss herbeiführen. Der betroffene Gesellschafter-Geschäftsführer hat hierbei kein Stimmrecht (§ 47 Abs. 4 S. 1 GmbHG).

Strafrechtliche Risiken

Dr. Thomas Fr. Jehle / Carl-Maria Best

I. Allgemeine Strafvorschriften

Treuepflichtverletzung

Eine der Hauptpflichten eines GmbH-Geschäftsführers besteht darin, die Vermögensinteressen der GmbH zu betreuen. Zentrale Schutznorm ist § 266 StGB (Untreue). Sie schützt, allgemein betrachtet, vor der Benachteiligung fremden Vermögens durch den Missbrauch einer rechtlich oder tatsächlich eingeräumten Vertrauensstellung.

Die Untreue umfasst den Missbrauchstatbestand und den Treubruchstatbestand.

Der Missbrauchstatbestand stellt den Missbrauch einer nach außen wirkenden rechtlichen Verfügungs- bzw. Verpflichtungsmacht unter Strafe. Der GmbH-Geschäftsführer ist bereits per Gesetz (§ 35 GmbHG) vertretungs- und verfügungsberechtigt. Schlagwortartig kann der Missbrauchstatbestand folgendermaßen umschrieben werden:

„Der Täter kann rechtlich mehr als er darf" bzw. „Missbrauch liegt vor, wenn die Handlung vorgenommen werden konnte, aber nicht vorgenommen werden durfte". Der GmbH-Geschäftsführer hat sich wegen Missbrauchs zu verantworten, wenn er sich bei Ausübung der ihm eingeräumten Vertretungsmacht über die ihm im Innenverhältnis gezogenen Schranken (Satzung, Gesellschafterbeschlüsse, Dienstvertrag) hinwegsetzt (vgl. etwa Kubiciel, NStZ 05, 353, 358).

Der Strafbarkeitsbereich des Treubruchstatbestandes ist wesentlich weiter als der des Missbrauchstatbestandes. Der Treubruchstatbestand erfasst denjenigen, der die ihm kraft eines Treueverhältnisses obliegende Pflicht, fremde Vermögensinteressen wahrzunehmen, verletzt. Der Geschäftsführer einer GmbH hat „in den Angelegenheiten der Gesellschaft die Sorgfalt des ordentlichen Geschäftsmannes anzuwenden" (§ 43 Abs. 1 GmbHG). Hierbei handelt es sich um alle Maßnahmen, die der Geschäftsführer innerhalb der Gesellschaft zu erledigen hat wie die Durchführung von Gesellschafterbeschlüssen, die Einforderung noch ausstehenden Stammkapitals oder von Nachschüssen, die Erhaltung des Stammkapitals, die Sicherung Eigenkapital ersetzender Darlehen und sonstiger Leistungen, die Beachtung der im Innenverhältnis vereinbarten Geschäftsführerbeschränkungen, die Bilanzierungs- und Buchführungspflichten. Vorsätzliches pflichtwidriges Handeln zum Nachteil der Gesellschaft begründet den Treubruchstatbestand. Missbrauch oder Treuebruch wird zum Beispiel in den folgenden Fällen bejaht:
- Kreditgewährung ohne hinreichende Sicherheiten oder in satzungswidriger Weise (BGH wistra 1988, 305)
- Unordentliche Buchführung z. B. durch Bildung schwarzer Kassen (BGH wistra 1987, 337; OLG Celle, GmbHR 06, 377)

- Willkürliche bzw. der Liquidationslage nicht entsprechende oder nicht verbuchte Privatentnahmen (BGH GmbHR 1987, 464)
- Eigenmächtige Barabhebungen von Konten der Gesellschaft, Einreichung von Schecks zu deren Lasten, Einbehaltung von Kundenschecks usw. und Verwendung dieser Mittel für private Zwecke (BGHSt 6, 315; 30, 127; BGH wistra 1993, 301)
- Abwerbung von Kunden, soweit so genannte Stammkunden abspenstig gemacht werden (RGSt 71, 334)
- Vereitelung eines sicher bevorstehenden Abschlusses mit einem Gelegenheitskunden (BGHSt 20, 145)
- Rückzahlung eines Gesellschafterdarlehens i.S.d. § 39 Abs. 1 Nr. 5 InsO (vgl. Schäfer, GmbHR 1993, 780, 795)
- Erwerb der GmbH-Anteile durch den Alleingesellschafter/Geschäftsführer unter Bezahlung des Kaufpreises aus dem Vermögen der GmbH (Ulmer, FS Pfeiffer 1988, 853 ff)
- Nachträgliche übermäßige Erhöhung des Geschäftsführergehaltes bzw. Unterlassen einer wirtschaftlich gebotenen Herabsetzung der Bezüge (BGH BB 1992, 1583)
- Management-Buy-Out, wenn die Kaufpreiszahlung, Darlehensgewährung oder Sicherheitsleistung aus dem GmbH-Vermögen zu einer Unterbilanz führt (Schäfer, GmbHR 1993, 795)
- Zweckwidrige Verwendung von Kapitalanlagen (BGH wistra 1992, 150; wistra 1992, 233)
- Verjähren lassen einer Forderung (RGSt 11, 412; BGH wistra 83, 72)
- Unterlassene Kündigung nachteiliger Verträge (LK/Schünemann, § 266 Rz 54)
- Versäumnis, für die GmbH günstigere Preise zu erreichen (BGH wistra 89, 224)
- Einkauf zu mutwillig überhöhten Preisen, wobei der Verkäufer den Aufschlag auf den Preis dem Geschäftsführer persönlich als „Kick-Back" zurückvergütet (BGHSt 50, 299 = NJW 06, 925)
- Verletzung der Vermögensbetreuungspflicht gegenüber der GmbH, wenn deren Vermögenswerte in einem solchen Umfang ungesichert angelegt werden, dass im Fall ihres Verlusts die Erfüllung von Verbindlichkeiten oder die Existenz der GmbH gefährdet ist (BGH, GmbHR 2004, 1010)

Weiß der Geschäftsführer, dass sein Mitgeschäftsführer Mittel der Gesellschaft entnimmt, um diese für sich selbst zu verwenden (z. B. zum privaten Hausbau), schreitet er dagegen aber nicht ein, ist auch er nach § 266 StGB strafbar.

Praxishinweis! Die Übernahme eines nach den Grundsätzen sinnvollen Wirtschaftens tragbaren Risikos ist keine Pflichtverletzung. Beispiel: Risikoreiches Exportgeschäft mit hoher Gewinnerwartung.

Strafrechtlich ohne Bedeutung ist die gesetzwidrige oder selbst untreue Zustimmung der Gesellschafter, wenn hierdurch die Existenz oder Liquidität der Gesellschaft gefährdet wird oder ein Verstoß gegen die Stammkapitalerhaltungsvorschriften vorliegt. Zur Erfüllung des Missbrauchs- bzw. Treubruchstatbestandes gehört die Zufügung eines Nachteils. In jedem Fall stellt ein Vermögensschaden einen Nachteil dar. Dem eingetretenen Vermögensschaden wird eine Vermögensgefährdung gleichgestellt. Durch die aktuelle Gefährdung des Vermögens ist dieses schon in seinem gegenwärtigen Wert als vermindert anzusehen. So ist beispielsweise bei der Veräußerung eines Grundstücks bereits im Abschluss eines nachteiligen Vertrages eine Vermögensgefährdung (die Auflassung muss noch nicht erfolgt sein) eingetreten.

Untreue wird mit Geld- oder mit Freiheitsstrafe bis zu 5 Jahren bestraft.

Der Regelstrafrahmen Freiheitsstrafe bis zu 5 Jahren oder Geldstrafe erhöht sich im so genannten „besonders schweren Fall" nach § 266 Abs. 2 i.V.m § 263 Abs. 3 StGB (Betrugstatbestand) auf bis zu 10 Jahren. Ein solcher Fall kann bei hohem Schaden und außergewöhnlichem Tatumfang sowie außergewöhnlichem Gewinnstreben gegeben sein. Ein besonders schwerer Fall liegt jedoch nur vor, wenn die Tat nach ihrem gesamten Tatbild die erfahrungsgemäß vorkommenden und deshalb vom Gesetzgeber bereits bedachten Fälle der Untreue an Strafwürdigkeit so weit übertrifft, dass der ordentliche Strafrahmen nicht mehr ausreicht.

Vorenthalten und Veruntreuen von Arbeitsentgelt

Der Tatbestand des § 266a StGB erfasst die Beitragshinterziehung (Abs. 1) und das Vorenthalten von Arbeitsentgelt (Abs. 2). Wegen Beitragshinterziehung macht sich der GmbH-Geschäftsführer strafbar, wenn er als Arbeitgeber der Einzugsstelle fällige Sozialversicherungsbeiträge seiner Arbeitnehmer zur Kranken-, Pflege-, Renten- oder Arbeitslosenversicherung vorenthält (Kritisch: Stein DStR 1998, 1063). Vorenthalten sind auch Beiträge, wenn für den betreffenden Zeitraum überhaupt kein Lohn an die Arbeitnehmer ausgezahlt worden ist (BGH DStR 2000, 1318). Die Fälligkeit tritt spätestens zum 15. des Folgemonats ein, es sei denn, die Einzugsstelle hat die Zahlung gestundet. Die Verwirklichung des Tatbestandes Beitragshinterziehung setzt voraus, dass dem Geschäftsführer die Zahlung der Beiträge zum Zeitpunkt der Fälligkeit möglich und zumutbar ist (OLG Hamm, Beschluss vom 06.05.2002 = wistra 2002, 392). Demgemäß fehlt es bei tatsächlicher Unmöglichkeit mangels Zahlungsfähigkeit zum maßgeblichen Zeitpunkt an einer Tatbestandsverwirklichung.

Praxishinweis! Von einer Bestrafung wegen Beitragshinterziehung ist zwingend abzusehen, wenn der Geschäftsführer innerhalb angemessener Frist die Arbeitnehmeranteile nachentrichtet, nachdem er zuvor der Einzugsstelle die Höhe der vorenthaltenen Beträge mitgeteilt und dargelegt hat, warum eine fristgerechte Zahlung trotz ernsthafter Bemühungen nicht möglich war.

Strafbar kann sich machen, wer im Falle eines bloß faktischen Arbeitsverhältnisses keine Sozialversicherungsbeiträge abführt. Dies gilt vor allem bei falscher Bezeichnung eines Arbeitsverhältnisses als freies Mitarbeiter- oder Subunternehmerverhältnis (so genannte Scheinselbständigkeit).

In Anlehnung an das steuerliche Selbstanzeigeverfahren (§ 371 AO) hat der Gesetzgeber in § 266a Abs. 5 StGB die Möglichkeit eingeführt, von Strafe abzusehen, wenn der Arbeitgeber der Einzugsstelle Zahlungsschwierigkeiten rechtzeitig („spätestens im Zeitpunkt der Fälligkeit oder unmittelbar danach") offenbart. Die Mitteilung muss schriftlich erfolgen und die Höhe der vorenthaltenen Beiträge sowie die Gründe enthalten, warum die Zahlung trotz ernsthaften Bemühens nicht möglich ist. Strafbefreiung kann nur das Gericht gewähren.

Nach § 266a Abs. 2 StGB macht sich der Geschäftsführer als Arbeitgeber strafbar, wenn er Teile des Arbeitsentgeltes trotz wirksamer Pfändung oder Abtretung nicht an die Gläubiger des Arbeitnehmers auszahlt oder z. B. die Arbeitnehmersparzulage einbehält, ohne den Arbeitnehmer hierüber zu unterrichten.

Dagegen fällt das Nichtabführen der Lohnsteuer unter die Straftatbestände der Steuerhinterziehung bzw. leichtfertigen Steuerverkürzung. § 266a StGB sieht eine Freiheitsstrafe bis zu 5 Jahren oder eine Geldstrafe vor.

II. Spezielles GmbH-Strafrecht

Strafbare falsche Angaben gem. § 82 GmbHG

Macht der Geschäftsführer im Zusammenhang mit der Anmeldung der Gesellschaft zum Handelsregister oder mit einer Kapitalerhöhung falsche Angaben, macht er sich strafbar. Ebenso wird er bestraft, wenn er im Zusammenhang mit der Anmeldung einer Kapitalherabsetzung eine unwahre Versicherung über die Befriedigung oder Sicherstellung der Gesellschaftsgläubiger (§ 58 Abs. 1 Nr. 4 GmbHG) abgibt oder ganz allgemein in einer öffentlichen Mitteilung die Vermögenslage der Gesellschaft unwahr darstellt oder verschleiert.

Zur Erfüllung eines der Tatbestände des § 82 GmbHG ist es nicht notwendig, dass der Betreffende auch als Geschäftsführer im Handelsregister eingetragen ist. Strafbar ist auch der faktische Geschäftsführer.

Der Strafrahmen beläuft sich auf Freiheitsstrafe bis zu 3 Jahren oder Geldstrafe.

Unterlassen der Verlustanzeige gem. § 84 Abs. 1 GmbHG

Unterlässt es der Geschäftsführer, den Gesellschaftern einen Verlust in Höhe der Hälfte des Stammkapitals anzuzeigen, wird er mit Freiheitsstrafe bis zu 3 Jahren oder mit Geldstrafe bestraft.

Bei mehreren Geschäftsführern ist jeder gem. § 84 GmbHG verantwortlich, ungeachtet einer internen Arbeitsteilung. Die Vorschrift trifft darüber hinaus auch die Liquidatoren der GmbH.

Eine Frist, innerhalb derer der Geschäftsführer die Gesellschafter unterrichten muss, sieht das Gesetz nicht vor. Mit Rücksicht auf die Warnfunktion der Regelung ist jedoch unverzügliches Tätigwerden zu verlangen.

Praxishinweis! Informieren Sie die Gesellschafter, wenn Sie den Eintritt des Verlusts erkennen und die Erfüllung der Unterrichtungspflicht unaufschiebbar ist.

Verletzung der Geheimhaltungspflicht nach § 85 GmbHG

§ 85 GmbHG stellt die Verletzung der Schweigepflicht durch Bekanntmachung eines Betriebs- oder Geschäftsgeheimnisses unter Strafe.

Erfasst wird die unbefugte Offenbarung aller nicht allgemein bekannter Geschäftsangelegenheiten der Gesellschaft. Zu geheimen Geschäftsangelegenheiten zählen insbesondere neue technische Verfahren, Computerprogramme, Musterbücher und Modelle, Kunden- und Lieferantenkarteien, Vertrags- und Ausschreibungsunterlagen, Marketingkonzepte, Finanzdaten des Unternehmens, die Buchführung, Personaldaten und Sanierungskonzepte.

Hier ist Vorsatz (auch im Hinblick auf das Vorliegen eines Geschäftsgeheimnisses) erforderlich. Die Strafandrohung beträgt Freiheitsstrafe bis zu einem Jahr oder Geldstrafe.

Bei Geheimnisverrat gegen Entgelt, bei Bereicherungs- oder Schädigungsabsicht erhöht sich der Strafrahmen auf Freiheitsstrafe bis zu 2 Jahren.

Die Verletzung der Geheimhaltungspflicht wird nur auf Antrag der Gesellschaft verfolgt. Der Antrag muss spätestens drei Monate nach einigermaßen zuverlässiger Kenntnis von Tat und Täter gestellt werden.

III. Bilanzstrafrecht (§§ 331, 334 HGB)

Unrichtige Darstellung nach § 331 HGB

Nach § 331 Nr. 1 HGB ist die unrichtige Darstellung oder Verschleierung der Vermögenslage der GmbH in einer Eröffnungsbilanz oder in einem Jahresabschluss oder Lagebericht strafbar, für die wiederum die Geschäftsführung verantwortlich zeichnet. Falsche Angaben in sonstigen Bilanzen und Erklärungen (z. B. Zwischen-, monatliche Übersichts-, Abschluss- und Liquidationsbilanzen) fallen unter die Strafvorschrift des § 82 GmbHG. Die Reform des Bilanzstrafrechts durch das Bilanzrichtliniengesetz vom 19.12.1985 hat für die GmbH zu einer erheblichen Verschärfung der strafrechtlichen Rechtslage geführt, da Bilanzfälschungen und -verschleierungen früher nur im Falle der Veröffentlichung der Bilanz oder bei Zahlungseinstellung, Insolvenzeröffnung oder Ablehnung der Insolvenzeröffnung mangels Masse strafbar waren. Die Vorschriften des Bilanzstrafrechts betreffen allerdings nur die handelsrechtliche Rechnungslegung der GmbH. Unrichtige Angaben und Verschleierungen in Steuerbilanzen sind ausschließlich nach § 370 AO als Steuerhinterziehung strafbar.

Zum Tatbestand des § 331 HGB gehört weder eine erfolgreiche Täuschung noch der Eintritt eines Vermögensschadens. Es handelt sich um ein abstraktes Gefährdungsdelikt. § 331 HGB schützt das Vertrauen der Gesellschafter, Arbeitnehmer und Gläubiger in die Richtigkeit der Information über die Verhältnisse der Gesellschaft. Alle Tatbestände des Bilanzstrafrechts sind als echte Sonderdelikte ausgestaltet, d.h. der Kreis tauglicher Täter ist beschränkt auf Geschäftsführer (auch Stellvertreter),

Aufsichtsratsmitglieder, vertretungsberechtigte Gesellschafter und Organe von Tochterunternehmen.

Die Tathandlungen bestehen bei § 331 HGB in der unrichtigen Wiedergabe oder der Verschleierung der Verhältnisse der GmbH bzw. des Konzerns. Im Einzelnen besteht die unrichtige Wiedergabe in der objektiv unrichtigen Darstellung der Verhältnisse, wobei Unrichtigkeit auch bei einer unvollständigen Darstellung gegeben ist. Das Fehlen einzelner Vermögensgegenstände, Schulden, Aufwendungen oder Erträge macht die Bilanz unrichtig (§§ 246 Abs. 1, 300 Abs. 2 HGB). Die Bewertung der Aktiva oder Passiva ist stets richtig, solange sie im Rahmen der Grundsätze ordnungsmäßiger Buchführung erfolgt. Zu dieser gehören auch die Bewertungsvorschriften der §§ 252 ff und 308 ff HGB. Die Bilanzwahrheit ist also auch nach neuem Recht relativ.

Die Bilanzverschleierung besteht in der Beeinträchtigung der Klarheit und Übersichtlichkeit. Sie betrifft die Form der Darstellung, insbesondere die Gliederung. Dabei sind nur schwerwiegende Verstöße strafbar.

Bei der Gewinn- und Verlustrechnung gibt es wegen der engen Verbindung zur Bilanz nur wenige Besonderheiten. In der Regel wirken sich Manipulationen der einen auch auf die andere aus. Zu erwähnen ist hier insbesondere die Verbuchung von Privatentnahmen als Ausgaben der Gesellschaft.

Auch für den Lagebericht verlangt das Gesetz, dass dieser ein den tatsächlichen Verhältnissen entsprechendes Bild vermittelt. Die Strafbarkeit ist hier aber auf gravierende Fälle unrichtiger und verschleiernder Berichterstattung beschränkt.

Wie in § 286 Abs. 2 und Abs. 3 HGB ist auch beim Lagebericht vorgesehen, Angaben wegen möglicher Gefährdung des Unternehmens zu unterlassen. Nimmt der Täter diese Voraussetzung irrig an, so handelt er nicht vorsätzlich.

Der Tatbestand des § 331 HGB sieht die Verhängung einer Freiheitsstrafe von bis zu 3 Jahren oder eine Geldstrafe vor.

Ordnungswidrigkeiten nach § 334 HGB

Ordnungswidrigkeiten stellen weniger gravierende Verstöße unter Bußgeldandrohung. Dabei geht es um Zuwiderhandlungen gegen Form- und Ordnungsvorschriften bei der Bilanzierung. Die Vorschrift stellt einen Auffangtatbestand für diejenigen Fälle dar, in denen der Verstoß gegen Form- und Ordnungsvorschriften nicht mit der strafrechtlich gebotenen Eindeutigkeit zur Annahme einer Unrichtigkeit oder Unklarheit der Bilanz führt.

IV. Steuerstrafrecht

Auch soweit Steuerverkürzung oder Steuergefährdungen durch Handlungen des Geschäftsführers bewirkt wurden, sind diese nicht der GmbH, sondern dem Geschäftsführer selbst zuzurechnen. Täter und – bei vorsätzlicher Begehung – strafbar ist somit der Geschäftsführer.

Steuerhinterziehung

Hierzu muss der Geschäftsführer gegenüber den Finanzbehörden oder anderen Behörden über steuerlich erhebliche Tatsachen unrichtige oder unvollständige Angaben gemacht, die Finanzbehörden pflichtwidrig über steuerlich erhebliche Tatsachen in Unkenntnis gelassen und dadurch Steuern verkürzt oder für sich oder die GmbH nicht gerechtfertigte Steuervorteile erlangt haben (§ 370 AO).

Objektiv ist erforderlich, dass durch die Handlung des Geschäftsführers die Realisierung des Steueranspruchs erschwert oder verhindert wird.

Praxishinweis. Bei Umsatzsteuer, Lohnsteuer und Kapitalertragsteuer ist die Steuerverkürzung bereits eingetreten, wenn die gesetzlich vorgeschriebenen Voranmeldungen bzw. Anmeldungen nicht rechtzeitig abgegeben werden. Zahlung der Steuer ohne Einreichung verhindert die Steuerverkürzung nur, wenn mit ausreichender Kennzeichnung der tatsächlich geschuldete Betrag überwiesen wird. Bei Umsatzsteuer- und Lohnsteuervoranmeldungen gilt als Steuerverkürzung auch die zwar fristgerechte, aber wissentlich unrichtige Abgabe.

Bei jährlicher Veranlagung (Körperschaftsteuer, Umsatzsteuerjahreserklärung) ist Steuerverkürzung eingetreten, wenn der Geschäftsführer unrichtige Erklärungen abgegeben hat und auf Grund dieser unrichtigen Erklärungen ein zu geringer Steuerbetrag festgesetzt wird oder eine Steuererklärung überhaupt nicht abgegeben und deswegen die Steuer nicht oder – bei verspäteter Abgabe – nicht rechtzeitig festgesetzt wird (§ 370 Abs. 4 AO). Tatvollendung tritt zu dem Zeitpunkt ein, in dem der zuständige Veranlagungsbezirk des Finanzamts die Veranlagungsarbeiten „im großen und ganzen" abgeschlossen hat (BGH wistra 1989, 183, 185). Dabei muss zu Gunsten des Geschäftsführers unterstellt werden, dass die GmbH zuletzt veranlagt worden wäre (Ferschl, wistra 1990, 177, 178).

Regelmäßig ist strafbefreiender Rücktritt vom Versuch gem. § 24 StGB anzunehmen, wenn die Steuererklärung vor Schluss der allgemeinen Veranlagungsarbeiten abgegeben wird. Abgabe nach Schluss der Veranlagungsarbeiten oder nach Ergehen eines Schätzungsbescheids kann Selbstanzeige gem. § 378 Abs. 3 AO sein und ist zu empfehlen.

Die Umsatzsteuerjahreserklärung beinhaltet eine Selbstanzeige betreffend unrichtige Voranmeldungen des Jahreszeitraums. Bei der Strafzumessung ist zu berücksichtigen, dass ein beim Finanzamt registrierter Steuerpflichtiger durch Nichtabgabe von Steuererklärungen nur vorübergehende Steuerverkürzung erreicht; angestrebt ist regelmäßig nur der Zinsvorteil von 6 % p.a. (BGH DB 1980, 1065; OLG Hamburg DB 1980, 1971). Daher kommt oft eine Einstellung des Strafverfahrens nach §§ 153, 153 a StPO in Betracht.

Nicht selten werden Lohnbescheinigungen über Aushilfsarbeiten mit falschem Namen unterschrieben, um Pauschalierungsvoraussetzungen zu erfüllen. Dann tritt zur Lohnsteuerhinterziehung auch Urkundenfälschung hinzu, selbst wenn die Person, deren Unterschrift gefälscht ist, einverstanden war. Es handelt sich dann nicht um ein echtes Vertretungsverhältnis, sondern um ein Auftreten unter fremdem Namen nur zum Schein. Auch ein nur faktischer Geschäftsführer kann als Täter zu Gunsten der GmbH bestraft werden, wenn er gegenüber dem oder den Geschäftsführern auf Grund einer überragenden Stellung die Geschäftsabläufe bestimmt (BayObLG StB 1991, 177).

Der Geschäftsführer kann nur bestraft werden, wenn er die Verkürzung vorsätzlich, d.h. mit Wissen und Wollen bewirkt, jedenfalls aber für möglich gehalten und billigend in Kauf genommen hat, dass bei § 370 Abs. 1 Nr. 1 AO
– unrichtige oder unvollständige Angaben gemacht werden,
– diese Angaben steuerlich erhebliche Tatsachen betreffen,
– diese Angaben den Finanzbehörden oder anderen Behörden gegenüber gemacht werden,
– die Behörde von der Falschheit der Angaben keine Kenntnis hat,
– durch die Handlung Steuern verkürzt werden oder er oder die GmbH nicht gerechtfertigte Steuervorteile erlangen;

und dass bei § 370 Abs. 1 Nr. 2 AO
– die Finanzbehörden über steuerlich erhebliche Tatsachen in Unkenntnis gelassen werden,
– ihn eine Rechtspflicht zur Offenbarung dieser Tatsachen trifft (steuerliche Erklärungspflichten),
– diese Rechtspflicht durch das Verhalten verletzt wird,
– durch das Verhalten Steuern verkürzt werden oder er oder die GmbH nicht gerechtfertigte Steuervorteile erlangen.

Das Gesetz sieht Freiheitsstrafe bis zu 5 Jahren, in besonders schweren Fällen (§ 370 Abs. 3 AO) Freiheitsstrafe von sechs Monaten bis zu 10 Jahren oder Geldstrafe vor.

Leichtfertige Steuerverkürzung

Sie liegt in einer leichtfertigen Begehung eines der Tatbestände des § 370 AO, wobei Täter nur der Steuerpflichtige und Personen, die die Angelegenheit eines Steuerpflichtigen wahrnehmen, sein können. Auch der GmbH-Geschäftsführer gehört zu diesem Adressatenkreis (vgl. §§ 33, 34 AO).

Der Geschäftsführer muss
– trotz Vorliegens von Umständen, nach denen es sich ihm hätte aufdrängen müssen, dass sein Verhalten eine Steuerverkürzung bewirkt,
– die Sorgfalt außer Acht gelassen haben, zu der er nach den Steuergesetzen verpflichtet und nach seinen persönlichen Kenntnissen und Fähigkeiten imstande war.

Praxishinweis! Bei Delegation von Arbeiten an den Steuerberater oder an Hilfskräfte bleiben Sie verpflichtet, sich ständig darüber zu vergewissern, ob diese zuverlässig und sachkundig sind. Fehlt Ihnen die erforderliche Sachkunde zur Kontrolle, muss ein als zuverlässig und erfahren bekannter Angehöriger der steuerberatenden Berufe hinzugezogen werden.

Selbstanzeige

Das Steuerstrafrecht bietet auch dem Geschäftsführer die Chance trotz steuerlicher Zuwiderhandlung Straffreiheit im Fall der Steuerhinterziehung bzw. Bußgeldfreiheit bei leichtfertiger Steuerverkürzung zu erlangen.

Zur Wirksamkeit der Selbstanzeige gehört, dass
– die unrichtigen oder unvollständigen Angaben berichtigt oder ergänzt oder die bislang unterlassenen Angaben nachgeholt und
– die schuldhaft verkürzten Steuern fristgerecht nachgezahlt werden.

Die Selbstanzeige bedarf keiner bestimmten Form; auch mündliche Erklärung genügt.

Praxishinweis! Vermeiden Sie die Bezeichnung „Selbstanzeige". Geben Sie stattdessen berichtigte Steuererklärungen mit vollständiger Angabe von Sachverhalten und Zahlen ab (§ 153 AO). Bei Schätzungen droht Unwirksamkeit, wenn das Finanzamt die Steuern nicht zutreffend berechnen kann. Deshalb: Sicherheitshalber höhere Beträge schätzen und später gegen geänderte Steuerbescheide Einspruch einlegen.

Straffreiheit hängt vom Abgabezeitpunkt der Selbstanzeige ab. Bei Steuerhinterziehung keine Straffreiheit
– nach Einleitung und Bekanntgabe des Straf- oder Bußgeldverfahrens,
– nach Erscheinen des Prüfers zur steuerlichen Prüfung,
– bei Kenntnis des Steuerpflichtigen davon, dass die Tat ganz oder zum Teil entdeckt war (Darlegungslast beim FA!) oder der Steuerpflichtige mit der Entdeckung rechnen musste.

Bei leichtfertiger Steuerhinterziehung tritt bei förmlicher Einleitung eines Ermittlungsverfahrens wegen (nur) leichtfertiger Steuerverkürzung keine Bußgeldfreiheit ein.

Praxishinweis! Selbstanzeige kann also selbst dann noch wirksam erstattet werden, wenn der Prüfer bereits erschienen ist, sofern der Geschäftsführer mitgewirkt bzw. das erforderliche Material beschafft und vorgelegt hat.

V. Insolvenzstraftaten

Unterlassener bzw. verspäteter Insolvenzantrag

Nach § 15a Abs. 4 InsO wird der Geschäftsführer bestraft (dasselbe gilt für den Liquidator), der bei Zahlungsunfähigkeit oder Überschuldung innerhalb der Drei-Wochen-Frist des § 15a Abs. 1 InsO einen Insolvenzantrag nicht, nicht richtig oder nicht rechtzeitig stellt. Entsprechende Regelungen gelten für den Geschäftsführer einer GmbH & Co. KG gem. § 15a Abs. 1 Satz 2 oder Abs. 3 InsO und für Gesellschafter im Falle der Führungslosigkeit, sofern sie Kenntnis der Umstände haben, gem. § 15a Abs. 3 InsO. Es kommt nicht darauf an, dass der Geschäftsführer vorsätzlich handelt. Auch die fahrlässige Tatbegehung ist strafbar.

Die in § 15a Abs. 1 InsO bestimmte 3-Wochenfrist ist eine Höchstfrist (zu den Grundsätzen siehe unter „Rechte und Pflichten" II. „Insolvenzantragspflicht"). Der

Insolvenzantrag ist ohne schuldhaftes Zögern bei Eintritt der Zahlungsunfähigkeit bzw. Überschuldung einzureichen. Eine fahrlässige Unkenntnis hindert nicht den Fristbeginn. Verschließt sich der Geschäftsführer einer Kenntniserlangung über die Zahlungsunfähigkeit oder Überschuldung, so beginnt die Frist bereits von dem Zeitpunkt dieses Verhaltens an zu laufen. Außergerichtliche Verhandlungen hemmen die Frist nicht. Nur soweit sie innerhalb der Frist dazu führen, dass entweder die Zahlungsunfähigkeit oder die Überschuldung beseitigt wird oder mittelfristig nicht mit dem Eintritt der Zahlungsunfähigkeit zu rechnen ist, entfällt die Antragspflicht.

Für die Insolvenzantragspflicht des Geschäftsführers ist es unerheblich, ob eine die Verfahrenskosten deckende Insolvenzmasse vorhanden ist oder nicht. Die Pflicht, einen Insolvenzantrag zu stellen, besteht auch dann, wenn eine Insolvenzeröffnung mangels Masse nicht in Betracht kommt. Bei Gesamtvertretung trifft jeden Geschäftsführer die Insolvenzantragspflicht. Die interne Zuständigkeitsordnung ist für die strafrechtliche Verantwortlichkeit unbeachtlich.

Die Verletzung der Insolvenzantragspflicht ist mit Freiheitsstrafe bis zu 3 Jahren oder Geldstrafe bedroht; bei Fahrlässigkeit ist eine Freiheitsstrafe bis zu einem Jahr oder eine Geldstrafe möglich. Die Zivilgerichte sind verpflichtet, den Staatsanwaltschaften unverzüglich Mitteilung über Beschlüsse zu machen, in denen Insolvenzanträge mangels Masse abgelehnt werden bzw. das Insolvenzverfahren eröffnet wird.

Der Geschäftsführer einer GmbH stellt bereits dann einen strafbefreienden Insolvenzantrag nach § 15a Abs. 1 InsO, wenn er lediglich den Antrag rechtzeitig stellt, ohne zugleich ein Gläubiger- und Schuldnerverzeichnis, eine Übersicht über die Vermögensmasse oder sonstige Unterlagen beizufügen, aus denen sich der Insolvenzgrund ergibt (BayObLG, NStZ 2000, 595).

Unterlassene Anzeige des Verlusts der Hälfte des Stammkapitals

Nach § 84 Abs. 1 GmbHG wird der Geschäftsführer bestraft, der es unterlässt, den Gesellschaftern einen Verlust in der Höhe der Hälfte des Stammkapitals anzuzeigen. Die Verletzung der Anzeigepflicht ist mit Freiheitsstrafe bis zu 3 Jahren oder mit Geldstrafe bedroht; bei Fahrlässigkeit Freiheitsstrafe bis zu einem Jahr oder Geldstrafe.

Sonstige Insolvenzstraftatbestände (§§ 283–283 d StGB)

Kennzeichnend für fast alle Insolvenzstraftaten ist, dass der Geschäftsführer eine Tätigkeit für die GmbH und/oder deren Gesellschafter vornimmt. Gem. § 14 StGB ist auch derjenige strafbar, der als vertretungsberechtigtes Organ einer juristischen Person handelt. Im Strafprozess muss aber nachgewiesen werden, dass er die Tathandlungen für die GmbH und in deren Interesse vorgenommen hat. Handelt er eigennützig, kann er ggf. wegen Untreue, nicht aber wegen Bankrott bestraft werden (BGHSt 30, 127).

Sehr umstritten ist, ob auch ein faktischer Geschäftsführer Täter von Insolvenzstraftaten sein kann. Unter einem faktischen Geschäftsführer ist eine nicht formell zum Geschäftsführer bestellte Person zu verstehen, die sich nach außen hin als Geschäftsführer geriert. Den faktischen Geschäftsführer trifft bei Überschuldung oder

Zahlungsunfähigkeit der GmbH ebenso eine Insolvenzantragspflicht wie den formell ordnungsgemäß bestellten Geschäftsführer, und er kann bei Verletzung dieser Pflicht entsprechend diesem bestraft werden (BGHSt 21, 101).

Der faktische Geschäftsführer ist aber strafrechtlich nur heranzuziehen, wenn kein verantwortlicher Geschäftsführer vorhanden ist oder er einen Einfluss ausübt, der über den des normalen formell bestellten Geschäftsführers hinausgeht. Davon ist in der Regel auszugehen, wenn der faktische Geschäftsführer alternativ entweder die Geschicke der GmbH allein bestimmt oder ein Übergewicht gegenüber dem formellen Geschäftsführer hat oder eine überragende Stellung in der Geschäftsführung einnimmt oder die Geschäfte in weiterem Umfang als der formelle Geschäftsführer wahrnimmt, sozusagen die Seele des Geschäfts ist und einen bestimmenden Einfluss auf alle Geschäftsvorfälle ausüben kann.

Hat die GmbH keinen Geschäftsführer, gilt sie als führungslos und wird für den Fall, dass ihr gegenüber Willenserklärungen abgegeben oder Schriftstücke zugestellt werden, durch die Gesellschafter vertreten (§ 35 Abs. 1 Satz 2 GmbHG). Auch wenn die Gesellschaft einen faktischen Geschäftsführer hat, ist sie führungslos i.S.d. Gesetzes. Die Gesellschafter sind bei Führungslosigkeit nicht allein Empfangsvertreter i.S.d. § 35 Abs. 1 Satz 2 GmbHG. Sie sind bei Zahlungsfähigkeit und/oder Überschuldung der GmbH gemäß § 15a Abs. 3 InsO verpflichtet, einen Insolvenzantrag zu stellen. Unterlassen sie dies, sind sie nach § 15a Abs. 4 InsO strafbar, m.E. allerdings nur bei Vorsatz. Für einen Gesellschafter besteht eine Insolvenzantragspflicht nämlich nicht, wenn er von der Zahlungsunfähigkeit, der Überschuldung oder der Führungslosigkeit keine Kenntnis hat (§ 15a Abs. 3 InsO). Wenn in § 15a Abs. 5 InsO auch fahrlässige Verstöße gegen die Insolvenzantragspflicht mit Strafe bedroht sind, kann dies nur den Fall betreffen, dass ein Gesellschafter trotz Kenntnis der Umstände fahrlässig keinen Insolvenzantrag stellt (a. A. Bittmann, GmbHR 07, 70, 77, der von Strafbarkeit der Gesellschafter auch bei fahrlässiger Unkenntnis ausgeht, dies aber für problematisch hält).

Wird die Unternehmenskrise durch Sanierungsbemühungen überwunden, so entfällt eine Strafbarkeit wegen eines Bankrottdeliktes nach den §§ 283 ff StGB.

Die Überwindung der Krise beseitigt aber nicht die Strafbarkeit des Geschäftsführers nach § 15a InsO, wenn die Drei-Wochen-Frist überschritten wurde. Eine geglückte Sanierung wird dann lediglich im Rahmen der Strafzumessung gewürdigt.

Bankrott (§ 283 StGB)

Bankrott liegt vor, wenn der Geschäftsführer Vermögensgegenstände der Gesellschaft verheimlicht oder beiseite schafft, Verpflichtungen anerkennt oder aufstellt, die teilweise erdichtet sind, seine Verpflichtung, Handelsbücher zu führen unterlässt, Handelsbücher vernichtet oder verheimlicht oder so führt oder ändert, dass diese keine Übersicht über die einzelnen Vermögensgegenstände gewähren, unübersichtliche oder gar keine Bilanzen aufstellt oder in einer anderen, den Anforderungen einer ordnungsgemäßen Wirtschaft grob widersprechenden Weise seinen Vermögensstand verringert oder seine wirklichen geschäftlichen Verhältnisse verheimlicht oder verschleiert.

Der Versuch ist strafbar. Eine Bestrafung wegen Bankrotts kommt aber nur in Frage, wenn die Gesellschaft ihre Zahlungen eingestellt hat und über ihr Vermögen das Insolvenzverfahren eröffnet bzw. die Eröffnung mangels Masse abgewiesen worden ist. Eine Strafbarkeit wegen Verletzung der Bilanzierungspflicht entfällt (§ 283 Abs. 1 Nr. 7b StGB), wenn der Geschäftsführer nicht in der Lage war, seine Verpflichtung zu erfüllen. Dies ist der Fall, wenn sich der Geschäftsführer zur Erstellung der Bilanz oder zu ihrer Vorbereitung der Hilfe eines Steuerberaters bedienen muss und er die erforderlichen Kosten nicht aufbringen kann (BGH, Beschluss vom 05.11.1997 = wistra 1998, 105). Der Bankrott wird mit Freiheitsstrafe bis zu 5 Jahren oder Geldstrafe (bei Fahrlässigkeit Freiheitsstrafe bis zu 2 Jahren) bestraft.

Besonders schwerer Fall des Bankrotts (§ 283 a StGB)

Ein besonders schwerer Fall des Bankrotts liegt vor, wenn die oben dargelegten Handlungen aus Gewinnsucht vorgenommen werden oder wenn hierdurch wissentlich eine Vielzahl von Personen in wirtschaftliche Not gebracht wird.

Der besonders schwere Fall des Bankrotts wird mit Freiheitsstrafe von sechs Monaten bis zu 10 Jahren geahndet.

Verletzung der Buchführungspflicht (§ 283 b StGB)

Dieser Tatbestand liegt vor, wenn der Geschäftsführer Handelsbücher zu führen unterläßt oder so führt oder verändert, dass die Übersicht über den Vermögensgegenstand der Gesellschaft erschwert wird, wenn er Handelsbücher oder sonstige Unterlagen vor Ablauf der gesetzlichen Aufbewahrungsfristen (§§ 257 HGB, 147 AO) beiseite schafft, verheimlicht, zerstört oder beschädigt und dadurch die Übersicht über den Vermögensgegenstand der Gesellschaft erschwert wird, sowie in den Fällen, in denen der Geschäftsführer unübersichtliche Bilanzen aufstellt oder die Aufstellung nicht fristgerecht vornimmt.

Voraussetzung für eine Strafbarkeit nach § 283 b StGB ist, dass es zu einer Zahlungsunfähigkeit bzw. zur Insolvenz der Gesellschaft kommt.

Der Strafrahmen beträgt Freiheitsstrafe bis zu 2 Jahren oder Geldstrafe (bei Fahrlässigkeit Freiheitsstrafe bis zu einem Jahr).

Gläubigerbegünstigung (§ 283 c StGB)

Gläubigerbegünstigung liegt vor, wenn der Geschäftsführer in Kenntnis der Zahlungsunfähigkeit der Gesellschaft einem Gläubiger in der Absicht, ihn vor den übrigen Gläubigern zu begünstigen, eine Sicherung oder Befriedigung gewährt hat, welche dieser nicht oder nicht in der Art oder nicht zu der Zeit hätte beanspruchen können.

Der Versuch ist strafbar. Auch hier tritt die Strafbarkeit nur ein, wenn es zur Zahlungsunfähigkeit oder zur Insolvenz der Gesellschaft kommt.

Die Gläubigerbegünstigung ist mit Freiheitsstrafe bis zu 2 Jahren oder mit Geldstrafe bedroht.

Weitere mögliche Straftatbestände

Bei einer Überschuldung oder Zahlungsunfähigkeit der GmbH kommen neben den bereits genannten Insolvenzstraftaten folgende Delikte in Betracht:
- Betrug (§ 263 StGB) einschließlich der Sonderbetrugsdelikte wie
- Computerbetrug (§ 263 a StGB)
- Subventionsbetrug (§ 264 StGB)
- Kapitalanlagebetrug (§ 264 a StGB)
- Geld- und Warenkreditbetrug (§ 265 b StGB)
- Untreue (§ 266 StGB)
- Vorenthalten und Veruntreuen von Arbeitsentgelt und Sozialversicherungsbeiträgen (§ 266a StGB)
- Unterschlagung, z. B. von Eigentums- oder Kommissionswaren (§ 246 StGB)
- Urkundenfälschung (§ 267 StGB)
- falsche Versicherung an Eides Statt (§ 156 StGB)
- Steuerhinterziehung (§§ 370 ff AO)
- Nichtbeachtung der Bilanzaufstellungsfristen (§ 283 Abs. 1 Nr. 7 b StGB)
- unrichtige Wiedergabe und Verschleierung der Verhältnisse der GmbH (§ 331 Nr. 1 HGB)
- Verletzung von Auskunfts- und Nachweispflichten gegenüber dem Abschlussprüfer (§ 331 Nr. 4 HGB)

VI. Strafzumessung

Die Straftatbestände sehen zur Ahndung der unter Strafe gestellten Taten regelmäßig einen Strafrahmen vor. Innerhalb dieses Strafrahmens ist auf den Einzelfall bezogen, eine angemessene Strafe für den Täter zu finden. Hierbei sind gemäß § 46 StGB sämtliche für und gegen den Täter sprechenden Umstände gegeneinander abzuwägen. Insbesondere kommen in Betracht:
- die Beweggründe und die Ziele des Täters
- die Gesinnung, die aus der Tat spricht, und der bei der Tat aufgewendete Wille
- das Maß der Pflichtwidrigkeit
- die Art der Ausführung und die verschuldeten Auswirkungen der Tat
- das Vorleben des Täters, seine persönlichen und wirtschaftlichen Verhältnisse
- sein Verhalten nach der Tat, besonders sein Bemühen, den Schaden wiedergutzumachen, sowie sein Bemühen, einen Ausgleich mit dem Verletzten zu erreichen.

So wirken sich regelmäßig bei der Abwägung strafmildernd aus: Bisherige Straflosigkeit, tätige Reue, Täter-Opfer-Ausgleich sowie der ernsthaft unternommene Versuch dem Verletzten Genugtuung zu verschaffen, bereits erlittene erstmalige Untersuchungshaft.

Zu Lasten eines Täters wirken sich bei der Abwägung regelmäßig die folgenden Umstände aus: Bewährungsbrüchigkeit, einschlägige Vorstrafen, die Verhinderung der Schadenswiedergutmachung durch Verheimlichen der Beute, hoher eingetretener Schaden.

Soweit bei der Abwägung der für und gegen den Täter sprechenden Umstände die für angemessen gehaltene Strafe sich im Rahmen einer Geldstrafe bewegt und die begangene Tat selbst nur ein Vergehen ist, d.h. der Strafrahmen auch die Verhängung einer Geldstrafe vorsieht, kann das Verfahren nach §§ 153ff StPO, ggfls. gegen Zahlung einer Geldauflage, eingestellt werden. Voraussetzung hierfür ist, dass gegen den Täter ein nur geringer Schuldvorwurf erhoben werden kann.

Wird auf eine Geldstrafe erkannt, werden Tagessatzhöhe und Anzahl zu bestimmen sein. Die Tagessatzhöhe bestimmt sich grundsätzlich nach dem Netto-Einkommen des GmbH-Geschäftsführers. Die Tagessatzhöhe beträgt mindestens 1 EUR und höchstens 5.000 EUR. Die Tagessatzanzahl wird zwischen mindestens 5 und höchstens 360 angesetzt.

VII. Verjährung

Die Verjährung beginnt nach § 78 a StGB mit Beendigung der Tat, spätestens jedoch bei Eintritt des zum Tatbestand gehörenden Erfolges. Erfolg tritt ein:
- beim Bankrott mit der Eröffnung des Insolvenzverfahrens oder Zahlungseinstellung
- beim Gründungsschwindel (§ 82 Abs. 1, Nr. 1 GmbHG) mit der Eintragung in das Handelsregister
- bei der versuchten Einkommensteuerhinterziehung mit der Abgabe der unrichtigen Steuererklärung
- bei Einkommensteuer, Gewerbesteuer und Körperschaftsteuer mit dem Zeitpunkt der Bekanntgabe des ersten, die Steuerverkürzung enthaltenden Steuerbescheides (BGH wistra 1991, 215), auch wenn dieser noch vorläufig ist oder unter Vorbehalt der Nachprüfung steht (§ 370 Abs. 4 Satz 1 AO);
- bei Umsatzsteuer mit Abgabe der Jahresanmeldung (BGH wistra 1991, 135; wistra 1983, 70), auch wenn dort lediglich die falschen Angaben aus den monatlichen USt-Voranmeldungen wiederholt werden; falls Voranmeldung oder Jahresanmeldung zu einer Steuervergütung führt, beginnt die Verjährung erst mit der Auszahlung der Steuervergütung;
- bei Fälligkeitssteuern (Lohnsteuer, Verbrauchsteuer, Zölle) mit Fälligkeit;

Die Verjährung wird gemäß § 78c StGB unterbrochen. Dies etwa bei der ersten Vernehmung des Beschuldigten, bei richterlicher Durchsuchung- oder Beschlagnahmeanordnung, Haftbefehl, Anklageerhebung. Mit den bezeichneten Unterbrechungshandlungen wird der schon abgelaufene Teil der Verjährung beseitigt, mit der Wirkung, dass die Verjährung mit der Unterbrechungshandlung von neuem zu laufen beginnt.

Die Verjährungsfristen nach § 78 StGB betragen:
- zehn Jahre bei Taten, die im Höchstmaß mit mehr als fünf Jahren bis zu zehn Jahren Freiheitsstrafe bedroht sind
- fünf Jahre bei Taten, die im Höchstmaß mit Freiheitsstrafen von mehr als einem Jahr bis zu fünf Jahren bedroht sind

– drei Jahre bei Taten, die im Höchstmaß auf bis zu ein Jahr Freiheitsstrafe bedroht sind

Dies bedeutet:

Der Bankrott ist nach § 283 StGB im Höchstmaß bei vorsätzlicher Begehung mit 5 Jahren Freiheitsstrafe bedroht. Er verjährt nach § 78 StGB, daher nach 5 Jahren.

Die Verletzung der Insolvenzantragspflicht ist bei vorsätzlicher Begehungsweise mit maximal 3 Jahren Freiheitsstrafe bedroht und verjährt demgemäß nach 5 Jahren. Hingegen ist die fahrlässig begangene Verletzung der Insolvenzantragspflicht lediglich mit bis zu einem Jahr Freiheitsstrafe bedroht und verjährt somit in 3 Jahren.

Steuerliche Gestaltungs- und Praxishinweise

Dr. Thomas Fr. Jehle

I. Die steuerrechtliche Stellung des GmbH-Geschäftsführers

Steuerrechtlich ist die Einordnung des Geschäftsführers in mehrfacher Hinsicht von Bedeutung. Aus Sicht des Geschäftsführers geht es um die Frage, ob seine Bezüge als Einkünfte aus selbstständiger oder unselbstständiger Arbeit oder gar aus Gewerbebetrieb anzusehen sind. Die Bezüge des Gesellschafter-Geschäftsführers können darüber hinaus Einkünfte aus Kapitalvermögen sein, soweit sie Erträge aus der Gesellschaftsbeteiligung darstellen.

Für die Gesellschaft ist entscheidend, ob die Geschäftsführerbezüge bei der Ermittlung des körperschaftsteuerpflichtigen Einkommens als Betriebsausgabe abzugsfähig und, wegen der Verweisungsnorm des § 7 GewStG, gewerbeertragsmindernd zu berücksichtigen sind.

Zivilrechtlich ist zu unterscheiden zwischen der gesellschaftsrechtlich notwendigen Berufung zum Geschäftsführer und der dienstvertragsrechtlichen Grundlage für die Tätigkeit in der Gesellschaft als Geschäftsführer. Die Berufung zum Geschäftsführer verschafft der GmbH ein Vertretungsorgan. Der Anstellungsvertrag regelt die Rechte und Pflichten im Innenverhältnis und ermöglicht der Gesellschaft den Abzug der Geschäftsführervergütung als Betriebsausgaben.

Für den Geschäftsführer stellen die Beträge nach der ständigen Rechtsprechung des BFH regelmäßig lohnsteuerpflichtigen Arbeitslohn dar. Abweichend vom Zivilrecht wird der Geschäftsführer im Steuerrecht also grundsätzlich als Arbeitnehmer behandelt. Für beherrschende Gesellschafter-Geschäftsführer sind Arbeitgeberbeiträge zur Kranken-, Renten- und Arbeitslosenversicherung nicht nach § 3 Nr. 62 EStG steuerfrei. Ob es sich um einen beherrschenden, nicht sozialversicherungspflichtigen Gesellschafter-Geschäftsführer oder um einen abhängigen Arbeitnehmer handelt, beurteilt sich im Ergebnis nach Sozialversicherungsrecht. Nach Auffassung der Finanzverwaltung (BFM-Schreiben vom 14.05.03, DStR 2003, 880) kann die Entscheidung des Sozialversicherungsträgers über die Sozialversicherungspflicht des Beschäftigungsverhältnisses für die Frage der Steuerfreiheit nach § 3 Nr. 62 Satz 1 EStG regelmäßig übernommen werden.

II. Der beherrschende Gesellschafter-Geschäftsführer

Entsprechend der einkommensteuerlichen Behandlung der Geschäftsführerbezüge werden auch im Körperschaft- und Gewerbesteuerrecht die Geschäftsführervergütungen und sonstige Nebenleistungen bei der Ermittlung des Gewinns der Gesellschaft grundsätzlich als Betriebsausgaben anerkannt. Streitig wird dies in der Praxis aber immer wieder bei so genannten „Gesellschafter-Geschäftsführern" oder auch bei „Fremd-Geschäftsführern", die aufgrund persönlicher oder sachlicher Gründe (Verwandtschaft, Ehe, gesellschaftsrechtliche Bande) einem Anteilseigner nahestehen.

Beherrschend sind Gesellschafter-Geschäftsführer von Ein-Mann-GmbH oder mehrheitlich an Familiengesellschaften beteiligte Geschäftsführer, weil sie aufgrund der aus der Gesellschafterstellung herrührenden Stimmrechte Beschlüsse durchsetzen können.

Für die Beurteilung der Frage, ob ein Gesellschafter-Geschäftsführer beherrschend ist, kommt es auf den Zeitpunkt der Gehaltszahlung, nicht auf den Zeitpunkt des Abschlusses des Geschäftsführer-Dienstvertrages an (BGH GmbHR 1996, 111).

Eine beherrschende Stellung erfordert deshalb grundsätzlich die Mehrheit der Stimmrechte. Andererseits reicht eine Beteiligung von 50 % oder weniger aus, wenn besondere Umstände hinzutreten, die eine Beherrschung der Gesellschaft begründen. Es genügt auch, wenn mehrere Gesellschafter einer Kapitalgesellschaft mit gleichgerichteten Interessen zusammenwirken, um eine ihren Interessen entsprechende einheitliche Willensbildung herbeizuführen.

III. Die Geschäftsführerbezüge

Ertragsteuerliche Anerkennung und umsatzsteuerliche Behandlung

Es besteht keine Vermutung dafür, dass ein Gesellschafter-Geschäftsführer als Angestellter für die Gesellschaft tätig wird. Deshalb muss der Abschluss eines Anstellungsvertrages von der Gesellschaft nachgewiesen werden. Unter ausdrücklicher Abkehr von seiner früheren Rechtsprechung wendet der BFH (BStBl II 2003, 36) die allgemeinen umsatzsteuerlichen Grundsätze über den Leistungsaustausch auch auf eine selbständig ausgeübte Geschäftsführertätigkeit des Gesellschafters an. Die Finanzverwaltung (BMF-Schreiben vom 13.12.02, BStBl I 2003, 68, OFD Frankfurt vom 23.04.04, GmbHR 2004,1166) qualifiziert Geschäftsführungs- und Vertretungsleistungen von Gesellschaftern an die Gesellschaft als umsatzsteuerbar, wenn die Leistungen gegen (Sonder-) Entgelt ausgeführt werden und damit auf einen Leistungsaustausch gerichtet sind, nicht aber als Gesellschafterbeitrag durch Beteiligung am Gewinn und Verlust der Gesellschaft abgegolten werden.

Geschäftsführungs-GmbH sind nur dann nicht selbständig nach § 2 Abs. 1 UStG tätig, wenn ein Organschaftsverhältnis i.S.d. § 2 Abs. 2 Nr. 2 UStG vorliegt. Natürliche Personen führen Geschäftsführungs- und Vertretungsleistungen selbständig aus, wenn sie nicht gem. § 2 Abs. 2 Nr. 1 UStG so in die Gesellschaft eingegliedert sind, dass sie weisungsgebunden wären (z. B. durch einen Anstellungsvertrag). Nachteilig ist diese Rechtsprechung dann, wenn die Gesellschaft nicht zum Vorsteuerabzug berechtigt ist (z. B. Wohnungs-Vermietungs-GmbH). Nach geänderter Rechtsprechung steht der Selbständigkeit auch die Organstellung des Geschäftsführers nicht entgegen (BFH DStR 2005, 919) und ist – wie auch die Weisungsgebundenheit gegenüber der Gesellschafterversammlung – kein unwiderlegbares Merkmal für Unselbständigkeit mehr. Wie allgemein bei der Abgrenzung zwischen selbständigen und unselbständigen Tätigkeiten kommt es auf das Gesamtbild der Verhältnisse im Einzelfall an. Praktisch hat dies ein Gestaltungswahlrecht zur Folge. Der Gesellschafter-Geschäftsführer bleibt unselbständig, wenn er dienstvertraglich ernsthaft in den Betrieb eingegliedert wird und feste Tätigkeitsvergütungen mit den für Arbeitnehmer üblichen Sozialleistungen erhält. Umgekehrt reicht es aber für die Annahme einer selbständigen Tätigkeit allein nicht aus, dass der Geschäftsführer Zeit, Umfang und Ort der Tätigkeit nach eigenem Ermessen bestimmen kann. Die Finanzverwaltung (BMF-Schr. v. 21.9.2005, BStBl 2005 I, 936) wendet die allgemeinen Abgrenzungsmerkmale (vgl H 67 LStH 2005 „Allgemeines") an. Wird ein Fremdgeschäftsführer aufgrund eines Beratervertrages tätig, ist er selbständig (FG Berlin DStRE 2006, 1055 rkr.).

Praxishinweis! Sollen umsatzsteuerbare Leistungen vermieden werden, muss die Geschäftsführertätigkeit ergebnisabhängig vergütet werden. Bei juristischen Personen kann eine Organschaft, bei natürlichen Personen die Vereinbarung eines Arbeitsverhältnisses helfen.

Klare und eindeutige Vereinbarung

Erforderlich ist eine klare und im voraus getroffene Vereinbarung, aus der sich die Gehaltszahlung im Einzelnen ergibt (BFH BStBl II 1988, 301).

Eine Vereinbarung ist im Sinne der höchstrichterlichen Rechtsprechung dann klar und im voraus getroffen, wenn ein außenstehender Dritter zweifelsfrei erkennen kann, dass die Leistung der Gesellschaft aufgrund einer entgeltlichen Vereinbarung mit dem Gesellschafter erbracht wurde (BFH GmbHR 1989, 800; 1990, 412).

Form

Eine schriftliche Vereinbarung ist zwar grundsätzlich dringend empfehlenswert, jedoch nicht zwingend (BFH GmbHR 1990, 412).

Wird Schriftform gewählt, liegt nicht notwendig eine klare Vereinbarung erst ab schriftlichem Vertragsabschluss vor. Der Vertrag kann auch einen bereits bestehenden (mündlichen) Vertrag bestätigen. Besteht über Leistung und Entgelt Einvernehmen und wird die Leistung erbracht, so kann sich gleichwohl die schriftliche Fixierung aus technischen Gründen oder, weil über Nebenpunkte noch gestritten wird, hinauszögern. Wird der in den steuerlich erheblichen Punkten bestehende Vertrag schließlich schriftlich niedergelegt, kann er steuerlich „rückwirkend" anzuerkennen sein, wenn letztlich nichts anderes als die Schriftform zur vorhandenen Vereinbarung hinzugetreten ist.

Enthält der Anstellungsvertrag des beherrschenden Gesellschafters eine Schriftformklausel und werden demgemäß Änderungen fortwährend auch schriftlich vereinbart, ist eine einzelne mündliche Änderung des Vertrages unwirksam (BFH DStR 1997, 66).

Praxishinweis! Zur Vermeidung von Auseinandersetzungen mit dem FA sollten Sie Entgelt und Leistung rechtzeitig schriftlich in einem Kurzvertrag niederlegen und diesen später durch den endgültigen umfassenden Vertrag ersetzen. Prüfen Sie immer, ob die Schriftform der in diesem Zeitpunkt getroffenen Vereinbarung entspricht, ob sie eine mündlich bestehende Vereinbarung bestätigt oder diese ändert. Auch wenn der Vertrag vorsieht, dass jede Änderung der Schriftform bedarf, können auch diese Vereinbarung und der Vertrag mündlich abgeändert werden, sofern der Vertragswille eindeutig ist (BFH BStBl II 90, 645).

Monatliche Zahlungen und Verbuchungen des Gehalts sowie die Abführung von Lohnsteuer und Sozialversicherungsbeiträgen können Indiz für eine klare Vereinbarung sein. Das gilt auch bei Änderungen des Vertrages, insbesondere bei Gehaltserhöhungen.

Dagegen genügt es nicht, wenn das Gehalt zwar monatlich gebucht, indes erst nachträglich zum Jahresende bezahlt wird.

Wirksamkeit

Als außerordentlich problematisches Erfordernis bestätigt der BFH in ständiger Rechtsprechung, dass Vereinbarungen zwischen dem beherrschenden Gesellschafter und der Gesellschaft steuerlich nur anerkannt werden, wenn sie auch zivilrechtlich wirksam sind (BFH BStBl II 1977, 15; 1991, 597), weil ein ordentlicher und gewissenhafter Geschäftsleiter dem Gesellschafter keine Leistungen aufgrund unwirksamer Vereinbarungen erbringe. Es bestehe ein allgemeines Interesse daran, der Gefahr von Gewinnmanipulationen durch geeignete Maßnahmen entgegenzutreten. Dies soll jedoch nicht gelten, wenn der Geschäftsführer auch bei zumutbarer Anspannung seiner Sorgfaltspflichten von einer Wirksamkeit der Vereinbarung ausgehen konnte oder die Rechtslage bislang umstritten war und die Unwirksamkeit auf einer sich nach Abschluss der Vereinbarung entwickelnden Rechtsprechung beruht (BFH BStBl II 1993, 141/143; GmbHR 1996, 60 und 466).

Insbesondere muss die GmbH bei Abschluss des Geschäftsführer-Dienstvertrages ordnungsgemäß vertreten sein. Hierfür ist nach der BGH-Rechtsprechung (DB 1991, 1065) ebenso wie für die Aufhebung und jede Änderung des Dienstvertrages mit einem Geschäftsführer ausschließlich die Gesellschafterversammlung zuständig. Ohne deren Einwilligung sind entsprechende Vereinbarungen schwebend unwirksam. Alle Vergütungen an Gesellschafter-Geschäftsführer, die ohne Einwilligung der Gesellschafterversammlung fließen, sind als vGA zu qualifizieren.

Ein formgerechter Gesellschafterbeschluss im Sinne von § 48 GmbHG ist nicht nur Voraussetzung für die steuerliche Anerkennung von Vergütungsvereinbarungen mit Gesellschafter-Geschäftsführern, sondern gilt auch für Fremd-Geschäftsführer und Ein-Mann-GmbH-Geschäftsführer.

Ferner darf nicht gegen § 181 BGB verstoßen werden. Der Gesellschafter-Geschäftsführer darf also die Gesellschaft bei Dienstvertragsabschlüssen entweder nicht selbst vertreten oder aber er muss wirksam von den Beschränkungen des § 181 BGB befreit sein. Danach kann der Geschäftsführer nicht zivilrechtlich wirksam mit sich selbst einen Vertrag schließen.

Praxishinweis! Anstellungsvertrag sowie Änderungen und Gehaltserhöhungen müssen zwischen Ihnen und der Gesellschaft, vertreten durch die Gesellschafterversammlung, abgeschlossen werden, soweit nach Gesetz oder Satzung keine anderweitige Zuständigkeit bestimmt ist.

§ 35 Abs. 3 GmbHG wiederholt das allgemeine Verbot ausdrücklich für die Einmann-GmbH. Vom Verbot muss folglich eine Befreiung beantragt und im Handelsregister eingetragen werden. Bis dahin ist deshalb auch ein Anstellungsvertrag, den der Einmann-GmbH-Gesellschaftergeschäftsführer mit sich selbst abgeschlossen hat, schwebend unwirksam. Allerdings muss die Handelsregister-Eintragung nicht vor der ersten Auszahlung erfolgt sein, wenn nur eine klare Vorabvereinbarung vorliegt und der Eintragungsantrag alsbald, d.h. ohne Verzögerung, gestellt wurde (BFH BStBl II 1999, 35).

In allen übrigen Fällen muss eine allgemeine Ermächtigung der Gesellschafterversammlung in die Satzung aufgenommen werden, um die Geschäftsführer durch Gesellschafterbeschluss vom Selbstkontrahierungsverbot befreien zu können.

Nachzahlungsverbot

Bei beherrschenden Gesellschafter-Geschäftsführern ist darüber hinaus erforderlich, dass die Vereinbarung im voraus getroffen worden ist. Zahlungen dürfen also nur für künftige Dienstjahre geleistet oder erhöht werden. Werden Geschäftsführergehälter für eine zurückliegende Zeit erstmalig gezahlt oder erhöht, liegt eine vGA vor. Beherrschende Gesellschafter-Geschäftsführer können durch nachträgliche Zahlungen auf den Gewinn der GmbH Einfluss nehmen. Die Zahlung kann wegen des Gesellschaftsverhältnisses oder aus betrieblicher Veranlassung vorgenommen werden. Bei einem beherrschenden Gesellschafter-Geschäftsführer geht die Rechtsprechung sogar von der Vermutung aus, dass die Zahlung societatis causa erfolgt. Werden Ansprüche auf Arbeitslohn einem Arbeitszeitkonto gutgeschrieben, weil sie in späteren Freistellungsphasen ausbezahlt werden sollen, sind sie auch für den beherrschenden Gesellschafter-Geschäftsführer erst im Zeitpunkt der späteren Auszahlung Arbeitslohn und können auch im Wege der Gehaltsumwandlung für betriebliche Altersversorgungen verwendet werden (BMF-Schr. v. 17.11.2004 BStBl 2004 I 1065 und DB 2005, 747). Der beherrschende Gesellschafter hat das Vorliegen einer im Voraus geschlossenen klaren und eindeutigen Vereinbarung nachzuweisen (BFH BStBl II 1997, 577).

Das Nachzahlungsverbot gilt nur bei beherrschenden Gesellschafter-Geschäftsführern. In der Regel ist bei einer Beteiligung von bis zu 50 % eine Nachzahlung steuerlich anzuerkennen, wenn sie ihre wirtschaftliche Grundlage im bereits abgelaufenen Geschäftsjahr hat und am Bilanzstichtag zu erwarten war.

Allerdings ist für die Beantwortung der Frage, ob der betreffende Gesellschafter-Geschäftsführer „beherrschend" im Sinne der BFH-Rechtsprechung zum Rückwirkungsverbot ist, keinesfalls die Beteiligungsquote immer allein ausschlaggebend. Ausgeschlossen ist das Nachzahlungsverbot jedenfalls für den Fremdgeschäftsführer. Auch für den mit weniger als 25 % am Gesellschaftsvermögen beteiligten Geschäftsführer gilt es in der Regel nicht. Dann müssen im Einzelfall konkrete Umstände hinzu kommen, die dem minderheitlich beteiligten Geschäftsführer dennoch einen beherrschenden Einfluss auf die Willensbildung in der Gesellschaft geben.

Das gilt auch für den Fall einer Tantiemezahlung, deren Grundlage sich aus dem Anstellungsvertrag nicht ergibt. Die Zahlung kann von Jahr zu Jahr nachträglich, d.h. bei Beschlussfassung über den Jahresabschluss, beschlossen werden.

Bei einer Beteiligung von mehr als 50 % stellen Nachzahlungen in der Regel vGA dar.

Selbst bei einem Minderheitsgesellschafter kann eine nachträgliche Erhöhung des Geschäftsführergehalts eine vGA darstellen, wenn gleichzeitig das Gehalt des beherrschenden Gesellschafter-Geschäftsführers erhöht wird, da hier regelmäßig von einem Interessengleichklang auszugehen ist (BFH GmbHR 1976, 273; BFH BStBl II 1987, 97).

Es ist allerdings genau zu prüfen, ob eine solche Interessengleichheit vorliegt. Sind die Beteiligungsverhältnisse unterschiedlich und wird für jeden Gesellschafter-Geschäftsführer eine gleich hohe Tantieme vereinbart, liegt kein Interessengleichklang vor.

Kein Verstoß gegen das Rückwirkungsverbot ist es, wenn ein bestehender, rechtzeitig vereinbarter Anspruch zu spät erfüllt wird, etwa bei Gehaltsstundungen (BFH BStBl II 74, 179; 78, 234), sofern in diesem Falle alle sonstigen Folgerungen aus der Vereinbarung (z. B. Passivierung in der Bilanz) gezogen wurden.

Tatsächliche Durchführung

Die geänderten Vereinbarungen müssen, um anerkannt zu werden, durchgeführt, d.h. vereinbarte Entgelte gezahlt werden (BFH BStBl II 1986, 469 und 880).

Anderenfalls kann, wenn weder Entgelt bezahlt noch eine entsprechende Rückstellung ausgewiesen ist, nicht später etwa anläßlich eines BP-Mehrgewinns die Rückstellung oder Zahlung nachgeholt werden. Maßstab der Durchführung ist, ob der Vertrag die Unentgeltlichkeit der Leistungserbringung ausschließt (BFH BStBl II 1988, 301).

Werden aufgrund einer finanziellen Krise der Gesellschaft laufende Gehaltszahlungen ausgesetzt, so ist der Vertrag durchgeführt, wenn die Schuld passiviert wird. Ist eine monatliche Gehaltszahlung vereinbart, muss es betriebliche Gründe geben, falls hiervon abgewichen wird.

Praxishinweis!

- Höhe und Fälligkeit (möglichst monatliche Auszahlung) klar bestimmen.
- Weihnachtsgelder, 13. oder 14. Gehalt und Urlaubsvergütungen festlegen und bezeichnen bzw. auf gesetzliche Besoldungsregelungen und Tarifverträge verweisen.
- Bei kleineren Gesamtvergütungen kann es sinnvoll sein, von vornherein eine Jahreszahlung zu vereinbaren. Wird ein Geschäftsführer-Dienstvertrag nur zum Teil durchgeführt, so ist auch nur der Teil des Vertrages gefährdet, der nicht durchgeführt wurde.
- Gelingt die monatliche Auszahlung nicht, sind die Beträge in verzinsliche Darlehen umzuwandeln.

Steuerrelevante Vergütungsbestandteile

Solche sind neben dem Festgehalt erfolgsabhängige Tantiemen, Pensionszusagen und sonstige Nebenleistungen.

Tantieme

Die Zahlung einer Tantieme ist weit verbreitet. Die Höhe der variablen Vergütung beträgt erfahrungsgemäß im Durchschnitt 25 % der Gesamtbezüge, wobei als Bemessungsgrundlage weit überwiegend eine Gewinngröße, häufig der Gewinn vor Steuern gewählt wird. Aber auch eine umsatzabhängige Tantieme ist gesellschaftsrechtlich grundsätzlich zulässig und auch nicht so außergewöhnlich und unüblich, dass sie rechtsmissbräuchlich wäre. Steuerlich ist sie so lange nicht schädlich, wie zwischen Gesamtausstattung, d.h. der Summe aller Vorteile und Entgelte aus dem Anstellungsverhältnis einerseits, und den Ertragsaussichten der Gesellschaft, der Kapitalverzinsung und der angemessenen Vergütung für das auf dem ausstehenden Stammkapital lastende Risiko andererseits kein krasses Missverhältnis besteht. Sie ist gerade dann, wenn in aller Regel noch nicht mit Gewinn gerechnet werden kann, ein besonderer Anreiz zur Leistungssteigerung, wird aber von Finanzrechtsprechung und Finanzverwaltung nur anerkannt, wenn besondere Gründe dargetan werden (BFH BStBl II 1989, 854; GmbHR 1996, 301 ff).

Besondere Gründe sind in der Branchenüblichkeit und der Aufbauphase der Gesellschaft gegeben. Voraussetzung für die Anerkennung ist außerdem, das die Umsatztantieme durch Vertrag zeitlich und der Höhe nach begrenzt wird, um nicht einer Gewinnabsaugung und einer die Unternehmensrendite vernachlässigenden Umsatzsteigerung Vorschub zu leisten. Die Beweislast für die Anerkennung der für eine Umsatztantieme sprechenden Umstände trägt der Steuerpflichtige (BFH BStBl II 1989, 854 und 1999, 321).

Mit dem „Tantieme-Urteil" (BStBl II 1995, 549) sind konkrete Relationen vorgegeben worden, die gleichermaßen für Rohgewinn- und Nur-Tantiemen Anwendung finden (BFH GmbHR 1999, 415).
- Soweit Tantiemeversprechen bei mehreren Geschäftsführern 50 % des Jahresüberschusses übersteigen, spricht schon der Beweis des ersten Anscheins für Gewinnabschöpfung und damit für vGA.
- Im allgemeinen darf der erfolgsabhängige Teil der Vergütung 25 % der Gesamtbezüge nicht übersteigen. Abweichungen sind nur bei sachgerechten, außerhalb des Gesellschaftsverhältnisses liegenden Gründen möglich.
- Ausgangspunkt der Berechnung ist die angemessene Gesamtvergütung, nach der der Tantiemeteil als absoluter Betrag mit 25 % fixiert und zur Festlegung des Tantiemesatzes ins Verhältnis zur voraussichtlichen Bemessungsgrundlage (z. B. Jahresüberschuss vor Ertragsteuern) gesetzt wird.

Praxishinweis! Sie können den angemessenen Tantiemeanteil nach folgender Formel berechnen:

$$\text{Tantieme-Satz} = \frac{\text{angemessene Jahresbezüge} \times 25\%}{\substack{\text{voraussichtliche durchschnittliche} \\ \text{Bemessungsgrundlage für 3 Jahre}}}$$

Die nach der voraussichtlichen Bemessungsgrundlage festgelegte Tantieme soll bei jeder Gehaltsanpassung, spätestens aber nach 3 Jahren überprüft und angepasst werden. Innerhalb dieses Zeitraums bleibt es unbeanstandet, wenn die Tantieme infolge außerordentlicher Ertragsentwicklungen die Schwelle von 25 % der Gesamtbezüge überschreitet (Zu Zweifelsfragen vgl. BMF-Schreiben vom 5.1.1998, GmbHR 1998, 256 und vom 01.02.2002, DStR 2002, 219). Hielt die Tantieme dem Fremdvergleich im Zeitpunkt ihres Abschlusses stand und hat sich die Bemessungsgrundlage später in unerwartetem Maße erhöht, führt dies nur dann zu einer vGA, wenn die Gesellschaft die Vereinbarung zu ihren Gunsten hätte anpassen können und darauf aus im Gesellschaftsverhältnis liegenden Gründen verzichtet hat (BFH GmbHR 2003, 120). Freilich hat der zuständige Senat des BFH inzwischen mehrfach darauf hingewiesen (vgl. zuletzt GmbHR 2004, 512), dass der Höhe nach angemessene Gesamtbezüge generell nicht nur deshalb als vGA qualifiziert werden können, weil sie zu mehr als 25% aus Tantiemen bestehen. Vielmehr muss dann im Einzelfall ermittelt werden, ob die Gestaltung in Teilen durch das Gesellschaftsverhältnis veranlasst ist (BFH BStBl II 2004, 132 und 136).

Praxishinweis! Die „75:25 Regel" hat damit nur noch in Einzelfällen Indizwirkung, wenn etwa keine Deckelung der Tantieme vorgesehen ist und die 25%-Quote deutlich überschritten wird.

Höchstrichterlich geklärt ist auch, inwieweit die Nichteinbeziehung von Verlustvorträgen bei der Tantiemeberechnung dem Drittvergleich entspricht. Ein ordentlicher und gewissenhafter Geschäftsleiter einer GmbH wird einem fremden Geschäftsführer eine Tantieme grundsätzlich nur in der Form zusagen, dass jedenfalls Verluste, für die dieser Geschäftsführer (mit)verantwortlich ist, die Bemessungsgrundlage der Tantiemeberechnung späterer Jahre mindern (BFH BStBl 2004, 524).

Praxishinweis! Geschäftsführer-Dienstverträge sind darauf zu überprüfen, ob Verlustvorträge in die Tantiemeberechnung insoweit einbezogen sind, als sie unter der (Mit)Verantwortung des tantiemeberechtigten Gesellschafter-Geschäftsführers entstanden sind.

Erweist sich die Tantiemeregelung in der Betriebsprüfung als unangemessen, so kann eine vGA aber nur insoweit angenommen werden, d.h. nicht in Höhe der gesamten Tantieme und auch nicht in Höhe der Tätigkeitsvergütung.

Dem Grunde nach als durch das Gesellschaftsverhältnis veranlasst und damit als vGA wertet die Finanzverwaltung (BMF-Schreiben vom 14.10.02, GmbHR 2002, 1152) auch zeitlich unbefristete Nur-Tantiemezusagen.

Praxishinweis!
- Treffen Sie eine schriftliche, zivilrechtlich wirksame Tantiemeregelung im voraus (rückwirkend festgelegte Vergütungen sind aufgrund des Nachzahlungsverbotes steuerlich unwirksam).
- Formulieren Sie so, dass aus der Klausel selbst heraus allein durch Rechenvorgänge die Tantiemehöhe bestimmt werden kann und nicht von Ermessensspielräumen der Geschäftsführer oder der Gesellschafterversammlung abhängt.
- Definieren Sie eindeutig und klar die Bemessungsgrundlage (falsch: „Ergebnis der Steuerbilanz", „ausgeschütteter Handelsbilanzgewinn"; richtig: „Jahresüberschuss der

Handelsbilanz vor Verrechnung mit Verlustvorträgen und vor Abzug der Körperschaft-
und Gewerbesteuer")
- Die „75 : 25-Regel" sollte beachtet, bestehende Regelungen alle 3 Jahre im Hinblick auf
  ihre Angemessenheit überprüft und ggf. angepasst werden.
- Zahlen Sie vereinbarte Tantiemen umgehend nach Fälligkeit aus.
- Vereinbaren Sie Umsatztantiemen nur im Ausnahmefall und unter Angabe besonderer
  Gründe.
- Staffeln Sie die Tantiemezahlung und setzen Sie eine betragsmäßige Oberbegrenzung
  im Verhältnis zum Festgehalt, Gewinn bzw. Umsatz.

Pensionszusage

Zum Gesamtpaket „Vergütung" gehört auch eine Reihe marktüblicher Zusatzleis-
tungen, von denen die mit Abstand wertvollste die betriebliche Pensionszusage ist.
Bei kleinen Unternehmen haben immerhin 63 % der Geschäftsführer eine Zusage
auf betriebliche Versorgungsleistungen, in mittleren und großen GmbH liegt der
Anteil sogar bei 90 %. Steuerrechtlich gehört die Pensionszusage zur Gesamtausstattung des Geschäftsführers.

Die Rückstellung für die Pensionszusage bemisst sich nach § 6 a EStG und setzt
Schriftform voraus. Sie ist gewahrt, wenn die GmbH eine schriftliche Erklärung abgegeben und der Geschäftsführer diese nach den Regeln des Zivilrechts angenommen hat, auch durch mündliche Erklärung (BFH DStR 2005, 1524). Bei beherrschenden Anteilseignern ist zusätzlich eine klare, eindeutige, rechtzeitige und
durchgeführte Vereinbarung erforderlich, zu der ein Beschluss der Gesellschafterversammlung allein nicht genügt, wenn der vollziehende Vertrag fehlt (BFH/NV 1988,
807). Wertsicherungs-, Gleit- und Spannungsklauseln vermeiden alljährliche Auseinandersetzungen über die Höhe des Gehalts und beugen einem Verstoß gegen das
Nachzahlungsverbot vor, sofern sie vor Eintritt des Versorgungsfalls vereinbart werden (BFH BStBl II 1979, 687; 1982, 612). Auch bei Hinterbliebenenzusagen, die
möglich und steuerrechtlich anerkannt sind (BFH BStBl II 1990, 322), gilt das Rückwirkungsverbot (BFH BStBl II 1982, 612), sofern der Geschäftsführer – nicht die Hinterbliebenen – beherrschender Anteilseigner war.

Im Rahmen der Einkommensteuerveranlagung steht auch Geschäftsführern als natürlichen Personen ein Vorwegabzug für Vorsorgeaufwendungen nach § 10 Abs. 3
und § 10c Abs. 3 Nr . 2 EStG zu. Dieser wird um 16 v. H. der Einnahmen aus nichtselbstständiger Arbeit gekürzt, wenn der Arbeitgeber Beiträge zur Rentenversicherung entrichtet oder dem Arbeitnehmer eine betriebliche Altersversorgung (Pensionszusage) zugesagt ist, die er ganz oder teilweise ohne eigene Beitragsleistung
erwirbt. Der Vorwegabzug ist aber nicht zu kürzen, wenn ein GmbH-Geschäftsführer Alleingesellschafter ist oder wenn zwei Gesellschafter-Geschäftsführer zu gleichen Teilen an der Gesellschaft beteiligt sind und Pensionszusagen in der gleichen
Höhe jeweils auf das 65. Lebensjahr erhalten haben. Durch die Bildung einer Pensionszusage wird ihr Ausschüttungsanspruch als Gesellschafter geschmälert, sodass
sie dadurch ihre Pensionsanwartschaften durch eigene Beiträge erwerben (BFH
DStR 2005, 1177).

Besondere Merkmale für die betriebliche Veranlassung von Pensionszusagen sind deren Angemessenheit, Ernsthaftigkeit, Finanzierbarkeit und Erdienbarkeit.

Bei der Angemessenheitsprüfung im Rahmen der Gesamtvergütung ist die Zusage mit der fiktiven Jahresnettoprämie nach dem Alter des Gesellschafter-Geschäftsführers im Zeitpunkt der Zusage anzusetzen, d.h. mit der Jahresprämie, die für eine entsprechende Versicherung netto ohne Abschluss- und Verwaltungskosten zu zahlen wäre. Unabhängig von der Höhe der Beteiligung darf die zu zahlende Betriebsrente unter Berücksichtigung von Ansprüchen auf Sozialversicherungsrente und eventuell bestehenden Direktversicherungsansprüchen nicht mehr als 75 % der angemessenen Gesamtbezüge am Bilanzstichtag betragen. Dabei ist es unerheblich, ob die GmbH für die Verpflichtung eine Rückdeckungsversicherung abgeschlossen oder die Ansprüche aus der Rückdeckungsversicherung an den Geschäftsführer verpfändet hat (BFH BStBl II 1996, 204; BMF-Schreiben vom 03.11.2004, BStBl I 2004, 1045). Sieht die Pensionszusage spätere Erhöhungen vor oder wird sie später erhöht, ist die fiktive Jahresnettoprämie für den Erhöhungsbetrag auf den Zeitpunkt der Erhöhung zu berechnen. Das gilt nicht für laufende Anpassungen an gestiegene Lebenshaltungskosten.

Weiter kommt es darauf an, ob eine hinreichende Wahrscheinlichkeit (Ernsthaftigkeit) dafür besteht, dass die Gesellschaft in Anspruch genommen wird und die GmbH zur Erfüllung voraussichtlich in der Lage sein wird (BFH/NV 1989, 628; FG Düsseldorf EFG 1992, 38; BFH/NV 1993, 330).

Praxishinweis! Indiz hierfür ist der Abschluss einer Rückdeckungsversicherung.

Die Ernsthaftigkeit einer Pensionszusage ist aber nicht schon deshalb bezweifelbar, weil keine Rückdeckungsversicherung besteht (BFH DStR 1997, 418). Beiträge für eine Rückdeckungsversicherung einer dem Gesellschafter-Geschäftsführer zugesagten Pension stellen auch dann keine vGA dar, wenn die Pensionszusage durch das Gesellschaftsverhältnis veranlasst ist. Sie sind jedenfalls dann, wenn sie nicht aus Gründen der Insolvenzsicherung an den begünstigten Gesellschafter-Geschäftsführer verpfändet oder abgetreten sind, keine Zuwendung eines vermögensmäßigen Vorteils an den Gesellschafter (BFH GmbHR 2003, 118).

Die steuerliche Wirksamkeit von Pensionszusagen an Gesellschafter-Geschäftsführer hat der Bundesfinanzhof von der Finanzierbarkeit im Zeitpunkt der Zusage abhängig gemacht (BStBl II 2005, 653, 657, 659, 662, 664 und 875). Eine Pensionszusage ist nicht finanzierbar, wenn die Passivierung der Verpflichtung zu einer Überschuldung des Unternehmens im insolvenzrechtlichen Sinne führt. Dabei sind die versicherungsmathematischen Wahrscheinlichkeiten des Eintritts eines Versorgungsfalls zu berücksichtigen. Die Finanzverwaltung hat diese Rechtsprechung des Bundesfinanzhofs in allen offenen Fällen ab 2005 für anwendbar erklärt (BMF-Schreiben v. 6.9.2005, BStBl I 2005, 875). Ist auf eine Pensionszusage vor dem Jahr 2005 vollständig oder teilweise verzichtet worden, wird es auf gemeinsamen Antrag der Gesellschaft und der Gesellschafter hin nicht beanstandet, das BMF-Schreiben zur Finanzierbarkeit vom 14.05.1999 (BStBl I 1999, 512) weiter anzuwenden.

Diese Möglichkeit können auch nicht beherrschende Gesellschafter-Geschäftsführer wahrnehmen.

Schließlich muss die Pension des Gesellschafter-Geschäftsführers während seiner Geschäftsführertätigkeit erdient werden können. Sie ist eine Belohnung für geleistete Dienste, die eine längere Tätigkeit im Betrieb voraussetzt. Für den beherrschenden Gesellschafter-Geschäftsführer beträgt unabhängig davon, wie lange er zuvor für die GmbH tätig war, die steuerlich relevante Erdienungsdauer mindestens 10 Jahre (BFH BStBl II 1995, 419). Der nicht beherrschende Gesellschafter-Geschäftsführer muss mindestens 12 Jahre vor dem vorgesehenen Zeitpunkt seiner Pensionierung im Betrieb tätig gewesen und die Pensionszusage muss ihm mindestens 3 Jahre vor diesem Zeitpunkt erteilt worden sein (BFH BStBl II 2000, 504). Die Zeiträume, in denen sich der Gesellschafter-Geschäftsführer seine Ansprüche aus einer Zusage auf Leistungen der betrieblichen Altersversorgung erdienen muss, lehnen sich noch an die Unverfallbarkeitsfristen des BetrAVG in der Fassung vor 2001 an, sind aber ungeachtet ihrer inzwischen mehrfachen Verkürzung und Änderung weiterhin zu beachten. Ein Unterschreiten ist als Indiz dafür anzusehen, dass die Zusage ihre Ursache im Gesellschaftsverhältnis hat (BMF-Schreiben vom 09.12.2002, BStBl I 2002, 1393

Das eröffnet in einem gewissen Umfang Gestaltungsspielraum. Sofern der beherrschende Gesellschafter-Geschäftsführer mehr als 12 Jahre betriebszugehörig ist und die Erdienensgrenze von 10 Jahren unterschreitet, kann er in die Stellung eines Minderheitsgesellschafters einrücken und damit eine Zusage rechtfertigen.

Im Übrigen hängt die Erdienbarkeit wegen des mit zunehmendem Alter steigenden Risikos kurzfristiger Inanspruchnahme der Pension entscheidend vom Alter des Geschäftsführers im Zeitpunkt der Zusage ab. Die Rechtsprechung verneint eine Erdienbarkeit, sobald der Geschäftsführer das 60. Lebensjahr überschritten hat (BFH/NV 1993, 52; 1989, 195), da die Gesellschaft nach allgemeiner Lebenserfahrung dann nur noch mit einer zeitlich eng begrenzten Tätigkeit des Geschäftsführers rechnen kann. Typisierend ist davon auszugehen, dass das Pensionsalter auf nicht später als 70 Jahre vereinbart werden kann, sodass die Pensionszusage bei Mindestpensionsalter 65 vor Vollendung des 55. Lebensjahres und bei Pensionsalter 70 vor Vollendung des 60. Lebensjahres erteilt worden sein muss.

Unabhängig von diesen Altersgrenzen sind Pensionszusagen zu sehen, die einem mehr als 60 Jahre alten Geschäftsführer unter der Bedingung erteilt werden, dass er nach Erteilung der Zusage noch mindestens 10 Jahre für das Unternehmen tätig sein muss. Denn dann trägt allein das Risiko vorzeitiger Arbeitsunfähigkeit der Geschäftsführer. Ob allerdings ein fremder Dritter das Risiko einer solchen bedingten Pensionszusage auf sich nehmen würde, erscheint fraglich, sodass gegen derartige Zusagen steuerrechtlich Bedenken im Hinblick auf ihre Üblichkeit bestehen.

Außerdem ist die steuerliche Anerkennung von solchen Pensionszusagen gefährdet, die vor Ablauf einer angemessenen „Wartefrist" erteilt werden. Die Finanzverwaltung hält dieses Gebot jedenfalls für beherrschende Gesellschafter-Geschäftsführer für maßgebend. Auch der BFH konstatiert dieses Gebot (BFH BStBl II 1993, 455; BFH/

NV 1989, 195), wohl auch für den nicht mehrheitlich beteiligten Gesellschafter-Ge-schäftsführer (BFH/NV 1993, 330). Danach muss zunächst eine Probezeit bis zur Un-terzeichnung der schriftlichen Pensionsurkunde eingehalten werden, die dazu dient, die Eignung, Befähigung und fachliche Leistung zuverlässig zu beurteilen. Die Frist ist unbestimmt und hängt von den Umständen des Einzelfalles ab (vgl. BFH BStBl 2005 II 882). Nach Auffassung der Finanzverwaltung soll diese regelmäßig 2 bis 3 Jahre betragen (BMF-Schreiben vom 14.5.1999, DStR 1999, 1031), ist aber bei ent-sprechender Vortätigkeit, etwa bei Betriebsaufspaltung, Umwandlung oder Manage-ment-buy-out (BFH BStBl II 2002, 670) für die Rechtsvorgängerin der Gesellschaft, nicht in jedem Fall erforderlich. Gleiches gilt, wenn die Leistungsfähigkeit des neube-stellten Geschäftsführers aufgrund gesicherter Erkenntnisse über seine Vortätigkeit für das Unternehmen zuverlässig einzuschätzen ist (BFH GmbHR 2004, 261). Bei neu gegründeten Kapitalgesellschaften, die kein schon vorher bestehendes Unternehmen fortführen, kann eine Pensionszusage erst anerkannt werden, wenn die künftige wirtschaftliche Entwicklung der Gesellschaft verlässlich abgeschätzt werden kann (BFH DStR 2005, 918).

Vereinbarungen über Pensionszusagen an Gesellschafter-Geschäftsführer sehen häufig abweichend von den Regelungen im BetrAVG eine sofortige Unverfallbar-keit der zugesagten Ansprüche vor. Eine derartige Vereinbarung ist grundsätzlich für sich genommen nur dann als betrieblich veranlasst anzusehen, wenn es sich um eine sofortige ratierliche Unverfallbarkeit handelt. Bei einem Anspruch auf betrieb-liche Altersversorgung durch Entgeltumwandlung ist nicht zu beanstanden, wenn sich die Unverfallbarkeit nach § 2 Abs. 5a BetrAVG richtet. Anderenfalls ist die Zu-sage als durch das Gesellschaftsverhältnis veranlasst anzusehen. Es liegt dann bei einem vorzeitigen Ausscheiden des Gesellschafter-Geschäftsführers auf der Ebene der GmbH eine vGA insoweit vor, als der Rückstellungsausweis für die Verpflich-tung nach § 6a EStG den Betrag übersteigt, der sich bei einer sofortigen ratierlichen Unverfallbarkeit ergeben würde. Bei Zusagen an beherrschende Gesellschafter-Ge-schäftsführer ist zur Ermittlung des Betrags, der sich bei einer sofortigen ratier-lichen Unverfallbarkeit ergeben würde, nicht der Beginn der Betriebszugehörigkeit, sondern der Zeitpunkt der Zusage maßgebend.

Erhält ein beherrschender Gesellschafter-Geschäftsführer eine Pensionszusage nicht zusätzlich, sondern anstelle einer Barvergütung für seine Tätigkeit, so ist dies unter dem Aspekt des Fremdvergleichs steuerlich nicht anerkennungsfähig (BFH BB 1995, 2054), da ein angestellter Fremdgeschäftsführer sich auf eine reine Ver-sorgungszusage jedenfalls dann nicht einließe, wenn diese nicht durch Abschluss ei-ner Rückdeckungsversicherung abgesichert wird, weil damit der Geschäftsführer selbst das gesamte Risiko einer Verschlechterung der Bonität der Gesellschaft trägt.

Praxishinweis!

- Nach Überschreiten des 60. Lebensjahres ist eine Pensionszusage steuerlich wirksam nicht mehr erteilbar.
- Bis zur Vollendung des 55. Lebensjahres kann eine Pensionszusage erteilt werden, wenn das Pensionierungsalter mindestens 65 Jahre beträgt.

– Zwischen 55. und vollendetem 60. Lebensjahr wird die Zusage dann anerkannt, wenn das Pensionierungsalter mindestens 10 Jahre nach der Erteilung und höchstens auf das 70. Lebensjahr festgelegt wird.

Pensionszusagen als Direktzusagen sind in der Ansparphase kein steuerpflichtiger Arbeitslohn des Geschäftsführers. Dagegen sind die späteren Leistungen im Versorgungsfall nach Maßgabe von § 19 Abs. 2 EStG steuerpflichtig.

Direktversicherung

Vielfach ist Bestandteil des Geschäftsführer-Dienstvertrages auch die Verpflichtung der GmbH, eine Lebensversicherung auf das Leben des Geschäftsführers abzuschließen, bei der der Geschäftsführer bzw. seine Hinterbliebenen ganz oder teilweise Anspruch auf die Versicherungsleistung haben. Die Prämien kann die GmbH als Betriebsausgabe abziehen. Bei dem Geschäftsführer sind die Beiträge zur Direktversicherung Gehaltsbestandteil und damit grundsätzlich lohnsteuerpflichtig.

Für Beiträge an eine Direktversicherung bestand bislang die Möglichkeit der Pauschalierung der Lohnsteuer mit 20 % bis zu einem Betrag von 1.752 € jährlich. In der Leistungsphase waren bisher Einmalkapitalauszahlungen steuerfrei, soweit die Erfordernisse des § 20 Abs. 1 Nr. 6 EStG a.F. eingehalten wurden, oder aber bei wiederkehrenden Leistungen nur in Höhe des Ertragsanteils gemäß § 22 Nr. 1 Satz 3 EStG a.F. zu berücksichtigen. Nach den Modifikationen des sog. „Alterseinkünftegesetzes", das zum Ziel hat, auch diese Alterseinkünfte nachgelagert in der Leistungsphase zu besteuern, werden Direktversicherungen einerseits in die Steuerfreistellung nach § 3 Nr. 63 EStG einbezogen. Andererseits besteht aber, soweit sie nach dem 31.12.04 abgeschlossen wurden, nicht mehr die Möglichkeit der Lohnsteuerpauschalierung gemäß § 40b EStG.

Auch Direktversicherungen, die auf Versorgungszusagen vor dem 01.01.05 beruhen, werden nach § 3 Nr. 63 EStG freigestellt, wenn sie in der Leistungsphase auf die Zahlung einer Rente gerichtet sind. Das gilt nach § 52 Abs. 52a Satz 2 iVm Abs. 6 EStG nur dann nicht, wenn der Geschäftsführer gegenüber der Gesellschaft auf die Anwendung der Steuerfreistellung bis 30.06.05 verzichtet hat.

Die weitere Option, bei Eintritt des Versorgungsfalls eine Einmalkapitalauszahlung zu wählen, ist der Anwendung des § 3 Nr. 63 EStG nicht abträglich (Niermann DB 2004, 1449). Macht der Geschäftsführer von der Option Gebrauch, ist die Kapitalauszahlung dann aber gemäß § 22 Nr. 5 Satz 1 EStG in voller Höhe steuerpflichtig, soweit die Beiträge aus steuerbefreitem Einkommen geleistet wurden (vgl. Melchior, DStR 2004, 1061). Soweit dies nicht der Fall ist, greift bei Einmalkapitalauszahlung die Steuerpflicht nach § 20 Abs. 1 Nr. 6 EStG. Die Steuerfreistellung erhöht sich gemäß § 3 Nr. 63 Satz 3 EStG um 1.800 €, wenn die Beiträge auf Grund einer Versorgungszusage geleistet werden, die nach dem 31.12.04 erteilt wurde. Ob bei Erhöhung einer bestehenden Versorgungszusage durch höhere Beitragszahlungen oder Erhöhung der Versicherungssumme die auf die erhöhten Komponenten entfallenden Vertragsbestandteile als gesonderte Neuzusage zu behandeln sind, die in den Genuss der erhöhten Freistellung gelangen, ist offen (so Niermann, DB 2004, 1451).

Gemäß § 3 Nr. 63 Satz 4 EStG sind aus Anlass der Beendigung des Dienstverhältnisses geleistete Beiträge an eine Direktversicherung bis zur Höhe von 1.800 € je Dienstjahr ab dem 01.01.05 steuerfrei. Dieser Höchstbetrag wird um die steuerfreien Beiträge vermindert, welche die GmbH im Kalenderjahr der Beendigung des Dienstverhältnisses und der vorangegangenen sechs Kalenderjahre erbracht hat. Die Jahre vor 2005 sind nicht zu berücksichtigen. Begünstigt nach § 3 Nr. 63 EStG ist auch der sozialversicherungsfreie Gesellschafter-Geschäftsführer (BMF BStBl I 2002, 767 Rz 157).

Praxishinweis! Die Freistellung kann als steuerfreie Abfindungslösung genutzt werden, wenn für den Geschäftsführer nachträglich bei Beendigung des Geschäftsführer-Dienstvertrages pro Beschäftigungsjahr 1.800 € in einem Einmalbetrag geleistet werden, soweit zuvor keine steuerfreien Beiträge zur Altersvorsorge angefallen sind.

Die Lohnsteuerpauschalierung nach § 40b EStG kann mit 20 % nur noch bei Zuwendungen bis zur Höhe von 1.752 € jährlich zum Aufbau einer nicht kapitalgedeckten betrieblichen Altersversorgung an eine Pensionskasse erfolgen. Der frühere Hauptanwendungsfall, die kapitalgedeckte betriebliche Altersversorgung in Gestalt der Direktversicherung, wird von der Lohnsteuerpauschalierung ausgenommen, soweit die Versorgungszusage nach dem 31.12.04 erteilt wird. Für Altzusagen bleibt es bei der bisherigen Behandlung, wenn der Geschäftsführer spätestens bis 30.06.05 auf die sonst vorrangige Steuerfreistellung verzichtet.

§ 4 BetrAVG hat die Übertragung von Versorgungsanwartschaften und Versorgungsverpflichtungen bei Wechsel des Dienstverhältnisses neu geregelt.

Zu unterscheiden ist, ob es sich um eine einvernehmliche Übernahme einer unverfallbaren Anwartschaft durch den Geschäftsführer handelt (§ 4 Abs. 2 BetrAVG) oder die Gesellschaft dem Geschäftsführer erstmalig das Recht erteilt, eine unverfallbare Anwartschaft auf den neuen Arbeitgeber zu übertragen (§ 4 Abs. 3 BetrAVG), weil die betriebliche Altersversorgung über einen Pensionsfonds, eine Pensionskasse oder eine Direktversicherung durchgeführt worden ist und der Barwert der unverfallbaren Anwartschaft (Übertragungswert gemäß § 4 Abs. 5 BetrAVG) die Beitragsbemessungsgrenze in der gesetzlichen Rentenversicherung nicht übersteigt. Das Recht kann vom Geschäftsführer nur binnen eines Jahres nach Beendigung des Arbeitsverhältnisses ausgeübt werden. Der Übertragungswert wird dann vom alten auf den neuen Versorgungsträger überwiesen.

Die Übertragung ist steuerfrei gemäß § 3 Nr. 55 EStG, wenn die bisherigen Durchführungswege eingehalten werden. Wird aber die betriebliche Altersversorgung von einem externen Versorgungsträger in eine Pensionszusage beim neuen Arbeitgeber umgewandelt oder eine Unterstützungskasse eingeschaltet, entfällt die Steuerfreiheit.

Überstundenvergütungen

Die Vereinbarung von Überstundenvergütungen ist nicht mit dem Aufgabenbild eines Geschäftsführers vereinbar, deshalb grundsätzlich unüblich und als vGA zu qualifizieren (BFH BStBl II 1997, 577; 2001, 655 und BMF-Schreiben vom 14.10.02, GmbHR 2002, 1152). Das gilt nur nicht, wenn besondere Gesichtspunkte, wie etwa zwingende Beteiligung des Geschäftsführers an branchenspezifischer Schichtarbeit in Hotels, Gaststätten oder Tankstellen (vgl. BFH DStR 2004, 1785), für eine betriebliche Veranlassung sprechen und vergleichbare fremde Mitarbeiter entsprechende Zuschläge erhalten. Dabei ist Voraussetzung, dass die gesellschaftsfremden Arbeitnehmer mit dem Geschäftsführer vergleichbare Leitungsfunktionen haben und Gesamtvergütungen in vergleichbarer Größenordnung erhalten (OFDen Düsseldorf u. Münster, DB 2005, 1489).

Sind Zuschläge für Sonntags-, Feiertags- und Nachtarbeit vorgesehen, können diese grundsätzlich für Arbeitnehmer steuerfrei ausbezahlt werden, soweit sie für Arbeit an Sonntagen bis 50 %, an gesetzlichen Feiertagen sowie am 31.12. (ab 14.00 Uhr) bis 125 %, an Weihnachten (24.12. ab.14.00 Uhr; 25./26.12.) und am 01.05. bis 150 %, für Nachtarbeit von 20.00–6.00 Uhr bei Arbeitsaufnahme vor 0.00 Uhr von 0.00–4.00 Uhr 40 % und ansonsten bis 25 % des Grundlohns nicht übersteigen (§ 3b EStG).

Sonstige Nebenleistungen

Vermögensbildungsgesetz

Die Vergünstigungen nach dem 5. Vermögensbildungsgesetz können Geschäftsführer nicht in Anspruch nehmen, da sie nach der gesetzlichen Definition nicht zu den Arbeitnehmern im Sinne dieses Gesetzes gehören.

Zuschüsse zur Sozialversicherung

Der Arbeitgeberanteil zur Sozial- und Krankenversicherung des Fremdgeschäftsführers ist nach § 3 Nr. 62 EStG steuerfrei. Gleiches gilt für Beiträge zur Insolvenzsicherung für die Altersversorgung.

Bei Gesellschafter-Geschäftsführern kommt es darauf an, ob sie einen beherrschenden Einfluss auf die GmbH ausüben können. In diesem Falle gelten sie nicht als Arbeitnehmer im Sinne des Sozialversicherungsrechts. Die Beteiligten können aber vereinbaren, dass die Beiträge zur Alters- und Krankenversicherung des Geschäftsführers freiwillig von der GmbH gezahlt werden. In diesem Fall sind diese Leistungen in die steuerliche Angemessenheitsprüfung mit einzubeziehen.

Dienstfahrzeug

Stellt die Gesellschaft einen Firmenwagen, so sind sämtliche Kfz-Kosten bei ihr Betriebsausgaben. Andererseits hat der Geschäftsführer, sofern er den Wagen unentgeltlich auch für Fahrten zwischen Wohnung und Arbeitsstätte und sonstige Privatfahrten benutzt, den entsprechenden geldwerten Vorteil als Arbeitslohn zu versteuern.

Für die Berechnung des geldwerten Vorteils stehen zwei Methoden zur Verfügung:

Die Einzelnachweismethode setzt ein laufend geführtes Fahrtenbuch voraus, in dem dienstlich und privat zurückgelegte Fahrtstrecken gesondert aufgezeichnet sind. Der private Nutzungsanteil ist der Anteil an den Gesamtkosten des Fahrzeugs, der dem Verhältnis der Privatfahrten zur Gesamtfahrstrecke entspricht. Die Gesamtkosten sind als Summe der Nettoaufwendungen zzgl. Umsatzsteuer und Absetzung für Abnutzung zu ermitteln. Dabei richtet sich die Abschreibung nach den tatsächlichen Anschaffungskosten für das Fahrzeug einerseits und der betriebsgewöhnlichen Nutzungsdauer andererseits (bei Neufahrzeugen 6 Jahre, bei Gebrauchtwagen geschätzte Restnutzungsdauer nach Alter, Beschaffenheit und Einsatz).

Praxishinweis! Das Fahrtenbuch muss mindestens folgende Angaben enthalten:
– Datum und Kilometerstand zu Beginn und Ende jeder einzelnen beruflich bzw. betrieblich veranlassten Fahrt
– Ziel und Reisezweck
– Aufgesuchte Geschäftspartner

Ein elektronisches Fahrtenbuch ist anzuerkennen, wenn sich daraus dieselben Erkenntnisse wie aus einem manuell geführten Fahrtenbuch gewinnen lassen. Das Fahrtenbuch muss fortlaufend zeitnah und in geschlossener (gebundener oder elektronisch gleichwertig manipulationssicherer) Form unter vollständiger Angabe der dienstlichen Fahrten und des an ihrem Ende jeweils erreichten Gesamtkilometerstands geführt werden (BFH BStBl II 2006, 408, 625 und DStR 2008, 1373). Eine Excel-Datei mit den entsprechenden Angaben entspricht den Anforderungen selbst bei fortlaufender Führung nicht, weil die Eingaben nachträglich verändert werden können, ohne dass die vorgenommenen Änderungen zwingend nachvollziehbar dokumentiert werden.

Verzichtet der Geschäftsführer auf die Führung eines Fahrtenbuchs oder ist dieses nicht ordnungsgemäß geführt, wird die Bemessungsgrundlage nach der so genannten „1 %-Regelung" ermittelt. Danach ist die private Nutzung des Dienstfahrzeuges mit monatlich 1 % des inländischen Listenpreises zum Zeitpunkt der Erstzulassung zzgl. der Kosten für Sonderausstattungen, jedoch ohne Abzug eines pauschalen Abschlags für nicht mit Vorsteuern belastete Kosten (BMF- Schreiben BStBl I 1997, 324), einschließlich Umsatzsteuer anzusetzen (BFH DStR 2003, 1342). Ist bei einem beherrschenden Gesellschafter-Geschäftsführer die private Autonutzung nicht ausdrücklich gestattet, liegt insoweit eine vGA vor (BFH DStR 2005, 918). Diese ist nicht nach der „1 %-Regelung" zu bewerten, sondern nach Fremdvergleichsmaßstäben mit dem gemeinen Wert der Nutzungsüberlassung zuzüglich eines angemessenen Gewinnaufschlags (BFH DStR 2008, 865). Anhalt können beispielsweise Mietraten professioneller Autovermieter bieten. Nutzt der Geschäftsführer das Dienstfahrzeug auch für Fahrten zwischen Wohnung und Betriebsstätte, kommt monatlich ein Betrag in Höhe von monatlich 0,03 % des inländischen Listenpreises des Fahrzeugs für jeden Kilometer der Entfernung zwischen Wohnung und Betriebsstätte der GmbH als nicht abzugsfähige Betriebsausgabe hinzu.

Berechnungsbeispiel:

Der Bruttolistenpreis des Dienstfahrzeuges beträgt 35.000 €, die Entfernung zwischen Wohnung und Arbeitsplatz des Geschäftsführers 10 km. Der Geschäftsführer nutzt das Fahrzeug für allgemeine Privatfahrten und für die Fahrt zur Arbeitsstätte.

Geldwerter Vorteil:

a) Für die allgemeine Privatnutzung
1 % von 35.000 €   = 350 €

b) Für die Fahrten zwischen Wohnung und Arbeitsstätte
0,03 % von 35.000 € ×10 km   = <u>105 €</u>

Monatlicher Lohnsteuerwert   = 455 €

Keine Werbungskosten sollen die Aufwendungen des Geschäftsführers für Fahrten zwischen Wohnung und Betriebsstätte der GmbH mit dem eigenen Fahrzeug sein. Zur Abgeltung erhöhter Aufwendungen sollen aber ab dem 21. Entfernungskilometer für jeden Arbeitstag, an dem der Geschäftsführer die Betriebsstätte der GmbH aufsucht, als Entfernungspauschale 0,30 € je Fahrtkilometer, höchstens jedoch 4.500 € im Kalenderjahr, wie Werbungskosten in Ansatz zu bringen sein (§ 9 Abs. 2 EStG). Mit Beschluss vom 10. Januar 2008 (VI R 17/07) hat der BFH die Regelung für verfassungswidrig erklärt und die Frage zur Entscheidung dem BVerfG vorgelegt. Anträgen auf Eintrag von Freibeträgen auf der LSt-Karte sowie auf Aussetzung der Vollziehung von ESt- und ESt-Vorauszahlungsbescheiden auch für die ersten 20 Fahrtkilometer wird von der Finanzverwaltung stattgegeben (BMF-Schreiben vom 04.10.2007, BStBl I 2007, 722).

Ist Reisekostenerstattung vereinbart, kann die GmbH dem Geschäftsführer diese steuerfrei erstatten und dabei entweder die Erstattung nach bestimmten, von der Finanzverwaltung festgesetzten Pauschbeträgen oder gegen Einzelnachweis der Aufwendungen vornehmen.

Dienstreisen

Für eine vorübergehende dienstliche Auswärtstätigkeit mit Hin- und Rückfahrt entstehende Aufwendungen sind Reisekosten. Hierzu zählen Fahrtkosten, Kosten der Unterkunft, Mehraufwendungen für Verpflegung und Nebenkosten.

Fahrtkosten, Kosten der Unterkunft und Nebenkosten können in nachgewiesener Höhe entweder von der GmbH steuerfrei dem Geschäftsführer ersetzt oder von diesem als Werbungskosten geltend gemacht werden. Führt der Geschäftsführer Dienstreisen nicht im Dienstfahrzeug, sondern im eigenen Fahrzeug durch, wird ohne Einzelnachweis ein Kilometer-Geld von 0,30 € pro gefahrenen Kilometer steuerlich anerkannt. Bei Unterkunftskosten ist darauf zu achten, dass diese getrennt nach Unterkunft und Verpflegung ausgewiesen sind. Ein Gesamtpreis wird zur Ermittlung der Übernachtungskosten um 20 % für Frühstück und um je 40 % für Mittag- und Abendessen des am Unterkunftsort maßgebenden Pauschbetrags für Verpflegung bei Abwesenheit von mehr als 24 Stunden gekürzt.

Ohne Einzelnachweis kann die Gesellschaft dem Geschäftsführer für jede Übernachtung im Ausland ein pauschales Übernachtungsgeld nach jeweiligem Erlass des BMF bezahlen.

Verpflegungsmehraufwendungen dürfen bei Inlandsreisen ausschließlich in Höhe folgender Pauschbeträge, d.h. ohne Möglichkeit eines Einzelnachweises, ersetzt werden:

- Bei Abwesenheit von 24 Stunden   24 €
- Bei Abwesenheit von mindestens 14–24 Stunden   12 €
- Bei Abwesenheit von mindestens 8–14 Stunden   6 €

Bei Auslandsreisen sind pauschale Auslandstagegelder gemäß Festlegungen in gesonderten BMF-Schreiben anzusetzen.

Nebenkosten für Taxi, Mietwagen, Beförderung und Aufbewahrung von Gepäck, Ferngespräche, Porto und Stellplatzgebühren können in nachgewiesener Höhe als Werbungskosten durch den Geschäftsführer oder, bei Erstattung durch die GmbH, als Betriebsausgaben geltend gemacht werden.

Bewirtung

Sollen Aufwendungen für Speisen, Getränke und sonstige zum Verzehr bestimmte Genussmittel, Garderobengebühren, Trinkgelder und Unterhaltungskosten, die zwangsläufig im Zusammenhang mit der Bewirtung anfallen, als Betriebsausgaben bei der GmbH abzugsfähig sein, so ist zunächst der Nachweis der Höhe und der betrieblichen Veranlassung in Form eines Belegs zusammen mit der Rechnung zu führen, in dem Anlass und Teilnehmer sowie Ort und Tag enthalten sind.

Die Gaststättenrechnung muss maschinell erstellt und registriert sein und sämtliche Speisen und Getränke samt Trinkgeld einzeln aufführen. Rechnungen über 100 € müssen auf den Namen des Geschäftsführers lauten. Dieser darf aber auch nachträglich vom Rechnungsaussteller ergänzt werden.

Findet die Bewirtung in der privaten Wohnung des Gesellschafter-Geschäftsführers statt, ist regelmäßig ein Betriebsausgabenabzug nicht möglich.

Ausnahmen:
- Geheime Geschäftsverhandlungen
- Lange Dauer der Besprechung
- Besondere Umstände (Gesundheitszustand eines Beteiligten, Sitten ausländischer Geschäftsfreunde)

Nicht betrieblich veranlasst sind auch Bewirtungsaufwendungen außerhalb der privaten Wohnung des Geschäftsführers, wenn sie dessen persönlichen Bereich zuzuordnen sind, nicht aber im wirtschaftlichen Zusammenhang mit dem Geschäftsbetrieb der GmbH stehen (z. B. Aufwendungen der GmbH für die Geburtstagsfeier ihres Gesellschafter-Geschäftsführers (vgl. FG Köln EFG 1990, 266; FG Niedersachsen GmbHR 1990, 578).

Aufwandsentschädigung/Auslagenersatz

Erhält der Geschäftsführer eine pauschale Aufwandsentschädigung, so handelt es sich hierbei um steuerpflichtige Einnahmen, denen allerdings Werbungskosten in Höhe der tatsächlichen Aufwendungen des Geschäftsführers entgegenstehen können. Werden dem Geschäftsführer lediglich konkrete Aufwendungen erstattet, die er für die Gesellschaft getätigt hat, so ist diese Erstattung steuerfrei, sofern die Ausgaben im Namen und für Rechnung der GmbH erfolgt sind.

Darlehensgewährung

Gewährt die GmbH dem Geschäftsführer ein Darlehen, müssen hierfür übliche Bedingungen vereinbart werden. Wird das Darlehen zu einem außergewöhnlich niedrigen Zinssatz gewährt, so sind diese Zinsersparnisse bei nicht mehrheitlich beteiligten Gesellschafter-Geschäftsführern Einkünfte aus nichtselbstständiger Arbeit (BFH BStBl II 2006, 781), bei beherrschenden Gesellschafter-Geschäftsführern in der Regel vGA, wenn die Zinsvergünstigung nicht ausdrücklich als zusätzlicher Vorteil aus dem Arbeitsverhältnis vereinbart ist. Geldwerter Vorteil oder vGA bemessen sich nach dem Unterschiedsbetrag zwischen dem marktüblichen Zins und dem Zins, den der Gesellschafter-Geschäftsführer im konkreten Einzelfall zahlt. Es ist hierbei grundsätzlich für die gesamte Vertragslaufzeit der Zinssatz bei Vertragsabschluss maßgeblich, es sei denn, es ist ein variabler Zinssatz vereinbart (BMF-Schreiben vom 13.06.07, BStBl I 2007, 502).

Praxishinweis!

– Vereinbaren Sie keinen außergewöhnlich niedrigen Zinssatz.
– Bestellen Sie bankübliche Sicherheiten.
– Vereinbaren Sie Fälligkeit und Rückzahlungsbestimmungen.

Angemessenheit der Gesamtvergütung

Die Bezüge des Geschäftsführers sind als Betriebsausgabe nur soweit abzugsfähig, wie sie angemessen sind. In Höhe eines unangemessenen Teils liegt eine vGA vor, sofern der betreffende Geschäftsführer beherrschender Gesellschafter ist, zusammen mit mehreren Minderheits-Gesellschafter-Geschäftsführern gleichgerichtet agiert oder einem Gesellschafter nahesteht (z. B. Ehegatte als Geschäftsführer). Umgekehrt werden Vergütungen von Gesellschafter-Geschäftsführern, die selbst oder zusammen mit Angehörigen zu weniger als 25 % beteiligt sind, in aller Regel anerkannt. Maßgebend ist die so genannte „Gesamtausstattung", d.h. die Summe aller Vorteile und Entgelte, die der Gesellschafter-Geschäftsführer für seine Tätigkeit erhält (Festgehalt, Tantieme, Pensionszusage und Sachleistungen). Feste Regeln gibt es nicht. Indizien sind jedoch Art und Umfang der Tätigkeit, die künftigen Ertragsaussichten des Unternehmens, das Verhältnis des Geschäftsführergehalts zum Gesamtgewinn und zur verbleibenden Kapitalverzinsung sowie das Entgelt, das vergleichbare Unternehmen ihren Geschäftsführern für gleiche Leistungen zahlen. Art und Umfang der Tätigkeit werden vorrangig durch die Unternehmensgröße (Umsatz, Mitarbeiterzahl), die Zahl der Geschäftsführer und anderweitige Tätigkeiten von Gesellschafter-Geschäftsführern bestimmt. Entscheidendes Kriterium ist daneben die Ertragssituation. Grundsätzlich muss der GmbH nicht nur eine angemessene Eigenkapitalverzinsung, sondern darüber hinaus auch eine Gewinnchance verbleiben. Die Finanzverwaltung (BMF-Schreiben vom 14.10.02, GmbHR 2002, 1152–1154) wertet es als Indiz für die Angemessenheit, wenn der Jahresüberschuss vor Ertragsteuern mindestens die Summe sämtlicher Vergütungen an alle Gesellschafter-Geschäftsführer erreicht. Bei besonders ertragstarken Gesellschaften soll die Vergütung jedoch an Hand branchenbezogener, nach Größenklassen differenzierender Gehaltsstrukturuntersuchungen gedeckelt werden. Bei ertragschwachen Unternehmen soll auch ein Fremdgeschäftsführer selbst in Verlustjahren nicht auf ein angemessenes Gehalt verzichten, sodass Gesamtbezüge am unteren Ende des entsprechenden Vergleichsmaßstabs angemessen sind.

Externer Vergleich

Ein externer Vergleich ist nach Auffassung von Finanzverwaltung und Rechtsprechung unter Heranziehung von nach den Regeln der wissenschaftlichen Statistik erstellten neutralen Gehaltsuntersuchungen möglich, hat aber auch dann nur fraglichen Beweiswert. Meist gibt es keine gleichartigen Betriebe mit unternehmensspezifischen Vergleichswerten und es stehen nur zeitlich punktuell ermittelte Gehaltsuntersuchungen zur Verfügung, die in aller Regel auf Umsatz, Branche und/ oder Beschäftigtenzahl basieren. Abgesehen davon, dass die Umsatzhöhe ein nur unzureichendes Kriterium zur Festlegung eines statistischen Gesellschaftergehalts sein dürfte, werden oftmals die Auswahlkriterien nicht offengelegt.

Die Rechtsprechung lehnt eine rein schematische Anwendung von Formeln oder Gehaltsvergleichen ab. Sie geht von einem krassen Missverhältnis der Gesamtvergütung aus, wenn die Angemessenheitsgrenze selbst um mehr als 20 % überschritten wird (BFH BStBl II 1989, 856).

Die Finanzverwaltung hat diese Toleranzgrenze übernommen (BMF-Schreiben vom 14.10.02, GmbHR 2002, 1154).

Interner Vergleich

Bei dem inneren Betriebsvergleich werden die Bezüge des Gesellschafter-Geschäftsführers in das Verhältnis zu den Gehältern von weiteren Nicht-Gesellschafter-Geschäftsführern des Betriebes gesetzt. Nur wenn in der GmbH ein Fremdgeschäftsführer beschäftigt wird, erkennt die Finanzverwaltung dessen Vergütungshöhe als wesentliches Indiz bei der Festlegung der Angemessenheitsgrenze für die Vergütung des Gesellschafter-Geschäftsführers an. Er ist also für die Praxis in kleineren mittelständischen Unternehmen untauglich, weil dort häufig keine Fremdgeschäftsführer vorhanden sind. Argumentationshilfen in der Betriebsprüfung können dann nur Relationen der Gesellschafter-Geschäftsführer-Gehälter zu denen von leitenden Angestellten des nämlichen Betriebes bieten.

Üblichkeit

Dieses Merkmal gewinnt neben der Angemessenheitsprüfung an Bedeutung (BFH BStBl II 1993, 311), wenn die Gehaltsregelung zwar der Höhe nach angemessen, aber als ernstlich schuldrechtliche Vereinbarung so nicht von einem fremden Dritten (zu seinen Lasten) eingegangen worden wäre. Umgekehrt ist Unüblichkeit ein Indiz für die fehlende Ernsthaftigkeit bei GmbH und Gesellschafter-Geschäftsführer, die wechselseitigen Leistungen wirklich aufgrund des Dienstvertrages erbringen zu wollen. Die Einschätzung beruht zwangsläufig eher auf subjektiven Vorstellungen des Betriebsprüfers als auf allgemeinen Erfahrungsgrundsätzen.

Insbesondere „Nur-Tantiemen" sind wie auch so genannte „Nur-Pensionen" (BFH DStR 1996, 1749) als unübliche Vereinbarungen zu qualifizieren.

Wertsicherung

Die Erhöhung der Festgehälter kann durch so genannte Spannungsklauseln genehmigungsfrei etwa an die Entwicklung des für die Gesellschaft bzw. für die Branche maßgebenden Tarifvertrages gekoppelt werden. Versorgungsregelungen sind für Leistungen im Pensionsfall ratsamerweise zu indexieren. Häufige Bezugsgröße ist der Preisindex für Lebenshaltungskosten mittlerer Verbrauchergruppen des Statistischen Bundesamts. Diese Klauseln sind gem. § 2 Abs. 2 Preisangaben- und Preisklauselgesetz i.V.m. der Preisklauselverordnung vom 23.09.1998 genehmigungspflichtig. Genehmigungsbehörde ist das Bundesamt für Wirtschaft in Eschborn. Die Genehmigung setzt voraus, dass die Klausel hinreichend bestimmt ist und den anderen Teil nicht unangemessen benachteiligt. Sie wird nur bei langfristigen Verträgen von mehr als 10 Jahren erteilt. Nicht genehmigte Klauseln sind schwebend unwirksam.

Verzicht auf Geschäftsführerbezüge

Verzichtet ein Fremdgeschäftsführer auf bereits entstandene Gehälter rückwirkend, entsteht keine Lohnsteuerpflicht. Verzichtet ein Gesellschafter-Geschäftsführer wegen der wirtschaftlichen Lage der GmbH auf seine Tätigkeitsvergütungen, ist wie folgt zu unterscheiden:
– Wird auf bereits entstandene Vergütung verzichtet, wird dadurch der Zufluss der Einkünfte und damit die Lohnsteuerpflicht nicht beseitigt. Die Tätigkeitsvergütungen sind als Einnahmen aus nicht selbständiger Arbeit zu versteuern. Der Verzicht stellt demgegenüber eine – die steuerlichen Anschaffungskosten für den Geschäftsanteil des Gesellschafters erhöhende – verdeckte Einlage dar (BFH BStBl II 1995, 362).
– Hat die GmbH zum Zeitpunkt des Verzichts Liquiditätsschwierigkeiten, berührt dies die Werthaltigkeit der Vergütungsforderung, so dass die verdeckte Einlage unter dem Nennwert ggf. mit 0 € zu bewerten ist (BFH BStBl II 1998, 307).
– Verzichtet der Gesellschafter-Geschäftsführer auf noch nicht entstandene Gehaltsansprüche, ergeben sich hieraus weder bei der GmbH noch bei ihm ertragsteuerliche Folgen (BFH BStBl II 1998, 633). Nur wenn der beherrschende Gesellschafter-Geschäftsführer mehrfach für künftige Zeiträume und nur zeitweise auf das vereinbarte Gehalt verzichtet, soll mangels Ernsthaftigkeit der Vereinbarung vGA vorliegen (BFH/NV 1995, 164).

Praxishinweis! Vermeiden Sie eine verdeckte Einlage durch Vereinbarung eines rechtzeitigen schriftlichen Gehaltsverzichts für die Zukunft. Erwägen Sie einen Gehaltsverzicht, wenn Sie beabsichtigen, in Kürze Ihre GmbH-Anteile zu veräußern, sofern sich hierdurch eine Progressionsmilderung nach § 34 Abs. 1 EStG ergibt oder weil sie Verluste der GmbH übernehmen wollen.

IV. Verdeckte Gewinnausschüttung

Eine vGA ist eine Vermögensminderung oder verhinderte Vermögensmehrung, die durch das Gesellschaftsverhältnis veranlasst ist, sich auf die Höhe des Einkommens auswirkt und nicht auf einem den gesellschaftsrechtlichen Vorschriften entsprechenden Gewinnverteilungsbeschluss beruht (BFH BStBl II 1990, 89).

Veranlassung durch das Gesellschaftsverhältnis liegt dann vor, wenn ein ordentlicher und gewissenhafter Geschäftsführer die Vermögensminderung oder verhinderte Vermögensmehrung gegenüber einer Person, die nicht Gesellschafter ist, unter sonst gleichen Umständen nicht hingenommen hätte.

Beispiele:
- Unangemessen hohes Geschäftsführergehalt.
- Zinsloses oder außergewöhnlich gering verzinsliches Darlehen an Gesellschafter.
- Lieferungen, Leistungen oder Darlehen eines Gesellschafters an die GmbH zu ungewöhnlichen Preisen bzw. Zinsen.
- Rechtsverzicht der GmbH gegenüber Gesellschaftern (z. B. Wettbewerbsverbot, Schadensersatzanspruch).
- Leistungen der Gesellschaft an beherrschende Gesellschafter ohne im voraus getroffene klare und eindeutige Vereinbarung.
- Möglicherweise auch unüblich gestaltete Vertragsbeziehungen zwischen GmbH und Gesellschafter, ohne dass diese zu Vermögensminderungen oder zur Verhinderung von Vermögensmehrungen führen müssten.

Vorteilserlangung durch nahestehende Personen

Eine vGA ist auch dann anzunehmen, wenn die Vorteilsziehung nicht unmittelbar durch den Gesellschafter, sondern durch eine ihm nahestehende Person erfolgt, vorausgesetzt, dass ein Vorteil für den Gesellschafter selbst damit verbunden ist (BFH BStBl II 1989, 631). Steht eine Person dem beherrschenden Gesellschafter nahe, bedarf eine Vereinbarung über die Höhe eines Leistungsentgelts der vorherigen und eindeutigen Regelung, die auch tatsächlich durchgeführt werden muss (BFH BStBl II 1989, 631). Wenn eine vGA der nahe stehenden Person zufließt, ist die vGA steuerrechtlich stets dem Gesellschafter-Geschäftsführer als Einnahme zuzurechnen, es sei denn, die nahe stehende Person ist selbst GmbH-Gesellschafter.

Der Begriff „nahestehende Person" ist nirgendwo definiert. Es zählen hierzu nicht nur verwandtschaftlich Nahestehende. Die Eigenschaft kann sowohl durch sachliche, als auch durch persönliche oder geschäftliche Beziehungen zwischen dem Gesellschafter und der begünstigten Person hergestellt werden. Zum Kreis der dem Gesellschafter nahestehenden Personen zählen jedenfalls natürliche und juristische Personen, u. U. auch Personenhandelsgesellschaften (BFH BStBl II 1968, 322; 1986, 195; 1987, 459).

Der einem Nahestehenden eines Minderheitsgesellschafters ohne Wissen der Mitgesellschafter gewährte ungerechtfertigte Vorteil ist dann eine dem Minderheitsgesellschafter zuzurechnende vGA, wenn er Geschäftsführer ist (BFH DStR 2004,

2143). Kommt es bei einer GmbH zu einer Zuschätzung von Betriebseinnahmen aufgrund von Kalkulationsdifferenzen, sind in dieser Höhe im Zweifel allen Gesellschaftern nach Maßgabe ihrer Beteiligungsquoten vGA zuzurechnen, falls anderweitige Sachverhaltsfeststellungen mangels Mitwirkung der Gesellschafter nicht getroffen werden können (BFH/NV 2005, 126).

Praxishinweis! Dokumentieren Sie als Geschäftsführer bei Verdacht einer vGA, ob der Fehlbetrag für betriebliche Aufwendungen der GmbH verwendet worden oder den/einem bestimmten Gesellschafter/n zugeflossen ist!

Verdeckte Gewinnausschüttungen gegen den Willen des Geschäftsführers

Unrechtmäßige Entnahmen eines Gesellschafters aus dem Gesellschaftsvermögen einer Kapitalgesellschaft können dann vGA sein, wenn die Geschäftsführung sich mit den Entnahmen einverstanden erklärt oder die Entnahmen nicht zurückfordert (BFH HFR 61, 230; FG Rheinland-Pfalz EFG 72, 255).

Praxishinweis! Eine vGA liegt nicht vor, wenn Sie als Geschäftsführer von einer Maßnahme keine Kenntnis erhalten oder sie nach Kenntnisnahme ausdrücklich missbilligen.

Steuerliche Folgen

Liegt eine vGA vor, wird der betreffende Betrag, der bisher gewinnmindernde Betriebsausgabe war, dem körperschaftsteuerpflichtigen Einkommen der GmbH hinzugerechnet. Auf einen etwa angemessenen Teilbetrag darf die Rechtsfolge des § 8 Abs. 3 Satz 2 KStG aber nicht erstreckt werden (BFH GmbHR 1996, 221).

Bisher war häufig die Steuerbelastung (inklusive Gewerbesteuer) auf der Ebene der GmbH deutlich höher als auf Gesellschafterebene. Seit der Unternehmensteuerreform 2008 mit dem Körperschaftsteuersatz in Höhe von 15 % ist allerdings auf Gesellschaftsebene die Mehrbelastung durch eine vGA geringer als früher und entspricht im Großen und Ganzen der normalen Steuerbelastungsquote der GmbH.

Auf Gesellschafterebene gilt bis Ende 2008 auch für eine vGA noch das Halbeinkünfteverfahren. Die Belastung des Gesellschafters richtet sich deshalb wesentlich nach dessen persönlichem Einkommensteuersatz. Ab 2009 unterliegt die vGA der 25 %-igen Abgeltungsteuer. Insgesamt gesehen ist die Steuerentlastung auf Seiten des Gesellschafters dann aber nahezu gleich bleibend.

Die (verdeckte) Gewinnausschüttung in Kombination mit dem Halbeinkünfteverfahren ist 2008 günstiger als unter dem Regime der Abgeltungsteuer ab 2009. Insgesamt gesehen sinkt die Gesamtsteuerbelastung wegen der Unternehmensteuerreform. Die Wahl des Teileinkünfteverfahrens für vGA ab 2009 ist angesichts einer um ca. 2% höheren Steuerbelastung nicht sinnvoll.

Praxishinweis! Behalten Sie beim Ausloten der Angemessenheits-Obergrenzen unbedingt im Blick, ob das Leistungsentgelt bei der GmbH gewerbesteuerlich hinzurechnungspflichtig ist (z.B. überhöhte Zinsen für ein Gesellschafterdarlehen, unangemessen hohe Mietzahlungen; nicht aber etwa ein überhöhtes Geschäftsführer-Gehalt)!

Zivilrechtlich wurden Steuerklauseln vereinbart, um eine ungewollte Bereicherung eines Gesellschafters zu Lasten der übrigen Gesellschafter und damit die vGA durch zivilrechtlichen Schadensausgleich zu beseitigen. Sowohl der BFH als auch die Finanzverwaltung lehnen aber die rückwirkende Beseitigung der Steuerfolgen einer verdeckten Gewinnausschüttung ab (BMF-Schreiben BStBl I 1981, 599; DB 1985, 1437; BFH BStBl II 1989, 475).

Der Rückforderungsanspruch aufgrund einer Steuerklausel ist eine Einlageforderung. Die Einlage wirkt sich nicht auf das Einkommen der GmbH aus. Der zurückgezahlte Betrag ist in der Handels-/Steuerbilanz als Kapitalrücklage in der Gliederung des verwendbaren Eigenkapitals als unbelastetes EK 04 auszuweisen. Der Gesellschafter hat zusätzliche Anschaffungskosten auf seine Gesellschaftsanteile, wenn er wesentlicher Beteiligter ist (BMF BStBl I 1981, 599; BFH BStBl II 1989, 1029). Beim nicht wesentlich beteiligten Gesellschafter liegen dagegen negative Einnahmen vor.

Verletzung des Wettbewerbsverbots durch den Gesellschafter-Geschäftsführer

Führt der Gesellschafter-Geschäftsführer neben seiner Tätigkeit für die GmbH noch ein eigenes Gewerbe oder einen eigenen freiberuflichen Betrieb im Geschäftsbereich der GmbH, verstößt er mit dieser Tätigkeit gegen ein umfassendes Wettbewerbsverbot, dem er sowohl als Gesellschafter als auch als Geschäftsführer aus seiner allgemeinen Treuepflicht gegenüber der Gesellschaft unterliegt (BGHZ 89, 162).

Steuerrechtlich führt der Verstoß gegen das Wettbewerbsverbot zu einer vGA, wenn die GmbH auf die ihr aus dem Verstoß erwachsenden Ansprüche (Schadensersatz, Herausgabe von Erträgen) verzichtet (BFH BStBl II 1987, 461; 1989, 633, 636 u. 673).

Diese Rechtsprechung erreicht weite Teile des GmbH-Mittelstands bei Gewerbetreibenden und Freiberuflern (z. B. Architekt mit Bau-GmbH, selbstständiger Kfz-Meister mit Mehrheitsbeteiligung an einer Autohaus-GmbH, Kleinunternehmen in diversifizierten Branchen wie Kaufhäuser, Versicherungsvertretungen etc.). Deshalb bedarf eine konkurrierende Nebentätigkeit des Gesellschafter-Geschäftsführers einer wirksamen Befreiung vom Wettbewerbsverbot, ggf. der Vereinbarung einer Vergütung für die Befreiung und – sofern es sich um einen beherrschenden Gesellschafter handelt – einer klaren Aufgabenabgrenzung.

Die Grundsätze des Wettbewerbsverbots gelten auch bei der GmbH & Co. KG (BGH DStR 1992, 549). Für die Betriebsaufspaltung gelten sie nur, wenn sich das Besitzunternehmen nicht nur auf die Verpachtung beschränkt, sondern eigengewerbliche Tätigkeit ausübt (z. B. zur Erreichung gewerbesteuerlicher Organschaft) und die Ausnahmeregelung des oben genannten BMF-Schreibens vom 15.12.1992 nicht greift (d.h. das Besitzunternehmen ist keine Kapital- oder Personenhandelsgesellschaft). Ob auch für den Gesellschafter-Geschäftsführer der Ein-Mann-GmbH ein Wettbewerbsverbot gilt, ist geklärt (BFH DStR 1995, 1873; 1996, 337). Mit einer Reihe von weiteren Entscheidungen hat der BFH das steuerrechtliche Problem des Wettbewerbsverbots teilweise entschärft, indem er sich dem BGH anschließt und eine Haftung des alleinigen Gesellschafter-Geschäftsführers sowohl wegen Treuepflichtverletzung als auch wegen unerlaubter Handlung verneint, wenn er der Gesellschaft Vermögen entzieht, das zur Deckung des Stammkapitals nicht benötigt wird. Treuepflichten des Gesellschafters gegenüber der GmbH sind nur verletzt, wenn der Gesellschafter-Geschäftsführer konkrete Geschäftschancen der GmbH wahrnimmt oder sich deren Informationen zunutze macht.

Bei Gesellschaften mit mehreren Gesellschaftern gilt dasselbe, wenn sich nachweisbar sämtliche Gesellschafter eindeutig mit der Beibehaltung oder Aufnahme der Wettbewerbstätigkeit eines Mitgesellschafter-Geschäftsführers einverstanden erklärt haben. Eine vGA kann aber auch dadurch entstehen, dass der Gesellschafter Tätigkeitsvergütungen erhält, die unter Berücksichtigung einer Wettbewerbstätigkeit unangemessen hoch sind. Soweit die Wettbewerbstätigkeit nicht gegenüber Dritten erbracht wird, sondern – etwa als Subunternehmerleistung – der Gesellschaft gegenüber selbst gegen Entgelt, muss der Geschäftsführer prüfen, ob die GmbH diese Leistungen nicht aufgrund eigener Kapazität selbst hätte erbringen können, wenn diese auch zu ihrem Aufgabenbereich gehören.

Ist ein Gesellschafter-Geschäftsführer für mehrere Schwester-GmbHs tätig, soll es regelmäßig vA sein, wenn einer der GmbHs von dritter Seite ein konkretes Geschäft angeboten wird und der Geschäftsführer die Geschäfts-Chance ohne entsprechendes Entgelt der Schwestergesellschaft überlässt (BFH DStRE 2003, 104). Der ordentliche Geschäftsführer darf sich dabei nicht daran orientieren, welche der Schwester-GmbHs den größtmöglichen wirtschaftlichen Nutzen (eventuell Verlustabzug) aus dem Geschäft ziehen kann, sondern hat der Gewinnmaximierung bei derjenigen Gesellschaft den Vorzug zu geben, der das Geschäft angeboten wurde.

Vermeidung der vGA

Die Gesellschaft kann dem beherrschenden Gesellschafter und dem Geschäftsführer eine Konkurrenztätigkeit in ihrem Geschäftszweig aber durch Vereinbarung gestatten. Eine vGA wird vermieden, wenn
– die Befreiung eine klare und eindeutige Aufgabenabgrenzung zwischen der Gesellschaft und Ihnen als beherrschendem Gesellschafter oder Geschäftsführer enthält, die eine spätere willkürliche Zuordnung der Geschäfte unmöglich macht.
– die Vereinbarung zivilrechtlich wirksam im Voraus getroffen ist, die Befreiung vom Wettbewerbsverbot vorsieht, jedenfalls aber eine so genannte „Öffnungsklausel", durch die die Gesellschafterversammlung ermächtigt wird, durch Beschluss mit einfacher Mehrheit im Einzelfall die Befreiung vom Wettbewerbsverbot zu erteilen und die näheren Einzelheiten zu regeln (BMF-Schreiben vom 29.6.1993 BStBl I 1993, 556).
– die „Öffnungsklausel" entweder in der ursprünglichen Satzung enthalten ist oder durch späteren satzungsändernden Beschluss in sie aufgenommen wurde.
– das Wettbewerbsverbot im Anstellungsvertrag, dem die Mehrheit der Gesellschafter zugestimmt haben muss, abbedungen wurde; für den beherrschenden Gesellschafter-Geschäftsführer muss die Befreiung zwingend in der Satzung ver-

einbart werden, die Aufnahme in den Anstellungsvertrag ist dann nicht erforderlich.
– eine angemessene Gegenleistung vereinbart wurde, wenn ein ordentlicher und gewissenhafter Geschäftsführer die Befreiung vom Wettbewerbsverbot im Interesse der Gesellschaft nicht unentgeltlich erteilen würde, insbesondere, wenn die konkurrierende Tätigkeit auf einem Teilbereich des Unternehmensgegenstandes erlaubt wird, in dem die Gesellschaft bereits ihre Tätigkeit entfaltet hat, die sich der beherrschende Gesellschafter oder Geschäftsführer zunutze machen kann.

Bei der Neugründung einer GmbH kann die Befreiung vom Wettbewerbsverbot also unentgeltlich erfolgen. Wird aufgrund eines nachvertraglichen Wettbewerbsverbots eine Karenzentschädigung gezahlt, so ist diese für die GmbH Betriebsausgabe, für den Geschäftsführer führt sie zu nachträglichen Einkünften aus nichtselbstständiger Arbeit. Werden derartige Karenzzahlungen nicht monatlich laufend, sondern in einem Einmalbetrag wie eine Abfindung als Entschädigung für ein umfassendes Wettbewerbsverbot bezahlt, unterfällt dieses Entgelt gem. § 24 Nr. 1 b) iVm § 22 Nr. 3 EStG der Besteuerung gem. § 34 Abs. 1 EStG (BFH DB 1996, 1758).

Fälle der vGA im Bereich privater Lebensführung

Bei Aufwendungen einer GmbH, die mit der Lebensführung von Gesellschaftern zusammenhängen, ist zu unterscheiden zwischen
– dem nicht betrieblichen, gesellschaftlich repräsentativen Bereich der GmbH, bei dem der Abzug als Betriebsausgaben versagt ist, also vGA droht, und
– dem betrieblichen, aber auch die Lebensführung von Gesellschaftern berührenden Bereich, der einen Betriebsausgabenabzug nicht ausschließt.
Bei einem Vorgang, der eindeutig sowohl in der privaten als auch in der betrieblichen Sphäre liegt, ist – anders als im Einkommensteuerrecht – eine Aufteilung möglich.

V. Steuerliche Folgen der Beendigung des Dienstvertrages

Entlassungsentschädigungen

Wird der Dienstvertrag vorzeitig beendet, kann dem Geschäftsführer eine Abfindung gezahlt werden. Sie ist auf Antrag progressionsmildernd zu besteuern (§ 24 Nr. 1a i.V.m. § 34 EStG). Abfindungen sind einmalige oder fortlaufende Zahlungen, die der Geschäftsführer als Arbeitnehmer zum Ausgleich für den Verlust des Arbeitsplatzes erhält. Hierzu darf der Geschäftsführer an der Auflösung des Dienstvertrages z.B. durch Abschluss eines Vergleichs mitwirken. Erforderlich ist aber, dass er bei einvernehmlicher Auflösung des Dienstverhältnisses unter einem nicht unerheblichen rechtlichen, wirtschaftlichen oder tatsächlichen Druck gestanden hat. Dies ist anzunehmen, wenn die GmbH die Auflösung des Dienstverhältnisses – z.B. durch Kündigung – veranlasst hat, auch wenn die Entschädigung für diesen Fall bereits im Anstellungsvertrag vereinbart war (BFH GmbHR 2004, 312). Das gilt nicht, wenn dem Geschäftsführer ein Wahlrecht auf Barwertzahlung statt laufender Bezüge eingeräumt ist und bei der Entscheidung für die Abfindung von der GmbH kein erheblicher Druck ausgeübt wird (BFH/NV 2003, 1630). Die GmbH muss also für die Auflösung des Dienstverhältnisses die entscheidende Ursache gesetzt haben, wobei dem Geschäftsführer im Hinblick auf dieses Verhalten ein weiteres Festhalten an dem Dienstverhältnis nicht zugemutet werden kann. Weil die Entschädigung Schadensausgleich sein soll, sind Ansprüche auf Gehalt, Tantieme, Weihnachts- und Urlaubsgeld, die die GmbH bis zur rechtswirksamen Auflösung des Arbeitsverhältnisses weiter bezahlt, keine Entschädigung.

Voraussetzung für die Steuerfreiheit ist allerdings, dass die Abfindung wegen einer von der GmbH veranlassten oder gerichtlich ausgesprochenen Auflösung des Dienstverhältnisses gezahlt wird. Das ist auch möglich, wenn das Dienstverhältnis einvernehmlich aufgelöst wird. Die GmbH muss aber die entscheidende Ursache für die Auflösung gesetzt haben. Wird dagegen bei fristgerechtem Ablauf des Geschäftsführer-Dienstvertrages eine Zahlung an den Geschäftsführer geleistet, so stellt dies keine Abfindung nach § 3 Nr. 9 EStG dar. Wohl aber kommt eine Tarifbegünstigung als Entschädigung gem. § 24 Nr. 1 iVm § 34 EStG in Betracht, wenn bereits bei Beginn des Dienstverhältnisses ein Ersatzanspruch für den Fall der betriebsbedingten Beendigung oder Nichtverlängerung des Dienstverhältnisses vereinbart wird (BFH GmbHR 2004, 312).

Praxishinweis!
– Die Progressionsmilderung gem. § 34 EStG kann nur in Anspruch genommen werden, wenn Ihnen als Geschäftsführer die Abfindungszahlungen in einem Jahr, möglichst im Jahr der Beendigung des Dienstverhältnisses, zufließen.
– Je früher der Auflösungszeitpunkt für den Geschäftsführer-Dienstvertrag gewählt werden kann, um so weiter greift die Progressionsmilderung gem. § 34 EStG. Denn nur Bezüge, die auf einen Zeitraum vor der wirksamen Aufhebung des Dienstverhältnisses entfallen, müssen voll versteuert werden.

Pensionsabfindung

Ein Gesellschafter-Geschäftsführer, dem eine Pensionszusage erteilt worden ist, findet i.d.R. keinen Käufer für seinen Gesellschaftsanteil, der bereit ist, die Versorgungsverpflichtung zu übernehmen. Er befindet sich damit, wenn er seine Beteiligung veräußern will oder muss, in der Zwangslage, keinen angemessenen Preis hierfür erzielen zu können. Deshalb wertet die Rechtsprechung den Verzicht auf die Versorgungsansprüche gegen Abfindung als Entschädigung i.S.d. § 24 Nr. 1a EStG (BFH BStBl II 2003, 748; GmbHR 2005, 118).

Praxishinweis! Die Steuervergünstigung nach § 34 Abs. 1 EStG ist stark eingeschränkt. Deshalb lohnt es zu prüfen, ob die Abfindung durch einen Rentenversicherungsanspruch mit „nachgelagerter" Besteuerung in Betracht kommt.

Auch bei einem Alleingesellschafter-Geschäftsführer liegt eine begünstigte Entschädigung nach §§ 24, 34 EStG vor, wenn es zu der Auflösung seines Dienstvertrages nur deshalb gekommen ist, weil er seine Anteile freiwillig veräußert hat und der Käufer den Anteilserwerb davon abhängig gemacht hat, dass er seine Geschäftsführertätigkeit beendet (BFH/NV 2004, 253).

Wird die Pensionszusage der GmbH an den beherrschenden Gesellschafter-Geschäftsführer ausdrücklich dem BetrAVG unterworfen und gilt deshalb das Abfindungsgebot nach § 3 Abs. 1 BetrAVG, ist eine gleichwohl gezahlte Abfindung vGA, weil eine gesellschaftsrechtliche Veranlassung unterstellt wird (BFH, DStR-Aktuell, 24/2006, VIII) Denn an beherrschende Gesellschafter-Geschäftsführer dürfen keine vor Ablauf von 10 Jahren unverfallbare Pensionszusagen erteilt werden.

Praxishinweis! Wenn eine spätere Abfindung ermöglicht werden soll, ist es zweckmäßig, ausdrücklich ein Abfindungsrecht zum Anwartschaftsbarwert in der Zusage vorzusehen (BMF-Schreiben vom 06.04.05, BStBl I 2005, 619).

Offen ist, ob der beherrschende GmbH-Gesellschafter zur Vorbereitung seines Anteilverkaufs Pensionsanwartschaften, die auf Grund vertraglicher Vereinbarungen unverfallbar sind, mit den Ansprüchen aus der Rückdeckungsversicherung jedenfalls insoweit, als diese den Anwartschaftsbarwert nicht überschreiten, abfinden lassen kann, ohne eine vGA auszulösen (so FG Köln, DStRE 2005, 708, Revision anhängig).

Verzichtet der Gesellschafter im Zuge des Verkaufs oder anderweitig vorzeitig auf seine Pensionszusage gegenüber der GmbH, ist dies als Einlage in Höhe des Teilwerts der Pensionsanwartschaft, nicht in Höhe des Teilwerts der Pensionsverbindlichkeit der GmbH gem. § 6a EStG zu qualifizieren (BFH DStR 1997, 1282; 1998, 236). Der Verzicht führt, soweit mit ihm die verdeckte Einlage erbracht wird, zum Zufluss des Forderungswertes beim Gesellschafter und ist von diesem voll zu versteuern. Nachteilig ist bei gleichzeitigem Anteilsverkauf, dass der Zufluss die dem Halbeinkünfteverfahren unterliegenden Veräußerungsgewinne mindert.

VI. Sonderfälle

Steuerliche Folgen der Anteilsübertragung

Entschließt sich der Geschäftsführer zum Verkauf, Tausch oder zur Schenkung seiner Anteile an einen Dritten, so sind die steuerlichen Folgen dieser Anteilsübertragung danach zu unterscheiden, ob er die GmbH-Anteile steuerlich im Privatvermögen oder in einem Betriebsvermögen gehalten hat.

GmbH-Anteile im Privatvermögen

Die Veräußerung von in Privatvermögen befindlichen GmbH-Anteilen ist dann ertragsteuerpflichtig, wenn der Veräußerer innerhalb der letzten 5 Jahre am Kapital der GmbH unmittelbar oder mittelbar zu mindestens 1 % beteiligt war. Entsprechendes gilt, wenn der Veräußerer den Anteil innerhalb der letzten 5 Jahre zwar selbst nicht gekauft, sondern unentgeltlich erworben hat, aber sein Rechtsvorgänger oder, sofern der Anteil nacheinander mehrfach verschenkt worden sein sollte, einer der Rechtsvorgänger innerhalb der letzten 5 Jahre mit mindestens 1 % an der GmbH beteiligt war. Einkommensteuerpflichtig ist die Differenz zwischen Veräußerungserlös und Anschaffungskosten für den Anteil. Bei unentgeltlich erworbenen Anteilen sind als Anschaffungskosten die des Rechtsvorgängers maßgebend, der den Anteil zuletzt entgeltlich erworben hatte (§ 17 EStG).

Ferner kann die mit Gewinn verbundene Veräußerung von GmbH-Anteilen unter 1% im Privatvermögen zu einem einkommensteuerpflichtigen Spekulationsgewinn führen, wenn zwischen Anschaffung und Veräußerung der Beteiligungen weniger als 1 Jahr liegt (§ 23 EStG).

GmbH-Anteile im Betriebsvermögen

Die Veräußerung von GmbH-Anteilen, die in einem Betriebsvermögen gehalten werden, ist steuerlich eine Entnahme aus dem Betriebsvermögen. Der hierbei erzielte Veräußerungsgewinn zählt bei den Gesellschaftern zu den Einkünften aus Gewerbebetrieb, ist einkommensteuerpflichtig und unterliegt auch der Gewerbeertragsteuer.

Dabei kann selbst dann keine Tarifvergünstigung in Anspruch genommen werden, wenn der Geschäftsführer eine 100 %-ige Beteiligung an der GmbH veräußert.

Werden im Betriebsvermögen gehaltene GmbH-Anteile unentgeltlich übertragen, ermittelt sich der Veräußerungsgewinn bzw. Veräußerungsverlust aus der Differenz zwischen Buchwert der GmbH-Anteile und deren gemeinen Wert.

Gesellschafter-Darlehen

Gewährt ein Gesellschafter-Geschäftsführer der GmbH ein Darlehen, so muss dieses zunächst zur Vermeidung einer vGA zu üblichen, d.h. nicht überhöhten Zinssätzen geschehen.

Unangemessen niedrige Zinsen sind dagegen grundsätzlich unschädlich. Der Zinsverzicht ist eine verdeckte Einlage.

Ist die Darlehenshingabe durch das Gesellschaftsverhältnis veranlasst, liegen in Höhe des Darlehensbetrages nachträgliche Anschaffungskosten auf die Beteiligung vor, die im Rahmen des § 17 EStG bei Verkauf der Beteiligung und Ermittlung eines Veräußerungsgewinns/verlusts Berücksichtigung finden (BFH DStR 1999, 411).

Durch das Gesellschaftsverhältnis veranlasst, ist das Darlehen nach Sicht der Rechtsprechung (BFH II 1999, 342 und 724) und der Finanzverwaltung (OFD Kiel FR 2000, 161, 168; OFG Frankfurt DB 2006, 2152) nur dann, wenn es als Eigenkapital ersetzend zu qualifizieren ist. Ein Abzug ist selbst dann möglich, wenn die Eigenkapitalersatzregeln nicht greifen, weil der Gesellschafter mit 10 % oder weniger am Stammkapital der GmbH beteiligt und nicht Geschäftsführer ist.

Für den wesentlich beteiligten Gesellschafter war nach Auffassung zum bisherigen Recht Kapitalersatz gegeben, wenn die GmbH unter den bestehenden (Krisen-) Verhältnissen von einem Dritten keinen Kredit (mehr) zu marktüblichen Bedingungen erhalten hätte. Gleiches galt, wenn der Gesellschafter-Geschäftsführer sein Darlehen stehen ließ, obwohl er die Gefährdung seiner Rückforderung erkannte und die Möglichkeit hatte, den Darlehensbetrag zurückzuerlangen (BFH BStBl II, 1999, 724, BMF-Schreiben vom 08.07.99, DStBl I 1999, 545).

Bemessen werden die nachträglichen Anschaffungskosten grundsätzlich nach dem Nennwert des ausgefallenen Darlehens. Soweit ein Darlehen in der Krise der GmbH „stehen gelassen" wurde, ist der gemeine Wert des Darlehens in demjenigen Zeitpunkt maßgeblich, in dem der Gesellschafter es trotz Eintritt der Krise der GmbH mit Rücksicht auf das Gesellschaftsverhältnis nicht abgehoben hat (BFH BStBl II 1999, 348).

Praxishinweis! Damit sind die Gesellschafterdarlehen steuerlich benachteiligt, die von nicht geschäftsführenden und mit 10 % oder weniger am Stammkapital der Gesellschaft beteiligte Gesellschafter gewährt werden.

Mit dem MoMiG hat der Gesetzgeber das Eigenkapitalersatzrecht abgeschafft und die Unterscheidung in eigenkapitalersetzende und nicht eigenkapitalersetzende Gesellschafterdarlehen sowohl im Gesellschaftsrecht als auch im Insolvenz- und Anfechtungsrecht aufgegeben. Damit stellt sich die Frage nach der steuerrechtlichen Behandlung der Verluste von Gesellschafterdarlehen neu.

Nach einer Ansicht ist die gesellschaftsrechtliche durch eine insolvenzspezifische Anknüpfung des Steuerrechts zu ersetzen (Hölzle, DStR 2007, 1185), so dass jedes Gesellschafterdarlehen bereits seit seiner Gewährung nachrangig i.S.d. Insolvenzrechts, jedoch bedingt durch das Insolvenzereignis als solches wäre. Daraus wäre zu schließen, dass auch die gesellschaftsrechtliche Veranlassung bereits schon seit Gewährung des Darlehens greift und jedes Gesellschafterdarlehen, gleichgültig, ob es in der Krise gewährt oder nur bei Krise „stehen gelassen" worden wäre, bei den nachrechtlichen Anschaffungskosten gemäß § 17 EStG zu berücksichtigen wäre.

Nach anderer Auffassung könnte das MoMiG zum Anlass genommen werden, den steuerlichern Begriff der nachträglichen Anschaffungskosten von Gesellschafts- und Insolvenzrecht zu lösen. Damit könnten die vom BFH entwickelten Grundsätze weiter angewandt werden (Waclawik, ZIP 2007, 1838).

Praxishinweis! Halten Sie Einkommensteuerbescheide, mit denen die Anerkennung des Darlehensverlusts als nachträgliche Anschaffungskosten gemäß § 17 EStG verwehrt werden, offen.

Auch der Verlust eines Darlehens eines Arbeitnehmers kann, sofern er das Risiko des Darlehensverlustes aus beruflichen Gründen bewusst auf sich genommen hat, zu Werbungskosten bei den Einkünften aus nicht selbständiger Arbeit führen, nicht jedoch – auch nicht als Werbungskosten bei den Einkünften aus Kapitalvermögen – der Wertverlust der GmbH-Beteiligung selbst (BFH GmbHR 1995, 599).

Praxishinweis! Prüfen Sie, ob das Darlehen, wenn nicht als Veräußerungs-, Anschaffungs- oder Werbungskosten, so doch als Beteiligungskosten Veräußerungsgewinn mindernd geltend gemacht werden kann.

Bürgschaften

Übernimmt der Fremdgeschäftsführer eine Bürgschaft für die GmbH und wird er daraus in Anspruch genommen, so stellt sich die Frage, wie diese Inanspruchnahme steuerlich zu beurteilen ist. Von der Rechtsprechung ist grundsätzlich anerkannt, dass ein Arbeitnehmer aus beruflichen Gründen eine Bürgschaft zur Sicherung von Schulden seines Arbeitgebers eingehen und Aufwendungen, die sich aus der Inanspruchnahme ergeben, als Werbungskosten geltend machen kann. Werbungskosten aus nichtselbstständiger Arbeit liegen dann vor, wenn es sich um Ausgaben handelt, die durch den Beruf veranlasst sind. Eine solche Veranlassung ist gegeben, wenn ein objektiver Zusammenhang mit dem Beruf besteht und wenn subjektiv die Aufwendungen zur Förderung des Berufs getätigt werden. Auch Ausgaben zur Tilgung einer Bürgschaftsverpflichtung können demgemäß Werbungskosten sein. Maßgeblich für die Einordnung ist jedoch, dass bereits bei der Übernahme der Bürgschaft, nicht erst im Zeitpunkt der Zahlung, ein beruflicher Zusammenhang mit ihr besteht. Der Fremdgeschäftsführer muss deshalb die Bürgschaftsverpflichtung ausschließlich zur Erhaltung des Arbeitsplatzes eingegangen sein.

Beim wesentlich beteiligten Gesellschafter-Geschäftsführer besteht eine Vermutung dafür, dass Aufwendungen für eine Bürgschaft aufgrund der Kapitalbeteiligung aus Gründen der Arbeitsplatzsicherung, nicht erfolgen (BFH GmbHR 1991, 587; BFH/NV 1990, 395; BFH/NV 1992, 33). Sie können deshalb nicht als Werbungskosten bei den Einkünften aus nichtselbstständiger Arbeit berücksichtigt werden.

Dementsprechend sind bei einem nicht wesentlich beteiligten Gesellschafter-Geschäftsführer (wohl bis 10%, vgl. FG Bamberg EFG 2001, 970 (rkr.)) Aufwendungen aus einer Inanspruchnahme als Werbungskosten bei den Einkünften aus nichtselbstständiger Arbeit zu berücksichtigen (FG Düsseldorf EFG 1998, 31 (rkr.)).

Bei einem Gesellschafter-Geschäftsführer stellt sich stets die Frage, ob die Bürgschaft nicht gesellschaftsrechtlich veranlasst ist und zu Anschaffungskosten der Beteiligung führt (BFH BStBl II 1999, 817). Hierfür spricht eine Beteiligung in nicht nur unbedeutendem Umfang (BFH/NV 2005, 54).

Nicht die Übernahme, aber die Inanspruchnahme aus der Bürgschaft selbst kann zu Anschaffungskosten führen. Voraussetzung ist, dass die Übernahme der Bürgschaft ihre Ursache im Gesellschaftsverhältnis hat (BFH/NV 2006, 1472). Das ist – wie bei Gesellschafterdarlehen – allein danach zu bestimmen, ob die Bürgschaft eigenkapitalersetzenden Charakter hat (BFH/NV 2006, 286). Die oben dargestellten Grundsätze zu kapitalersetzenden Gesellschafterdarlehen gelten entsprechend. Anstelle des Wertes des Darlehens-Rückzahlungsanspruchs ist auf den Rückgriffsanspruch aus der Bürgschaft und dessen gemeinen Wert abzustellen.

Haftungsinanspruchnahmen

Wird der Geschäftsführer seitens der Gläubiger der GmbH auf Schadensersatz oder als Haftender für Steuerschulden der GmbH gemäß § 69 AO in Anspruch genommen, so können die von ihm bezahlten Beträge Werbungskosten bei den Einkünften aus nichtselbstständiger Arbeit sein. Der Werbungskostenabzug wird nicht dadurch ausgeschlossen, dass der Geschäftsführer die Ursachen für die Aufwendungen bewusst oder leichtfertig herbeigeführt hat (BFH BStBl II 1978, 105; FG Münster

EFG 1982, 291). Er setzt aber bei einer insolventen GmbH voraus, dass das Insolvenzverfahren abgeschlossen ist (BFH GmbHR 2004, 752).

Bei einem Gesellschafter-Geschäftsführer kann die Inanspruchnahme auch hier gesellschaftsrechtlich veranlasst sein und zu nachträglichen Anschaffungskosten auf die Beteiligung führen (BFH/NV 1993, 644; 2004, 947) oder in wirtschaftlichem Zusammenhang mit den Einkünften aus nichtselbstständiger Arbeit stehen (vgl. zum Verlust einer nicht wesentlichen Beteiligung als Werbungskosten: BFH DStR 1995, 1060).

Sanierungsgewinne sind grundsätzlich steuerpflichtige Betriebseinnahmen. Zur Vermeidung von Problemen in der Sanierungspraxis bei der Durchführung von Sanierungsmaßnahmen stellt die Finanzverwaltung (BMF-Schreiben vom 27.03.03, ZIP 2003, 690) Billigkeitsmaßnahmen in der Form der Stundung mit dem Ziel des späteren Erlasses in Aussicht, wenn Sanierungsbedürftigkeit, Sanierungsfähigkeit und ein Schulderlass mit Sanierungseignung des betreffenden Gesellschafters vorliegen. Zuvor müssen allerdings sämtliche ertragsteuerrechtlichen Verlustverrechnungsmöglichkeiten ausgeschöpft werden. Über den Erlass von Gewerbesteuer entscheiden die Gemeinden in eigener Zuständigkeit.

VII. Risikofaktor Betriebsprüfung

Zulässigkeit und Voraussetzungen

Das Recht der Außenprüfung ist vor allem in den §§ 193 – 207 AO niedergelegt. Gem. § 193 Abs. 1 AO ist sie zulässig bei Steuerpflichtigen, die einen Gewerbebetrieb unterhalten. Hierzu zählen stets Gesellschaften wie die GmbH. Im Rahmen der Prüfung hat der Steuerpflichtige als Beteiligter mitzuwirken. Die Mitwirkungspflicht ist im Rahmen der Außenprüfung erweitert. Diese Pflichten treffen bei der GmbH deren Vertretungs-Organ, also den Geschäftsführer.

Gegenstand der Betriebsprüfung sind die steuerlichen Verhältnisse der GmbH. Darunter fallen alle Tatsachen, die für die Besteuerung bedeutsam sein können, insbesondere Buchführung, Geschäftspapiere, Aufzeichnungen und andere Urkunden.

Die Finanzbehörde legt den Umfang der Außenprüfung in einer Prüfungsanordnung fest. Ohne wirksame Prüfungsanordnung ist die Prüfung nicht zulässig. Die Prüfungsanordnung selbst muss formal und inhaltlich rechtmäßig und begründet sein.

Praxishinweis!
– Legen Sie bei Mängeln Einspruch ein.
– Beantragen Sie ergänzend Aussetzung der Vollziehung.

In der Prüfungsvorbereitung muss alles, was zur Erstellung der Jahresabschlüsse und der Steuererklärung benötigt wird (z. B. Inventuren, Hauptabschlussübersichten mit Umbuchungslisten, Konten, Kassenbücher, Anlageverzeichnisse und Belege), vorbereitet werden. Andere, nicht direkt zur Finanzbuchhaltung gehörende Unterlagen (z. B. Geschäftskorrespondenz, Betriebsbuchhaltung, Verträge, Gesellschafterversammlungsprotokolle) brauchen nicht gleich vorgelegt zu werden.

Elektronischer Datenzugriff

Nach §§ 146, 147 AO hat die Außenprüfung auch ein Zugriffsrecht auf die EDV-Daten der GmbH, was gravierende Auswirkungen auch für den Geschäftsführer haben kann. Die Finanzverwaltung hat die gesetzlichen Anforderungen konkretisiert und kommentiert (BMF-Schreiben vom 16.07.2001, BStBl I 2001, 415). Danach führen die gesetzlichen Bestimmungen nicht zu einer Erweiterung des sachlichen Umfangs der Außenprüfung, sondern sollen lediglich ermöglichen, dass digital erstellte Buchführungen effektiv und Kosten sparend geprüft werden können.

Nach §§ 146 Abs. 5 S. 2, 147 Abs. 2 Nr. 2 AO ist die GmbH verpflichtet, während der Dauer der Aufbewahrungsfrist die jederzeitige Verfügbarkeit und unverzügliche Lesbarkeit sowie maschinelle Auswertbarkeit der gespeicherten Daten sicherzustellen. Hierzu müssen sie aber nicht im ursprünglich benutzten System gespeichert bleiben, sondern können in Archivierungssysteme ausgelagert werden.

Praxishinweis! Die Aufbewahrung in gedruckter Form ist nicht mehr ausreichend, aber auch nicht mehr erforderlich.

Nach § 147 Abs. 6 AO kann die Finanzbehörde bei Außenprüfungen die gespeicherten Daten einsehen und das Datenverarbeitungssystem der GmbH nutzen. De facto bedeutet dies eine Kompetenzerweiterung für den Betriebsprüfer. Für die Prüfung ist in erster Linie die Buchführung maßgebend. Andere Aufzeichnungen sind insoweit relevant, als sie der Erläuterung der Buchführungsdaten dienen. Das sind insbesondere die Finanz-, Anlagen- und Lohnbuchführung. Auch weitere Daten können relevant sein, weil sie für die Besteuerung von Bedeutung sind (z.B. Daten der Materialwirtschaft, Kostenrechnung oder aus Mail-Systemen). Haben Daten bzw. Auswertungen aus diesen Systemen in früheren Betriebsprüfungen eine Rolle gespielt, müssen diese Daten auch in maschinell auswertbarer Form aufbewahrt werden. Je nach Größe des GmbH-Betriebs, Komplexität des Systems oder Kosten der Datenbereithaltung dürfte es für diese ergänzenden Daten genügen, Papierausdrucke oder bildhafte Auswertungsspeicherung zur Verfügung zu stellen.

Nach § 147 Abs. 6 AO werden der Außenprüfung der unmittelbare Datenzugriff, der mittelbare Datenzugriff oder der Zugriff durch Datenträgerüberlassung auf die gespeicherten Daten eingeräumt. Von welchem der drei Zugriffsrechte die Betriebsprüfung Gebrauch macht, liegt in ihrem pflichtgemäßen Ermessen.

Praxishinweis! Es können auch mehrere Möglichkeiten parallel in Anspruch genommen werden. Allerdings sind dem Betriebsprüfer bei diesem Wahlrecht durch den Grundsatz der Verhältnismäßigkeit Grenzen gesetzt.

Im unmittelbaren Datenzugriff nutzt der Betriebsprüfer das EDV-System der GmbH direkt, um die gespeicherten steuerlich relevanten Daten der GmbH zur Prüfung der Buchhaltungsdaten, Stammdaten und Verknüpfungen (z. B. zwischen Tabellen einer relationalen Datenbank) einzusehen. Der Zugriff umfasst hierbei das Lesen, Filtern und Sortieren der Daten gegebenenfalls unter Nutzung der im System vorhandenen Auswertungsmöglichkeiten. Eigene Auswertungsroutinen darf der Betriebsprüfer hierbei nicht einsetzen.

Beim mittelbaren Datenzugriff müssen die steuerlich relevanten Daten nach den Vorgaben der Betriebsprüfung durch die GmbH oder einen von ihr beauftragten Dritten ausgewertet werden. Der Prüfer greift also nicht selbst auf die EDV der GmbH zu, sondern kann sich deren Mithilfe bedienen.

Praxishinweis! Zur maschinellen Auswertung dürfen nur die im Datenverarbeitungssystem der GmbH vorhandenen Auswertungsmöglichkeiten verlangt werden. Auswertungen, die das EDV-System nicht vorsieht, sind nicht zu erstellen.

Die Kosten der maschinellen Auswertung muss die GmbH tragen. Sie muss außerdem den Betriebsprüfer durch Personen unterstützen, die mit ihrem EDV-System vertraut sind.

Bei Datenträgerüberlassung müssen der Betriebsprüfung die gespeicherten Unterlagen auf einem maschinell verwertbaren Datenträger zur eigenen Auswertung zur Verfügung gestellt werden. Dies gilt auch, wenn sich die Daten bei Dritten befinden. Hierbei sind alle zur Auswertung der Daten notwendigen Informationen (z. B. über Dateistruktur, Datenfelder, sowie interne und externe Verknüpfungen) ebenfalls in maschinell auswertbarer Form zur Verfügung zu stellen. Bei der Datenträgerüberlassung setzt die Außenprüfung eigene Prüfprogramme ein, mit denen Datenbestände analysiert und ausgewertet werden können.

Festlegung von Ort, Umfang und Zeitpunkt der Prüfung

Die Festlegung des Prüfungsortes ist ein selbstständiger Verwaltungsakt und kann deshalb unabhängig von der Prüfungsanordnung geändert werden. Im Normalfall findet die BP in den Geschäftsräumen der GmbH statt, sofern diese dafür geeignet sind.

Prüfungsumfang und Zeitpunkt richten sich nach der die Verwaltung bindenden Betriebsprüfungsordnung (BStBl I 2000, 368). Die Betriebsprüfungshauptstellen verfügen über Betriebsprüfungskarteien, in denen sämtliche Betriebe, getrennt nach den zuständigen Veranlagungsfinanzämtern und gesondert nach Größenklassen und Branchen, enthalten sind (§ 32 BpO). Für jedes Kalenderjahr ist ein Prüfungsgeschäftsplan aufzustellen (§ 34 BpO), in den die zu prüfenden Betriebe aufgenommen werden. Nicht jede GmbH muss allerdings im gleichen Maße damit rechnen, geprüft zu werden, da sich die Prüfungshäufigkeit an den Größenklassen „Großbetriebe", „Mittelbetriebe", „Kleinbetriebe" und „Kleinstbetriebe" orientiert. Danach ergibt sich ein durchschnittlicher Prüfungsturnus von 4,9 Jahren bei Großbetrieben, 10,5 Jahren bei Mittelbetrieben und mindestens 32 Jahren bei Klein- und Kleinstbetrieben.

Prüfungsgrundsätze und Verhalten während der Prüfung

Der Außenprüfer hat die tatsächlichen und rechtlichen Verhältnisse der GmbH zu prüfen, die für die Steuerpflicht und die Bemessung der Steuer maßgebend sind. Die Prüfung hat sich auf die wesentlichen Besteuerungsgrundlagen zu beschränken, wobei der Prüfer zu Gunsten wie zuungunsten der GmbH prüfen muss. Dies bedeutet allerdings nicht, dass primär zu Gunsten der GmbH zu prüfen ist. Die Prüfung muss sich hinsichtlich ihrer Dauer auf das notwendige Maß beschränken.

Praxishinweis!

- Informieren Sie sich von Zeit zu Zeit über die bisherigen Prüfungsergebnisse.
- Halten Sie Kontakt mit dem steuerlichen Berater.
- Fragen Sie nach dem Prüfungszweck, wenn Zweifel an der Berechtigung des Auskunfts- und Vorlageverlangens des Prüfers bestehen.
- Achten Sie auf die Einhaltung des sog. „Erstbefragungsrechts" bzw. informieren Sie Geschäftspartner und Hausbank vorher, wenn der Prüfer sich dorthin wenden will.
- Seien Sie als Verantwortlicher im Verlauf der Prüfung für den Prüfer erreichbar.
- Halten Sie Hilfsmittel unentgeltlich (§ 200 Abs. 2 Satz 2 AO) und auch Kopien zur Verfügung.

Typische Prüfungsfelder sind

- Vollständigkeit der Betriebseinnahmen;
- Vertragsbeziehungen der GmbH mit Gesellschaftern, Geschäftsführern und nahen Angehörigen;
- Sachentnahmen bei Anlage- und Umlaufvermögen;
- Kosten der Lebensführung (Telefon-, Pkw-, Bewirtungskosten);
- Umstrukturierungen (Betriebsaufspaltung, Umwandlung);
- Vorsteuerabzug, insbesondere Vorsteueraufteilung und Berichtigung (§ 15 a UStG);
- Betriebliche Altersversorgung;
- grenzüberschreitende Sachverhalte (Auslandsbeziehungen).

Prüfungsabschluss und Prüfungsfolgen

Nachdem die Prüfungsfeststellungen auf mögliche Besteuerungsfolgen rechtlich ausgewertet sind, wird der Prüfer seine Prüfungshandlungen beenden. Über die festgestellten Sachverhalte und ihre möglichen steuerlichen Auswirkungen ist die GmbH zu unterrichten, wenn dadurch Zweck und Ablauf der BP nicht beeinträchtigt werden. Zuvor wird der Prüfer noch über die Feststellungen Kontrollmaterial anfertigen (§ 194 Abs. 3 AO), d.h. Mitteilungen an andere Finanzämter über Erkenntnisse aus den Unterlagen des Rechnungswesens, die er für die Besteuerung von Geschäftspartnern für bedeutungsvoll ansieht.

Praxishinweis!

- Ein klagbarer Anspruch auf Bekanntgabe, ob Kontrollmitteilungen gefertigt werden und gegen wen, besteht nicht.
- Fragen Sie den Prüfer dennoch, wer von Kunden, Lieferanten, Vermittlern und Beratern der GmbH von der laufenden Prüfung benachrichtigt werden muss.

Über das Ergebnis der BP ergeht ein schriftlicher Prüfungsbericht (§ 202 Abs. 1 Satz 1 AO). Er ist innerdienstliche Maßnahme ohne unmittelbare Rechtswirkung und kann auch nicht mit Rechtsbehelfen angegriffen werden. Die Unrichtigkeit oder Unvollständigkeit kann aber im Wege einer Gegenvorstellung oder Dienstaufsichtsbeschwerde geltend gemacht werden (vgl. § 202 Abs. 1 Satz 2 AO).

Ferner ist über das Ergebnis der BP eine Schlussbesprechung abzuhalten, bei der insbesondere die strittigen Sachverhalte und ihre rechtliche Beurteilung sowie die steuerlichen Auswirkungen erörtert werden. Darauf hat die GmbH einen Rechtsanspruch. Besprechungspunkte und Termin der Schlussbesprechung sind ihr in angemessener Zeit vor der Besprechung bekanntzugeben. Kommt der Prüfer nach der BP zu der Erkenntnis, dass ein Straf- oder Bußgeldverfahren durchzuführen ist, soll der Geschäftsführer der GmbH im Rahmen der Schlussbesprechung hierauf hingewiesen werden (§ 201 Abs. 2 AO). Unterbleibt dieser Hinweis, hindert dies die Einleitung des Verfahrens nicht.

Soweit die BP zu Änderungen führt, ergehen Änderungsbescheide. Diese sind nicht an die Darstellung im BP-Bericht gebunden, sofern die BP nicht mit einer tatsächlichen Verständigung über den Sachverhalt abgeschlossen wurde. Steuerbescheide, die nach der BP ergehen, können nur aufgehoben oder geändert werden, wenn eine Steuerhinterziehung oder eine leichtfertige Steuerverkürzung vorliegt (§ 173 Abs. 2 AO). Rechtsbehelf dagegen ist der Einspruch. Danach ist Klage zum FG zu erheben.

Beschlüsse
Briefe
Formulare
Verträge

Inhaltsübersicht

Beschlüsse – Briefe – Formulare – Verträge

Vorlagen für Gesellschafterbeschlüsse

Ordentliche jährliche Gesellschafterversammlung

Zur Gesellschafterversammlung der <FIRMA> am <DATUM> sind erschienen: <GESELLSCHAFTER>

Die erschienenen Gesellschafter bestellen zum Protokollführer: <NAME>

I. Feststellung der ordnungsgemäßen Ladung

Der/die Protokollführer/in stellt fest:

1.) Die heutige Gesellschafterversammlung ist durch Einschreiben der Geschäftsführung vom <DATUM> an alle Gesellschafter unter Mitteilung der Tagesordnung fristgerecht einberufen worden.

2.) Das Stammkapital der Gesellschaft von <BETRAG> EUR ist in Höhe von <BETRAG> EUR d.h. mit <ZAHL> von <ZAHL> Stimmen vertreten. Die Versammlung ist somit beschlussfähig.

II. Beschlussfassung

Danach beschließt die Gesellschafterversammlung im Wege mündlicher Abstimmung wie folgt:

1.) Feststellung des Jahresabschlusses

Wir beschließen mit sofortiger Wirkung den von der Geschäftsführung vorgelegten Jahresabschluss (nebst Prüfungsbericht des Abschlussprüfers) für das Geschäftsjahr <GESCHÄFTSJAHR>.

Der Beschluss wird mit einer Mehrheit von <ZAHL> Stimmen bei <ZAHL> Gegenstimmen und <ZAHL> Enthaltungen gefasst.

2.) Verteilung des Ergebnisses gemäß Vorlage der Geschäftsführung

Wir beschließen mit sofortiger Wirkung die Verteilung des Ergebnisses für das Geschäftsjahr <GESCHÄFTSJAHR> gemäß Vorlage der Geschäftsführung.

Der Beschluss wird mit einer Mehrheit von <ZAHL> Stimmen bei <ZAHL> Gegenstimmen und <ZAHL> Enthaltungen gefasst.

3.) Entlastung der Geschäftsführung für das Geschäftsjahr <GESCHÄFTSJAHR>

Wir beschließen mit sofortiger Wirkung Entlastung der Geschäftsführung für das Geschäftsjahr <GESCHÄFTSJAHR>.

Der Beschluss wird mit einer Mehrheit von <ZAHL> Stimmen bei <ZAHL> Gegenstimmen und <ZAHL> Enthaltungen gefasst.

Praxishinweis! Der betroffene Gesellschafter-Geschäftsführer ist bei seiner Entlastung nicht stimmberechtigt.

Abberufung und Neubestellung eines Geschäftsführers

Zur Gesellschafterversammlung der <FIRMA> am <DATUM> sind erschienen: <GESELLSCHAFTER>

Die erschienenen Gesellschafter bestellen zum Protokollführer: <NAME>

I. Feststellung der ordnungsgemäßen Ladung

Der/die Protokollführer/in stellt fest:

1.) Die heutige Gesellschafterversammlung ist durch Einschreiben der Geschäftsführung vom <DATUM> an alle Gesellschafter unter Mitteilung der Tagesordnung fristgerecht einberufen worden.

2.) Das Stammkapital der Gesellschaft von <BETRAG> EUR ist in Höhe von <BETRAG> EUR d.h. mit <ZAHL> von <ZAHL> Stimmen vertreten. Die Versammlung ist somit beschlussfähig.

II. Beschlussfassung

Danach beschließt die Gesellschafterversammlung im Wege mündlicher Abstimmung wie folgt:

Wir beschließen mit sofortiger Wirkung den Widerruf der Bestellung des Geschäftsführers <NAME>.

Frau/Herr <NAME;ANSCHRIFT;BERUF> wird mit sofortiger Wirkung zum Geschäftsführer bestellt.

Der Beschluss wird mit einer Mehrheit von <ZAHL> Stimmen bei <ZAHL> Gegenstimmen und <ZAHL> Enthaltungen gefasst.

Praxishinweis! Der betroffene Gesellschafter-Geschäftsführer ist bei seiner Neubestellung und bei seiner Abberufung, falls diese nicht aus wichtigem Grund erfolgt, stimmberechtigt. Die Abberufung und Neubestellung eines Geschäftsführers ist zur Eintragung in das Handelsregister anzumelden.

Änderung des Geschäftsführer-Anstellungsvertrages

Zur Gesellschafterversammlung der <FIRMA> am <DATUM> sind erschienen: <GESELLSCHAFTER>

Die erschienenen Gesellschafter bestellen zum Protokollführer: <NAME>

I. Feststellung der ordnungsgemäßen Ladung

Der/die Protokollführer/in stellt fest:

1.) Die heutige Gesellschafterversammlung ist durch Einschreiben der Geschäftsführung vom <DATUM> an alle Gesellschafter unter Mitteilung der Tagesordnung fristgerecht einberufen worden.

2.) Das Stammkapital der Gesellschaft von <BETRAG> EUR ist in Höhe von <BETRAG> EUR, d.h. mit <ZAHL> von <ZAHL> Stimmen vertreten. Die Versammlung ist somit beschlussfähig.

II. Beschlussfassung

Danach beschließt die Gesellschafterversammlung im Wege mündlicher Abstimmung wie folgt:

Wir beschließen den am <DATUM> mit dem Geschäftsführer Frau/Herrn geschlossenen Anstellungsvertrag mit Wirkung vom <DATUM> wie folgt zu ändern:

<WORTLAUT ÄNDERUNG>

Folgende Gesellschafter (Aufzählung), die für die Änderung des Anstellungsvertrags gestimmt haben, werden hiermit ermächtigt, den geänderten Anstellungsvertrag namens der GmbH zu unterzeichnen.

Der Beschluss wird mit einer Mehrheit von <ZAHL> Stimmen bei <ZAHL> Gegenstimmen und <ZAHL> Enthaltungen gefasst.

Praxishinweis! Der betroffene Gesellschafter-Geschäftsführer ist stimmberechtigt.

Befreiung vom Verbot des Selbstkontrahierens

Zur Gesellschafterversammlung der <FIRMA> am <DATUM> sind erschienen: <GESELLSCHAFTER>

Die erschienenen Gesellschafter bestellen zum Protokollführer: <NAME>

I. Feststellung der ordnungsgemäßen Ladung

Der/die Protokollführer/in stellt fest:

1.) Die heutige Gesellschafterversammlung ist durch Einschreiben der Geschäftsführung vom <DATUM> an alle Gesellschafter unter Mitteilung der Tagesordnung fristgerecht einberufen worden.

2.) Das Stammkapital der Gesellschaft von <BETRAG> EUR ist in Höhe von <BETRAG> EUR, d.h. mit <ZAHL> von <ZAHL> Stimmen vertreten. Die Versammlung ist somit beschlussfähig.

II. Beschlussfassung

Danach beschließt die Gesellschafterversammlung im Wege mündlicher Abstimmung wie folgt:

§ <ZIFFER> des Gesellschaftsvertrages wird wie folgt geändert: <WORTLAUT>.

Alternative: Der Geschäftsführer der Gesellschaft ist vom Verbot des Selbstkontrahierens (§ 181 BGB) befreit.

Alternative: Die Gesellschafterversammlung kann einen, mehreren oder allen Geschäftsführern von dem Verbot des Selbstkontrahierens (§ 181 BGB) Befreiung erteilen.

Die Kosten der beschlossenen Satzungsänderung trägt die Gesellschaft.

Der Beschluss wird mit einer Mehrheit von <ZAHL> Stimmen bei <ZAHL> Gegenstimmen und <ZAHL> Enthaltungen gefasst.

Eine Ausfertigung dieses Beschlusses wird dem Registergericht zur Anmeldung der Satzungsänderung überreicht. Eine beglaubigte Abschrift erhält die Gesellschaft.

Praxishinweis! Der betroffene Gesellschafter-Geschäftsführer ist nicht stimmberechtigt. Die Änderung des Gesellschaftsvertrages ist notariell zu beurkunden.

Geltendmachen von Ersatzansprüchen gegen den Geschäftsführer

Zur Gesellschafterversammlung der <FIRMA> am <DATUM> sind erschienen: <GESELLSCHAFTER>

Die erschienenen Gesellschafter bestellen zum Protokollführer: <NAME>

I. Feststellung der ordnungsgemäßen Ladung

Der/die Protokollführer/in stellt fest:

1.) Die heutige Gesellschafterversammlung ist durch Einschreiben der Geschäftsführung vom <DATUM> an alle Gesellschafter unter Mitteilung der Tagesordnung fristgerecht einberufen worden.

2.) Das Stammkapital der Gesellschaft von <BETRAG> EUR ist in Höhe von <BETRAG> EUR, d.h. mit <ZAHL> von <ZAHL> Stimmen vertreten. Die Versammlung ist somit beschlussfähig.

II. Beschlussfassung

Danach beschließt die Gesellschafterversammlung im Wege mündlicher Abstimmung wie folgt:

Der Geschäftsführer Frau/Herr hat entgegen seiner Verpflichtung nach § <ZIFFER> des Anstellungsvertrags, wonach der Abschluss von Rechtsgeschäften über <BETRAG> EUR einer Einwilligung der Gesellschafterversammlung bedürfen, einen Geschäftsabschluss mit der Firma <NAME> über <BETRAG> EUR getätigt. Ebenso hat er es unterlassen, entgegen seiner allgemeinen Verpflichtung bei Geschäftsabschlüssen die Sorgfalt eines ordentlichen Geschäftsmannes anzuwenden (§ 43 GmbHG), nämlich vor Abschluss dieses Geschäfts die Bonität des Vertragspartners überprüfen zu lassen oder der Gesellschaft zumindest entsprechende Sicherheiten zur Verfügung zu stellen

Die Forderung gegen die Firma <NAME> ist nunmehr infolge Ablehnung des Insolvenzverfahrens mangels Masse nicht mehr realisierbar.

Es wird daher beschlossen, den Geschäftsführer für diesen Forderungsausfall persönlich in Regress zu nehmen und den ausgefallenen Betrag in Höhe von <BETRAG> EUR durch die Gesellschaft geltend zu machen.

Der Gesellschafter Frau/Herr <NAME> wird mit der Anforderung des Schadensersatzanspruchs der Gesellschaft gegen den Geschäftsführer der Gesellschaft beauftragt.

Der Beschluss wird mit einer Mehrheit von <ZAHL> Stimmen bei <ZAHL> Gegenstimmen und <ZAHL> Enthaltungen gefasst.

Praxishinweis! Der betroffene Gesellschafter-Geschäftsführer ist nicht stimmberechtigt

Geltendmachen von Ersatzansprüchen gegen Gesellschafter

Zur Gesellschafterversammlung der <FIRMA> am <DATUM> sind erschienen: <GESELLSCHAFTER>

Die erschienenen Gesellschafter bestellen zum Protokollführer: <NAME>

I. Feststellung der ordnungsgemäßen Ladung

Der/die Protokollführer stellt fest:

1.) Die heutige Gesellschafterversammlung ist durch Einschreiben der Geschäftsführung vom <DATUM> an alle Gesellschafter unter Mitteilung der Tagesordnung fristgerecht einberufen worden.

2.) Das Stammkapital der Gesellschaft von <BETRAG> EUR ist in Höhe von <BETRAG> EUR, d.h. mit <ZAHL> von <ZAHL> Stimmen vertreten. Die Versammlung ist somit beschlussfähig.

II. Beschlussfassung

Danach beschließt die Gesellschafterversammlung im Wege mündlicher Abstimmung wie folgt:

Der Gesellschafter Frau/Herr <NAME> ist seit einiger Zeit für ein Konkurrenzunternehmen der Gesellschaft, der Firma <NAME> beratend zum Zwecke des Aufbaus und der Organisation eines Versandhandelsunternehmens tätig. Wie vor kurzem festgestellt, vertreibt diese Firma mittlerweile mehrere gleichartige Produkte wie die Gesellschaft. Über die Bezugsquellen und Lieferanten der Gesellschaft wurde mit allen Gesellschaftern eine Geheimhaltungsvereinbarung getroffen. Es steht fest, dass der Gesellschafter Frau/Herr <NAME> Informationen, die der Geheimhaltungsvereinbarung unterliegen, zumindest in grob fahrlässiger Weise preisgegeben hat. Es liegen erhebliche Anhaltspunkte und hinreichende Verdachtsmomente dafür vor, dass die Gesellschaft in den vorangegangenen 2 Monaten Umsatzeinbußen von mindestens <BETRAG> EUR erlitten hat.

Es wird daher beschlossen, von dem Gesellschafter die in der Geheimhaltungsvereinbarung vereinbarte Vertragsstrafe in Höhe von <BETRAG> EUR als Mindestschaden geltend zu machen und darüber hinaus den Gesellschafter für alle in diesem Zusammenhang stehenden Schadensersatzansprüche der Gesellschaft persönlich in Anspruch zu nehmen.

Der Gesellschafter Frau/Herr <NAME> wird mit der Anforderung des Schadensersatzanspruchs der Gesellschaft gegen den Geschäftsführer der Gesellschaft beauftragt.

Der Beschluss wird mit einer Mehrheit von <ZAHL> Stimmen bei <ZAHL> Gegenstimmen und <ZAHL> Enthaltungen gefasst.

Praxishinweis! Der betroffene Gesellschafter ist nicht stimmberechtigt.

Kapitalerhöhung aus Bareinlagen

Zur Gesellschafterversammlung der <FIRMA> am <DATUM> sind erschienen: <GESELLSCHAFTER>

Die erschienenen Gesellschafter bestellen zum Protokollführer: <NAME>

I. Feststellung der ordnungsgemäßen Ladung

Der/die Protokollführer/in stellt fest:

1.) Die heutige Gesellschafterversammlung ist durch Einschreiben der Geschäftsführung vom <DATUM> an alle Gesellschafter unter Mitteilung der Tagesordnung fristgerecht einberufen worden.

2.) Das Stammkapital der Gesellschaft von <BETRAG> EUR ist in Höhe von <BETRAG> EUR, d.h. mit <ZAHL> von <ZAHL> Stimmen vertreten. Die Versammlung ist somit beschlussfähig.

II. Beschlussfassung

Danach beschließt die Gesellschafterversammlung im Wege mündlicher Abstimmung wie folgt:

Das Stammkapital der Gesellschaft wird von bisher <BETRAG> EUR um drei neue Geschäftsanteile, nämlich mit Nennbetrag von <BETRAG> EUR, <BETRAG> EUR und <BETRAG> EUR auf <BETRAG> EUR (in Worten: <BETRAG> Euro) erhöht. Die Stammkapitalerhöhung erfolgt mit sofortiger Wirkung. Die durch die Erhöhung des Stammkapitals geschaffenen neuen Geschäftsanteile sind in bar zu erbringen. Zur Übernahme der mit der Stammkapitalerhöhung geschaffenen neuen Geschäftsanteile werden zugelassen:

Für den neu geschaffenen Geschäftsanteil mit einem Nennbetrag von <BETRAG> EUR, Herr/Frau <NAME>, geb. <DATUM>, von Beruf <BEZEICHNUNG>, wohnhaft <ADRESSE>, (Geschäftsanteil Nr. <ZAHL>).

Für den neu geschaffenen Geschäftsanteil mit einem Nennbetrag von <BETRAG> EUR, Herr/Frau <NAME>, geb. <DATUM>, von Beruf <BEZEICHNUNG>, wohnhaft <ADRESSE>, (Geschäftsanteil Nr. <ZAHL>).

Für den neu geschaffenen Geschäftsanteil mit einem Nennbetrag von <BETRAG> EUR, Herr/Frau <NAME>, geb. <DATUM>, von Beruf <BEZEICHNUNG>, wohnhaft <ADRESSE>, (Geschäftsanteil Nr. <ZAHL>).

Die neuen Stammeinlagen sind sofort fällig und zahlbar. Die Gesellschafter sind mit ihren neuen Geschäftsanteilen ab sofort am Gewinn der Gesellschaft beteiligt. Der bisherige Gesellschaftsvertrag wird in § <ZIFFER> neu gefasst wie folgt:

Das Stammkapital der Gesellschaft beträgt <BETRAG>EUR. Hieran halten: Frau/Herr <NAME> einen Geschäftsanteil

von <BETRAG> EUR, Frau/Herr <NAME> einen Geschäftsanteil von <BETRAG> EUR; Frau/ Herr <NAME> einen Geschäftsanteil von <BETRAG> EUR. Das Stammkapital ist voll erbracht. Sämtliche Kosten und Steuern, die durch diese Urkunde und deren Vollzug entstehen, trägt die Gesellschaft.

Der Beschluss wird mit einer Mehrheit von <ANZAHL> Stimmen bei <ANZAHL> Gegenstimmen und <ANZAHL> Enthaltungen gefasst.

Praxishinweis! Die Kapitalerhöhung ist notariell zu beurkunden und zur Eintragung in das Handelsregister anzumelden.

Kapitalerhöhung durch Umwandlung von Rücklagen und Bildung neuer Geschäftsanteile

Zur Gesellschafterversammlung der <FIRMA> am <DATUM> sind erschienen: <GESELLSCHAFTER>

Die erschienenen Gesellschafter bestellen zum Protokollführer: <NAME>

I. Feststellung der ordnungsgemäßen Ladung

Der/die Protokollführer/in stellt fest:

1.) Die heutige Gesellschafterversammlung ist durch Einschreiben der Geschäftsführung vom <DATUM> an alle Gesellschafter unter Mitteilung der Tagesordnung fristgerecht einberufen worden.

2.) Das Stammkapital der Gesellschaft von <BETRAG> EUR ist in Höhe von <BETRAG> EUR d.h. mit <ZAHL> von <ZAHL> Stimmen vertreten. Die Versammlung ist somit beschlussfähig.

II. Beschlussfassung

Danach beschließt die Gesellschafterversammlung im Wege mündlicher Abstimmung wie folgt:

Das Stammkapital der Gesellschaft wird von bisher <BETRAG> EUR auf <BETRAG> EUR (in Worten: <BETRAG> Euro) durch die Umwandlung von Rücklagen erhöht. Der Jahresabschluss der GmbH zum <DATUM> weist eine Gewinnrücklage von <BETRAG> EUR aus.

Davon wird ein Betrag von <BETRAG> EUR in Stammkapital umgewandelt. Die Stammkapitalerhöhung erfolgt mit sofortiger Wirkung. Die Kapitalerhöhung erfolgt durch Bildung drei neuer Geschäftsanteile. Die Geschäftsanteile stehen zu:

Gesellschafter <NAME> ein Geschäftsanteil von <BETRAG> EUR (Geschäftsanteil Nr. <ZAHL>);

Gesellschafter <NAME> ein Geschäftsanteil von <BETRAG> EUR (Geschäftsanteil Nr. <ZAHL>);

Gesellschafter <NAME> ein Geschäftsanteil von <BETRAG> EUR (Geschäftsanteil Nr. <ZAHL>);

Der bisherige Gesellschaftsvertrag wird in § <ZIFFER> neu gefasst wie folgt:

Das Stammkapital der Gesellschaft beträgt <BETRAG> EUR. Hieran halten: Frau/Herr <NAME> einen Geschäftsanteil mit dem Nennbetrag von <BETRAG> EUR und einen Geschäftsanteil mit dem Nennbetrag von <BETRAG> EUR, Frau/Herr <NAME> einen Geschäftsanteil mit dem Nennbetrag von <BETRAG> EUR und einen Geschäftsanteil mit dem Nennbetrag von <BETRAG> EUR; Frau/Herr <NAME> einen Geschäftsanteil mit dem Nennbetrag von <BETRAG> EUR und einen Geschäftsanteil mit dem Nennbetrag von <BETRAG> EUR. Das Stammkapital ist voll erbracht. Sämtliche Kosten und Steuern, die durch diese Urkunde und deren Vollzug entstehen, trägt die Gesellschaft.

Der Beschluss wird mit einer Mehrheit von <ANZAHL> Stimmen bei <ANZAHL> Gegenstimmen und <ANZAHL> Enthaltungen gefasst.

Praxishinweis! Die Kapitalerhöhung ist notariell zu beurkunden und zur Eintragung in das Handelsregister anzumelden.

Unternehmergesellschaft (haftungsbeschränkt): Kapitalerhöhung aus gesetzlicher Rücklage i.S.d. § 5a III Nr. 1 GmbHG durch Erhöhung des Nennbetrags der Geschäftsanteile und Umfirmierung (optional)

Zur Gesellschafterversammlung der <FIRMA> am <DATUM> sind erschienen: <GESELLSCHAFTER>

Die erschienenen Gesellschafter bestellen zum Protokollführer: <NAME>

I. Feststellung der ordnungsgemäßen Ladung

Der/die Protokollführer/in stellt fest:

1.) Die heutige Gesellschafterversammlung ist durch Einschreiben der Geschäftsführung vom <DATUM> an alle Gesellschafter unter Mitteilung der Tagesordnung fristgerecht einberufen worden.

2.) Das Stammkapital der Gesellschaft von <BETRAG> EUR ist in Höhe von <BETRAG> EUR d.h. mit <ZAHL> von <ZAHL> Stimmen vertreten. Die Versammlung ist somit beschlussfähig.

II. Beschlussfassung

Danach beschließt die Gesellschafterversammlung im Wege mündlicher Abstimmung wie folgt:

1.) Das Stammkapital der Gesellschaft wird von bisher <BETRAG> EUR auf <BETRAG> EUR (in Worten: <BETRAG> Euro) durch die Verwendung der gesetzlichen Rücklage i.S.d. § 5a III GmbHG erhöht. Der Jahresabschluss der GmbH zum <DATUM> weist eine gesetzliche Rücklage i.S.d. § 5a III GmbHG von <BETRAG> EUR aus. Ein Verlust oder Verlustvortrag ist nicht ausgewiesen.

Von der gesetzlichen Rücklage wird ein Betrag von <BETRAG> EUR in Stammkapital umgewandelt. Die Stammkapitalerhöhung erfolgt mit sofortiger Wirkung. Die Kapitalerhöhung erfolgt durch die Erhöhung der Nennbeträge vorhandener Geschäftsanteile im Verhältnis der Geschäftsanteile der Gesellschafter. Die Nennbeträge der Geschäftsanteile betragen somit:

Gesellschafter <NAME><BETRAG> EUR (Geschäftsanteil Nr. <ZAHL>);

Gesellschafter <NAME><BETRAG> EUR (Geschäftsanteil Nr. <ZAHL>);

Gesellschafter <NAME><BETRAG> EUR (Geschäftsanteil Nr. <ZAHL>);

Der bisherige Gesellschaftsvertrag wird in § <ZIFFER> neu gefasst wie folgt:

Das Stammkapital der Gesellschaft beträgt <BETRAG> EUR. Hieran halten: Frau/Herr <NAME> einen Geschäftsanteil mit dem Nennbetrag von <BETRAG> EUR (Geschäftsanteil Nr. <ZAHL>), Frau/Herr <NAME> einen Geschäftsanteil mit dem Nennbetrag von <BETRAG> EUR (Geschäftsanteil Nr. <ZAHL>), Frau/Herr <NAME> einen Geschäftsanteil mit dem Nennbetrag von <BETRAG> EUR (Geschäftsanteil Nr. <ZAHL>). Das Stammkapital ist voll erbracht. Sämtliche Kosten und Steuern, die durch diese Urkunde und deren Vollzug entstehen, trägt die Gesellschaft.

Der Beschluss wird mit einer Mehrheit von <ANZAHL> Stimmen bei <ANZAHL> Gegenstimmen und <ANZAHL> Enthaltungen gefasst.

2.) Optional:

Die Firma der Gesellschaft wird von <FIRMA> UG (haftungsbeschränkt) in <FIRMA> GmbH geändert. Der bisherige Gesellschaftsvertrag wird in § <ZIFFER> wie folgt neu gefasst:

Die Firma der Gesellschaft lautet <FIRMA> GmbH.

Praxishinweis! Die Kapitalerhöhung und die Umfirmierung sind notariell zu beurkunden und zur Eintragung in das Handelsregister anzumelden.

Kapitalerhöhung aus Sacheinlagen

Zur Gesellschafterversammlung der <FIRMA> am <DATUM> sind erschienen: <GESELLSCHAFTER>

Die erschienenen Gesellschafter bestellen zum Protokollführer: <NAME>

I. Feststellung der ordnungsgemäßen Ladung

Der/die Protokollführer/in stellt fest:

1.) Die heutige Gesellschafterversammlung ist durch Einschreiben der Geschäftsführung vom <DATUM> an alle Gesellschafter unter Mitteilung der Tagesordnung fristgerecht einberufen worden.

2.) Das Stammkapital der Gesellschaft von <BETRAG> EUR ist in Höhe von <BETRAG> EUR, d.h. mit <ZAHL> von <ZAHL> Stimmen vertreten. Die Versammlung ist somit beschlussfähig.

II. Beschlussfassung

Danach beschließt die Gesellschafterversammlung im Wege mündlicher Abstimmung wie folgt: Das Stammkapital der Gesellschaft wird von bisher <BETRAG> EUR um einen neuen Geschäftsanteil mit dem Nennbetrag von <BETRAG> EUR (in Worten: Euro) (Geschäftsanteil Nr. <ZAHL>) erhöht. Die Stammkapitalerhöhung erfolgt mit sofortiger Wirkung. Die neue Stammeinlage ist dadurch zu bewirken, dass der Gesellschafter <NAME> sein Gesellschafterdarlehen in Höhe von <BETRAG> EUR als Sacheinlage in die <FIRMA> GmbH einbringt.

Zur Übernahme des mit der Stammkapitalerhöhung geschaffenen neuen Geschäftsanteils wird zugelassen der Gesellschafter <NAME>. Der neue Geschäftsanteil ist ab sofort am Gewinn der Gesellschaft beteiligt.

Der bisherige Gesellschaftsvertrag wird in § <ZIFFER> neu gefasst wie folgt:

Das Stammkapital der Gesellschaft beträgt <BETRAG> EUR. Hieran halten:

Frau/Herr <NAME> einen Geschäftsanteil mit dem Nennbetrag von <BETRAG> EUR (Geschäftsanteil Nr. <ZAHL>);

Frau/Herr <NAME> einen Geschäftsanteil mit dem Nennbetrag von <BETRAG> EUR (Geschäftsanteil Nr. <ZAHL>);

Frau/Herr <NAME> einen Geschäftsanteil mit dem Nennbetrag von <BETRAG> EUR (Geschäftsanteil Nr. <ZAHL>).

Das Stammkapital ist voll erbracht.

Sämtliche Kosten und Steuern, die durch diese Urkunde und deren Vollzug entstehen, trägt die Gesellschaft.

Der Beschluss wird mit einer Mehrheit von <ANZAHL> Stimmen bei <ANZAHL> Gegenstimmen und <ANZAHL> Enthaltungen gefasst.

Praxishinweis! Die Kapitalerhöhung ist notariell zu beurkunden und zur Eintragung in das Handelsregister anzumelden.

Kapitalherabsetzung – reguläre –

Zur Gesellschafterversammlung der <FIRMA> am <DATUM> sind erschienen: <GESELLSCHAFTER>

Die erschienenen Gesellschafter bestellen zum Protokollführer: <NAME>

I. Feststellung der ordnungsgemäßen Ladung

Der/die Protokollführer/in stellt fest:

1.) Die heutige Gesellschafterversammlung ist durch Einschreiben der Geschäftsführung vom <DATUM> an alle Gesellschafter unter Mitteilung der Tagesordnung fristgerecht einberufen worden.

2.) Das Stammkapital der Gesellschaft von <BETRAG> EUR ist in Höhe von <BETRAG> EUR, d.h. mit <ZAHL> von <ZAHL> Stimmen vertreten. Die Versammlung ist somit beschlussfähig.

II. Beschlussfassung

Danach beschließt die Gesellschafterversammlung im Wege mündlicher Abstimmung wie folgt:

1. Es wird beschlossen, das Stammkapital der Gesellschaft von <BETRAG> EUR um <BETRAG> EUR auf <BETRAG> EUR herabzusetzen. Die Herabsetzung erfolgt zu dem Zweck des Ausgleichs des in der Bilanz zum <DATUM> ausgewiesenen Bilanzverlusts.

2.) Die Herabsetzung wird durch folgende Herabsetzung der Nennbeträge der einzelnen Geschäftsanteile durchgeführt: Der Geschäftsanteil des Gesellschafters

a) Frau/Herr <NAME> mit einem Geschäftsanteil von <BETRAG> EUR (Geschäftsanteil Nr. <ZAHL>) wird auf <BETRAG> EUR herabgesetzt.

b) Frau/Herr <NAME> mit einem Geschäftsanteil von <BETRAG> EUR (Geschäftsanteil Nr. <ZAHL>) wird auf <BETRAG> EUR herabgesetzt.

c) Frau/Herr <NAME> mit einem Geschäftsanteil von <BETRAG> EUR (Geschäftsanteil Nr. <ZAHL>) wird auf <BETRAG> EUR herabgesetzt.

d) Frau/Herr <NAME> mit einem Geschäftsanteil von <BETRAG> EUR (Geschäftsanteil Nr. <ZAHL>) wird auf <BETRAG> EUR herabgesetzt.

3.) § <ZIFFER> des Gesellschaftsvertrages wird wie folgt geändert: „Das Stammkapital der Gesellschaft beträgt <BETRAG> EUR,-.

Auf das Stammkapital haben übernommen:

a) Frau/Herr <NAME> einen Geschäftsanteil mit dem Nennbetrag von <BETRAG> EUR (Geschäftsanteil Nr. <ZAHL>).

b) Frau/Herr <NAME> einen Geschäftsanteil mit dem Nennbetrag von <BETRAG> EUR (Geschäftsanteil Nr. <ZAHL>).

c) Frau/Herr <NAME> einen Geschäftsanteil mit dem Nennbetrag von <BETRAG> EUR (Geschäftsanteil Nr. <ZAHL>).

d) Frau/Herr <NAME> einen Geschäftsanteil mit dem Nennbetrag von <BETRAG> EUR (Geschäftsanteil Nr. <ZAHL>).

Der Beschluss wird mit einer Mehrheit von <ZAHL> Stimmen bei <ZAHL> Gegenstimmen und <ZAHL> Enthaltungen gefasst.

Praxishinweis! Die Kapitalherabsetzung ist notariell zu beurkunden und zur Eintragung in das Handelsregister anzumelden.

Kapitalherabsetzung – vereinfachte – und Erhöhung des Stammkapitals

Zur Gesellschafterversammlung der <FIRMA> am <DATUM> sind erschienen: <GESELLSCHAFTER>

Die erschienenen Gesellschafter bestellen zum Protokollführer: <NAME>

I. Feststellung der ordnungsgemäßen Ladung

Der/die Protokollführer/in stellt fest:

1.) Die heutige Gesellschafterversammlung ist durch Einschreiben der Geschäftsführung vom <DATUM> an alle Gesellschafter unter Mitteilung der Tagesordnung fristgerecht einberufen worden.

2.) Das Stammkapital der Gesellschaft von <BETRAG> EUR ist in Höhe von <BETRAG> EUR, d.h. mit <ZAHL> von <ZAHL> Stimmen vertreten. Die Versammlung ist somit beschlussfähig.

II. Beschlussfassung

Danach beschließt die Gesellschafterversammlung im Wege mündlicher Abstimmung wie folgt:

Zu dem Zweck des Ausgleichs des in der Bilanz zum <DATUM> ausgewiesenen Bilanzverlusts und zur damit notwendigen Sanierung der Gesellschaft beabsichtigen wir die Herabsetzung des Stammkapitals der GmbH um <BETRAG> EUR. Gleichzeitig soll das dringend benötigte Eigenkapital erhöht werden. Die Kapitalerhöhung soll der Kapitalherabsetzung unmittelbar vorangehen.

A. Kapitalerhöhung:

1.) Das Stammkapital der Gesellschaft wird von <BETRAG> EUR um <BETRAG> EUR auf <BETRAG> EUR erhöht. Dies geschieht durch Bildung neuer Geschäftsanteile zum Nennbetrag von jeweils <BETRAG> EUR (Geschäftsanteil Nr. <ZAHL> bis <ZAHL>), zu deren Übernahme die Gesellschafter zugelassen werden. Die Geschäftsanteile werden zum Nennwert ausgegeben und sind sofort als Bareinlage zu erbringen.

2.) Der neue Geschäftsanteil nimmt am Gewinn der Gesellschaft ab Beginn des bei der Eintragung der Kapitalerhöhung laufenden Geschäftsjahrs teil.

3.) § <ZIFFER> der Satzung wird wie folgt geändert: „Das Stammkapital der Gesellschaft beträgt <BETRAG> EUR .

Auf das Stammkapital haben übernommen:

a) Frau/Herr <NAME> einen Geschäftsanteil mit dem Nennbetrag von <BETRAG> EUR (Geschäftsanteil Nr. <ZAHL>).

b) Frau/Herr <NAME> einen Geschäftsanteil mit dem Nennbetrag von <BETRAG> EUR (Geschäftsanteil Nr. <ZAHL>).

c) Frau/Herr <NAME> einen Geschäftsanteil mit dem Nennbetrag von <BETRAG> EUR (Geschäftsanteil Nr. <ZAHL>).

d) Frau/Herr <NAME> einen Geschäftsanteil mit dem Nennbetrag von <BETRAG> EUR (Geschäftsanteil Nr. <ZAHL>).

B. Kapitalherabsetzung

Es wird beschlossen, das um <BETRAG> EUR erhöhte Stammkapital der Gesellschaft von <BETRAG> EUR um <BETRAG> EUR auf <BETRAG> EUR herabzusetzen.

Die Herabsetzung erfolgt zu dem Zweck des Ausgleichs des in der Bilanz zum <DATUM> ausgewiesenen Bilanzverlusts.

1.) Die Herabsetzung wird durch folgende Herabsetzung der Nennbeträge der einzelnen Geschäftsanteile durchgeführt:

Der Geschäftsanteil des Gesellschafters:

a) Frau/Herr <NAME> mit einem Nennwert von <BETRAG> EUR (Geschäftsanteil Nr. <ZAHL>) wird auf <BETRAG> EUR herabgesetzt.

b) Frau/Herr <NAME> mit einem Nennwert von <BETRAG> EUR (Geschäftsanteil Nr. <ZAHL>) wird auf <BETRAG> EUR herabgesetzt.

c) Frau/Herr <NAME> mit einem Nennwert von <BETRAG> EUR (Geschäftsanteil Nr. <ZAHL>) wird auf <BETRAG> EUR herabgesetzt.

d) Frau/Herr <NAME> mit einem Nennwert von <BETRAG> EUR (Geschäftsanteil Nr. <ZAHL>) wird auf <BETRAG> EUR herabgesetzt.

2.) Als Übergangsregelung wird bis zu Eintragung der Kapitalherabsetzung die Satzung um § <ZIFFER> ergänzt:

Die von den Gesellschaftern A bis <BUCHSTABE> gehaltenen Geschäftsanteile gewähren folgende Stimmen:

a) Der Geschäftsanteil von Frau/Herr <NAME> <ZAHL> Stimmen

b) Der Geschäftsanteil von Frau/Herr <NAME> <ZAHL> Stimmen

c) Der Geschäftsanteil von Frau/Herr <NAME> <ZAHL> Stimmen

d) Der Geschäftsanteil von Frau/Herr <NAME> <ZAHL> Stimmen

Am Gewinn sind die Gesellschafter wie folgt beteiligt:

a) Frau/Herr <NAME> zu <ZAHL>%.

b) Frau/Herr <NAME> zu <ZAHL>%.

c) Frau/Herr<NAME> zu <ZAHL>%.

d) Frau/Herr <NAME> zu <ZAHL>%.

Der Beschluss wird mit einer Mehrheit von <ZAHL> Stimmen bei <ZAHL> Gegenstimmen und <ZAHL> Enthaltungen gefasst.

Praxishinweis! Die Kapitalherabsetzung ist notariell zu beurkunden und zur Eintragung in das Handelsregister anzumelden. Sie ist zu drei verschiedenen Malen in den Gesellschaftsblättern bekannt zu machen. Die Anmeldung zur Eintragung in das Handelsregister erfolgt nicht vor Ablauf eines Jahres seit der dritten Bekanntmachung.

Abschluss einer Direktversicherung

Zur Gesellschafterversammlung der <FIRMA> am <DATUM> sind erschienen: <GESELLSCHAFTER>

Die erschienenen Gesellschafter bestellen zum Protokollführer: <NAME>

I. Feststellung der ordnungsgemäßen Ladung

Der/die Protokollführer/in stellt fest:

1.) Die heutige Gesellschafterversammlung ist durch Einschreiben der Geschäftsführung vom <DATUM> an alle Gesellschafter unter Mitteilung der Tagesordnung fristgerecht einberufen worden.

2.) Das Stammkapital der Gesellschaft von <BETRAG> EUR ist in Höhe von <BETRAG> EUR d.h. mit <ZAHL> von <ZAHL> Stimmen vertreten. Die Versammlung ist somit beschlussfähig.

II. Beschlussfassung

Danach beschließt die Gesellschafterversammlung im Wege mündlicher Abstimmung, wie folgt:

Zum Zwecke der Alters-, Berufsunfähigkeits- und Hinterbliebenenversorgung auf das Leben des GF schließt die Gesellschaft eine Lebensversicherung mit einer Versicherungssumme von <BETRAG> EUR ab. Die Prämien hierfür werden zusätzlich zur Vergütung für die Dauer des Anstellungsvertrages von der Gesellschaft gezahlt und in gesetzlich zulässiger Höhe der pauschalen Lohnsteuer/Einkommensteuer unterworfen.

Zahlungsfälligkeit tritt ein mit Vollendung des 65. Lebensjahres oder dem Eintritt der Berufsunfähigkeit i.S.v. § 43 Abs. 2 SGB VI oder im Todesfall.

Bezugsberechtigt sind im Erlebensfall der Geschäftsführer, im Todesfall die von ihm bestimmten Personen, bei Fehlen einer entsprechenden Bestimmung die Erben.

Hat das Anstellungsverhältnis des Geschäftsführers zum Zeitpunkt seines Ausscheidens mindestens 10 Jahre bestanden und scheidet der Geschäftsführer vor Vollendung des 65. Lebensjahres, abgesehen vom Fall der Berufsunfähigkeit aus, besteht ein Anspruch auf Übertragung der Versicherung mit allen Rechten und Pflichten auf den Geschäftsführer als Versicherungsnehmer.

Der Beschluss wird mit einer Mehrheit von <ZAHL> Stimmen bei <ZAHL> Gegenstimmen und <ZAHL> Enthaltungen gefasst.

Praxishinweis! Der betroffene Gesellschafter-Geschäftsführer ist stimmberechtigt.

Erteilung einer Pensionszusage

Zur Gesellschafterversammlung der <FIRMA> am <DATUM> sind erschienen: <GESELLSCHAFTER>

Die erschienenen Gesellschafter bestellen zum Protokollführer: <NAME>

I. Feststellung der ordnungsgemäßen Ladung

Der/die Protokollführer/in stellt fest:

1.) Die heutige Gesellschafterversammlung ist durch Einschreiben der Geschäftsführung vom <DATUM> an alle Gesellschafter unter Mitteilung der Tagesordnung fristgerecht einberufen worden.

2.) Das Stammkapital der Gesellschaft von <BETRAG> EUR ist in Höhe von <BETRAG> EUR, d.h. mit <ZAHL> von <ZAHL> Stimmen vertreten. Die Versammlung ist somit beschlussfähig.

II. Beschlussfassung

Danach beschließt die Gesellschafterversammlung im Wege mündlicher Abstimmung, wie folgt:

Im Rahmen des Anstellungsvertrages mit Frau/Herrn <NAME> als Gesellschaftergeschäftsführer(in) der Gesellschaft wird folgende Pensionszusage vereinbart und beschlossen: <siehe S. 436 f>.

Praxishinweis! Der betroffene Gesellschafter-Geschäftsführer ist stimmberechtigt.

Befreiung vom Wettbewerbsverbot

Zur Gesellschafterversammlung der <FIRMA> am <DATUM> sind erschienen: <GESELLSCHAFTER>

Die erschienenen Gesellschafter bestellen zum Protokollführer: <NAME>

I. Feststellung der ordnungsgemäßen Ladung

Der/die Vorsitzende stellt fest:

1.) Die heutige Gesellschafterversammlung ist durch Einschreiben der Geschäftsführung vom <DATUM> an alle Gesellschafter unter Mitteilung der Tagesordnung fristgerecht einberufen worden.

2.) Das Stammkapital der Gesellschaft von <BETRAG> EUR ist in Höhe von <BETRAG> EUR, d.h. mit <ZAHL> von <ZAHL> Stimmen vertreten. Die Versammlung ist somit beschlussfähig.

II. Beschlussfassung

Aufgrund der im Gesellschaftsvertrag (der Satzung) in § <ZIFFER> vorgesehenen Möglichkeit der Befreiung vom Wettbewerbsverbot beschließt die Gesellschafterversammlung im Wege mündlicher Abstimmung wie folgt:

Dem Geschäftsführer Herrn/Frau <NAME> ist ab sofort gestattet, außerhalb seiner Tätigkeit für die <FIRMA>-GmbH auf eigene Rechnung tätig zu werden. Dies betrifft folgende Geschäfte: <GEGEN-STAND DER GESCHÄFTE>.

Der Beschluss wird mit einer Mehrheit von <ZAHL> Stimmen bei <ZAHL> Gegenstimmen und <ZAHL> Enthaltungen gefasst.

Praxishinweis! Der betroffene Gesellschafter-Geschäftsführer ist nicht stimmberechtigt.

Annahme einer Geschäftsordnung für die Geschäftsführer der GmbH

Zur Gesellschafterversammlung der <FIRMA> am <DATUM> sind erschienen: <GESELLSCHAFTER>

Die erschienenen Gesellschafter bestellen zum Protokollführer: <NAME>

I. Feststellung der ordnungsgemäßen Ladung

Der/die Protokollführer stellt fest:

1.) Die heutige Gesellschafterversammlung ist durch Einschreiben der Geschäftsführung vom <DATUM> an alle Gesellschafter unter Mitteilung der Tagesordnung fristgerecht einberufen worden.

2.) Das Stammkapital der Gesellschaft von <BETRAG> EUR ist in Höhe von <BETRAG> EUR d.h. mit <ZAHL> von <ZAHL> Stimmen vertreten. Die Versammlung ist somit beschlussfähig.

II. Beschlussfassung

Danach beschließt die Gesellschafterversammlung im Wege mündlicher Abstimmung wie folgt:

Der als Anlage zu diesem Protokoll beigefügten Geschäftsordnung <siehe S. 434 f> für die Geschäftsführer der GmbH wird zugestimmt.

Der Beschluss wird mit einer Mehrheit von <ZAHL> Stimmen bei <ZAHL> Gegenstimmen und <ZAHL> Enthaltungen gefasst.

Praxishinweis! Gesellschafter-Geschäftsführer sind stimmberechtigt.

Annahme einer Geschäftsordnung für den Beirat

Zur Gesellschafterversammlung der <FIRMA> am <DATUM> sind erschienen: <GESELLSCHAFTER>

Die erschienenen Gesellschafter bestellen zum Protokollführer: <NAME>

I. Feststellung der ordnungsgemäßen Ladung

Der/die Protokollführer stellt fest:

1.) Die heutige Gesellschafterversammlung ist durch Einschreiben der Geschäftsführung vom <DATUM> an alle Gesellschafter unter Mitteilung der Tagesordnung fristgerecht einberufen worden.

2.) Das Stammkapital der Gesellschaft von <BETRAG> EUR ist in Höhe von <BETRAG> EUR d.h. mit <ZAHL> von <ZAHL> Stimmen vertreten. Die Versammlung ist somit beschlussfähig.

II. Beschlussfassung

Danach beschließt die Gesellschafterversammlung im Wege mündlicher Abstimmung wie folgt:

Der als Anlage zu diesem Protokoll beigefügten Geschäftsordnung des Aufsichtsrats/Beirats wird zugestimmt.

Der Beschluss wird mit einer Mehrheit von <ZAHL> Stimmen bei <ZAHL> Gegenstimmen und <ZAHL> Enthaltungen gefasst.

Kündigung des Geschäftsführer-Anstellungsvertrages

Zur Gesellschafterversammlung der <FIRMA> am <DATUM> sind erschienen: <GESELLSCHAFTER>

Die erschienenen Gesellschafter bestellen zum Protokollführer: <NAME>

I. Feststellung der ordnungsgemäßen Ladung

Der/die Protokollführer/in stellt fest:

1.) Die heutige Gesellschafterversammlung ist durch Einschreiben der Geschäftsführung vom <DATUM> an alle Gesellschafter unter Mitteilung der Tagesordnung fristgerecht einberufen worden.

2.) Das Stammkapital der Gesellschaft von <BETRAG> EUR ist in Höhe von <BETRAG> EUR, d.h. mit <ZAHL> von <ZAHL> Stimmen vertreten. Die Versammlung ist somit beschlussfähig.

II. Beschlussfassung

Danach beschließt die Gesellschafterversammlung im Wege mündlicher Abstimmung wie folgt:

Wir beschließen, den am <DATUM> mit dem Geschäftsführer Frau/Herrn <NAME> geschlossenen Anstellungsvertrag zum <DATUM> zu kündigen.

Kündigungsgründe: <GRÜNDE>

Der Beschluss wird mit einer Mehrheit von <ZAHL> Stimmen bei <ZAHL> Gegenstimmen und <ZAHL> Enthaltungen gefasst.

Praxishinweis! Der betroffene Gesellschafter-Geschäftsführer ist stimmberechtigt, falls die Kündigung nicht aus wichtigem Grund erfolgt.

Verweigerung von Auskunfts- und Einsichtsrechten eines Gesellschafters

Zur Gesellschafterversammlung der <FIRMA> am <DATUM> sind erschienen: <GESELLSCHAFTER>

Die erschienenen Gesellschafter bestellen zum Protokollführer: <NAME>

I. Feststellung der ordnungsgemäßen Ladung

Der/die Protokollführer/in stellt fest:

1.) Die heutige Gesellschafterversammlung ist durch Einschreiben der Geschäftsführung vom <DATUM> an alle Gesellschafter unter Mitteilung der Tagesordnung fristgerecht einberufen worden.

2.) Das Stammkapital der Gesellschaft von <BETRAG> EUR ist in in Höhe von <BETRAG> EUR, d.h. mit <ZAHL> von <ZAHL> Stimmen vertreten. Die Versammlung ist somit beschlussfähig.

II. Beschlussfassung

Danach beschließt die Gesellschafterversammlung im Wege mündlicher Abstimmung wie folgt:

Der Gesellschafter Frau/Herr <NAME> hat mit schriftlicher Anfrage vom <DATUM> Auskunft und Einsichtnahme in die Geschäftsbücher und insbesondere die Verträge der Gesellschaft mit Lieferanten begehrt.

Wir beschließen jedoch, ihm ein derartiges Auskunfts- und Einsichtsrecht zu verweigern. Der Gesellschafter Frau/Herr <NAME> ist seit einiger Zeit für das Konkurrenzunternehmen der Gesellschaft, der Firma <NAME> beratend zum Zwecke des Aufbaus und der Organisation des Unternehmens tätig. Wie vor kurzem festgestellt, vertreibt diese Firma mittlerweile mehrere gleichartige Produkte wie die Gesellschaft. Über die Bezugsquellen und Lieferanten der Gesellschaft wurde mit allen Gesellschaftern eine Geheimhaltungsvereinbarung getroffen. Es besteht daher der begründete Verdacht, dass der Gesellschafter Frau/Herr Gegenstände der Geheimhaltungsvereinbarung zumindest in grob fahrlässiger Weise preisgegeben hat und die auf Grund des Einsichts- und Auskunftsrechts zu gewährenden Informationen zu Wettbewerbszwecken verwendet wurden.

Der Beschluss wird mit einer Mehrheit von <ZAHL> Stimmen bei <ZAHL> Gegenstimmen und <ZAHL> Enthaltungen gefasst.

Praxishinweis! Der betroffene Gesellschafter ist stimmberechtigt.

Entlastung des Geschäftsführers

Zur Gesellschafterversammlung der <FIRMA> am <DATUM> sind erschienen: <GESELLSCHAFTER>

Die erschienenen Gesellschafter bestellen zum Protokollführer: <NAME>

I. Feststellung der ordnungsgemäßen Ladung

Der/die Protokollführer/in stellt fest:

1.) Die heutige Gesellschafterversammlung ist durch Einschreiben der Geschäftsführung vom <DATUM> an alle Gesellschafter unter Mitteilung der Tagesordnung fristgerecht einberufen worden.

Das Stammkapital der Gesellschaft von <BETRAG> EUR ist in Höhe von <BETRAG> EUR, d.h. mit <ZAHL> von <ZAHL> Stimmen vertreten. Die Versammlung ist somit beschlussfähig.

II. Beschlussfassung

Danach beschließt die Gesellschafterversammlung im Wege mündlicher Abstimmung wie folgt:

Dem(den) Geschäftsführer(n) <NAME> wird Entlastung erteilt.

(Bei dessen Anwesenheit sollte der Beschluss über die Entlastung wie folgt ergänzt werden: „Der Gesellschafter-Geschäftsführer enthielt sich der Stimme".)

Der Beschluss wird mit einer Mehrheit von <ZAHL> Stimmen bei <ZAHL> Gegenstimmen und <ZAHL> Enthaltungen gefasst.

Praxishinweis! Der betroffene Gesellschafter-Geschäftsführer ist nicht stimmberechtigt.

Einforderung von ausstehenden Einlagen

Zur Gesellschafterversammlung der <FIRMA> am <DATUM> sind erschienen: <GESELLSCHAFTER>

Die erschienenen Gesellschafter bestellen zum Protokollführer: <NAME>

I. Feststellung der ordnungsgemäßen Ladung

Der/die Protokollführer/in stellt fest:

1.) Die heutige Gesellschafterversammlung ist durch Einschreiben der Geschäftsführung vom <DATUM> an alle Gesellschafter unter Mitteilung der Tagesordnung fristgerecht einberufen worden.

2.) Das Stammkapital der Gesellschaft von <BETRAG> EUR ist in Höhe von <BETRAG> EUR, d.h. mit <ZAHL> von <ZAHL> Stimmen vertreten. Die Versammlung ist somit beschlussfähig.

II. Beschlussfassung

Danach beschließt die Gesellschafterversammlung im Wege mündlicher Abstimmung wie folgt:

a) Der Gesellschafter Frau/Herr X hat sich gesellschaftsvertraglich verpflichtet, auf das Stammkapital von <BETRAG> EUR eine Einlage i.H.d. Nennbetrags seines Geschäftsanteils von <BETRAG> EUR zu leisten. Bislang sind jedoch davon nur <BETRAG> EUR geleistet worden. Es wird daher beschlossen, den Gesellschafter Frau/Herr <NAME> mittels eingeschriebenen Briefes unter Fristsetzung aufzufordern, den noch ausstehenden Betrag der Stammeinlage von <BETRAG> EUR bis zum <DATUM> (Fristsetzung von mindestens 1 Monat) durch Einzahlung auf das Geschäftskonto der Gesellschaft zu leisten. Für den Fall, dass eine vollständige Einzahlung auf das Stammkapital nicht fristgerecht erfolgt, wird der Gesellschafter gem. § 21 GmbHG aus der Gesellschaft ausgeschlossen.

b) Der Geschäftsführer wird angewiesen diese Aufforderung unter Nachfristsetzung und Ausschlussandrohung mittels eingeschriebenen Briefes Frau/Herr <NAME> gegenüber unverzüglich zu erlassen.

c) Der Beschluss wird mit einer Mehrheit von <ZAHL> Stimmen bei <ZAHL> Gegenstimmen und <ZAHL> Enthaltungen gefasst.

Praxishinweis! Der betroffene Gesellschafter ist stimmberechtigt.

Einforderung von Nachschüssen

Zur Gesellschafterversammlung der <FIRMA> am <DATUM> sind erschienen: <GESELLSCHAFTER>

Die erschienenen Gesellschafter bestellen zum Protokollführer: <NAME>

I. Feststellung der ordnungsgemäßen Ladung

Der/die Protokollführer/in stellt fest:

1.) Die heutige Gesellschafterversammlung ist durch Einschreiben der Geschäftsführung vom <DATUM> an alle Gesellschafter unter Mitteilung der Tagesordnung fristgerecht einberufen worden.

2.) Das Stammkapital der Gesellschaft von <BETRAG> EUR ist in Höhe von <BETRAG> EUR, d.h. mit <ZAHL> von <ZAHL> Stimmen vertreten. Die Versammlung ist somit beschlussfähig.

II. Beschlussfassung

Danach beschließt die Gesellschafterversammlung im Wege mündlicher Abstimmung wie folgt:

Aufgrund der im Gesellschaftsvertrag (der Satzung) in § <ZIFFER> vereinbarten Möglichkeit der Einforderung eines Nachschusses über die Nennbeträge der Geschäftsanteile hinaus, beschließt die Gesellschafterversammlung die Anforderung eines Nachschusses in Höhe von <ZAHL> % des Stammkapitals entsprechend dem Verhältnis der Geschäftsanteile wie folgt:

a) Gesellschafter/in   <BETRAG> EUR

b) Gesellschafter/in   <BETRAG> EUR

c) Gesellschafter/in   <BETRAG> EUR

d) Gesellschafter/in   <BETRAG> EUR

Der Nachschuss dient dazu, der Gesellschaft kurzfristig einen zusätzlichen Eigenkapitalspielraum zur Verbesserung des Eigenkapitalanteils zu verschaffen, um auf diesem Wege das umständliche Verfahren der Kapitalerhöhung zu vermeiden.

Eine Rückforderung der Nachschüsse ist ausgeschlossen.

Der nachzuschießende Betrag ist zur Zahlung fällig am <DATUM> auf das Konto der <FIRMA>-GmbH, Konto-Nr. <NUMMER> BLZ <ZAHL>. Der Geschäftsführer/die Geschäftsführerin wird den Zahlungseingang bestätigen und dies den Gesellschaftern quittieren. Die Gesellschaft wird den Nachschuss in ihrer Bilanz auf der Passivseite als Kapitalrücklage ausweisen.

Der Beschluss wurde mit <ZAHL> Stimmen bei <ZAHL> Gegenstimmen und <ZAHL> Enthaltungen gefasst.

Praxishinweis! Die betroffenen Gesellschafter sind stimmberechtigt.

Wahl eines Abschlussprüfers und Bestimmung des Prüfungsauftrags

Zur Gesellschafterversammlung der <FIRMA> am <DATUM> sind erschienen: <GESELLSCHAFTER>

Die erschienenen Gesellschafter bestellen zum Protokollführer: <NAME>

I. Feststellung der ordnungsgemäßen Ladung

Der/die Protokollführer/in stellt fest:

1.) Die heutige Gesellschafterversammlung ist durch Einschreiben der Geschäftsführung vom <DATUM> an alle Gesellschafter unter Mitteilung der Tagesordnung fristgerecht einberufen worden.

2.) Das Stammkapital der Gesellschaft von <BETRAG> EUR ist in Höhe von <BETRAG> EUR, d.h. mit <ZAHL> von <ZAHL> Stimmen vertreten. Die Versammlung ist somit beschlussfähig.

II. Beschlussfassung

Danach beschließt die Gesellschafterversammlung im Wege mündlicher Abstimmung wie folgt:

Die (z. B. Wirtschaftsprüfungsgesellschaft <NAME>-Treuhand GmbH) wird mit der gesetzlich vorgesehenen Prüfung des Jahresabschlusses und des Lageberichts für das Geschäftsjahr <JAHR> beauftragt.

Der Beschluss wird mit einer Mehrheit von <ZAHL> Stimmen bei <ZAHL> Gegenstimmen und <ZAHL> Enthaltungen gefasst.

Einziehung von Geschäftsanteilen

Zur Gesellschafterversammlung der <FIRMA> am <DATUM> sind erschienen: <GESELLSCHAFTER>

Die erschienenen Gesellschafter bestellen zum Protokollführer: <NAME>

I. Feststellung der ordnungsgemäßen Ladung

Der/die Protokollführer/in stellt fest:

1.) Die heutige Gesellschafterversammlung ist durch Einschreiben der Geschäftsführung vom <DATUM> an alle Gesellschafter unter Mitteilung der Tagesordnung fristgerecht einberufen worden.

2.) Das Stammkapital der Gesellschaft von <BETRAG> EUR ist in Höhe von <BETRAG> EUR, d.h. mit <ZAHL> von <ZAHL> Stimmen vertreten. Die Versammlung ist somit beschlussfähig.

II. Beschlussfassung

Danach beschließt die Gesellschafterversammlung im Wege mündlicher Abstimmung wie folgt:

a) Der Geschäftsanteil des Gesellschafters Frau/Herr <NAME> (Geschäftsanteil Nr. <ZAHL>) wird gegen eine, wie in § <ZIFFER> des Gesellschaftsvertrags vorgesehene Abfindung (entsprechend § <ZIFFER> des Gesellschaftvertrags ohne Abfindung) eingezogen. Der Gesellschafter wird aus der Gesellschaft ausgeschlossen. Der Ausschluss erfolgt, weil <GRÜNDE> (hier Gründe aufführen, die zum Ausschluss des Gesellschafters berechtigen).

b) Der Geschäftsführer wird angewiesen, diese Einziehung gegenüber dem Gesellschafter Frau/Herr <NAME> mittels eingeschriebenen Briefes unverzüglich zu erklären.

Der Beschluss wird mit einer Mehrheit von<ZAHL> Stimmen bei <ZAHL> Gegenstimmen und <ZAHL> Enthaltungen gefasst.

Praxishinweis! Die Einziehung gegen oder ohne die Stimme des Betroffenen ist nur möglich, falls die Einziehung seines Geschäftsanteils aus im Gesellschaftsvertrag im Einzelnen, bereits vor dem Zeitpunkt, in dem er den Geschäftsanteil erworben hat, aufgeführten wichtigen Gründen erfolgt.

Teilung eines Geschäftsanteils

Zur Gesellschafterversammlung der <FIRMA> am <DATUM> sind erschienen: <GESELLSCHAFTER>

Die erschienenen Gesellschafter bestellen zum Protokollführer: <NAME>

I. Feststellung der ordnungsgemäßen Ladung

Der/die Vorsitzende stellt fest:

1.) Die heutige Gesellschafterversammlung ist durch Einschreiben der Geschäftsführung vom <DATUM> an alle Gesellschafter unter Mitteilung der Tagesordnung fristgerecht einberufen worden.

2.) Das Stammkapital der Gesellschaft von <BETRAG> EUR ist in Höhe von <BETRAG> EUR, d.h. mit <ZAHL> von <ZAHL> Stimmen vertreten. Die Versammlung ist somit beschlussfähig.

II. Beschlussfassung

Danach beschließt die Gesellschafterversammlung im Wege mündlicher Abstimmung einstimmig wie folgt:

Der Gesellschafter Frau/Herr <NAME> ist am Stammkapital der Gesellschaft mit einem Geschäftsanteil mit dem Nennbetrag von <BETRAG> EUR (Geschäftsanteil Nr. <ZAHL>) beteiligt.

Frau/Herr <NAME> beabsichtigt einen Anteil im Nennwert von <BETRAG> EUR an ihrem/seinem Geschäftsanteil an seinen/ihren Ehepartner (Tochter, Sohn, etc.) abzutreten (zu veräußern, zu schenken).

Der Teilung des von <NAME> gehaltenen Geschäftsanteils in einen Geschäftsanteil mit dem Nennbetrag von <BETRAG> EUR (Geschäftsanteil Nr. <ZAHL>) und einen Geschäftsanteil mit dem Nennbetrag von <BETRAG> EUR (Geschäftsanteil Nr. <ZAHL>) zur Veräußerung/Schenkung wird hiermit zugestimmt. Der Beschluss wird mit einer Mehrheit von <ZAHL> Stimmen bei <ZAHL> Gegenstimmen und <ZAHL> Enthaltungen gefasst.

Praxishinweis! Der betroffene Gesellschafter ist stimmberechtigt.

Zusammenlegung von Geschäftsanteilen

Zur Gesellschafterversammlung der <FIRMA> am <DATUM> sind erschienen: <GESELLSCHAFTER>

Die erschienenen Gesellschafter bestellen zum Protokollführer: <NAME>

I. Feststellung der ordnungsgemäßen Ladung

Der/die Vorsitzende stellt fest:

1.) Die heutige Gesellschafterversammlung ist durch Einschreiben der Geschäftsführung vom <DATUM> an alle Gesellschafter unter Mitteilung der Tagesordnung fristgerecht einberufen worden.

2.) Das Stammkapital der Gesellschaft von <BETRAG> EUR ist in Höhe von <BETRAG> EUR, d.h. mit <ZAHL> von <ZAHL> Stimmen vertreten. Die Versammlung ist somit beschlussfähig.

II. Beschlussfassung

Danach beschließt die Gesellschafterversammlung im Wege mündlicher Abstimmung wie folgt:

Der Gesellschafter Frau/Herr <NAME> ist am Stammkapital der Gesellschaft mit einem Geschäftsanteil mit dem Nennbetrag von <BETRAG> EUR (Geschäftsanteil Nr. <ZAHL>) und einem Geschäftsanteil mit dem Nennbetrag von <BETRAG> EUR (Geschäftsanteil Nr. <ZAHL>) beteiligt.

Frau/Herr <NAME> beabsichtigt seine/ihre Geschäftsanteilanteile zu einem Geschäftsanteil zusammenzulegen.

Der Zusammenlegung des von <NAME> gehaltenen Geschäftsanteils mit dem Nennbetrag von <BETRAG> EUR (Geschäftsanteil Nr. <ZAHL>) und des Geschäftsanteils mit dem Nennbetrag von <BETRAG> EUR (Geschäftsanteil Nr. <ZAHL>) zu einem Geschäftsanteil mit dem Nennbetrag von <BETRAG> EUR (Geschäftsanteil Nr. <ZAHL>) wird hiermit zugestimmt. Der Beschluss wird mit einer Mehrheit von <ZAHL> Stimmen bei <ZAHL> Gegenstimmen und <ZAHL> Enthaltungen gefasst.

Praxishinweis! Der betroffene Gesellschafter ist stimmberechtigt.

Unverzüglich nach dem Wirksamwerden der Zusammenlegung muss der Geschäftsführer die Berichtigung der Gesellschafterliste nach § 40 I GmbHG vornehmen.

Auflösung bzw. Liquidation der Gesellschaft

Zur Gesellschafterversammlung der <FIRMA> am <DATUM> sind erschienen: <GESELLSCHAFTER>

Die erschienenen Gesellschafter bestellen zum Protokollführer: <NAME>

I. Feststellung der ordnungsgemäßen Ladung

Der/die Vorsitzende stellt fest:

1.) Die heutige Gesellschafterversammlung ist durch Einschreiben der Geschäftsführung vom <DATUM> an alle Gesellschafter unter Mitteilung der Tagesordnung fristgerecht einberufen worden.

2.) Das Stammkapital der Gesellschaft von <BETRAG> EUR ist in Höhe von <BETRAG> EUR d.h. mit <ZAHL> von <ZAHL> Stimmen vertreten. Die Versammlung ist somit beschlussfähig.

II. Beschlussfassung

Danach beschließt die Gesellschafterversammlung im Wege mündlicher Abstimmung wie folgt:

1.) Die Gesellschaft wird mit Ablauf des <DATUM> aufgelöst.

2.) Zu Liquidatoren werden die bisherigen Geschäftsführer <NAME> bestellt. Ihre konkrete Vertretungsmacht ist: Sie vertreten die Gesellschaft je allein.

3.) Die Bücher und Schriften der Gesellschaft werden nach Beendigung der Liquidation bei <ORT> aufbewahrt.

Der Beschluss wird mit einer Mehrheit von <BETRAG> Stimmen bei <BETRAG> Gegenstimmen und <BETRAG> Enthaltungen gefasst.

Praxishinweis! Der Liquidationsbeschluss ist zur Eintragung in das Handelsregister anzumelden.

Vorlagen für Briefe und Korrespondenz

Einladung zur Gesellschafterversammlung
(Allgemeines Muster)

– Einschreiben –

Adresse

Datum

Einladung zur Gesellschafterversammlung der <FIRMA> GmbH

Datum

Uhrzeit

Ort

Sehr geehrte/r <NAME>,

in meiner Eigenschaft als Geschäftsführer der <FIRMA> GmbH lade ich hiermit form- und fristgerecht in die Geschäftsräume der Gesellschaft (Sitzungszimmer, Geschäftsführer-Büro, Kantine, andere Räumlichkeiten).

Geladen wird zu der als Anlage beigefügten Tagesordnung.

Verhinderungen bitte ich rechtzeitig, spätestens bis zum <DATUM> mitzuteilen.

Ergänzungen zur Tagesordnung sind fristgerecht, also spätestens bis zum <DATUM> einzureichen.

Fakultativ: Zu den Tagesordnungspunkten <TOPs> wird erläuternd bemerkt: <BEMERKUNG>.

Alternativ: Die Ladung zum Notariat in <ORT> erfolgt, weil Beschlüsse zu den Tagesordnungspunkten <TOPs> eine Änderung des Gesellschaftsvertrages erfordern und Beschlüsse hierüber aus zwingenden Gründen der notariellen Beurkundung bedürfen.

Mit freundlichen Grüßen

Unterschrift

Einladung zur Gesellschafterversammlung
(Abberufung eines Geschäftsführers)

– Einschreiben –

Adresse

Datum

Einladung zur Gesellschafterversammlung der <FIRMA> GmbH

Datum

Uhrzeit

Ort

Sehr geehrte/r <NAME>,

in meiner Eigenschaft als Geschäftsführer der <FIRMA> GmbH lade ich hiermit form- und fristgerecht in die Geschäftsräume der Gesellschaft (Sitzungszimmer, Geschäftsführer-Büro, Kantine, andere Räumlichkeiten).

Geladen wird zu der als Anlage beigefügten Tagesordnung. Hier: Abberufung des Geschäftsführers <NAME>.

Verhinderungen bitte ich rechtzeitig, spätestens bis zum <DATUM> mitzuteilen.

Ergänzungen zur Tagesordnung sind fristgerecht, also spätestens bis zum <DATUM> einzureichen.

Fakultativ: Zum Tagesordnungspunkt <TOPs> wird erläuternd bemerkt: <BEMERKUNG>.

Alternativ: Die Ladung zum Notariat in <ORT> erfolgt, weil Beschlüsse zu den Tagesordnungspunkten <TOPs> eine Änderung des Gesellschaftsvertrages erfordern und Beschlüsse hierüber aus zwingenden Gründen der notariellen Beurkundung bedürfen.

Mit freundlichen Grüßen

Unterschrift

Einladung zur Gesellschafterversammlung
(Verweigerung des Einsichts- und Auskunftsrechts)

– Einschreiben –

Adresse

Datum

Einladung zur Gesellschafterversammlung der <FIRMA> GmbH

Datum

Uhrzeit

Ort

Sehr geehrte/r <NAME>,

in meiner Eigenschaft als Geschäftsführer der <FIRMA> GmbH lade ich hiermit form- und fristgerecht in die Geschäftsräume der Gesellschaft (Sitzungszimmer, Geschäftsführer-Büro, Kantine, andere Räumlichkeiten).

Geladen wird zu der als Anlage beigefügten Tagesordnung. Hier: Verweigerung des Einsichts- und Auskunftsrechts an Gesellschafter <NAME>.

Verhinderungen bitte ich rechtzeitig, spätestens bis zum <DATUM> mitzuteilen. Ergänzungen zur Tagesordnung sind fristgerecht, also spätestens bis zum <DATUM> einzureichen.

Fakultativ: Zum Tagesordnungspunkt <TOPs> wird erläuternd bemerkt: <BEMERKUNG>.

Mit freundlichen Grüßen

Unterschrift

Einladung zur Gesellschafterversammlung
(Bestellung eines Geschäftsführers)

– Einschreiben –

Adresse

Datum

Einladung zur Gesellschafterversammlung der <FIRMA> GmbH

Datum

Uhrzeit

Ort

Sehr geehrte/r <NAME>,

in meiner Eigenschaft als Geschäftsführer der <FIRMA> GmbH lade ich hiermit form- und frist-gerecht in die Geschäftsräume der Gesellschaft (Sitzungszimmer, Geschäftsführer-Büro, Kantine, andere Räumlichkeiten).

Geladen wird zu der als Anlage beigefügten Tagesordnung. Hier: Bestellung zum Geschäftsführer <NAME, ADRESSE>.

Verhinderungen bitte ich rechtzeitig, spätestens bis zum <DATUM> mitzuteilen.

Ergänzungen zur Tagesordnung sind fristgerecht, also spätestens bis zum <DATUM> einzureichen.

Fakultativ: Zum Tagesordnungspunkt <TOPs> wird erläuternd bemerkt: <BEMERKUNG>.

Alternativ: Die Ladung zum Notariat in <ORT> erfolgt, weil Beschlüsse zu den Tagesordnungs-punkten <TOPs> eine Änderung des Gesellschaftsvertrages erfordern und Beschlüsse hierüber aus zwingenden Gründen der notariellen Beurkundung bedürfen.

Mit freundlichen Grüßen

Unterschrift

Vorlagenfür Briefe und Korrespondenz

Einladung zur Gesellschafterversammlung
(Entlastung des Geschäftsführers)

– Einschreiben –

Adresse

Datum

Einladung zur Gesellschafterversammlung der <FIRMA> GmbH

Datum

Uhrzeit

Ort

Sehr geehrte/r <NAME>,

in meiner Eigenschaft als Geschäftsführer der <FIRMA> GmbH lade ich hiermit form- und fristgerecht in die Geschäftsräume der Gesellschaft (Sitzungszimmer, Geschäftsführer-Büro, Kantine,
andere Räumlichkeiten).

Geladen wird zu der als Anlage beigefügten Tagesordnung. Hier: Entlastung des Geschäftsführers
<NAME>.

Verhinderungen bitte ich rechtzeitig, spätestens bis zum <DATUM> mitzuteilen.

Ergänzungen zur Tagesordnung sind fristgerecht, also spätestens bis zum <DATUM> einzureichen.

Fakultativ: Zum Tagesordnungspunkt <TOPs> wird erläuternd bemerkt: <BEMERKUNG>.

Mit freundlichen Grüßen

Unterschrift

Einladung zur Gesellschafterversammlung
(Kapitalerhöhungsbeschluss)

– Einschreiben –

Adresse

Datum

Einladung zur Gesellschafterversammlung der <FIRMA> GmbH

Datum

Uhrzeit

Ort

Sehr geehrte/r <NAME>,

in meiner Eigenschaft als Geschäftsführer der <FIRMA> GmbH lade ich hiermit form- und fristgerecht in die Geschäftsräume der Gesellschaft (Sitzungszimmer, Geschäftsführer-Büro, Kantine,
andere Räumlichkeiten).

Geladen wird zu der als Anlage beigefügten Tagesordnung. Hier: Kapitalerhöhung.

Verhinderungen bitte ich rechtzeitig, spätestens bis zum <DATUM> mitzuteilen.

Ergänzungen zur Tagesordnung sind fristgerecht, also spätestens bis zum <DATUM> einzureichen.

Fakultativ: Zum Tagesordnungspunkt <TOPs> wird erläuternd bemerkt: <BEMERKUNG>.

Alternativ: Die Ladung zum Notariat in <ORT> erfolgt, weil Beschlüsse zum Tagesordnungspunkt
<TOPs> eine Änderung des Gesellschaftsvertrages erfordern und Beschlüsse hierüber aus zwin-
genden Gründen der notariellen Beurkundung bedürfen.

Mit freundlichen Grüßen

Unterschrift

Einladung zur Gesellschafterversammlung (Kapitalherabsetzung)

– Einschreiben –

Adresse

Datum

Einladung zur Gesellschafterversammlung der <FIRMA> GmbH

Datum

Uhrzeit

Ort

Sehr geehrte/r <NAME>,

in meiner Eigenschaft als Geschäftsführer der <FIRMA> GmbH lade ich hiermit form- und fristgerecht in die Geschäftsräume der Gesellschaft (Sitzungszimmer, Geschäftsführer-Büro, Kantine, andere Räumlichkeiten).

Geladen wird zu der als Anlage beigefügten Tagesordnung. Hier: Kapitalherabsetzung.

Verhinderungen bitte ich rechtzeitig, spätestens bis zum <DATUM> mitzuteilen.

Ergänzungen zur Tagesordnung sind fristgerecht, also spätestens bis zum <DATUM> einzureichen.

Fakultativ: Zum Tagesordnungspunkt <TOPs> wird erläuternd bemerkt: <BEMERKUNG>.

Alternativ: Die Ladung zum Notariat in <ORT> erfolgt, weil Beschlüsse zum Tagesordnungspunkt <TOPs> eine Änderung des Gesellschaftsvertrages erfordern und Beschlüsse hierüber aus zwingenden Gründen der notariellen Beurkundung bedürfen.

Mit freundlichen Grüßen

Unterschrift

Einladung zur Gesellschafterversammlung
(Einforderung eines Nachschusses)

– Einschreiben –

Adresse

Datum

Einladung zur Gesellschafterversammlung der \<FIRMA\> GmbH

Datum

Uhrzeit

Ort

Sehr geehrte/r \<NAME\>,

in meiner Eigenschaft als Geschäftsführer der \<FIRMA\> GmbH lade ich hiermit form- und fristgerecht in die Geschäftsräume der Gesellschaft (Sitzungszimmer, Geschäftsführer-Büro, Kantine,
andere Räumlichkeiten).

Geladen wird zu der als Anlage beigefügten Tagesordnung. Hier: Einforderung eines Nachschusses.

Verhinderungen bitte ich rechtzeitig, spätestens bis zum \<DATUM\> mitzuteilen.

Ergänzungen zur Tagesordnung sind fristgerecht, also spätestens bis zum \<DATUM\> einzureichen.

Fakultativ: Zum Tagesordnungspunkt \<TOPs\> wird erläuternd bemerkt: \<BEMERKUNG\>.

Alternativ: Die Ladung zum Notariat in \<ORT\> erfolgt, weil Beschlüsse zu den Tagesordnungspunkten \<TOPs\> eine Änderung des Gesellschaftsvertrages erfordern und Beschlüsse hierüber aus
zwingenden Gründen der notariellen Beurkundung bedürfen.

Mit freundlichen Grüßen

Unterschrift

Einladung zur Gesellschafterversammlung
(Wahl eines Abschlussprüfers)

– Einschreiben –

Adresse

Datum

Einladung zur Gesellschafterversammlung der <FIRMA> GmbH

Datum

Uhrzeit

Ort

Sehr geehrte/r <NAME>,

in meiner Eigenschaft als Geschäftsführer der <FIRMA> GmbH lade ich hiermit form- und fristgerecht in die Geschäftsräume der Gesellschaft (Sitzungszimmer, Geschäftsführer-Büro, Kantine, andere Räumlichkeiten).

Geladen wird zu der als Anlage beigefügten Tagesordnung. Hier: Wahl eines Abschlussprüfers.

Verhinderungen bitte ich rechtzeitig, spätestens bis zum <DATUM> mitzuteilen.

Ergänzungen zur Tagesordnung sind fristgerecht, also spätestens bis zum <DATUM> einzureichen.

Fakultativ: Zum Tagesordnungspunkt <TOPs> wird erläuternd bemerkt: <BEMERKUNG>.

Alternativ: Die Ladung zum Notariat in <ORT> erfolgt, weil Beschlüsse zu den Tagesordnungspunkten <TOPs> eine Änderung des Gesellschaftsvertrages erfordern und Beschlüsse hierüber aus zwingenden Gründen der notariellen Beurkundung bedürfen.

Mit freundlichen Grüßen

Unterschrift

Schreiben an das Amtsgericht
(Insolvenzantrag)

An das Amtsgericht

Insolvenzgericht

Adresse

Datum

Insolvenzantrag

Sehr geehrte Damen und Herren,

aus der beiliegenden Zwischenbilanz der <FIRMA> GmbH ergibt sich, dass die Gesellschaft über-schuldet ist.

Als Geschäftsführer der <FIRMA> GmbH stelle ich hiermit Antrag auf Eröffnung des Insolvenz-verfahrens gem. § 15a I InsO.

Mit freundlichen Grüßen

Unterschrift

Anlagen

Schreiben an das Amtsgericht
(Ausscheiden/Bestellung eines Geschäftsführers)

Amtsgericht – Handelsregister –

Datum

HRB <NUMMER> – Bestellung / Ausscheiden eines Geschäftsführers

Sehr geehrte Damen und Herren,

Unter Überreichung einer öffentlich beglaubigten Kopie des Beschlusses sämtlicher Gesellschafter vom <DATUM> melde ich an, dass der bisherige Geschäftsführer <VORNAME; NAME> mit Wirkung vom <DATUM> abberufen und ich, <NAME>, <ADRESSE>, an seiner Stelle zum Geschäftsführer bestellt wurde, und zwar mit dem Recht der Einzelvertretung.

Ich bin von den Beschränkungen des § 181 BGB befreit.

Ich versichere, dass keine Umstände vorliegen, die meiner Bestellung zum Geschäftsführer nach § 6 Abs. 2 Satz 2 Nr. 2 und 3 sowie Satz 3 GmbHG entgegenstehen, und dass ich am <DATUM> durch den Notar <NAME> in <ORT> über meine unbeschränkte Auskunftspflicht gegenüber dem Gericht nach § 53 Abs. 2 BZRG belehrt worden bin.

Ich zeichne meine Unterschrift wie folgt:

_____

Mit freundlichen Grüßen

Unterschrift

Praxishinweis! Da eine öffentlich beglaubigte Kopie eines Dokuments übermittelt werden soll, kann die Übermittlung insgesamt nur über den Notar erfolgen.

Schreiben an das Amtsgericht
(Amtsniederlegung des Geschäftsführers)

Amtsgericht — Handelsregister —

Datum
HRB <NUMMER> — Amtsniederlegung

Sehr geehrte Damen und Herren,

hiermit erkläre ich,<NAME>, <ADRESSE>, geb. am <DATUM>, die sofortige Niederlegung meines Amtes als Geschäftsführer der <FIRMA> GmbH, Handelsregister B Nr. <NUMMER>. Ich versichere, dass keine Gründe vorliegen und mir keine Gründe bekannt sind, nach denen die Amtsniederlegung nicht möglich ist. So liegt keine Illiquidität vor noch sind Anzeichen einer Überschuldung gegeben.

Die Amtsniederlegung erfolgte am <DATUM> mit sofortiger Wirkung.

Mit freundlichen Grüßen
Unterschrift

Schreiben an das Amtsgericht (Anmeldung einer GmbH)

Amtsgericht – Handelsregister –

Datum

HRB <NUMMER> – Neuanmeldung der <FIRMA> GmbH

Sehr geehrte Damen und Herren,

wir, die unterzeichnenden, sämtlichen Geschäftsführer der <FIRMA> GmbH mit dem Geschäftszweig <BRANCHE> und den Geschäftsräumen in <ADRESSE> überreichen:

1.) Eine beglaubigte Abschrift der Urkunde des Notariats <ORT> vom <DATUM> (Urkunden-Nummer), die den Gesellschaftsvertrag und unsere Bestellung zu Geschäftsführern enthält.

2.) Eine Liste der Gesellschafter.

Zur Eintragung in das Handelsregister melden wir hiermit die Gesellschaft und uns als Geschäftsführer an.

Die Geschäftsanschrift lautet: <ANSCHRIFT>

Der Gesellschaftsvertrag regelt die Geschäftsführungsbefugnis wie folgt:

(1) Die Gesellschaft hat einen oder mehrere Geschäftsführer.

(2) Sind mehrere Geschäftsführer vorhanden, wird die Gesellschaft jeweils durch zwei Geschäftsführer oder durch einen Geschäftsführer in Gemeinschaft mit einem Prokuristen vertreten. Die Gesellschafterversammlung kann einem oder mehreren Geschäftsführern Einzelvertretungsbefugnis übertragen und die erteilte Vertretungsvollmacht jederzeit ändern.

(3) Der einzige Geschäftsführer vertritt die Gesellschaft stets einzeln.

(4) Die Gesellschafterversammlung kann einzelnen oder allen Geschäftsführern Befreiung von den Beschränkungen des § 181 BGB erteilen.

In der Gesellschafterversammlung vom <DATUM> ist konkret beschlossen worden:

Zum Geschäftsführer bestellt und angestellt werden <NAME>, <NAME>. Die Geschäftsführer vertreten die Gesellschaft einzeln und sind von den Beschränkungen des § 181 BGB befreit. Als Geschäftsführer zeichnen:

<NAME> _____

<NAME> _____

Wir versichern,

a) dass auf die Geschäftsanteile der Gesellschafter der <FIRMA> GmbH je die Hälfte, nämlich <BETRAG>, insgesamt 25.000,- EUR/ 12.500 EUR eingezahlt ist, diese Leistungen sich endgültig in unserer freien Verfügung als Geschäftsführer befinden und nicht durch Schulden vorbelastet sind, mit Ausnahme der Gründungskosten gem. <ZIFFER> des Gesellschaftsvertrages;

b) dass keiner der Gesellschafter wegen einer Insolvenzstraftat (Bankrott, Verletzung der Buchführungspflicht, Schuldnerbegünstigung, Gläubigerbegünstigung gem. §§ 283 bis 283 d StGB) verurteilt worden ist und keinem die Ausübung eines Berufs, Berufszweiges, Gewerbes oder Gewerbezweiges weder durch gerichtliches Urteil noch durch vollziehbare Entscheidung einer Verwaltungsbehörde untersagt worden ist, und dass wir durch den Notar über unsere unbeschränkte Auskunftspflicht gegenüber dem Gericht belehrt worden sind.

Die Strafbarkeit einer falschen Versicherung ist uns bekannt; auf § 82 Abs. 1 Nr. 1 GmbHG wurde hingewiesen.

Der Notariatsangestellten <NAME> beim Notariat <ORT> wird die Vollmacht erteilt, notwendige Änderungen und Ergänzungen dieser Anmeldung zu erklären.

Mit freundlichen Grüßen

Unterschrift

Praxishinweis! Die Einreichung einer öffentlich beglaubigten Anmeldung an das EGVP ist nur über einen Notar möglich.

Schreiben an das Amtsgericht
(Eintragung einer Kapitalerhöhung)

Amtsgericht – Handelsregister –

Datum

HRB <NUMMER> – Kapitalerhöhung

Sehr geehrte Damen und Herren,

wir, die unterzeichnenden, sämtlichen Geschäftsführer der <FIRMA> GmbH mit dem Geschäftszweig <BRANCHE> und den Geschäftsräumen in <ADRESSE> überreichen:

1. Eine Abschrift der Urkunde des Notariats <ORT> (Urkunden-Nummer) über die Gesellschafterversammlung vom <DATUM>, in der das Stammkapital der Gesellschaft von bisher <BETRAG> EUR um drei neue Geschäftsanteile mit dem Nennbetrag von <BETRAG> EUR und <BETRAG> EUR und <BETRAG> EUR (in Worten: <BETRAG>)erhöht und die vollständige Neufassung des Gesellschaftsvertrages beschlossen wurde.

2. Eine notariell beglaubigte Übernahmeerklärung von <DATUM> der durch die Erhöhung des Stammkapitals neu geschaffenen Geschäftsanteile.

3. Eine Liste der Übernehmer der neuen Geschäftsanteile.

4. Den vollständigen Wortlaut des nunmehr gültigen Gesellschaftsvertrages mit der Bescheinigung des Notars gem. § 54 Abs. 1 S. 2 GmbHG.

bei Sachkapitalerhöhung:

5. Den Sachkapitalerhöhungsbericht vom <DATUM>.

Zur Eintragung ins Handelsregister melden wir an:

Der bisherige Gesellschaftsvertrag wurde vollständig neu gefasst. Geändert wurden <ÄNDERUNG>.

Der vollständige Wortlaut des Gesellschaftsvertrages nebst Bescheinigung des Notars gemäß § 54 Abs. 1 S. 2 GmbHG wird beigefügt.

Wir versichern, dass die auf die neuen Stammeinlagen zu bewirkende Leistungen entsprechend dem Kapitalerhöhungsbeschluss und der Übernahmeerklärung erbracht worden sind und sich der Gegenstand der Leistungen endgültig in unserer freien Verfügung als Geschäftsführer der Gesellschaft befindet.

Mit freundlichen Grüßen

Unterschrift

Praxishinweis! Da eine öffentlich beglaubigte Kopie eines Dokuments übermittelt werden soll, kann die Übermittlung insgesamt nur über den Notar erfolgen.

Schreiben an das Amtsgericht
(Anmeldung zur Eintragung – Kapitalherabsetzung)

```
Amtsgericht – Handelsregister –


Datum
HRB <NUMMER> – Kapitalherabsetzung


Sehr geehrte Damen und Herren,

wir, die unterzeichnenden, sämtlichen Geschäftsführer der <FIRMA> GmbH mit dem Geschäftszweig
<BRANCHE> und den Geschäftsräumen in <ADRESSE> überreichen:

1.) Ausfertigung des notariellen Protokolls vom <DATUM> (Nr. .. der Urkundenrolle für <JAHR>
des Notars ...), aus dem sich die Herabsetzung des Stammkapitals auf <BETRAG> EUR und die damit
verbundene Änderung des § <ZIFFER> des Gesellschaftsvertrages ergibt,

2.) Die Nummern <NUMMER>, <NUMMER> und <NUMMER> des Bundesanzeigers vom <DATUM>, <DATUM> und
<DATUM> des Jahres <JAHR>, welche die Bekanntmachungen des Herabsetzungsbeschlusses enthalten.

Wir melden zur Eintragung in das Handelsregister an:

Die Herabsetzung des Stammkapitals und die Satzungsänderung der <FIRMA> GmbH.

Der vollständige Wortlaut des Gesellschaftsvertrages nebst Bescheinigung des Notars gemäß § 54
Abs. 1 S. 2 GmbHG wird beigefügt.

Wir versichern, dass diejenigen Gläubiger, welche sich bei der Gesellschaft gemeldet und der
Herabsetzung nicht zugestimmt haben, befriedigt oder sichergestellt sind.


Mit freundlichen Grüßen
Unterschrift
```

Praxishinweis! Da ein notarielles Protokoll übermittelt werden soll, kann die Übermittlung insgesamt nur über einen Notar erfolgen.

Schreiben an das Amtsgericht
(Änderung des Gesellschaftsvertrages)

Amtsgericht – Handelsregister –

Datum

HRB <NUMMER> – Änderung des Gesellschaftsvertrages

Sehr geehrte Damen und Herren,

als einzelvertretungsbevollmächtigter Geschäftsführer der <FIRMA> GmbH mit dem Geschäftszweig <BRANCHE> und den Geschäftsräumen in <ADRESSE> überreiche ich:

Eine Ausfertigung der Urkunde des Notariats <ORT> vom <DATUM> Urkunden-Nummer <NUMMER> sowie die vollständige Neufassung des Gesellschaftsvertrages mit der Bescheinigung des Notars gem. § 54 Abs. 1 S. 2 GmbHG.

Zur Eintragung in das Handelsregister melde ich die Änderungen des Gesellschaftsvertrages an, insbesondere:

<AUFZÄHLUNG>

Der vollständige Wortlaut des Gesellschaftsvertrages nebst Bescheinigung des Notars gemäß § 54 Abs. 1 S. 2 GmbHG wird beigefügt.

Mit freundlichen Grüßen

Unterschriften

Praxishinweis! Die Übermittlung an das EGVP kann nur über einen Notar erfolgen.

Schreiben an das Amtsgericht
(Befreiung vom Verbot des Selbstkontrahierens)

Amtsgericht – Handelsregister –

Datum

HRB <NUMMER> – Anmeldung der Befreiung des Allein-Gesellschafter-Geschäftsführers vom Verbot des Selbstkontrahierens zum Handelsregister, <FIRMA> GmbH

Sehr geehrte Damen und Herren,

der Unterzeichnete hat in seiner Eigenschaft als Gesellschafter-Geschäftsführer der <FIRMA> GmbH mit dem Geschäftszweig <BRANCHE> und den Geschäftsräumen in <ADRESSE> zu Protokoll des Notars <NAME> mit Amtssitz in <ORT> UR-Nr. <NUMMER> am <DATUM> eine Änderung des Gesellschafts-vertrages beschlossen. Danach sind die Geschäftsführer der Gesellschaft vom Verbot des Selbst-kontrahierens gem. § 181 BGB befreit worden. Demgemäß melde ich zur Eintragung in das Handels-register an:

Die Geschäftsführer sind von den Beschränkungen des § 181 BGB befreit.

Eine Ausfertigung des Beschlusses vom <DATUM> ist beigefügt.

Mit freundlichen Grüßen

Unterschrift

Praxishinweis! Die Übermittlung an das EGVP kann nur über einen Notar erfolgen.

Schreiben an das Amtsgericht
(Anmeldung einer Zweigniederlassung)

Amtsgericht – Handelsregister –

Datum

HRB <NUMMER> – Anmeldung einer Zweigniederlassung

Sehr geehrte Damen und Herren,

Als einzelvertretungsberechtigter Geschäftsführer der <FIRMA> GmbH mit dem Geschäftszweig <BRANCHE> und den Geschäftsräumen in <ADRESSE>, melde ich zur Eintragung in das Handelsregister an:

1. Die vorgenannte Gesellschaft hat in <ORT> eine Zweigniederlassung errichtet unter der Firma:

<FIRMA> GmbH, Zweigniederlassung <ORT>.

2. Dem Kaufmann <NAME>, <ANSCHRIFT> ist Prokura unter Beschränkung auf die Zweigniederlassung in <ORT> erteilt.

Der Kaufmann <NAME> zeichnet seine Unterschrift wie folgt:

Der Prokurist <NAME>,<ANSCHRIFT> wird die Firma und seine Namensunterschrift wie folgt zeichnen:

<FIRMA> GmbH, Zweigniederlassung <ORT>, ppa

Die Geschäftsräume der Zweigniederlassung befinden sich in <ORT>,<STRASSE> .

In der Anlage überreiche ich eine Abschrift des Gesellschaftsvertrages in der derzeit gültigen Fassung sowie eine Liste der Gesellschafter.

Mit freundlichen Grüßen

Unterschrift

Schreiben an die Deutsche Rentenversicherung Bund (Antrag auf sozialversicherungsrechtliche Beurteilung)

Adresse

Datum

Antrag auf sozialversicherungsrechtliche Beurteilung meiner Tätigkeit als Gesellschafter-Geschäftsführer der <FIRMA> GmbH

Sehr geehrte Damen und Herren,

unter Hinweis auf den anliegenden Feststellungsbogen für die sozialversicherungsrechtliche Beurteilung von Gesellschafter-Geschäftsführern einer GmbH bitte ich um verbindliche Auskunft über eine etwa bestehende Sozialversicherungspflicht. Eine Kopie des GmbH- Gesellschaftsvertrages, meines Anstellungsvertrages und einen HR-Auszug habe ich zur Kenntnis beigefügt.

Sollte meine Sozialversicherungspflichtigkeit von Ihnen festgestellt werden, bitte ich schon jetzt um förmliche Zustellung des Feststellungsbescheides an die Bundesagentur für Arbeit.

Mit freundlichen Grüßen

Unterschrift

Anlagen

Schreiben an die AOK Geschäftsstelle
(Antrag auf freiwillige Mitgliedschaft)

Adresse

Datum

Antrag auf freiwillige Mitgliedschaft in der Sozialversicherung

Sehr geehrte Damen und Herren,

ich bin Geschäftsführer der <FIRMA> GmbH und am Kapital der Gesellschaft mit <ZAHL> % beteiligt. Hiermit beantrage ich die freiwillige Mitgliedschaft in der gesetzlichen Rentenversicherung gemäß SGB VI und bitte zunächst um Auskunft über die für die freiwillige Mitgliedschaft
derzeit geltenden Mindest- und Höchstbeiträge.

Mit freundlichen Grüßen

Unterschrift

Schreiben an die AOK Geschäftsstelle
(Pflichtversicherung auf Antrag)

Adresse

Datum

Pflichtversicherung auf Antrag

Sehr geehrte Damen und Herren,

ich bin Geschäftsführer der <FIRMA> GmbH und am Kapital der Gesellschaft mit <BETRAG> % beteiligt. Meine selbstständige Erwerbstätigkeit als GmbH-Geschäftsführer habe ich am <DATUM> aufgenommen und diese Tätigkeit übe ich seither ständig aus. Ich bitte um Mitteilung der Höhe des
für mich maßgeblichen monatlichen Beitrags und erwarte Ihren Bescheid.

Alternativ:

Da ich meine selbstständige Tätigkeit erst vor weniger als drei Kalenderjahren aufgenommen
habe, beantrage ich hiermit, meine Beitragspflicht lediglich aus einem Betrag in Höhe von 50%
der Bezugsgröße festzusetzen.

Mit freundlichen Grüßen

Unterschrift

Schreiben an die örtliche Dienststelle der Bundesagentur für Arbeit (Antrag auf Insolvenzgeld)

Adresse Arbeitsamt

Datum

<FIRMA> GmbH, Antrag auf Insolvenzgeld gem. §§ 183 ff SGB III

Sehr geehrte Damen und Herren,

das Amtsgericht/Insolvenzgericht <ORT> hat am <DATUM> das Insolvenzverfahren über das Vermögen der <FIRMA> GmbH eröffnet.

Alternativ:

das Amtsgericht/Insolvenzgericht <ORT> hat am <DATUM> den Antrag auf Eröffnung des Insolvenzverfahrens über das Vermögen der <FIRMA> GmbH mangels Masse abgewiesen.

Alternativ:

die <FIRMA> GmbH hat am <DATUM> ihre Betriebstätigkeit vollständig eingestellt. Ein Antrag auf Eröffnung des Insolvenzverfahrens wurde nicht gestellt und kommt auch offensichtlich mangels Masse nicht in Betracht.

Unter Hinweis auf den anliegenden Sozialversicherungs-Feststellungsbescheid vom <DATUM> und meine Gehaltsabrechnung für den maßgeblichen Zeitraum vom <DATUM> bis <DATUM> beantrage ich die Zahlung von Insolvenzgeld gemäß §§ 183 ff SGB III für den Zeitraum vom <DATUM> bis <DATUM> und Anweisung des mir zustehenden Betrages auf mein Konto Nr. >NUMMER> bei BLZ <NUMMER> bei der <NAME> Bank.

Mit freundlichen Grüßen

Unterschrift

Ordentliche (Eigen-)Kündigung des Anstellungsvertrages durch den Geschäftsführer

Adresse (an alle Gesellschafter; bei mehreren Geschäftsführern auch an die Mitgeschäftsführer)

Datum

– Einschreiben –

Kündigung meines GeschäftsführerAnstellungsvertrages

Sehr geehrte/r Herr/Frau,

meinen o.g. Anstellungsvertrag kündige ich hiermit fristgerecht zum <DATUM>. Zum gleichen Zeitpunkt werde ich mein Amt als Geschäftsführer niederlegen und die Amtsniederlegung zur Eintragung in das Handelsregister anmelden.

Mit freundlichen Grüßen
Unterschrift

Außerordentliche (Eigen-)Kündigung des Anstellungsvertrages durch den Geschäftsführer

Adresse (an alle Gesellschafter; bei mehreren Geschäftsführern auch an die Mit-Geschäftsführer)

Datum

– Einschreiben –

Kündigung meines Geschäftsführer-Anstellungsvertrages

Sehr geehrte/r Herr/Frau,

meinen o.g. Anstellungsvertrag kündige ich hiermit mit sofortiger Wirkung aus wichtigem Grund.

Begründung: In den beiden letzten Gesellschafterversammlungen vom <DATUM> und vom <DATUM> sind aus dem Kreis der Gesellschafter haltlose Vorwürfe gegen meine Amtsführung laut geworden. Einer dieser Vorwürfe gipfelt darin, dass <AUSFÜHRUNGEN>.

Diese Vorwürfe sind haltlos. Ihr wiederholtes Vorbringen hat das für eine gedeihliche Zusammenarbeit unabdingbare Vertrauensverhältnis nachhaltig erschüttert. Zugleich ist mir in inzwischen drei, nachfolgend konkretisierten Fällen angesonnen worden, evident gesetzwidrige Beschlüsse der Gesellschafterversammlung auszuführen: <AUSFÜHRUNGEN>.

Die Fortsetzung des Vertragsverhältnisses ist deshalb unzumutbar.

Hiermit erkläre ich zugleich meine sofortige Amtsniederlegung. Deren Anmeldung zum Handelsregister werde ich in den nächsten Tagen veranlassen.

Mit freundlichen Grüßen

Unterschrift

Kündigung des Geschäftsführer-Anstellungsvertrages

Adresse

Datum

– Einschreiben –

Kündigung Ihres Geschäftsführer-Anstellungsvertrages

Sehr geehrte/r Herr/Frau,

gemäß § 16 Abs. 5 (S. 402 ?) Ihres Geschäftsführer-Anstellungsvertrages vom <DATUM> wirkt Ihre Abberufung vom Amt des Geschäftsführers, wie in der Gesellschafterversammlung vom <DATUM> erfolgt, zugleich als Kündigung des mit Ihnen bestehenden Anstellungsvertrages zum nächst zulässigen Zeitpunkt.

Den mit Ihnen bestehenden Anstellungsvertrag kündigen wir hiermit

– mit sofortiger Wirkung

Alternativ:

– unter Wahrung der vertraglichen bzw. gesetzlichen Kündigungsfrist von <TAGE, MONATE> zum <DATUM>.

Sie werden mit sofortiger Wirkung von Ihrer Dienstverpflichtung unter Fortzahlung der Bezüge freigestellt. Wir weisen vorsorglich darauf hin, dass das bestehende Wettbewerbsverbot bis zum Ablauf der Kündigungsfrist wirksam bleibt.

Mit freundlichen Grüßen

Unterschriften der Gesellschafter (des Beauftragten)

Erklärung der Amtsniederlegung

Adresse (an alle Gesellschafter)

Datum

– Einschreiben/Rückschein –

Alternativ neu:
Zustellung durch den Gerichtsvollzieher

Sofortige Niederlegung des Amtes als Geschäftsführer der <FIRMA> GmbH

Sehr geehrte/r <NAME>,

mit heutigem Datum und sofortiger Wirkung lege ich, <NAME>, wohnhaft in <ADRESSE>, hiermit das Amt des Geschäftsführers der <FIRMA> GmbH nieder.

Unter den gegebenen Umständen und nach mehrfachen, erfolglosen Versuchen, die unterschiedlichen Vorstellungen über die Führung der Geschäfte der <FIRMA> GmbH einander anzunähern, sehe ich mich nicht mehr in der Lage, das Amt des Geschäftsführers zum Wohle der Gesellschaft auszuüben. Aus diesem Grunde halte ich es für angemessen und dringend notwendig, das Amt des Geschäftsführer mit sofortiger Wirkung niederzulegen.

Mit freundlichen Grüßen

Unterschrift

Einforderung eines Nachschusses

Adresse

Datum

Sehr geehrte/r <HERR, FRAU>,

in der auf form- und fristgerechte Einladung aller Gesellschafter am <DATUM> abgehaltenen Gesellschafterversammlung der <FIRMA> GmbH wurde gem. § <ZIFFER> des Gesellschaftsvertrages beschlossen, von jedem Gesellschafter einen Nachschuss in Höhe von <BETRAG> % seiner Stammeinlage einzufordern.

Der Einforderungsbeschluss wurde mit der nach § <ZIFFER> des Gesellschaftsvertrages erforderlichen Mehrheit von <ANZAHL> der Stimmen gefasst. Ebenfalls sind alle darüber hinaus für den Fall einer Einforderung von Nachschüssen vorgeschriebenen Bedingungen erfüllt. Gemäß § <ZIFFER> des Gesellschaftsvertrages war der Nachschuss innerhalb von <ZAHL> Wochen seit dem Tag der Beschlussfassung zu leisten.

Hiermit fordern wir Sie auf, Ihrer Nachschusspflicht in Höhe von <BETRAG> bis spätestens <DATUM> durch Zahlung auf das Konto der Gesellschaft <Kto.-NUMMER> bei der <BANK> nachzukommen.

Mit freundlichen Grüßen

Unterschrift

Abandonerklärung bei Nichterfüllung einer Nachschusspflicht

Adresse GmbH

Geschäftsführung

Ort

Datum

– Einschreiben –

Abandonerklärung bei Nichterfüllung der Nachschusspflicht

Sehr geehrte/r <NAME>,

mit Schreiben vom <DATUM> forderten Sie mich auf, zu Gunsten der <FIRMA> GmbH auf meinen Geschäftsanteil einen Nachschuss in Höhe von <BETRAG> EUR einzuzahlen.

Ich habe die Stammeinlage auf meinen Geschäftsanteil in voller Höhe geleistet. Daher steht mir das Recht zu, mich von der Zahlung des auf meinen Geschäftsanteil eingeforderten Nachschusses dadurch zu befreien, dass ich meinen Geschäftsanteil der Gesellschaft zur Befriedigung aus ihm zur Verfügung stelle.

Von diesem Recht mache ich mit dieser Erklärung Gebrauch und gebe meinen Geschäftsanteil der <FIRMA> GmbH preis.

Das Schreiben, mit welchem Sie mich zur Leistung des bezeichneten Nachschusses auffordern ist bei mir am <DATUM> eingegangen sodass die Monatsfrist des § 27 Abs. 1, Satz 1 GmbH-Gesetz zur Geltendmachung meines Rechts auf Preisgabe meines Geschäftsanteils gewahrt ist.

Ich mache Sie schon jetzt darauf aufmerksam, dass ich mit einem freihändigen Verkauf meines preisgegebenen Geschäftsanteils einverstanden/nicht einverstanden bin.

Mit freundlichen Grüßen

Unterschrift

Kaduzierung/Einziehung eines Geschäftsanteils

Adresse

Datum

– Einschreiben –

Kaduzierung/Einziehung Ihres Geschäftsanteils

Sehr geehrte/r <HERR, FRAU>,

in der auf form- und fristgerechte Einladung aller Gesellschafter am <DATUM> abgehaltenen Gesellschafterversammlung der <FIRMA> GmbH wurde gem. § <ZIFFER> des Gesellschaftsvertrages beschlossen, von jedem Gesellschafter einen Nachschuss in Höhe von <BETRAG> % seines Geschäftsanteils einzufordern.

Der Einforderungsbeschluss wurde mit der nach § <ZIFFER> des Gesellschaftsvertrages erforderlichen Mehrheit von <ANZAHL> der Stimmen gefasst. Ebenfalls sind alle darüber hinaus für den Fall einer Einforderung von Nachschüssen vorgeschriebenen Bedingungen erfüllt. Gemäß § <ZIFFER> des Gesellschaftsvertrages war der Nachschuss innerhalb von <ZAHL> Wochen seit dem Tag der Beschlussfassung zu leisten.

Mit Schreiben vom <DATUM> haben wir Sie aufgefordert, in Erfüllung Ihrer im Gesellschaftsvertrag vorgesehenen Nachschusspflicht auf den Geschäftsanteil von <BETRAG> EUR einen Nachschuss in Höhe von <BETRAG> EUR zu leisten. Dieser Forderung sind Sie nicht nachgekommen.

Mit eingeschriebenem Brief mit Rückschein vom <DATUM> haben wir Ihnen eine Nachfrist von <ZAHL> Wochen zur Zahlung des Nachschusses – gerechnet vom mit Rückschein bestätigten Zugang des Briefes bei Ihnen – gesetzt. Gleichzeitig haben wir Ihnen angedroht, dass Sie für den Fall, dass Sie auch innerhalb der Nachfrist Ihrer Nachschusspflicht nicht nachkommen mit Ihrem Geschäftsanteil im Nennbetrag von <BETRAG> EUR aus der Gesellschaft ausgeschlossen werden.

Sie haben den fälligen Nachschuss von <BETRAG> EUR auch innerhalb der Nachfrist nicht an die Gesellschaft geleistet.

Aus diesem Grund erklären wir Sie hiermit Ihres Geschäftsanteils von <BETRAG> EUR zu Gunsten der Gesellschaft verlustig. Diese Erklärung ist unwiderruflich. Sie können über Ihren Geschäftsanteil ab sofort nicht mehr verfügen. Ihre Mitgliedsrechte an unserer Gesellschaft sind insgesamt erloschen. Der Geschäftsanteil einschließlich der darauf geleisteten Zahlungen und Einbringungen ist zu Gunsten der Gesellschaft verfallen und wird entsprechend der Vorschrift des § 27 Abs. 2 GmbH-Gesetz verwertet werden.

Wir erbitten von Ihnen unverzügliche Nachricht darüber, ob Sie mit einem freihändigen Verkauf des verfallenen Geschäftsanteils einverstanden sind. Sollte Ihre Zustimmung dazu nicht bis zum <DATUM> bei der Gesellschaft eingegangen sein, werden wir die öffentliche Versteigerung des Geschäftsanteils in die Wege leiten.

Mit freundlichen Grüßen

Unterschrift

Erteilung eines Prüfungsauftrages

Adresse

Datum

Erteilung eines Prüfungsauftrages

Sehr geehrte/r <NAME>,

bezugnehmend auf das mit Ihnen am <DATUM> geführte Telefonat möchte ich Ihnen namens der <FIRMA> GmbH hiermit den Auftrag erteilen, den Jahresabschluss der Gesellschaft gemäß den gesetzlichen Bestimmungen der §§ 316 ff HGB zu prüfen und mit einem Bestätigungsvermerk zu versehen.

Mit freundlichen Grüßen
Unterschrift

Einforderung einer ausstehenden Einlage

Adresse

Datum

– Einschreiben –

Einforderung Ihrer ausstehenden Einlage

Sehr geehrte/r <NAME>,

Sie haben bei der Gründung der <FIRMA> GmbH am <DATUM> (Protokoll des Notars <NAME> mit Amts-sitz in <ORT>; Urkunden-Rolle Nr. <ZIFFER> für das Jahr <JAHR>) einen Geschäftsanteil in Höhe von <BETRAG> EUR übernommen. Auf den Gesamtbetrag dieses Geschäftsanteils sind bisher nur <BETRAG> EUR eingezahlt worden.

Hiermit fordern wir Sie auf, den Restbetrag auf den Geschäftsanteil in Höhe von <BETRAG> EUR spätestens bis zum <DATUM> an die Gesellschaft einzuzahlen.

Mit freundlichen Grüßen

Unterschrift

Bestätigung der Einzahlung der ausstehenden Einlage

Adresse

Datum

Bestätigung der Einzahlung Ihrer ausstehenden Einlage

Sehr geehrte/r <NAME>,

mit Schreiben vom <DATUM> hatten wir Sie aufgefordert, den Restbetrag in Höhe von <BETRAG> EUR auf den von Ihnen bei Gründung zur Errichtung der <FIRMA> GmbH am <DATUM> (Protokoll des Notars <NAME> mit Amtssitz in <ORT>; Urkunden-Rolle Nr. <ZIFFER> für das Jahr <JAHR>) übernommenen Geschäftsanteil in Höhe von insgesamt <BETRAG> EUR bis spätestens zum <DATUM> einzubezahlen.

Wir bestätigen, dass der ausstehende Betrag fristgerecht bei uns am <DATUM> eingegangen ist und Sie mit Leistung dieser Zahlung nunmehr Ihre Pflicht zur vollständigen Einzahlung der von Ihnen übernommenen Stammeinlage an der <FIRMA> GmbH erfüllt haben.

Mit freundlichen Grüßen

Unterschrift

Briefe an die Finanzbehörden
(Antrag auf Änderung der Mängel der Prüfungsanordnung)

An das

Finanzamt
Betriebsprüfungsstelle
Ort
Datum
Steuernummer: <NUMMER>

Antrag auf Änderung der Mängel der Prüfungsanordnung

Sehr geehrte Damen und Herren,
ich habe die Prüfungsanordnung vom <DATUM> – zufällig – erhalten. Diese ist adressiert an die
<FIRMA>-GmbH in <ANSCHRIFT>. Richtig muss es heißen:
Firma
Adresse

Zur Wahrung der ordnungsgemäßen Zustellung gemäß Betriebsprüfungsordnung bitte ich, mir eine
ordnungsgemäß adressierte Prüfungsanordnung zukommen zu lassen, und den Prüfungstermin entsprechend zu verschieben.

Mit freundlichen Grüßen
Unterschrift

Briefe an die Finanzbehörden
(Ausdehnung des Prüfungszeitraums)

An das

Finanzamt

Betriebsprüfungsstelle

Ort

Datum

Steuernummer: <NUMMER>

Ausdehnung des Prüfungszeitraums

Sehr geehrte Damen und Herren,

hiermit beantrage ich, den Prüfungszeitraum für die Körperschaft- und Gewerbesteuer gemäß Prüfungsanordnung vom <DATUM> entgegen der Anordnung auf den Veranlagungszeitraum <JAHR> auszudehnen.

Den Antrag begründe ich wie folgt: Zwischenzeitlich – nach Erhalt der Prüfungsanordnung – habe ich die Steuererklärung für <JAHR> eingereicht. In diesem Veranlagungszeitraum sind im Gesellschaftergefüge der GmbH wesentliche Änderungen eingetreten, hinsichtlich deren steuerlicher Behandlung Unsicherheiten bestehen. Es ist beabsichtigt ggf. im Anschluss an die Betriebsprüfung die Einholung einer verbindlichen Zusage nach §§ 204 ff AO Rechtssicherheit für die Zukunft zu erlangen. Dies ist jedoch nur dann möglich, wenn der Prüfungszeitraum entsprechend erweitert wird.

Mit freundlichen Grüßen

Ort

Datum

Unterschrift

Briefe an die Finanzbehörden
(Verlegung des Prüfungsortes)

An das

Finanzamt

Betriebsprüfungsstelle

Ort

Datum

Steuernummer: <NUMMER>

Verlegung des Prüfungsortes

Sehr geehrte Damen und Herren,

gegen die Bestimmung der Geschäftsräume der GmbH als Ort der Betriebsprüfung gemäß der am <DATUM> bekannt gegebenen Prüfungsanordnung vom <DATUM> lege ich hiermit Einspruch ein.

Während des geplanten Prüfungszeitraumes werden die Geschäftsräume der GmbH aufwendig renoviert, sodass keine Möglichkeit besteht, dem Betriebsprüfer einen zumutbaren Arbeitsplatz zur Verfügung zu stellen. Deshalb beantrage ich,

– die Betriebsprüfung zeitlich zu verlegen. Sie könnte frühestens nach Beendigung der Renovierungsarbeiten ab dem <DATUM> durchgeführt werden. Vor Festlegung eines neuen Termins wäre ich Ihnen jedoch für eine telefonische Absprache dankbar.

– Hilfsweise beantrage ich, die Betriebsprüfung örtlich zu verlegen. Sie könnte alternativ in den Praxisräumen des Steuerberaters, Herrn <NAME, ADRESSE> durchgeführt werden. Auch vor Festlegung eines neuen Prüfungsortes wäre ich Ihnen jedoch für eine telefonische Absprache dankbar.

Mit freundlichen Grüßen

Ort

Datum

Unterschrift

Briefe an die Finanzbehörden
(Verschiebung des Prüfungstermins)

An das

Finanzamt
Betriebsprüfungsstelle
Ort
Datum
Steuernummer: <NUMMER>

Verschiebung des Prüfungstermins

Sehr geehrte Damen und Herren,

ich habe die Prüfungsanordnung vom <DATUM> erhalten. Der hierin vorgesehene erste Prüfungstermin vom <DATUM> kann aus Sicht unseres Unternehmens aus folgenden Gründen nicht eingehalten
werden:

- wegen Erkrankung des Geschäftsführers
- wegen Erkrankung des Steuerberaters
- wegen Erkrankung einer Auskunftsperson
- wegen Urlaub des Geschäftsführers
- wegen Urlaub des Steuerberaters
- wegen Urlaub einer Auskunftsperson
- wegen beträchtlicher Betriebsstörungen

Ich bitte daher, die Prüfung zu verschieben. Vor Festlegung eines neuen Termins wäre ich Ihnen
für eine vorherige telefonische Absprache dankbar.

Mit freundlichen Grüßen
Ort
Datum
Unterschrift

Briefe an die Finanzbehörden
(Selbstanzeige)

An das

Finanzamt

Betriebsprüfungsstelle

Ort

Datum

Steuernummer: <NUMMER>

Selbstanzeige

Sehr geehrte Damen und Herren,

bei der Durchsicht der Unterlagen der GmbH wurde festgestellt, dass die für die Jahre 1994 bis 1996 abgegebenen Steuererklärungen nicht vollständig sind, weil folgende Beträge bei der Berechnung der Umsätze und Gewinne nicht erfasst worden sind:

1994: <ANLAGE>

1995: <ANLAGE>

1996: <ANLAGE>

Mit freundlichen Grüßen

Unterschrift

Briefe an die Finanzbehörden
(Antrag auf Aussetzung der Vollziehung)

An das

Finanzamt

Adresse

Datum

Steuernummer: <NUMMER>

Antrag auf Aussetzung der Vollziehung

Sehr geehrte Damen und Herren,

leider muss ich feststellen, dass die von Ihnen mit Datum vom <DATUM> zugesandte Betriebsprüfungsanordnung fehlerhaft ist, und die von mir mit Schreiben vom <DATUM> gerügten Mängel noch immer nicht beseitigt sind. Gegen die Betriebsprüfungsanordnung erhebe ich deshalb Einspruch und stelle hiermit den Antrag auf Aussetzung der Vollziehung.

Mit freundlichen Grüßen

Unterschrift

Briefe an die Finanzbehörden
(Einspruch gegen einen Steuerbescheid)

An das

Finanzamt
Adresse
Datum
Steuernummer: <NUMMER>

Einspruch gegen den Umsatzsteuerbescheid vom <DATUM>; Antrag auf Aussetzung der Vollziehung

Sehr geehrte Damen und Herren,

gegen den obengenannten Steuerbescheid legen wir Einspruch ein.

Begründung: Das Finanzamt hat den Vorsteuerabzug aus Materialeinkäufen in Höhe von <BETRAG> EUR zu Unrecht nicht anerkannt. Kopien der Rechnungen sind beigefügt.

Wir beantragen, die Abschlusszahlung für <JAHR> auf <BETRAG> EUR zu ermäßigen.

Gleichzeitig beantragen wir Aussetzung der Vollziehung des streitigen Betrags in Höhe von <BETRAG> EUR bis zur Entscheidung über unseren Einspruch.

Bis zur Entscheidung über den Aussetzungsantrag bitten wir um stillschweigende Stundung.

Mit freundlichen Grüßen
Unterschrift
Anlagen

Briefe an die Finanzbehörden
(Einstellung der Vollstreckung)

An das

Finanzamt

Adresse

Datum

Steuernummer: \<NUMMER>

Antrag auf einstweilige Einstellung der Vollstreckung

Sehr geehrte Damen und Herren,

mit Schreiben vom \<DATUM>, das uns heute erreichte, werden wir aufgefordert, die rückständigen Umsatzsteuerschulden in Höhe von \<BETRAG> EUR umgehend zu begleichen, um eine Pfändung zu vermeiden.

Hiermit beantragen wir die einstweilige Einstellung der Vollstreckung

Weiter bitten wir, uns für die Steuerrückstände folgende Ratenzahlungen einzuräumen:

zum .. .. 19.. ... EUR

zum .. .. 19.. ... EUR

zum .. .. 19.. ... EUR

zum .. .. 19.. ... EUR

Begründung: Eine Pfändung wäre angesichts der geringen Steuerschuld unbillig, da hierdurch die Fortführung des Unternehmens gefährdet wäre. An pfändbaren Gegenständen sind ausschließlich Warenvorräte, Maschinen und Werkzeuge vorhanden, die wir zur Aufrechterhaltung des Betriebes unbedingt benötigen.

Die gewünschte Ratenzahlung ist nicht gefährdet, da unserer Firma mehrere Aufträge vorliegen, die wir in Kopie diesem Schreiben beifügen. Wir bitten Sie daher, dem Zahlungsvorschlag zuzustimmen.

Mit freundlichen Grüßen

Unterschrift

Anlagen

Übernahmeerklärung gemäß § 55 Abs. 1 GmbH-Gesetz

Die Gesellschafterversammlung der <FIRMA> GmbH mit Sitz in <ORT> hat am <DATUM> beschlossen:

Das Stammkapital der Gesellschaft wird von bisher <BETRAG> um einen neuen Geschäftsanteil mit einem Nennbetrag von <BETRAG> EUR erhöht. Die Stammkapitalerhöhung erfolgt mit sofortiger Wirkung.

Die neue Stammeinlage ist dadurch zu bewirken, dass der Gesellschafter <NAME> sein Gesellschafterdarlehen in Höhe von <BETRAG> als Sacheinlage in die <FIRMA> GmbH einbringt.

Zur Übernahme des mit der Stammkapitalerhöhung geschaffenen neuen Geschäftsanteils wird der Gesellschafter <NAME> zugelassen.

Der neue Geschäftsanteil ist ab sofort am Gewinn der Gesellschaft beteiligt.

Der Gesellschafter <NAME> übernimmt den neuen Geschäftsanteil in Höhe von <BETRAG> EUR zu den im Kapitalerhöhungsbeschluss vom <DATUM> niedergelegten Bedingungen.

Ort

Datum

Unterschriften

Notarieller Beglaubigungsvermerk

Sachkapitalerhöhungsbericht

Ich, <NAME>, Geschäftsführer der <FIRMA> GmbH berichte zur Werthaltigkeit der Sachkapital-erhöhung der <FIRMA> GmbH durch Gesellschafterbeschluss vom <DATUM> wie folgt:

Der Gesellschafter <NAME> überließ der <FIRMA> GmbH am <DATUM> zur Finanzierung eines Grund-stücks ein Darlehen über <BETRAG> EUR. Am <DATUM> beschloß die Gesellschafterversammlung der <FIRMA> GmbH eine Stammkapitalerhöhung in Höhe der Darlehensforderung. Zur Übernahme des mit der Stammkapitalerhöhung geschaffenen neuen wurde der Gesellschafter <NAME> im Wege der Sach-einlage seiner Darlehensforderung zugelassen.

An der Werthaltigkeit der Sacheinlage bestehen keine Bedenken.

Gemäß der beiliegenden Unternehmensbewertung des <vBP, StB, WP> wäre die <FIRMA> GmbH zum Zeit-punkt der Kapitalerhöhung in der Lage, das Darlehen zurückzuzahlen, ohne ihr Stammkapital angreifen zu müssen. Der Unternehmensbewertung liegt die ebenfalls beiliegende Zwischenbilanz zum Stichtag der Kapitalerhöhung zugrunde.

Die Unternehmensbewertung geht auf Grund der Jahresabschlüsse und Erfahrungswerte der letzten drei Geschäftsjahre sowie der bestehenden Auftragslage davon aus, dass auch im laufenden Geschäftsjahr ein positives Ergebnis erwirtschaftet wird.

Mit dem vom Gesellschafter <NAME> zur Verfügung gestellten Darlehensbetrag von <BETRAG> EUR wurde der Kaufpreis für das Betriebsgrundstück unter der Adresse <ADRESSE> voll finanziert. Der Wert des erworbenen Grundstücks beläuft sich gemäß dem beiliegenden Verkehrswertgutachten des < SACHVERSTÄNDIGEN> zum Stichtag der Kapitalerhöhung auf <BETRAG> EUR. Folglich werden durch das zur Verfügung gestellte Darlehen, das im Wege der Sachkapitalerhöhung in Eigenkapital umgewandelt wird, weitere stille Reserven von <BETRAG> EUR geschaffen.

Nach allem steht fest, dass die Sachkapitalerhöhung werthaltig ist.

Ort

Datum

Unterschrift

Bestätigung des Steuerberaters/Wirtschaftsprüfers

Hiermit bestätige ich, dass die obigen Angaben und Bewertungen auch nach meiner Einschätzung richtig sind.

Ort

Datum

Unterschrift StB, WP

Vorlagen für praktische Formulare

Tagesordnung für eine Gesellschafterversammlung (Beispiele TOPs)

Tagesordnung für die Gesellschafterversammlung der <FIRMA> GmbH vom <DATUM> in <ORT>:

TOP 1   Beschlussfassung über die von Gesellschafter <NAME> beantragte Änderung/Erweiterung des Unternehmensgegenstandes

TOP 2   Abberufung des Geschäftsführers <NAME> und Bestellung von Frau/Herrn <NAME> zum neuen/weiteren Geschäftsführer der Gesellschaft

TOP 3   Einforderung der ausstehenden Einlagen der Gesellschafter

TOP 4   Aufnahme eines Bankdarlehens über <BETRAG> EUR bei der <NAME> Bank

TOP 5   Erteilung einer Pensionszusage an den Geschäftsführer <NAME>

TOP 6   Erteilung eines Einsichts- und Auskunftsrechts durch den Gesellschafter <NAME>

TOP 7   Abschluss eines Kooperationsvertrages mit der Firma <FIRMA>

TOP 8   Zustimmung zur Übertragung des Geschäftsanteils <NAME> an einen Nicht-Gesellschafter

TOP 9   Feststellung des Jahresabschlusses und Beschluss über die Gewinnverteilung

TOP 10   Entlastung des Geschäftsführers <NAME>

TOP 11   Teilung des Geschäftsanteils <NAME>

TOP 12   Änderung/Kündigung des Geschäftsführer-Anstellungsvertrages Frau/Herr <NAME>

TOP 13   Änderung des Gesellschaftsvertrages der <FIRMA> GmbH. Hier: <Beschlussgegenstand>

TOP 14   Erteilung der Zustimmung der Gesellschafterversammlung zu einer Nebentätigkeit des Geschäftsführers <NAME>

TOP 15   Befreiung vom Wettbewerbsverbot des Gesellschafters <NAME> für ein Geschäft im Gegenstand der <FIRMA> GmbH.

TOP 16   Einleitung eines gerichtlichen Verfahrens gegen den Gesellschafter <NAME> wegen Verstoßes gegen Treuepflichten.

TOP 17   Feststellung des Jahresabschlusses.

TOP 18   Verteilung des Ergebnisses gemäß Vorlage der Geschäftsführung.

Protokoll der Gesellschafterversammlung (Muster)

Firma:

Datum:

Ort der Sitzung:

Hier: Protokoll der Gesellschafterversammlung der <NAME> vom <DATUM>

<VERTEILER>

Anwesende:

Die erschienenen Gesellschafter bestellen zum Protokollführer: <NAME>

I. Feststellung der ordnungsgemäßen Ladung

Der/die Protokollführer/in stellt fest:

1.) Die heutige Gesellschafterversammlung ist durch Einschreiben der Geschäftsführung vom <DATUM> an alle Gesellschafter unter Mitteilung der Tagesordnung fristgerecht einberufen worden.

2.) Das Stammkapital der Gesellschaft von <BETRAG> EUR ist in Höhe von <BETRAG> EUR d.h. mit <ZAHL> von <ZAHL> Stimmen vertreten. Die Versammlung ist somit beschlussfähig.

TOP

Thema/Beschlussfassung

Termine; Zuständigkeiten

Feststellungsbogen für die versicherungsrechtliche Beurteilung von Gesellschafter-Geschäftsführern einer GmbH (hier: BEK)

Die Spitzenverbände der Krankenkassen, der Verband Deutscher Rentenversicherungsträger und die Bundesanstalt für Arbeit haben für die versicherungsrechtliche Beurteilung von Gesellschafter-Geschäftsführern einer GmbH mit einem Kapitalanteil von weniger als 50 % einen „Feststellungsbogen" entwickelt. Diese Arbeitshilfe wird sowohl von den Dienststellen der Arbeitsverwaltung als auch von den Krankenversicherungsträgern verwendet.

Feststellungsbogen zur versicherungsrechtlichen Beurteilung von Gesellschafter-Geschäftsführern einer GmbH mit einem Kapital-/ Stimmanteil von weniger als 50 %

Sind Sie an der Gesellschaft beteiligt?

(Gesellschaftsanteil in %)

Können Sie durch die Kapitalbeteiligung und das damit verbundene Stimmrecht einen entscheidenden Einfluss auf das Unternehmen ausüben?

Fall ja, Zutreffendes bitte ankreuzen –

einfache Mehrheit   O

qualifizierte Mehrheit   O

Sperrminorität   O

Können Sie durch Sonderrechte im Gesellschaftsvertrag Beschlüsse verhindern oder durchsetzen?

Werden Kapitalanteile an der GmbH auf Treuhandbasis gehalten?

(Bitte Treuhandvertrag beifügen)

Sind Sie in der Gestaltung Ihrer Arbeitszeit frei?

Kann die Beschäftigung frei bestimmt und gestaltet werden?

Sind Sie in der Ausübung Ihrer Tätigkeit frei von Weisungen?

Die weiteren Fragen können unbeantwortet bleiben, wenn Sie die Fragen 1 bis 3 oder die Fragen 1 und 5 bis 7 mit „ja" beantwortet haben.

Wann wurde die GmbH durch notariellen Vertrag gegründet (Datum)?

Wann erfolgte die Eintragung in das Handelsregister?

(Amtsgericht HRB)

Handelt es sich bei den (übrigen) GmbH-Gesellschaftern um Familienangehörige (im weiteren Sinn)?

Seit wann sind Sie in der GmbH beschäftigt?

Sind Sie alleinvertretungsberechtigte (r) Geschäftsführer/in?

Sind Sie von den Beschränkungen des § 181 BGB befreit (Selbstkontrahierungsverbot)?

Vertreten Sie die GmbH im Außenverhältnis?

Sind Sie ausschließlich im Rahmen des Gesellschaftsvertrages zur Mitarbeit verpflichtet?

Ist die Mitarbeit durch Arbeitsvertrag geregelt?

Wie hoch ist monatliche Vergütung?

Wieviele Stunden beträgt die wöchentliche Arbeitszeit als Geschäftsführer/in?

Sind Sie zur Einhaltung einer bestimmten Arbeitszeit verpflichtet?

Wird eine von der Ertragslage des Unternehmens unabhängige, monatlich gleichbleibende Vergütung als Gegenleistung für geleistete Arbeit gezahlt?

Gelangen neben der monatlichen Vergütung weitere Bezüge zur Auszahlung?

Wenn ja, welcher Art und in welcher Höhe?

Erfolgt die Verbuchung der Bezüge als

Lohn   O

Betriebskosten   O

Gewinn(vorweg)entnahme   O

Auf welcher Basis sind Sie am Gewinn beteiligt?

Durch welche Tatbestände halten Sie die persönliche Abhängigkeit und Weisungsgebundenheit zur Gesamtheit der Gesellschafter für gegeben?

Wird neben der Geschäftsführer-Tätigkeit noch eine selbstständige (freiberufliche) Tätigkeit ausgeübt?

Bemerkungen

Unterschrift und Stempel der GmbH

Unterschrift des Antragstellers/Versicherten

Unterschriften weiterer Gesellschafter

Gliederungsschema für ein qualifiziertes Zeugnis

Überschrift: Ausscheiden oder Zwischenzeugnis

Personenstandsdaten, Eintritt, Beschäftigungsdauer

1. Stellung

Ggf. mit Kurzschilderung des innerbetrieblichen Werdegangs, sofern damit ein bemerkenswerter Aufstieg bzw. eine bemerkenswerte berufliche Qualifizierung verbunden war.

2. Tätigkeit, Aufgaben

- Branche

- Unternehmen/Betriebsteil

- Kompetenzen/Vollmachten

- Umfang und Grenzen sachlicher und/oder personeller Verantwortung/Weisungsbefugnis

3. Leistungen/Erfolge

- Bereitschaft, Motivation, Engagement

- Befähigung

- Konkrete Ergebnisse

- Qualifizierung/Wertung

4. Verhalten

- Führungsstil

- Umgang mit Mit-Geschäftsführern, Gesellschaftern, Mitarbeitern, Dritten

- außerberufliches Engagement, sofern damit eine Aufwertung verbunden ist

5. Schlussformel

- Dank

- Bedauern über Ausscheiden

- Wünsche für die Zukunft

Zufriedenheitsskala in Zeugnisformulierungen

1. Sehr gute Leistungsbeurteilung

„Wir waren mit seinen Leistungen stets außerordentlich zufrieden!"

„Er hat seine Aufgaben jederzeit zu unserer uneingeschränkten Zufriedenheit erledigt"

2. Sehr gute bis gute Leistungsbeurteilung

„Er hat seine Aufgaben zu unserer uneingeschränkten Zufriedenheit erledigt"

3. Gute Leistungsbeurteilung

„Er hat seine Aufgaben stets zu unserer vollen Zufriedenheit erledigt"

4. Befriedigende Leistungsbeurteilung

„Er hat seine Aufgaben zu unserer vollen Zufriedenheit erledigt"

5. Befriedigende bis ausreichende Leistungsbeurteilung

„Er hat seine Aufgaben zu unserer Zufriedenheit erledigt"

6. Mangelhafte Leistungsbeurteilung

„Er hat seine Aufgaben im großen und ganzen zu unserer Zufriedenheit erledigt"

7. Ungenügende Leistungsbeurteilung

„Er hat seine Aufgaben zu unserer Zufriedenheit zu erledigen versucht"

Vollmacht

Vollmachtserteilung des Gesellschafters zur Vertretung in der Gesellschafterversammlung:

Ich, der unterzeichnete <NAME>, wohnhaft in <ORT> bin an der <FIRMA> GmbH in <ORT>, HRB Nr. <NUMMER> als Gesellschafter mit <ZIFFER> Geschäftsanteilen in Höhe von <BETRAG> EUR beteiligt.

Hiermit erteile ich dem <NAME, VORNAME, BERUF, ADRESSE> Vollmacht, mich in der Gesellschafterversammlung der <FIRMA> GmbH am <DATUM> zu vertreten. Der Genannte ist berechtigt, Anträge zu stellen, Auskünfte zu verlangen und das Stimmrecht für mich auszuüben.

Ort

Datum

Unterschrift

Mitarbeiterinformation über bevorstehende Betriebsprüfung

Liebe Mitarbeiterinnen,

liebe Mitarbeiter,

ab dem <DATUM> wird Herr/Frau <NAME> vom Finanzamt in unserem Hause eine turnusmäßige Betriebsprüfung/Lohnsteueraußenprüfung/ Umsatzsteuersonderprüfung durchführen. Für die Dauer der Prüfung wird ihm/ihr Raum <ORT> zur Verfügung gestellt.

Es ist unser Ziel, dass die Prüfung ohne unnötige Verzögerungen und in einem beiderseits angenehmen Arbeitsklima durchgeführt wird. Deshalb bitten wir Sie, folgende Regelungen im Umgang mit dem Betriebsprüfer zu beachten:

Der Betriebsprüfer ist wie ein Gast unseres Unternehmens zu behandeln. Gewähren Sie ihm deshalb bitte die notwendige Unterstützung, soweit dies im Einklang mit den folgenden Einschränkungen möglich ist.

1. Grundsätzlich ist Herr/Frau <NAME> von der Abteilung Rechnungswesen/Steuern Ansprechpartner/in für den Betriebsprüfer. Vom Betriebsprüfer gewünschte Auskünfte und Unterlagen sind deshalb nur in Abstimmung mit Herrn/Frau <NAME> zu erteilen bzw. herauszugeben. Für den Fall, dass Herr/Frau <NAME> nicht erreichbar ist, wird er/sie durch Herrn/Frau <NAME> vertreten.

2. Dem Betriebsprüfer dürfen keine mündlichen Auskünfte erteilt werden. Eine Ausnahme gilt nur insoweit, als Fragen zu Ihrer Entlohnung gestellt werden. Sollte der Betriebsprüfer darüber hinaus Auskünfte von Ihnen wünschen, ist er an Herrn/Frau <NAME> zu verweisen.

Der Betriebsprüfer kann sich unserer Betriebseinrichtungen bedienen. Dies gilt insbesondere für die Nutzung von Fotokopiergeräten, Schreib- und Rechenmaschinen, Telefon- und EDV-Anlage. Hierbei ist ihm die notwendige Unterstützung zu gewähren.

Vorlagen für die Vertragsgestaltung

Gesellschaftsvertrag

(regulär, Bargründung einer mehrgliedrigen GmbH)

§ 1 Firma und Sitz

(1) Die Firma der Gesellschaft lautet: <FIRMA> GmbH

(2) Sitz der Gesellschaft ist <ORT>

§ 2 Gegenstand des Unternehmens

(1) Gegenstand des Unternehmens ist <GEGENSTAND>.

(2) Die Gesellschaft kann darüber hinaus alle Geschäfte vornehmen, die geeignet sind, den beschriebenen Gesellschaftszweck zu erreichen oder ihn zu fördern.

(3) Die Gesellschaft kann gleichartige oder ähnliche Unternehmen erwerben, sich an solchen beteiligen, deren Vertretung und Verwaltung übernehmen und Zweigniederlassungen im In- und Ausland errichten.

§ 3 Stammkapital

(1) Das Stammkapital der Gesellschaft beträgt <BETRAG> EUR (in Worten: Euro <BETRAG>).

(2) Hierauf übernehmen

a) Gesellschafter <NAME> einen Geschäftsanteil (Stammeinlage) von <BETRAG> EUR.

b) Gesellschafter <NAME> einen Geschäftsanteil (Stammeinlage) von <BETRAG> EUR.

(3) Die Geschäftsanteile sind in Geld zu leisten und vor der Anmeldung der Gesellschaft zum Handelsregister zu Händen der Geschäftsführung einzuzahlen.

oder

(3 Die Geschäftsanteile sind in Geld zu leisten und zur Hälfte vor Anmeldung der Gesellschaft zum Handelsregister an die Gesellschaft zu Händen der Geschäftsführung einzuzahlen. Der Rest wird mit der Einzahlungsaufforderung seitens der Geschäftsführung fällig.

oder

wird mit der Einzahlungsaufforderung seitens der Gesellschafterversammlung fällig.

(4) Die Geschäftsführer werden für die Dauer von fünf Jahren nach Eintragung der Gesellschaft ermächtigt, das Stammkapital bis auf <BETRAG> EUR (in Worten: Euro <BETRAG>) durch Ausgabe neuer Geschäftsanteile gegen Einlagen zu erhöhen. Zur Übernahme neuer Geschäftsanteils können nur die bisherigen Gesellschafter im Verhältnis ihrer Geschäftsanteile zueinander zugelassen werden. Macht ein Gesellschafter von seinem Übernahmerecht keinen Gebrauch, geht es auf die übrigen Gesellschafter im Verhältnis ihrer Geschäftsanteile zueinander über.

§ 4 Geschäftsjahr

(1) Das Geschäftsjahr ist das Kalenderjahr.

(2) Das erste Geschäftsjahr beginnt mit der Eintragung im Handelsregister und endet am darauf folgenden Jahresende.

§ 5 Geschäftsführung, Vertretung

(1) Die Gesellschaft hat einen oder mehrere Geschäftsführer.

(2) Sind mehrere Geschäftsführer vorhanden, wird die Gesellschaft jeweils durch zwei Geschäftsführer oder durch einen Geschäftsführer in Gemeinschaft mit einem Prokuristen vertreten. Die Gesellschafterversammlung kann einem oder mehreren Geschäftsführern Einzelvertretungsbefugnis übertragen und die erteilte Vertretungsbefugnis jederzeit ändern.

(3) Der einzige Geschäftsführer vertritt die Gesellschaft stets einzeln.

(4) Die Gesellschafterversammlung kann einzelnen oder allen Geschäftsführern Befreiung von den Beschränkungen des § 181 BGB erteilen.

(5) Die Abberufung eines Gesellschafter-Geschäftsführers ist nur aus wichtigem Grund zulässig.

§ 6 Gesellschafterversammlung

(1) Die Gesellschafterversammlung kann durch jeden Geschäftsführer einzeln einberufen werden. Sie ist mindestens einmal im Jahr einzuberufen.

(2) Gesellschafter, deren Stammeinlagen zusammen mindestens dem 10. Teil des Stammkapitals entsprechen, sind berechtigt, unter Angabe des Zwecks und der Gründe die Einberufung der Gesellschafterversammlung zu verlangen. Wird dieser Aufforderung nicht innerhalb eines Monats Folge geleistet, können die Gesellschafter eine Gesellschafterversammlung selbst einberufen.

(3) Zur Gesellschafterversammlung ist unter Einhaltung einer Frist von mindestens zwei Wochen schriftlich mit Übergabeeinschreiben oder elektronisch einzuladen. Die Frist beginnt mit der Absendung. Tagungsort, Tagungszeit und Tagesordnung sind in der Ladung mitzuteilen. Die Gesellschafterversammlung soll am Sitz der Gesellschaft einberufen werden.

(4) Ohne Einhaltung einer Frist kann eine Gesellschafterversammlung nur einberufen werden, wenn alle Gesellschafter einverstanden sind oder ein wichtiger Grund vorliegt oder Gefahr in Verzug ist; in den beiden letztgenannten Fällen haben die einberufenden Geschäftsführer oder Gesellschafter in der Ladung die Dringlichkeit zu begründen.

(5) Die Gesellschafterversammlung ist beschlussfähig, wenn mehr als die Hälfte aller Stimmen und mehr als die Hälfte aller Gesellschafter nach Köpfen anwesend oder vertreten sind. Ist die Mindestzahl nicht erreicht, ist eine neue Gesellschafterversammlung einzuberufen, die ohne Rücksicht auf die Anzahl der anwesenden oder vertretenen Gesellschafter beschlussfähig ist. Darauf ist in der Einladung hinzuweisen. Abs. 3 gilt entsprechend, die Ladungsfrist beträgt jedoch nur eine Woche.

(6) Gesellschafterbeschlüsse werden mit einfacher Mehrheit der abgegebenen Stimmen gefasst, soweit nicht das Gesetz oder dieser Vertrag eine andere Mehrheit vorschreiben.

(7) Jeder Gesellschafter kann sich durch einen zur Berufsverschwiegenheit verpflichteten Dritten, der Wirtschaftsprüfer, vereidigter Buchprüfer, Rechtsanwalt oder Steuerberater sein muss, vertreten und/oder begleiten lassen. Der Vertreter hat der Gesellschafterversammlung seine Vollmacht in schriftlicher Form nachzuweisen. Die Vollmacht ist zu hinterlegen.

(8) Die Gesellschafterversammlung ist von den Geschäftsführern oder einer von ihnen bestimmten Person, die Gesellschafter, Wirtschaftsprüfer, vereidigter Buchprüfer, Rechtsanwalt oder Steuerberater sein muss, zu leiten. Über die wesentlichen Verhandlungsgegenstände und alle Beschlüsse ist, soweit nicht notarielle Beurkundung vorgeschrieben ist, vom Versammlungsleiter eine Niederschrift anzufertigen, die von den Geschäftsführern zu unterzeichnen und allen Gesellschaftern unverzüglich zuzustellen ist.

(9) Gesellschafterbeschlüsse können auch schriftlich und fernschriftlich gefasst werden, soweit alle Gesellschafter einverstanden sind und dies im Einzelfall gesetzlich zulässig ist.

§ 7 Stimmrecht

Die Stimmrechte richten sich nach dem Verhältnis der Stammeinlagen. Jeder Gesellschafter kann seine Stimmrechte nur einheitlich ausüben.

§ 8 Anfechtung von Beschlüssen der Gesellschafterversammlung

(1) Gesellschafterbeschlüsse können nur durch Klage gegen die Gesellschaft innerhalb eines Monats nach Zugang der Protokollabschrift angefochten werden. Bei schriftlichen Beschlüssen (§ 48 Abs. 2 GmbHG) ist der Zeitpunkt entscheidend, in dem der anfechtende Gesellschafter von der Beschlussfassung Kenntnis erlangt.

(2) Für die Nichtigkeit von Beschlüssen der Gesellschafterversammlung gelten die §§ 241 ff. AktG entsprechend.

§ 9 Jahresabschluss

(1) Die Geschäftsführung ist verpflichtet, gemäß den gesetzlichen Vorschriften für jedes Geschäftsjahr eine Bilanz, eine Gewinn- und Verlustrechnung, einen Anhang sowie einen Lagebericht aufzustellen oder von einem Angehörigen der wirtschaftsprüfenden und/oder steuerberatenden Berufe erstellen zu lassen.

(2) Die Geschäftsführung hat den Jahresabschluss und den Lagebericht unverzüglich nach der Aufstellung den Gesellschaftern vorzulegen. Ist der Jahresabschluss durch einen Abschlussprüfer zu prüfen, so haben die Geschäftsführer ihn zusammen mit dem Lagebericht und dem Prüfungsbericht des Abschlussprüfers unverzüglich nach Eingang des Prüfungsberichts den Gesellschaftern vorzulegen.

(3) Die Gesellschafterversammlung hat innerhalb der gesetzlichen Frist über die Feststellung des Jahresabschlusses und über die Ergebnisverwendung zu beschließen.

§ 10 Gewinnverwendung

(1) Ein Gewinn (Jahresüberschuss abzüglich Verlustvortrag) ist nach dem Verhältnis der Stammeinlagen zu verteilen.

(2) Die Geschäftsführung ist berechtigt, 20 % des Gewinns, insgesamt bis zur Höhe des Stammkapitals, in die freie Rücklage einzustellen.

(3) Der verbleibende Gewinn ist auszuschütten. Hiervon abweichende Beschlüsse bedürfen der Zustimmung aller Gesellschafter.

§ 11 Auskunfts- und Einsichtsrecht

In Angelegenheiten der Gesellschaft kann jeder Gesellschafter jederzeit von der Geschäftsführung Auskunft und Einsicht in Bücher und Schriften der Gesellschaft verlangen. Der Gesellschafter kann dazu einen sachkundigen und zur Berufsverschwiegenheit verpflichteten Dritten, der Wirtschaftsprüfer, vereidigter Buchprüfer, Rechtsanwalt oder Steuerberater sein muss, zuziehen, dessen Kosten der auftraggebende Gesellschafter selbst trägt.

§ 12 Verfügung über Geschäftsanteile

(1) Geschäftsanteile oder Teile davon können ohne Zustimmung der Gesellschafterversammlung nur an voll geschäftsfähige, leibliche, eheliche Abkömmlinge oder Mitgesellschafter oder deren voll geschäftsfähige, leibliche, eheliche Abkömmlinge veräußert, abgetreten, verpfändet oder belastet werden. Das gilt auch für die Bestellung eines Nießbrauchs oder die Einräumung einer Unterbeteiligung.

(2) Bei der Veräußerung eines Geschäftsanteils an andere als in Abs. 1 genannte Personen steht den übrigen Gesellschaftern ein Vorkaufsrecht zu. Der veräußernde Gesellschafter hat den übrigen Gesellschaftern die beabsichtigte Veräußerung anzuzeigen und diese zugleich schriftlich aufzufordern, innerhalb von drei Monaten schriftlich zu erklären, ob sie von ihrem Vorkaufsrecht Gebrauch machen werden. Erklären die Gesellschafter, dass sie ihr Vorkaufsrecht ausüben, so ist der die Veräußerung beabsichtigende Gesellschafter verpflichtet, den Geschäftsanteil unverzüglich zu übertragen. Machen mehrere Gesellschafter von ihrem Vorkaufsrecht Gebrauch, so erwerben sie im Verhältnis ihrer bisherigen Anteile. Im Übrigen gelten §§ 463 ff BGB.

(3) Wird das Vorkaufsrecht ausgeübt, so wird der Kaufpreis für die ausübenden Gesellschafter auf das 1,5-fache des Verkehrswertes begrenzt. Ist der vom Käufer zu entrichtende Kaufpreis niedriger, so gilt dieser Wert. Kann über die Höhe des Verkehrswertes eine Einigung nicht erzielt werden, wird sie von einem von den Beteiligten gemeinsam zu benennenden Sachverständigen, der Wirtschaftsprüfer, vereidigter Buchprüfer, Rechtsanwalt oder Steuerberater sein muss, ermittelt. Kann über die Person des Sachverständigen eine Einigung nicht erzielt werden, wird sie auf Antrag eines oder mehrerer Gesellschafter/s von der für den Sitz der Gesellschaft zuständigen Industrie und Handelskammer bestimmt. Auf die Zahlung des Kaufpreises findet § 19 entsprechende Anwendung.

(4) Wird innerhalb der in Absatz 2 bezeichneten Frist vom Vorkaufsrecht kein Gebrauch gemacht, so kann der veräußerungswillige Gesellschafter, sofern innerhalb der in Absatz 2 bezeichneten Frist auch die Zustimmung zur Übertragung des Geschäftsanteils an den erwerbsbereiten Dritten nicht erteilt wird, mit einer Frist von drei Monaten zum Ende des Geschäftsjahres die Gesellschaft kündigen. §§ 17, 18 und 19 sind entsprechend anwendbar.

(5) Erwirbt ein Gesellschafter zu seinem ursprünglichen Geschäftsanteil weitere Geschäftsanteile hinzu, so können diese durch Gesellschafterbeschluss zusammengelegt werden. Die Zusammenlegung bedarf der Zustimmung des betreffenden Gesellschafters.

§ 13 Wettbewerbsverbot, Verschwiegenheitspflicht

(1) Den Gesellschaftern ist es untersagt, ohne Zustimmung der Gesellschaft innerhalb des Gebietes, in welchem die Gesellschaft sachlich und örtlich tätig ist, gleich in welcher Weise, unmittelbar oder mittelbar, im eigenen oder fremden Namen, für eigene oder fremde Rechnung, mit der Gesellschaft in Wettbewerb zu treten, für Konkurrenzunternehmen tätig zu sein oder sich an solchen unmittelbar oder mittelbar zu beteiligen. Dieses Wettbewerbsverbot gilt auch nach Ausscheiden als Gesellschafter für die Dauer eines Jahres. Ausgenommen sind solche Wettbewerbstätigkeiten, die bereits bei Abschluss dieses Gesellschaftsvertrages ausgeübt werden.

(2) Durch Gesellschafterbeschluss können einzelne oder alle Gesellschafter und/oder Geschäftsführer der Gesellschaft vom Wettbewerbsverbot befreit werden; der zu befreiende Gesellschafter ist stimmberechtigt. Eine Konkurrenztätigkeit darf jedoch nicht in den Räumen und/oder mit Mitteln der Gesellschaft ausgeübt werden. Die näheren Einzelheiten der Befreiung vom Wettbewerbsverbot regelt der Gesellschafterbeschluss.

(3) Die Gesellschafter sind verpflichtet, über alle Angelegenheiten der Gesellschaft Stillschweigen zu bewahren. Diese Verpflichtung besteht auch nach dem Ausscheiden aus der Gesellschaft und nach ihrer Auflösung.

(4) Bei Zuwiderhandlung gegen die Bestimmungen gemäß Abs. 1 und 3 verwirkt der Gesellschafter – unbeschadet des Rechts der Gesellschaft auf Schadensersatz – eine für jeden Fall unter Ausschluss eines Fortsetzungszusammenhangs gesondert zu zahlende Vertragsstrafe von EUR <BETRAG>.

§ 14 Einziehung von Geschäftsanteilen, Ausschließung

(1) Die Einziehung (Amortisation) von Geschäftsanteilen ist mit Zustimmung des betroffenen Gesellschafters jederzeit zulässig.

(2) Dieser Zustimmung bedarf es nicht, wenn

a) der Geschäftsanteil von einem Gläubiger des Gesellschafters gepfändet oder wenn sonstwie in diesen vollstreckt wird und wenn die Vollstreckungsmaßnahme nicht innerhalb von sechs Monaten aufgehoben wird;

b) über das Vermögen des betroffenen Gesellschafters das Insolvenzverfahren eröffnet oder mangels Masse abgelehnt oder der Geschäftsanteil aus einem anderen Grunde beschlagnahmt wird oder der Gesellschafter die Richtigkeit seines Vermögensverzeichnisses an Eides Statt zu versichern hat;

c) ein Fall vorliegt, der den Ausschluss eines Gesellschafters rechtfertigt;

d) der Gesellschafter Auflösungsklage erhebt;

e) in der Person eines Gesellschafters ein wichtiger Grund vorliegt, der die Fortsetzung des Gesellschaftsverhältnisses mit ihm unzumutbar macht. Das ist stets der Fall, wenn ein Gesellschafter wesentliche Gesellschafter- oder, falls er zugleich Geschäftsführer ist, Geschäftsführerpflichten vorsätzlich oder grob fahrlässig verletzt.

(3) Die Einziehung erfolgt durch Beschluss der Gesellschafterversammlung. Der von der Einziehung betroffene Gesellschafter hat in den Fällen des Abs. 2 kein Stimmrecht.

(4) Der Gesellschafter, dessen Geschäftsanteil eingezogen wird, muss sich im Verhältnis zu den Mitgesellschaftern so behandeln lassen, als wäre er im Zeitpunkt des die Einziehung begründenden Gesellschafterbeschlusses aus der Gesellschaft ausgeschieden. Auf den Zeitpunkt der Auszahlung eines möglichen Abfindungsentgelts, kommt es nicht an. Am Gewinn des Geschäftsjahres, in das die Einziehung fällt, nimmt der von der Einziehung betroffene Gesellschafter nicht teil.

(5) Die Einziehung erfolgt gegen Entgelt. Das Entgelt bemisst sich im Falle des Abs. 1 nach § 18 zu Beginn des Geschäftsjahres, in das die Einziehung fällt. Die Einziehung erfolgt in den Fällen des Abs. 2 zum Buchwert des Geschäftsanteils. § 19 gilt hinsichtlich der Auszahlung des Entgelts entsprechend, mit der Maßgabe, dass Schuldner die Gesellschaft ist.

(6) Im Falle der Einziehung geht der eingezogene Geschäftsanteil unter.

(7) Die Ausschließung eines Gesellschafters ist durch Gesellschafterbeschluss möglich. Abs. 1 bis 5 gelten entsprechend.

(8) Im Falle seiner Ausschließung geht der Geschäftsanteil des ausscheidenden Gesellschafters zum Ausscheidenszeitpunkt auf den oder die verbleibenden Gesellschafter im Verhältnis ihrer Geschäftsanteile zueinander über, ohne dass er einer förmlichen Abtretung bedarf. Die Gesellschafterversammlung kann mit 3/4 Mehrheit der abgegebenen Stimmen der verbleibenden Gesellschafter auch beschließen, dass der

Geschäftsanteil des ausgeschlossenen Gesellschafters ganz oder geteilt an die Gesellschaft selbst, an einen oder mehrere Mitgesellschafter oder an einen Dritten abzutreten ist.

§ 15 Güterstand

(1) Jeder Gesellschafter – auch derjenige, der aufgrund Erbfolge oder Erwerb eines Geschäftsanteils die Stellung eines Gesellschafters erlangt – ist verpflichtet entweder mit seinem Ehegatten den Güterstand der Gütertrennung zu vereinbaren und diesen Güterstand während der Dauer seiner Zugehörigkeit zu der Gesellschaft aufrecht zu erhalten oder mit seinem Ehegatten einen Ehevertrag abzuschließen und während der Dauer seiner Zugehörigkeit zu der Gesellschaft aufrecht zu erhalten, nach welchem unter grundsätzlicher Aufrechterhaltung der Zugewinngemeinschaft im Falle einer Scheidung der Ehe seine Geschäftsanteile an der Gesellschaft bei der Ermittlung des Zugewinnausgleichsanspruchs außer Ansatz bleiben und der Gesellschafter über seine Geschäftsanteile an der Gesellschaft ohne Einwilligung seines Ehegatten auch dann zu verfügen berechtigt ist, wenn sie als sein ganzes Vermögen i.S.d. § 1365 BGB anzusehen sind.

(2) Jeder Gesellschafter hat der Gesellschaft den Abschluss entsprechender Verträge nach Abs. 1 innerhalb von drei Monaten nach Abschluss dieses Gesellschaftsvertrages bzw. nach Erwerb eines Geschäftsanteils bzw. nach seiner Verheiratung nachzuweisen. Kommt ein Gesellschafter dieser Verpflichtung nicht nach, kann sein Geschäftsanteil eingezogen werden. Der von der Einziehung betroffene Gesellschafter hat kein Stimmrecht. Die Einziehung erfolgt gegen Entgelt. Das Entgelt bemisst sich nach § 18 zu Beginn des Geschäftsjahres, in das die Einziehung fällt. § 14 Abs. 4 und 6 gelten entsprechend.

(3) Abs. 2 gilt entsprechend, wenn ein Gesellschafter einen Vertrag nach Abs. 1 ersatzlos aufhebt. Unterlässt der Gesellschafter es, die Gesellschaft von der Vertragsaufhebung unverzüglich in Kenntnis zu setzen, so hat er die nach der Aufhebung aus seinem Geschäftsanteil gezogenen Erträge zurückzuerstatten; weitergehende Schadensersatzansprüche bleiben unberührt.

§ 16 Erbfolge

(1) Geht der Geschäftsanteil ganz oder teilweise von Todes wegen auf Personen über, die nicht Ehegatten oder leibliche, eheliche Abkömmlinge des verstorbenen Gesellschafters oder Mitgesellschafter oder deren leibliche, eheliche Abkömmlinge sind, so sind jene Personen verpflichtet, den ihnen zugedachten Geschäftsanteil den übrigen Gesellschaftern im Verhältnis ihrer bisherigen Geschäftsanteile zueinander oder einem oder mehreren von der Gesellschafterversammlung mit 3/4 Mehrheit der abgegebenen Stimmen bestimmten dritten Person/en in notariell beurkundeter Form rückwirkend auf den Zeitpunkt des Erbfalles anzudienen; § 12 Abs. 2 S. 2 bis 4 gilt entsprechend. Die Kosten der notariellen Beurkundung trägt die Gesellschaft in Höhe der gesetzlichen Gebühren.

oder

(1) Die Erben eines verstorbenen Gesellschafters sind verpflichtet, den ihnen zustehenden Geschäftsanteil den übrigen Gesellschaftern im Verhältnis ihrer bisherigen Geschäftsanteile zueinander oder einem oder mehreren von der Gesellschafterversammlung mit 3/4 Mehrheit der abgegebenen Stimmen bestimmten dritten Person/en in notariell beurkundeter Form rückwirkend auf den Zeitpunkt des Erbfalles anzudienen. Die Kosten der notariellen Beurkundung trägt die Gesellschaft in Höhe der gesetzlichen Gebühren.

(2) Das Entgelt bemisst sich nach § 18 zu Beginn des Geschäftsjahres, in das der Erbfall fällt; § 19 gilt entsprechend. Wird innerhalb von sechs Wochen nach Andienung vom Erwerbsrecht kein Gebrauch gemacht, so bleiben die verpflichteten Personen Gesellschafter, können jedoch mit einer Frist von eine Monaten zum Ende des Geschäftsjahres die Gesellschaft kündigen. Kommen die verpflichteten Personen ihrer Pflicht

gem. S. 1 innerhalb von sechs Monaten nach Kenntnis vom Eintritt des Erbfalls nicht nach, so kann der Geschäftsanteil entsprechend § 14 Abs. 2 bis 6 zum Buchwert eingezogen werden.

(3) Geht ein Geschäftsanteil auf mehrere Personen über, so können deren Rechte nur durch einen gemeinsamen Bevollmächtigten wahrgenommen werden. Bis zur Bestimmung des gemeinsamen Bevollmächtigten ruhen die Gesellschafterrechte der Berechtigten mit Ausnahme des Gewinnbezugsrechts.

(4) Erben oder Vermächtnisnehmer, die im Zeitpunkt des Erbfalls das 25. Lebensjahr noch nicht vollendet haben, können ihre Gesellschaftsrechte nur durch einen Testamentsvollstrecker bis zur Vollendung ihres 25. Lebensjahres wahrnehmen lassen. Ist ein Testamentsvollstrecker nicht bestellt, ruhen die Rechte des betreffenden Gesellschafters mit Ausnahme des Gewinnbezugsrechts.

(5) Für die Teilung eines Geschäftsanteils unter den Erben oder Vermächtnisnehmern sowie für die Vereinigung des Geschäftsanteils auf einen Erben oder Vermächtnisnehmer bedarf es der Genehmigung der Gesellschafterversammlung.

§ 17 Kündigung

(1) Die Gesellschaft ist auf unbestimmte Zeit eingegangen. Sie kann von jedem Gesellschafter mit einer Frist von sechs Monaten zum Ende eines jeden Geschäftsjahres (Kündigungstermin) gekündigt werden.

(2) Die Kündigung erfolgt durch Übergabeeinschreiben an die Gesellschaft.

(3) Zum Kündigungstermin scheidet der kündigende Gesellschafter aus der Gesellschaft aus. Der Geschäftsanteil des ausscheidenden Gesellschafters geht zum Ausscheidenszeitpunkt auf den oder die verbleibenden Gesellschafter im Verhältnis ihrer Geschäftsanteile zueinander über, ohne dass er einer förmlichen Abtretung bedarf. Der Kündigende ist abzufinden.

(3) Die Gesellschafterversammlung kann mit 3/4 Mehrheit der abgegebenen Stimmen der verbleibenden Gesellschafter auch beschließen, dass der Geschäftsanteil des kündigenden Gesellschafters ganz oder geteilt an die Gesellschaft selbst, an einen oder mehrere Mitgesellschafter oder an einen Dritten abzutreten ist.

§ 18 Bewertung, Abfindung

(1) Sofern dieser Gesellschaftsvertrag nichts anderes bestimmt, bemisst sich die Höhe der Abfindung des ausscheidenden Gesellschafters nach dem Verkehrswert seines Geschäftsanteils zum Ausscheidensstichtag.

(2) Kann über die Höhe des Wertes eine Einigung nicht erzielt werden, wird sie von einem von den Beteiligten gemeinsam zu benennenden Sachverständigen, der Wirtschaftsprüfer, vereidigter Buchprüfer, Rechtsanwalt oder Steuerberater sein muss, ermittelt. Kann über die Person des Sachverständigen eine Einigung nicht erzielt werden, wird sie auf Antrag eines oder mehrerer Gesellschafter/s von der für den Sitz der Gesellschaft zuständigen Industrie und Handelskammer bestimmt.

§ 19 Zahlung der Abfindung

(1) Das Abfindungsentgelt ist in drei gleichen Jahresraten, von denen die erste im Ausscheidenszeitpunkt fällig ist, auszuzahlen. Frühere Zahlungen sind zulässig.

(2) Das offene Abfindungsguthaben ist mit 2 % -Punkten p.a. über dem jeweiligen Basiszinssatz zu verzinsen. Die Zinsen sind nachträglich am Ende eines Geschäftsjahres zu entrichten.

(3) Das gesamte Abfindungsguthaben ist sofort fällig, wenn der Abfindungsschuldner mit einer Abfindungsrate länger als sechs Monate in Verzug gerät.

(4) Abfindungsschuldner ist/sind (anteilig) diejenige/n Person/en, auf die der Geschäftsanteil des ausgeschiedenen Gesellschafters (anteilig) übergegangen ist.

§ 20 Auflösung der Gesellschaft, Liquidation

(1) Die Auflösung der Gesellschaft kann nur mit einer 3/4 Mehrheit aller vorhandenen Stimmen beschlossen werden.

(2) Die Liquidation erfolgt durch die Geschäftsführer, es sei denn, dass die Gesellschafterversammlung mit einer 3/4 Mehrheit der abgegebenen Stimmen andere Liquidatoren bestimmt. Die Liquidatoren können von den Beschränkungen des § 181 BGB befreit werden.

§ 22 Verdeckte Gewinnausschüttungen

Nachteile der Gesellschaft, welche durch verdeckte Gewinnausschüttungen entstehen, sind durch die begünstigten Gesellschafter auszugleichen. Ein Erstattungsanspruch der Gesellschaft gegen die begünstigten Gesellschafter wird fällig, sobald der durch die verdeckte Gewinnausschüttung verursachte Nachteil unanfechtbar feststeht.

§ 23 Bekanntmachungen

Bekanntmachungen der Gesellschaft erfolgen im elektronischen Bundesanzeiger.

§ 24 Schlussbestimmungen

(1) Änderungen und Ergänzungen dieses Vertrages bedürfen der notariellen Beurkundung.

(2) Nebenabreden zu diesem Vertrag bestehen nicht.

(3) Gerichtsstand für alle Streitigkeiten aus diesem Vertrag ist das für den Sitz der Gesellschaft örtlich und sachlich zuständige Gericht.

(4) Sollten sich einzelne Bestimmungen dieses Vertrages als unwirksam erweisen, so wird dadurch die Wirksamkeit der übrigen Bestimmungen nicht berührt. Eine unwirksame oder unklare oder undurchführbare Bestimmung ist so zu ersetzen bzw. zu deuten, dass der mit ihr beabsichtigte wirtschaftliche Zweck erreicht wird. Lücken sind dem beabsichtigten wirtschaftlichen Zweck entsprechend zu füllen.

(5) Die Gesellschaft trägt die mit der Gründung verbundenen Kosten (Gründungsaufwand), nämlich Beratungs-, Notar- und Gerichtskosten (Eintragung und Bekanntmachung) bis höchstens <BETRAG>.

Anstellungsvertrag des GmbH-Geschäftsführers

Geschäftsführer-Dienstvertrag

zwischen der <FIRMA> GmbH – im folgenden Gesellschaft genannt – und Herrn <VORNAME, NAME, ADRESSE> – im folgenden Geschäftsführer genannt – wird folgender Dienstvertrag vereinbart:

§ 1 Aufgabenbereich des Geschäftsführers

(1) Herr <NAME> wird als Geschäftsführer der Gesellschaft angestellt.

(2) Der Aufgabenbereich des Geschäftsführers umfasst, solange keine weiteren Geschäftsführer bestellt sind, die alleinige Geschäftsführung und Vertretung der Gesellschaft. Er nimmt die Aufgaben eines Arbeitgebers im Sinne des Arbeits- und Sozialrechts wahr.

(3) Der Geschäftsführer hat in den Angelegenheiten der Gesellschaft die Sorgfalt eines ordentlichen Kaufmannes anzuwenden. Er hat seine Arbeitskraft, seine Kenntnisse und Erfahrungen der Gesellschaft zur Verfügung zu stellen. Die Rechte und Pflichten des Geschäftsführers bestimmen sich nach Maßgabe dieses Vertrages, des Gesellschaftsvertrages, der jeweils geltenden Geschäftsordnung, den Weisungen der Gesellschaft und den ergänzenden gesetzlichen Vorschriften.

§ 2 Umfang der Geschäftsführungsbefugnis

(1) Der Geschäftsführer vertritt die Gesellschaft einzeln. Er ist von den Beschränkungen des § 181 BGB befreit. Die Gesellschaft kann die Einzelvertretung in eine Gesamtvertretung mit weiteren Geschäftsführern oder Prokuristen umwandeln und die Befreiung von den Beschränkungen des § 181 BGB aufheben.

(2) Alle Geschäfte, die über den gewöhnlichen Betrieb des Unternehmens der Gesellschaft hinausgehen, bedürfen der vorherigen Zustimmung der Gesellschaft. Dazu gehören insbesondere:

a) Sitzverlegung und Veräußerung des Unternehmens im ganzen oder von Teilen desselben:

b) Errichtung und Aufgabe von Zweigniederlassungen;

c) Gründung, Erwerb und Veräußerung anderer Unternehmen oder Beteiligungen an solchen;

d) Aufnahme und Aufgabe eines Geschäftszweiges;

e) Erwerb, Veräußerung, Belastung von Grundstücken und grundstücksgleichen Rechten sowie die damit zusammenhängenden Verpflichtungsgeschäfte;

f) Investitions- und Betriebsunterhaltungsmaßnahmen, die im Einzelfall den Betrag von EUR <BETRAG> übersteigen, sowie Leasing von Gegenständen, deren Wert im Einzelfall den Betrag von <BETRAG> EUR übersteigt;

g) Abschluss von Pacht- oder Mietverträgen, deren Laufzeit über ein Jahr hinausgeht;

h) Einstellung, Beförderung und Entlassung von leitenden Angestellten;

i) Massenentlassungen bzw. –einstellungen entspr. § 17 Kündigungsschutzgesetz;

j) Übernahme von Bürgschaften und Eingehung von Wechselverbindlichkeiten, sowie die Inanspruchnahme von Krediten; ausgenommen hiervon sind die üblichen Betriebsmittelkredite;

k) Gewährung von Sicherheiten jeder Art (z.B. Verpfändung, Sicherungs-Übereignung) und die Bewilligung von Krediten außerhalb des üblichen Geschäftsverkehrs sowie die Übernahme fremder Verbindlichkeiten;

l) Abschluss, Änderung und Kündigung von Lizenz- und Kooperationsverträgen;

m) Einleitung von Rechtsstreitigkeiten mit einem voraussichtlich höheren Streitwert als <BETRAG> EUR;

n) Abschluss, Aufhebung oder Änderung von Verträgen mit Verwandten oder Verschwägerten (i.S.v. § 15 AO) eines Gesellschafters oder Geschäftsführers;

o) Erteilung und Widerruf von Prokura oder Handlungsvollmacht;

p) Pensionszusagen, soweit sie nicht auf einer durch die Gesellschaft genehmigten Pensionsordnung beruhen;

q) Gewährung von gewinnabhängigen Vergütungen an Arbeitnehmer:

§ 3 Vertragsdauer

(1) Der Dienstvertrag beginnt am <DATUM>. Er ist auf unbestimmte Zeit geschlossen.

(2) Die ersten sechs Monate gelten als Probezeit. Die Gesellschaft behält sich die Verlängerung der Probezeit um weitere drei Monate vor. Eine Verlängerung ist von der Gesellschaft spätestens einen Monat vor Ablauf der Probezeit dem Geschäftsführer gegenüber geltend zu machen. Während der Probezeit kann das Probearbeitsverhältnis beiderseits mit einmonatiger Frist, jeweils zum Monatsende gekündigt werden.

(3) Die Kündigung nach Ablauf der Probezeit ist in § 16 geregelt.

§ 4 Arbeitszeit / Nebentätigkeit

(1) Der Geschäftsführer ist zur regelmäßigen Arbeitsleistung von <ZAHL> Stunden wöchentlich verpflichtet.

(2) Der Geschäftsführer ist im Rahmen seines Dienstverhältnisses bereit, Mehrarbeit zu leisten oder seine Arbeitszeit auf das Wochenende oder die Zeit nach 20.00 Uhr zu verlegen, wenn dies aus betrieblichen Gründen notwendig ist.

(3) Dem Geschäftsführer sind folgende entgeltliche/unentgeltliche Nebentätigkeiten gestattet: <AUFZÄHLUNG>.

§ 5 Bezüge

(1) Der Geschäftsführer erhält für seine Tätigkeit ein Grundgehalt von monatlich <BETRAG> EUR brutto (in Worten: Euro). Der Geschäftsführer erhält eine Weihnachtsgratifikation in Höhe eines Monatsgehaltes, das mit dem Novembergehalt ausgezahlt wird. Bei einer Beendigung des Dienstvertrages während oder auf das Ende des Kalenderjahres wird die Weihnachtsgratifikation nicht geschuldet.

(2) Das Grundgehalt wird in regelmäßigen Zeitabständen überprüft. Die wirtschaftliche Entwicklung der Gesellschaft, die persönliche Leistung des Geschäftsführers sowie die Steigerung der Lebenshaltungskosten werden dabei angemessen berücksichtigt.

(3) Außerdem erhält der Geschäftsführer eine Tantieme in Höhe von 25 % des tantiemepflichtigen Gewinns. Tantiemepflichtiger Gewinn ist der körperschaftsteuerliche Jahresüberschuss der Gesellschaft vor Abzug von Ertragsteuern sowie an Geschäftsführer zu zahlenden Tantiemen und ohne Berücksichtigung außerordentlicher Erträge, außerordentlicher Aufwendungen sowie von Verlustvorträgen, soweit diese aus einer Zeit stammen, in welcher der Geschäftsführer noch nicht als solcher für die Gesellschaft tätig war.

Bei Gesellschafter-Geschäftsführern:

Die Tantieme ist nach oben begrenzt auf höchstens 25% der Jahresgesamtvergütung des Geschäftsführers und – zusammen mit allen anderen Tantieme-Bezügen von Geschäftsführern der Gesellschaft – auf höchstens 50 % des Jahresüberschusses der Gesellschaft. Die Tantieme wird mit der Feststellung des Jahresabschlusses der Gesellschaft zur Zahlung fällig.

(4) Auf den Tantiemeanspruch sind am Ende eines jeden Kalendermonats Abschlagszahlungen von jeweils <BETRAG> EUR zu leisten. Falls der Dienstvertrag (wegen späteren Beginns oder vorzeitiger Beendigung) nicht das ganze Geschäftsjahr Bestand hatte, vermindert sich die Tantieme pro rata temporis. Differenzen zu den erbrachten Abschlagszahlungen sind unverzüglich auszugleichen.

(5) Gehaltspfändungen oder -abtretungen sind nur mit Zustimmung der Gesellschaft zulässig und wirksam.

§ 6 Spesen und Auslagen

Reisekosten und sonstige Aufwendungen, die im Interesse der Gesellschaft notwendig sind, werden entsprechend den steuerlichen Vorschriften erstattet. Höhere Aufwendungen werden auf Einzelnachweis erstattet.

§ 7 Bezüge bei Krankheit, Tod

(1) Der Geschäftsführer ist verpflichtet, jede Arbeitsverhinderung und ihre voraussichtliche Dauer unverzüglich der Gesellschaft mitzuteilen.

(2) Im Falle der Arbeitsunfähigkeit infolge Krankheit ist der Geschäftsführer verpflichtet, vor Ablauf des dritten Kalendertages nach Beginn der Arbeitsunfähigkeit eine ärztliche Bescheinigung darüber sowie über deren voraussichtliche Dauer vorzulegen. Bei einer über den angegebenen Zeitraum hinausgehenden Erkrankung ist eine Folgebescheinigung innerhalb weiterer drei Tage seit Ablauf der vorangegangenen einzureichen.

(3) Im Falle unverschuldeter Arbeitsunfähigkeit des Geschäftsführers durch Krankheit oder Unfall wird das Grundgehalt nach § 5 Abs. 1 auf die Dauer von längstens sechs Wochen (sechs Monaten) ab Beginn der Arbeitsunfähigkeit fortgezahlt. Für den Fall einer längeren Arbeitsunfähigkeit hat der Geschäftsführer eine Krankentagegeldversicherung abzuschließen, sodass die von ihm zu beanspruchenden Barleistungen seiner gesetzlichen Krankenkasse oder Ersatzkasse etc. zusammen mit dem Krankentagegeld die Höhe seiner Nettobezüge gem. § 5 Abs. 1 erreichen. Bei längerer Arbeitsunfähigkeit als sechs Wochen vermindert sich der Tantiemeanspruch gem. § 5 Abs. 3 pro rata temporis.

(4) Im Falle seines Todes erhalten die Hinterbliebenen (Witwe und unterhaltsberechtigte Kinder) des Geschäftsführers das Grundgehalt gem. § 5 Abs. 1 für die Dauer von drei Monaten, beginnend mit dem Ablauf des Sterbemonats, längstens jedoch bis zum regulären Ende des Dienstvertrages.

§ 8 Urlaub

(1) Der Geschäftsführer hat Anspruch auf einen Jahresurlaub von 30 Arbeitstagen, mit der Maßgabe, diesen nur im Einklang mit der Geschäftslage zu nehmen. Ein Urlaub von mehr als einer Woche Dauer ist mindestens sechs Wochen vor Urlaubsantritt mit der Gesellschaft abzustimmen.

(2) Der Geschäftsführer hat den Jahresurlaub bis spätestens 30. Juni des Folgejahres zu nehmen. Danach verfällt der Urlaub, es sei denn, er konnte aus außergewöhnlichen, betrieblichen Gründen nicht genom-

men werden; in diesem Falle behält der Geschäftsführer seinen Urlaubsanspruch oder ist dieser – nach Wahl des Geschäftsführers – pro Arbeitstag mit 5 % des Grundgehaltes gem. § 5 Abs. 1 abzugelten.

§ 9 Pkw-Nutzung

(1) Die Gesellschaft stellt dem Geschäftsführer einen Dienstwagen der gehobenen Mittelklasse zur Verfügung, der auch zu Privatfahrten benutzt werden kann. Die Versteuerung des geldwerten Vorteils für die private Nutzung erfolgt gemäß den steuerlichen Richtlinien durch monatlichen Lohnsteuerabzug aus dem steuerlichen Sachbezugswert (derzeit 1 % vom Listenpreis).

(2) Betriebs- und Unterhaltskosten, einschließlich einer Vollkaskoversicherung (<BETRAG> EUR Selbstbeteiligung), trägt die Gesellschaft.

(3) Die Überlassung des Dienstwagens an Dritte ist außer im Falle dienstlicher Veranlassung nicht gestattet.

(4) Der Geschäftsführer ist verpflichtet, für die rechtzeitige Durchführung der vom Hersteller empfohlenen oder sonst notwendig erscheinenden Maßnahmen, wie Inspektionen, Reparaturen, Ölwechsel, Reinigung zu sorgen. Er ist für rechtzeitiges Auftanken und für die Kontrolle des Ölstandes und des Reifendrucks verantwortlich. Er verpflichtet sich, das Fahrzeug stets schonend zu behandeln und ist für die Einhaltung der Verkehrsvorschriften verantwortlich.

(5) Wird der Dienstwagen durch Verschulden des Geschäftsführers beschädigt oder zerstört, so ist der Geschäftsführer zum Schadensersatz verpflichtet, soweit eine Versicherung nicht eintritt.

(6) Die Gesellschaft kann den Dienstwagen jederzeit, ohne Einhaltung einer Frist herausverlangen oder durch einen anderen ersetzen. Der Geschäftsführer hat mit seiner Abberufung den Dienstwagen nebst Papieren unverzüglich an die Gesellschaft herauszugeben. Ein Zurückbehaltungsrecht kann der Geschäftsführer in keinem Falle geltend machen.

§ 10 Wettbewerbsverbot

(1) Dem Geschäftsführer ist es untersagt, ohne Zustimmung der Gesellschaft innerhalb des Gebietes, in welchem die Gesellschaft sachlich und örtlich tätig ist, gleich in welcher Weise, unmittelbar oder mittelbar, im eigenen oder fremden Namen, für eigene oder fremde Rechnung, mit der Gesellschaft in Wettbewerb zu treten, für Konkurrenzunternehmen tätig zu sein oder sich an solchen unmittelbar oder mittelbar zu beteiligen.

(2) Außerhalb des in Abs. 1 genannten Gebietes verzichtet die Gesellschaft gegenüber dem Geschäftsführer auf ein Wettbewerbsverbot.

(3) Innerhalb des in Abs. 1 genannten Gebietes kann der Geschäftsführer ferner durch Gesellschafterbeschluss vom Wettbewerbsverbot befreit werden; der Gesellschafterbeschluss regelt die näheren Einzelheiten der Befreiung vom Wettbewerbsverbot.

(4) Eine Konkurrenztätigkeit darf vom Geschäftsführer nicht in den Räumen der Gesellschaft und nicht während der Arbeitszeit für die Gesellschaft (§ 4 Abs. 1) ausgeübt werden.

(5) Für den Fall einer Vertragsdauer von mindestens 2 Jahren verpflichtet sich der Geschäftsführer, während der Dauer von 2 Jahren nach Beendigung des Dienstvertrages nicht für ein Unternehmen, das mit der Gesellschaft in Konkurrenz steht, tätig zu sein, gleichgültig in welcher Form oder Beteiligungsart. Im Falle der Zuwiderhandlung bestimmen sich die Rechte der Gesellschaft nach Maßgabe des Abs. 7.

(6) Die Gesellschaft zahlt dem Geschäftsführer für die Dauer des nachvertraglichen Wettbewerbsverbots eine Entschädigung in Höhe der Hälfte der vom Geschäftsführer zuletzt bezogenen vertraglichen Leistungen. §§ 74 bis 75 d HGB gelten entsprechend.

(7) Bei Zuwiderhandlung gegen die Bestimmungen gemäß Abs. 1 bis 5 verwirkt der Geschäftsführer – unbeschadet des Rechts der Gesellschaft auf weiteren Schadensersatz – eine für jeden Fall unter Ausschluss eines Fortsetzungszusammenhangs gesondert zu zahlende Vertragsstrafe von <BETRAG> EUR.

§ 11 Geheimhaltung, Herausgabe von Unterlagen

(1) Der Geschäftsführer ist während und nach Beendigung des Vertrages gegenüber Dritten zur Geheimhaltung aller Einzelheiten verpflichtet, die ihm in seiner Eigenschaft als Geschäftsführer der Gesellschaft bekannt werden.

(2) Bei Beendigung des Dienstvertrages hat der Geschäftsführer unverzüglich alle in seinem Besitz befindlichen Geschäftspapiere und -unterlagen herauszugeben. Es ist ihm untersagt, Kopien anzufertigen.

(3) Im Falle der Zuwiderhandlung bestimmen sich die Rechte der Gesellschaft nach Maßgabe des § 10 Abs. 7.

§ 12 Teilnahme an Gesellschafterversammlungen

Der Geschäftsführer ist verpflichtet, an den Gesellschafterversammlungen teilzunehmen, es sei denn, dass die Gesellschafter im Einzelfall ausdrücklich anderes beschließen.

§ 13 Direktversicherung

(1) Die Gesellschaft ist verpflichtet, für den Geschäftsführer auf das 65. Lebensjahr eine Direktversicherung mit unwiderruflichem Bezugsrecht des Geschäftsführers oder der durch ihn bestimmten Person abzuschließen, und zwar in der Höhe, die einer steuerfreien Prämienzahlung gemäß der in § 3 Nr. 63 EStG entspricht.

(2) Die jeweils rechtzeitige Zahlung ist dem Geschäftsführer auf Verlangen nachzuweisen.

(3) Bei Beendigung des Dienstvertrages vor Eintritt des Versicherungsfalles ist die Gesellschaft verpflichtet, die Versicherungsverträge ohne Abfindung auf den Geschäftsführer zu übertragen, sofern dieser es verlangt.

(4) Der Geschäftsführer ist verpflichtet, die Gesellschaft von eventuellen Prämien- oder sonstigen Zahlungspflichten aus der Direktversicherung für die Zeit nach Beendigung des Dienstvertrages freizustellen.

§ 14 Betriebliche Altersversorgung, Unfallversicherung

(1) Der Geschäftsführer erhält eine betriebliche Altersversorgung, die in einer separaten Urkunde vereinbart wird.

(2) Die Gesellschaft schließt für den Geschäftsführer auf ihre Kosten gegen Unfälle – insbesondere Betriebsunfälle auf Geschäftsreisen und Fahrten zwischen Wohnung und Betrieb – gegen Todesfall, Invalidität, Körper- und Sachschäden eine Versicherung ab, und zwar für den Todesfall in Höhe von <BETRAG> EUR und für den Fall der Invalidität in Höhe von <BETRAG> EUR. Die Ansprüche aus den genannten Versicherungen stehen dem Geschäftsführer und im Falle seines Todes seinen Erben unmittelbar zu, soweit er nicht anders verfügt hat. Die Leistungspflicht der Gesellschaft endet mit Beendigung dieses Vertrages; der Geschäftsführer hat das Recht, die Versicherung auf eigene Kosten fortzusetzen.

§ 15 Jahresabschluss

(1) Der Geschäftsführer ist verpflichtet, innerhalb der ersten sechs Monate eines jeden Geschäftsjahres für das vorangegangene Geschäftsjahr eine Bilanz, eine Gewinn- und Verlustrechnung, einen Anhang sowie einen Lagebericht aufzustellen oder von einem Angehörigen der wirtschaftsprüfenden oder steuerberatenden Berufe erstellen zu lassen.

(2) Der Geschäftsführer hat den Jahresabschluss nebst Anhang und den Lagebericht unverzüglich nach der Aufstellung den Gesellschaftern zum Zwecke seiner Feststellung vorzulegen. Ist der Jahresabschluss durch einen Abschlussprüfer zu prüfen, so hat der Geschäftsführer ihn zusammen mit dem Lagebericht und dem Prüfungsbericht des Abschlussprüfers unverzüglich nach Eingang des Prüfungsberichts den Gesellschaftern vorzulegen.

§ 16 Kündigung, Abberufung

(1) Der Dienstvertrag kann von jeder Partei mit einer Frist von drei Monaten zum Ende eines Kalendervierteljahres gekündigt werden. Nach einer Vertragsdauer von 2 Jahren verlängert sich die Kündigungsfrist auf sechs Monate zum Ende eines Kalenderviertelahres und nach 10 Jahren auf 12 Monate zum Ende eines Kalendervierteljahres.

(2) Die Kündigung bedarf der Schriftform. Die Kündigung durch den Geschäftsführer hat mit eingeschriebenem Brief gegenüber sämtlichen Gesellschaftern zu erfolgen. Die Kündigung durch die Gesellschaft erfolgt durch schriftliche Mitteilung eines entsprechenden Beschlusses der Gesellschafter.

(3) Nach einer Kündigung des Dienstvertrages, gleich durch welche Partei, ist die Gesellschaft jederzeit befugt, den Geschäftsführer von seiner Verpflichtung zur Arbeitsleistung für die Gesellschaft sofort freizustellen.

(4) Der Dienstvertrag endet ohne Kündigung am Ende des Monats, in dem der Geschäftsführer das 65. Lebensjahr vollendet.

(5) Der Geschäftsführer kann durch Beschluss der Gesellschafter jederzeit abberufen werden. Die Abberufung gilt zugleich als Kündigung des Dienstvertrages zum nächstzulässigen Zeitpunkt.

§ 17 Haftung

Der Geschäftsführer haftet für Sach- und Vermögensschäden der Gesellschaft aufgrund eigenen Verhaltens und das seiner Erfüllungsgehilfen nur bei Vorsatz und grobe Fahrlässigkeit.

§ 18 Verfallsfristen

(1) Alle Ansprüche aus diesem Dienstvertrag und solche, die mit dem Dienstvertrag in Verbindung stehen, verfallen, wenn sie nicht innerhalb von drei Monaten nach Fälligkeit gegenüber der anderen Vertragspartei schriftlich geltend gemacht worden sind.

(2) Lehnt die andere Vertragspartei die Erfüllung des Anspruchs ab oder erklärt sie sich nicht innerhalb von vier Wochen nach der Geltendmachung des Anspruchs, so verfällt dieser, wenn er nicht innerhalb von drei Monaten nach der Ablehnung oder dem Fristablauf gerichtlich geltend gemacht wird.

§ 19 Sonstige Bestimmungen

(1) Änderungen und Ergänzungen dieses Vertrages bedürfen der Schriftform; dies gilt auch für einen Verzicht auf das Schriftformerfordernis.

(2) Nebenabreden zu diesem Vertrag bestehen nicht.

(3) Sollten sich einzelne Bestimmungen dieses Vertrages als unwirksam erweisen, so wird dadurch die Wirksamkeit der übrigen Bestimmungen nicht berührt. Eine ungültige oder unklare oder undurchführbare Bestimmung ist so zu ersetzen bzw. zu deuten, dass der mit ihr beabsichtigte wirtschaftliche Zweck erreicht wird. Lücken sind dem beabsichtigten wirtschaftlichen Zweck entsprechend zu füllen.

Ort

Datum

Unterschriften

Geschäftsordnung für die Geschäftsführer der <FIRMA> GmbH

(zwei Geschäftsführer)

§ 1

Aufgaben der Geschäftsführer

(1) Die Geschäftsführer führen die Geschäfte der <FIRMA> GmbH nach Maßgabe des Gesetzes, des Gesellschaftsvertrages der GmbH, ihrer jeweiligen Geschäftsführerdienstverträge und dieser Geschäftsordnung. Sie haben den Weisungen der Gesellschafterversammlung zu folgen.

(2) Unbeschadet der in § 2 erfolgenden Geschäftsverteilung sind die Geschäftführer gegenüber der GmbH gemeinschaftlich verantwortlich. Sie arbeiten kollegial zusammen und unterrichten sich gegenseitig über alle wichtigen Maßnahmen und Vorgänge.

§ 2

Geschäftsverteilungsplan

(1) Unbeschadet der Gesamtverantwortung der Geschäftsführer gegenüber der GmbH sind den Geschäftsführern folgende Ressorts zugeordnet:

a) Der kaufmännische Geschäftsführer ist zuständig für:
   - Einkauf- und Verkauf;
   - Entlassung von Mitarbeitern;
   - Rechnungslegung, bestehend insbesondere aus Buchführung, Erstellung zeitnaher betriebswirtschaftlichen Erfolgsrechnungen; Jahresabschlüsse;
   - Marketing und Werbung;
   - Steuererklärungen und rechtzeitige Zahlung sämtlicher die GmbH betreffender Steuern;
   - Organisation seines Ressorts..

b) Der technische Geschäftsführer ist zuständig für:
   - Versand;
   - Lagerhaltung;
   - Warenein- und -ausgangskontrolle;
   - Produktentwicklung:
   - Produktion;
   - Qualitätskontrolle;
   - Produktausgangskontrolle;
   - Produktbeobachtung im Markt;
   - Organisation seines Ressorts.

c) Sämtliche Geschäftsführer sind zuständig für alle sonstigen Aufgaben, insbesondere für die Einstellung von Mitarbeitern und die Einrichtung und Überwachung eines funktionierenden internen Kontrollsystems zur Vermeidung von Fehlern in den betrieblichen Abläufen der GmbH.

(2) Der jeweils funktional nicht zuständigen Geschäftsführer ist verpflichtet, stichprobenweise zu überwachen, ob und inwieweit der andere Geschäftsführer seine Aufgaben ordnungsgemäß erfüllt.

(3) Für den Fall, dass ein Geschäftsführer an der Wahrnehmung seiner Aufgaben verhindert ist, ist der andere Geschäftsführer zuständig.

§ 3

Sitzungen und Beschlüsse

(1) Die Geschäftsführer beschließen über Angelegenheiten, deren Gegenstand über die Ressorts in § 2 a9 und b) hinausgeht, in Sitzungen, die mindestens einmal im Monat stattfinden. Über die Sitzungen ist eine Niederschrift anzufertigen.

(2) Beschlüsse werden gemeinschaftlich gefasst und sind einschließlich der Überlegungen, die zur Fassung des entsprechenden Beschlusses führten, zu dokumentieren.

(3) Die Geschäftsführer sind verpflichtet, eine gemeinsame Beschlussfassung herbeizuführen, wenn sie der Auffassung sind, dass sich ein Vorgang zum Nachteil der Gesellschaft auswirken könnte. Kann ein Einvernehmen nicht erzielt werden, ist unverzüglich ein entsprechender Beschluss der Gesellschafter herbeizuführen.

§ 4

Geltung

Diese Geschäftsordnung hat nur Wirkung im Innenverhältnis der Gesellschaft. Sie beschränkt die Geschäftsführer nicht in ihrer Funktion als Vertreter der Gesellschaft nach außen Dritten gegenüber.

§ 5

Sonstige Bestimmungen

(1) Änderungen und Ergänzungen diese Geschäftsordnung erfolgen durch schriftlichen Beschluss der Gesellschafterversammlung.

(2) Sollten sich einzelne Bestimmungen dieser Geschäftsordnung als unwirksam erweisen, so wird dadurch die Wirksamkeit der übrigen Bestimmungen nicht berührt .Eine ungültige oder unklare oder undurchführbare Bestimmung ist so zu ersetzen bzw. zu deuten, dass der mit ihr beabsichtigte wirtschaftliche Zweck erreicht wird. Lücken sind dem beabsichtigten wirtschaftlichen Zweck entsprechend zu füllen.

<ORT>, den <DATUM>

Pensionszusage

Pensionszusage der <FIRMA> GmbH

für Herrn/Frau <NAME>

<ADRESSE>

Geburtsdatum: <DATUM>

Eintritt in die Firma: <DATUM>

Wir gewähren Ihnen in Ergänzung zum Dienstvertrag vom <DATUM> mit Wirkung vom <DATUM> einen Rechtsanspruch auf Versorgung nach folgenden Bestimmungen:

1. Altersrente

Vollenden Sie das 65. Lebensjahr und treten Sie in den Ruhestand, so zahlen wir Ihnen auf Lebenszeit eine Altersrente. Die Altersrente beträgt 2% der rentenfähigen Bezüge für jedes ab dem <DATUM> begonnene Dienstjahr.

Die Altersrente beträgt insgesamt maximal 50% der rentenfähigen Bezüge.

Die rentenfähigen Bezüge ergeben sich aus dem Jahresbruttogehalt, das Sie für das letzte vollendete Kalenderjahr vor Eintritt des Versorgungsfalles bezogen haben.

2. Invalidenrente

Werden Sie vor Erreichen der Altersgrenze berufsunfähig im Sinne von § 43 Abs. 2 VI. SGB, so erhalten Sie für die Dauer der Berufsunfähigkeit, längstens bis zum Einsetzen der Altersrente, eine Invalidenrente in Höhe der Anwartschaft auf Altersrente.

Den Nachweis der Berufsunfähigkeit haben Sie zu führen. Außer dem schriftlichen Antrag und einer Darstellung der Ursache für den Eintritt der Berufsunfähigkeit sind uns folgende Unterlagen einzureichen:

– Rentenbescheid der Bundesversicherungsanstalt für Angestellte

oder

– ein amtsärztliches Zeugnis

oder

– ausführliche Berichte der Ärzte, die Sie gegenwärtig behandeln bzw. behandelt oder untersucht haben, über Ursache, Beginn, Art, Verlauf und voraussichtliche Dauer des Leidens sowie den Grad der Berufsunfähigkeit.

Ein Anspruch auf Berufs- oder Erwerbsunfähigkeitsrente aus dieser Pensionszusage besteht nicht, wenn Sie die Invalidität vorsätzlich oder grob fahrlässig herbeigeführt haben oder wenn Sie bereits beim letzten Eintritt in das Unternehmen berufs- oder erwerbsunfähig waren.

Sie verpflichten sich, uns von jeder Änderung des Grades Ihrer Berufsunfähigkeit zu unterrichten.

3. Witwenrente

Nach Ihrem Tode erhält Ihre Witwe auf Lebenszeit, längstens bis zu einer etwaigen Wiederheirat, eine Witwenrente in Höhe von 60% der erreichten Anwartschaft auf Altersrente bei Tod in unseren Diensten vor

Altersrentenbeginn bzw. der an Sie gezahlten Alters- bzw. Invalidenrente. Ein Anspruch auf Witwenrente besteht nicht, wenn die Ehe erst nach Eintritt des Versorgungsfalles oder erst nachdem Sie das 60. Lebensjahr vollendet haben, geschlossen wird.

4. Waisenrente

Hinterlassen Sie minderjährige Kinder, erhält jedes von ihnen nach Ihrem Ableben eine Waisenrente in Höhe von 33,33% der Anwartschaft auf Witwenrente. Sind die Kinder Vollwaisen, so verdoppelt sich die Waisenrente. Die Waisenrenten dürfen insgesamt den Betrag der Witwenrente nicht übersteigen.

Die Zahlung der Waisenrente endet beim Tod des Waisen oder wenn er das 18. Lebensjahr vollendet. Befindet sich das Kind in der Berufsausbildung, so verlängert sich die Rentenzahlung, höchstens jedoch bis zur Vollendung des 25. Lebensjahres.

5. Rentenzahlung

Die Renten werden in den monatlichen Teilbeträgen im voraus gezahlt. Die auf die Versorgungsbezüge entfallenden Steuern und Abgaben sind vom jeweils Versorgungsberechtigten zu tragen.

6. Anrechnung anderer Leistungen

Auf die betrieblichen Renten werden keine anderweitigen Renten angerechnet.

Wenn und solange Sie als Versorgungsempfänger durch das Eingehen von Dienstverhältnissen oder durch regelmäßige geschäftliche oder berufliche Tätigkeit vor Erreichen der Altersgrenze bzw. vor Inanspruchnahme der vorgezogenen Altersrente Einnahmen erzielen, werden diese von der Gesellschaft auf die betrieblichen Versorgungsleistungen angerechnet.

Ist die Invalidität oder der Tod auf das schadensersatzpflichtige Verhalten eines Dritten zurückzuführen, so können die Ihnen oder Ihren Hinterbliebenen zustehenden Schadensersatzansprüche auf die betrieblichen Versorgungsleistungen angerechnet werden. Sie können diese Ansprüche jedoch auch an das Unternehmen abtreten.

7. Regelung bei vorzeitigem Ausscheiden

Ein Anspruch auf Alters-, Invaliden- und Hinterbliebenenversorgung bleibt bestehen, wenn das Dienstverhältnis vor Eintritt des Versorgungsfalls endet, sofern Sie zu diesem Zeitpunkt das 35. Lebensjahr vollendet haben und die Versorgungszusage für Sie mindestens 10 Jahre bestanden hat oder der Beginn Ihrer Betriebszugehörigkeit mindestens 12 Jahre zurückliegt und die Versorgungszusage für Sie mindestens 3 Jahre bestanden hat.

Sie bzw. Ihre Hinterbliebenen haben dann bei Eintritt des Versorgungsfalles Anspruch auf einen Teil der ursprünglich zugesagten Leistungen. Dieser Teil bemisst sich nach dem Verhältnis der tatsächlich zurückgelegten Dienstzeit zu jener Dienstzeit, die ohne Ihr vorzeitiges Ausscheiden bis zur Vollendung des 65. Lebensjahres erreichbar gewesen wäre.

Scheiden Sie aus unseren Diensten aus, bevor die genannten Fristen erfüllt sind, erlischt jeglicher Anspruch auf eine Leistung aus dieser Pensionszusage.

8. Flexible Altersgrenze

Nehmen Sie das Altersruhegeld aus der gesetzlichen Rentenversicherung vor Vollendung Ihres 65. Lebensjahres in Anspruch, so gewähren wir Ihnen auf Ihr Verlangen hin eine Altersrente entsprechend dieser Pensionszusage mit der Maßgabe, dass die Rente für jeden Monat des früheren Rentenbezuges um 0,5% gekürzt wird.

9. Dynamik fälliger Rente

Die laufenden Rentenzahlungen erhöhen sich alljährlich mit Wirkung vom 1. Januar in demselben Verhältnis wie die gesetzliche Angestelltenversicherungsrente. Die Erhöhungen werden auf Anpassungen, die sich eventuell aus § 16 BetrAVG ergeben, angerechnet.

10. Rückdeckungsversicherung

Wir sind berechtigt, zur Rückdeckung dieser Pensionszusage einen entsprechenden Vertrag mit einer Lebensversicherungsgesellschaft abzuschließen. Für den Abschluss dieses Versicherungsvertrages verpflichten Sie sich, die von der Versicherungsgesellschaft etwa verlangten Auskünfte zu erteilen sowie sich einer evtl. als notwendig erachteten ärztlichen Untersuchung zu unterziehen.

Zur Sicherung Ihrer Ansprüche und der Ansprüche Ihrer Angehörigen aus dieser Pensionszusage verpfänden wir unsere Rechte und Ansprüche aus der Rückdeckungsversicherung an Sie. Sie erwerben mit der Verpfändung das Recht, bei Pfandreife die Versicherungsleistung insoweit für sich in Anspruch zu nehmen, wie dies zur vollen Erfüllung der Pensionszusage erforderlich ist. Die Verpfändung erfolgt durch schriftliche Vereinbarung zwischen uns und Ihnen bei gleichzeitiger Anzeige an die Versicherungsgesellschaft.

11. Voraussetzung für die Erfüllung der Leistungen

Wir behalten uns vor, die zugesagten Leistungen zu kürzen oder einzustellen, wenn
- unsere wirtschaftliche Lage sich nachhaltig so wesentlich verschlechtert, dass uns eine Aufrechterhaltung der zugesagten Leistungen nicht mehr zugemutet werden kann, oder
- der Personenkreis, die Beiträge, die Leistungen oder das Pensionierungsalter bei der gesetzlichen Rentenversicherung oder anderen Versorgungseinrichtungen mit Rechtsanspruch sich wesentlich ändern, oder
- die rechtliche, insbesondere die steuerrechtliche Behandlung der Aufwendungen, die zur planmäßigen Finanzierung der Versorgungsleistungen von uns gemacht werden oder gemacht worden sind, sich so wesentlich ändert, dass uns die Aufrechterhaltung der zugesagten Leistungen nicht mehr zugemutet werden kann, oder
- Sie Handlungen begehen, die in grober Weise gegen Treu und Glauben verstoßen oder zu einer fristlosen Entlassung berechtigen würden.

12. Verfügungsbeschränkungen

Verpfändungen, Abtretungen, Beleihungen sowie jede andere Verfügung über die durch diese Pensionszusage eingeräumten Ansprüche sind ausgeschlossen.

13. Pflichten des Versorgungsberechtigten

Sie bzw. die Bezieher einer Hinterbliebenenrente (Versorgungsberechtigte) haben für die Dauer der betrieblichen Rentenzahlungen dem Unternehmen die Lohnsteuerkarte vorzulegen und jede Änderung des Personen- oder Familienstandes oder der Feststellung der Invalidität durch den Sozialversicherungsträger dem Unternehmen unverzüglich anzuzeigen, insbesondere

a) den Tod eines Familienangehörigen,

b) den Wegfall einer Rente aus der gesetzlichen Rentenversicherung,

c) die Eheschließung der Witwe sowie den Abschluss der Berufsausbildung eines Waisen.

- Weiterhin sind dem Unternehmen jährlich unaufgefordert Höhe und Änderung anrechenbarer Einkünfte i.S. der Ziffer 6 mitzuteilen und zu belegen.

- Ist die Invalidität oder der Tod auf das schadensersatzpflichtige Verhalten eines Dritten zurückzuführen, so haben die Versorgungsberechtigten dem Unternehmen unverzüglich Art und Umfang der Schadensersatzansprüche zur Kenntnis zu bringen.
- Für die Zeit, in der ein Versorgungsberechtigter diesen Verpflichtungen nicht nachkommt, ruht der Rentenzahlungsanspruch.

14. Erfüllungsort und Gerichtsstand

Erfüllungsort für alle Ansprüche aus dieser Pensionszusage ist der Sitz des Unternehmens bzw. der Sitz der Niederlassung des Unternehmens, bei der Sie beschäftigt waren. Verlegen Versorgungsberechtigte ihren Wohnsitz oder gewöhnlichen Aufenthaltsort ins Ausland, so ist Gerichtsstand für alle Streitigkeiten aus dieser Pensionszusage der Sitz des Unternehmens bzw. der Sitz der jeweiligen Niederlassung.

15. Schlussbestimmung

Im Übrigen finden auf diese Pensionszusage die einschlägigen gesetzlichen Bestimmungen, insbesondere das Gesetz zur Verbesserung der betrieblichen Altersversorgung in seiner jeweils geltenden Fassung, Anwendung.

Ort

Datum

Unterschriften

Gesellschafter-Darlehensvertrag

Zwischen Gesellschafter <NAME, ADRESSE> im folgenden „Darlehensgeber" und der <FIRMA> GmbH im folgenden „Darlehensnehmerin" wird folgender Darlehensvertrag geschlossen: .

§ 1 Vertragsgegenstand

Der Darlehensgeber gewährt hiermit der Darlehensnehmerin ein Darlehen in Höhe von <BETRAG> EUR (in Worten: <BETRAG>), das binnen 5 Werktagen ab Unterzeichnung dieses Vertrages auszubezahlen ist.

§ 2 Kündigung und Beendigung

(1) Das Darlehen ist für beide Seiten unter Einhaltung einer Frist von 3 (drei) Monaten zum Quartalsende, erstmals jedoch zum <DATUM> kündbar.

(2) Die Darlehensnehmerin ist für die Fälle der Vertragsverlängerung über den <DATUM> hinaus berechtigt, das Darlehen jederzeit ganz oder teilweise zurückzuzahlen.

(3) Der Darlehensgeber ist berechtigt, vorzeitig und ohne Einhaltung einer Kündigungsfrist sofortige Rückzahlung der gesamten Darlehenssumme samt aufgelaufener Zinsen zu fordern, wenn

a) Die vereinbarten Zinsen in einem Gesamtbetrag von mehr als 6 (sechs) Monaten trotz Mahnung nicht innerhalb einer Woche bezahlt werden;

b) Die Darlehensnehmerin in Vermögensverfall gerät;

c) Über das Vermögen der Darlehensnehmerin das Insolvenzverfahren beantragt, eröffnet oder mangels Masse abgelehnt wird.

§ 3 Zinsen und Fälligkeit

(1) Das Darlehen ist mit <ZAHL> % p.a. über dem jeweiligen Basiszinssatz zu verzinsen. Die Zinsen sind jeweils zum Ende eines jeden Kalendervierteljahres fällig und spätestens bis zum Ablauf des dritten Werktages eines jeden Kalendervierteljahres für das vorangegangene Kalendervierteljahr auf ein vom Darlehensgeber angegebenes Konto gutzubringen.

(2) Kommt die Darlehensnehmerin mit der Zinszahlung in Verzug, so erhöht sich der Darlehenszins, ohne dass es einer Mahnung bedürfte, für die Zeit des Verzuges um <ZAHL> %.

(3) Der Zinsanspruch kann ohne die Zustimmung der Darlehensnehmerin nicht abgetreten werden.

§ 4 Sicherheiten

Sicherheiten werden für das Darlehen nicht bestellt

Alternativ: Die Darlehensnehmerin gewährt für das Darlehen folgende Sicherheiten: <AUFZÄHLUNG>.

§ 5 Schlussbestimmungen

(1) Änderungen und Ergänzungen dieses Vertrages bedürfen der Schriftform; dies gilt auch für einen Verzicht auf das Schriftformerfordernis.

(2) Nebenabreden zu diesem Vertrag bestehen nicht.

(3) Sollten sich einzelne Bestimmungen dieses Vertrages als unwirksam erweisen, so wird dadurch die Wirksamkeit der übrigen Bestimmungen nicht berührt. Eine ungültige oder unklare oder undurchführbare

Bestimmung ist so zu ersetzen bzw. zu deuten, dass der mit ihr beabsichtigte wirtschaftliche Zweck erreicht wird. Lücken sind dem beabsichtigten wirtschaftlichen Zweck entsprechend zu füllen.

Ort

Datum

Unterschriften

Verkauf und Abtretung eines Geschäftsanteils

Verhandelt am <DATUM> in <ORT>. Vor dem unterzeichnenden Notar <NAME> sind erschienen:

Verkäufer <NAME, BERUF, ADRESSE>,

Käufer <NAME, BERUF, ADRESSE>,

ausgewiesen durch Personalausweis/Reisepass. Sie baten um Beurkundung des folgenden Kauf- und Abtretungsvertrages:

§ 1 Vertragsgegenstand

Herr/Frau <NAME> hält an der <FIRMA> GmbH, eingetragen im Handelsregister des Amtsgerichts <ORT> unter HRB <NUMMER> einen Geschäftsanteil im Nennbetrag von <BETRAG> EUR des gesamten Stammkapitals von <BETRAG> EUR. Die Stammeinlagen sind in voller Höhe geleistet.

§ 2 Verkauf und Abtretung

Herr/Frau <NAME> verkauft den unter § 1 genannten Geschäftsanteil an Herr/Frau <NAME> und tritt den Geschäftsanteil an diesen mit Wirkung ab <DATUM> ab. Herr/Frau <NAME> nimmt die Abtretung an.

§ 3 Kaufpreis, Fälligkeit

Der Kaufpreis beträgt <BETRAG> EUR und ist bei Abschluss des Vertrages fällig und zahlbar.

§ 4 Gewinnbezugsrecht

Der Gewinn für das laufende Geschäftsjahr, der auf den Geschäftsanteil gem. § 1 entfällt, steht den Parteien zeitanteilig zu. Die Gewinne vorangegangener Geschäftsjahre, die nicht an die Gesellschafter ausgeschüttet wurden, stehen dem Verkäufer zu und werden an diesen abgetreten. Der Verkäufer nimmt die Abtretung an.

§ 5 Versicherung, Richtigkeit der Angaben

Der Verkäufer versichert die Richtigkeit der unter § 1 gemachten Angaben, dass er über den Geschäftsanteil frei verfügen kann, und dass der verkaufte Anteil nicht sein ganzes oder nahezu sein ganzes Vermögen darstellt. Der Verkäufer versichert ebenso, dass der Gesellschaftsvertrag unverändert fortbesteht. Im Übrigen erfolgt der Anteilsverkauf unter Ausschluss jeglicher Gewährleistung.

§ 6 Zustimmung der Gesellschafterversammlung

Die Gesellschafterversammlung der <FIRMA> GmbH hat der Übertragung und Abtretung des Geschäftsanteils des Verkäufers unwiderruflich zugestimmt.

§ 7 Kosten

Die mit Abschluss und Durchführung des Vertrages anfallenden Kosten trägt der Verkäufer/Käufer.

§ 8 Verjährung

Sämtliche Ansprüche aus diesem Vertrag verjähren in zwölf Monaten von dem Zeitpunkt an, in dem der Anspruchsberechtigte von der den Anspruch auslösenden Tatsache Kenntnis erlangt, spätestens in 5 Jahren nach Wirksamwerden dieses Vertrages.

§ 9 Teilnichtigkeit

Teilnichtigkeit führt nicht zur Nichtigkeit des Vertrages.

§ 10 Schriftform

Änderungen dieses Vertrages bedürfen der Schriftform.

§ 11 Gerichtsstand

Der Gerichtsstand für alle Streitigkeiten aus diesem Vertrag wird durch den Sitz der Gesellschaft bestimmt.

§ 12 Salvatorische Klausel

Sollten sich einzelne Bestimmungen dieses Vertrages als unwirksam erweisen, so wird dadurch die Wirksamkeit der übrigen Bestimmungen nicht berührt. Eine ungültige oder unklare oder undurchführbare Bestimmung ist so zu ersetzen bzw. zu deuten, dass der mit ihr beabsichtigte wirtschaftliche Zweck erreicht wird. Lücken sind dem beabsichtigten wirtschaftlichen Zweck entsprechend zu füllen.

Der Notar belehrte die Erschienenen darüber,
– dass im Verhältnis zur Gesellschaft im Fall einer Veränderung in den Personen der Gesellschafter oder des Umfangs ihrer Beteiligung als Inhaber eines Geschäftsanteils nur gilt, wer als solcher in der im Handelsregister aufgenommenen Gesellschafterliste (§ 40) eingetragen ist.
– dass der Erwerber nach § 16 Abs. 2 GmbHG für Einlageverpflichtungen, die in dem Zeitpunkt rückständig sind, ab dem der Erwerber gemäß § 16 Absatz 1 Satz 1 GmbHG im Verhältnis zur Gesellschaft als Inhaber des Geschäftsanteils gilt, neben dem Veräußerer haftet.

Diese Niederschrift wurde den Erschienenen vom Notar vorgelesen, von ihnen genehmigt und von ihnen und dem Notar eigenhändig wie folgt unterschrieben:

Stichwortverzeichnis

Hinweis zum Stichwortverzeichnis: Das Stichwortverzeichnis verweist auf die Seitenzahl.